本书实例精彩效果赏析

冰雪圣

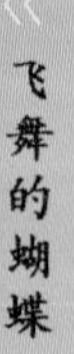

飞舞的蝴蝶

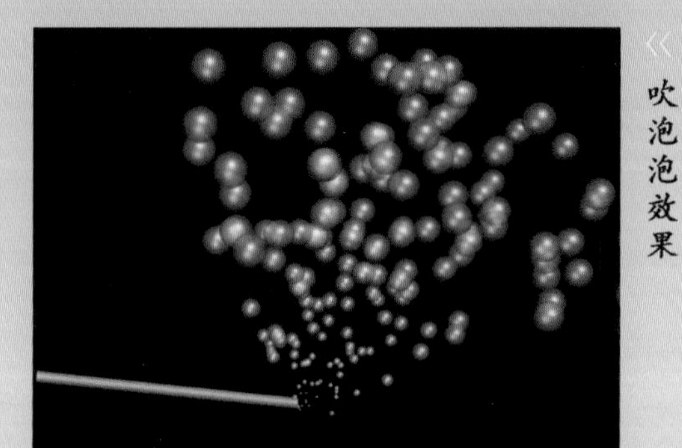

吹泡泡效果

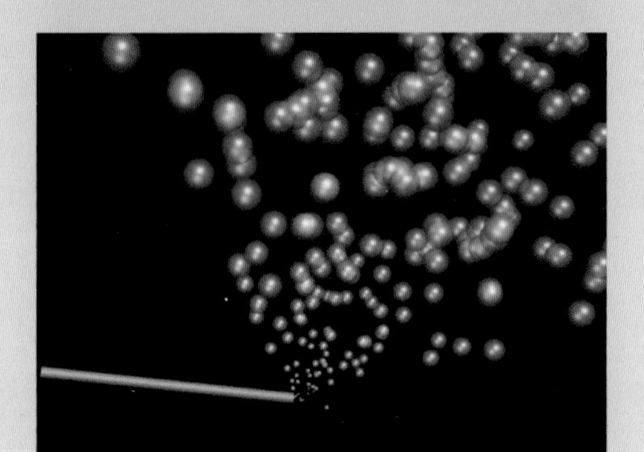

海底效果

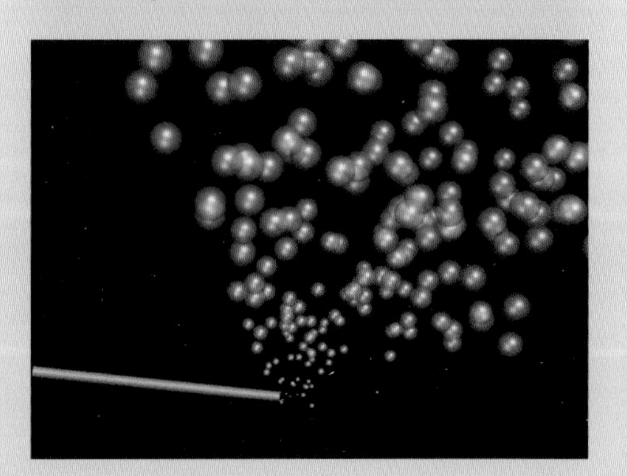

金属倒角文字

制作旋转的魔方效果

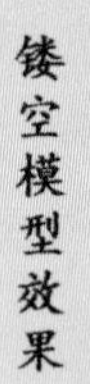

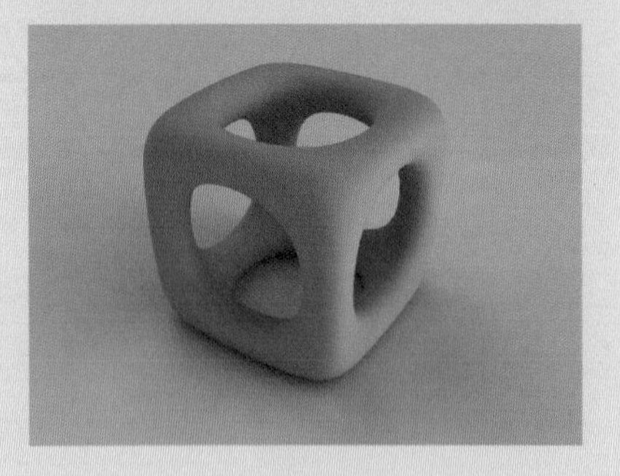

本书实例精彩效果赏析

落地旋转的硬币

欧式沙发效果

象棋效果

霓虹灯动画效果

展开竹筒的效果

喷泉效果

制作闪闪发光的魔棒效果

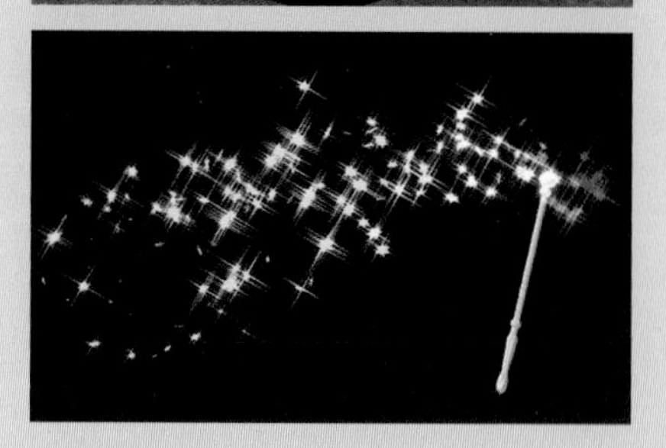

高等院校计算机规划教材·多媒体系列

3ds Max 2011 中文版应用教程

（第二版）

张　凡　等编著

设计软件教师协会　审

中国铁道出版社

CHINA RAILWAY PUBLISHING HOUSE

内容简介

本书为一本实例教程。全书分为10章：3ds Max 2011概述，基础对象的创建和基本操作，常用编辑修改器，复合建模和高级建模，材质与贴图，灯光、摄影机、渲染与环境，基础动画与动画控制器，粒子系统与空间扭曲，视频特效，综合实例。

与上一版相比，本书添加了制作雪山材质、制作飞舞的蝴蝶效果等实用性更强的实例，以及与之相配套的大量的多媒体视频文件。

本书编写层次分明、语言流畅、图文并茂，融入了大量的实际教学经验。配套光盘与教材结合紧密，内含书中用到的全部素材和结果，以及大量高清晰度的教学视频文件，设计精良，结构合理，强调了应用技巧。本光盘中还包含全书基础知识的电子课件。本书方便教师组织教学，并有利于学生应用能力的培养。

本书适合作为高等院校、高等职业院校相关专业师生或社会培训班的教材，也可作为三维动画爱好者的自学用书和参考用书。

图书在版编目（CIP）数据

3ds Max 2011中文版应用教程 / 张凡 等编著.— 2版. -- 北京 : 中国铁道出版社, 2011.12（2018.8重印）
高等院校计算机规划教材·多媒体系列
ISBN 978-7-113-13777-9

Ⅰ. ①3… Ⅱ. ①张… Ⅲ. ①三维动画软件，3DS MAX 2011－高等学校－教材 Ⅳ. ①TP391.41

中国版本图书馆CIP数据核字(2011)第231252号

书　　名：3ds Max 2011中文版应用教程（第二版）
作　　者：张　凡　等编著

策　　划：王春霞
责任编辑：翟玉峰　马洪霞
封面设计：付　巍
封面制作：白　雪
责任印制：郭向伟

出版发行：中国铁道出版社（100054，北京市西城区右安门西街8号）
网　　址：http://www.tdpress.com/51eds/
印　　刷：北京虎彩文化传播有限公司
版　　次：2008年12月第1版　　2011年12月第2版　　2018年8月第7次印刷
开　　本：787mm×1092mm　1/16　印张：21　彩插：4　字数：505千
印　　数：15 001～15 800册
书　　号：ISBN 978-7-113-13777-9
定　　价：45.00元（附赠光盘）

高等院校计算机规划教材·多媒体系列

丛书序

PREFACE

动漫游戏行业是非常具有潜力的朝阳产业，科技含量比较高，同时也是现在精神文明建设中一项重要的内容，在国内外都受到很高的重视。

进入21世纪，我国政府开始大力扶持动漫和游戏行业的发展，“动漫”这一含糊的俗称也成了流行术语。从2004年起，国家广电总局批准的国家级动画产业基地、教学基地、数字娱乐产业园至今已达16个；全国超过300所高等院校新开设了数字媒体、数字艺术设计、平面设计、工程环艺设计、影视动画、游戏程序开发、游戏美术设计、交互多媒体、新媒体艺术与设计和信息艺术设计等专业；2006年，国家新闻出版总署批准了4个“国家级游戏动漫产业发展基地”，分别是北京、成都、广州、上海。根据《国家动漫游戏产业振兴计划》草案，今后我国还要建设一批国家级动漫游戏产业振兴基地和产业园区，孵化一批国际一流的民族动漫游戏企业；支持建设若干教育培训基地，培养、选拔和表彰民族动漫游戏产业紧缺人才；完善文化经济政策，引导激励优秀动漫和电子游戏产品的创作；建设若干国家数字艺术开放实验室，支持动漫游戏产业核心技术和通用技术的开发；支持发展外向型动漫游戏产业，争取在国际动漫游戏市场占有一席之地。

从深层次上讲，包括动漫游戏在内的数字娱乐产业的发展是一个文化继承和不断创新的过程。中华民族深厚的文化底蕴为中国发展数字娱乐及创意产业奠定了坚实的基础，并提供了广泛而丰富的题材。尽管如此，从整体看，中国动漫游戏及创意产业面临着诸如专业人才缺乏、融资渠道狭窄、缺乏原创开发能力等一系列问题。长期以来，美国、日本、韩国等国家的动漫游戏产品占据着中国原创市场。一个意味深长的现象是，美国、日本和韩国的一部分动漫和游戏作品取材于中国文化，加工于中国内地。

针对这种情况，目前各大专院校相继开设或即将开设动漫和游戏的相关专业。然而，真正与这些专业相配套的教材却很少。北京动漫游戏行业协会应各大院校的要求，在科学的市场调查的基础上，根据动漫和游戏企业的用人需要，针对高校的教育模式以及学生的学习特点，推出了这套多媒体系列教材。本套教材凝聚了国内外诸多知名动漫游戏人士的智慧。

本套教材的特点：

- 三符合：符合本专业教学大纲，符合市场上技术发展潮流，符合各高校新课程设置需要。
- 三结合：相关企业制作经验、教学实践和社会岗位职业标准紧密结合。
- 三联系：理论知识、对应项目流程和就业岗位技能紧密联系。
- 三适应：适应新的教学理念，适应学生现状水平，适应用人标准要求。
- 技术新、任务明、步骤详细、实用性强，专为数字艺术紧缺人才量身定做。

- 基础知识与具体范例操作紧密结合，边讲边练，学习轻松，容易上手。
- 课程内容安排科学合理，辅助教学资源丰富，方便教学，重在原创和创新。
- 理论精炼全面、任务明确具体、技能实操可行，即学即用。

丛书编委会
2011 年 10 月

第二版前言

FOREWORD

3ds Max 2011 是由著名的 Discreet 公司（Autodesk 下属子公司）开发的三维制作软件，已经在建筑效果图制作、电脑游戏制作、影视片头和广告动画制作等领域得到广泛应用，备受影视公司、游戏开发商及三维爱好者的青睐。

本书属于实例教程类图书，全书分为 10 章，每章前面为基础知识讲解，后面为具体实例应用。其主要内容如下：

第 1 章 3ds Max 2011 概述。主要讲解了 3ds Max 2011 的主要应用领域、运行环境和工作界面的构成。

第 2 章 基础对象的创建和基本操作。讲解了创建基础模型的方法和基本操作。

第 3 章 常用编辑修改器。讲解了修改器命令面板的构成和常用编辑修改器的使用。

第 4 章 复合建模和高级建模。主要讲解了常用的复合建模和高级建模的方法。

第 5 章 材质与贴图。讲解了 3ds Max 2011 与以前版本在界面上的区别，以及材质基本参数的设定，材质和贴图类型的具体应用。

第 6 章 灯光、摄影机、渲染与环境。讲解了灯光、摄影机的使用，雾、体积雾、体积光和火效果的制作，渲染器的应用。

第 7 章 基础动画与动画控制器。讲解了关键帧动画的设置，轨迹视窗和常用动画控制器的使用。

第 8 章 粒子系统与空间扭曲。讲解了常用的粒子系统和空间扭曲的使用。

第 9 章 视频特效。讲解了利用 Video Post 的界面构成和常用滤镜的方法。

第 10 章 综合实例。综合利用前面各章的知识，通过一个完整实例，将技术与艺术相结合，旨在使读者理论联系实际，制作出自己的作品。

本书是“设计软件教师协会”推出的系列教材之一，书中实例内容丰富、结构清晰、实例典型、讲解详尽、富于启发性。全部实例都是由多所院校（中央美术学院、北京师范大学、清华大学美术学院、北京电影学院、中国传媒大学、天津美术学院、天津师范大学艺术学院、首都师范大学、山东理工大学艺术学院、河北职业艺术学院）具有丰富教学经验的知名教师和一线优秀设计人员从长期教学和实际工作中总结出来的，每个实例都包括制作要点和操作步骤两部分。为了便于读者学习，每章最后还有课后练习，同时配套光盘中含有大量高清晰度的教学视频文件。

本书适合作为高等院校（含高等职业院校）相关专业或社会培训班的教材，也可作为三维动漫爱好者的自学参考用书。

编　者

2011 年 9 月

第一版前言

FOREWORD

3ds Max 2008是由著名的Discreet公司（Autodesk下属子公司）开发的三维制作软件，已经在建筑效果图制作、电脑游戏制作、影视片头和广告动画制作等领域得到广泛应用，备受影视公司、游戏开发商及三维爱好者的青睐。

本书属于实例教程类图书，全书分为10章，前面为基础知识讲解，后面为具体实例应用。其主要内容如下：

第1章　3ds Max 2008概述：主要讲解了3ds Max 2008的主要应用领域、运行环境和工作界面的构成。

第2章　基础对象的创建和基本操作：讲解了创建基础模型的方法和基本操作。

第3章　常用编辑修改器：讲解了修改器命令面板的构成和常用编辑修改器的使用。

第4章　复合建模和高级建模：主要讲解了常用的复合建模和高级建模的方法。

第5章　材质与贴图：讲解了材质基本参数的设定以及材质和贴图类型的具体应用。

第6章　灯光、摄影机、渲染与环境：讲解了灯光、摄影机的使用，雾、体积雾、体积光和火效果的制作以及渲染器的应用。

第7章　基础动画与动画控制器：讲解了关键帧动画的设置，轨迹视图和常用动画控制器的使用。

第8章　粒子系统与空间扭曲：讲解了常用的粒子系统和空间扭曲的使用。

第9章　视频特效：介绍了Video Post界面和常用滤镜的使用方法。

第10章　综合实例——制作京剧服饰的卡通玩具：综合利用前面各章的知识，通过一个完整实例，将技术与艺术相结合，旨在使读者理论联系实际，制作出自己的作品。

本书是“设计软件教师协会”推出的系列教材之一，本书实例内容丰富、结构清晰、实例典型、讲解详尽、富于启发性。全部实例都是由多所院校（中央美术学院、北京师范大学、清华大学美术学院、北京电影学院、中国传媒大学、天津美术学院、天津师范大学艺术学院、首都师范大学、山东理工大学艺术学院、河北职业艺术学院）具有丰富教学经验的知名教师和一线优秀设计人员从长期教学和实际工作中总结出来的，每个实例都包括制作要点和操作步骤两部分。为了便于读者学习，每章最后还有课后练习，同时配套光盘中含有大量高清晰的教学视频文件。

参与本书编写的人员有张凡、李羿丹、宋毅、于元青、李建刚、程大鹏、李波、肖立邦、顾伟、宋兆锦、冯贞、王世旭、李岭、关金国、郑志宇、许文开、郭开鹤、孙立中、于娥、张锦、王浩、韩立凡、王上、张雨薇、李营、田富源。

本书适合作为高等院校相关专业师生或社会培训班的教材，也可作为三维爱好者的自学参考书。

编　者

2008年12月

目 录

CONTENTS

第1章 3ds Max 2011概述

在学习3ds Max 之前，应对3ds Max 的相关知识有一个整体认识。通过本章学习应掌握以下内容：

- 认识3ds Max 2011;
- 3ds Max 2011的主要应用领域;
- 3ds Max 2011的系统要求和配置;
- 3ds Max 2011的用户界面。

1.1 认识3ds Max 2011

3ds Max 2011是一款非常成功的三维动画制作软件，启动界面如图1-1所示。随着版本的不断升级，3ds Max 的功能越来越强大，应用的范围也越来越广泛，在诸多领域更是有着重要的地位，而且现在越来越多的外部插件使得3ds Max 更加如虎添翼，在画面表现和动画制作方面也丝毫不逊于Maya、Softimage等专业软件，而且3ds Max 掌握起来相对容易。

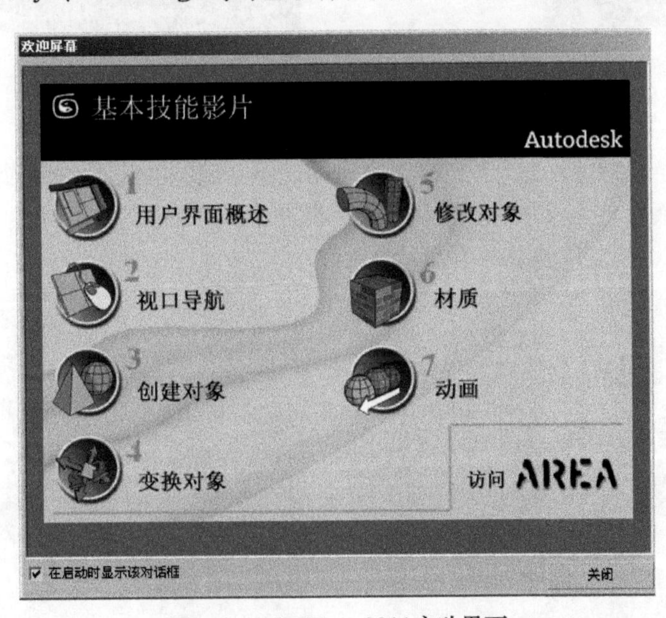

图1-1 3ds Max 2011启动界面

3ds Max 2011有着简单明了的操作界面、丰富简便的造型功能、简洁的材质贴图功能、更加便利的动画控制，在学习的过程中更加贴近一些初级和中级的用户。正是基于这些原因，3ds Max的用户越来越多，应用的范围也越来越广泛。而且如果把3ds Max和其他相关软件相结合使用，即使是电影特技也是可以完成的。通过本书的学习，将使没有接触过的用户了解3ds Max，使初、中级用户得到一些提高，为以后更加深入的学习、掌握这一强大的工具打下良好的基础。

1.2 3ds Max 2011的主要应用领域

3ds Max 2011为各行业（动漫产业、游戏产业、电影制作、工业制造行业、电视广告、建筑行业等）提供了一个专业、易掌握和全面的解决方法。

1. 动漫产业

随着我们动漫产业的兴起，三维电脑动漫片正逐步取代二维传统手绘动画片。而3ds Max更是制作三维电脑动漫片的一个首选软件。图1-2为使用3ds Max制作的动漫角色和场景。

图1-2 3ds Max在动漫产业中的应用

2. 游戏产业

当前许多电脑游戏中加入了大量的三维动画的应用。细腻的画面、宏伟的场景和逼真的造型，使游戏的欣赏性和真实性大大增加，使得3D游戏的玩家越来越多，3D游戏的市场不断壮大。图1-3为使用3ds Max制作的游戏场景和角色。

图1-3 3ds Max在游戏产业中的应用

3．电影制作

现在制作的电影都大量使用了3D技术，3D技术所带来的震撼效果在各种电影中的应用更是层出不穷。图1-4为使用3ds Max制作的电影中的特效和场景。

图1-4　3ds Max在电影制作中的应用

4．工业制造行业

由于工业变得越来越复杂，其设计和改造也离不开3D模型的帮助。例如，在汽车行业，3D的应用更为显著。图1-5为使用3ds Max制作的汽车模型。

图1-5　3ds Max在工业制造行业中的应用

5．电视广告

3D动画的介入使得电视广告变得五彩缤纷，更加活泼动人。3D动画制作不仅使制作成本比真实拍摄有明显下降，还显著提高了电视广告的收视率。图1-6为使用3ds Max制作的电视广告。

图1-6　3ds Max在电视广告中的应用

6．建筑行业

3ds Max 在建筑行业的应用有很长的历史，利用它可以制作出逼真的室内外效果图。图 1–7 为使用 3ds Max 制作的建筑效果图。

图1–7　3ds Max在建筑行业中的应用

1.3　3ds Max 2011 的用户界面

启动 3ds Max 2011 后即可进入用户界面，如图 1–8 所示。

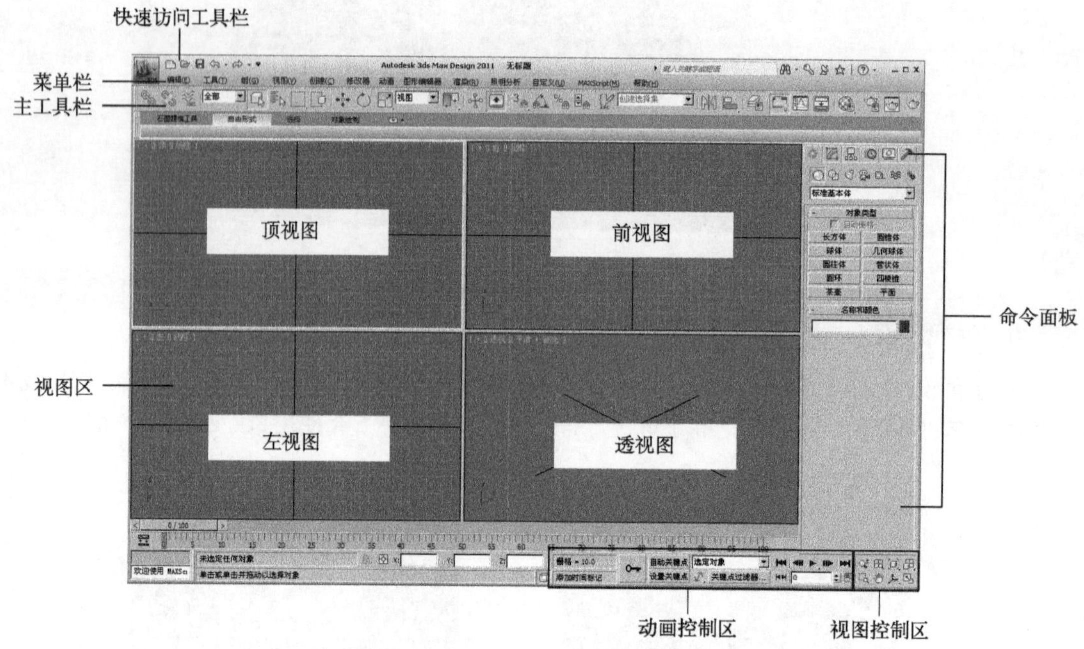

图1–8　3ds Max 2011用户界面

3ds Max 2011 用户界面可分为快速访问工具栏、菜单栏、主工具栏、视图区、面板、动画控制区和视图控制区 7 部分。

1.3.1　快速访问工具栏

快速访问工具栏位于用户界面的左上方，如图 1-9 所示，它提供了 3ds Max 2011 中一些最常用的文件管理命令以及“撤销”和“重做”命令。此外用户还可以通过执行菜单中的“自定义 | 自定义用户界面”命令，在弹出的图 1-10 所示的“自定义用户界面”对话框中自定义快速访问工具栏的相关工具按钮。

图1-9　快速访问工具栏

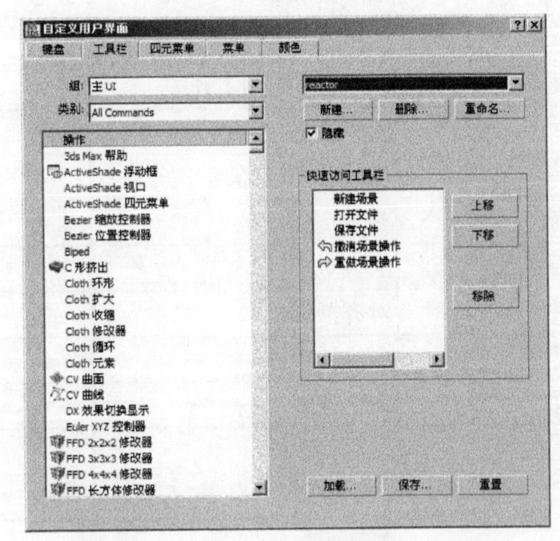

图1-10　“自定义用户界面”对话框

1.3.2　菜单栏

菜单栏位于快速访问工具栏的右侧，它包括“编辑”、“工具”、“组”、“视图”、“创建”、“修改器”、“动画”、“图形编辑器”、“渲染”、“照明分析”、“自定义”、MaxScript 和“帮助”共 13 个菜单。

1.3.3　主工具栏

主工具栏位于菜单栏的下方，由多个图标和按钮组成，它将命令以图标的方式显示在工具栏中，此工具栏包括用户在今后的制作过程中经常使用的工具，使用起来非常方便。它包括的按钮如表 1-1 所示。

表 1-1　主工具栏中的按钮及作用

按　钮	作　用	按　钮	作　用
	选择并链接		断开当前选择链接
	绑定到空间扭曲		选择对象
	按名称选择		矩形选择区域
	圆形选择区域		围栏选择区域
	套索选择区域		绘制选择区域
	窗口选择方式		交叉选择方式
	选择并移动		选中并旋转

续表

按　钮	作　用	按　钮	作　用
	选择并匀称缩放		选择并非匀称缩放
	选择并挤压		使用轴点中心
	使用变换坐标中心		使用选择中心
	选择并操纵		键盘快捷键覆盖切换
	三维捕捉锁定开关		二维捕捉锁定开关
	2.5 维捕捉锁定开关		角度捕捉切换
	百分比捕捉切换		微调器捕捉切换
	编辑命名选择集		镜像
	对齐		迅速对齐
	法线对齐		放置高光
	对齐摄影机		对齐到视图
	曲线编辑器		层管理器
	图解视图		石墨建模工具
	材质编辑器		平板材质编辑器
	渲染设置		渲染帧窗口
	渲染产品		

1.3.4 视图区

视图区占据了 3ds Max 工作界面的大部分空间，它是用户进行创作的主要工作区域，建模、指定材质、设置灯光和摄影机等操作都在视图区进行。

视图区默认有顶视图、前视图、左视图和透视图 4 个视图，如图 1-11 所示。

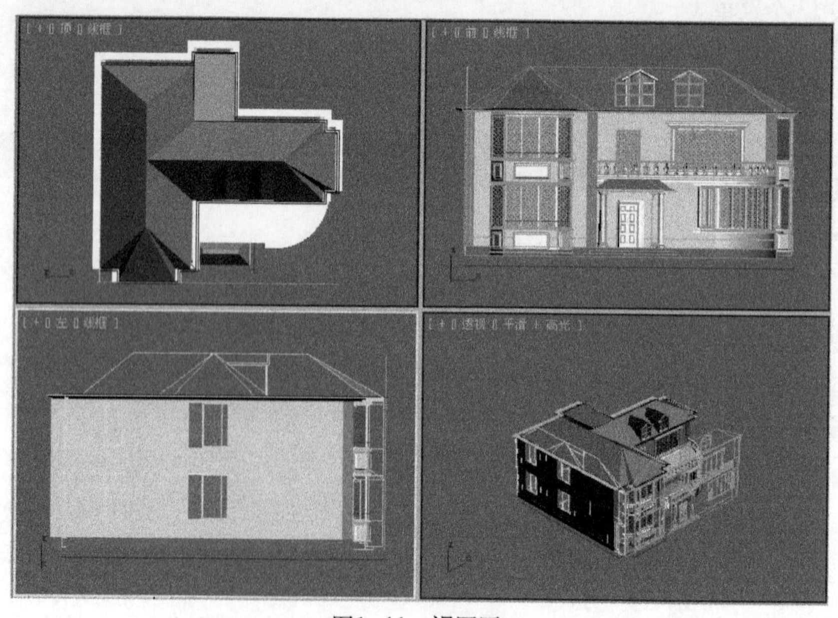

图1-11　视图区

1.3.5 面板

默认状态下，面板位于用于界面的右侧，包括 6 个面板，它是 3ds Max 的核心工作区域，输入和调整参数都需在面板中进行，如图 1-12 所示。

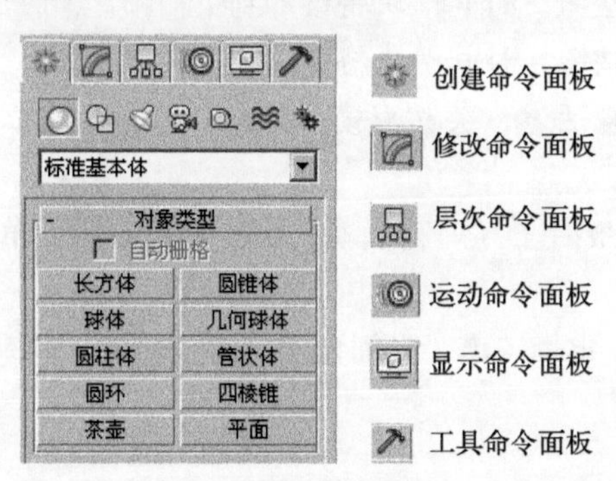

创建命令面板

修改命令面板

层次命令面板

运动命令面板

显示命令面板

工具命令面板

图1-12 面板

1.3.6 动画控制区

动画控制区位于用户界面的右下方，如图 1-13 所示。它主要用于录制和播放动画以及设置动画时间。它的按钮的功能如下：

[按钮]：激活此按钮，可以在当前位置增加一个关键点。这一功能对制作角色动画非常有用，可以使用少量的关键点角色实现从一种姿势向另一种姿势的变化。

设置关键点：激活此按钮，可以对所选对象的多个独立轨迹进行调整。

自动关键点：激活此按钮，视图中的任何改变都会记录成动画，再次单击该按钮，将关闭动画录制。激活此按钮的快捷键是〈N〉。

关键点过滤器...：激活此按钮，将弹出图 1-14 所示的面板，在这里可以设置“全部”、“位置”、“旋转”、“缩放”、“IK 参数”、“对象参数”、“自定义属性”、“修改器”、“材质”和“其他”关键点过滤选项。

[按钮]（播放动画）：激活此按钮将开始播放视图中的动画。激活后该按钮将自动切换为[按钮]（停止动画）按钮，单击该按钮将停止播放动画。

[按钮]（播放选定对象）：用于在激活的视图中播放选择对象的动画。如果没有选择的对象，就不播放动画。

图1-13 面板

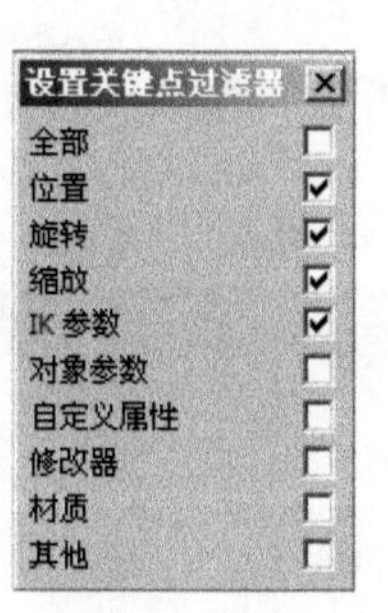

图1-14 “设置关键点过滤器”面板

(转至开头)：单击该按钮，时间滑块将移动到当前动画范围的开始帧。如果正在播放动画，那么，单击该按钮，动画就停止播放。

（转至结尾）：单击该按钮，时间滑块将移动到当前动画范围的末端。

（下一帧）：单击该按钮，时间滑块将移动到下一帧。

（上一帧）：单击该按钮，时间滑块将移动到上一帧。

（上一关键点）：当激活（关键点模式切换）按钮后，单击该按钮，时间滑块将移动到选择对象的下一个关键点。

（下一关键点）：当激活（关键点模式切换）按钮后，单击该按钮，时间滑块将移动到选择对象的上一个关键点。

（时间配置）：用于设定帧速率、时间显示、播放速度、动画时间和关键点步幅等参数。

1.3.7 视图控制区

视图控制区用于调整视图的大小与角度，以满足操作需要。

视图控制区的按钮会因当前激活视图的不同而有所不同。例如，当前激活的是顶、前或左等正视图时，视图控制区各按钮如图 1-15（a）所示；当前激活的是透视图时，视图控制区按钮如图 1-15（b）所示；当前激活的是摄影机视图时，视图控制区按钮如图 1-15（c）所示；当前激活的是灯光视图时，视图控制区按钮如图 1-15（d）所示。

下面主要说明一下正视图和透视图情况下的按钮功能：

（缩放）：激活此按钮，可以在激活视图中模拟拉近或远离对象。

（缩放所有视图）：激活此按钮，可以同时放大和缩小所有视图。

（最大化显示）：激活此按钮，可以放大激活视图中的所有对象。

（最大化显示选定对象）：激活此按钮，可以放大激活视图中选中的对象。

（所有视图最大化显示）：激活此按钮，可以放大所有视图中的所有对象。

（所有视图最大化显示选定对象）：激活此按钮，可以放大所有视图中选定的对象。

（缩放区域）：激活此按钮，可以通过拖动鼠标来缩放选定对象。

（平移视图）：激活此按钮，可以通过鼠标来上、下、左、右移动视图。

（环绕）：激活此按钮，可以通过拖动鼠标公共轴来旋转视图。

（环绕子对象）：激活此按钮，可以通过拖动鼠标绕选定对象来旋转视图。

（最大化视口切换）：激活此按钮，可以用当前视图填满屏幕，再次单击该按钮，会重新显示出所有 4 个视图。

（视野）：激活此按钮，可以改变视野范围。

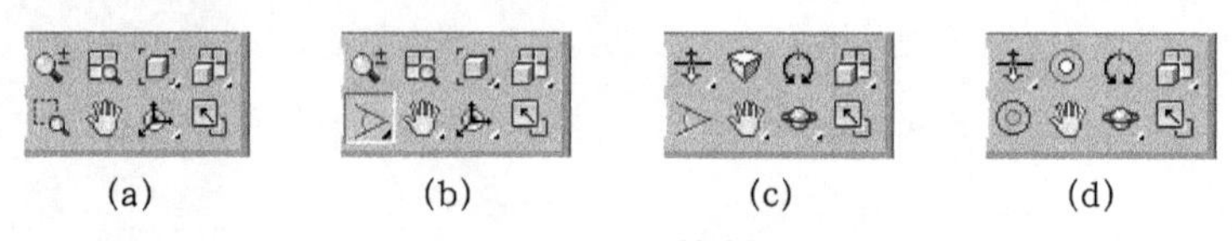

(a)　(b)　(c)　(d)

图1-15　视图控制区

课后练习

1. 填空题

（1）3ds Max 2011 视图区默认有 ＿＿＿＿＿＿、＿＿＿＿＿＿、＿＿＿＿＿＿ 和 ＿＿＿＿＿＿4 个视图。

（2）3ds Max 2011 面板包括 ＿＿＿＿＿＿、＿＿＿＿＿＿、＿＿＿＿＿＿、＿＿＿＿＿＿、＿＿＿＿＿＿ 和 ＿＿＿＿＿＿6 个面板。

2. 选择题

（1）激活 ＿＿＿＿＿＿ 按钮，可以同时放大所有视图中的所有对象。

A. B. C. D.

（2）激活 ＿＿＿＿＿＿ 按钮，将会弹出时间设置对话框，在这里可以设定帧速率、时间显示、播放速度、动画时间和关键点步幅等参数。

A. B. C. D. 关键点过滤器...

3. 问答题

（1）简述 3ds Max 2011 的系统要求和配置

（2）简述 3ds Max 2011 的界面构成。

第2章 基础对象的创建和基本操作

3ds Max 2011中自带了许多基本的二维图形和三维造型。在创建了基本造型后，通常要对其进行选择、变换、复制和组合等操作。通过本章学习应掌握以下内容：

- 二维样条线的创建和修改方法；
- 标准三维模型的创建方法；
- 扩展三维模型的类型；
- 选择对象的方法；
- 变换对象的方法；
- 复制对象的方法；
- 组合对象的方法。

2.1 二维样条线的创建

3ds Max 2011提供了二维样条线建模、三维建模、复合建模、网格建模、多边形建模、面片建模、NURBS曲线建模等多种建模方式。其中二维样条线包括的类型并不太多，但却是三维复杂模型最基础的组成部分。3ds Max 2011包括11种二维样条线类型，如图2-1所示。

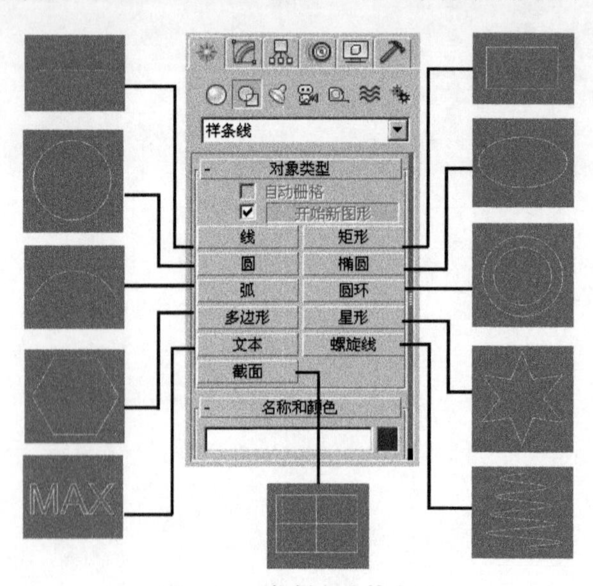

图2-1　二维样条线的类型

2.1.1　创建线

直线和曲线是各种平面造型的基础，任何一个平面造型都是由直线和曲线组成的。在 3ds Max 2011 中可以使用线工具绘制任意的从起点到终点的二维线条——直线和曲线。

二维样条线又分为开放的和封闭的两种样条线。

1．开放的样条线

开放的二维样条线的创建过程如下：

① 单击（创建）面板中的（图形）按钮，进入图形面板。然后单击 线 按钮，在顶视图上单击鼠标，绘制出线条的起始点。接着松开鼠标，在另一处单击鼠标，从而绘制出第 2 点。此时所绘制的两点之间出现一条直线段。下面再移动鼠标，会看到在光标上仍然连着一条线段，如图 2–2 所示。如果继续单击鼠标，则确定出第 3 点；如果右击鼠标，则取消了线段的继续操作，这样就绘制了一条开放的二维样条线，如图 2–3 所示。

② 如果在绘制线条时按住鼠标左键，然后拖动鼠标，就会拖出一条曲线。

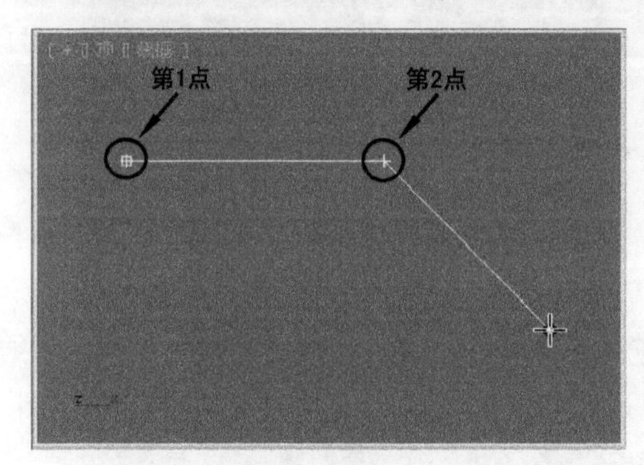

图2–2　绘制过程中光标连着一条线段

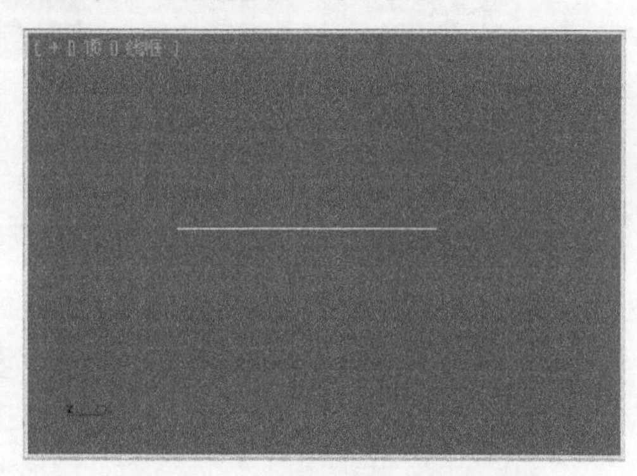

图2–3　绘制后开放的样条线

2．封闭的样条线

封闭的二维样条线的创建过程如下：

① 首先绘制出一条开放的二维样条线，然后不要取消线的操作，拖动光标到起始点位置单击，此时会弹出“样条线”对话框，提示“是否闭合样条线？”如图 2–4 所示。

② 单击“是”按钮，即可形成封闭的二维样条线，如图 2–5 所示。

图2–4　“样条线”对话框

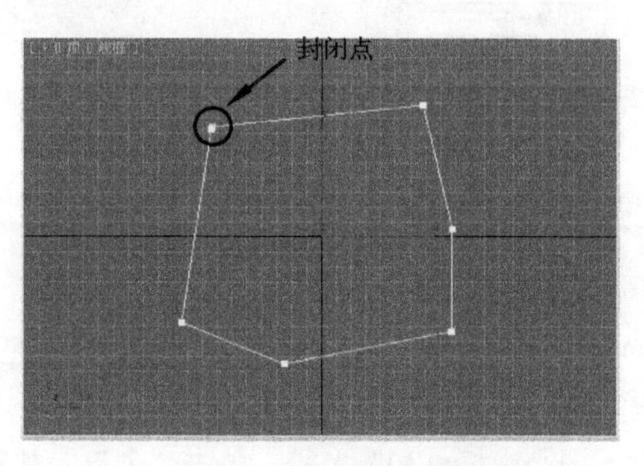

图2–5　封闭的二维样条线

2.1.2 创建矩形

矩形工具用来绘制矩形和正方形。矩形的创建过程如下：

① 单击顶视图使之成为当前视图，然后在（图形）面板中单击 矩形 按钮。

② 展开“键盘输入”卷展栏，设置如图 2-6 所示。

③ 单击“创建”按钮，即可创建出圆角矩形，如图 2-7 所示。

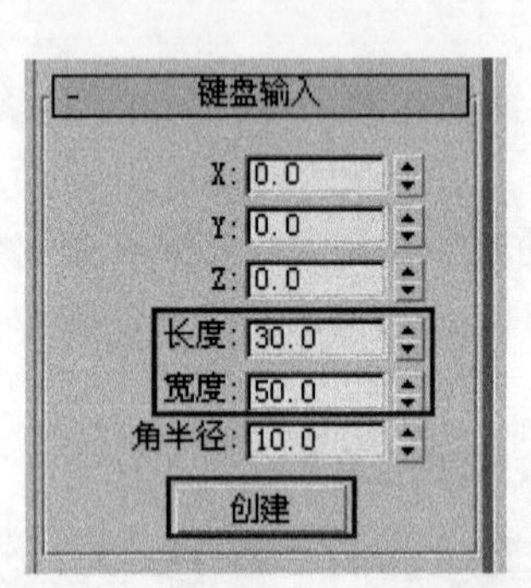

图2-6 矩形“键盘输入”卷展栏的设置

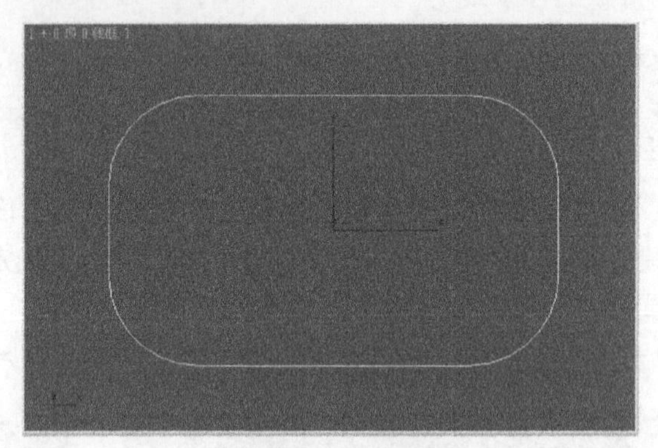

图2-7 生成的矩形

提示

矩形的基本参数只有3个：“长度”可设置矩形的长度；“宽度”可设置矩形的宽度；“角半径”可设置矩形的圆角。

④ 修改角半径。单击（修改）按钮，进入修改面板，调整设置如图 2-8 所示，结果如图 2-9 所示。

图2-8 修改“角半径”参数

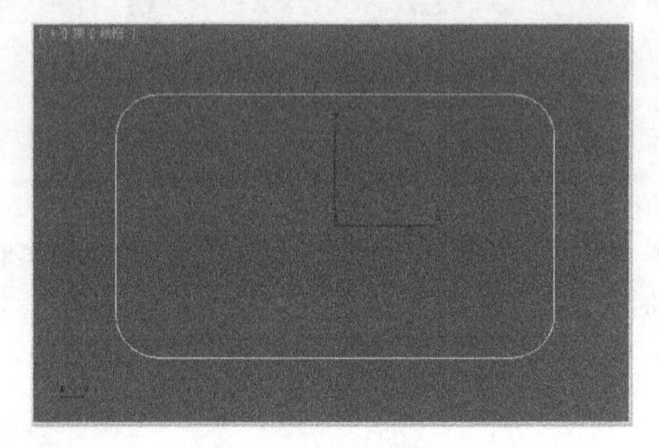

图2-9 修改后矩形

2.1.3 创建圆

圆形的创建过程如下：

① 单击顶视图使之成为当前视图，然后单击（图形）面板上的 圆 按钮，展开“键盘输入”卷展栏，如图 2-10 所示。

② 输入圆心坐标点和圆半径，单击“创建”按钮，即可创建出圆，如图 2-11 所示。

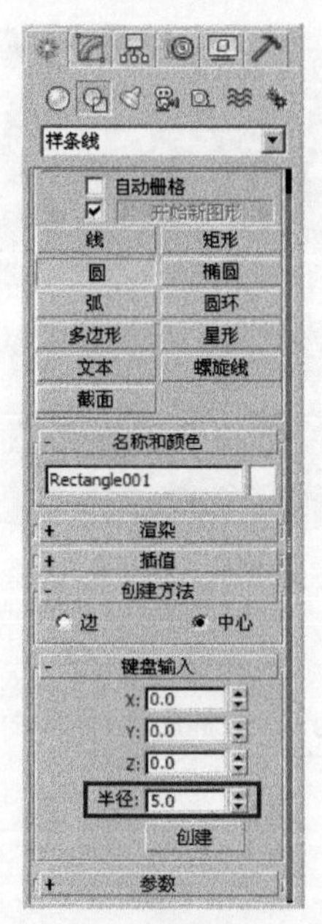

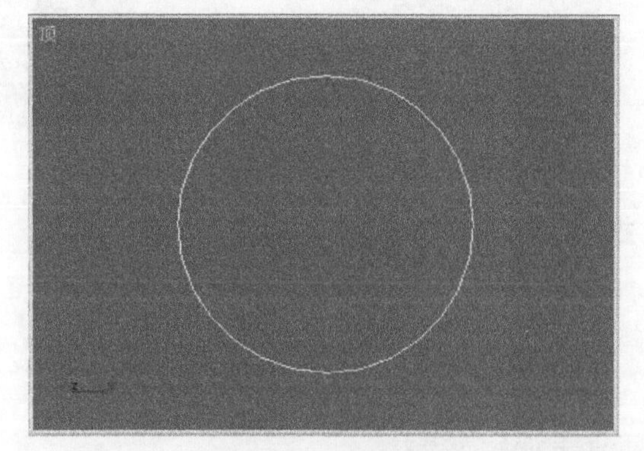

图2-10　圆“键盘输入”卷展栏　　　　图2-11　生成的圆

③ 单击工具栏中的（选择并移动）按钮，选择圆。然后进入（修改）面板，展开“渲染”卷展栏，选中“在渲染中启用”复选框，其余设置如图2-12所示。

④ 激活顶视图，然后单击工具栏中的（渲染产品）按钮进行渲染，效果如图2-13所示。

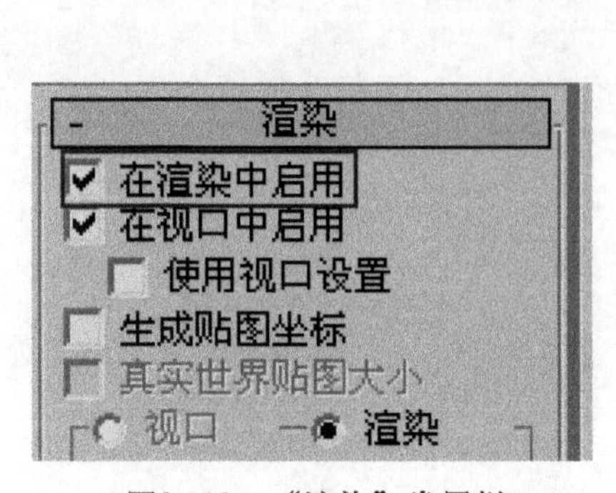

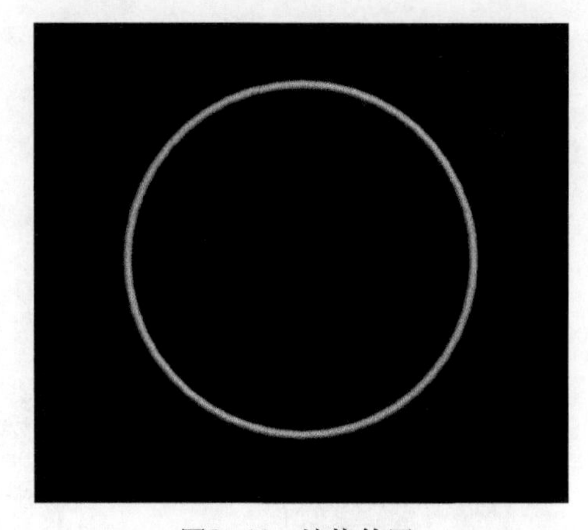

图2-12　“渲染”卷展栏　　　　图2-13　渲染的圆

2.1.4 创建椭圆

椭圆的创建过程如下：

① 单击顶视图使之成为当前视图，在（图形）面板中单击 椭圆 按钮。

② 展开“键盘输入”卷展栏，设置如图2-14所示，然后单击“创建”按钮，即可创建出椭圆，如图2-15所示。

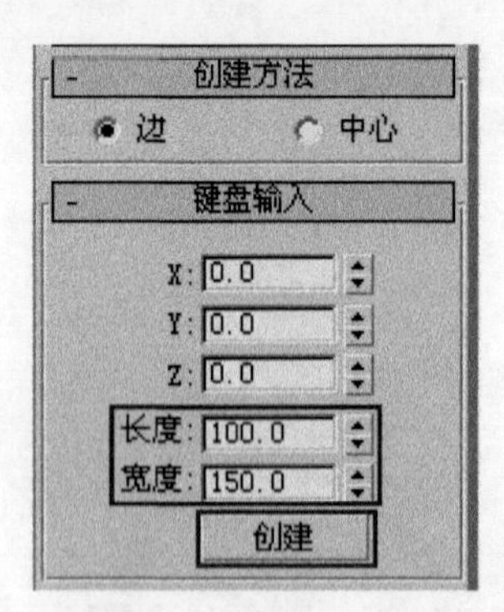

图2-14　椭圆“键盘输入”卷展栏设置

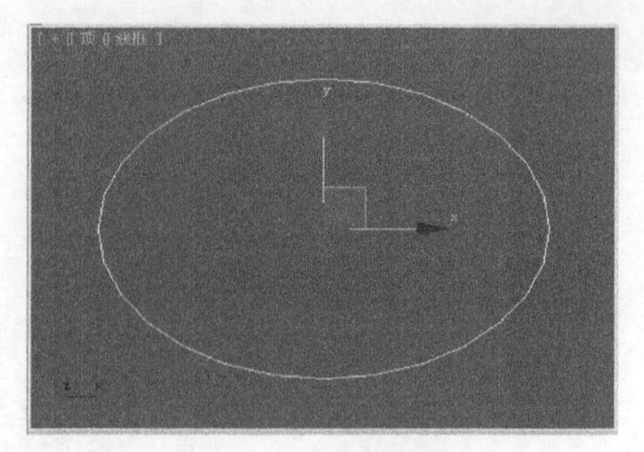

图2-15　生成的椭圆

提示

椭圆有两个基本参数：“长度半径”可设置椭圆的长轴，“宽度半径”可设置椭圆的短轴。

2.1.5 创建弧

弧工具可用来绘制二维开放或封闭式的弧线，创建方法要比圆复杂一些，需要3个点才能确定一个圆弧。弧的创建过程如下：

① 单击顶视图使之成为当前视图，然后单击（图形）面板上的 弧 按钮，展开“键盘输入”卷展栏，设置如图2-16所示。

② 单击“创建”按钮，即可创建出弧线，如图2-17所示。

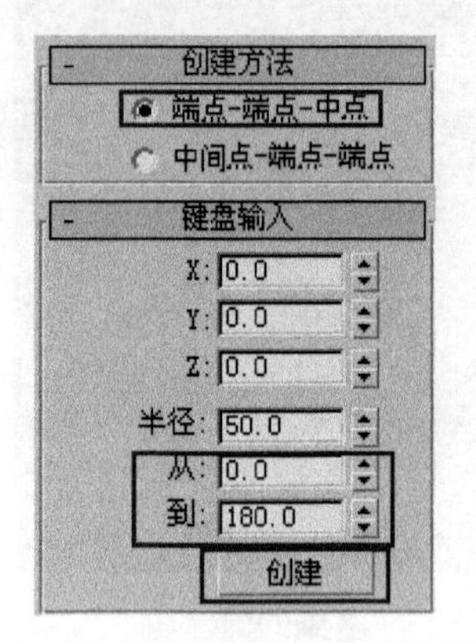

图2-16　弧“键盘输入”卷展栏的设置

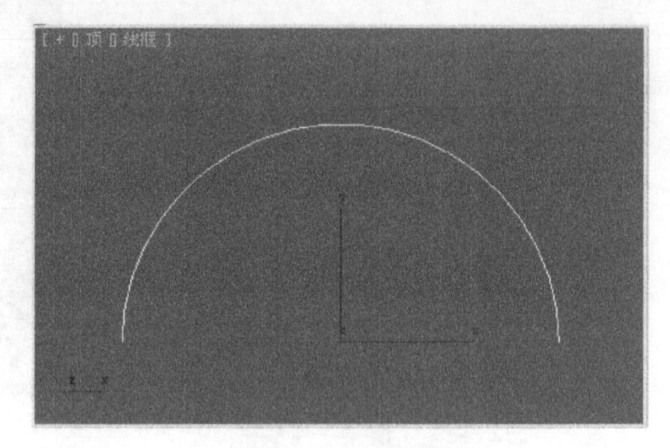

图2-17　生成的弧

在弧的参数面板中提供了两种创建方法：

- “端点-端点-中点”：选中该单选按钮，拖动鼠标可首先定义圆弧的起始点，然后建立圆弧的结束点，最后单击决定圆弧的曲度。
- “中间点-端点-端点”：选中该单选按钮，拖动鼠标可首先决定圆弧的中心点位置，然后决定圆弧的半径值，最后根据这个半径值来决定弧线的长度。

2.1.6 创建圆环

圆环工具可以绘制同一个圆心的双圆造型。圆环的创建过程如下：

① 单击顶视图使之成为当前视图，然后在（图形）面板上单击 圆环 按钮。

② 展开“键盘输入”卷展栏，设置如图 2-18 所示，然后单击“创建”按钮，即可创建出圆环，如图 2-19 所示。

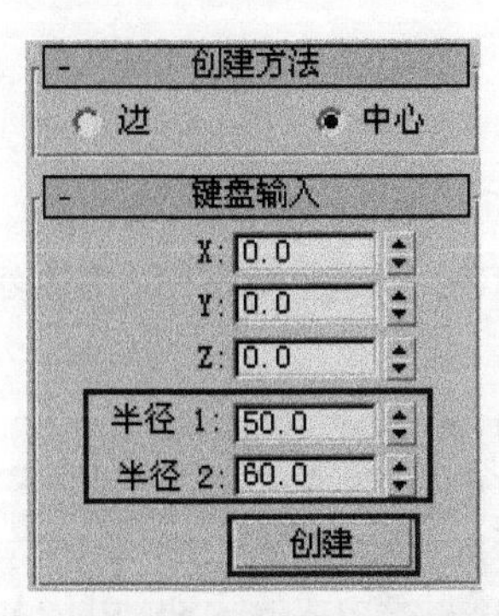

图2-18　圆环“键盘输入”卷展栏设置

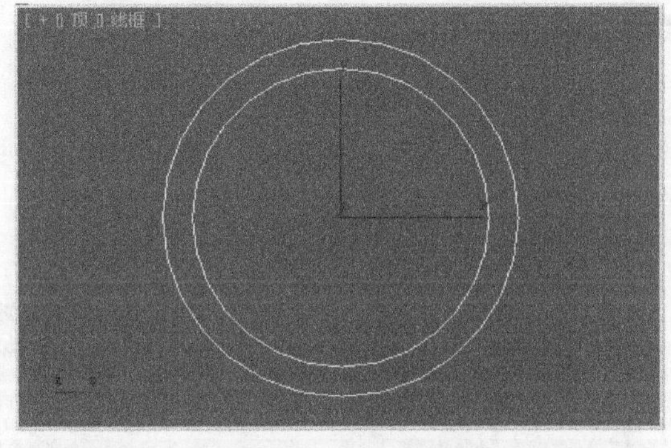

图2-19　生成的圆环

提示

圆环的基本参数有两个：“半径1”是第1个圆形的半径；“半径2”是第2个圆形的半径。

2.1.7 创建多边形

多边形工具用来绘制多边形，多边形的创建过程如下：

① 单击顶视图使之成为当前视图，然后单击（图形）面板上的 多边形 按钮。

② 展开“参数”和“键盘输入”卷展栏，设置如图 2-20 所示。

③ 单击“创建”按钮，即可创建出六边形，如图 2-21 所示。

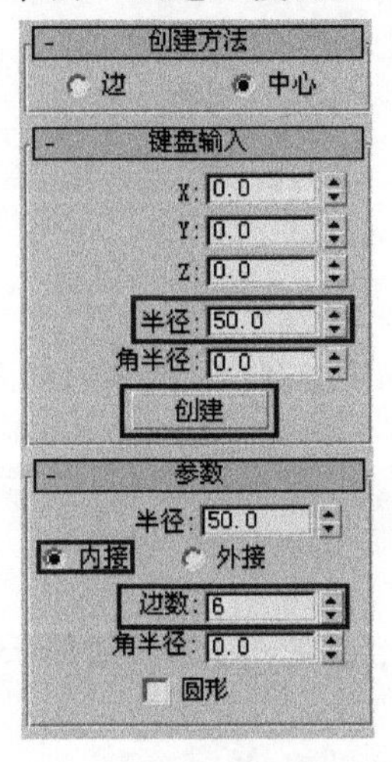

图2-20　多边形的参数设置

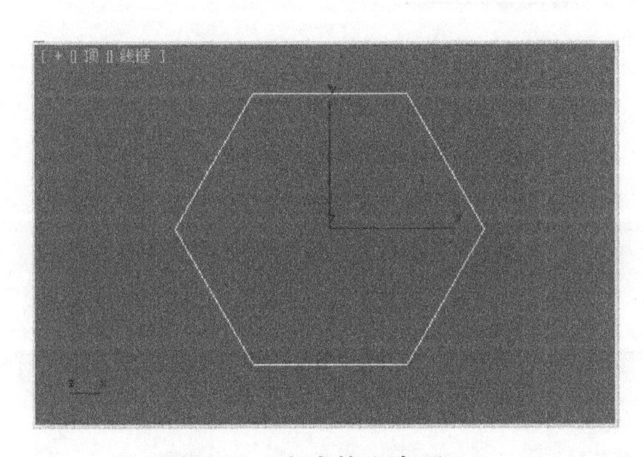

图2-21　生成的多边形

> 当选中“圆形”复选框，无论多边形的边数如何，都会自动变为二维圆形。

2.1.8 创建星形

星形工具可用来绘制不同顶点数的星形。创建星形有键盘输入和手动拖拉两种方法。

1. 键盘输入创建星形

通过键盘输入创建星形的过程如下：

① 单击顶视图使之成为当前视图，然后在（图形）面板中单击 星形 按钮。

② 展开“键盘输入”卷展栏，设置如图 2–22 所示，然后单击“创建”按钮，即可创建出星形，如图 2–23 所示。

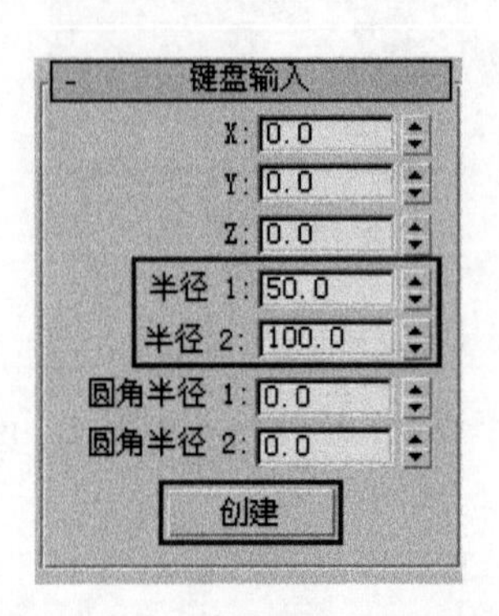

图2–22 星形“键盘输入”卷展栏设置

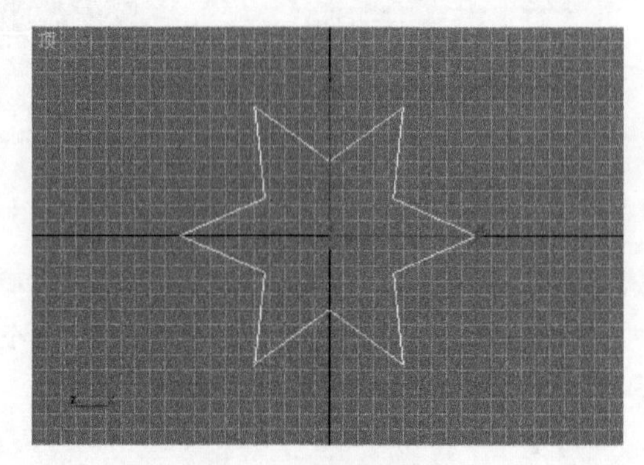

图2–23 生成的星形

> 星形的基本参数有“半径1”与“半径2”，它们是星形的两个半径，两者的数值差距越大，星形的形状越尖锐；“点”是星形的顶点数；“扭曲”是星形顶点的扭曲变形角度，当角度大于0时，向逆时针方向扭曲，当角度小于0时，则向顺时针方向扭曲；“圆角半径1”与“圆角半径2”是星形倒角处与尖角的圆滑度半径。

2. 手动拖拉创建星形

通过手动拖拉创建星形的过程如下：

① 在（图形）面板中单击 星形 按钮。

② 在顶视图中单击，确定星形中心点。然后按住鼠标拖拉出“半径 1”大小后松开鼠标，接着在“半径 2”的位置单击鼠标，即可创建出星形。

2.1.9 创建文本

文本工具用于建立文字造型。在 3ds Max 2011 中，文本实际上是由许多条二维线条组成的，所以文字被定义为二维图形。

文本的创建过程如下：

① 单击（图形）面板上的 文本 （文本）按钮，在文本的参数面板中的文本框中输入文本“动漫行业”，如图 2-24 所示。

② 选择文本后，可以在“参数”卷展栏顶端的字符列表选择所需的字形。然后在前视图上单击即可建立文字造型，如图 2-25 所示。

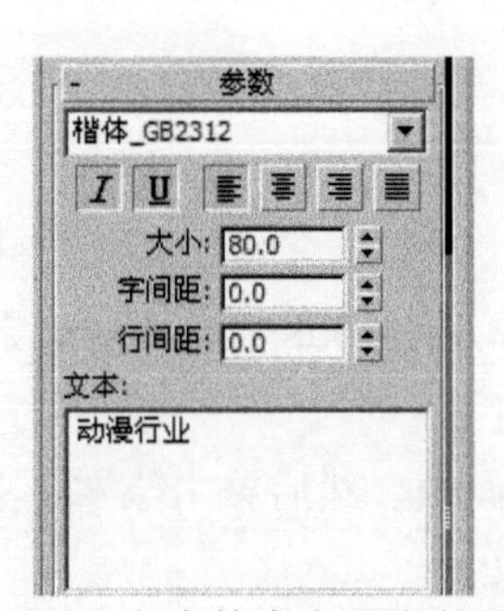

图2-24　文本的内容和参数设置

图2-25　生成的文本

“参数”卷展栏参数含义如下：

- 在“文本”参数面板的“字体”下拉列表框中可以选择需要的字体，默认为 Arial 字体。
- 在“字体”下拉列表框下面的前两个按钮用于控制字形，I按钮可设置文字为斜体，U按钮可设置下画线，其余按钮为排版格式（右对齐、居中对齐、左对齐、强制对齐）。
- “大小”可设置文本的大小。
- “字间距”可设置字与字之间的距离。
- “行间距”可设置行之间的距离。
- “文本”文本框为输入文本的区域。

③ 如果要对文本的相关参数进行调整，可进入（修改）面板进行重新设定。

2.1.10 创建螺旋线

螺旋线工具可用来绘制螺旋形的线条，这里以制作一个弹簧为例来说明螺旋形的创建过程，具体创建过程如下：

① 单击顶视图使之成为当前视图，在（图形）面板中单击 螺旋线 按钮。

② 展开“键盘输入”卷展栏，设置如图 2-26 所示，然后单击“创建”按钮，即可创建出螺旋线，如图 2-27 所示。

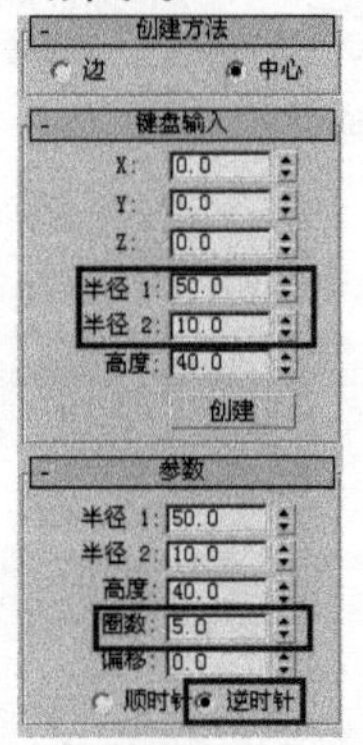

图2-26　螺旋线参数设置

图2-27　生成的螺旋线

提示

螺旋线的基本参数有：“半径1”与“半径2”为螺旋线两个圆形的半径；“高度”为螺旋线的高度；“圈数”为螺旋线的圈数；“偏移”为螺旋线的偏移倾斜度（其最大值为1，最小值为-1，用来控制螺旋线向端面偏移的情况）；“顺时针”与“逆时针”，用来设定螺旋线的旋转方向（顺时针代表顺时针方向旋转，逆时针代表逆时针方向旋转）。

2.1.11 创建截面

截面是通过截取三维几何体的剖面而获得的二维图形。例如，通过 3ds Max 创建完三维楼房模型后可通过这种方法获取它的截面图形。截面的创建过程如下：

① 单击（创建）面板中的（几何体）按钮，进入几何体面板。然后单击茶壶按钮，展开“键盘输入”和“参数”卷展栏，设置如图 2-28 所示。

② 单击顶视图使之成为当前视图，然后在“键盘输入”卷展栏中单击“创建”按钮，即可创建茶壶。

③ 单击（图形）面板上的剖面按钮，然后在顶视图中以茶壶为中心创建一个较大的矩形网格，并将其移动至茶壶高度的某个位置，此时网格与茶壶相交的地方会出现一个黄色的线框，表示此处将截取茶壶的剖面来获得二维图形。

④ 利用工具栏中的（选择并移动）按钮，移动矩形网格的位置至与茶壶相交位置，如图 2-29 所示，此时黄色线框也随之移动。

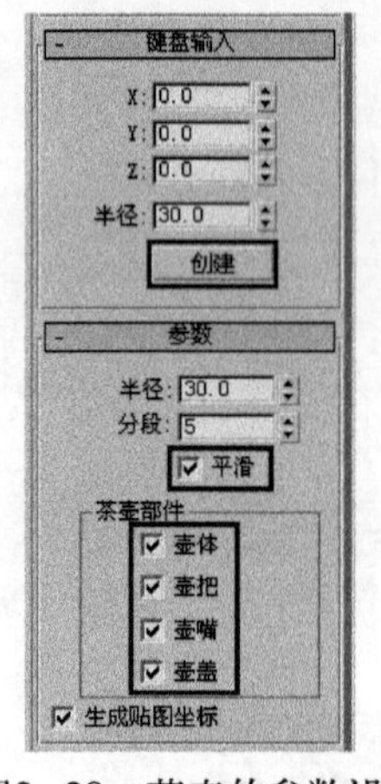

图2-28 茶壶的参数设置

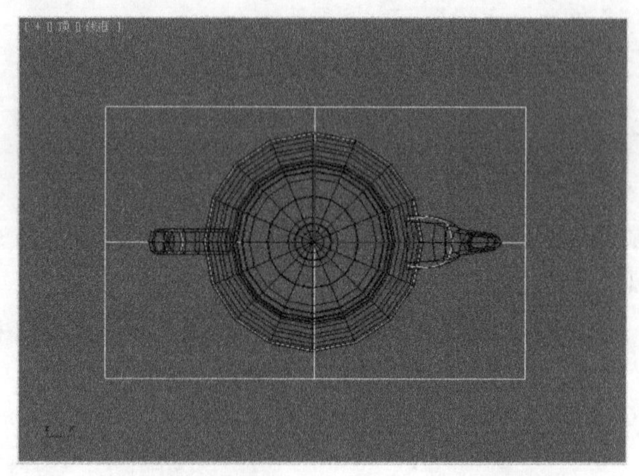

图2-29 移动矩形网格到与茶壶相交位置

⑤ 单击“截面参数”卷展栏中的“创建图形”按钮，如图 2-30 所示。然后在弹出的“命名截面图形”对话框（见图 2-31）中将其命名为“茶壶剖面”，单击“确定”按钮。此时在茶壶与截面相交处会创建一个茶壶横截面，如图 2-32 所示。

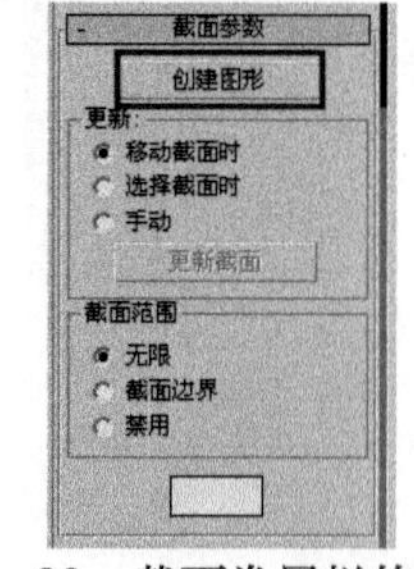

图2-30 截面卷展栏的设置

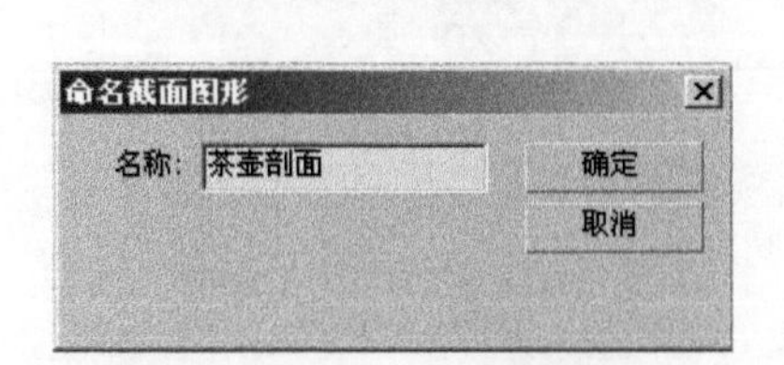

图2-31　“命名截面图形”对话框

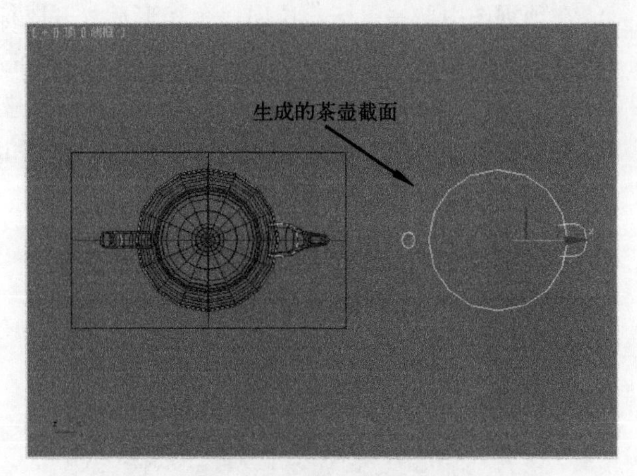

图2-32　生成的茶壶截面

2.2 标准三维模型的创建

3ds Max 2011自带了10种标准三维模型，如图2-33所示。利用它们可以快速地创建一些基础三维模型。它们的创建方法相似，下面以“长方体”、“球体”、“几何球体”、“圆柱体”、“圆环”和“茶壶”为例具体讲解标准三维模型的创建方法。

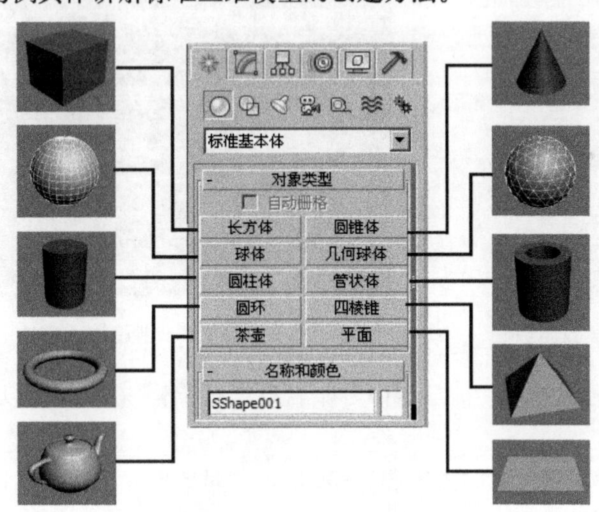

图2-33　标准三维模型的类型

2.2.1 创建长方体

创建长方体有键盘输入和手动拖拉两种方法。

1．手动创建长方体

手动建立长方体的过程如下：

① 单击 （创建）面板中的 （几何体）按钮，进入几何体面板。然后单击 长方体 按钮。

② 在顶视图中单击鼠标，拉出一个矩形后松开鼠标左键，即完成长方体底面的创建。然后在上下方向移动鼠标到适当位置，单击鼠标决定长方体的高度，这时场景中就创建了一个长方体，如图 2–34 所示。此时面板参数变成创建的长方体的相应数值，如图 2–35 所示。

③ 单击长度参数框，然后输入 100，同样将宽度和高度参数设为 100，如图 2–36 所示。这样长方体就变为了正方体，结果如图 2–37 所示。

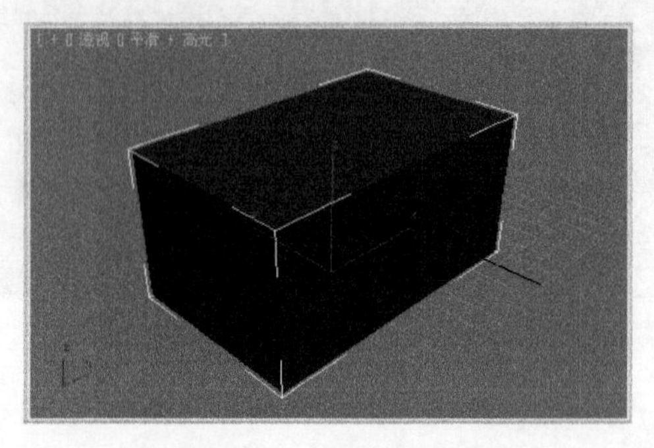

图2–34 创建的长方体

图2–35 长方体参数

图2–36 正方体参数面板

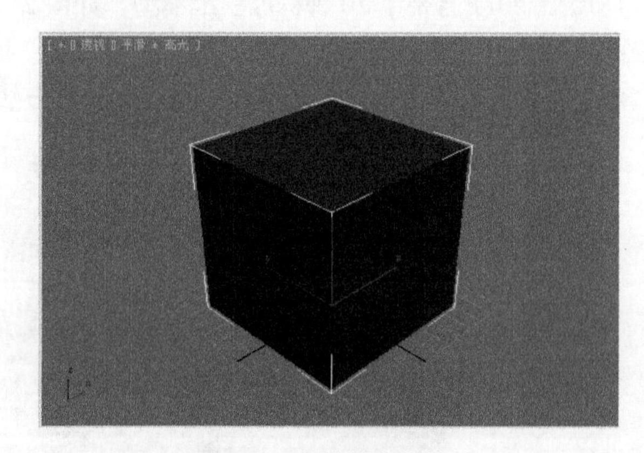

图2–37 创建的正方体

④ 此时可以在名称框中将“长方体 01”命名为“正方体”，以便于以后用（按名称选择）工具选取。

⑤ 单击图 2–38 中的按钮，弹出图 2–39 所示的对话框。

图2–38 名称和颜色

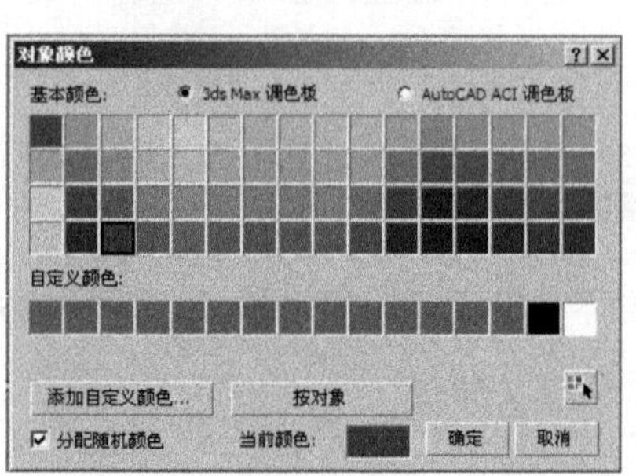

图2–39 “对象颜色”对话框

⑥ 从中选择一种正方体的颜色后，单击“确定”按钮。此时，场景中的正方体颜色就变成了刚才调制出的红色，如图 2-40 所示。

提示

如果不满意可以单击 添加自定义颜色... 按钮，然后在弹出的“颜色选择器”对话框中设定颜色，如图2-41所示。

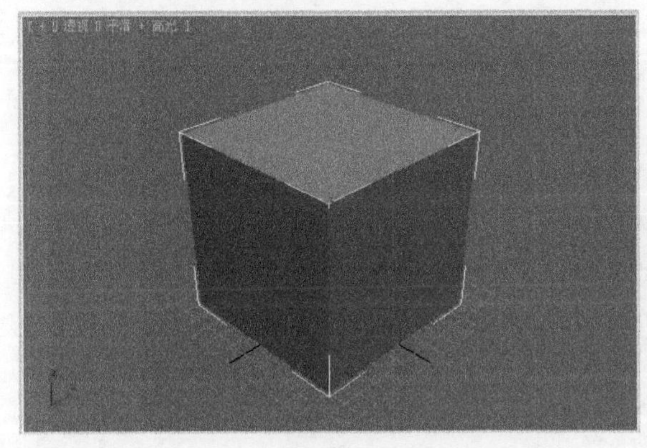

图2-40　改变颜色后的正方体

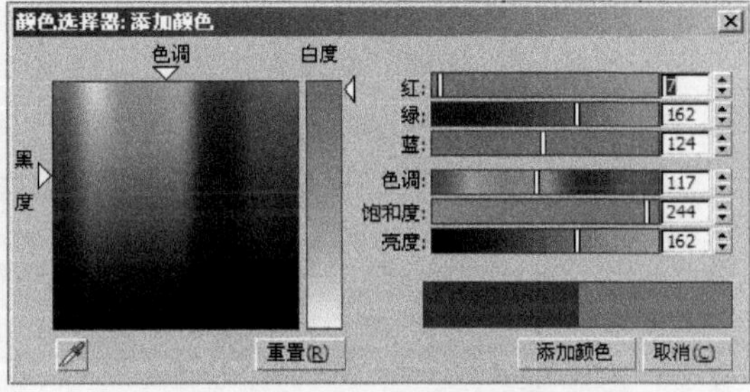

图2-41　“颜色选择器”对话框

2. 键盘输入创建长方体

通过键盘输入法创建长方体的过程如下：

① 单击 （创建）面板中的 （几何体）按钮，进入几何体面板。然后单击 长方体 按钮。

② 展开“创建方法”和“键盘输入”卷展栏，在“创建方法”卷展栏中选中“立方体”单选按钮，然后在“键盘输入”卷展栏设置参数如图 2-42 所示，单击“创建”按钮，即可创建出一个正方体，如图 2-43 所示。

图2-42　“键盘输入”卷展栏

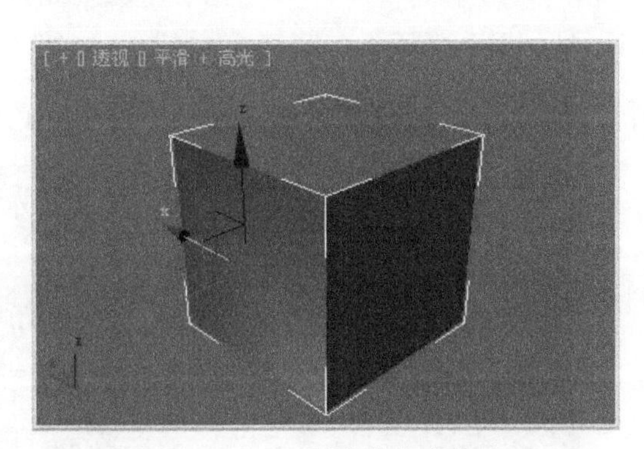

图2-43　创建的立方体

提示

选中“立方体”单选按钮后在“键盘输入”卷展栏中输入长度值，此时宽度和高度会自动匹配长度值。

③ 如果要创建长方体，可以在“创建方法”卷展栏中选中“长方体”单选按钮，然后在“键盘输入”卷展栏输入不同的长度、宽度和高度值，再单击“创建”按钮，即可创建出一个长方体。

2.2.2 创建球体

球体的创建过程如下：

① 单击（创建）面板中的（几何体）按钮，进入几何体面板，然后单击球体按钮，弹出球体设置面板，如图2–44所示。

② 在顶视图中按住鼠标左键并拖动鼠标到适当的位置松开鼠标左键，此时在视图中就生成了一个球体，如图2–45所示。

图2–44 球体设置面板

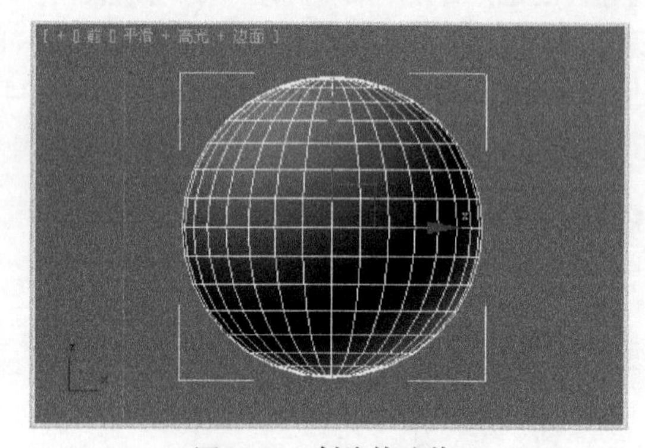

图2–45 创建的球体

③ 选中“轴心在底部”复选框，可将小球轴心点移至底端，如图2–46所示，结果如图2–47所示。

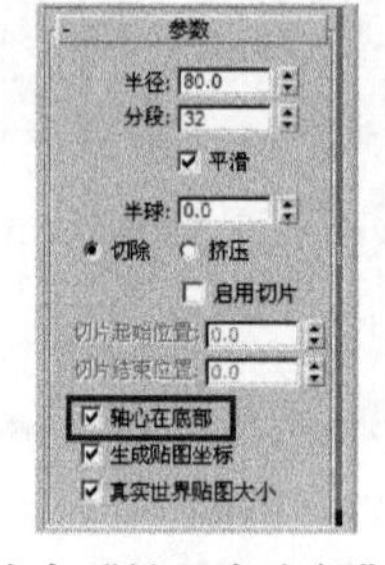

图2–46 选中“轴心在底部”复选框

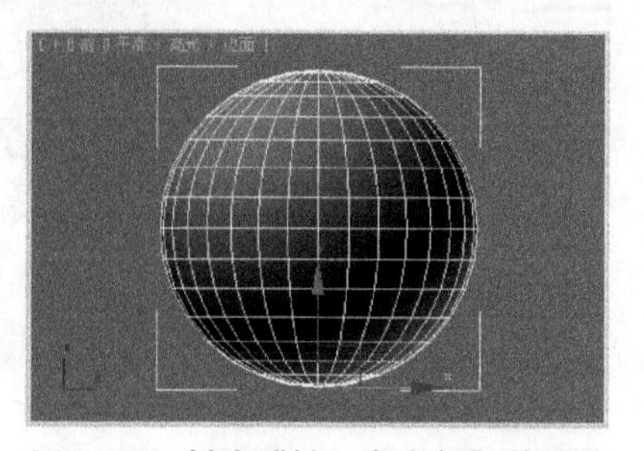

图2–47 创建“轴心在底部”的球体

提示

这样可模拟球体弹跳时轴心点在底端的效果。

④ 选中“启用切片”复选框，并设置“切片结束位置”为90，如图2-48所示，结果如图2-49所示。

图2-48　选中“启用切片”复选框

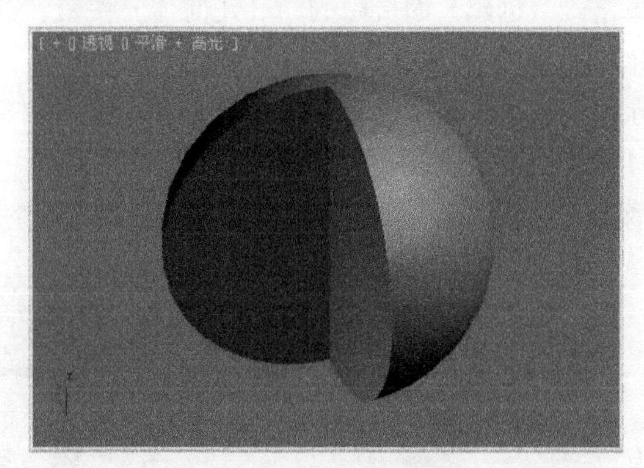

图2-49　切片为90的球体

⑤ 将“半球”的参数设为0.5，此时球体变成半球，设置如图2-50所示，结果如图2-51所示。

图2-50　设置半球参数

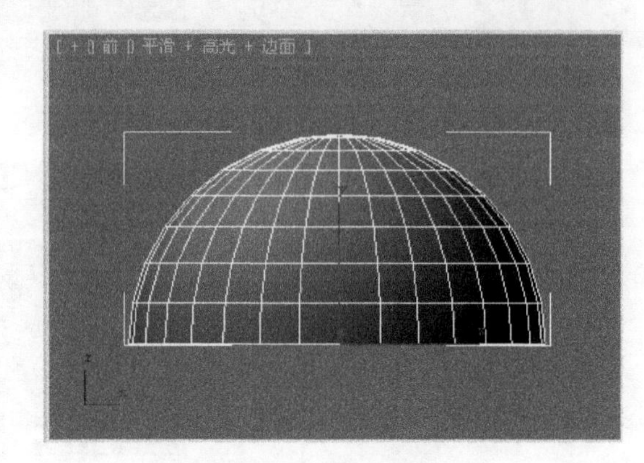

图2-51　半球效果

⑥ 分别选中“切除”和“挤压”单选按钮，球体网格会发生变化，如图2-52所示。

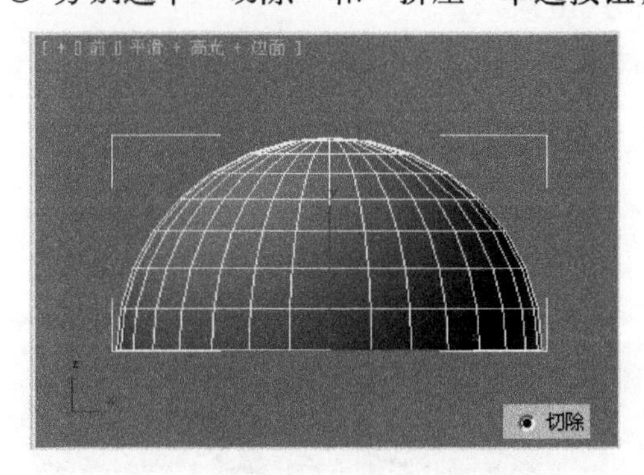

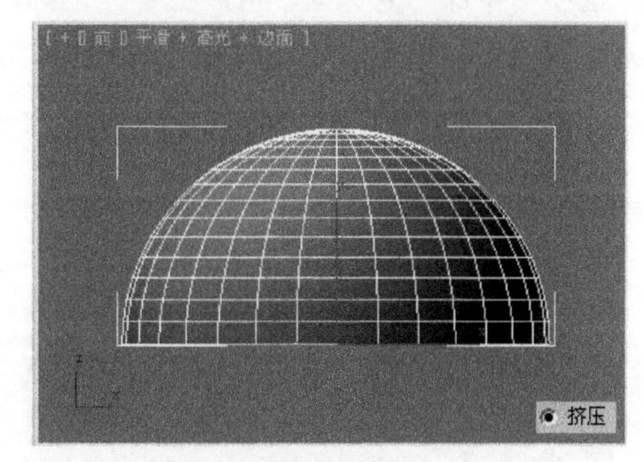

图2-52　选中“切除”和“挤压”单选按钮后球体网格的变化

提示

“切除”和“挤压”选项只在半球不为0时起作用。

2.2.3 创建几何球体

几何球体比球体对象使用的多边形表面少。它不像球体对象那样，由大小不同的矩形组成，而是由大小相同的三角形组成的。几何球体的创建过程如下：

① 单击（创建）面板中的（几何体）按钮，进入几何体面板，然后单击几何球体按钮，弹出几何体球体设置面板，如图 2–53 所示。

② 在顶视图中，单击并拖动鼠标到适当位置松开鼠标，一个三角形面几何圆球就被创建了，如图 2–54 所示。

③ 取消选中“平滑”复选框，此时球体以不平滑的三角形显示，如图 2–55 所示。

图2–53　几何体球体设置面板

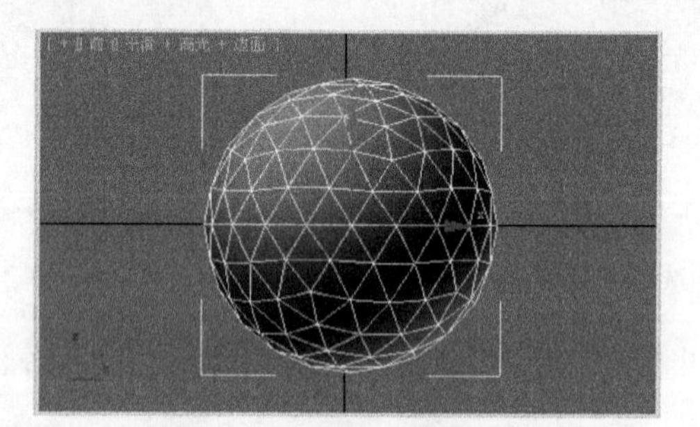

图2–54　创建的几何球体

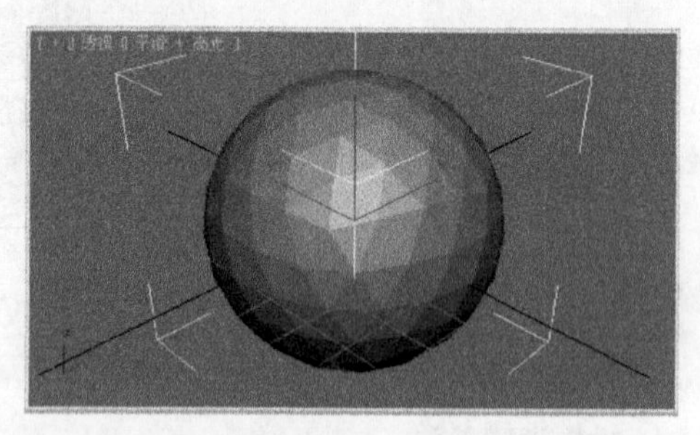

图2–55　取消选中“平滑”后效果

④ 选中“半球”复选框，可产生半球，如图 2–56 所示。

⑤ 选中“轴心在底部”复选框，可使球体轴心点移至底端，如图 2–57 所示。

图2–56　半球效果

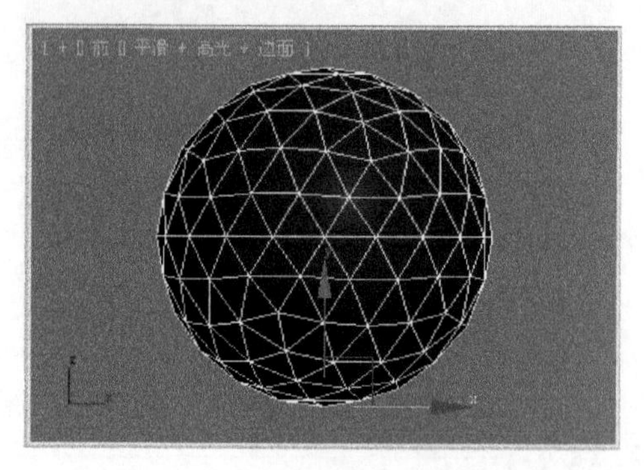

图2–57　“轴心在底部”的几何球体

⑥ 在“基本面类型”选项组中有“四面体”、“八面体”和“二十面体”3个单选按钮可供选择，图2−58为选中不同基本面类型的效果。

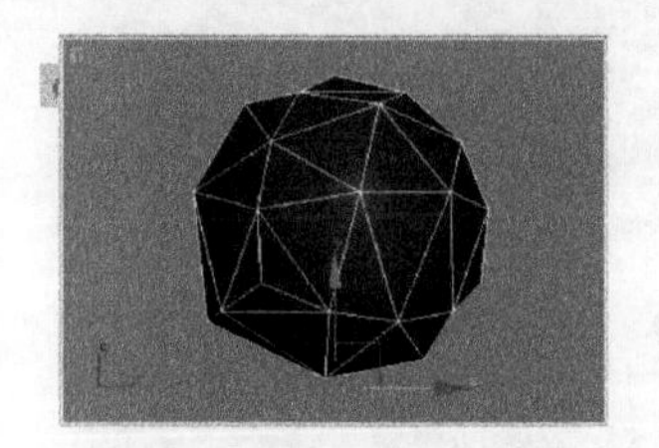

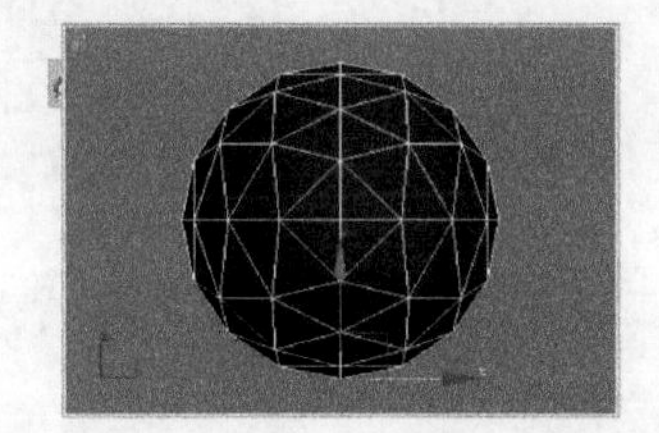

图2−58　选中不同基本面类型的效果

2.2.4　创建圆柱体

创建圆柱体对象时，首先是指定圆的底面，然后是指定高度。默认“边数”数值为18，此时生成的柱体为平滑的圆柱体。接着可以利用参数卷展栏中的选项对其“高度分段”和“端面分段”进行设置或修改。圆柱体的创建过程如下：

① 单击（创建）面板中的（几何体）按钮，进入几何体面板，然后单击 圆柱体 按钮，弹出圆柱体设置面板，如图2−59所示。

② 在顶视图中，单击并拖动鼠标到适当的位置松开鼠标，从而生成圆柱体的底面，然后上下方向移动鼠标形成圆柱体的高度，此时形成圆柱体，如图2−60所示。

③ 选中“启用切片”复选框，设置“切片起始位置”为0，“切片结束位置”为90，结果如图2−61所示。

图2−59　圆柱体设置面板

图2−60　创建的圆柱体

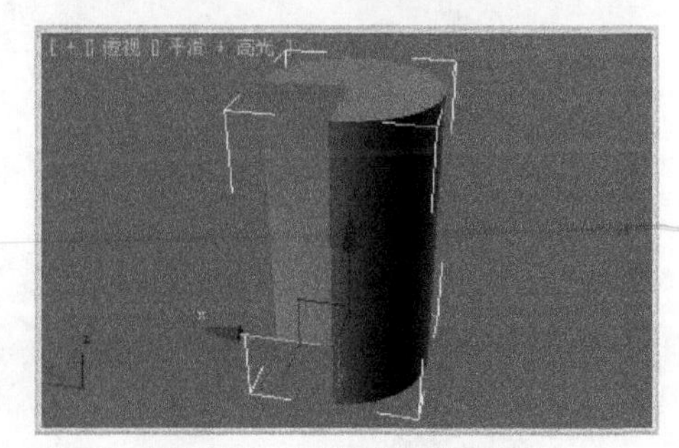

图2−61　切片为90的圆柱体

提示

“切片起始位置”和“切片结束位置”分别控制切片的起始角度和终止角度。

④“平滑”复选框用于控制圆柱体是否光滑。图 2-62 分别为选中该选项时前后的比较。

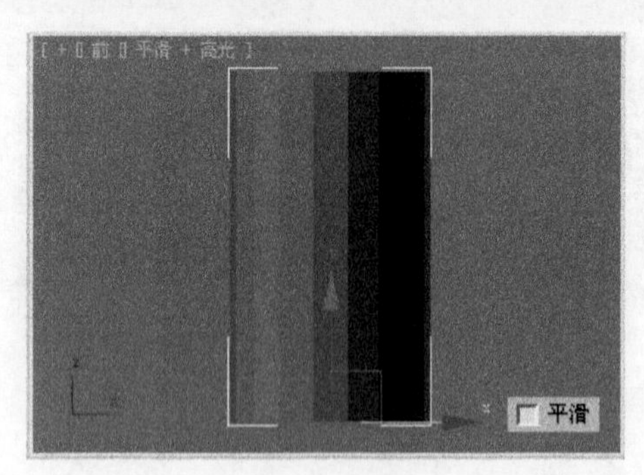

图2-62　选中“平滑”复选框前后比较

2.2.5　创建圆环

创建圆环时需要指定两个半径：一个是圆环横截面的半径；另一个是从圆环的中心到环形的中心距离。创建时默认设置是 24 个分段，12 条边。卷展栏中的参数选项中的“旋转”和“扭曲”选项可以在圆环旋转时指定边的扭曲程度。平滑参数包含 4 个不同的选项。单击“全部”选项，将平滑所有的棱角；单击“侧面”选项，将平滑各侧面之间的棱角；单击“无”选项，将以面的状态显示所有的多边形；单击“分段”选项，将平滑片段之间的棱角。

圆环的创建过程如下：

① 单击（创建）面板中的（几何体）按钮，进入几何体面板，然后单击 圆环 按钮，弹出圆环设置面板，如图 2-63 所示。

② 在顶视图中，单击并拖动鼠标到适当位置松开鼠标，此时完成圆环的一个半径，再次移动鼠标到另一位置单击鼠标，圆环就形成了，如图 2-64 所示。

③ 选中“启用切片”复选框，然后将“切片起始位置”设置为 0，“切片结束位置”设置为 90，结果如图 2-65 所示。

图2-63　圆环设置面板

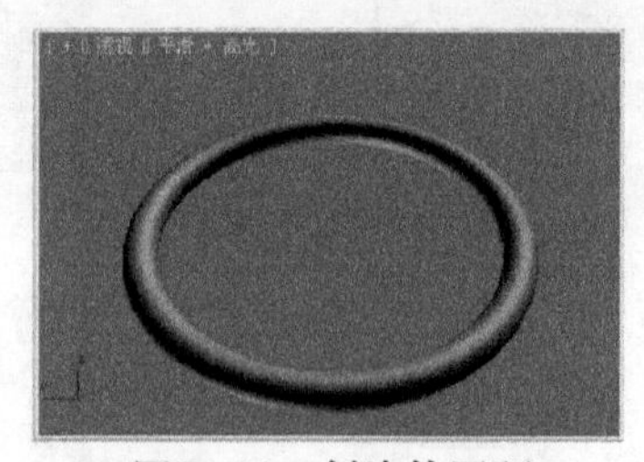

图2-64　创建的圆环

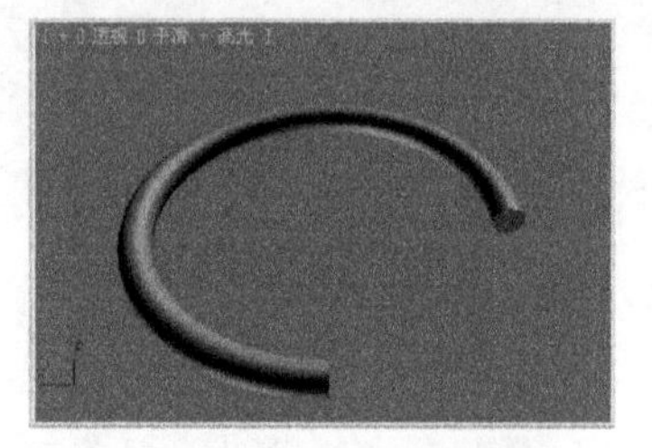

图2-65　切片为90的圆环

2.2.6 创建茶壶

3ds Max 2011标准基本体中之所以存在茶壶，是因为茶壶是3ds Max最早创建的不规则几何体。需要指出的是参数卷展栏中指定的茶壶部件数值需要分辨“主体”、“壶把”、“壶嘴”和“壶盖”。茶壶的创建过程如下：

① 单击（创建）面板中的（几何体）按钮，进入几何体面板，然后单击 茶壶 按钮，弹出茶壶设置面板如图2-66所示。

② 在顶视图中，单击并拖动鼠标到适当位置松开鼠标，茶壶就形成了，如图2-67所示。

图2-66 茶壶设置面板

图2-67 创建的茶壶

③ 在“茶壶部件”选项组中选中不同复选框的效果，如图2-68所示。

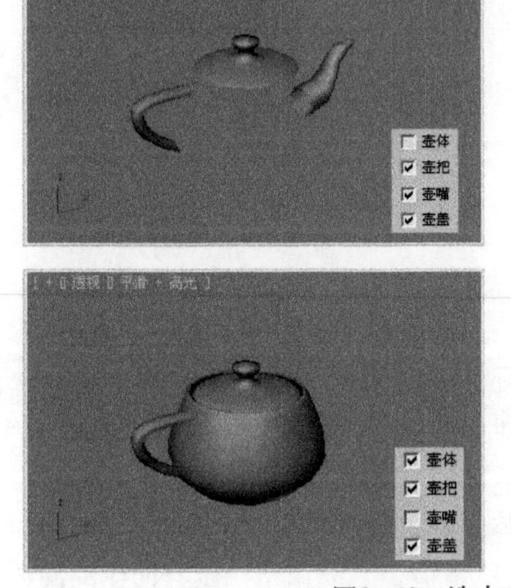

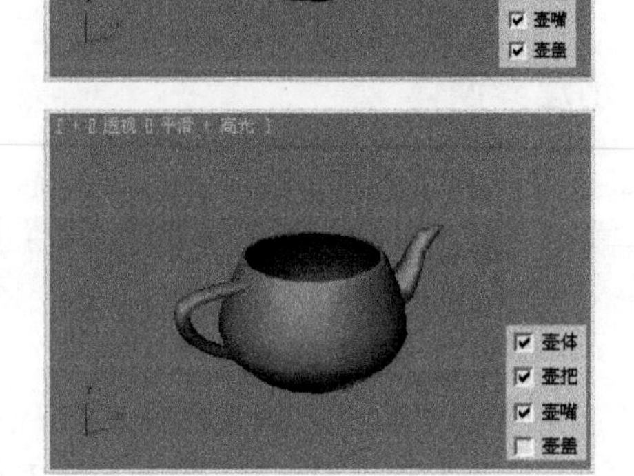

图2-68 选中不同复选框的效果

2.3　扩展三维模型的创建

3ds Max 2011 自带了 13 种扩展三维模型，如图 2-69 所示。利用它们可以快速地创建一些扩展三维模型。下面以“异面体”和“软管”为例具体讲解扩展三维模型的创建方法。

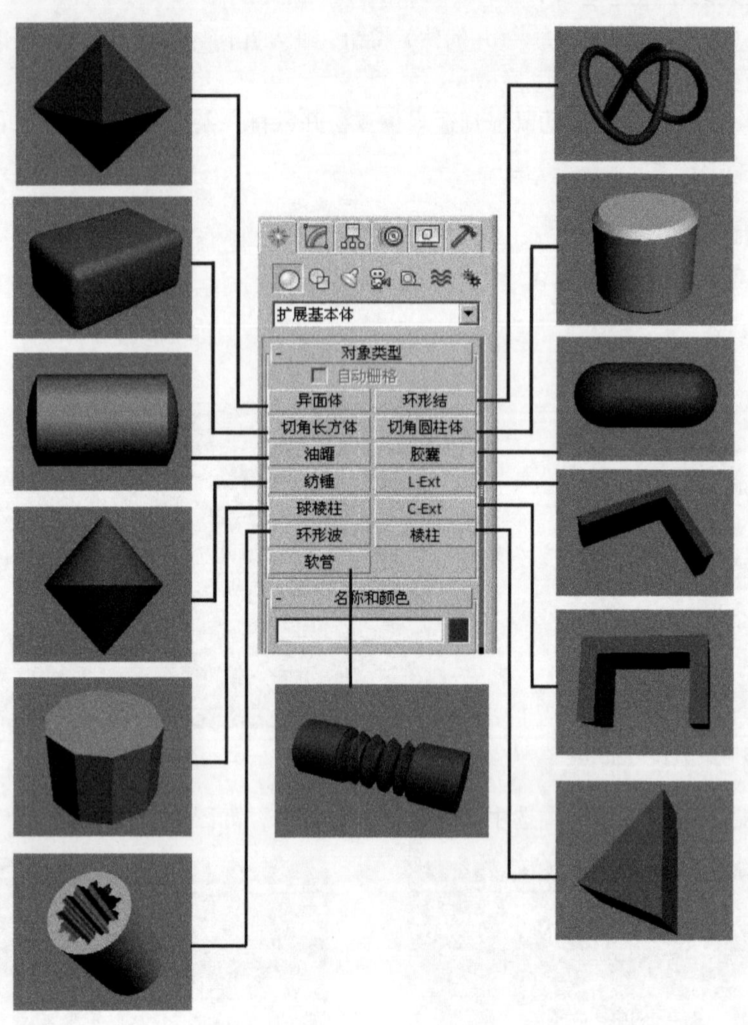

图2-69　扩展三维模型的类型

2.3.1　创建异面体

3ds Max 2011包括的异面体类型有“四面体”、“立方体／八面体”、“十二面体／二十面体”，以及“星形 1”和“星形 2”，效果如图 2-70 所示。

异面体的参数卷展栏中包括“系列”、“系列参数”、“轴向比率”和“顶点”4 个选项组，如图 2-71 所示。

- “系列”选项组：该选项组用来确定异面体上形状。
- “系列参数”选项组：该选项组包含 P 值和 Q 值，它们用于决定异面体的面数。例如，

“系列”选项组设置为“十二面体／二十面体”时，如果P值为1时会显示一个二十面体，而Q值为1时会显示一个十二面体，当P值和Q值都等于0时，就会显示一个介于两者之间的对象。如果改变P值和Q值的数值可以创建许多不同形状的造型对象。

- “轴向比率”选项组：该选项组有P、Q和R共3个数值框，这说明异面体可以有3种组成平面的不同类型的多边形，这些多边形由P、Q和R这3个数值确定。
- “顶点”选项组：该选项组用于设置顶点的方式。

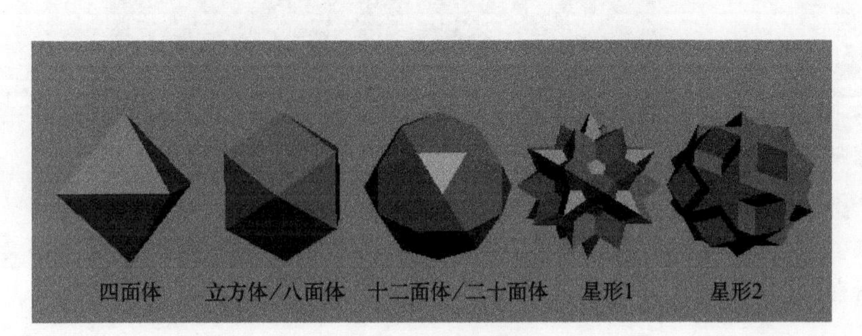

图2–70　异面体类型

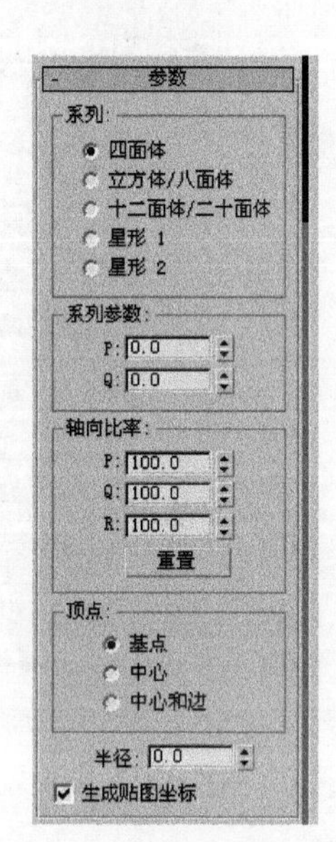

图2–71　异面体参数面板

2.3.2 创建软管

软管的创建过程如下：

① 在左视图创建一个半径为10，高度为30的圆柱体。

② 在前视图中利用（镜像工具）镜像出圆柱体，设置如图2–72所示，单击“确定”按钮，结果如图2–73所示。

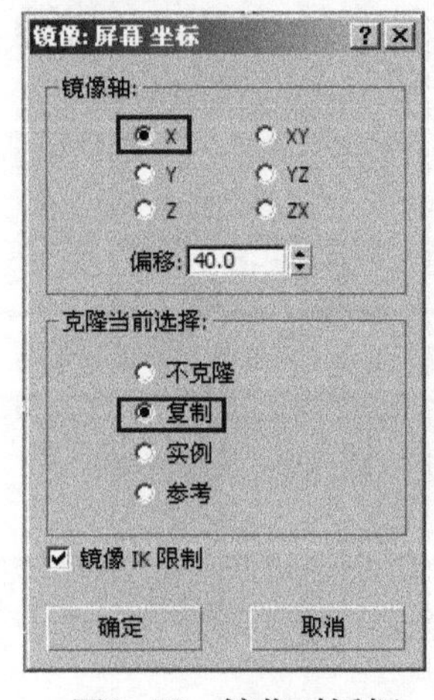

图2–72　镜像对话框

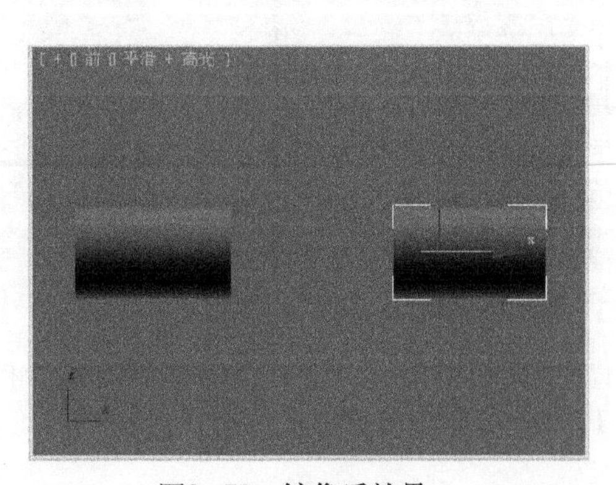

图2–73　镜像后效果

③ 单击（创建）面板中的（几何体）中扩展基本体下的软管按钮，然后选中“绑定到对象轴”单选按钮，然后在左视图中绘制软管，设置软管直径如图2-74所示。

④ 在“软管参数”卷展栏中单击“拾取顶部对象”按钮后，在视图中拾取一个圆柱，看到圆柱白框闪烁一下，表示绑定成功。

⑤ 同理，单击“拾取底部对象”按钮后拾取视图中的另一个圆柱，结果如图2-75所示。

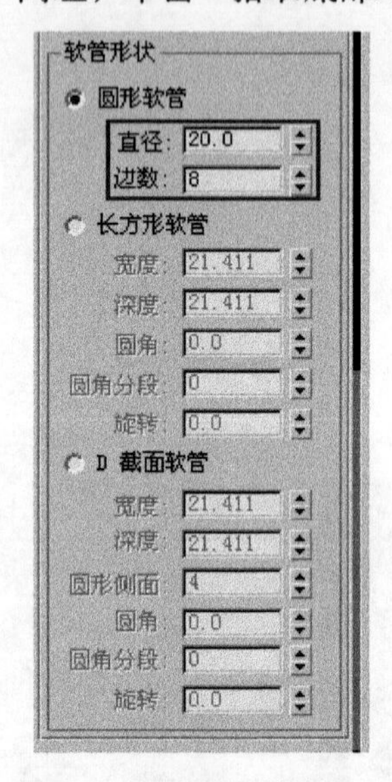

图2-74　设置软管直径

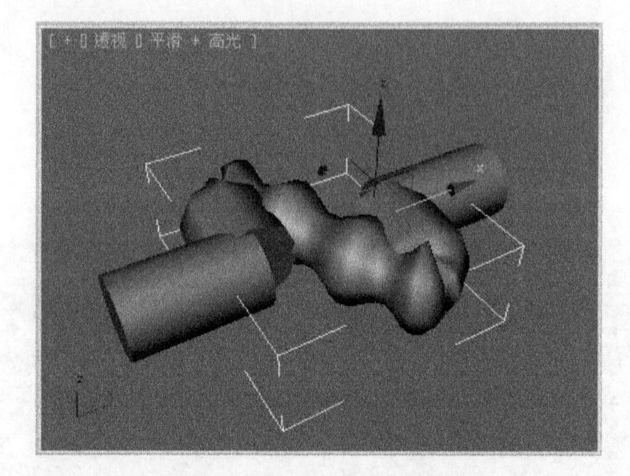

图2-75　软管绑定后的效果

⑥ 将“绑定对象”选项组下的两个“张力”值均设为0.0，如图2-76所示，结果如图2-77所示。

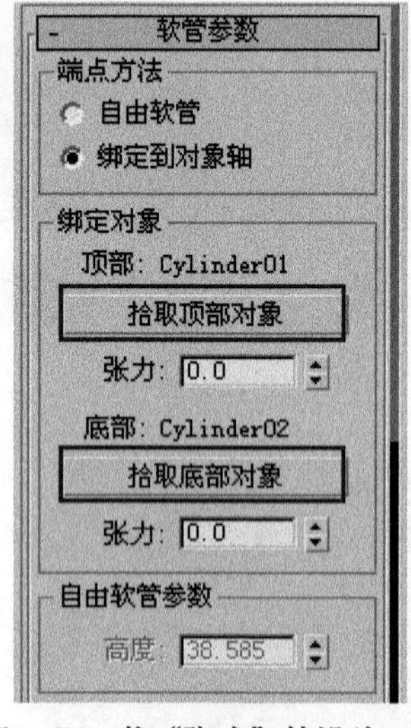

图2-76　将“张力”值设为0.0

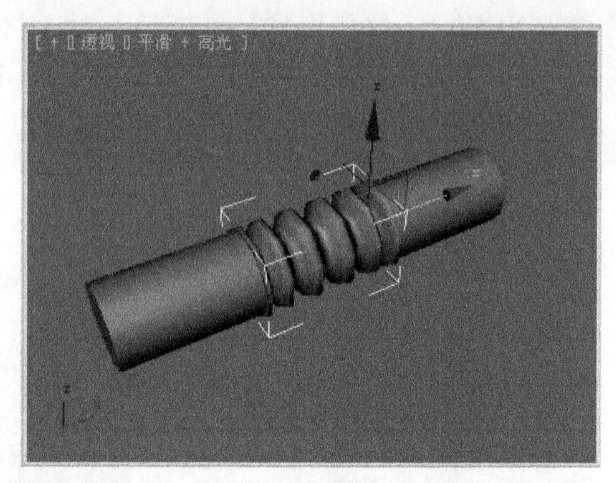

图2-77　将“张力”值设为0.0的效果

⑦ 开始录制动画。在第0帧激活自动关键点按钮，移动其中一个圆柱体到图2-78所示的位置。然后在第100帧移动圆柱体到图2-79所示的位置，此时可以发现软管体随圆柱体的位置变化而进行伸缩。

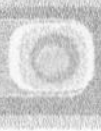

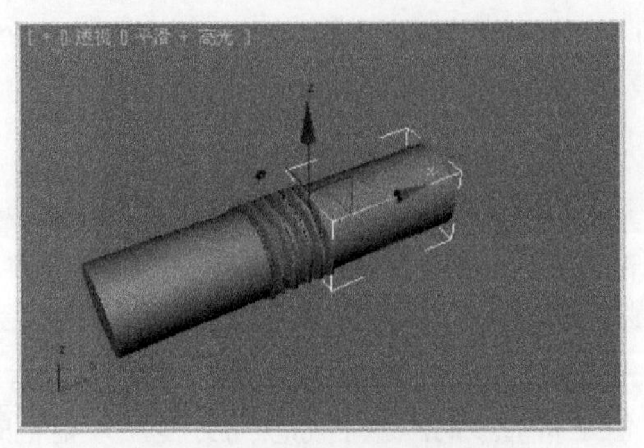

图2-78　缩小圆柱体的距离

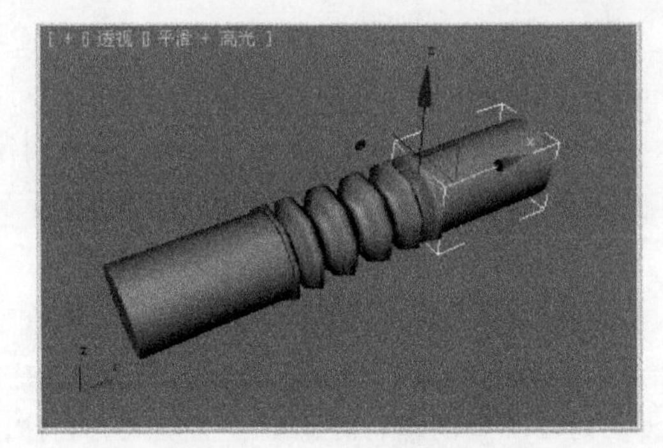

图2-79　拉大圆柱体的距离

2.4 选 择 对 象

要对对象进行编辑和修改，首先必须选中这个对象。3ds Max 2011 提供了多种选择对象的方法，下面进行具体讲解。

2.4.1 使用工具按钮

使用工具按钮选取对象的过程如下：

① 单击菜单栏左侧快速访问工具栏中的按钮，然后从弹出的下拉菜单中选择“重置”命令，重置场景。

② 在场景中创建几个对象，如图 2-80 所示。然后执行菜单中的“文件|保存”命令，将场景保存为 model01.max，以便以后调用。

图2-80　创建对象

③ 单击工具栏中的（选择对象）按钮，此时该按钮出现浅绿色底纹，表示现在可以选择对象了。

④ 在视图中将鼠标指针移动到要选择的圆锥体上，单击鼠标即可选择圆锥体。在线框模式下，被选中的对象变为白色，并在视图中显示坐标轴，如图 2-81 所示；在平滑 + 高光模式下，被选中的对象周围出现白色的边框，如图 2-82 所示。

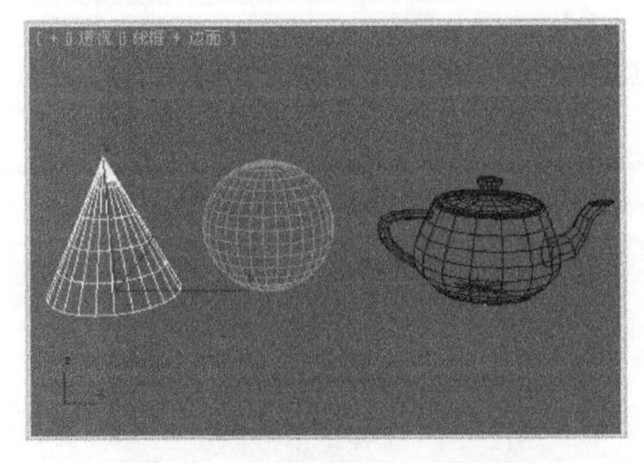

图2-81　在线框模式下选择对象

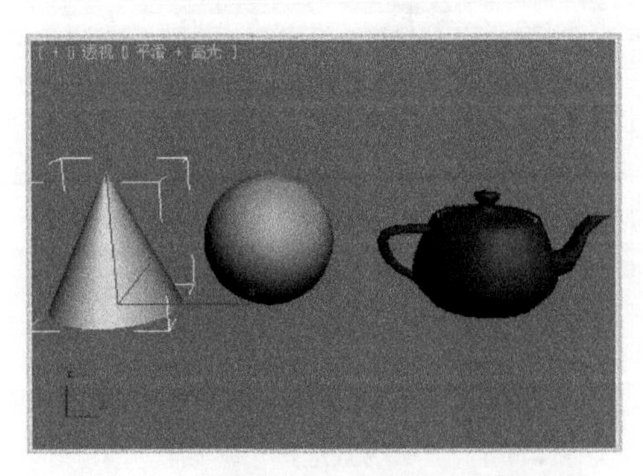

图2-82　在平滑+高光模式下选择对象

⑤ 在选中圆锥体的同时，按住〈Ctrl〉键可以同时选定其他对象；如果在按住〈Ctrl〉键的同时单击已经选中的对象，则可将它从选定对象中去掉，恢复到非选中状态。

⑥ 在视图中的空白区域单击鼠标，所有对象都恢复到非选取状态。

2.4.2 根据名称进行选择

在场景中有很多对象时，如果用（选择对象）工具来选取对象难免会误选，这时最好的方法是按名称来选取对象。使用名称选取对象的前提是必须知道要选取对象的名称，虽然3ds Max会为每一个创建的对象赋一个默认的名称，但是将对象的默认名称改为方便用户记忆的名称是个不错的习惯，在制作大型项目时这是必需的。

根据名称来选取对象的过程如下：

① 执行菜单中的“文件|打开”命令，打开前面保存的model01.max文件。

② 单击工具栏中的（按名称选择）按钮，弹出“从场景选择”对话框，如图2-83所示。

③ 在对话框左边列表框中选择Teapot01，然后单击“确定”按钮，即可选中视图中的球体。

2.4.3 使用范围框进行选择

另外一种选择对象的方式是利用范围框来选取对象，3ds Max 2011提供了5种范围框的类型，如图2-84所示。利用范围框选取对象的过程如下：

① 执行菜单中的“文件|打开”命令，打开前面保存的model01.max文件。

② 单击工具栏中的（矩形选择区域）按钮，然后在视图中单击并拖动鼠标，拉出一个矩形虚线框，接着松开鼠标左键，则矩形框范围内的所有对象都被选中。

③ 在工具栏中按住（矩形选择区域）按钮，在下拉工具按钮中选择（套索选择区域）按钮，然后在视图中拖动鼠标，此时将出现一个按照光标轨迹画出的虚线框，松开鼠标左键，则虚线框内的对象将被选中。

④ 范围选项还可以和工具栏中的按钮配合使用，该工具按钮有两种方式：（窗口）和（交叉）。但使用（交叉）时，即使只有一部分在范围内，对象也会被选中；而（窗口）模式只选中那些完全被范围框包围的对象。

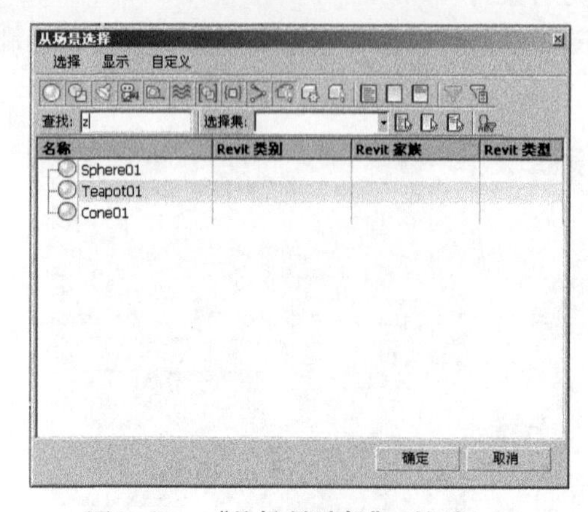

图2-83　“从场景选择”对话框

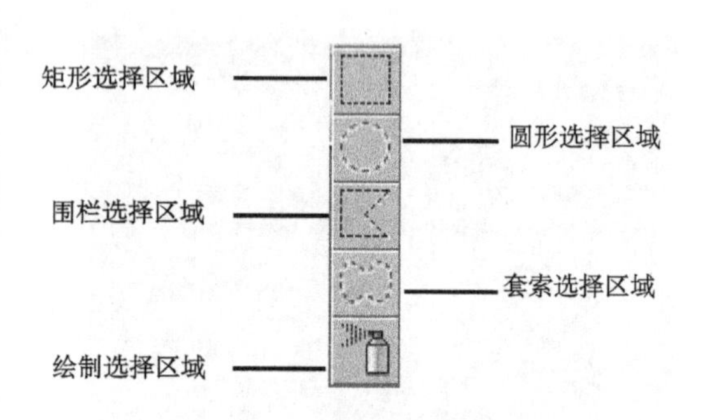

图2-84　选择范围框模式

2.5 变换对象

在创建了对象之后，还可以利用工具栏中的变换工具对其进行移动、旋转和缩放操作。工具栏中有3种变换对象的按钮，如图2–85所示。

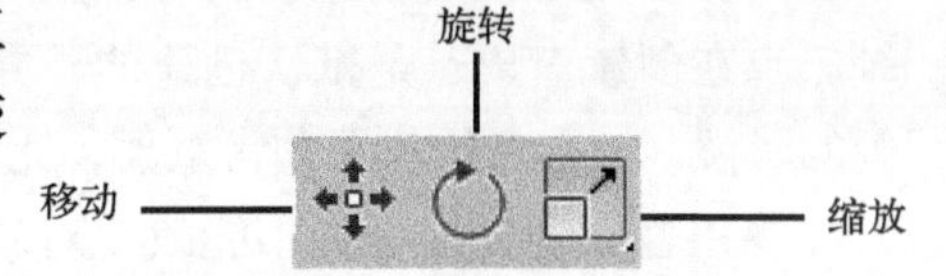

图2–85 变换工具按钮

2.5.1 对象的移动

利用工具栏中的 (选择并移动) 按钮可以沿任何一个轴移动对象，可以将对象移动到一个绝对坐标位置，或者移动到与当前位置有一定偏移距离的位置。对象的移动过程如下：

① 执行菜单中的“文件 | 打开”命令，打开前面保存的model01.max文件。

② 在视图中选中茶壶，然后按住鼠标左键就可以拖动被选中的茶壶对象。

③ 在拖动的时候要注意锁定轴，锁定的轴以黄色显示，如果锁定在单向轴上，则对象只能沿着一个方向移动，如图2–86所示。

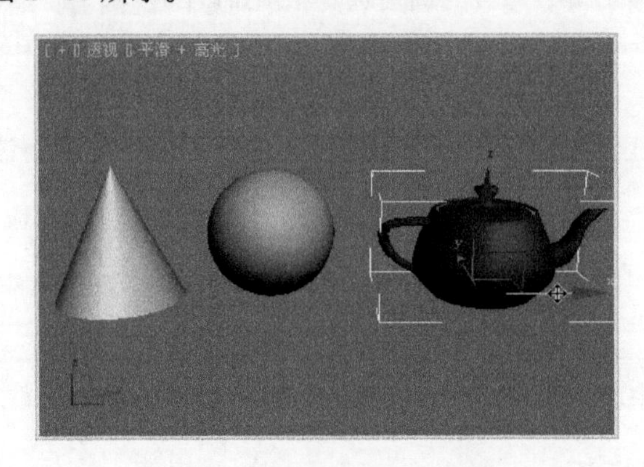

图2–86 将光标放置在X轴上

④ 此时在视图中只能在激活视图所决定的平面上移动对象，如果想在Y轴移动对象，则要切换到其他视图。

2.5.2 对象的旋转

单击工具栏中的 (选择并旋转) 按钮，然后在视图中选中对象，就可以旋转此对象。在旋转时也要注意旋转轴，默认的选定轴为Z轴，将光标移动到其他坐标轴上可以切换旋转轴。

2.5.3 对象的缩放

单击工具栏中的 (选择并匀称缩放) 按钮，就可以在视图中调整选定对象的大小。大多数缩放操作都是一致的，也就是说，在3个方向上按比例缩放。但有时候也需要非匀称缩放，如球落在地上被挤压的情况。单击 (选择并匀称缩放) 按钮会弹出另两个按钮，如图2–87所示，这两个按钮可用于非匀称的缩放对象。

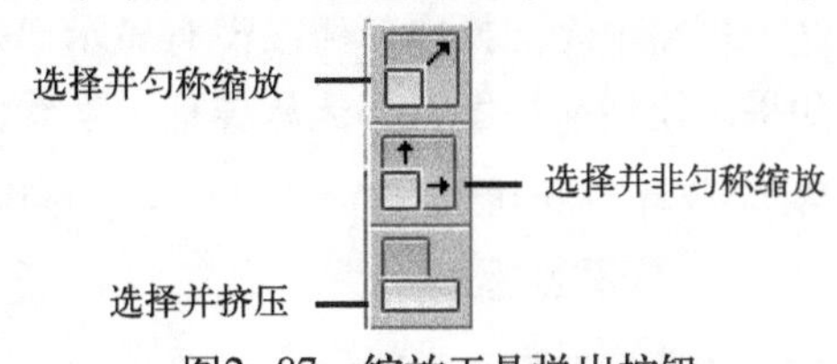

图2–87 缩放工具弹出按钮

2.5.4 变换对象的轴心点

对象的轴心点是对象旋转和缩放时所参照的中心点，也是大多数编辑修改器应用的中心。轴心点在创建对象时是默认创建的，并且通常创建在对象的中心或基于对象的中心。在制作动画的时候，轴心点的位置非常重要，比如对于一个不倒翁而言，它的轴心点位于它的底部。

使用普通的变换工具不能改变对象的轴心点，若要变换对象的轴心点，可以在选定对象的情况下，单击（层次）面板中的 轴 按钮，如图 2-88 所示。然后展开“调整轴”卷展栏，根据需要，单击下面的相应按钮。接着使用变换工具就可以改变选定对象的轴心点。在确定了轴心点之后，再次单击“调整轴”卷展栏下的相应按钮就可以退出轴心点模式。

图2-88 层次面板

仅影响轴 ：用于单独对物体的轴心点进行变换操作，不影响对象和子对象。

仅影响对象 ：用于对选定对象应用变换，轴心点不受影响。

仅影响层次 ：用于将变换只影响到对象和子对象的链接上。缩放和旋转一个对象只影响它的所有子对象的链接的偏移，而不影响对象和它子对象的几何形状。

另外，在工具栏中还存在用于控制选择集轴心位置的轴心按钮。该按钮组共有 3 个按钮，它们分别是：

（使用轴点中心）：系统默认按钮，一般而言，对象的中心是制作三维模型的出发点，一般位于模型的底部。

（使用选择中心）：指在选择了场景中的多个物体之后，对象轴心为整个选择集的中心。

（使用变换坐标中心）：指将当前使用的坐标中心作为对象轴心。

2.5.5 变换对象的坐标系

在每个视图的左下角都有一个由红、绿和蓝 3 个轴向组成的坐标系图标，这个图标就是坐标系。默认坐标系中 X 轴以红色显示，Y 轴以绿色显示，Z 轴以蓝色显示。3ds Max 2011 中提供了 9 种坐标系，单击工具栏中的 视图 按钮，即可显示出相关的坐标系，如图 2-89 所示。

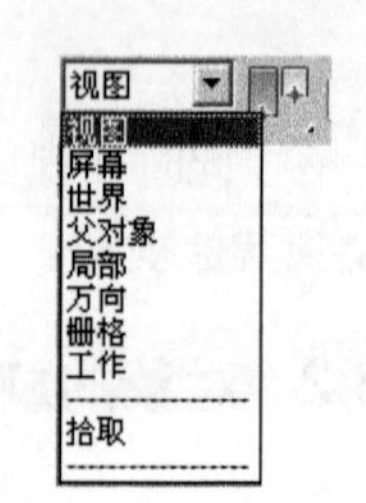

图2-89 坐标系类型

1. 屏幕坐标系

屏幕坐标系在任何一个激活的视图中，X 轴都代表水平方向，Y 坐标都代表垂直方向。

2. 世界坐标系

世界坐标系是真实世界的三维坐标系，在顶视图中，X 轴从左到右，Y 轴从上到下，Z 轴在这个视图中无法操作，所以没有显示出来。实际上，这个时候的 Z 轴是穿过屏幕向内而去的。如果转换到前视图，那么从屏幕上来看，坐标轴的显示会发生一定程度的变化，首先是 Y 轴现在是穿过屏幕向内而去，所以在这个视图中是不可见的，从下往上的坐标轴变成了 Z 轴。

3. 视图坐标系

视图坐标系是 3ds Max 2011 默认的坐标系统，它结合了世界坐标系和屏幕坐标系，在所有的正交视图中视图坐标系与屏幕坐标系一样，而在透视图中视图坐标系与世界坐标系一致。

4．父对象坐标系

父对象坐标系只对有链接关系的对象起作用。如果使用这个坐标系，当变换子对象的时候，它使用的是父对象的坐标系。

5．局部坐标系

局部坐标系用于对象自身。以正方体为例，在世界坐标系下，3个坐标轴都是与正方体表面垂直的，如果将正方体旋转一定的角度，那么，坐标轴与表面不再垂直，但在局部坐标系之下，无论对象怎样旋转，坐标轴始终与正方体表面垂直。

6．万向坐标系

万向坐标系有点类似于局部坐标系，在这里万向代表了一种旋转方式，实际上就是各坐标独立旋转。

在普遍意义上的旋转是Euler（欧拉）旋转。欧拉旋转能够单独调节各个坐标轴上的旋转曲线。在局部坐标系下，围绕对象的某一根轴进行旋转，物体的另两根轴同时旋转，但是在万向坐标系下，可以只影响到另一根轴。

7．栅格坐标系

栅格坐标系是用当前激活栅格系统的原点作为变换的中心。

8．工作坐标系

工作坐标系，又称工作轴坐标系，它是3ds Max 2011新增的坐标系，可以在不影响对象自有轴的情况下任意变换对象。该坐标系要在图2-90所示的（层次）面板中"轴"选项下的"工作轴"卷展栏中进行调整。

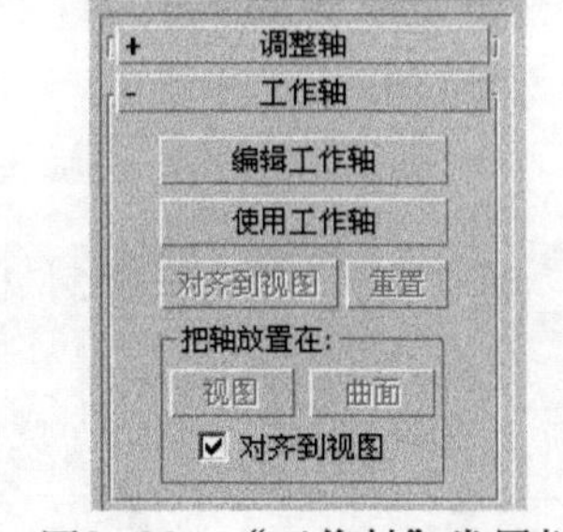

图2-90 "工作轴"卷展栏

9．拾取坐标系

如果希望绕空间中的某个点旋转一系列对象，最好使用拾取坐标系。在选择了拾取坐标系后，即使选择了其他对象，变换的中心仍然是特定对象的轴心点。

拾取坐标系的过程如下：

① 单击菜单栏左侧快速访问工具栏中的按钮，然后从弹出的下拉菜单中选择"重置"命令，重置场景。

② 单击（创建）面板中的（几何体）按钮，进入几何体面板。然后单击 长方体 按钮，在顶视图中创建一个长方体，参数设置和结果如图2-91所示。

③ 在前视图中，利用工具栏上的（选择并旋转）工具，将其旋转一定角度，如图2-92所示。

④ 单击（创建）面板中的（几何体）按钮，进入几何体面板。然后单击 球体 按钮，在顶视图中创建一个半径为10的球体，放置位置如图2-93所示。

⑤ 选中小球，然后选择拾取坐标系后单击长方体，此时小球的坐标系就发生了变化，如图2-94所示。

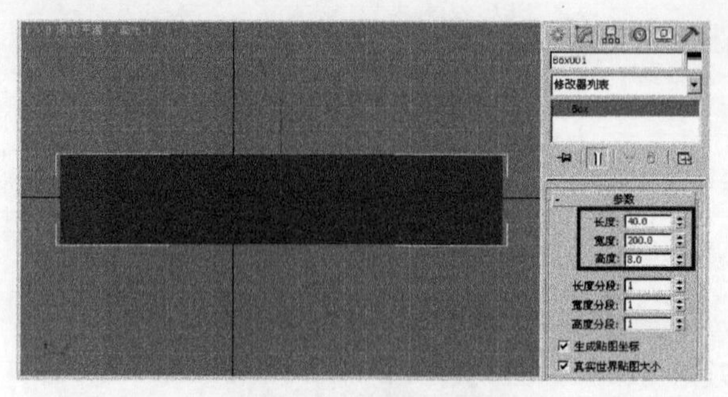

图2-91　创建长方体

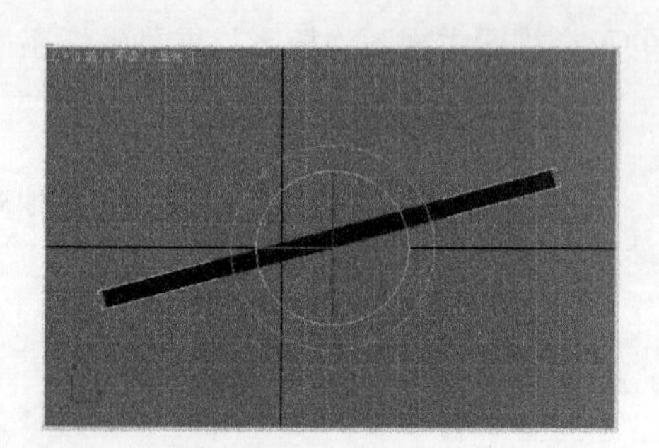

图2-92　旋转长方体

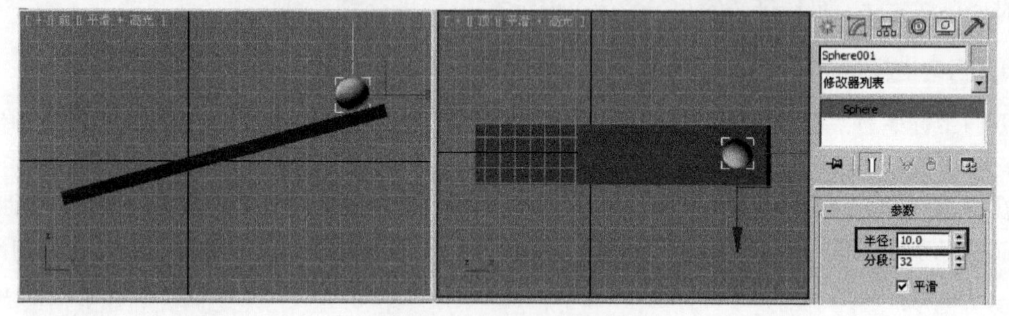

图2-93　创建并放置球体

⑥ 激活自动关键点按钮，然后将时间滑块移动到第 100 帧，再将小球移动到长方体底端，如图 2-95 所示。

⑦ 利用 （选择并旋转）工具将小球旋转几周，如图 2-96 所示。

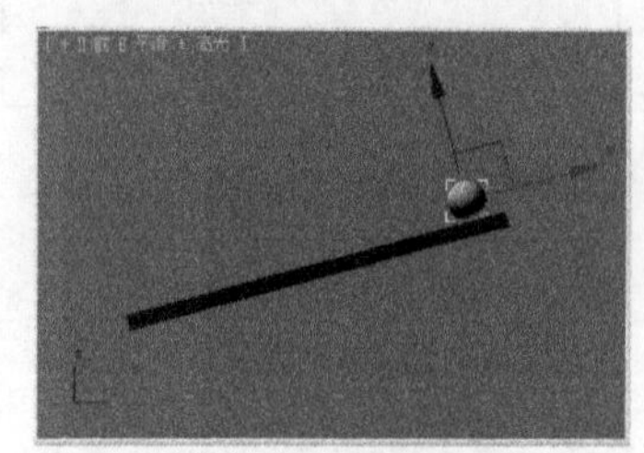

图2-94　改变小球的坐标系

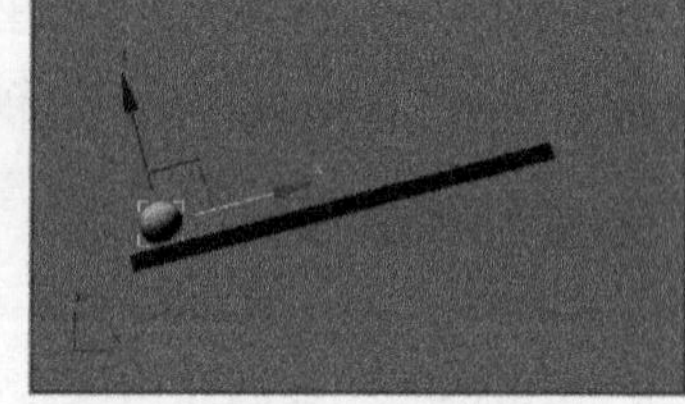

图2-95　在第100帧移动小球的位置

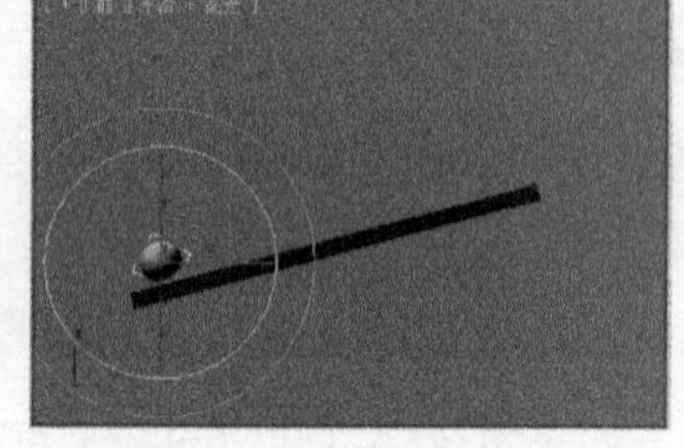

图2-96　将小球旋转一定角度

⑧ 关闭自动关键点按钮，单击▶按钮，即可看到小球沿木板旋转着滚下来的效果。

2.6 复制对象

复制对象就是创建对象副本的过程，这些副本和原始对象具有相同的属性和参数。3ds Max 2011 提供了克隆、镜像和阵列 3 种复制对象的方法。

2.6.1 使用克隆命令

克隆对象的方法有两种：一种是利用〈Shift〉键执行变换操作；另一种是执行菜单中的“编辑|克隆”命令。不管使用哪种方法，都会弹出“克隆选项”对话框。

在“克隆选项”对话框中可以指定克隆对象的类型和数目。克隆有3种类型，分别是“复制”、“实例”和“参考”。

- “复制”：克隆一个与原始对象完全无关的对象，就像是单独创建出来的一样，只不过对象的参数与原对象的参数相同。
- “实例”：克隆出来的对象与原始对象之间存在着一种关联关系，“实例”克隆的对象之间是通过参数和编辑修改器相关联的，各自的变换没有关系，各自相互独立。例如，使用“实例”选项选定一个圆柱，如果改变其中的一个圆柱的高度，另外的圆柱也随之改变。“实例”克隆的对象可以有不同的材质。
- “参考”：克隆对象的关系是单向的。当给原始对象应用了编辑修改器时，克隆的对象也随之应用了编辑修改器。但是给“参考”克隆的对象应用编辑修改器时，原始对象却不受影响。

在“克隆选项”对话框中，“控制器”选项组只有在克隆对象中包含两个以上的树形连接对象时才被激活。它包括“复制”和“实例”两个单选按钮，表明对象的控制器克隆的两种方式，意义与左面的同名单选按钮相同。

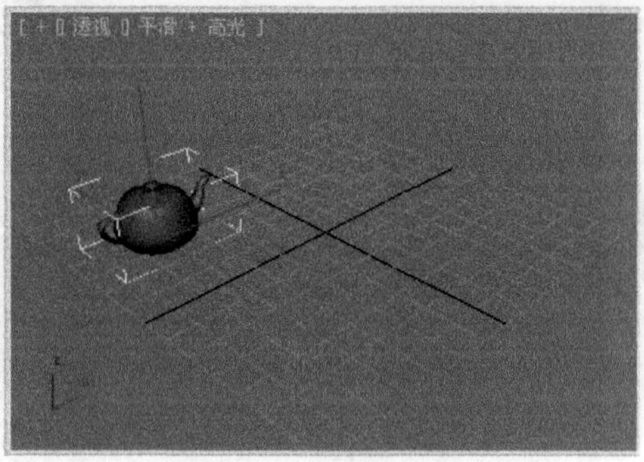

克隆操作的具体过程如下：

① 创建一个茶壶对象，对象命名为“茶壶01”，如图2-97所示。

图2-97　创建茶壶

② 选择“茶壶01”，利用 （选择并移动）工具，配合〈Shift〉键，将其沿Y轴移动一段距离。

③ 在弹出的“克隆选项”对话框中选中“复制”单选按钮，如图2-98所示，单击“确定”按钮，结果如图2-99所示。

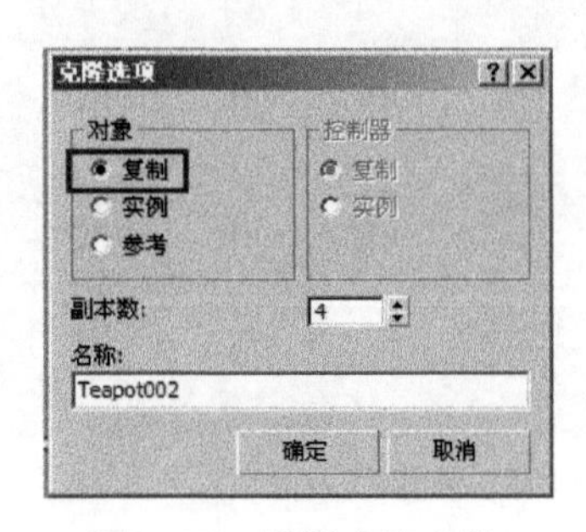

图2-98　设置克隆参数

图2-99　克隆后效果

2.6.2　使用镜像命令

有许多对象都具有对称性。所以，在创建对象时可以只创建半个对象的模型，然后利用镜像命令就可以得到整个对象。

执行菜单中的“工具|镜像”命令，或者单击主工具栏中的▣（镜像）按钮就可以弹出镜像对话框，如图 2-100 所示。

在“镜像”对话框中，可以指定进行镜像操作时相对原始对象所参照的轴或平面，还可以定义偏移的值。镜像操作的具体过程如下：

① 创建一个茶壶盖，然后在“茶壶部件”选项组中只选中“壶盖”复选框，从而生成茶壶盖，如图 2-101 所示。

② 单击前视图，然后单击工具栏中的▣（镜像）按钮。

③ 在弹出的镜像对话框中选中“镜像轴”选项组中的 Y 单选按钮，设置参数如图 2-102 所示。单击“确定”按钮，结果如图 2-103 所示。

图2-100　镜像对话框

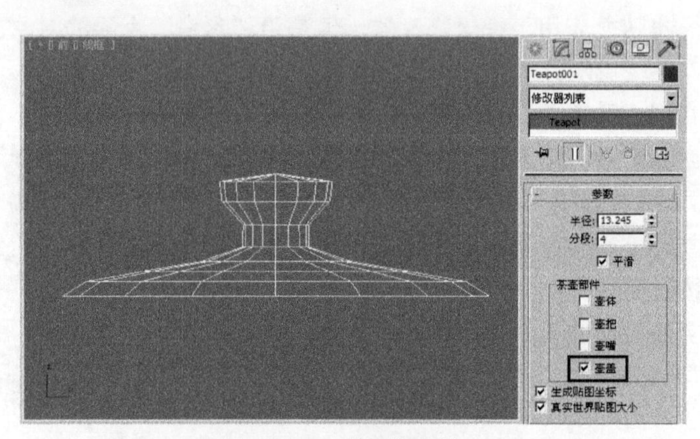

图2-101　创建茶壶盖

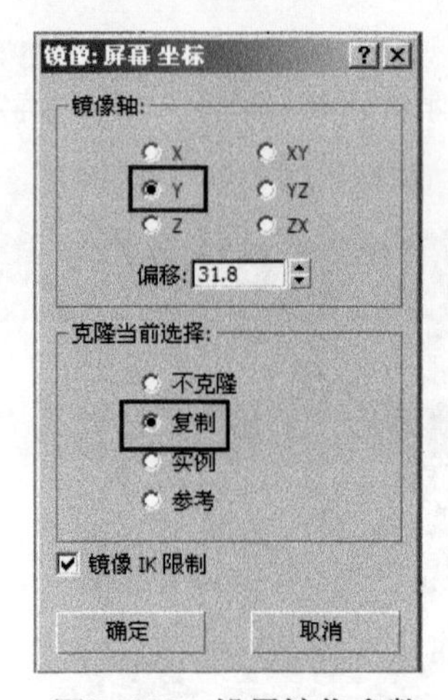

图2-102　设置镜像参数

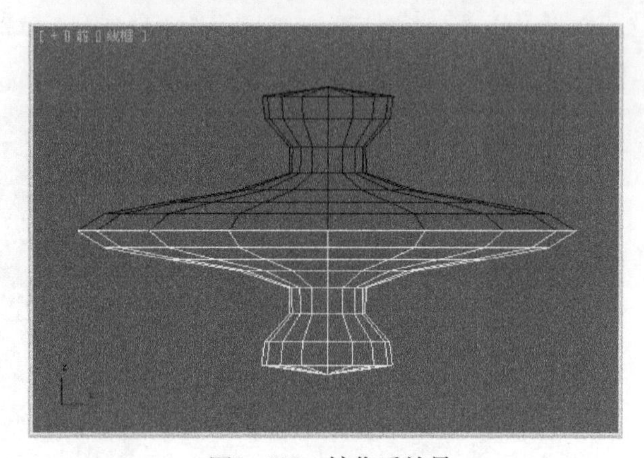

图2-103　镜像后效果

2.6.3　使用阵列命令

使用“阵列”命令可以同时复制多个相同的对象，并且使得这些复制对象在空间上按照一定的顺序和形式排列，如环形阵列。

执行菜单中的“工具|阵列”命令，此时会弹出“阵列”对话框，如图 2-104 所示。

“阵列”对话框中的“阵列变换”选项组用于控制形成阵列的变换方式，可以同时使用多种变换方式和变换轴；“对象类型”选项组用于设置复制对象的类型，与“克隆对象”对话框相似；“阵列维度”选项组用于指定阵列的维度。

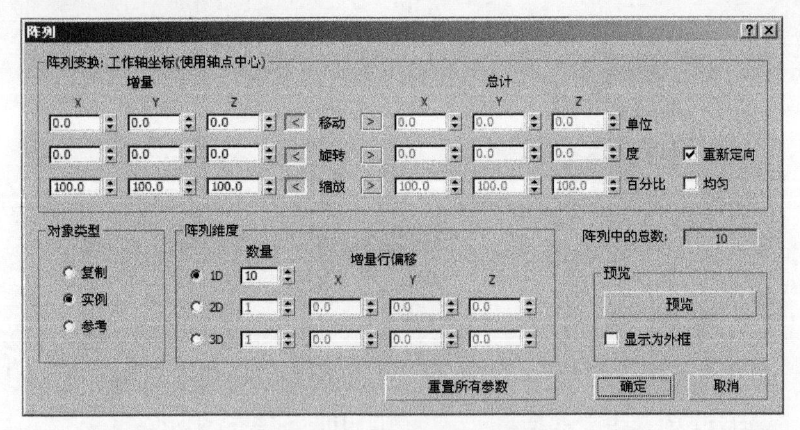

图2-104　“阵列”对话框

对于阵列的操作，这里用一个实例来简单说明，具体过程如下：

① 在顶视图中创建一个半径为 10 的球体。

② 执行菜单中的“工具 | 阵列”命令，在弹出的“阵列”对话框中设置阵列参数，如图 2-105 所示。单击“确定”按钮，结果如图 2-106 所示。

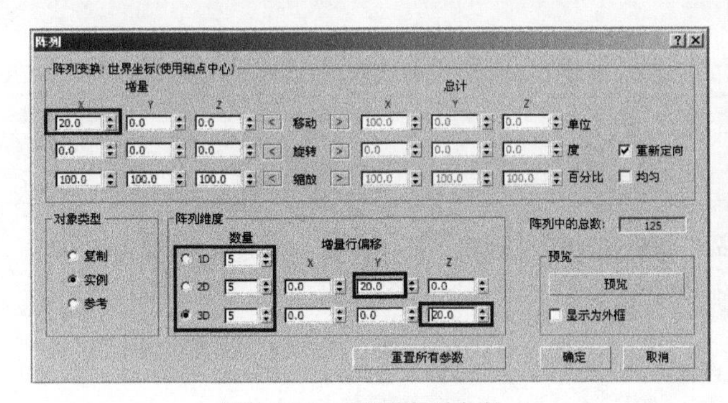

图2-105　设置阵列参数

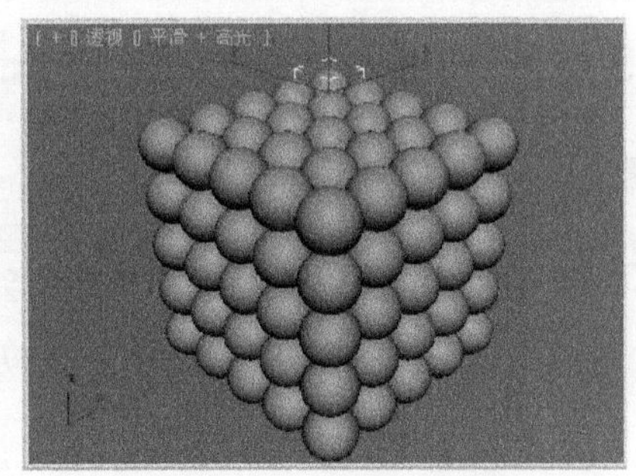

图2-106　阵列后效果

2.7 组合对象

对于一个复杂的场景，需要将对象组合在一起构成新的对象，使得选定和变换对象更为容易。组合而成的对象就像一个单独的对象，选定组合中的任何一个对象都将选定整个组合。

创建、分解和编辑组合等命令都位于“组”菜单，其中包括 8 个命令，如图 2-107 所示。

选中要成组的对象，执行菜单中的“组 | 成组”命令，在弹出的图 2-108 所示的“组”对话框中输入组的名称，然后单击“确定”按钮，即可使它们成组。如果要解组，只要选中组，然后执行菜单中的“组 | 解组”命令即可。

当进行变换时，组合的对象将作为一个整体被移动、旋转或是缩放。使用“组 | 打开”命令可以访问组合中的对象。此时可以选定和移动组合中的任何一个对象。如果执行菜单中的“组 |

分离”命令，则可以将当前选定的球体从组合中分离出去；如果执行菜单中的“组|关闭”命令，可关闭组合对象；如果选定分离出来的对象，执行菜单中的“组|附加”命令，可将其重新组合到组中。

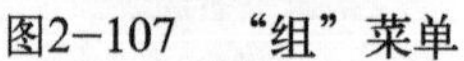

图2-107 “组”菜单

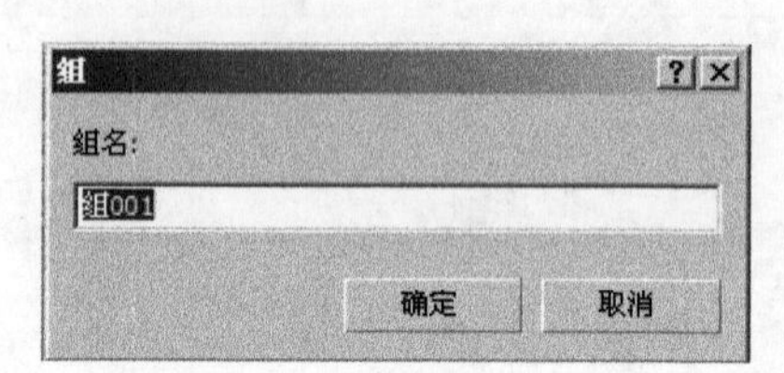

图2-108 “组”对话框

2.8 实 例 讲 解

本节将通过“制作桌椅组合效果”和“制作旋转的魔方效果”两个实例来讲解基础对象及其操作在实践中的应用。

2.8.1 制作桌椅组合效果

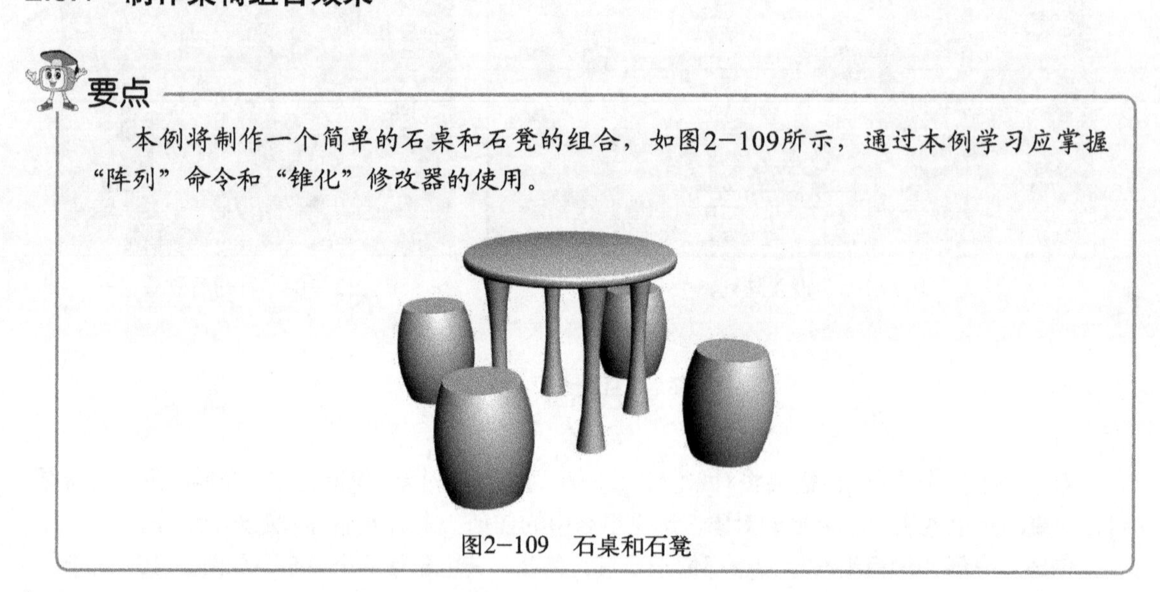

要点

本例将制作一个简单的石桌和石凳的组合，如图2-109所示，通过本例学习应掌握“阵列”命令和“锥化”修改器的使用。

图2-109 石桌和石凳

操作步骤

1．制作石桌

① 单击菜单栏左侧快速访问工具栏中的按钮，然后从弹出的下拉菜单中选择“重置”命令，重置场景。

② 制作桌面。方法：单击（创建）面板中的（几何体）按钮，然后在下拉列表框中选择 扩展基本体 选项，接着单击“切角圆柱体”按钮，如图 2-110 所示。最后进入（修改）面板，修改切角圆柱体的参数如图 2-111 所示，桌面效果如图 2-112 所示。

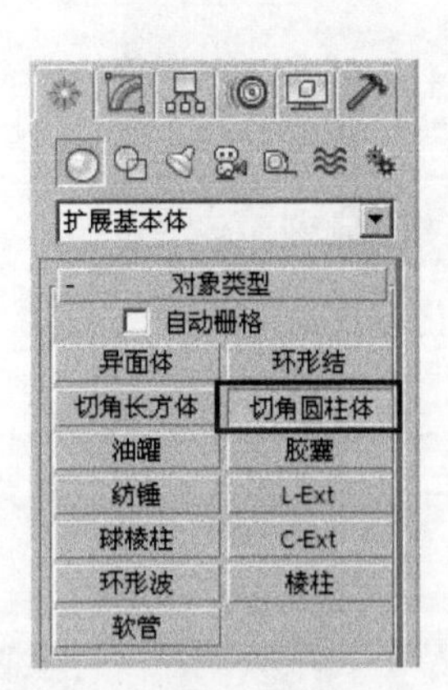

图2-110　单击“切角圆柱体”按钮

图2-111　修改参数

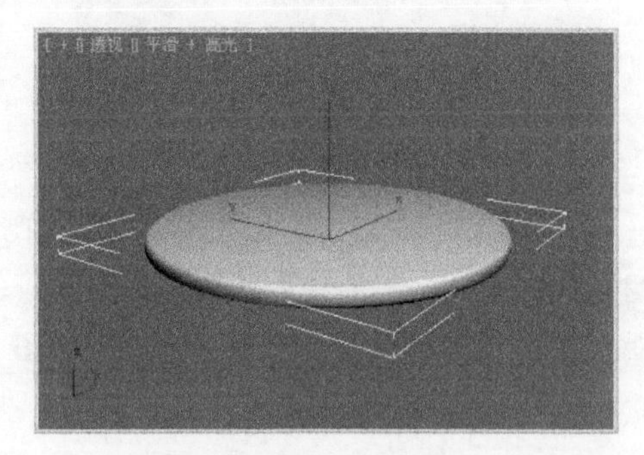

图2-112　桌面效果

③ 制作桌腿。方法：单击（创建）面板中的（几何体）按钮，然后单击“圆柱体”按钮，如图 2-113 所示。接着在顶视图中创建一个圆柱体。最后进入（修改）面板，修改圆柱体的参数，如图 2-114 所示，创建的圆柱体如图 2-115 所示。

图2-113　单击“圆柱体”按钮

图2-114　修改参数

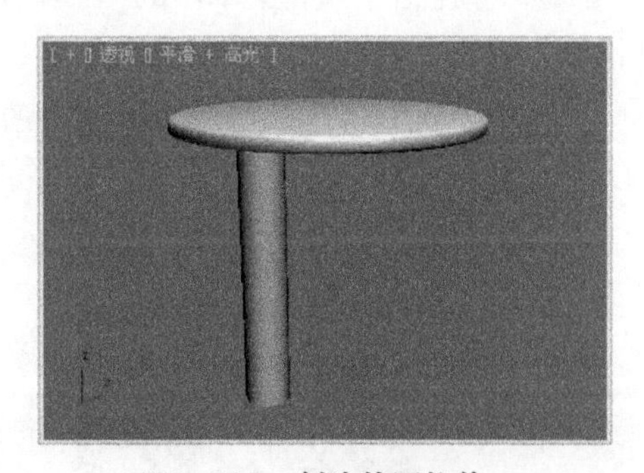

图2-115　创建的圆柱体

单击 修改器列表 下三角按钮，从下拉列表框中选择“锥化”选项，然后调节参数如图 2-116 所示，锥化后效果如图 2-117 所示。

图2-116　调节“锥化”参数

图2-117　锥化后效果

④ 制作其余桌腿。方法：在顶视图中选中作为桌腿的圆柱体，设置坐标系和坐标原点，如图 2-118 所示。然后拾取场景中的桌面（ChamferCyl001），这样可以使桌腿坐标原点转为桌面坐标原点，如图 2-119 所示，效果如图 2-120 所示。

图2-118　选择“拾取”选项

图2-119　拾取桌面坐标系

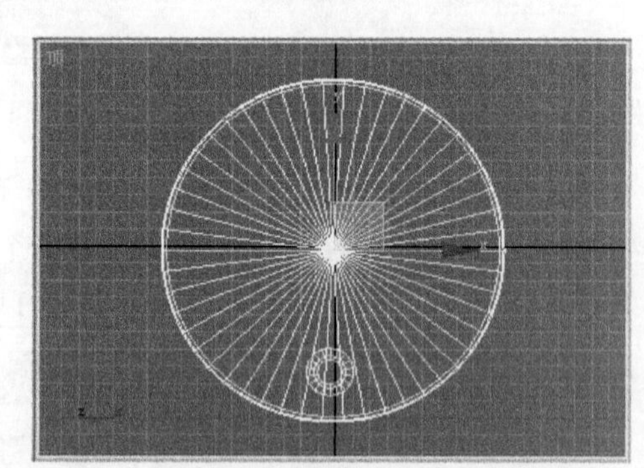

图2-120　拾取桌面坐标系的效果

⑤ 选中顶视图，执行菜单中的“工具|阵列”命令，在弹出的对话框中设置如图 2-121 所示。然后单击“确定”按钮，阵列后效果如图 2-122 所示。

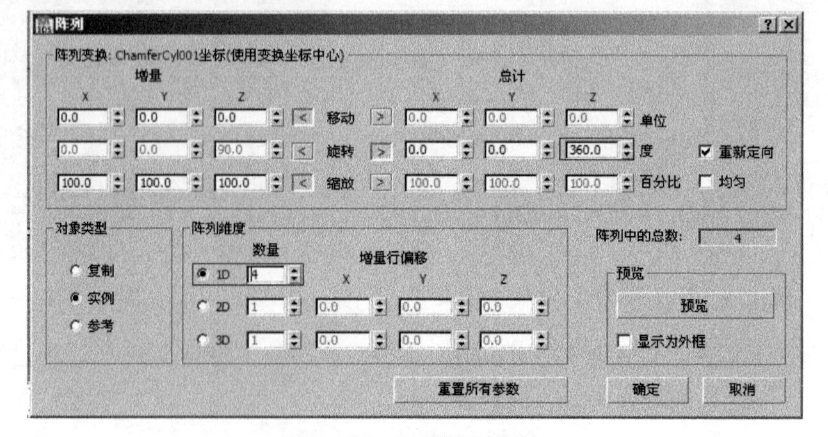

图2-121　设置阵列参数

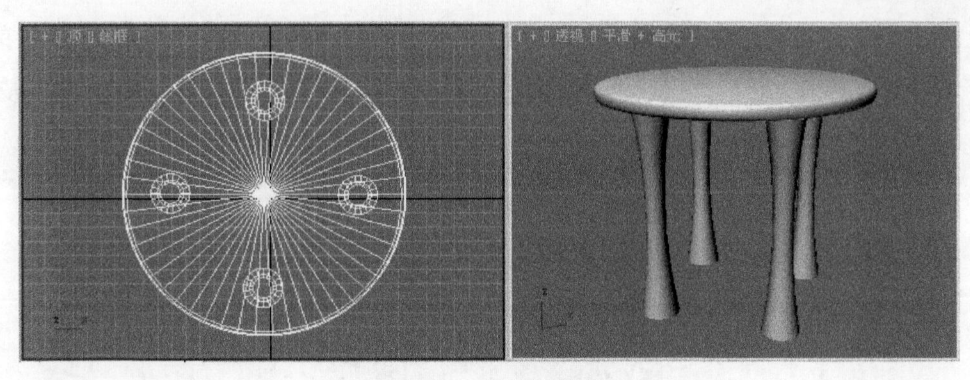

图2-122　阵列后效果

2. 制作石凳

① 在顶视图中创建一个圆柱体，然后进入 （修改）面板，修改圆柱体的参数如图2-123所示。

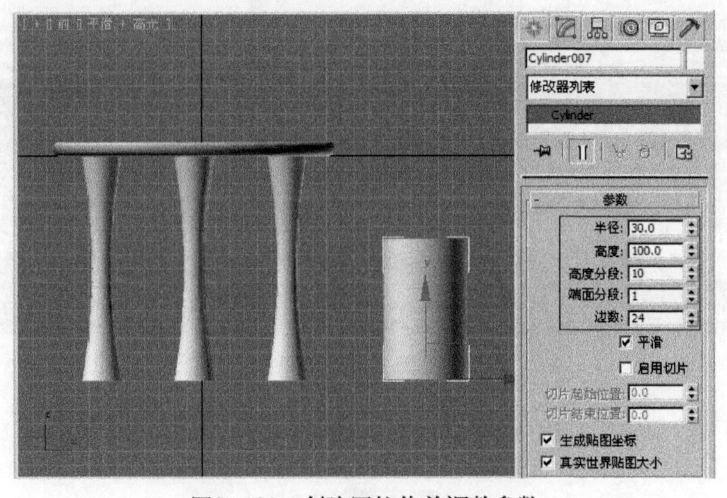

图2-123　创建圆柱体并调整参数

② 执行修改器中的“锥化”命令，参数设置如图2-124所示，锥化后效果如图2-125所示。

图2-124　设置“锥化”参数

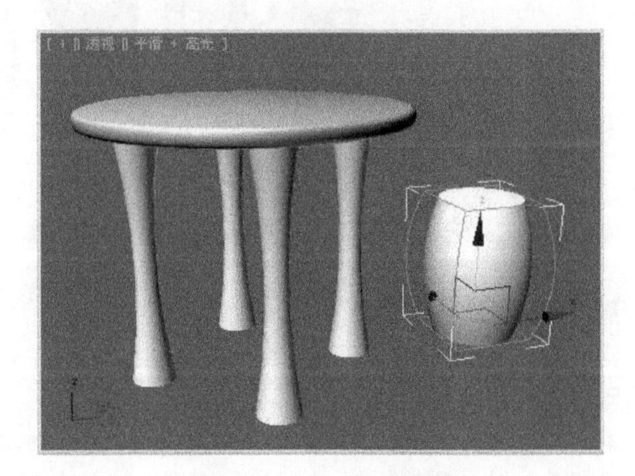

图2-125　锥化后效果

③ 在顶视图中选择石凳，确认坐标系和坐标原点如图 2-126 所示。然后执行菜单中的“工具|阵列”命令，在弹出的对话框中设置如图 2-127 所示。然后单击“确定”按钮，阵列后效果如图 2-128 所示。

图2-126　设置坐标系和坐标原点

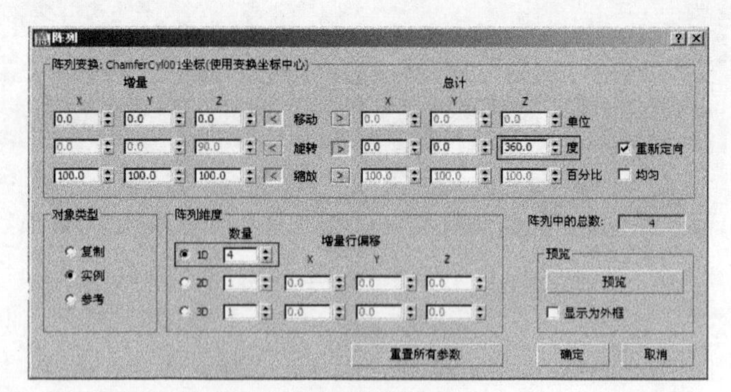

图2-127　设置阵列参数

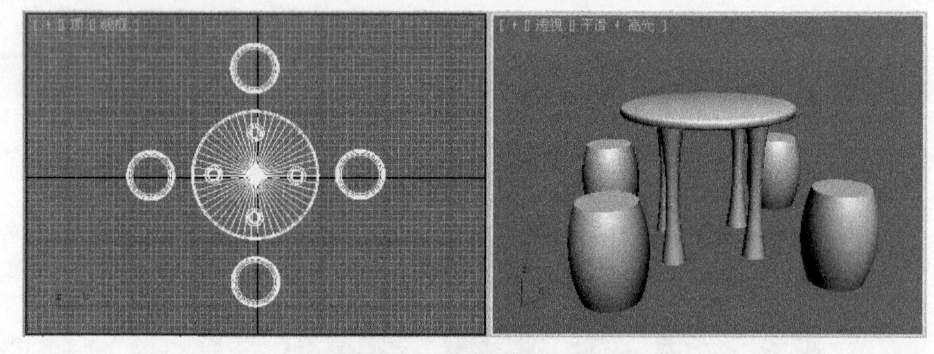

图2-128　阵列后效果

④ 选择透视图，单击工具栏中的（渲染产品）按钮，渲染后效果如图 2-129 所示。

图2-129　石桌和石凳

2.8.2　制作旋转的魔方效果

要点

本例将制作一个魔方效果，如图2-130所示。通过本例学习应掌握变换对象的轴心点、坐标系，对对象进行旋转，阵列和“多维/子对象”材质的综合应用。

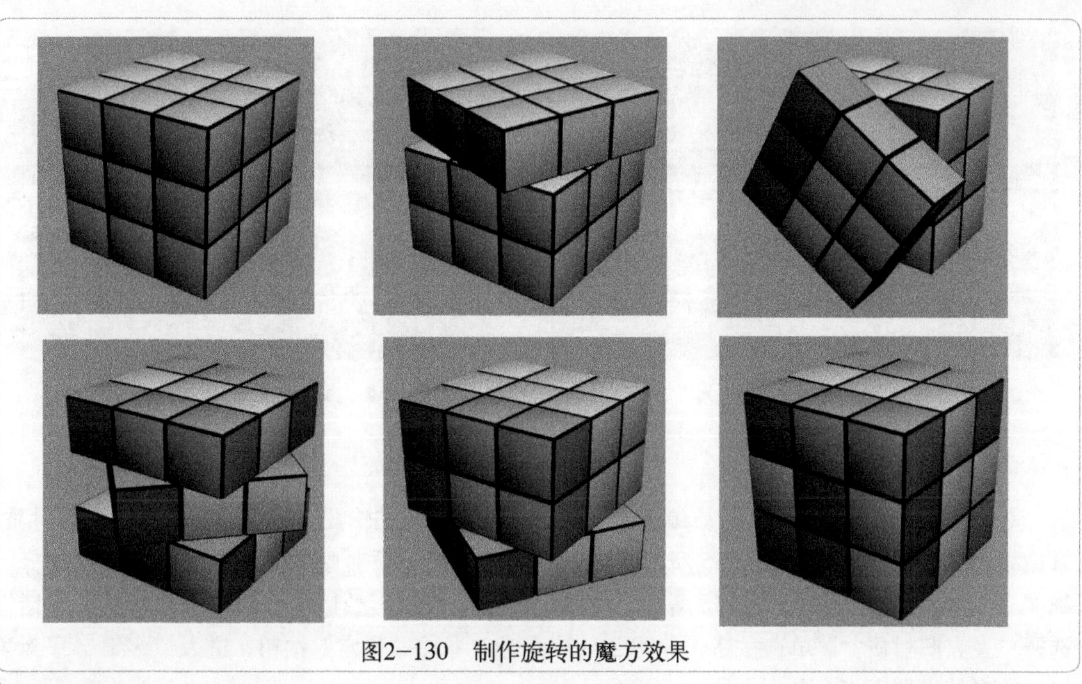

图2-130　制作旋转的魔方效果

操作步骤

1. 制作出一个魔方块的形状

① 单击菜单栏左侧快速访问工具栏中的按钮，然后从弹出的下拉菜单中选择“重置”命令，重置场景。

② 在顶视图中创建一个切角长方体，参数设置及结果如图 2-131 所示。

③ 右击视图中的切角长方体，从弹出的快捷菜单中选择“转换为 | 转换为可编辑多边形”命令，如图 2-132 所示，从而将切角长方体转换为可编辑的多边形。

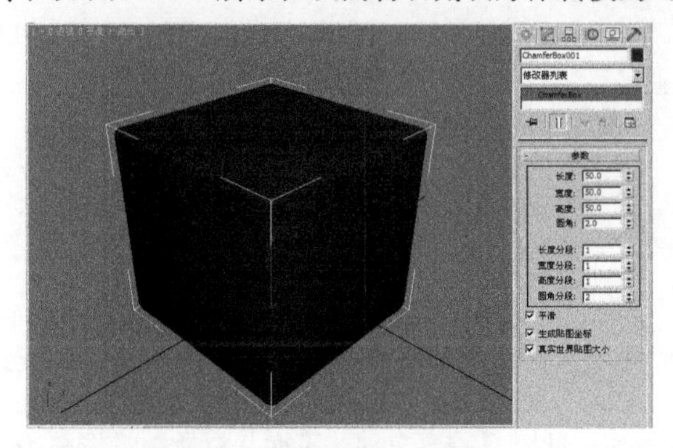

图2-131　创建切角长方体

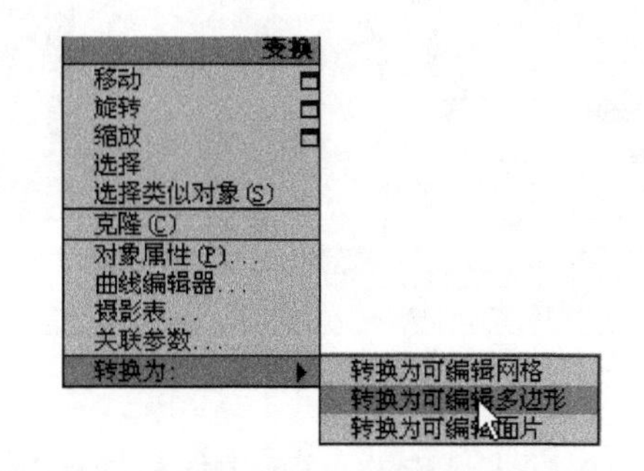

图2-132　选择“转换为可编辑多边形”命令

④ 赋予切角长方体不同的面不同的材质 ID。方法：进入（修改）面板中的可编辑多边形的（元素）级别，然后选择视图中的切角长方体，将其材质 ID 设置为 7，如图 2-133 所示。接着进入可编辑多边形的（多边形）级别，再在视图中选择切角长方体的 1 个面赋予其材质 ID 为 1，如图 2-134 所示。同理分别赋予切角长方体剩余 5 个面的材质 ID 为 2 ～ 6。

图2-133　设置材质ID为7

图2-134　赋予选中的多边形材质ID为1

2. 赋予魔方块材质

① 单击工具栏中的（材质编辑器）按钮，进入材质编辑器。然后选择一个空白的材质球，单击 Arch & Design 按钮，如图 2-135 所示，接着在弹出的“材质 / 贴图浏览器”对话框中选择“多维 / 子对象”材质，如图 2-136 所示，单击“确定”按钮。最后在弹出“替换材质”对话框中选择“丢弃旧材质？”单选按钮，如图 2-137 所示，单击“确定”按钮，进入“多维 / 子对象”材质的参数设置面板，如图 2-138 所示。

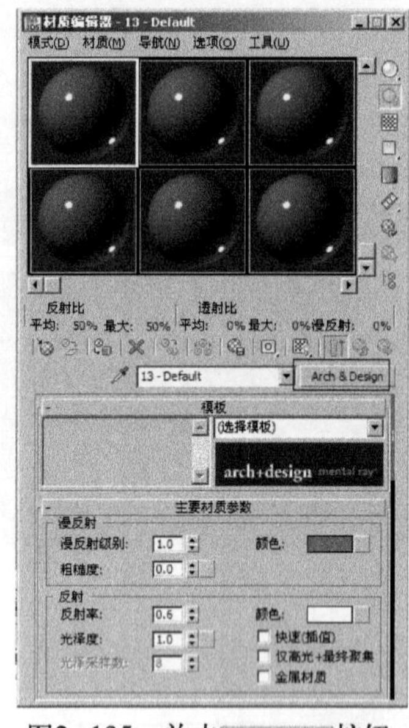

图2-135　单击 Arch & Design 按钮

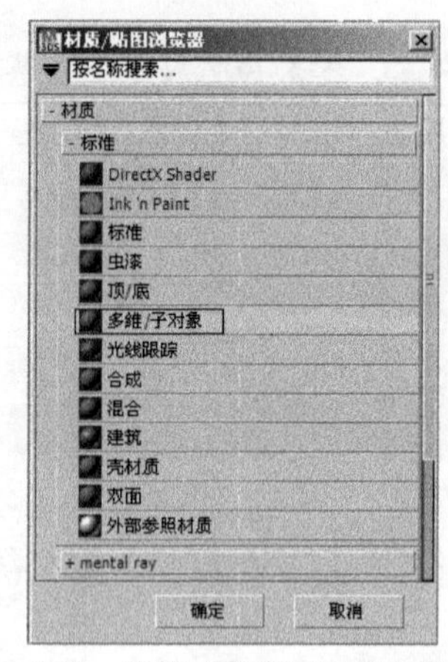

图2-136　选择“多维/子对象”材质

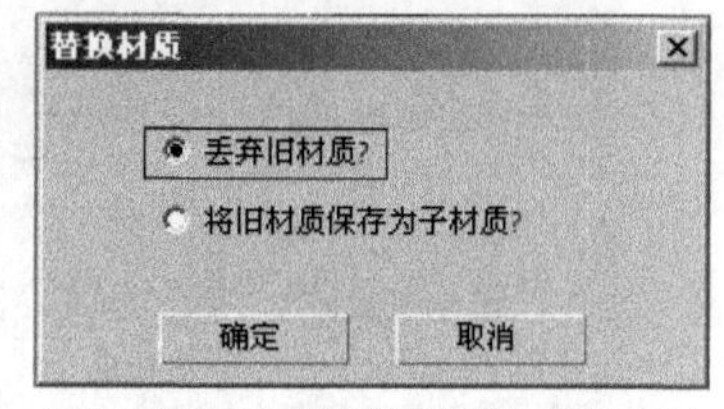

图2-137　“替换材质”对话框

② 默认“多维 / 子对象”材质有 10 种材质，此时只需要 7 种，下面将材质数量调整为 3。方法：单击 设置数量 按钮，从弹出的“设置材质数量”对话框中将数值设置为 7，如图 2-139 所示，单击“确定”按钮，结果如图 2-140 所示。

③ 分别单击不同材质后的色块，赋予它们不同的颜色，如图 2-141 所示。然后选择视图中的切角长方体，单击材质编辑器工具栏中的（将材质指定给选定对象）按钮，将材质赋予切角长方体，赋予材质的效果如图 2-142 所示。

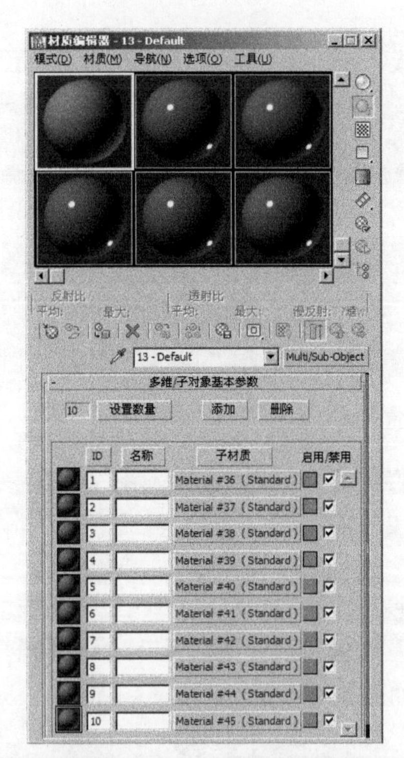

图2-138　“多维/子对象”材质的参数设置面板

图2-139　将数值设置为7

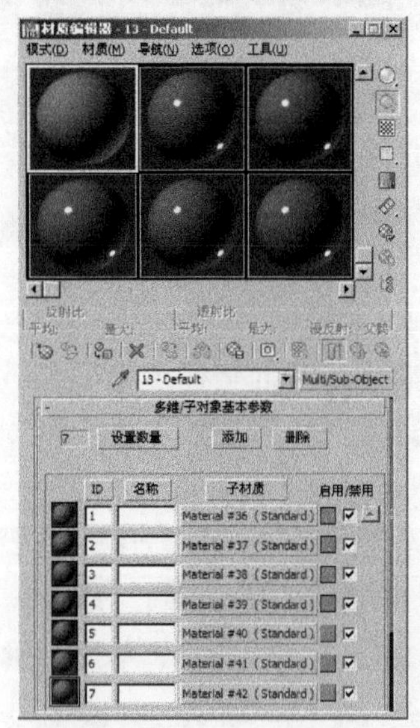

图2-140　调整后的“多维/子对象”材质面板

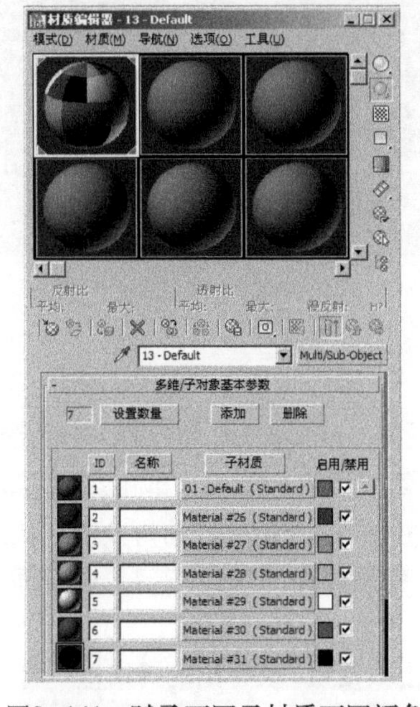

图2-141　赋予不同子材质不同颜色

图2-142　赋予材质后效果

3．制作出魔方造型

① 将魔方块的轴心点定在其中心位置。方法：选择视图中的魔方块模型，进入（层次）面板，单击 仅影响轴 按钮后单击 居中到对象 按钮即可，结果如图2-143所示。然后再次单击 仅影响轴 按钮，退出编辑状态。

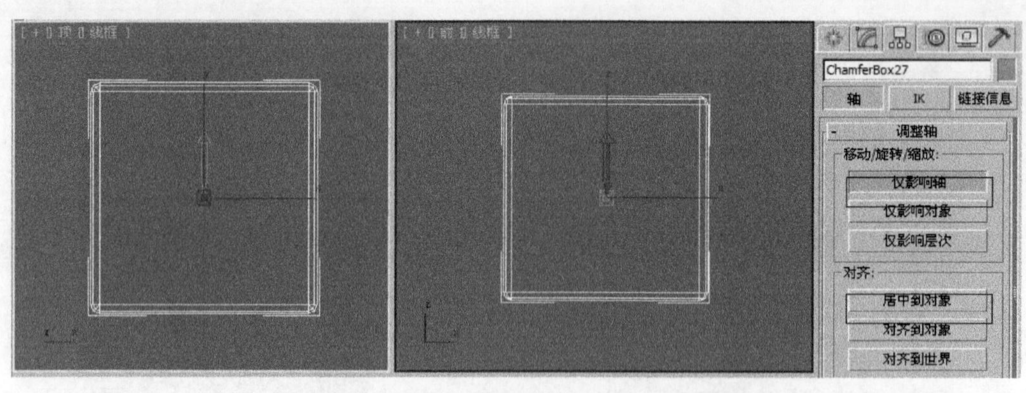

图2-143　将魔方块的轴心点定在其中心位置

② 将中心点的坐标定为零点。方法：右击工具栏中的（选择并移动）按钮，从弹出的对话框中设置如图2-144所示。

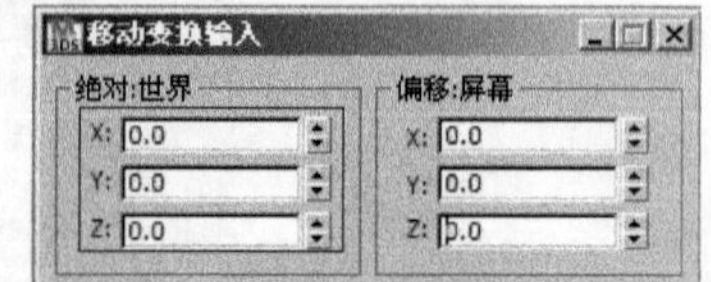

图2-144　将中心点的坐标定为零点

③ 阵列出魔方造型。方法：选择视图中的魔方块模型，执行菜单中的“工具|阵列”命令，在弹出的“阵列”对话框中设置如图2-145所示，单击“确定”按钮，结果如图2-146所示。

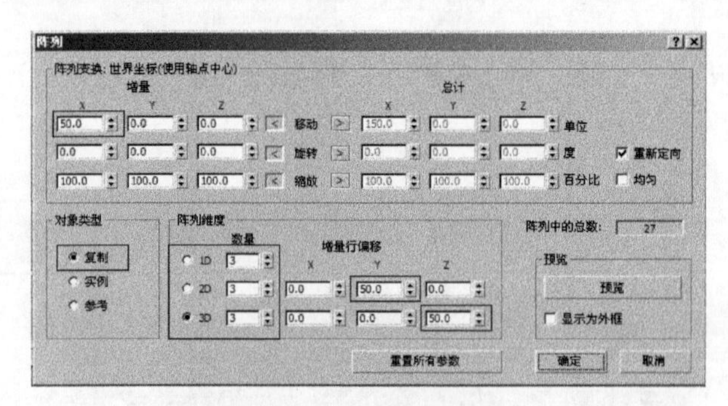

图2-145　设置阵列参数

图2-146　阵列出魔方造型

4. 制作魔方旋转动画

① 将所有魔方块的轴心点的坐标均定为魔方中心位置，以便旋转。方法：利用工具栏中的（选择对象）选择视图中的所有魔方块，然后进入（层次）面板，单击 仅影响轴 按钮，显示出轴心点，如图2-147所示。接着右击工具栏中的（选择并移动）按钮，从弹出的对话框中将“绝对：世界”下的X、Y、Z均设置为50，结果如图2-148所示。最后再次单击 仅影响轴 按钮，退出轴心点模式。

② 激活工具栏中的（角度捕捉切换）按钮，然后右击该按钮，从弹出的对话框中将“角度”设置为90，如图2-149所示。

③ 制作最上层的魔方块在第0～10帧的旋转效果。方法：激活动画控制区的 自动关键点 按钮（快捷键〈N〉），将时间滑块移动到第10帧，然后利用工具栏中的（选择并旋转）按钮，在前视图中选择最上层的魔方块，沿 Y 轴旋转90°，如图2-150所示。

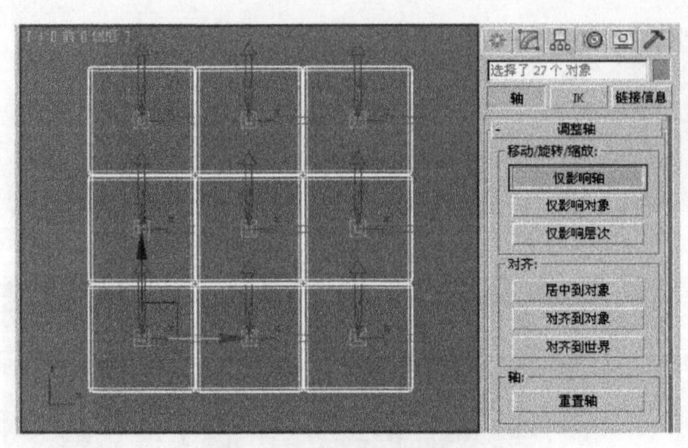

图2-147 显示出轴心点

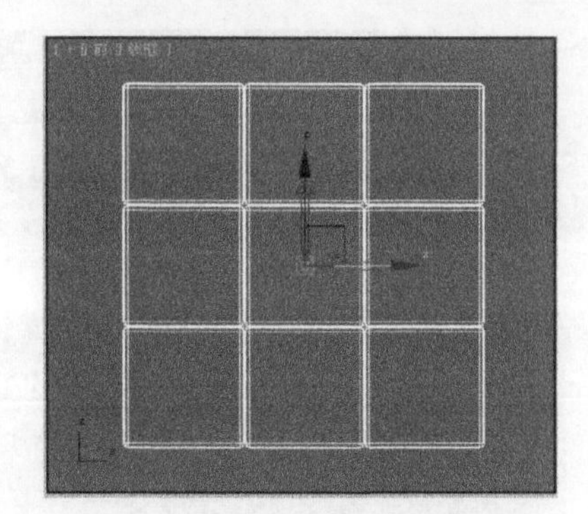

图2-148 统一坐标的效果

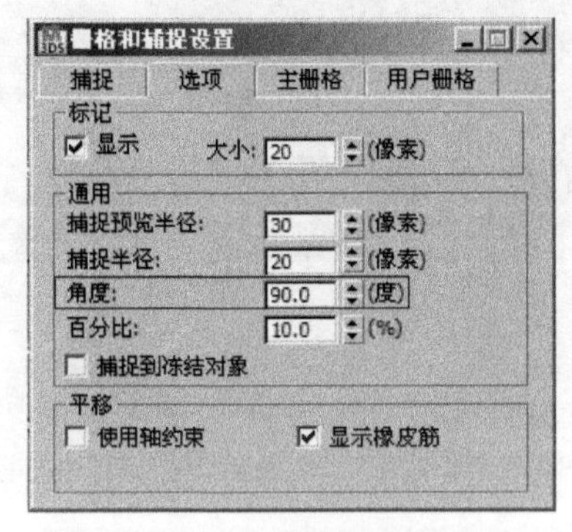

图2-149 将捕捉角度设置为90

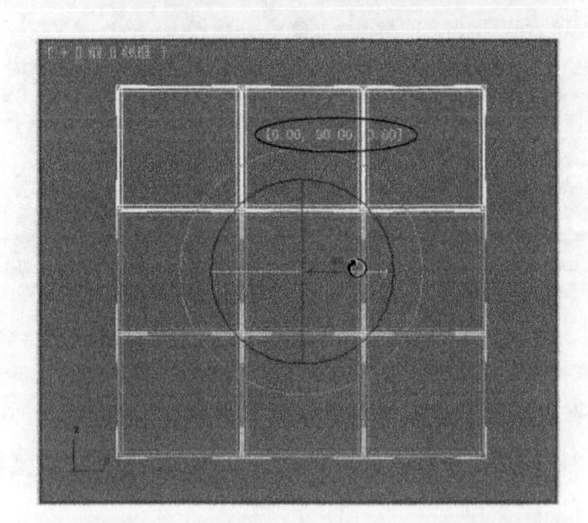

图2-150 在第10帧将最上层魔方块沿*Y*轴旋转90°

提示

由于设置了角度捕捉为90°，因此沿*Y*轴旋转时会自动以90°的倍数进行旋转。

④ 此时拖动时间轴滑块即可，即可看到最上层魔方块在第 1 ~ 10 帧沿 *Y* 轴旋转 90° 的动画效果，如图 2-151 所示。

图2-151 最上层魔方块在第1-10帧的旋转效果

⑤ 制作最右侧的魔方块在第 10 ~ 20 帧的旋转效果。方法：将时间线滑块移动到第 10 帧，然后利用工具栏中的（选择并旋转）按钮，在前视图中选择最右侧的魔方块，单击动画控制区的（设置关键点）按钮，插入关键帧，如图 2-152 所示。接着将时间线滑块移动到第 20 帧，在前视图中将最右侧的魔方块沿 *X* 轴旋转 90°，如图 2-153 所示。此时拖动时间轴滑块即可，即可看到最上层魔方块在第 10 ~ 20 帧沿 *X* 轴旋转 90° 的动画效果，如图 2-154 所示。

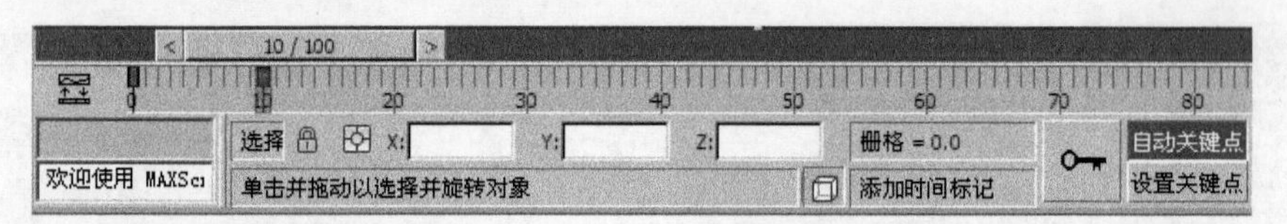

图2-152　在第10帧设置关键帧

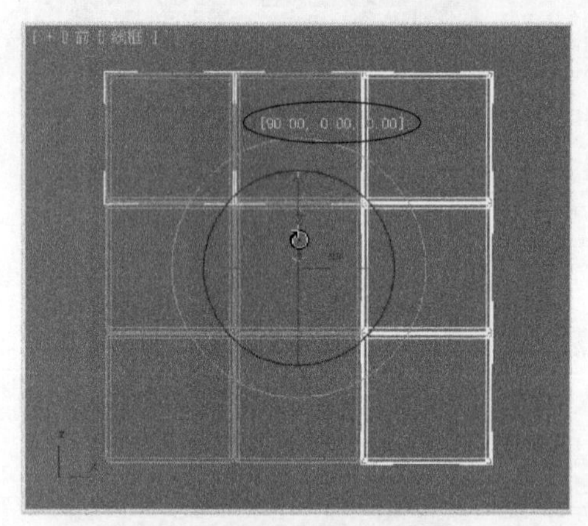

图2-153　在第20帧将最右侧的魔方块沿X轴旋转90°

图2-154　最上层魔方块在第10～20帧的旋转效果

⑥ 同理，制作最左侧的魔方块在第 20 ～ 30 帧沿 *X* 轴旋转 −90°，最下层的魔方块在第 30 ～ 40 帧沿 *Y* 轴旋转 −90°，垂直中间一层的魔方块在第 40 ～ 50 帧沿 *X* 轴旋转 90° 的动画效果，如图 2-155 所示。

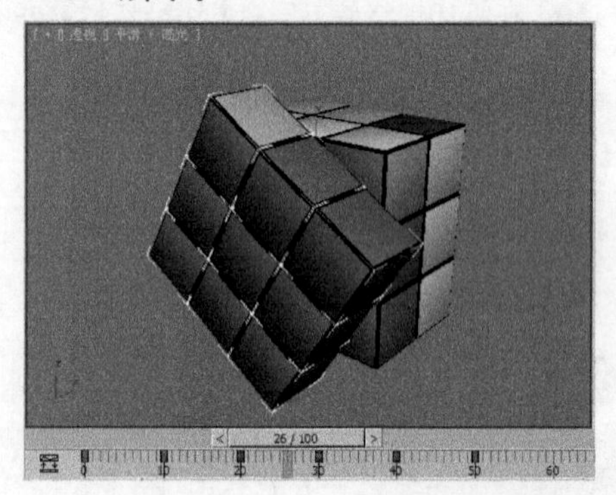

最左侧的魔方块在第20～30帧沿X轴旋转

最下层的魔方块在第30～40帧沿Y轴旋转

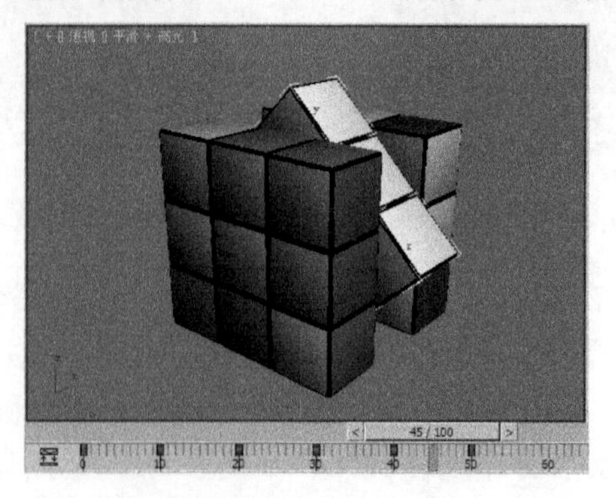

垂直中间一层的魔方块在第40～50帧沿X轴旋转

图2-155　第20～50帧的旋转效果

⑦ 至此，整个动画制作完毕，单击动画控制区的▶（播放动画）按钮，即可看到魔方的旋转动画效果，如图 2-156 所示。

图2-156 制作旋转的魔方效果

课后练习

1．填空题

（1）利用__________可以通过截取三维几何体的剖面而获得的二维图形。

（2）3ds Max 2011 提供了 5 种范围框选择类型，它们分别是__________、__________、__________、__________和__________。

（3）3ds Max 2011 中提供了 9 种坐标系，它们分别是__________、__________、__________、__________、__________、__________、__________、__________和__________。

2．选择题

（1）在面板中单击（创建）按钮，显示出创建面板，然后单击（图形）按钮，就可以打开“样条线”面板，其中包括__________种二维物体造型工具。

A．9　　B．10　　C．11　　D．12

（2）3ds Max 2011 自带了__________种标准三维模型。

A．9　　B．10　　C．11　　D．12

3．问答题

（1）简述变换对象的方法。

（2）简述阵列对象的方法。

（3）练习：利用“弯曲”修改器和“阵列”命令制作桌椅组合效果，如图 2-157 所示。

图2-157 练习效果

第3章 常用编辑修改器

本章将讲解利用编辑修改器对基本模型进行修改，从而产生更加复杂的模型的方法。通过本章学习应掌握以下内容：

- 堆栈的概念和各修改按钮的作用；
- 常用修改器的使用。

3.1 认识修改器面板

修改器是3ds Max的核心部分，3ds Max 2011自带了大量的编辑修改器，这些编辑修改器以堆栈方式记录着所有的修改命令，每个编辑修改器都有自身的参数集合和功能。用户可以对一个或多个模型添加编辑修改器，从而得到最终所需要的造型。

修改器面板分为“名称和颜色”、“修改器列表”、“修改器堆栈”和“当前编辑修改器参数”4个区域，如图3-1所示。

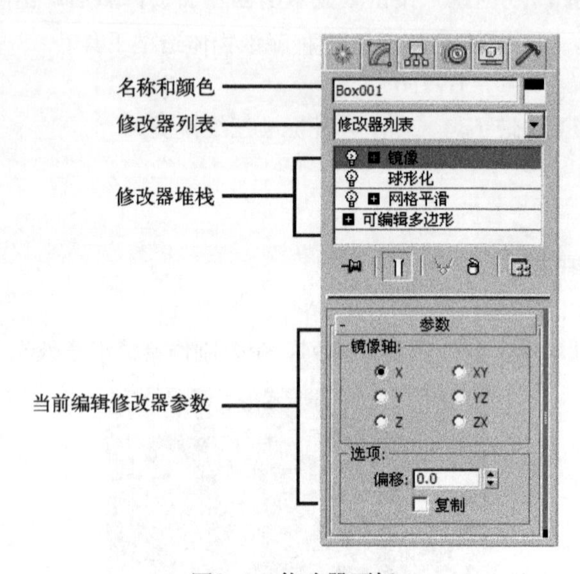

图3-1 修改器面板

1．名称与颜色

用于显示当前所选对象的名称和在视图中的颜色。用户可以在名称框中重新输入新的名称来实现对所选对象的重命名，并可以通过点取颜色框来改变当前物体的颜色。

提示

当所选物体还未指定材质时会使用此颜色作为材质颜色。一旦指定了材质，它就失去了对所选对象的着色性质。

2．修改器列表

修改器列表中的编辑修改器分为选择修改器、世界空间修改器和对象空间修改器 3 类。在修改器列表处单击，可以打开全部编辑修改器的列表，从中用户可以选择所需的编辑修改器。

3．修改器堆栈

修改器堆栈中包含所选对象和所有作用于该对象的编辑修改器。通过修改器堆栈用户可以对相关参数进行调整。

在修改器下方有 6 个按钮，可以对堆栈进行相应的操作。

锁定堆栈：用于冻结堆栈的当前状态，能够在变换场景对象的情况下，仍然保持原来选择对象的编辑修改器的激活状态。

/ 显示最终结果开 / 关切换：可以控制显示最终结果还是只显示当前编辑修改器的效果。为显示最终效果，为显示当前效果。

使唯一：当对多个对象施加了同一个编辑修改器后，选择其中一个对象单击该按钮，然后再调整编辑修改器的参数，此时只有选中的对象受到编辑修改器的影响，其余对象不受影响。

从堆栈中移除修改器：单击该按钮可以将选中的编辑修改器从修改器堆栈中删除。

配置修改器集：可以通过该工具配置自己需要的编辑修改器集。配置方法：单击该按钮，在弹出的快捷菜单中选择“配置修改器集”命令，如图 3-2 所示。然后在弹出的对话框中添加编辑修改器，如图 3-3 所示。接着单击“确定”按钮，完成配置修改器集，结果如图 3-4 所示。

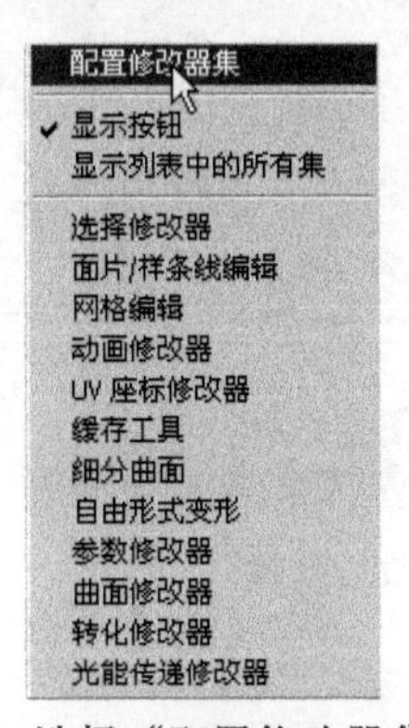

图3-2 选择“配置修改器集”命令

图3-3 添加编辑修改器

图3-4 完成配置的修改器

4．当前编辑修改器参数

在修改器堆栈中选择一个编辑修改器后，可以在当前编辑修改器参数区对该修改器的参数进行再次调整。

3.2 常用的编辑修改器

3ds Max 2011提供了大量的修改器，其中“编辑样条线”、“锥化”、“噪波”、“挤出”、“刀削”、FFD、“网格平滑”、“球形化”和“面挤出”修改器是比较常用的几种。下面就来说明一下这些修改器的使用方法。

3.2.1 “编辑样条线”修改器

我们虽然可以利用图形创建工具来产生很多的二维造型，但是这些造型变化不大，并不能满足用户的需要。所以通常是先创建基本二维造型，然后通过编辑样条线修改器对其进行编辑和变换，从而得到最终所需的图形。

编辑样条线修改器是专门编辑二维图形的修改器。它分为顶点、分段、样条线3个级别，如图3-5所示。在不同层级中可以对相应的参数进行调整。

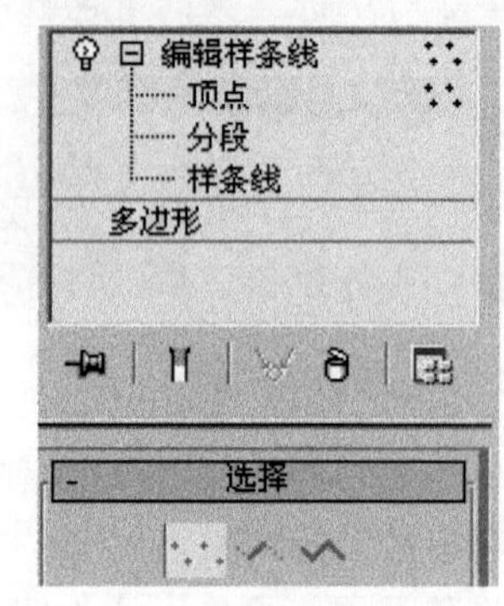

图3-5 “编辑样条线”的3个级别

1．编辑“顶点”

利用编辑样条线修改器对二维图形进行编辑时，顶点的控制是很重要的，因为顶点的变化会影响整条线段的形状与弯曲程度。

对“顶点”进行编辑的过程如下：

① 在前视图中绘制一个简单的二维图形，如图3-6所示。

② 进入（修改）面板，在修改器列表位置单击鼠标，然后在弹出的修改器列表中选择“编辑样条线”修改器。接着进入（顶点）层级，选择视图中的相应顶点即可进行编辑移动、变形等操作。此时选中的顶点显示如图3-7所示，“顶点”层级参数面板如图3-8所示。

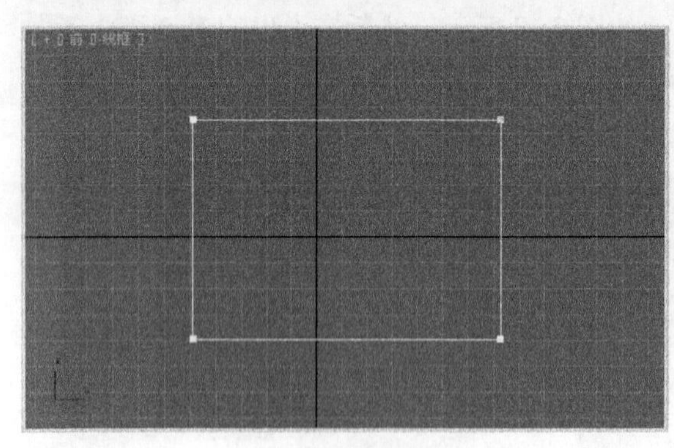

图3-6 原图

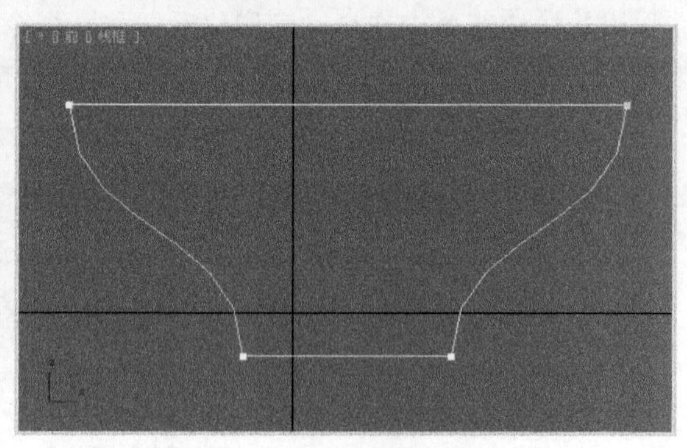

图3-7 修改后效果

编辑“顶点”的主要参数含义：

- “锁定控制柄”复选框：在选取两个以上的控制顶点后，如果希望同时调整这些顶点的控制柄，则将它选中。
- 创建线 按钮：单击此按钮后，可以在当前选择的图形上画线，而且所画的任何新线都是所选取的二维图形的一部分，而不是一个独立的对象，如图3-9所示。

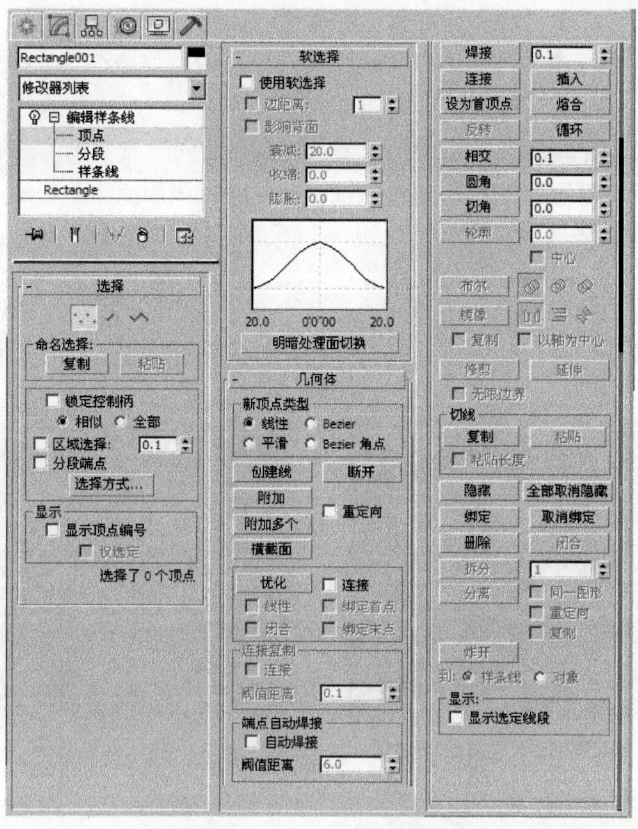

图3-8 “顶点”层级参数面板

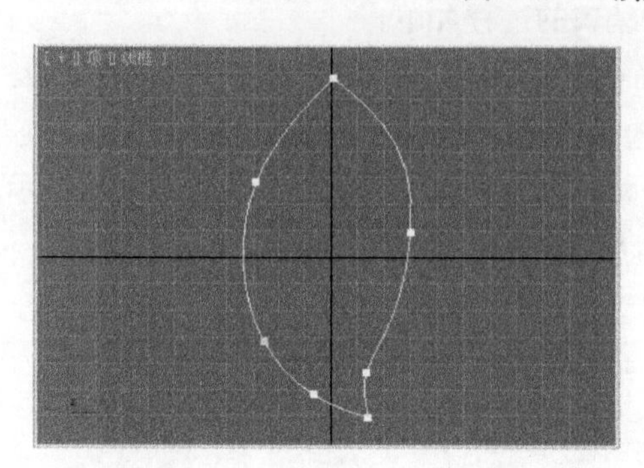

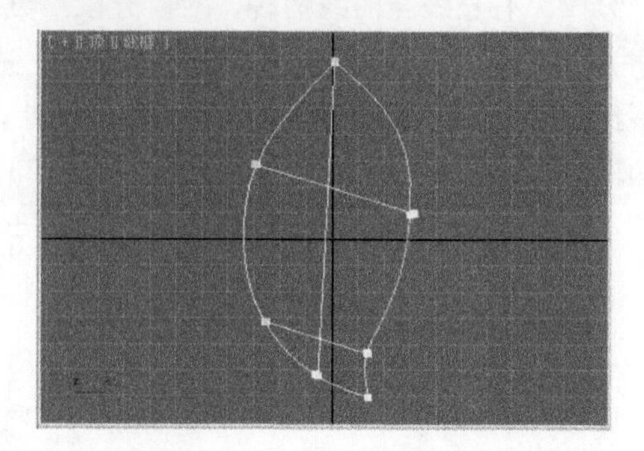

图3-9 “创建线”后的效果

- 断开 按钮：单击此按钮后，可以已选取的控制起始点变为控制结束点，并将它所连接的两条线段分开。
- 附加 按钮：单击此按钮，可以给选中的二维图形加上其他的二维图形，也就是把两个二维图形合并为一个二维图形。
- 附加多个 按钮：与 附加 按钮的功能类似，这个按钮可以将多个二维图形附加到选中的对象上。
- 优化 按钮：它允许在不改变二维物体形状的情况下添加结点。
- 焊接 按钮：用于连接两个控制结点，后面的数值为焊接的最大距离，当两点之间的距离小于此距离时，就可以焊接在一起。

- 熔合 按钮：不需要间距，即可熔合任意两点。
- 连接 按钮：用来连接存在间距的两个顶点。使用时将一个顶点拖到另一个顶点上，即可连接。
- 插入 按钮：这个按钮可对二维图形增加控制点的同时改变物体的形状。
- 设为首顶点 按钮：选择一个顶点后单击该按钮，可以将该顶点作为起始点。
- 循环 按钮：首先选中二维物体上的一个顶点，单击此按钮，则按逆时针方向将下一个顶点变为起始点。再次单击依次循环。
- 圆角 按钮：可对二维图形进行圆角处理，如图 3-10 所示。
- 切角 按钮：可对二维图形进行切角处理，如图 3-11 所示。

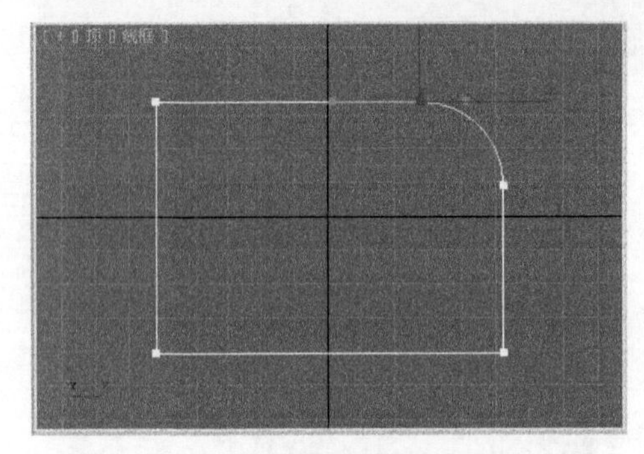

图3-10　对二维图形进行“圆角”处理

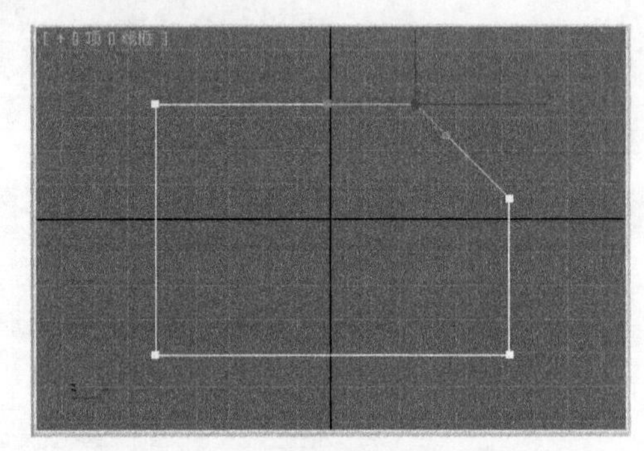

图3-11　对二维图形进行“切角”处理

2．编辑“分段”

“分段”有直线与曲线两种，对“分段”进行编辑的过程如下：

进入（修改）命令面板，在修改器列表位置单击鼠标，然后在弹出的修改器列表中选择“编辑样条线”修改器。接着进入（分段）级别，选择视图中的相应分段即可进行移动、变形等操作编辑。此时选中的“分段”显示如图 3-12 所示，“分段”层级参数面板如图 3-13 所示。

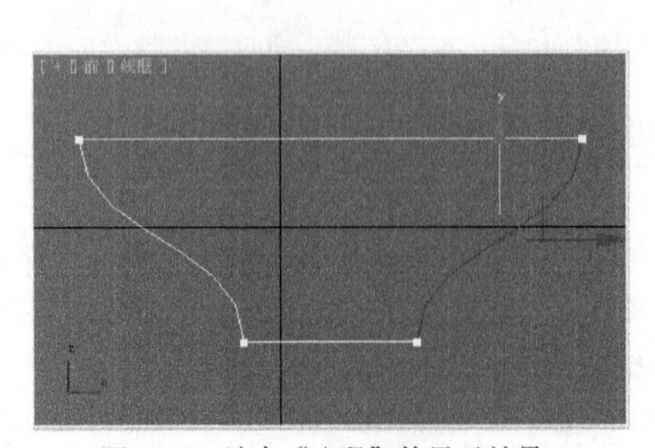

图3-12　选中“分段”的显示效果

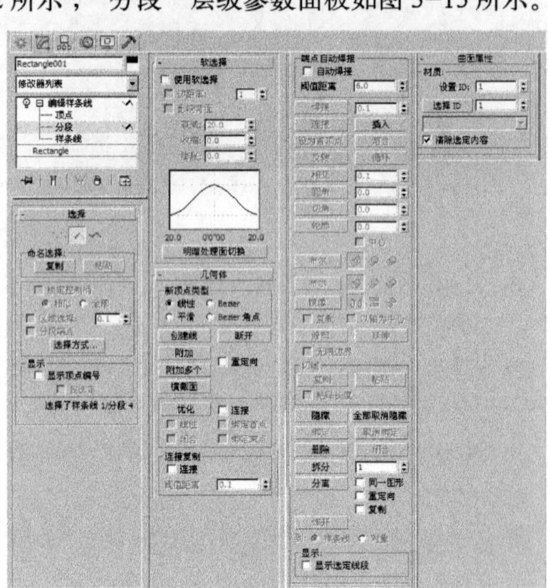

图3-13　“分段”层级参数面板

编辑“分段”的主要参数含义：

断开按钮：可以将线段分为两段或多段。单击该按钮后，在被选中二维图形的线段或顶点上单击，可以使此单击点或此顶点所相连的线段分开。“断开”后的效果如图 3-14 所示。

优化按钮：它可以使二维物体在不改变形状的同时增加结点。单击此按钮，在被选中二维物体的线段上单击可以添加结点，从而增加了可以编辑的“分段”数目。“优化”后的效果如图 3-15 所示。

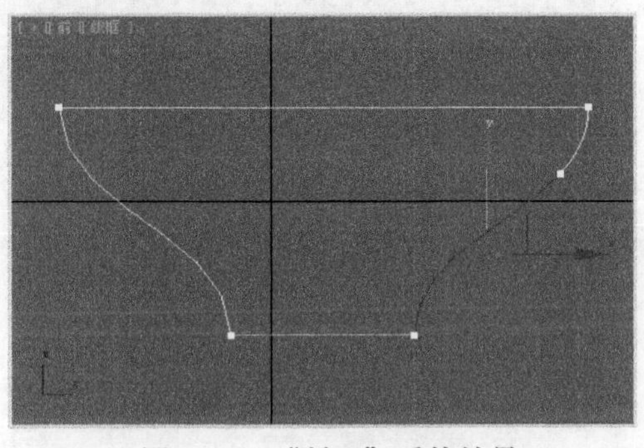

图3-14　“断开”后的效果

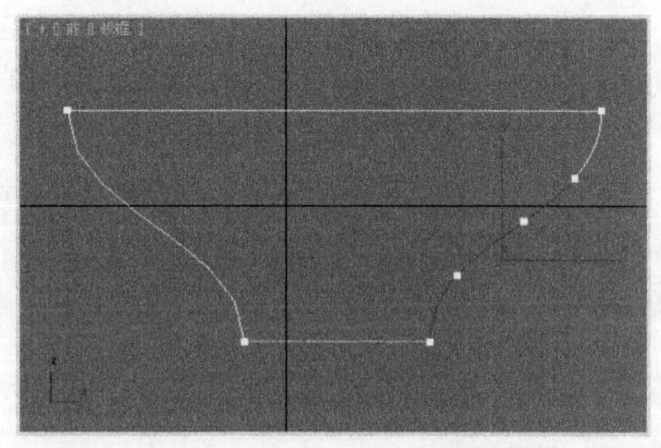

图3-15　“优化”后的效果

隐藏按钮：在二维物体上选中一段线段，再单击此按钮可以将此“分段”隐藏。“隐藏”后的效果如图 3-16 所示。然后单击全部取消隐藏按钮，可以将隐藏的“分段”重新显现。

拆分按钮：可以将被选中的二维物体的线段等分增加结点。“拆分”后的效果如图 3-17 所示。后面的数值为等分增加结点的数目。

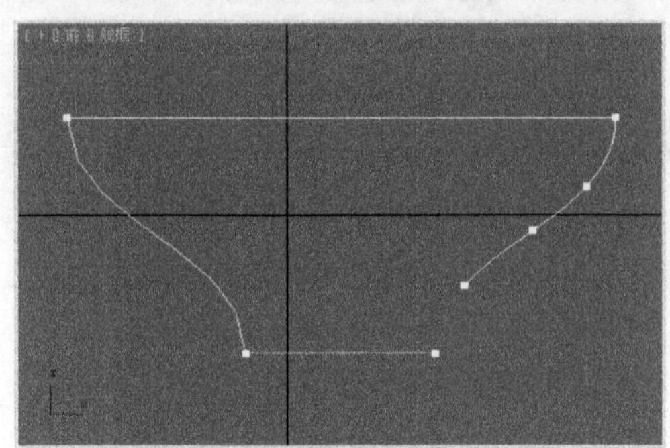

图3-16　“隐藏”后的效果

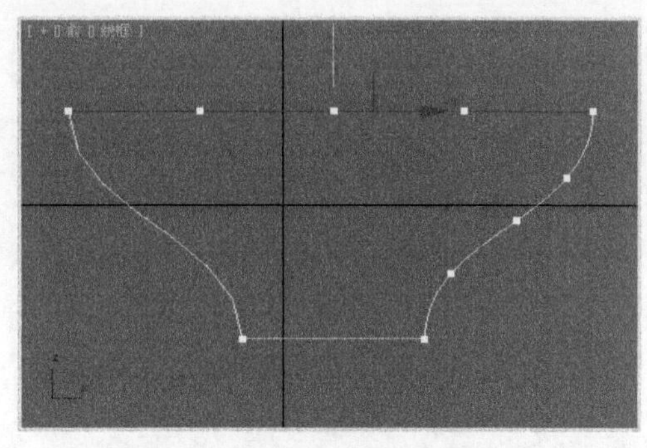

图3-17　“拆分”后的效果

分离按钮：可以将被选中的线段分离为新的线段。按钮后有三个选项：选中“同一图形”复选框后，单击分离按钮，被选中的线段将分离在原处；选中“重定向”复选框后单击该按钮，所分离的线段将在该二维图形的中心轴点对齐；选中“复制”按钮后单击此按钮，则选取的线段将在原处复制；同时选中“重定向”和“复制”复选框再单击此按钮，则选取的线段将保留在原处，而复制分离的线段会对齐在该二维图形的中心轴点。

3．编辑“样条线”

在“样条线”模式下，可以在一个样条对象中选择单个或多个样条，并且可以对他们进行“轮廓”、“布尔”等操作。

对“样条线”编辑的过程如下：

① 在前视图中绘制两个简单的二维图形，如图 3-18 所示。

② 进入（修改）面板，在修改器列表位置单击鼠标，在弹出的修改器列表中选择“编辑样条线”修改器。然后进入（样条线）层级，将其“附加”成一个整体。接着选择视图中的相应“样条线”即可进行“轮廓”、“布尔”等操作。此时选中的“样条线”显示如图 3-19 所示，“样条线”参数如图 3-20 所示。

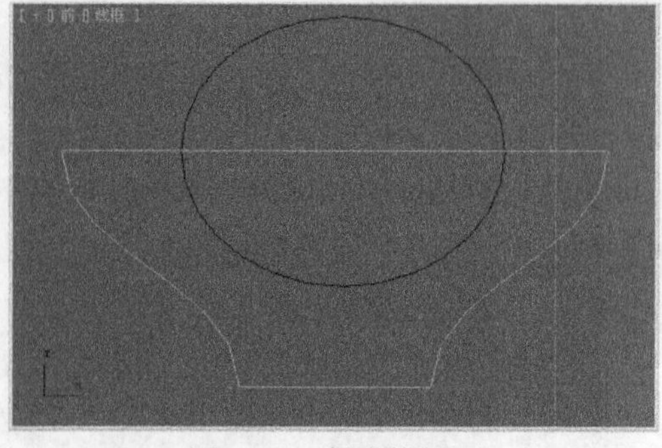

图3-18 创建的图形

“编辑样条线”的主要参数含义：

轮廓按钮：生成一个所选择样条的复制，并且依据其右边文本框中的数值来向内或向外进行偏移，如图 3-21 所示。当“中心”复选框被选中时，初始样条和复制样条将同时依据要求的数值向相反的方向偏移。

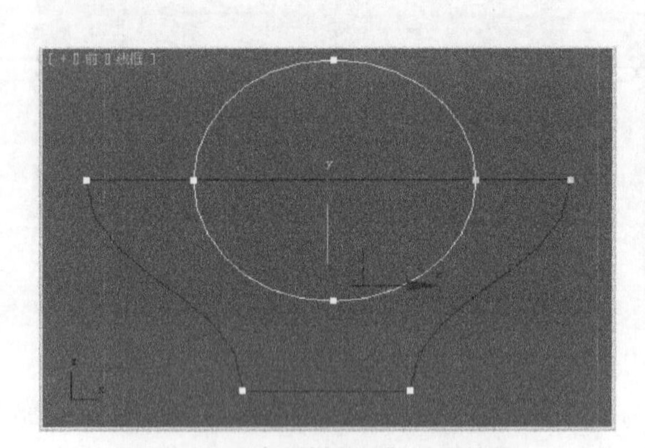

图3-19 选中“样条线”显示效果

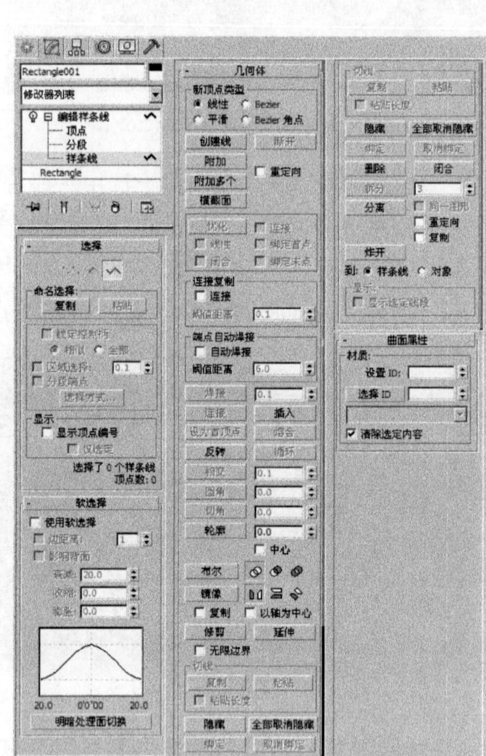

图3-20 “样条线”参数

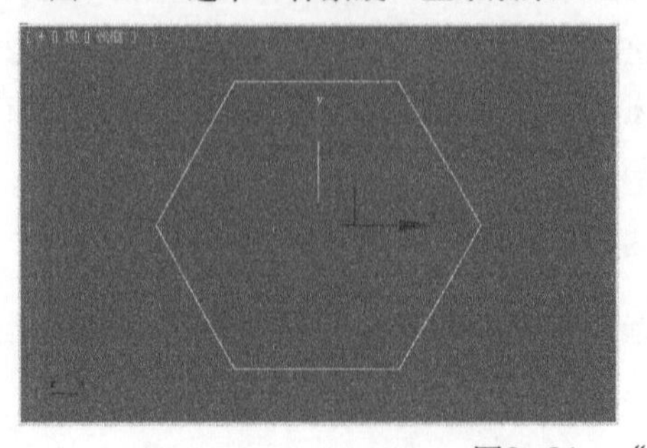

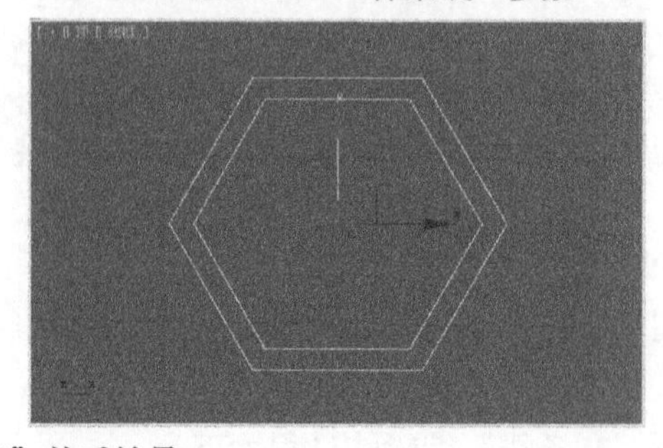

图3-21 “轮廓”前后效果

布尔按钮：在二维的环境下对所选择的两个封闭样条进行布尔操作，有并集、相减和相交 3 种情况。“并集”表示合并两个重叠的样条，重叠的部分被移走；“相减”表示从第一个样条中减掉两个样条重叠的部分；“相交”表示只保留两个样条的重叠部分。图 3–22 为不同布尔运算后的结果。

镜像按钮：用来镜像样条，包括（水平镜像）、（垂直镜像）和（双向镜像）3 种不同的方式。

修剪按钮：用来清除一个样条型中两相交样条交点以外的多余部分。

延伸按钮：用来延长一个样条到另一个样条上，并且与另一个样条相交。

闭合按钮：用来封闭被选择的样条，使该样条成为封闭样条。

炸开按钮：将样条对象中的每段都分离成独立的样条。与分离相比，它更快捷。

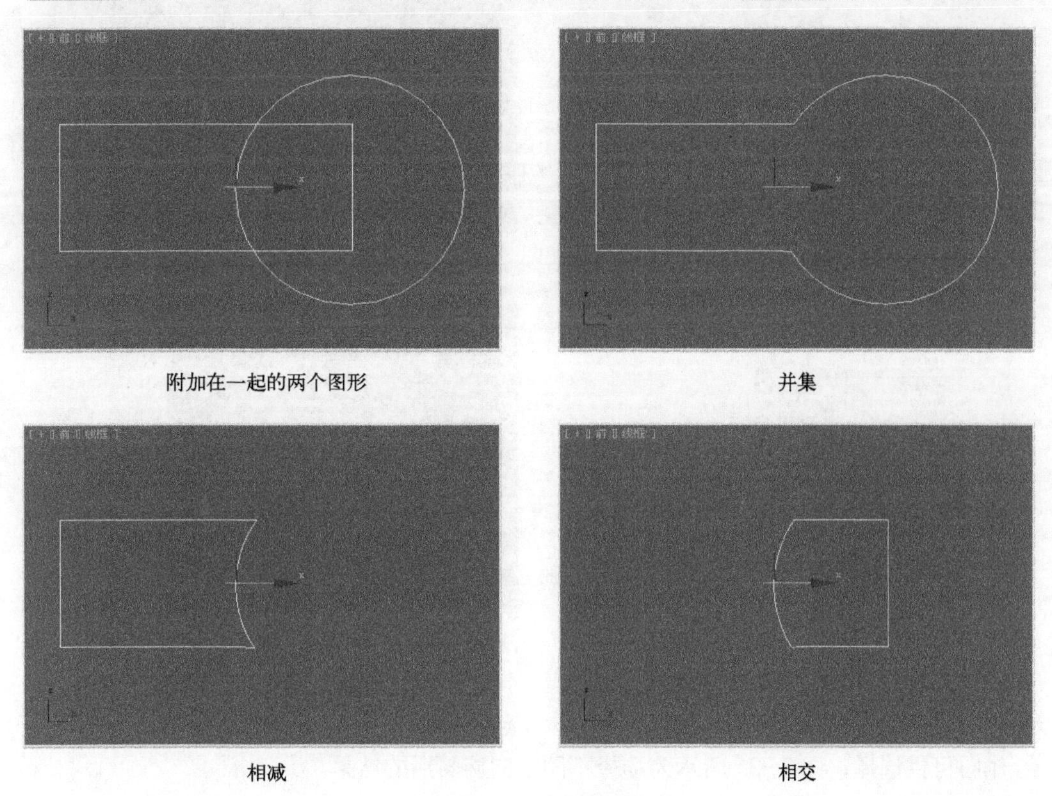

附加在一起的两个图形　　并集

相减　　相交

图3–22　布尔效果

3.2.2 “车削”修改器

“车削”修改器是通过二维轮廓线绕一个轴旋转从而生成三维对象。它的原理类似于制作陶瓷。我们通常利用它来制作花瓶、水果等造型。

“车削”修改器的参数面板如图 3–23 所示，参数面板的选项如下：

- 度数：用于控制旋转的角度，范围 0 ~ 360°，要产生闭合的三维几何体都要将这个值设为 360°。
- 焊接内核：选中该选项后，系统自动将这部分表面平滑化。但是这个操作有可能不够精确，如果还要进行其他操作，最好不要选中该项。

- 翻转法线：用于将物体表面法线反转过来。法线是与物体表面垂直的线，只有沿着物体表面法线的方向才能够看见物体，例如，通过基本几何体命令创建出的几何体，其法线方向是向外的，如果在几何体内部，是什么都看不见的。
- 分段：用于提高旋转生成物体的段数。“分段”数值越高，物体越平滑，如图 3-24 所示。
- “封口顶端”和“封口末端”：用于控制旋转后的物体顶端和末端是否封闭。

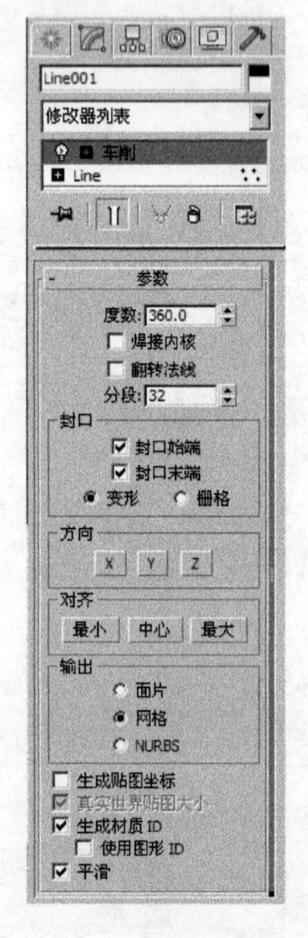

图3-23　“车削”设置面板

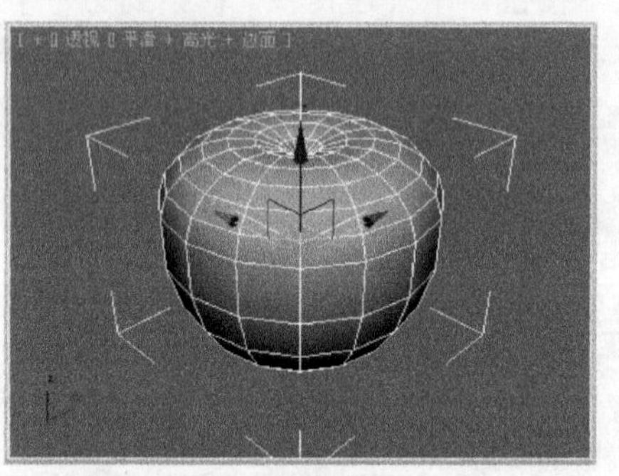

“分段”为16

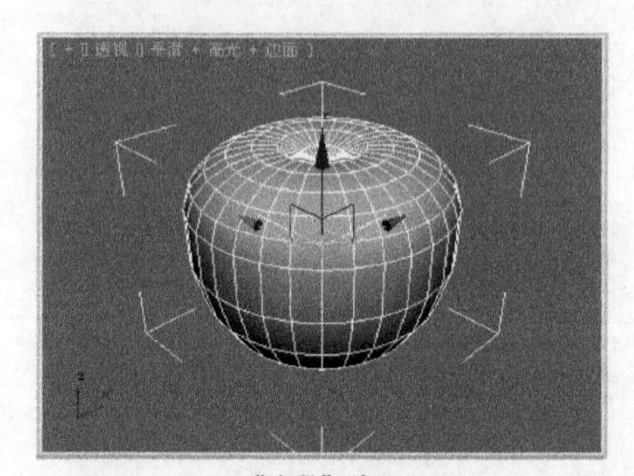

“分段”为32

图3-24　不同“分段”值比较

- 方向：用于控制表面轮廓将哪个轴向作为旋转轴，“方向”选项组中有 *X*、*Y*、*Z* 这 3 个轴向可供选择，图 3-25 所示为选择不同轴向旋转后的结果。

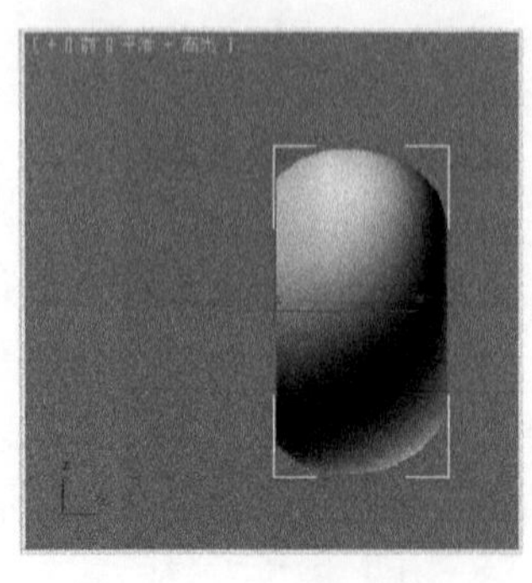

*X*轴

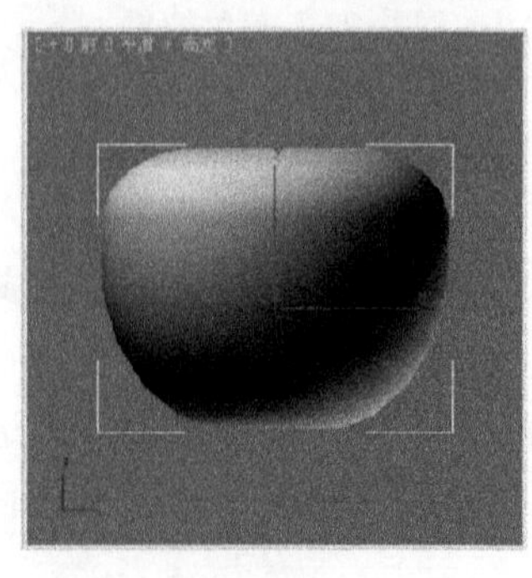

*Y*轴

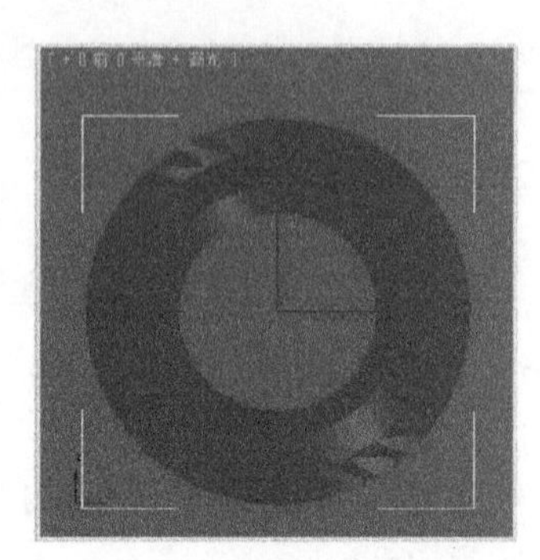

*Z*轴

图3-25　不同方向的比较

- 对齐：用于控制旋转中心的位置。有“最小值”、“中心”、“最大值”3 个按钮可供选择。图 3-26 所示为 3 种情况的比较结果。

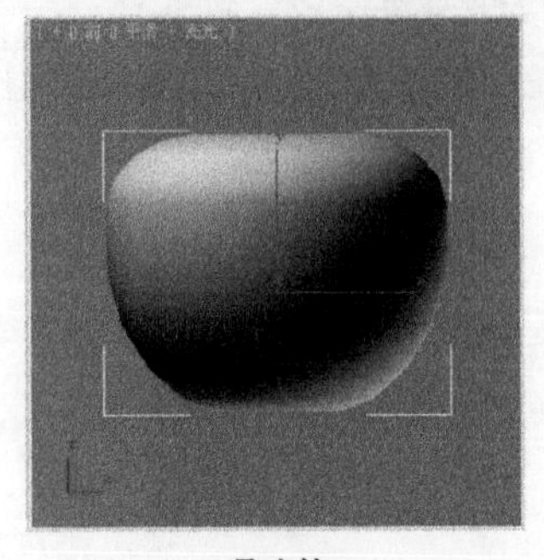

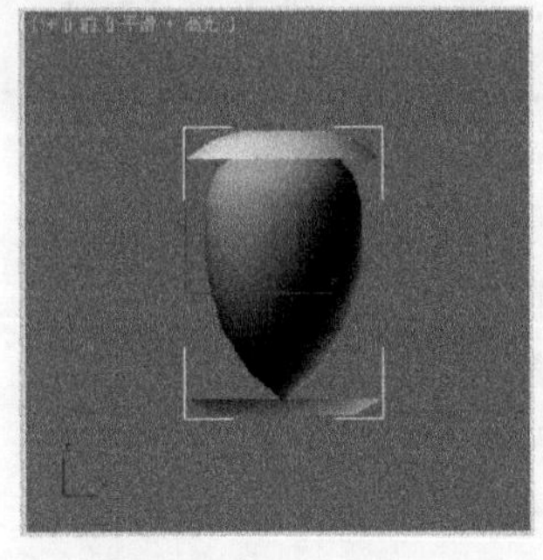

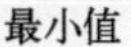

最小值　　中心　　最大值

图3-26 选择不同对齐方式的比较

- 输出：用于控制生成物体的类型，有“面片”、“网格”和 NURB 共 3 种类型可供选择。这 3 种类型也是 3ds Max 2011 中三维对象的 3 种基本性质。

3.2.3 “挤出”修改器

“挤出”修改器主要用于将二维样条线快速挤压成三维实体。它的参数面板如图 3-27 所示。

图3-27 “挤出”设置面板

“挤出”修改器面板的参数选项如下：

- 数量：用于控制拉伸量。
- 分段：用于定义拉伸体的中间段数。
- 封口：用于控制挤出物体是否封闭“顶端”和“底端”。
- 输出：用来决定生成的拉伸体是以面片、网格还是 NURB 曲线的形式存在。

下面我们将利用“挤出”修改器创建一个三维立体文字，操作步骤如下：

① 在前视图中利用“文字”工具二维文字“中国传媒大学”，如图 3-28 所示。

② 选择文字造型，执行修改器面板中的“挤出”命令，设置挤出“数量”为 10，结果如图 3-29 所示。

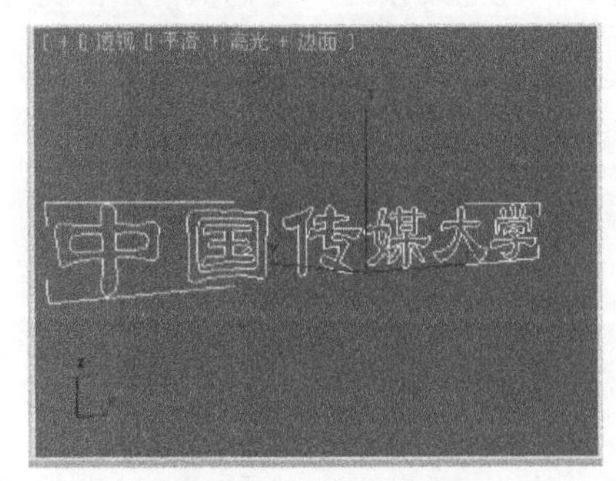

图3-28 输入文字

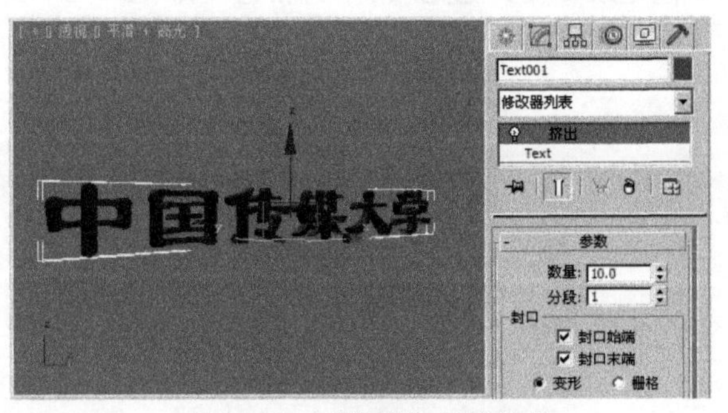

图3-29 “挤出”后的效果

3.2.4 “倒角”修改器

“倒角”修改器与“挤出”修改器一样，也是用于将二维样条线快速挤压成三维实体。与“挤出”修改器相比，“倒角”修改器更加灵活，它可以在“挤出”三维物体的同时，在边界上加入直形或圆形倒角。它的参数面板如图 3-30 所示。

“倒角”修改器面板的参数选项如下：

- 始端：设置开始截面是否封顶。
- 末端：设置结束截面是否封顶。
- 变形：用于创建变形的封闭面。
- 栅格：用栅格模型创建顶盖面。
- 线性侧面：设置内部边为直线模式，如图 3-31 所示。
- 曲线侧面：设置内部边为曲线模式，如图 3-32 所示。

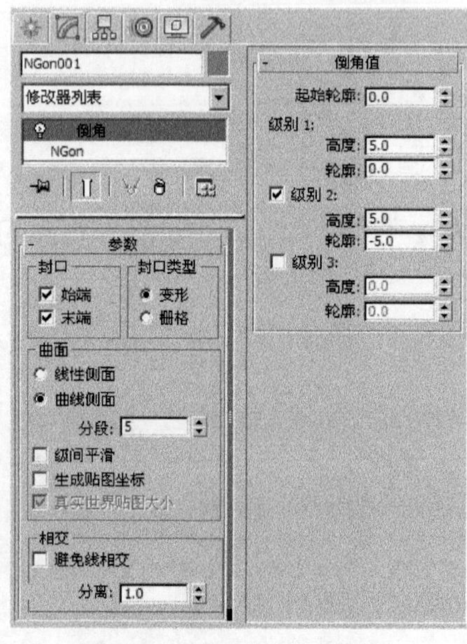

图3-30 “倒角”设置面板

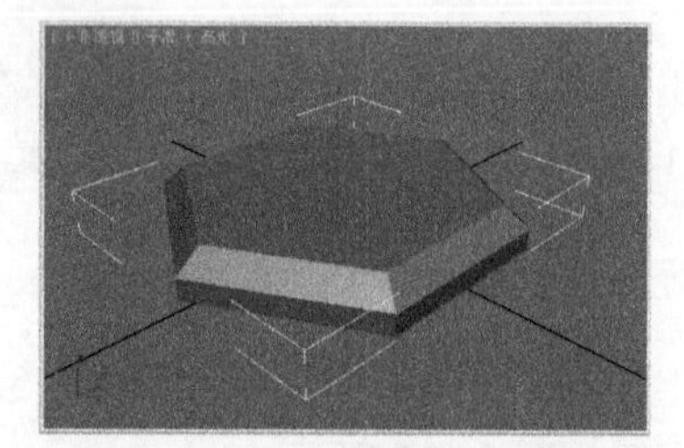

图3-31 “线性侧面”效果

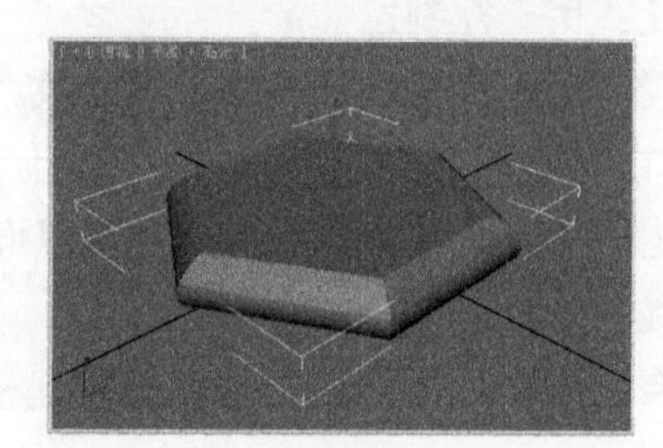

图3-32 “曲线侧面”效果

- 分段：设置片断数。
- 级间平滑：设置交叉面为光滑面。
- 生成贴图坐标：对对象创建贴图坐标。
- 避免线相交：避免相交产生的尖角。图 3-33 为选中“避免线相交”复选框前后的比较。

选中前

选中后

图3-33 选中“避免线相交”复选框前后比较

- 分离：设置边界线的间隔。
- 起始轮廓：设置轮廓线和原来对象之间的偏移距离。
- 级别1/级别2/级别3：设置倒角3个层次的高度和轮廓。

3.2.5 “倒角剖面”修改器

“倒角剖面”修改器也是一种用二维样条线来生成三维实体的重要方式。在使用这一功能之前，必须事先创建好一个类似路径的样条线和一个截面样条线。它的参数面板比较简单，参数与“倒角”十分相似，如图3-34所示。

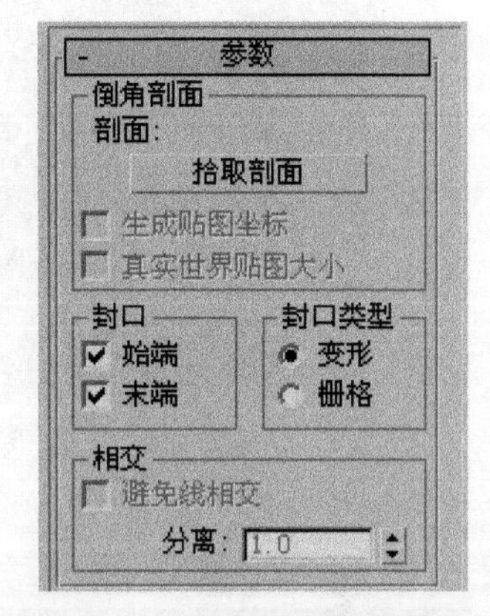

图3-34 “倒角剖面”设置面板

下面我们使用“倒角剖面”修改器制作一个屋顶木线效果，创建过程如下：

① 创建两条样条线，如图3-35所示。

② 选择轮廓线，执行修改器中的“倒角剖面”命令，然后单击“拾取剖面”按钮后拾取视图中剖面图形，结果如图3-36所示。

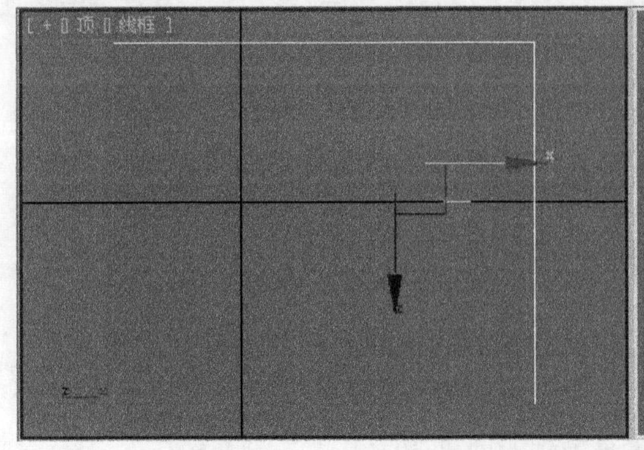
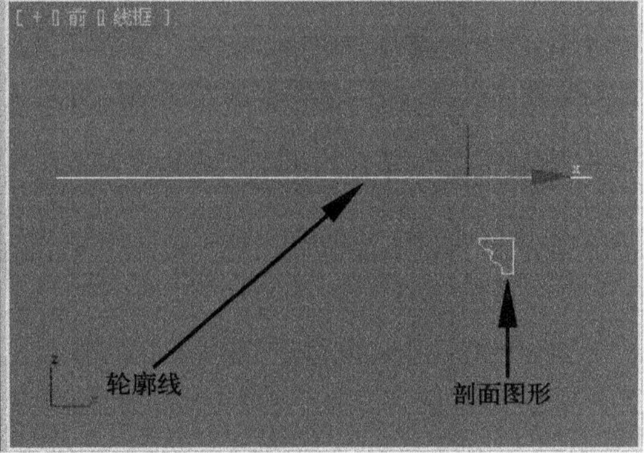

图3-35 创建两条样条线

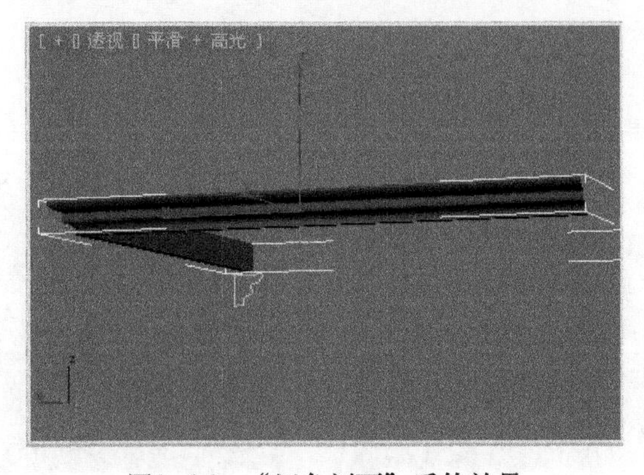

图3-36 “倒角剖面”后的效果

③ 此时木线方向与实际是相反的，为了解决这个问题，下面进入（修改）面板中“剖面Gizmo”层级，利用工具将其旋转180°即可，结果如图3-37所示。

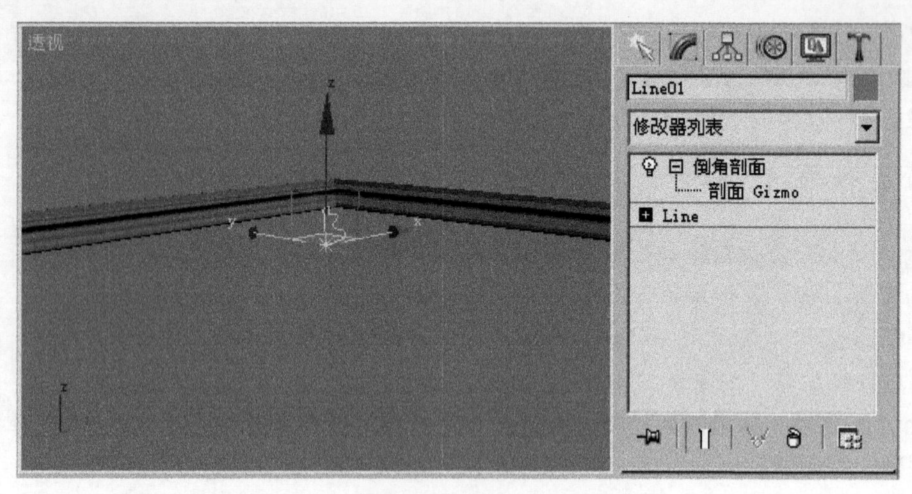

图3-37 旋转“剖面Gizmo”后的效果

3.2.6 “弯曲”修改器

“弯曲”修改器用于对物体进行弯曲处理，可以调节弯曲的角度和方向，以及弯曲依据的坐标轴向，还可以限制弯曲在一定的坐标区域，它的参数面板如图 3-38 所示。

“弯曲”修改器面板的参数选项如下：

- 角度：用于确定弯曲的角度。
- 方向：用于确定相对水平方向弯曲的角度，数值范围 1 ~ 360°。
- 弯曲轴：此选项中有 3 个选项，分别为 *X*、*Y* 和 *Z* 轴，是弯曲时所依据的方向。
- 限制效果：对对象指定影响，下面的上下限值来确定影响区域。
- 上限：弯曲的上限，此限度以上的区域不会受到弯曲修改。
- 下限：弯曲的下限，此限度以下的区域不会受到弯曲修改。

下面我们使用“弯曲”修改器制作一个实例，操作步骤如下：

图3-38 “弯曲”参数面板

① 创建图 3-39 所示的场景。

② 进入 （修改）面板，执行修改器中的“弯曲”命令，设置“角度”为 90，“方向”为 30，“弯曲”后的效果如图 3-40 所示。

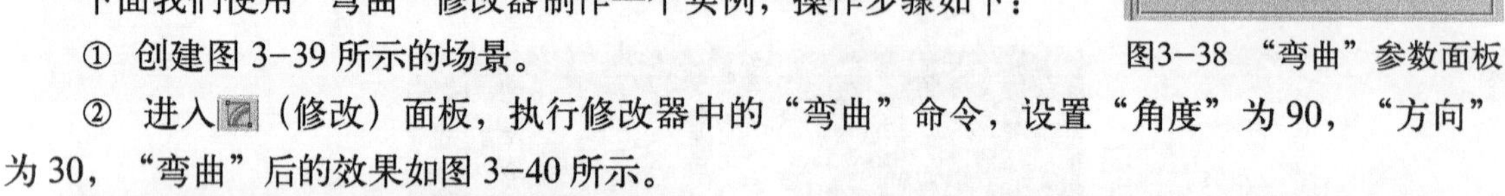

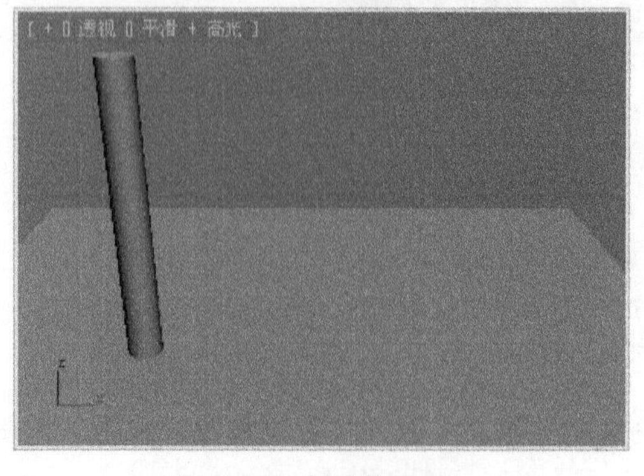

图3-39 创建的场景

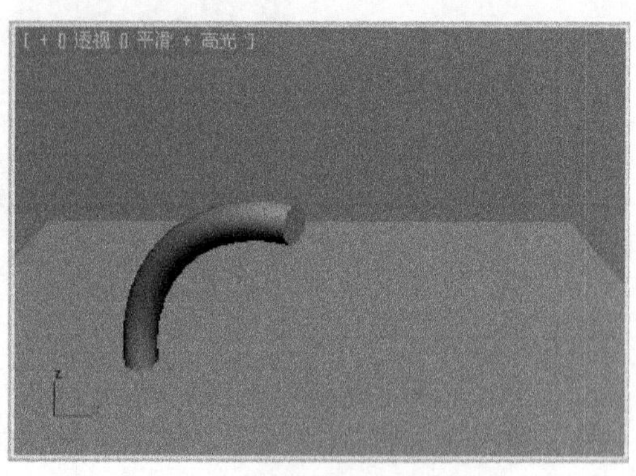

图3-40 “弯曲”后的效果

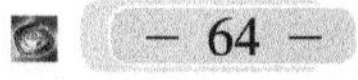

③ 选中“限制效果”复选框，将“上限”设为30，然后进入Bend的Gizmo层级，在前视图中向上移动Gizmo，结果如图3-41所示。

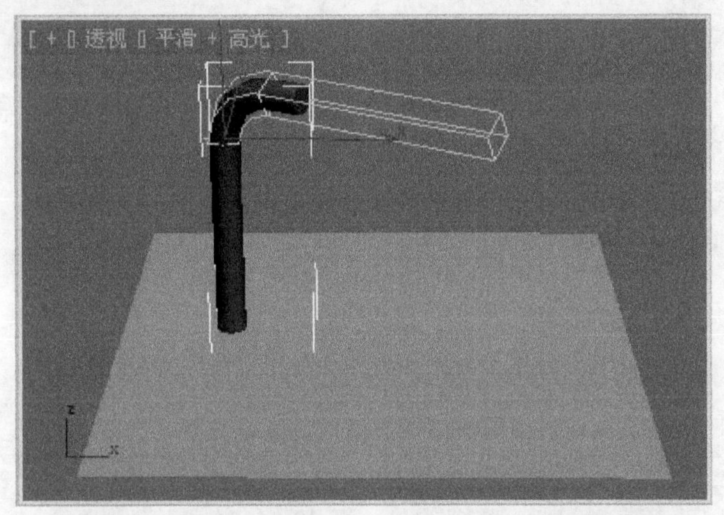

图3-41 利用“Gizmo”和“限制效果”调整后的效果

3.2.7 “锥化”修改器

“锥化”修改器可以对对象进行锥化处理，使对象沿指定的轴产生变形的效果。它的参数面板如图3-42所示。

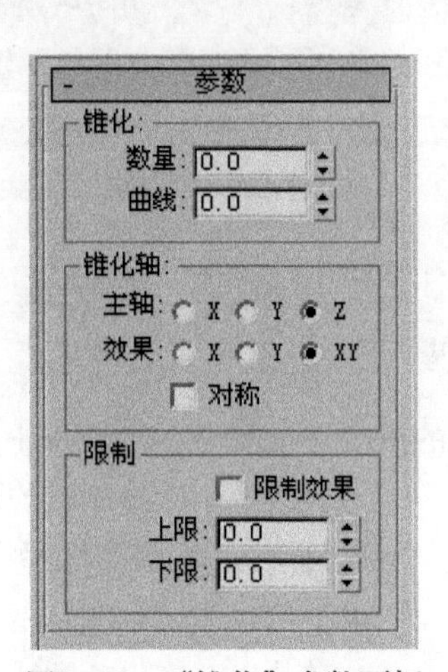

图3-42 “锥化”参数面板

“锥化”修改器面板的参数选项如下：

- 数量：设定锥化倾斜的程度。
- 曲线：设定锥化曲度。
- 主轴：用于设定三维对象依据的轴向。有X、Y、Z这3个轴向可供选择。
- 效果：设定影响锥化效果的轴向变化。有X、Y、XY这3个轴向可供选择。
- 对称：设定一个三维对象是否产生对称锥化的效果。
- 限制效果：对锥化产生影响限制。
- 上限：设定锥化的上限。
- 下限：设定锥化的下限。

下面我们使用“锥化”修改器制作一个实例，具体创建过程如下：

① 在顶视图中创建一个球体，如图3-43所示。

② 进入（修改）面板，执行修改器中的“锥化”命令，设置锥化“数量”为3，效果如图3-44所示。

③ 再将“曲线”设置为3，效果如图3-45所示。

④ 选中“对称”选项，效果如图3-46所示。

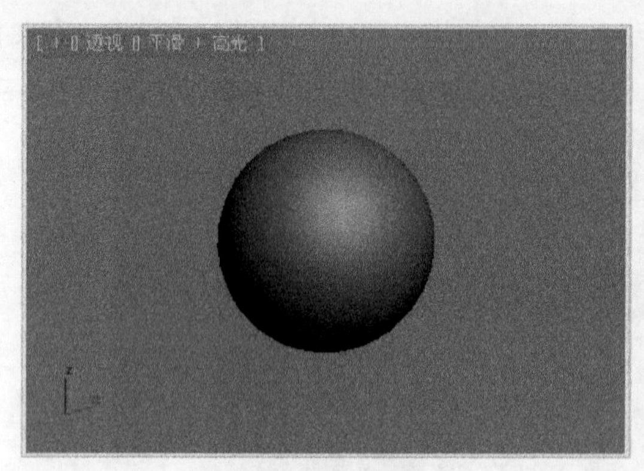

图3-43　创建的球体

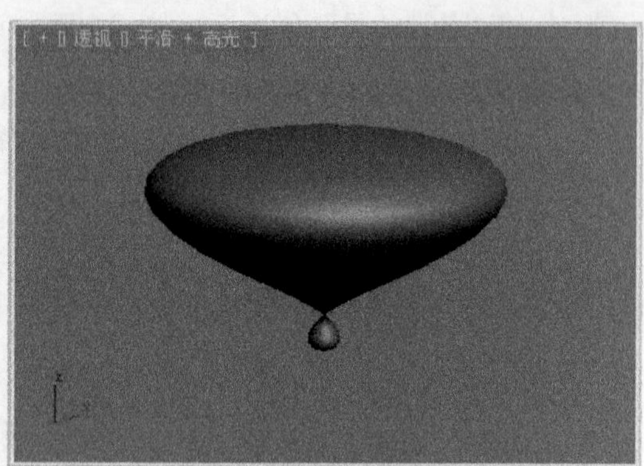

图3-44　将锥化“数量”设为3的效果

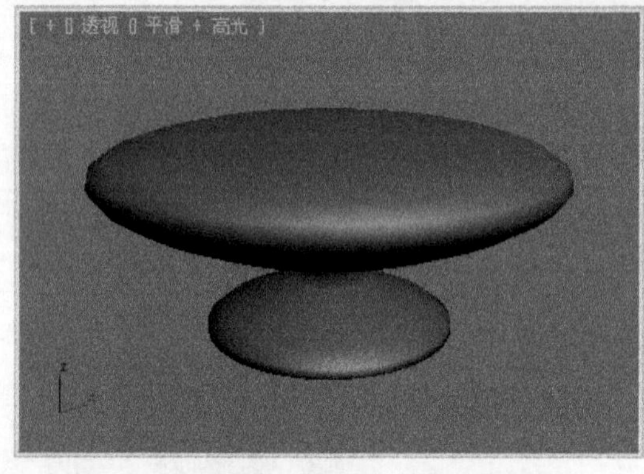

图3-45　将锥化“曲线”设为3的效果

图3-46　选中“对称”选项的效果

3.2.8 “噪波”修改器

“噪波”修改器是一种能使物体表面突起、破碎的工具。一般用来创建地面、山脉和水面的波纹等表面不平整的场景。它的参数面板如图 3-47 所示。

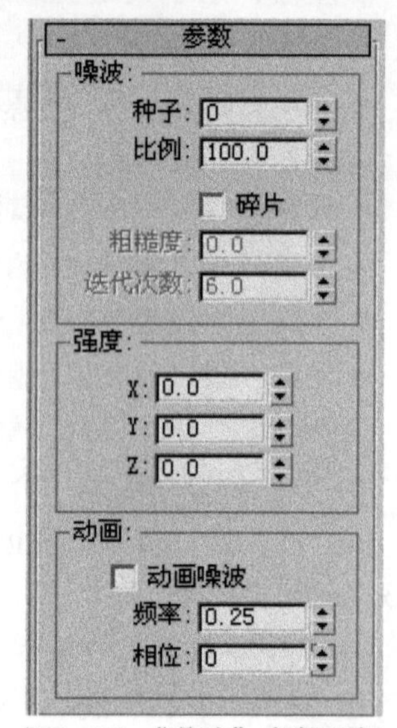

图3-47　“噪波”参数面板

“噪波”修改器面板的参数选项如下：

- 种子：设定随机状态，会使三维对象产生不同的形变。
- 比例：设定影响范围，值越小影响越强烈。
- 碎片：会产生断裂地形，增加陡峭感，适合于制作山峰。
- 粗糙度：设定表面粗糙的程度，值越大表面越粗糙。
- 迭代次数：设定断裂反复次数，值越大地形起伏越多。
- 强度：X/Y/Z 用于设定对象在 3 个轴上的强度。
- 动画噪波：用于产生动画噪波。
- 频率：设定默认的噪波的频率，值越高波动速度越快。
- 相位：不同的相位使三维对象的点在波形曲线上偏移不同的位置。

下面使用“噪波”修改器制作一个实例，具体创建过程如下：

① 在顶视图中创建一个平面，参数设置及结果如图 3-48 所示。

② 进入 （修改）面板，执行修改器中的“噪波”命令。选中“碎片”复选框，设置“迭代次数”为6，设置 Z 的强度为125，效果如图3-49所示。

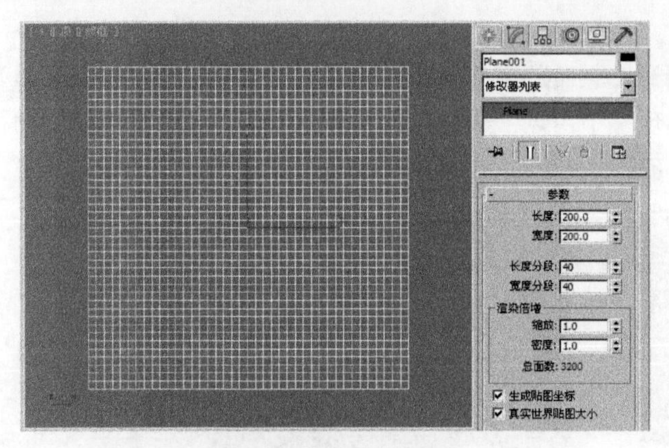

图3-48　创建平面

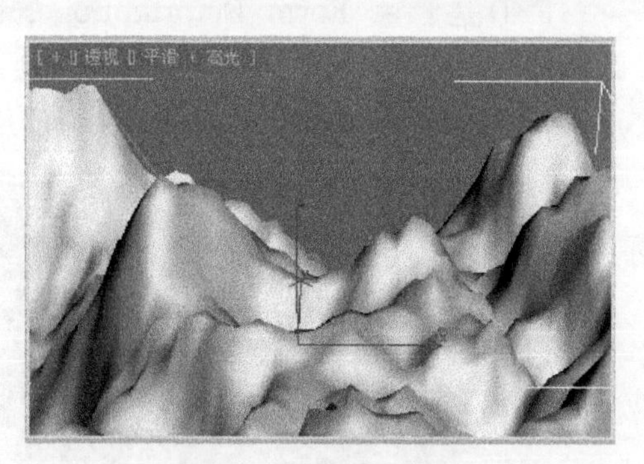

图3-49　“噪波”效果

3.2.9 “对称”修改器

“对称”修改器用于镜像物体。它的参数面板如图3-50所示。

“对称”修改器面板的参数解释如下：

- X、Y、Z：用于指定执行对称所围绕的轴。可以在选中轴的同时在视口中观察效果。图3-51为使用不用镜像轴的镜像效果。
- 翻转：如果想要翻转对称效果的方向请启用翻转。默认设置为禁用状态。
- 沿镜像轴切片：选中“沿镜像轴切片”复选框，可以使镜像 Gizmo 在定位于网格边界内部时作为一个切片平面。当 Gizmo 位于网格边界外部时，对称反射仍然作为原始网格的一部分来处理。如果取消选中“沿镜像轴切片”复选框，对称反射会作为原始网格的单独元素来进行处理。
- 焊接缝：选中“焊接缝”复选框确保沿镜像轴的顶点在阈值以内时会自动焊接。
- 阈值：用于设置顶点在自动焊接起来之前的接近程度。默认值为 0.1。

图3-50　“对称”参数面板

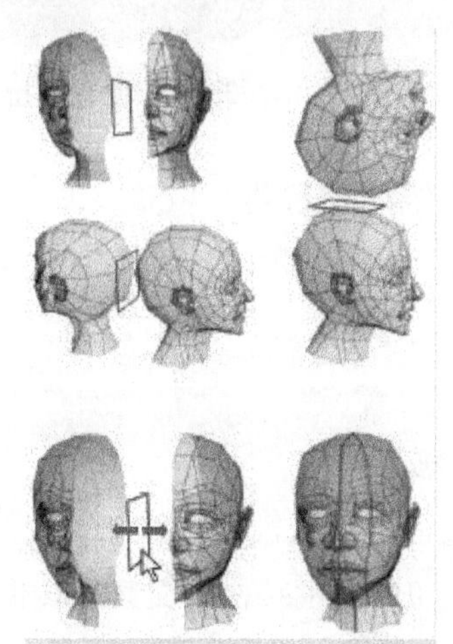

图3-51　使用不同镜像轴的“对称”效果

3.2.10 其他常用修改器

1. FFD修改器

FFD是Free Form Deformation的缩写，它通过调节三维空间控制点来改变物体形状。为物体加入自由变形修改后，在物体周围会出现一个由点、线组成的黄色范围框，调节范围框中的点可影响选择物体的形态。图3-52为使用FFD修改器的前后效果比较。

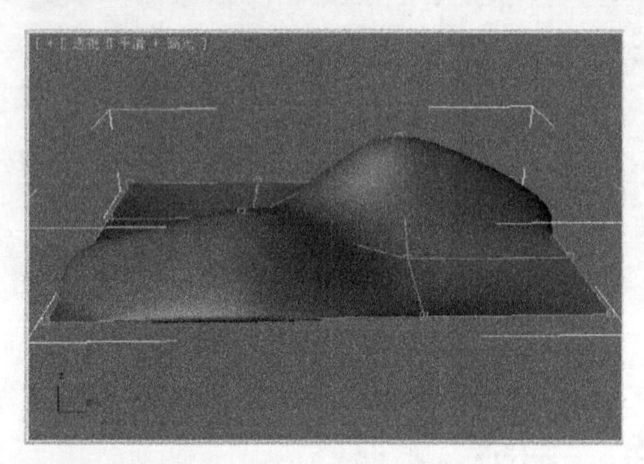

图3-52 使用FFD修改器的前后效果比较

2. “拉伸”修改器

“拉伸”修改器用于将物体沿指定的轴向进行拉伸。图3-53为使用“拉伸”修改器的前后效果比较。

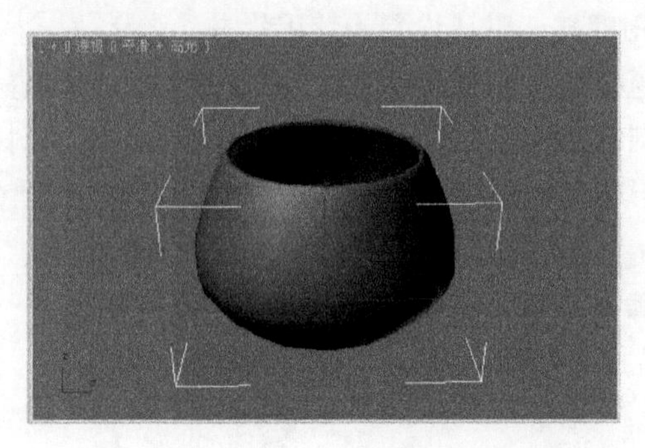
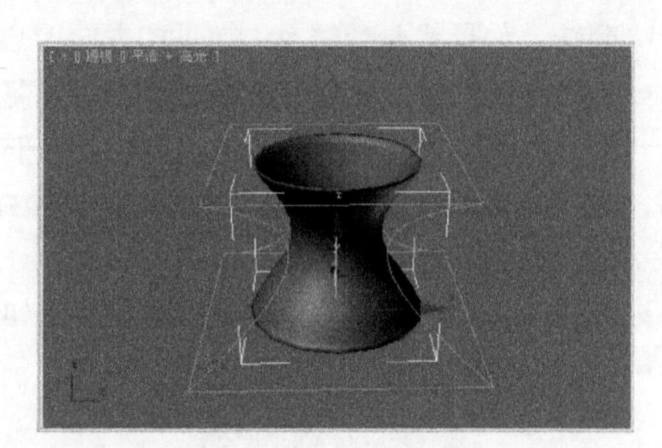

图3-53 使用“拉伸”修改器的前后效果比较

3. “网格平滑”修改器

“网格平滑”修改器可对尖锐不光滑的表面进行光滑处理，加入更多的面来取代直面部分，加的面越多物体就越光滑，运算速度自然也就越慢。图3-54为使用“网格平滑”修改器的前后效果比较。

4.“晶格”修改器

“晶格”修改器可将网格物体进行线框化，这种线框化比“线框”材质更先进，它是在造型上完成了真正的线框转化，交叉点转化为结点造型（可以是任意正多边形，包括球体）。图3-55为使用“晶格”修改器的前后效果比较。

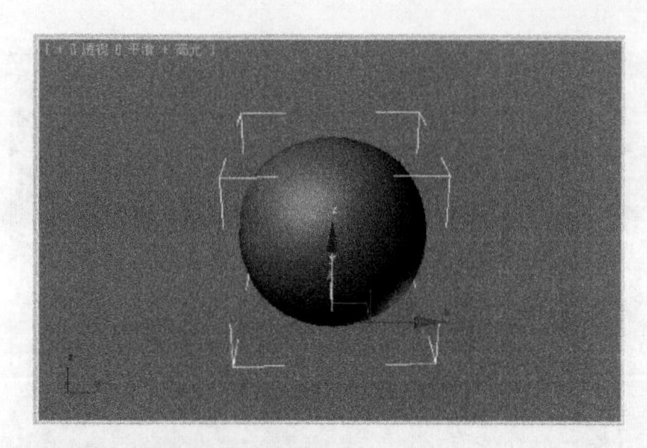

图3-54 使用“网格平滑”修改器的前后效果比较

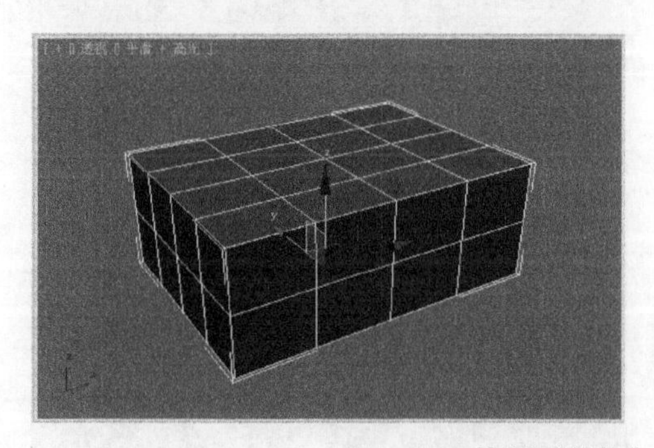
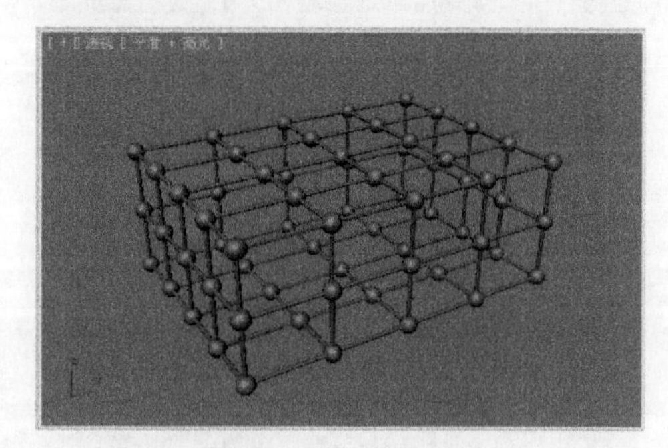

图3-55 使用“晶格”修改器的前后效果比较

5.“扭曲”修改器

“扭曲”修改器用于对物体或物体的局部在指定轴向上产生倾斜变形。图 3-56 为使用“扭曲”修改器的前后效果比较。

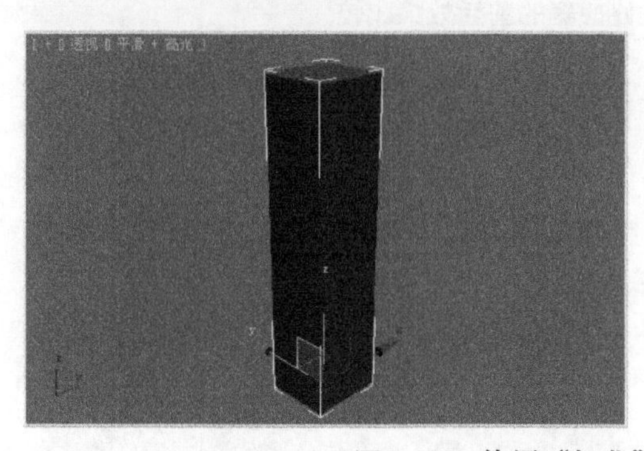
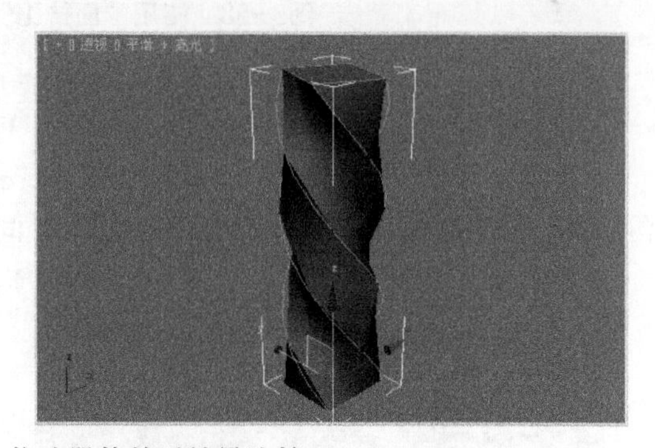

图3-56 使用“扭曲”修改器的前后效果比较

6.“置换”修改器

“置换”修改器可将贴图覆盖到物体表面，根据图像颜色的“深浅”对物体进行凹凸处理。图 3-57 为使用“置换”修改器的前后效果比较。

7.“面挤出”修改器

“面挤出”修改器用于将选择的面进行挤出处理。图 3-58 为使用“面挤出”修改器的前后效果比较。

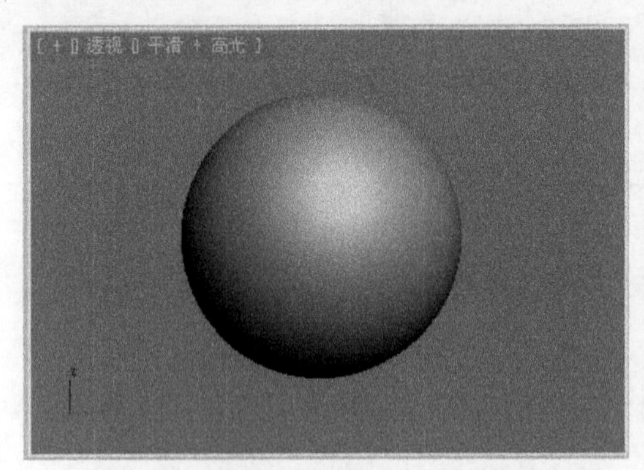
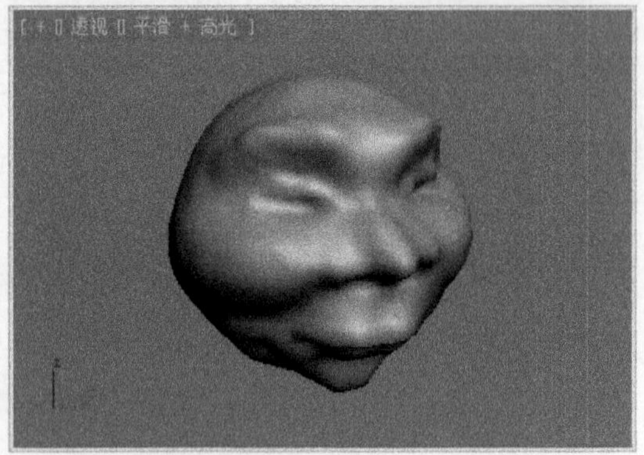

图3-57 使用“置换”修改器的前后效果比较

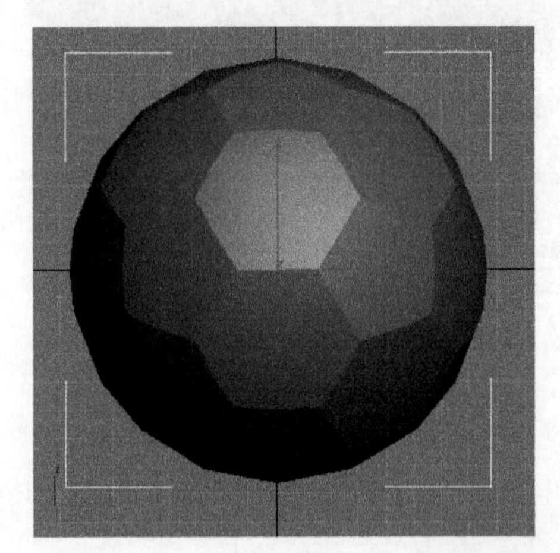
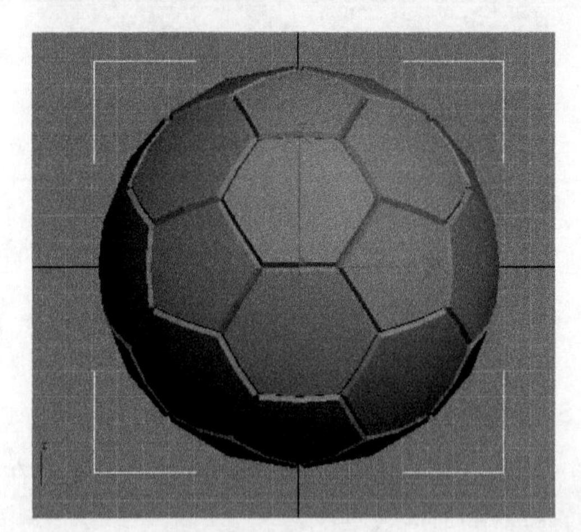

图3-58 使用“面挤出”修改器的前后效果比较

8.“变换”修改器

“变换”修改器是一个实际工作中使用很多的一个修改器，它是用一个定位架来框住被选择的物体，然后通过 Gizmo 物体的变动修改，间接地对物体进行变动修改。图 3-59 为使用“变换”修改器制作的爆胎滚动时爆胎位置始终位于底部的效果。

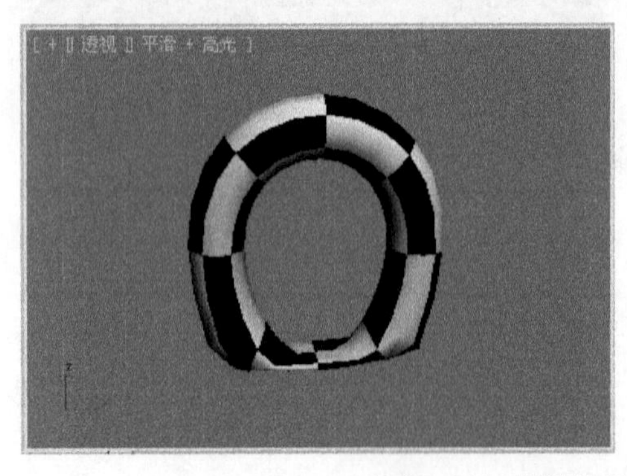
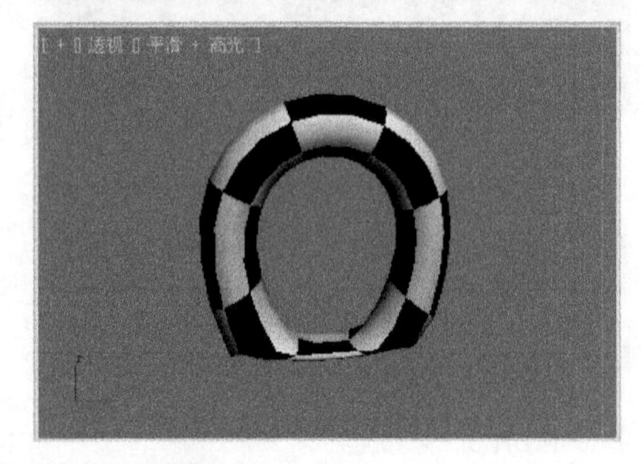

图3-59 爆胎位置始终位于底部的效果

9. “路径变形”修改器

“路径变形”修改器用于将样条线或 NURBS 曲线作为路径来变形对象。可以沿着该路径移动和拉伸对象，也可以关于该路径旋转和扭曲对象。图 3-60 为使用“路径变形”修改器为蛇创建一个摆动动作。

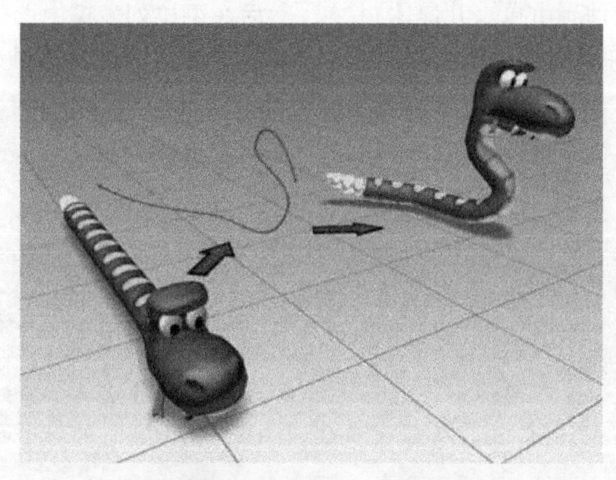

图3-60 为蛇创建一个摆动动作

3.3 实例讲解

本节将通过“制作足球效果”、“制作欧式沙发效果”、“制作路径变形动画”和“制作展开的竹简效果”4 个实例来讲解编辑修改器在实践中的应用。

3.3.1 制作足球效果

要点

本例将制作一个足球，效果如图3-61所示。通过本例学习应掌握“网格平滑”，“球形化”和“面挤出”修改器的综合使用。

图3-61 足球效果

操作步骤

① 单击菜单栏左侧快速访问工具栏中的按钮，然后从弹出的下拉菜单中选择“重置”命令，重置场景。

② 单击（创建）面板中的（几何体）按钮，然后在下拉列表框中选择扩展基本体选项，接着单击“异面体”按钮，在顶视图中创建一个异面体，设置参数及结果如图3-62所示。

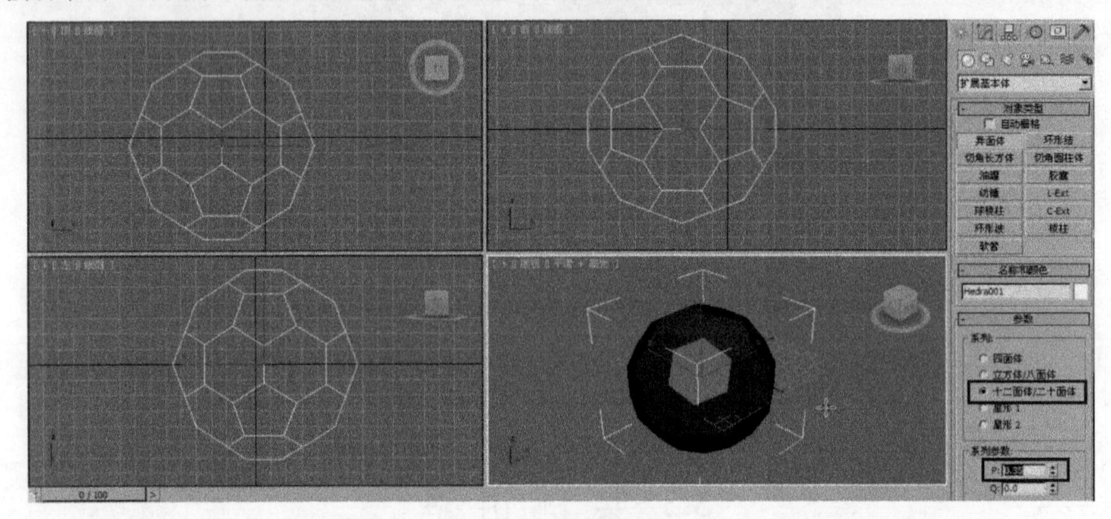

图3-62　创建异面体

③ 右击视图中的异面体，在弹出的快捷菜单中选择“转换到|转换为可编辑网格”命令，将其转换为可编辑的网格物体。

④ 进入（修改）面板“可编辑网格”的（多边形）层级，然后选择视图中的所有面，选中“元素”单选按钮，单击“炸开”按钮，如图3-63所示，将所有的面炸开。

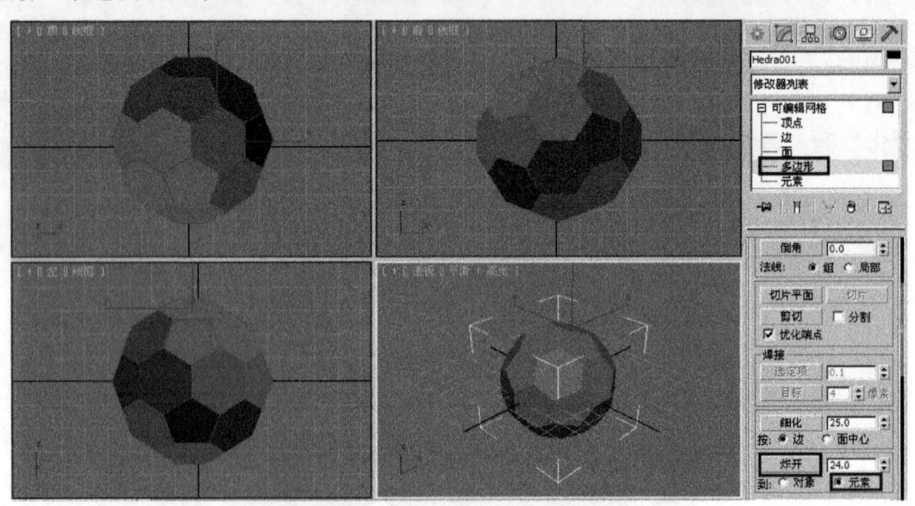

图3-63　将异面体所有的面炸开

⑤ 退出（多边形）层级，然后执行修改器下拉列表中的“网格平滑”命令，设置参数及效果如图3-64所示。

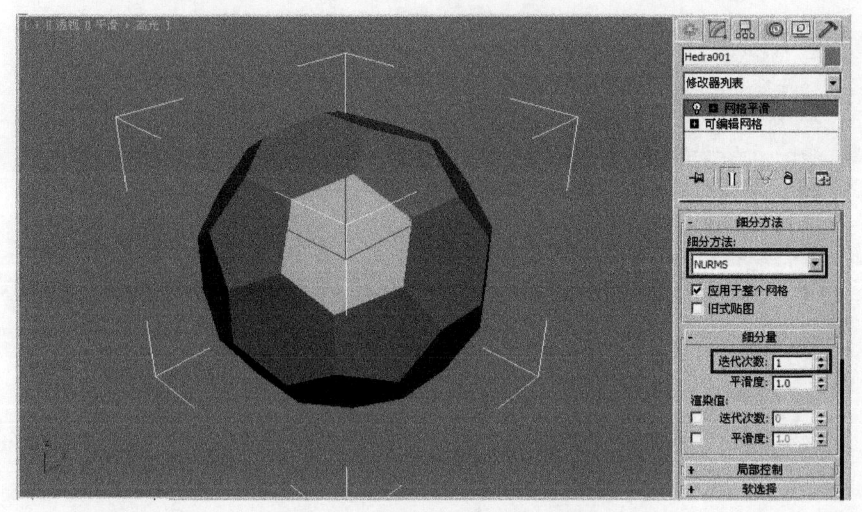

图3-64　“网格平滑”后的效果

⑥ 此时看上去变化不大，下面执行修改器下拉列表中的“球形化”命令，设置参数及效果如图 3-65 所示。此时效果较为明显。

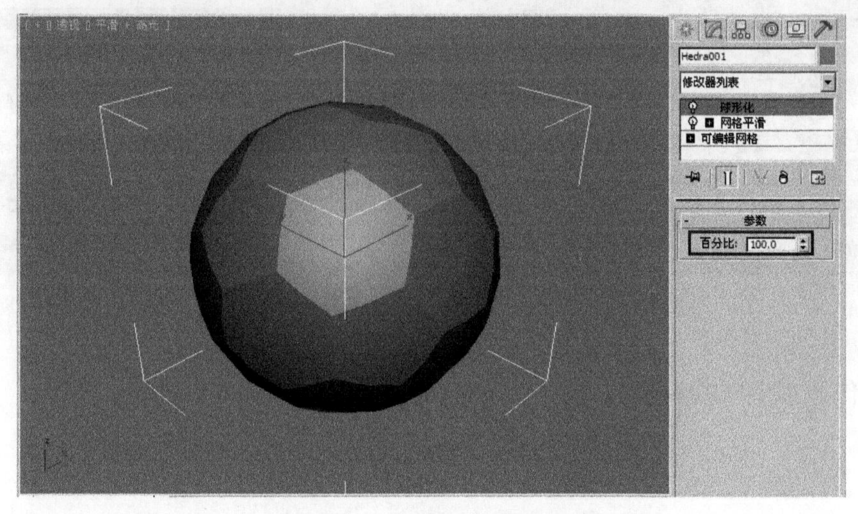

图3-65　“球形化”后的效果

提示

如果不执行“网格平滑”修改器，而只执行“球形化”修改器是不会产生图3-65所示的平滑效果的。

⑦ 执行修改器下拉列表中的“面挤出”命令，设置参数及效果如图 3-66 所示，从而制作出足球纹理。

⑧ 执行修改器下拉列表中的“网格平滑”命令，设置参数及效果如图 3-67 所示，从而制作出足球的平滑效果。

⑨ 赋予足球模型“多维 / 子对象”材质，然后单击工具栏中的（渲染产品）按钮，渲染后效果如图 3-68 所示。

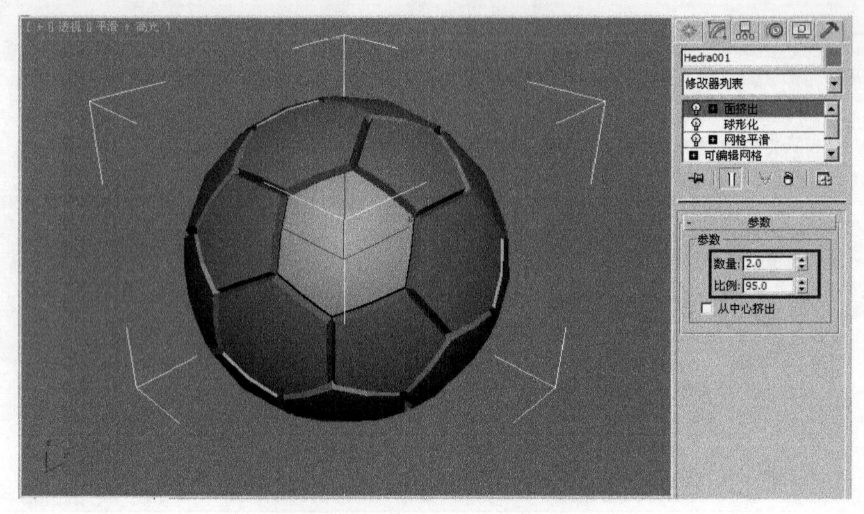

图3-66　“面挤出”后的效果

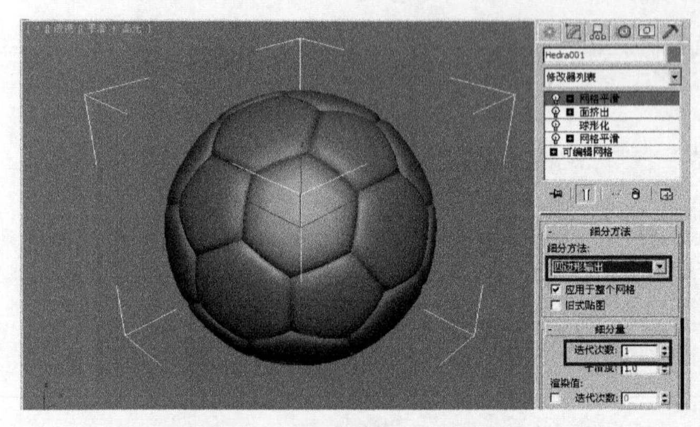

图3-67　“网格平滑”后的效果

图3-68　渲染后的效果

3.3.2　制作欧式沙发效果

要点

本例将制作一个欧式沙发，如图3-69所示。通过本例学习掌握“放样”建模、“倒角剖面”、“网格平滑”和FFD修改器的综合应用。

图3-69　欧式沙发效果

操作步骤

1．制作沙发靠背

① 单击菜单栏左侧快速访问工具栏中的按钮，然后从弹出的下拉菜单中选择“重置”命令，重置场景。

② 进入（几何体）面板，在标准基本体下拉列表框中选择扩展基本体选项，然后单击“切角长方体”按钮，接着在前视图中创建一个切角长方体，如图3-70所示。

③ 进入（修改）面板，执行修改器下拉列表中的FFD 3×3×3命令，然后进入“控制点”层级，调整控制点的位置，结果如图3-71所示。

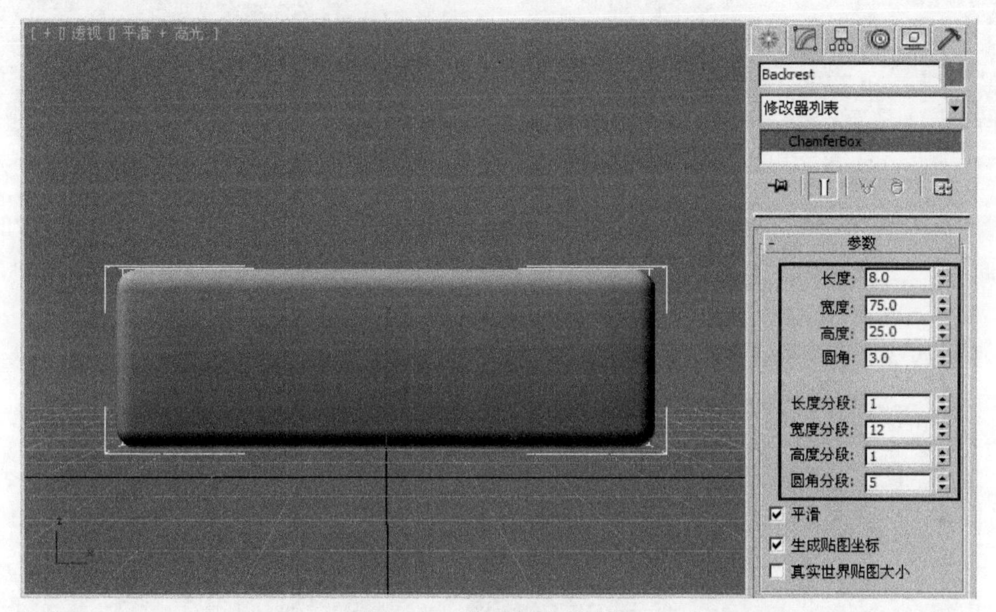

图3-70　创建切角长方体

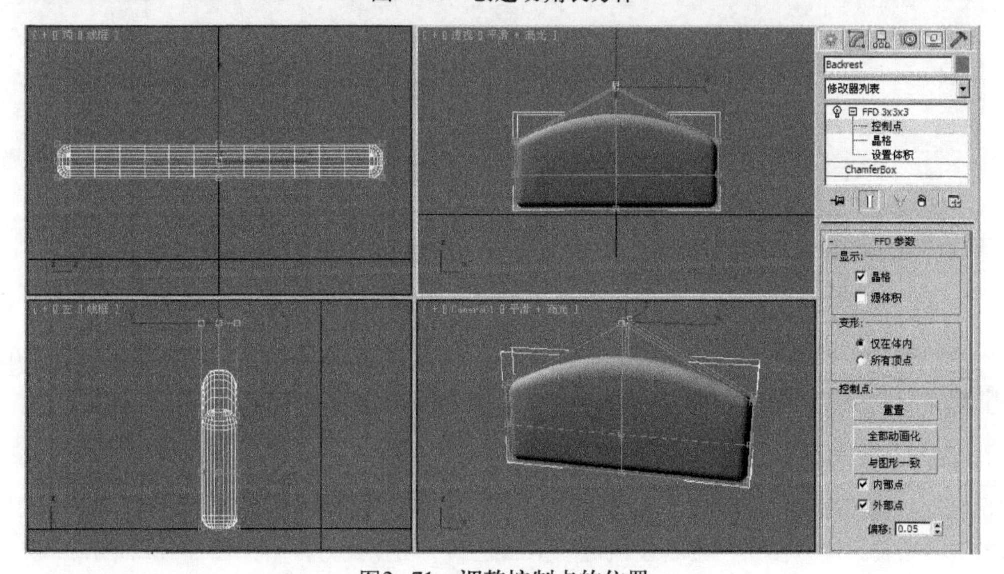

图3-71　调整控制点的位置

2．制作沙发扶手

① 进入（图形）面板，单击“线”按钮，然后在前视图中绘制图3-72所示的封闭线段，命名为“倒角截面”。

② 在顶视图中绘制图3-73所示的线段，命名为“倒角轮廓”。

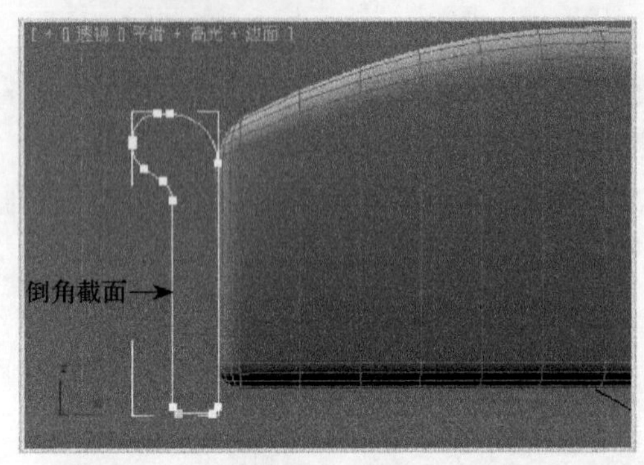

图3-72　在前视图中绘制封闭线段

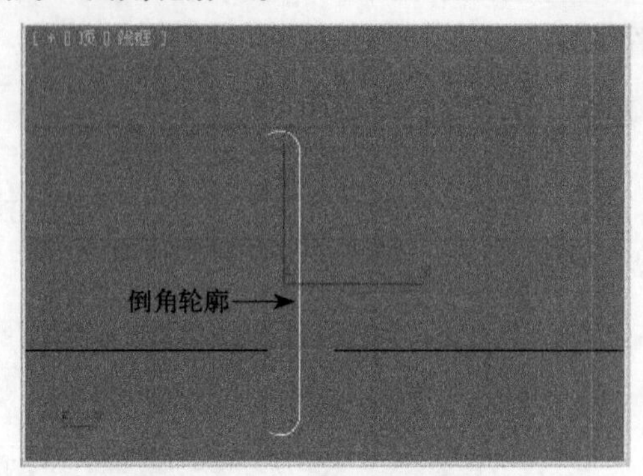

图3-73　在顶视图中绘制线段

③ 在视图中选择“倒角截面”造型，然后进入（修改）面板，执行修改器下拉列表中的“倒角剖面”命令，接着单击“拾取剖面”按钮后拾取视图中的“倒角轮廓”造型，结果如图3-74所示。

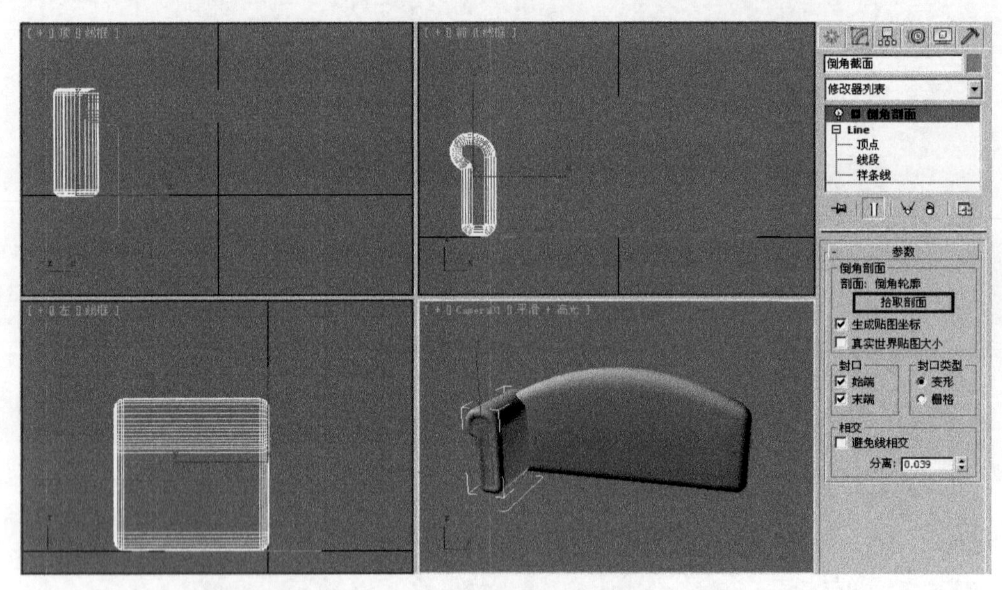

图3-74　“倒角剖面”效果

④ 在前视图中选中“倒角剖面”后的造型，单击工具栏中的（镜像）按钮，在弹出的对话框中设置（见图3-75），单击“确定”按钮，效果如图3-76所示。

3．制作沙发底座

① 进入（几何体）面板，在“标准基本体”下拉列表框中选择“扩展基本体”选项，然后单击“切角长方体”按钮，接着在顶视图中创建一个切角长方体，如图3-77所示。

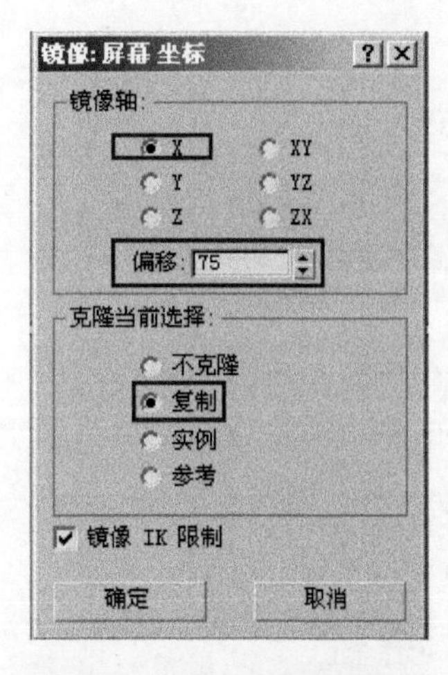

图3-75 设置“镜像”参数

图3-76 “镜像”效果

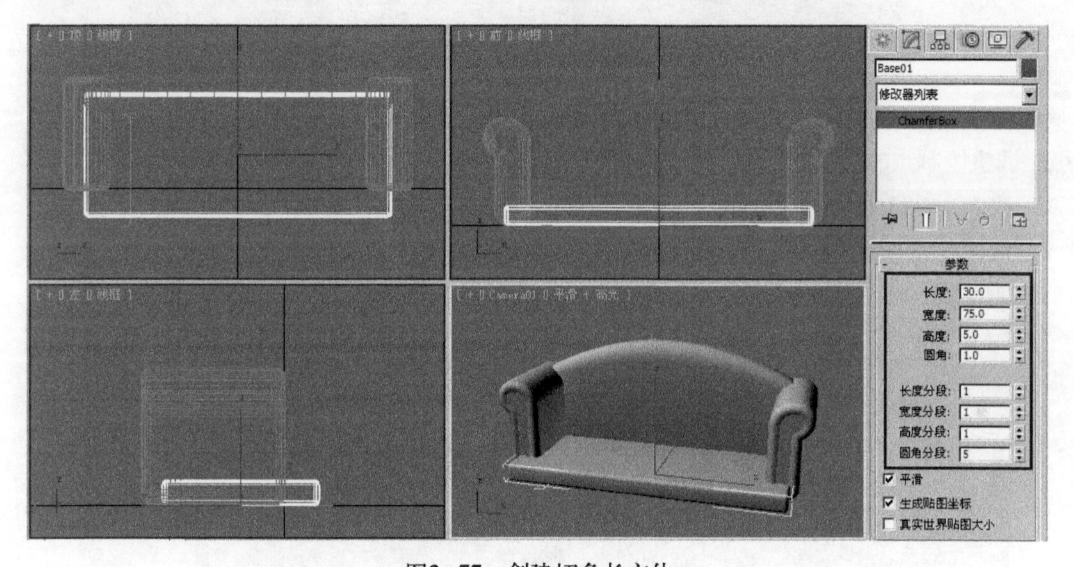

图3-77 创建切角长方体

② 同理，再创建一个切角长方体，放置位置如图 3-78 所示。

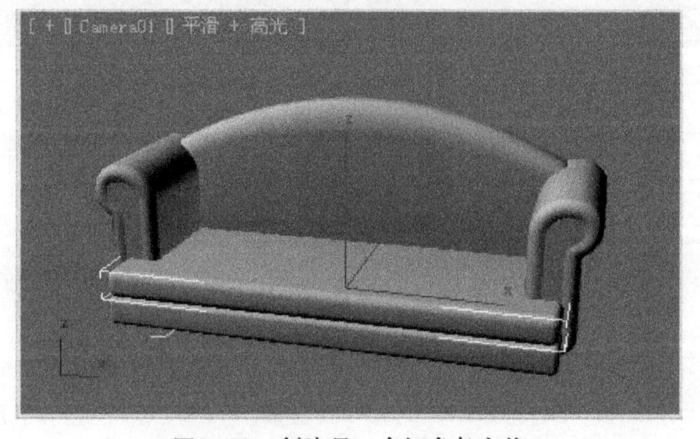

图3-78 创建另一个切角长方体

4．创建沙发座垫

① 进入（几何体）面板，创建一个切角长方体，如图 3-79 所示。

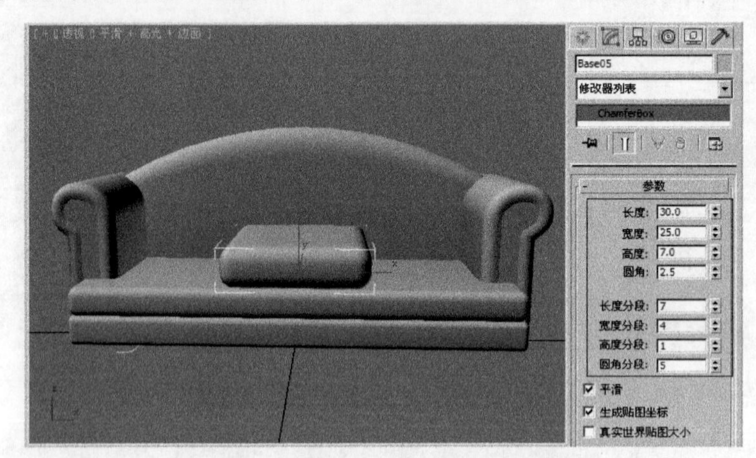

图3-79 创建切角长方体作为沙发座垫

② 进入（修改）面板，执行修改器下拉列表中的 FFD 3×3×3 命令，然后进入“控制点”层级，调整控制点的位置，结果如图 3-80 所示。

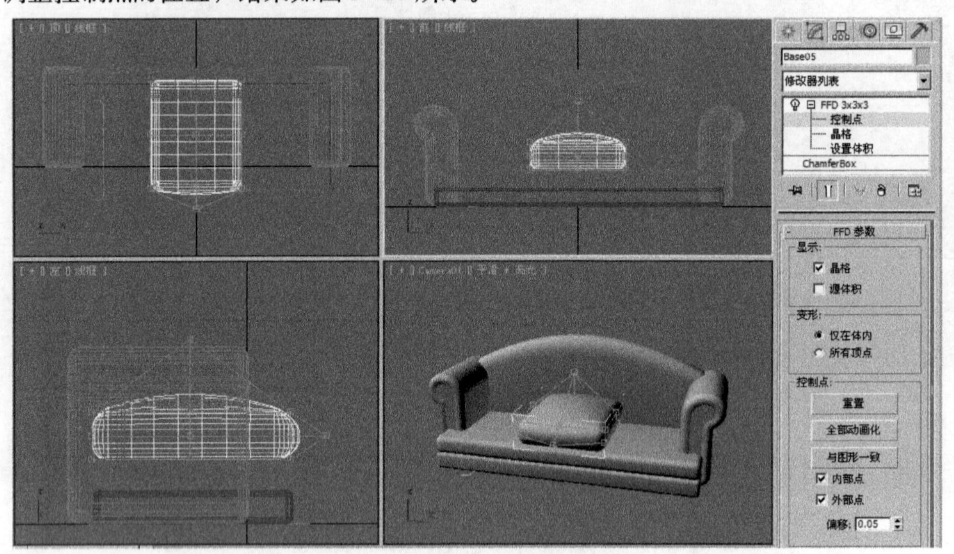

图3-80 调整沙发座垫的形状

③ 进入（几何体）面板，单击“长方体”按钮，然后在顶视图中创建长方体，参数设置及放置位置如图 3-81 所示。

④ 进入（修改）面板，执行修改器下拉列表中的“编辑网格”命令，然后进入（多边形）层级，选中图 3-82 所示的多边形。接着单击“挤出”按钮后在视图中对其进行挤出，结果如图 3-83 所示。

⑤ 执行修改器下拉列表中的“网格平滑”命令，将其进行光滑处理，效果如图 3-84 所示。

⑥ 进入（修改）面板，执行修改器下拉列表中的 FFD 3×3×3 命令，然后进入“控制点”层级，调整控制点的位置，如图 3-85 所示。

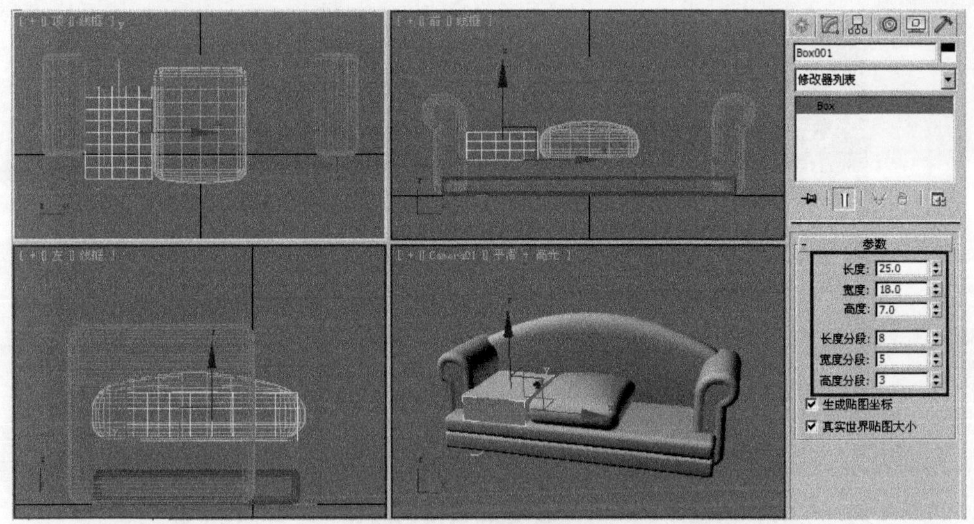

图3-81　创建长方体

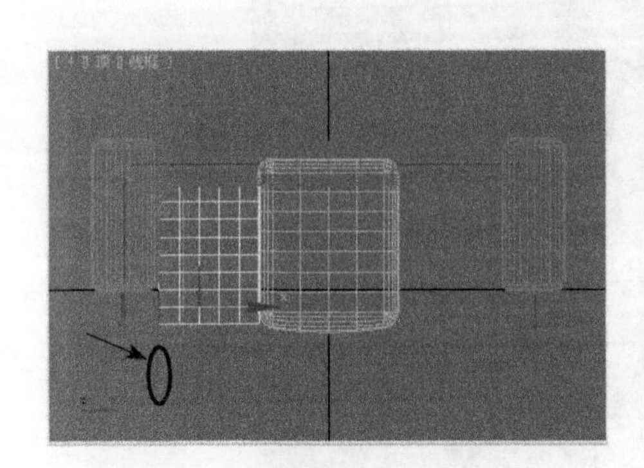

图3-82　选中要挤出的多边形

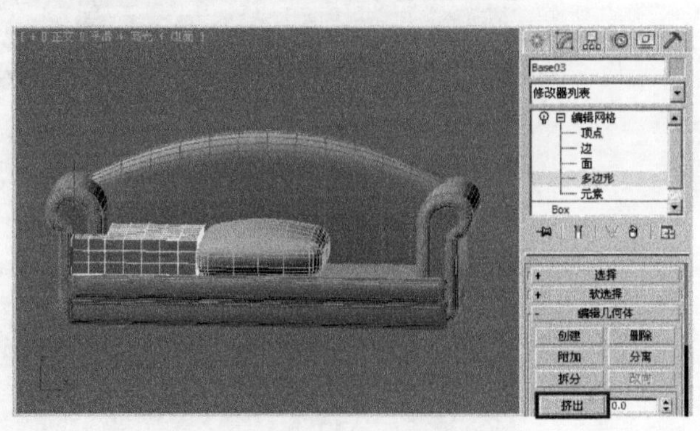

图3-83　“挤出”后效果

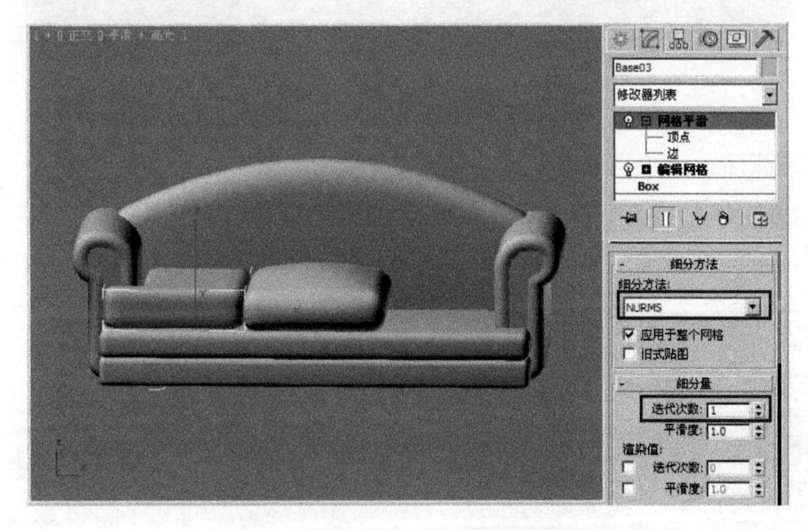

图 3-84　对长方体进行光滑处理

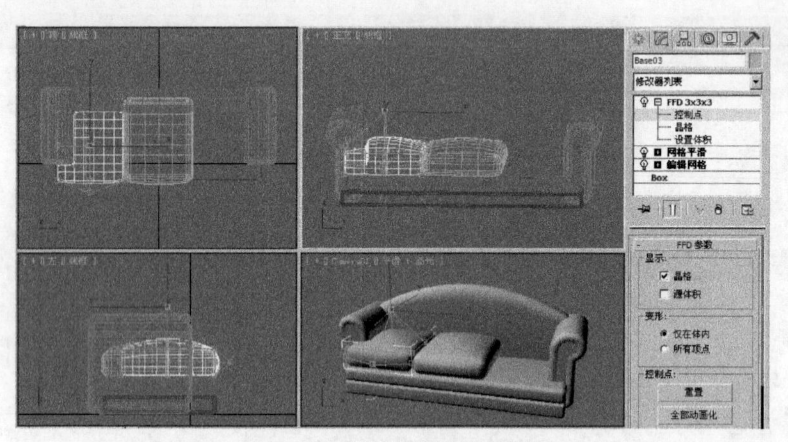

图3-85　调整控制点的形状

⑦ 利用工具栏中的（镜像）工具，镜像出另一侧的座垫，如图 3-86 所示。

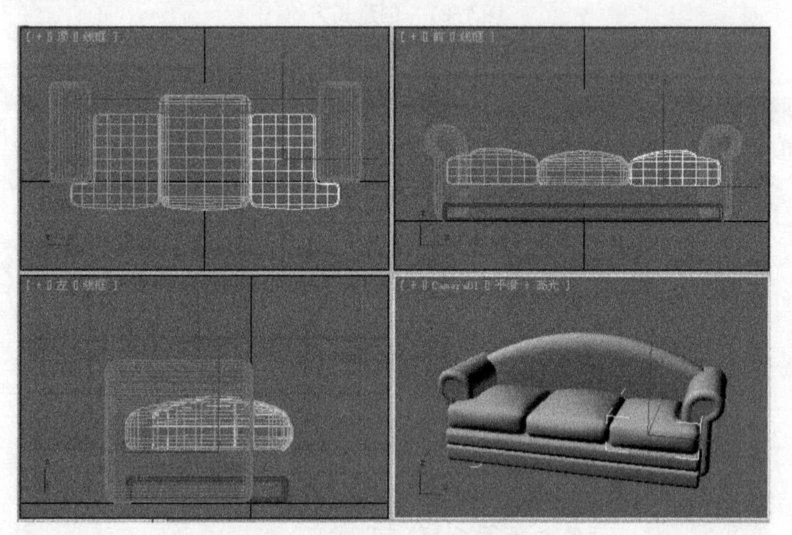

图3-86　镜像出另一侧座垫

5. 制作沙发靠垫

① 制作靠垫的方法和制作座垫相同，最终效果如图 3-87 所示。

② 选择 Camera 01 视图，单击工具栏中的（渲染产品）按钮进行渲染，如图 3-88 所示。

图3-87　制作出靠垫

图3-88　渲染效果

3.3.3　制作路径变形动画

要点

修改器命令不仅能对模型进行修改而且可以制作动画，本例我们将利用“路径变形”修改器来制作路径变形动画，如图3-89所示。通过本例学习应掌握利用“路径变形”修改器来制作动画的方法。

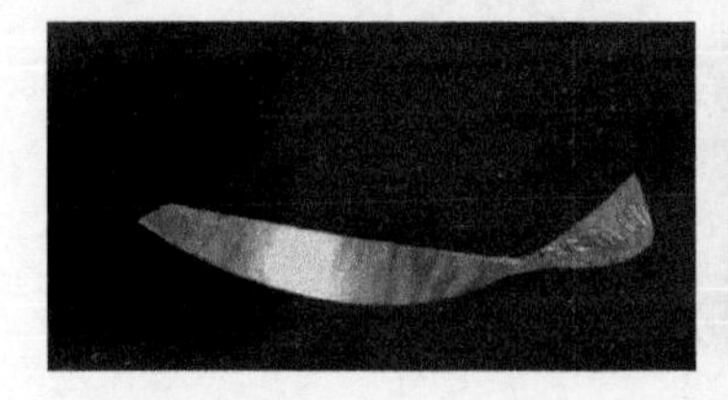
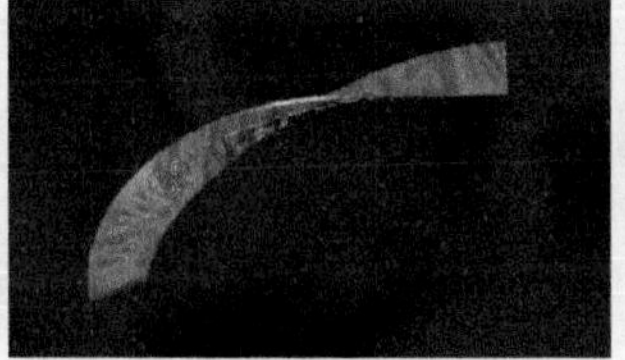

图3-89　路径变形动画

操作步骤

① 单击菜单栏左侧快速访问工具栏中的按钮，然后从弹出的下拉菜单中选择“重置”命令，重置场景。

② 在顶视图中创建一条“螺旋线”和一架“目标”摄影机，然后选择透视图，按〈C〉键，将透视图切换为摄影机（Camera01）视图，如图 3-90 所示。

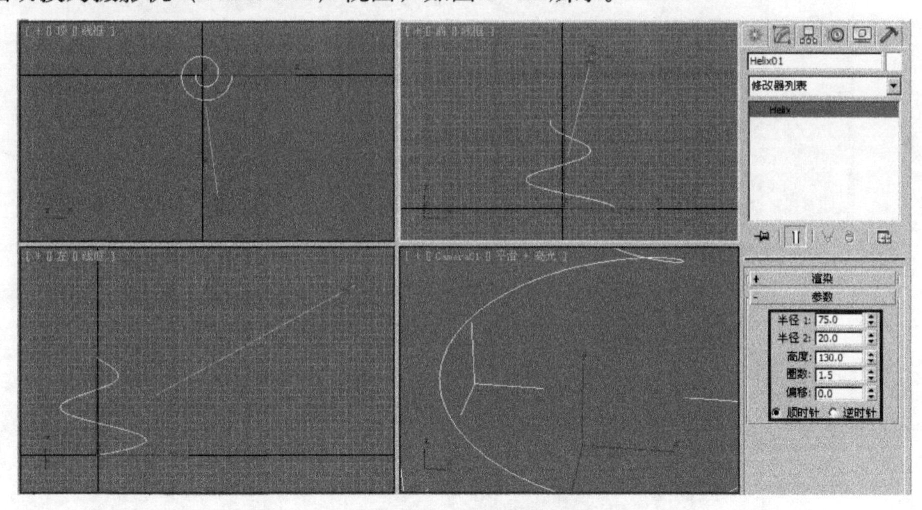

图3-90　创建螺旋线

③ 单击（创建）面板下（几何体）中的 长方体 按钮，在顶视图中创建一个长方体，设置参数及结果如图 3-91 所示。

④ 单击（创建）面板下（图形）中的 文本 按钮，然后在顶视图中创建文字 www.chinadv.com.cn，参数设置及文字放置位置如图 3-92 所示。

⑤ 指定给长方体一个螺旋线运动路径。方法：选择场景中的长方体，进入（修改）面板，执行修改器下拉列表中的“路径变形（WSM）”命令，如图 3-93 所示。然后单击 拾取路径 按钮后拾取视图中的螺旋线，接着单击 转到路径 按钮后调节其余参数，效果如图 3-94 所示。

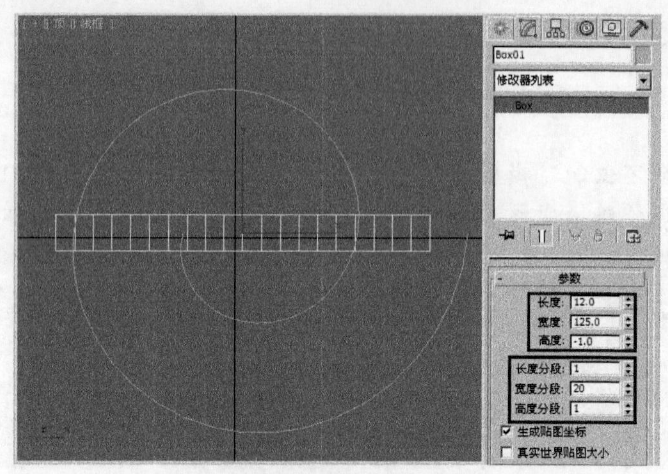

图 3-91　创建长方体

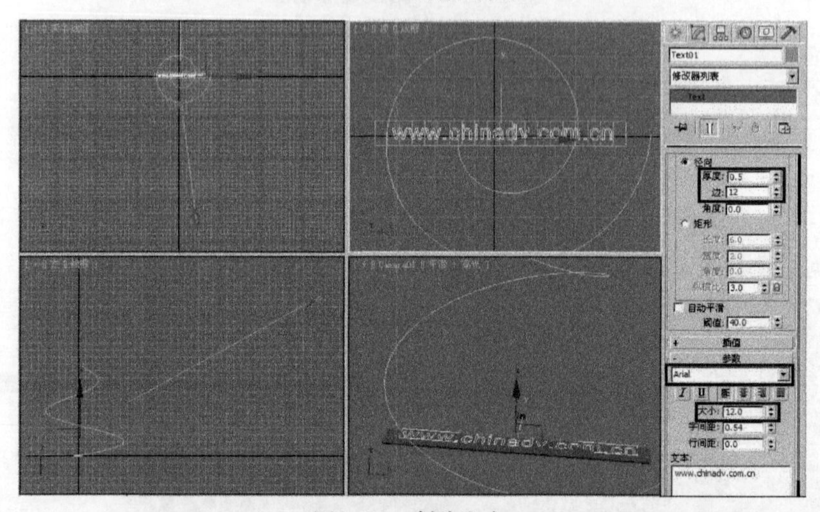

图3-92　创建文字

图3-93　选择“路径变形（WSM）”

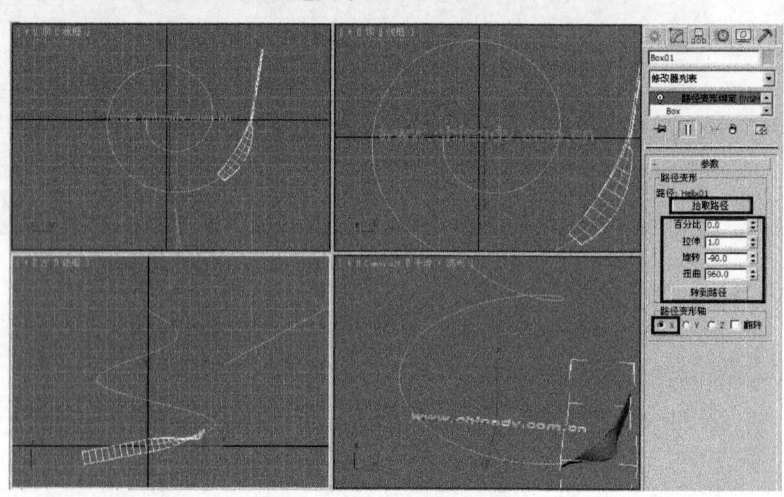

图3-94　绑定到路径效果

提示

此时选择的是“路径变形（WSM）”修改器而不是“路径变形”修改器。

⑥ 激活自动关键点按钮，然后将时间滑块移动到第0帧，设置参数如图3-95所示。接着将时间滑块移动到第100帧，设置参数如图3-96所示。此时长方体即可沿螺旋线产生运动。

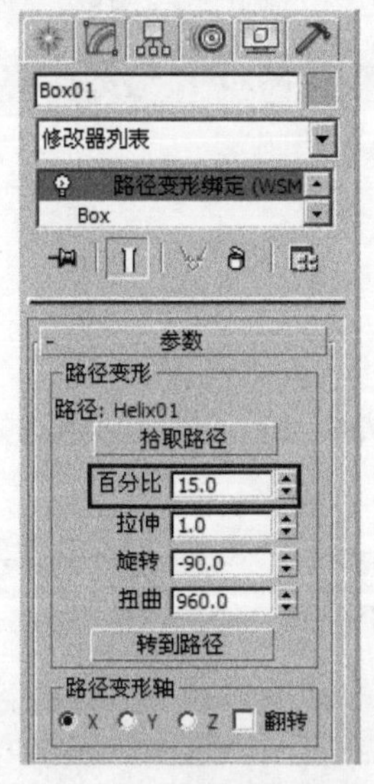

图3-95 第0帧设置参数

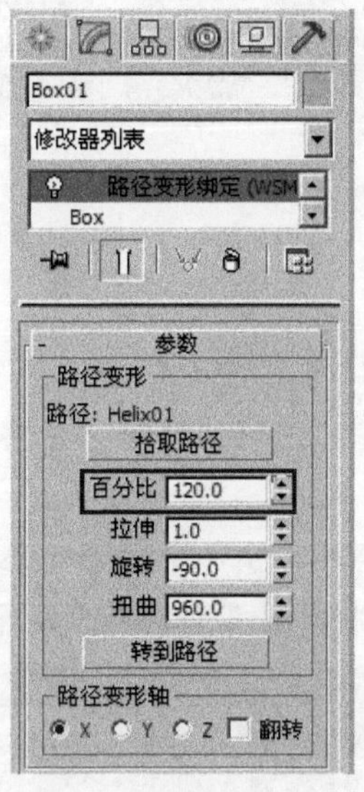

图3-96 第100帧设置参数

⑦ 指定给文字一个螺旋线运动路径。方法：右击长方体堆栈中的“路径变形（WSM）”，在弹出的快捷菜单中选择“复制”命令。然后选择场景中的文字，在堆栈中右击鼠标，在弹出的快捷菜单中选择“粘贴”命令。此时文字就被指定了一个与长方体参数一致的修改器。

⑧ 赋给长方体材质和背景，然后将文件进行输出，路径变形动画如图3-97所示。

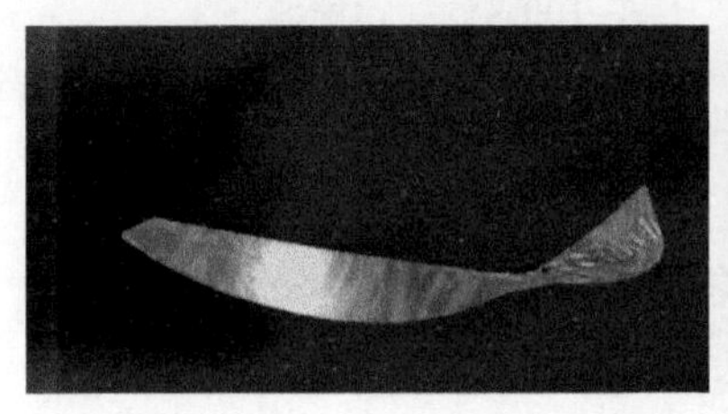
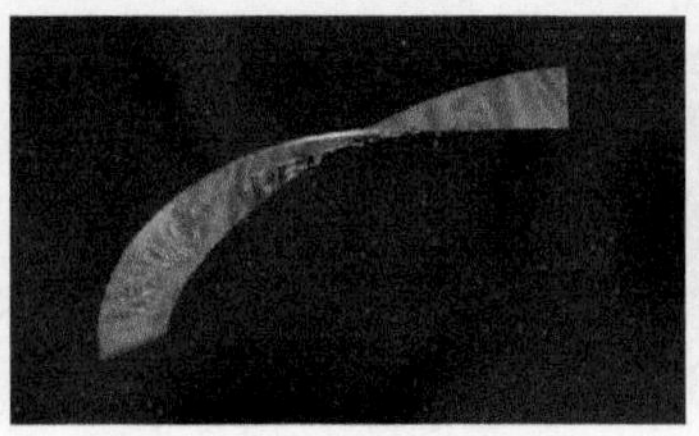
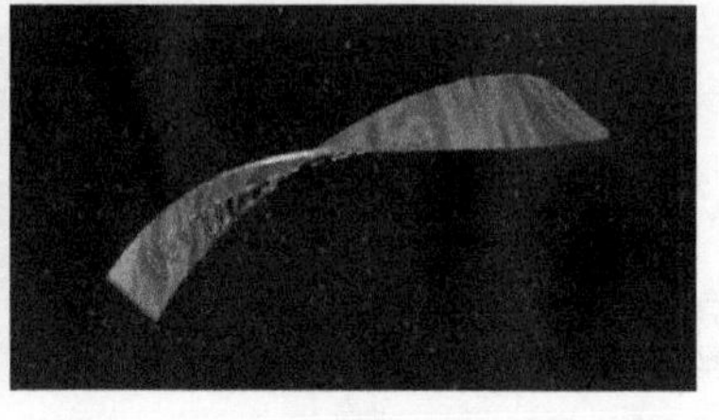

图3-97 路径变形动画

3.3.4 制作展开的竹筒效果

要点

本例将制作一个竹筒展开的动画效果，如图3-98所示。通过本例学习应掌握利用“路径变形（WSM）”修改器来制作动画的方法。

图3-98　展开的竹筒效果

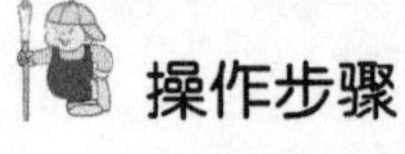

操作步骤

1. 制作竹筒展开的路径

① 单击菜单栏左侧快速访问工具栏中的按钮，然后从弹出的下拉菜单中选择“重置”命令，重置场景。

② 在前视图中创建一个螺旋线，参数设置及效果如图 3-99 所示。然后利用工具栏中的（选择并旋转）工具将其沿 *Z* 轴旋转一定角度，如图 3-100 所示。

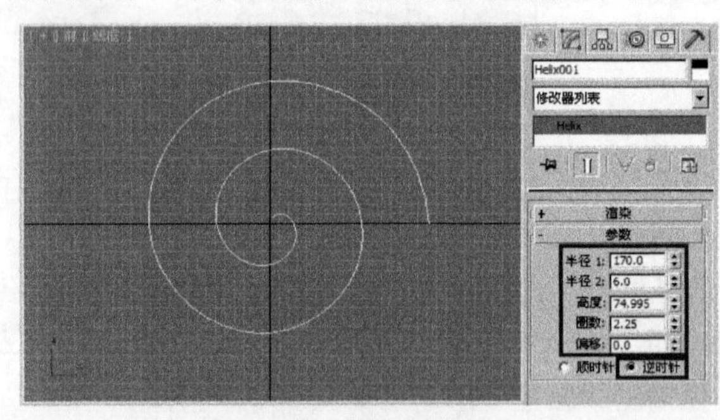

图3-99　创建螺旋线

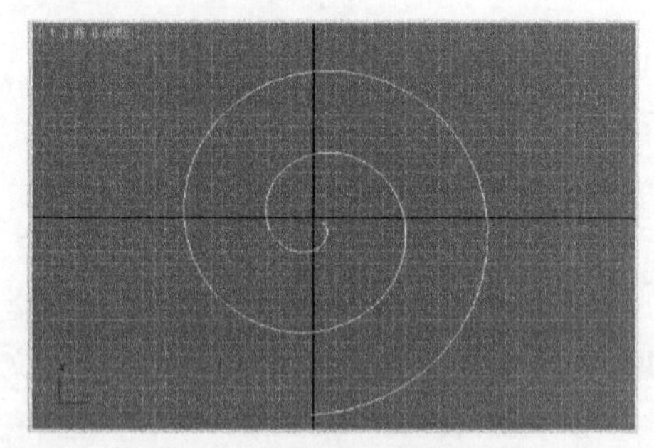

图3-100　旋转螺旋线

③ 右击视图中螺旋线，从弹出的快捷菜单中选择“转换为 | 转换为可编辑样条线”命令，如图 3-101 所示，将其转换为可编辑的样条线。

④ 进入可编辑的样条线的（顶点）层级，在前视图中移动顶点的位置如图 3-102 所示。最后再次单击（顶点）按钮，退出顶点编辑模式。

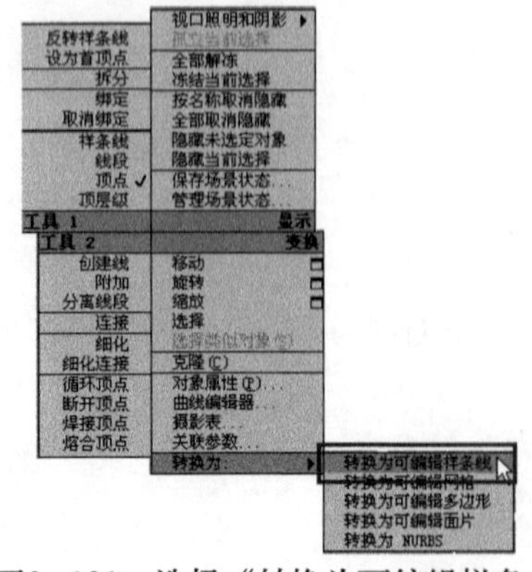

图3-101　选择“转换为可编辑样条线”命令

图3-102　调整顶点的位置

2．制作单个竹筒和竹筒上的绳子模型

① 在前视图中创建一个长方体，参数设置及效果如图 3−103 所示。然后右击视图中的长方体，从弹出的快捷菜单中选择“转换为|转换为可编辑多边形”命令，将其转换为可编辑的多边形。

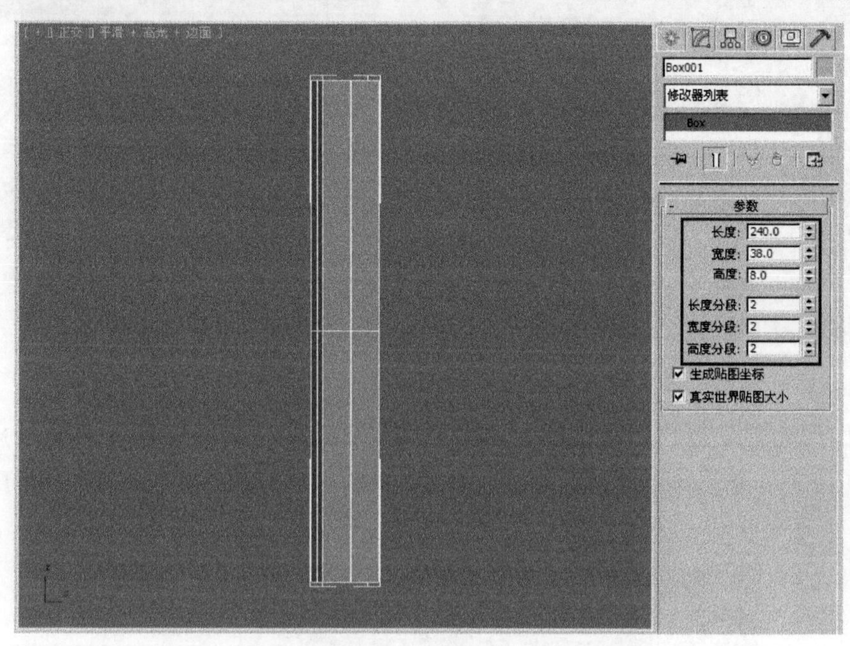

图3−103 创建长方体

② 进入可编辑多边形的（边）层级，然后选择图 3−104 所示的边，单击 切角 按钮，接着对选择的边进行切角处理，效果如图 3−105 所示。

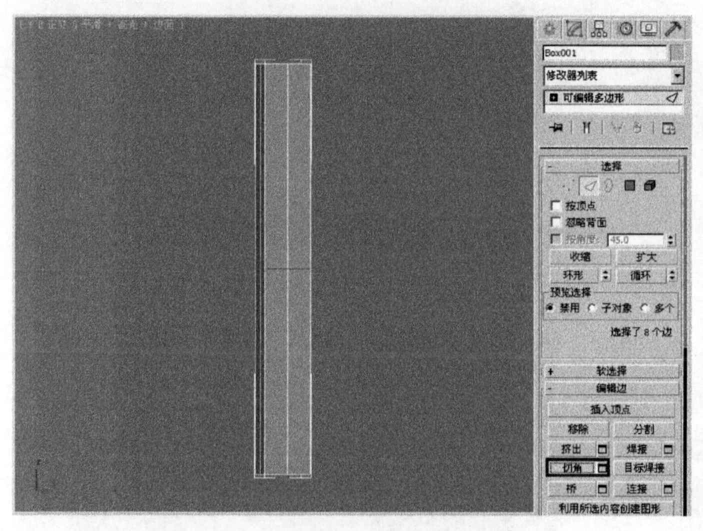

图3−104 选择边单击“切角”按钮

图3−105 切角效果

③ 同理，选择图 3−106 所示的边，进行切角处理，效果如图 3−107 所示。

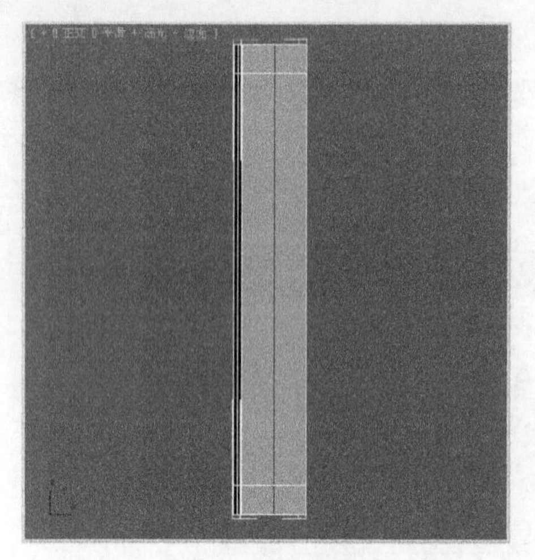

图3-106　选择边

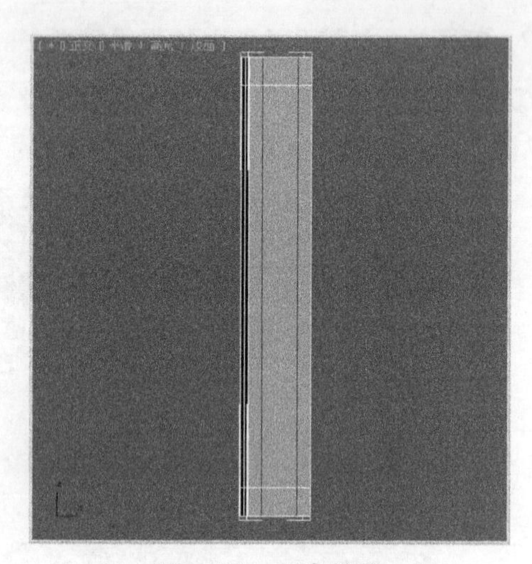

图3-107　切角效果

④ 制作作为竹筒上的绳子模型。方法：进入可编辑多边形的■（多边形）层级，选择图 3-108 所示的多边形，然后按住〈Shift〉键向下移动，接着在弹出的对话框中设置如图 3-109 所示，单击“确定”按钮，从而复制出多边形，如图 3-110 所示。

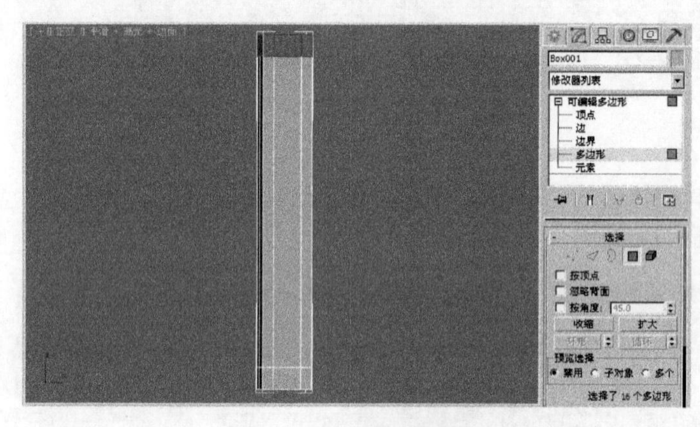

图3-108　选择多边形

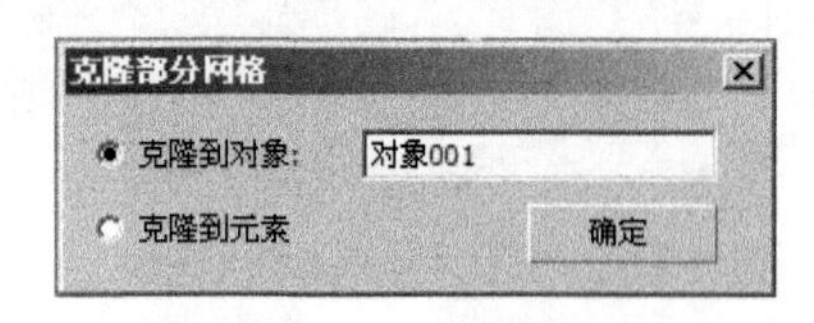

图3-109　设置克隆参数

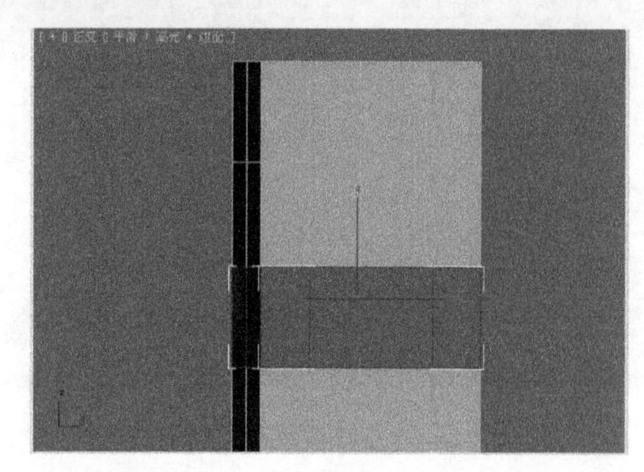

图3-110　复制并移动多边形效果

⑤ 对复制后的多边形进行厚度处理。方法：再次单击■（多边形）按钮，退出此对象层

级，然后选择复制后的多边形对象，执行修改器下拉列表中的“壳”命令，参数设置及效果如图 3-111 所示。接着利用工具栏中的（选择并匀称缩放）按钮对壳处理后的对象在垂直方向上进行适当缩小，结果如图 3-112 所示。

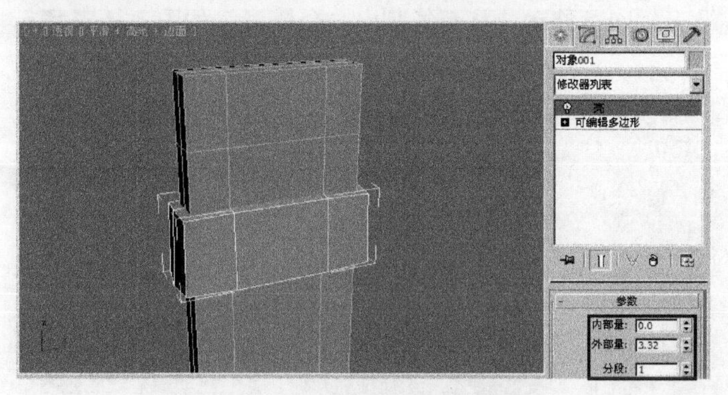

图3-111 设置可参数及效果

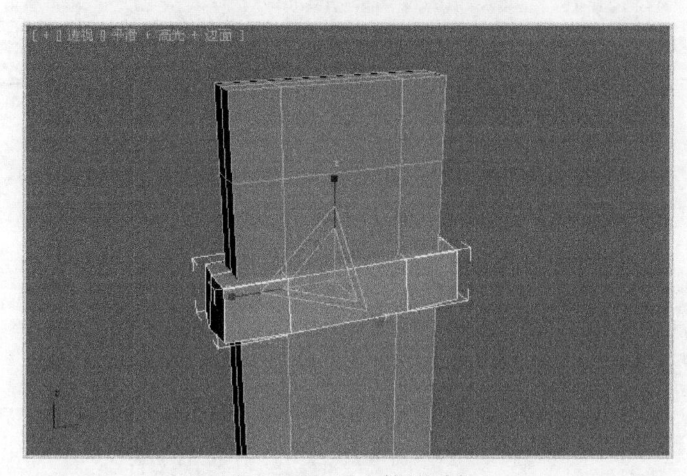

图3-112 适当缩放对象

⑥ 选择厚度处理后的模型，利用工具栏中的（选择并移动）工具，配合〈Shift〉键向下移动，在弹出的对话框中设置如图 3-113 所示，单击“确定”按钮，从而复制出一个模型，如图 3-114 所示。

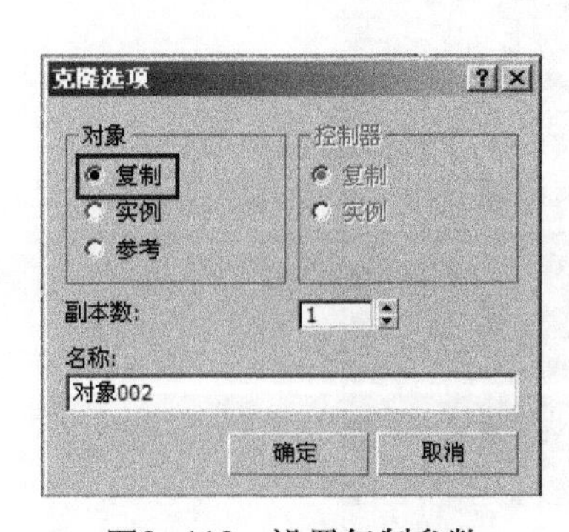

图3-113 设置复制参数

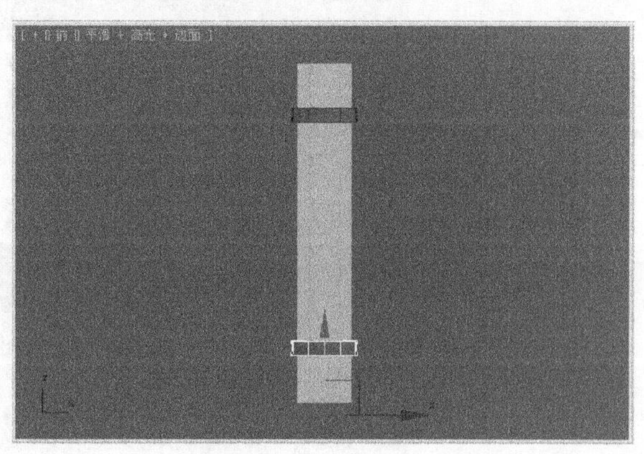

图3-114 复制模型

⑦ 制作连接竹筒之间的绳子模型。方法：在前视图中创建一个管状体，如图 3-115 所示。然后将其转换为可编辑的多边形后，进入 (顶点) 层级，调整顶点的位置，如图 3-116 所示。接着再次单击 (顶点) 按钮退出顶点层级。最后利用工具栏中的 (选择并移动) 按钮，配合〈Shift〉键将其沿 *Y* 轴向下移动，从而复制出一个模型，如图 3-117 所示。

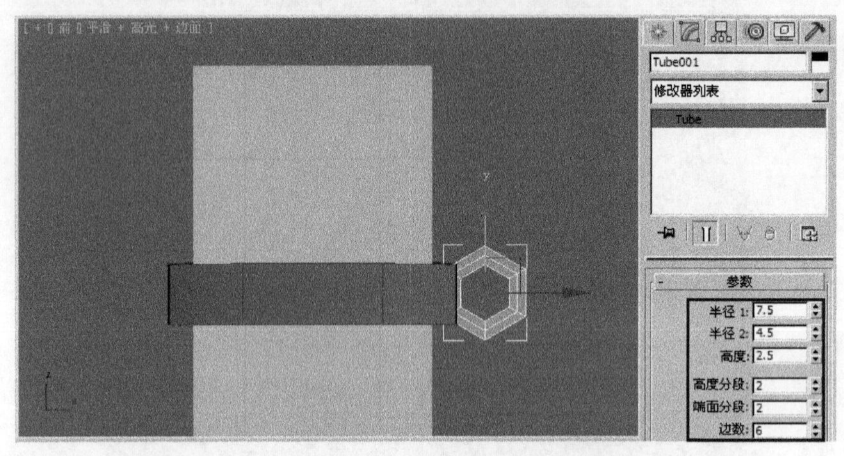

图3-115 创建一个管状体

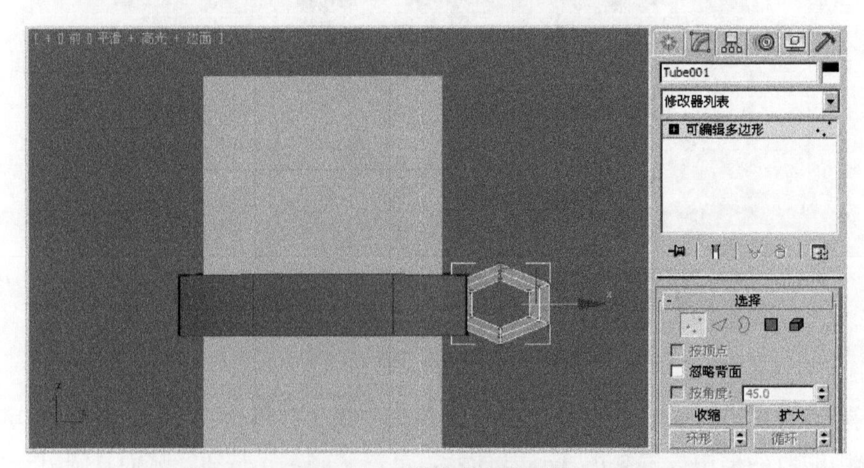

图3-116 调整顶点的形状

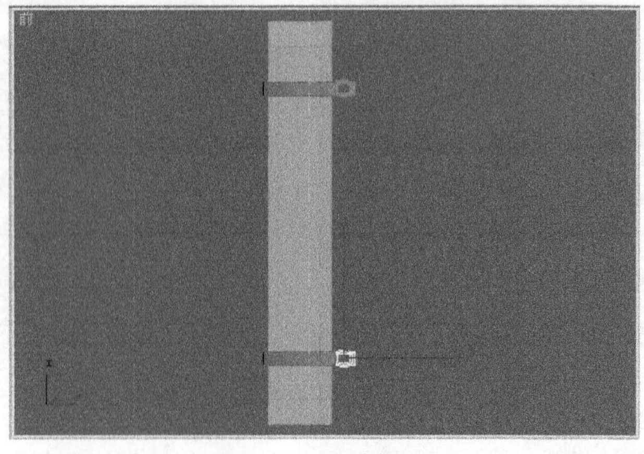

图3-117 复制模型

⑧ 为了便于复制其余的相关模型，下面将竹筒和所有作为绳子的模型附加成一个整体。方法：选择竹筒模型，单击“附加”右侧的□按钮，如图 3-118 所示，然后在弹出的对话框中选择所有作为绳子的模型名称，如图 3-119 所示，单击“附加”按钮即可。

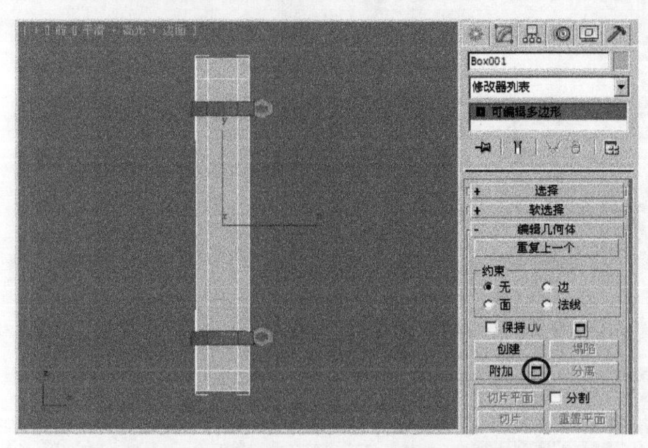

图3-118　单击“附加”右侧的□按钮

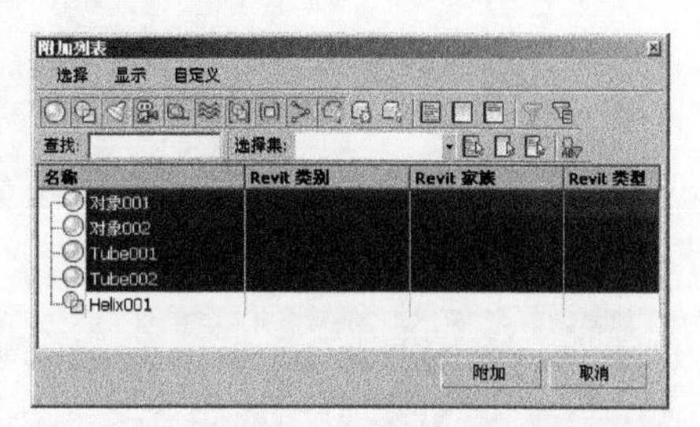

图3-119　选择所有作为绳子的模型名称

3. 制作出整个竹筒模型

① 选择附加后的模型，然后在前视图中利用工具栏中的 （选择并移动）按钮，配合〈Shift〉键将其沿 X 轴向右移动，然后在弹出的对话框中设置如图 3-120 所示，单击“确定”按钮，结果如图 3-121 所示。接着进入 （元素）层级，选中复制后的多余绳子模型进行删除，效果如图 3-122 所示。

图3-120　设置克隆参数

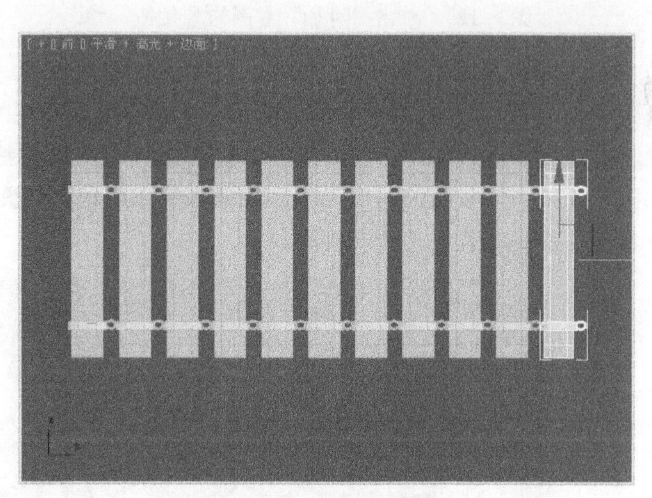

图3-121　复制后效果

② 将整个竹筒模型附加成一个整体。方法：选择最左侧的竹筒模型，单击“附加”右侧的□按钮，如图 3-123 所示，然后在弹出的对话框中选择其余竹筒的模型名称，如图 3-124 所示，单击“附加”按钮即可。

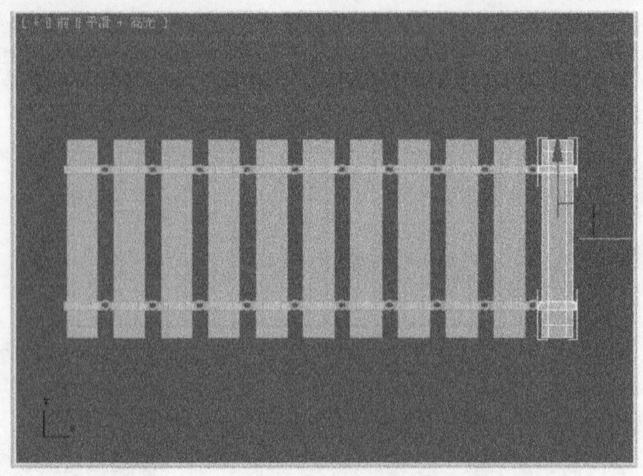

图3-122　删除多余的绳子模型的效果

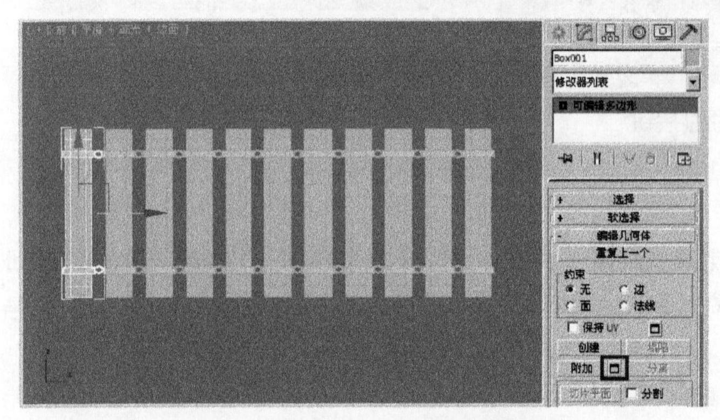

图3-123　单击“附加”右侧的□按钮

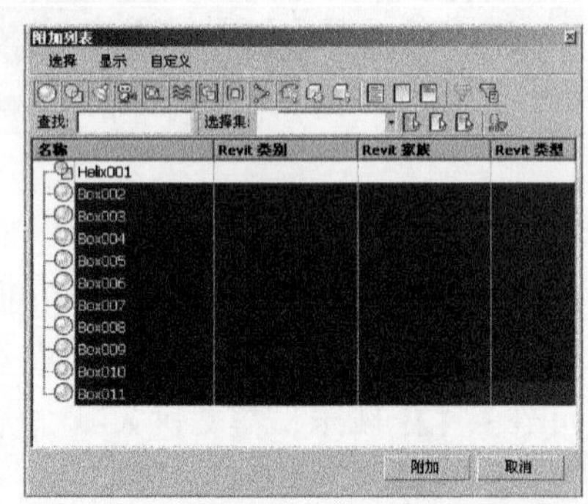

图3-124　选择所有竹筒模型的名称

③ 制作竹筒展开动画。方法：选择整个竹筒模型，执行修改器下拉列表中的“路径变形（WSM）”命令，然后单击“拾取路径”按钮后拾取视图中作为竹筒展开路径的螺旋线，并设置参数如图3-125所示。接着激活 自动关键点 按钮，将时间线滑块移动到第0帧的位置，设置参数如图3-126所示，再将时间线滑块移动到第100帧的位置，设置参数如图3-127所示。最后再次单击 自动关键点 按钮，停止动画录制。

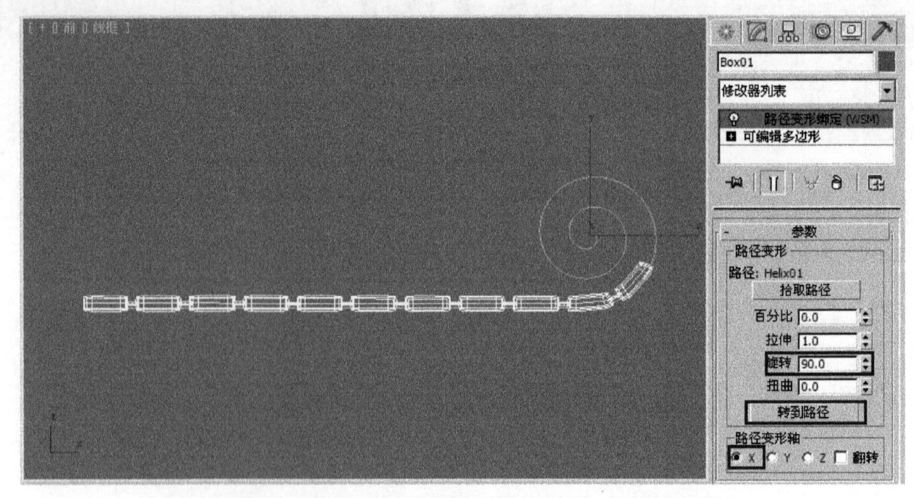

图3-125　设置“路径变形（WSM）”参数及效果

图3-126 在第0帧设置参数

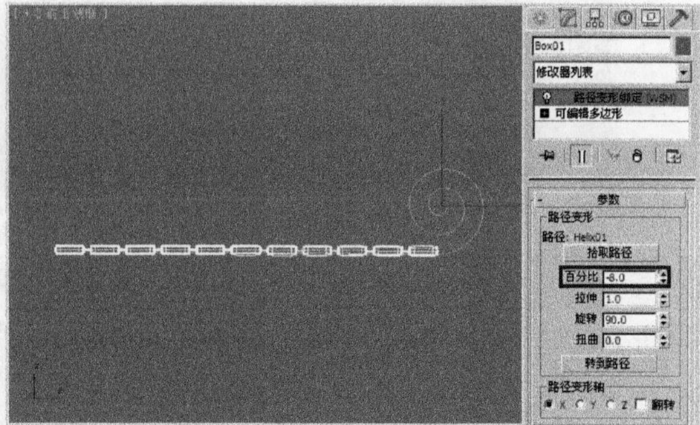

图3-127 在第100帧设置参数

④ 制作摄影机动画。方法：在左视图中创建一架“目标”摄影机，然后选择透视图，按快捷键〈C〉，将透视图切换为摄影机视图。接着在其他视图中调整摄影机的位置和角度，如图 3-128 所示。最后激活 自动关键点 按钮，将时间线滑块移动到第 100 帧的位置，再调整摄影机的位置，如图 3-129 所示。

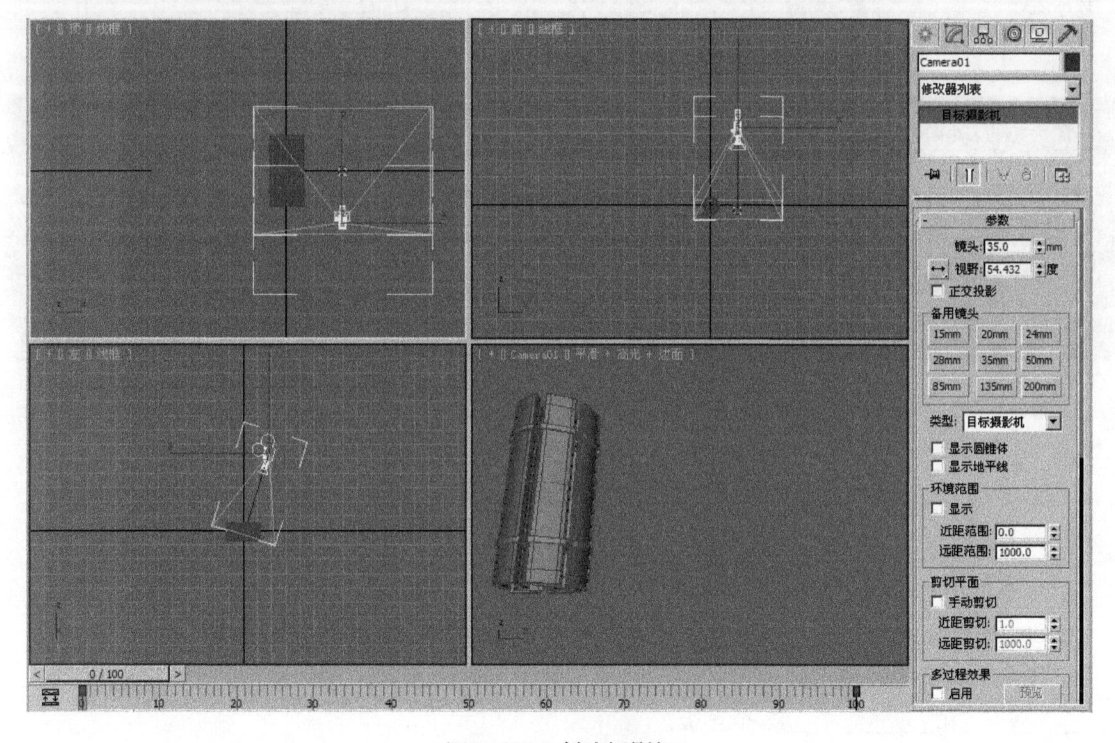

图3-128 创建摄影机

⑤ 至此，整个动画制作完毕。下面赋给竹筒材质和背景，将文件进行输出，展开竹筒效果如图 3-130 所示。

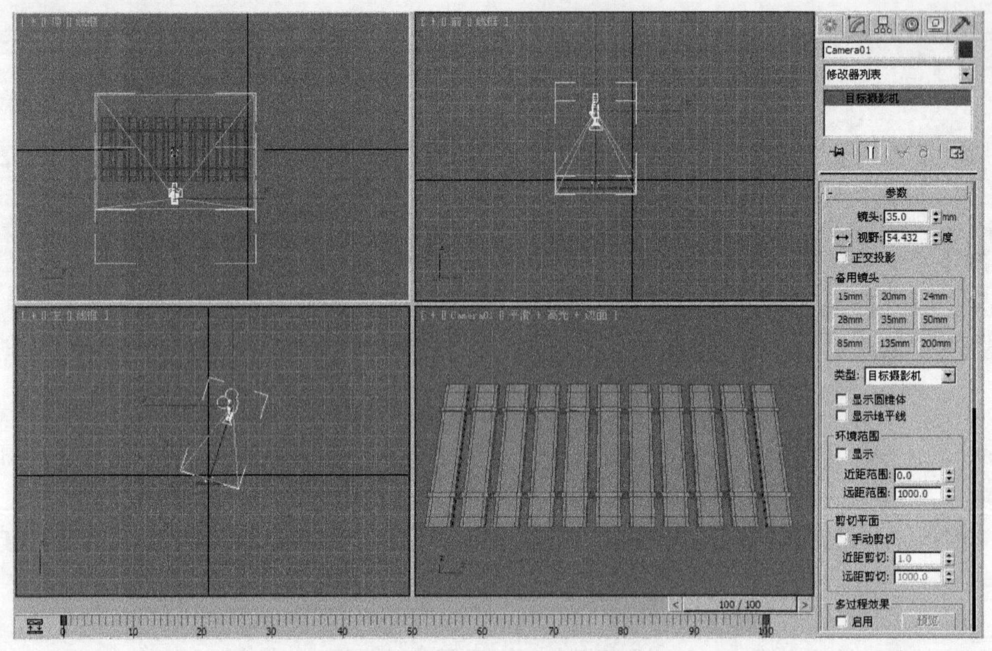

图3-129　在第100帧调整摄影机

图 3-130　展开的竹筒效果

课 后 练 习

1. 填空题

（1）利用＿＿＿＿＿＿可以通过截取三维几何体的剖面而获得的二维图形。

（2）“编辑样条线”修改器是专门编辑二维图形的修改器，它分为＿＿＿＿＿＿＿＿、＿＿＿＿＿＿和＿＿＿＿＿＿3 个层级。

2. 选择题

（1）利用＿＿＿＿＿＿修改器可以将二维图形转换为三维物体。

A. 车削　　B. 挤出　　C. 倒角　　D. 倒角剖面

（2）利用____________修改器可将贴图覆盖到物体表面，根据图像颜色的“深浅”对物体进行凹凸处理。

A．变换　　B．置换　　C．晶格　　D．扭曲

3．问答题／上机题

（1）简述“编辑样条线”修改器各层级的参数含义。

（2）练习1：利用“噪波”和FFD修改器制作山脉效果，如图3-131所示。

（3）练习2：利用“编辑样条线”和“挤出”修改器制作山脉效果，如图3-132所示。

图3-131　练习1效果

图3-132　练习2效果

第4章 复合建模和高级建模

在前面各章中讲解了在3ds Max中的基础建模，通过修改器对基本模型进行修改产生新的模型的方法。然而这些建模方式只能够制作一些简单的或者很粗糙的模型，要想表现和制作一些更加精细的、真实复杂的模型就要使用复合建模和高级建模的技巧才能实现。通过本章学习应掌握以下内容：

- 复合建模的类型；
- 常见复合建模的方法；
- 高级建模的类型；
- 网格和多边形两种常用高级建模的方法。

4.1 复合建模

复合对象，就是将两个或者多个简单对象组合成一个新的对象。

执行菜单中的“创建|复合”命令或选择（创建）面板中的（几何体）下拉列表中的“复合对象”选项，均可进入“复合对象”面板，如图4-1所示。在3ds Max 2011中包括12种复合对象的类型，它们分别是变形、散布、一致、连接、水滴网格、图形合并、布尔、地形、放样、网格化、ProBoolean和ProCutter。

图4-1 复合对象面板

本节将着重讲解变形、水滴网格、布尔和放样4种常用的复合建模的方法。

4.1.1 变形

“变形”复合对象是通过把一个对象中初始对象的顶点，插补到第2个对象的顶点位置上创建“变形”动画。原始对象称为“基本”对象，第2个对象称为“目标”对象。“基本”对象和“目标”对象都必须有相同的顶点数。一个“原始”对象可以变形为几个“目标”对象。

“变形”对象的参数用于控制变形操作，它包括“拾取目标”和“当前对象”两个卷展栏，参数面板如图4-2所示。

1. “拾取目标”卷展栏

“拾取目标”卷展栏用于控制所选取的目标对象。

- 单击“拾取目标”按钮后，可在场景中获得将要进行变形的目标对象。
- “拾取目标”按钮下面的4个单选按钮用于产生对象的4种变形，与复制对象完全相同，这4种形式分别为“参考”、“复制”、“移动”和“实例”。

2. “当前对象”卷展栏

“当前对象”卷展栏用于控制变形操作的对象。

- “变形目标”列表框中显示了所有处于编辑状态中的变形目标对象。
- “变形目标名称”列表框中显示所选择的变形对象。
- “创建变形关键点”按钮用于建立变形动画关键帧，需配合时间滑块使用。
- “删除变形目标”按钮用于删除编辑状态的目标对象。

对于变形的使用方法，这里用一个实例来简单说明一下，具体过程如下：

① 在视图中创建一个“圆柱体”，然后复制3个，如图4-3所示。

② 选择第2个“圆柱体”，进入（修改）面板，执行修改器下拉列表中的“编辑网格”命令，接着进入（顶点）层级，选中“使用软选择”复选框，如图4-4所示。

图4-2　“变形”参数面板

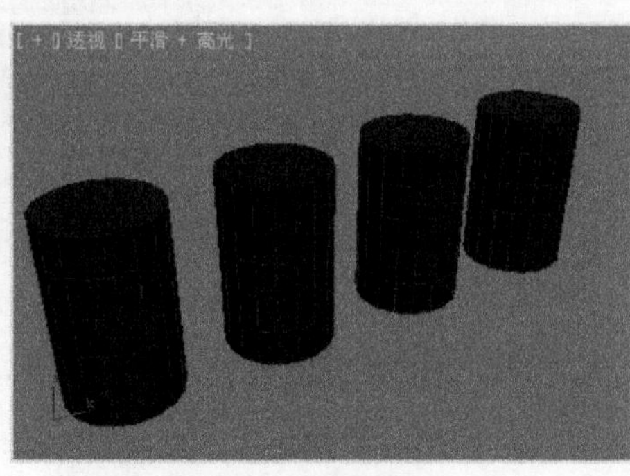

图4-3　创建对象

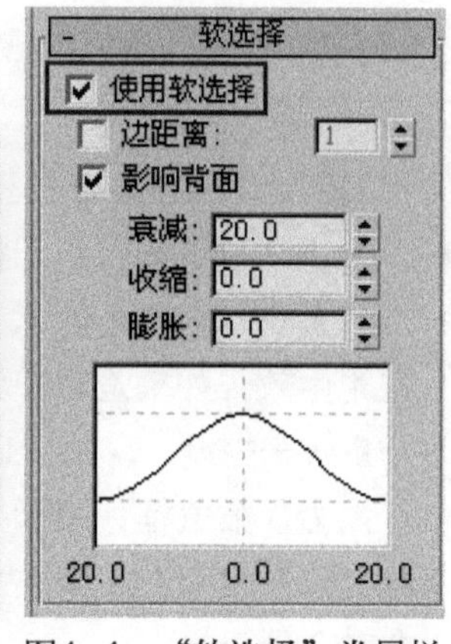

图4-4　“软选择”卷展栏

③ 对“顶点”进行编辑，结果如图4-5所示。

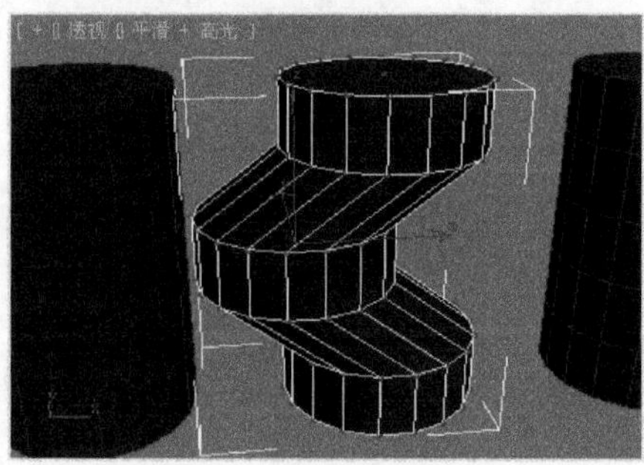

图4-5　编辑“顶点”

④ 同理，对剩下的两个“圆柱体”进行编辑，如图 4-6 所示。

⑤ 选中原对象，单击“复合对象”面板中的 变形 按钮。在“拾取目标”卷展栏中单击“拾取目标”按钮并选中“复制”单选按钮，如图 4-7 所示。

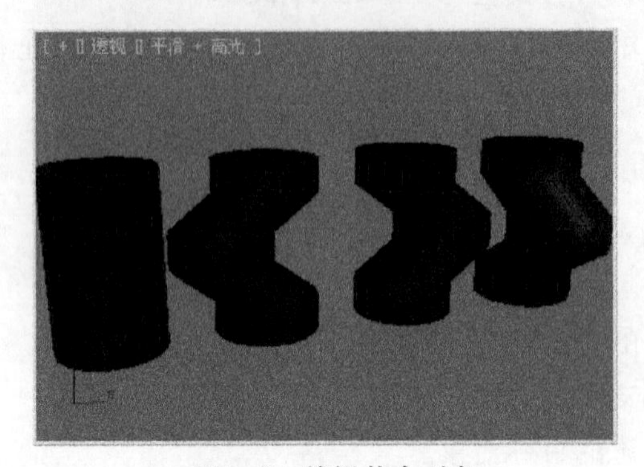

图4-6　编辑其余对象

图4-7　“拾取目标”卷展栏

4.1.2 水滴网格

“水滴网格”复合对象非常适合制作流动的液体和软的可融合的有机体。这种复合对象的原对象可以是几何体，也可以是以后要讲的粒子系统，它的参数面板如图 4-8 所示。

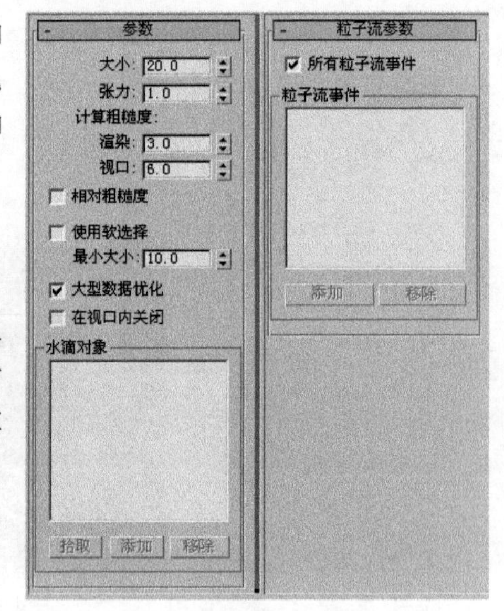

图4-8　“水滴网格”参数面板

1．“参数”卷展栏

“水滴网格”的参数面板用于控制水滴的所有属性。

- “大小”数值框：用于控制“变形球”在原对象上的大小，这个数值只有在原对象是集合体的时候才生效。如果是粒子系统，它的大小只能由粒子系统来控制。
- “张力”数值框：用于控制水滴之间的吸引力，这个值最大为 1，此时两个比较靠近的“变形球”会融合到一起。
- “计算粗糙度”：用于控制“变形球”的粗糙程度，而“渲染”和“视口”数值框 则分别控制它的粗糙程度。数值越低，“变形球”的表面越平滑。当然，结点也会越多。
- “相对粗糙度”复选框：用于控制“计算粗糙度”值。当选中该复选框时，“渲染”和“视窗”的数值则可生效。
- “使用软选择”复选框：用于控制水滴的规则度。
- “最小大小”数值框：用于控制软选择情况下水滴的最小值。
- “大型数据优化”复选框：用于控制水滴网格的质量。当选中该复选框后，会减少“变形球”的结点数量。

- “在视口内关闭”复选框：用于控制是否在视窗中显示水滴的效果。
- “水滴对象”选项组：用于控制水滴的生成。“水滴对象”列表框用于显示原对象的名称。水滴网格可添加多个原对象作为水滴网格对象。

2．“粒子流参数”卷展栏

“粒子流参数”卷展栏针对的是粒子系统。“粒子流事件”选项组用于添加和删除粒子。

对于水滴网格的使用方法，这里用一个实例来简单说明一下，具体过程如下：

① 单击（创建）面板中的（几何体）按钮，进入几何体面板，然后单击 圆锥体 按钮，接着在顶视图中创建一个圆锥体。

② 进入（修改）面板，设置圆锥体的参数及结果如图 4-9 所示。

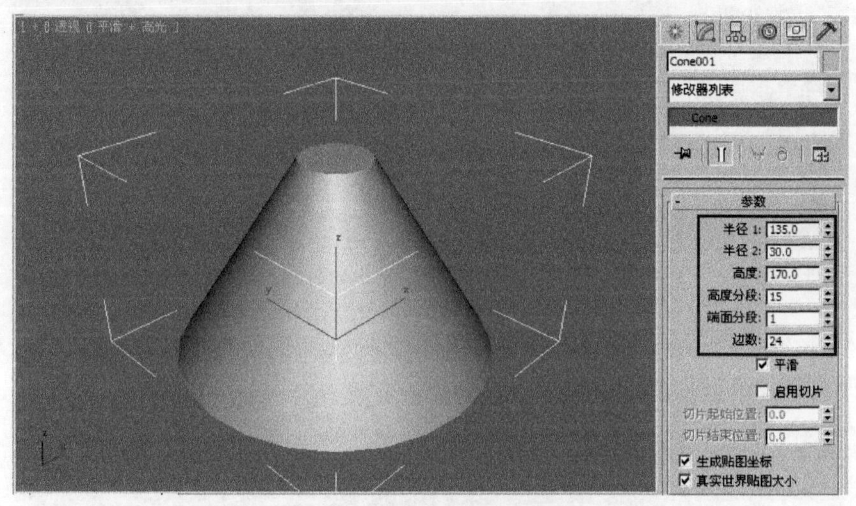

图4-9　圆锥体及参数设置

③ 此时，如果将“水滴网格”应用于这个圆锥体，所有熔岩会完全直线流下，这样不太真实，因此需要给火山形状添加一些噪波。方法：选择圆锥体，进入（修改）面板，执行修改器下拉列表中的“噪波”命令，参数设置及结果如图 4-10 所示。

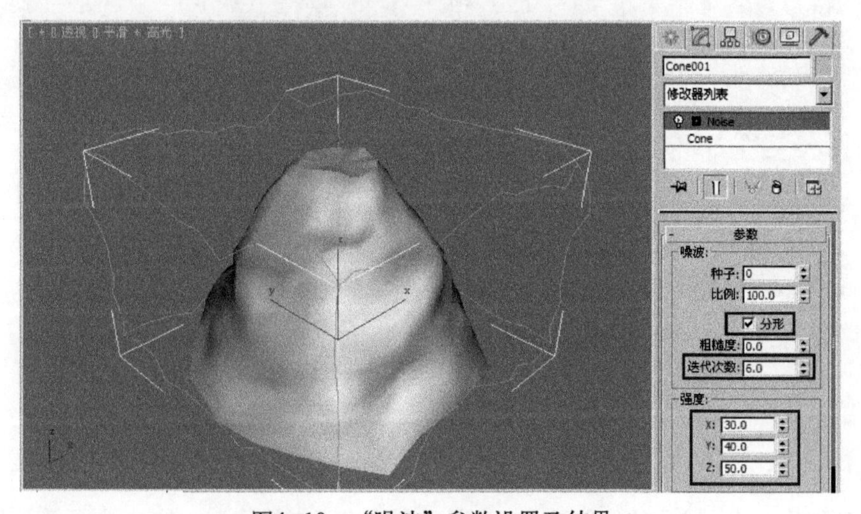

图4-10　“噪波”参数设置及结果

④ 单击“复合对象”面板中的 水滴网格 按钮，在顶视图中创建一个“水滴网格”对象，参数设置及结果如图 4-11 所示。

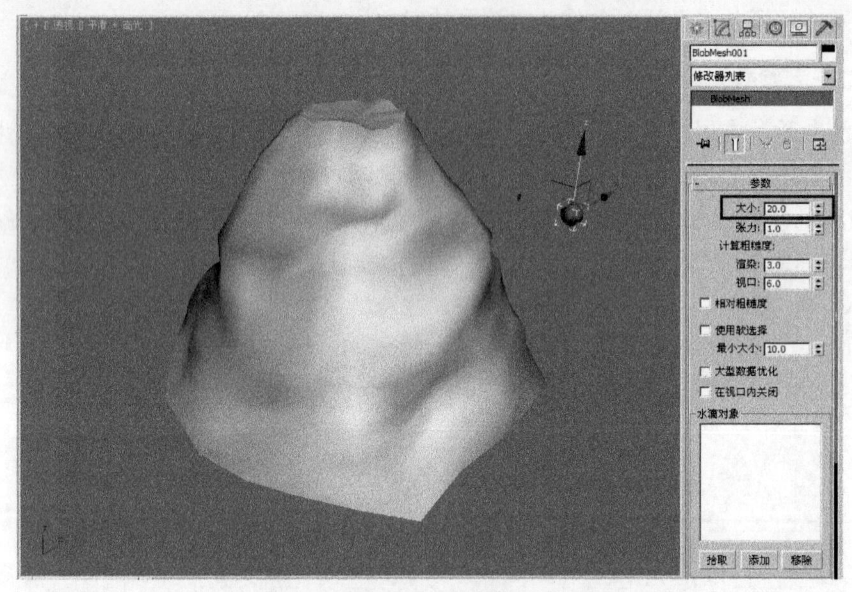

图4-11　创建“水滴网格”对象

⑤ 进入 （修改）面板，单击“水滴对象”选项组中的“拾取”按钮，然后拾取视图中的圆锥体，效果如图 4-12 所示。

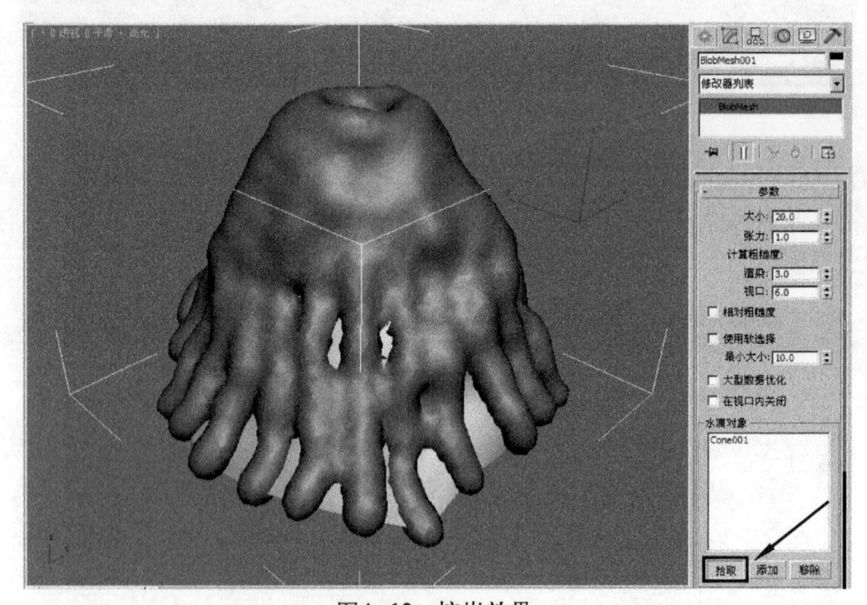

图4-12　熔岩效果

4.1.3 布尔

“布尔”复合对象是一种逻辑运算方法，当两个对象交叠时，可以对它们执行不同的“布尔”运算以创建独特的对象。结合其他编辑工具，以得到千姿百态的造型。“布尔”运算包括“并集”、

“交集”、“差集（A−B）”、“差集（B−A）”和“切割”。

“布尔”运算的操作与别的复合对象并没有什么不同，选中其中一个操作对象后，进入“布尔”运算的创建面板，单击“提取操作对象”按钮后，在场景中就能够选择另一个操作对象。

“布尔”运算的“参数”卷展栏的参数，如图4−13所示。它用于控制“布尔”运算的运算方法以及显示运算对象的名称。“操作”选项组用于控制布尔运算的具体算法，下面的5个单选按钮分别代表5种操作算法。

参数
操作对象
A: Sphere01
B:
名称:
提取操作对象
实例　复制
操作
并集
交集
差集(A-B)
差集(B-A)
切割　优化
分割
移除内部
移除外部

图4−13　“布尔”参数面板

- 选中“并集”单选按钮，会将两个对象合成一个对象。如图4−14所示。
- 选中“交集”单选按钮，只保留两个对象的交叠部分。如图4−15所示。
- 选中“差集（A−B）”单选按钮，会从一个对象减去与另一个对象的交叠部分，如图4−16所示。
- 选中“差集（B−A）”单选按钮的结果与“差集（A−B）”相反，如图4−17所示。

图4−14　并集

图4−15　交集

图4−16　差集（A−B）

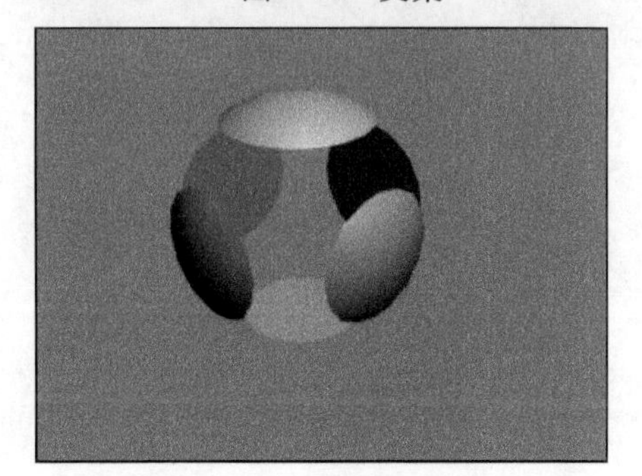

图4−17　差集（B−A）

- 选中“剪切”单选按钮，可以像“差集”运算那样剪切一个对象，但它只保留的是剪切部分。下面有4个单选按钮分别代表4种“剪切”的方式。选中“优化”单选按钮，可将对象A被剪的部分加上额外的顶点形成完整的表面；选中“分割”单选按钮，不仅修饰被剪部分，还要修饰剪的部分；选中“移除内部”单选按钮，会将与对象B重合的内表面全部移除，如图4−18所示；选中“移除外部”单选按钮，会将与对象B重合的外表面全部移除，如图4−19所示。

图4-18　移除内表面

图4-19　移除外表面

提示

在执行“布尔”运算时对不合适的对象可能会产生错误，应避免以下几点：

- 网格对象避免又长又窄的多边形面，边与边的长宽比例应该小于4 ：1。
- 避免使用曲线，曲线可能会自己折叠起来，引起一些问题，如需使用曲线，尽量不要与其他的曲线相交，且把曲率保持到最小。
- 不要链接任何“布尔”运算之外的对象。
- 保持所有表面法线是一致的。
- 如果两个以上的物体进行“布尔”运算，需将主物体以外的其余物体结合成一个整体后再进行布尔运算。

对于布尔的使用方法，这里用一个实例来简单说明一下，具体过程如下：

① 在场景中创建一个“球体”，如图4-20所示。

② 单击工具栏中的（选择并均匀缩放）按钮，将“球体”稍微缩小一些并复制，如图4-21所示。

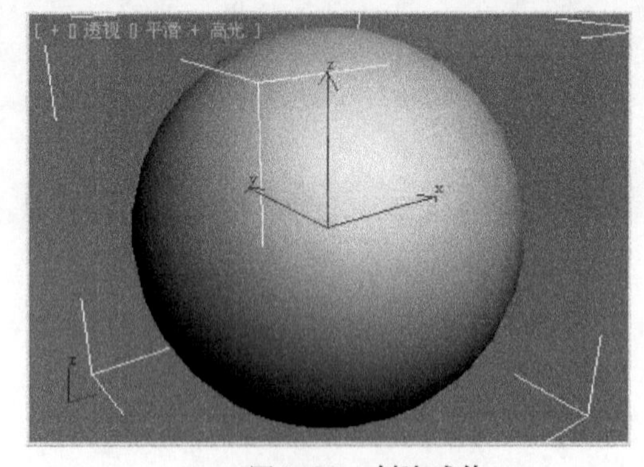

图4-20　创建球体

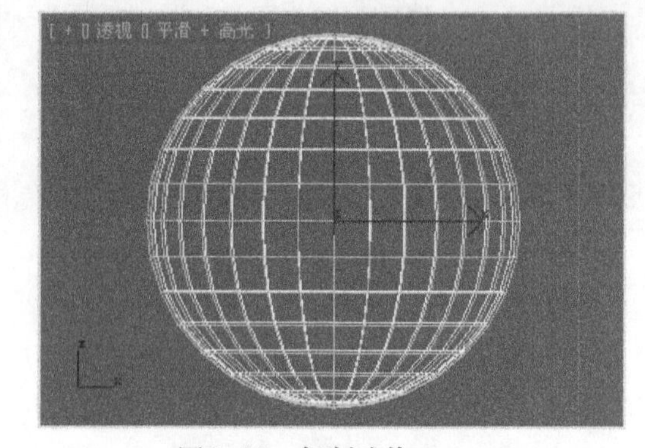

图4-21　复制球体

③ 在选中复制出的里面“球体”的情况下，在“复合对象”面板中单击 布尔 按钮，在“运算”选项组中选中“差集（B-A）”单选按钮。

④ 单击 拾取操作对象 B 按钮后，选择外边的原“球体”，结果如图4-22所示。

⑤ 单击（选择并均匀缩放）按钮，将球体沿 *Y* 轴进行拉伸，如图4-23所示。

⑥ 在如图4-24所示位置创建“长方体”，并适当增加其“段数”。

⑦ 进入（修改）面板，执行修改器下拉列表中的“网格选择”命令，然后进入（多边形）层级，单击工具栏中的按钮，使之变为模式。接着选中“长方体”顶部所有的面，如图 4-25 所示。

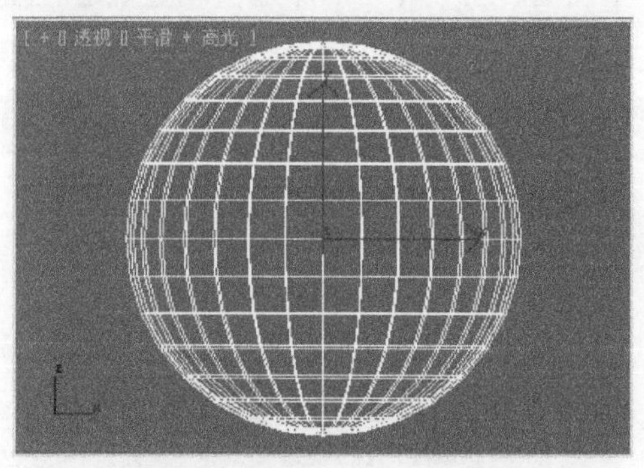

图4-22 进行“布尔”运算

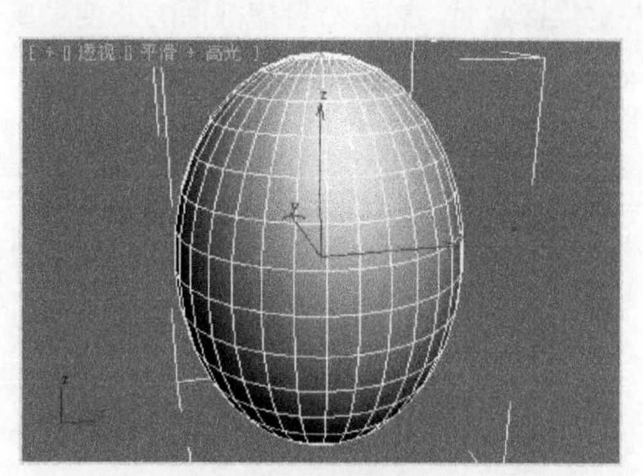

图4-23 进行缩放

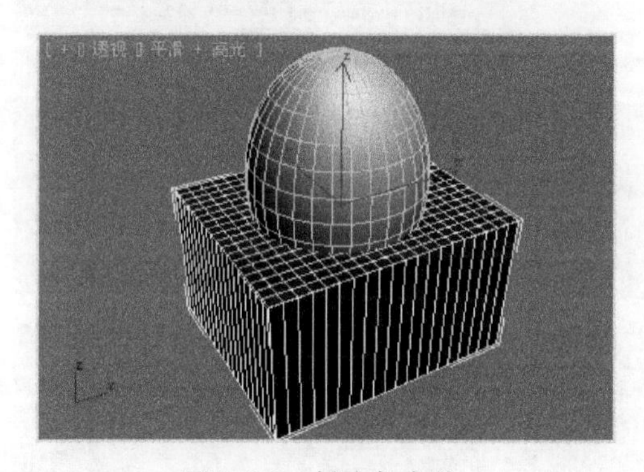

图4-24 创建长方体

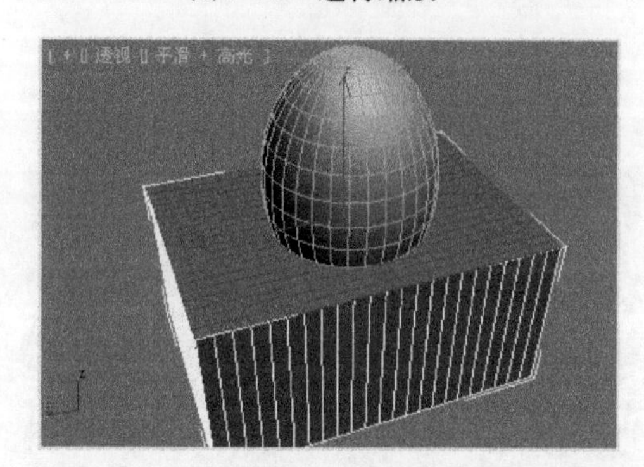

图4-25 选中长方体顶面

⑧ 进入（修改）面板，执行修改器下拉列表中的“噪波”命令，参数设置及效果如图 4-26 所示。

⑨ 将“长方体”转换为“可编辑网格”模式，然后选中“球体”，单击复合对象面板中的 布尔 按钮，再单击 拾取操作对象 B 按钮，拾取视图中的“长方体”，效果如图 4-27 所示。

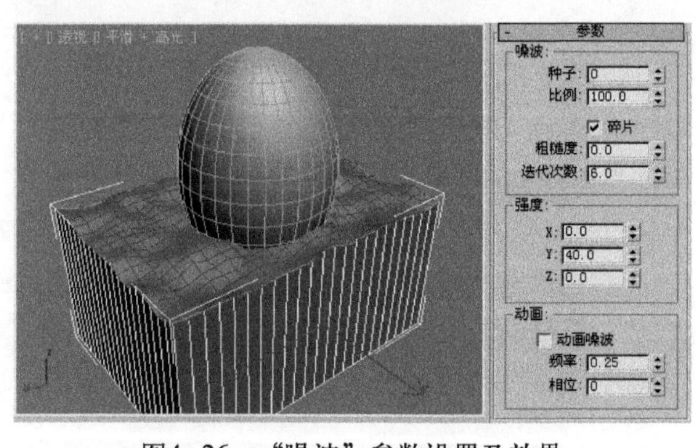

图4-26 “噪波”参数设置及效果

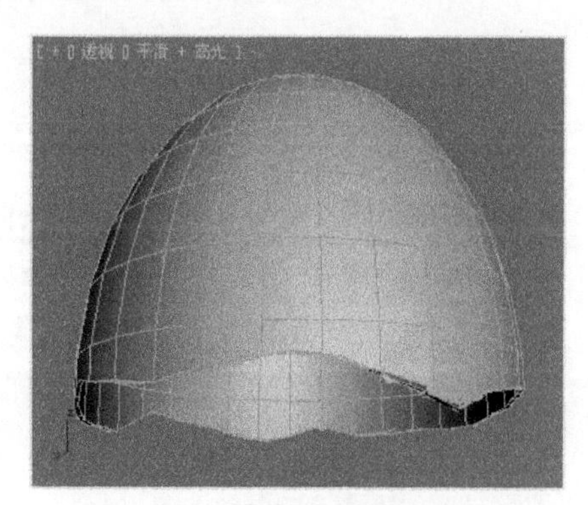

图4-27 破碎的蛋壳效果

4.1.4 放样

“放样”复合对象是来自造船的工业术语，它描述了造船的一种方法，使用这种方法可以创建并定位横截面，然后沿着横截面的长度生成一个表面。“放样”的原理实际上就是“旋转”和“挤压”的延伸。

若要创建“放样”对象，至少需要两个样条曲线形状：一个用于定义“放样”的路径，另一个用于定义它的横截面，如图 4-28 所示。再创建了样条曲线后，选择 （创建）面板中的 （几何体）下拉列表中的“复合对象”选项，则会启用“放样”按钮，此时放样的参数面板如图 4-29 所示。

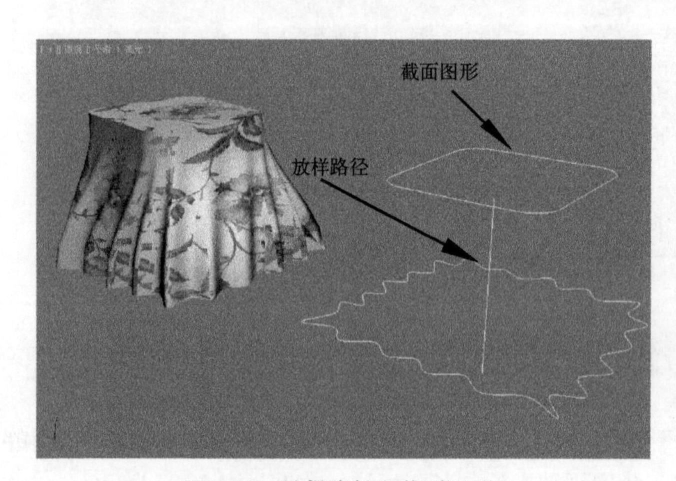

图4-28　放样路径和截面图形

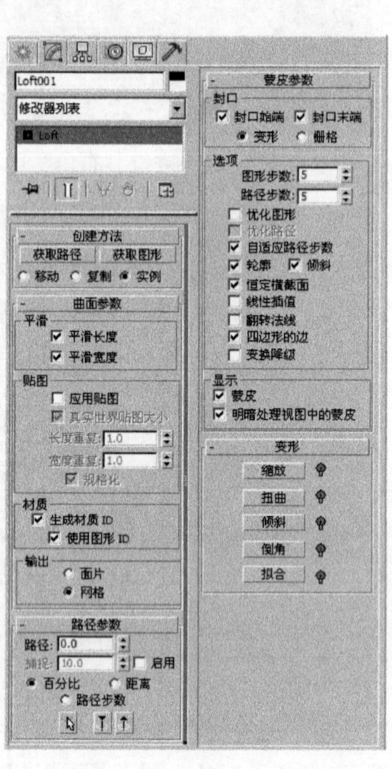

图4-29　“放样”参数面板

1. “创建方法”卷展栏

“创建方法”卷展栏用于控制获取“放样”对象的方法。

- 单击 获取路径 按钮后，首选的样条曲线将作为横截面，下一条选定的样条曲线将作为路径。
- 单击 获取图形 按钮后，首选的样条曲线将作为路径，下一条选定的样条曲线将作为横截面。
- “移动”、“复制”和“实例”3 个单选按钮代表生成的“放样”对象与原线条之间的 3 种关系。用“移动”方式产生放样对象后，原来的二维线条就不存在了；复制对象有“复制”和“实例”两种方式，在这里“实例”为编辑操作提供了更为方便、直观的方法。

2. “曲面参数”卷展栏

“曲面参数”卷展栏用于控制曲面的平滑度与纹理贴图。

- “平滑”选项组：用于控制“放样”对象的曲面平滑度。如果取消选中“平滑长度”复选框，放样对象将不进行横向平滑，如图 4-30 所示；如果取消选中“平滑宽度”复选框，放样对象将不进行纵向平滑，如图 4-31 所示。

● “贴图”与“材质”选项组：用于控制纹理贴图，通过设置贴图，“放样”对象可实现长度和宽度方向的重复次数。

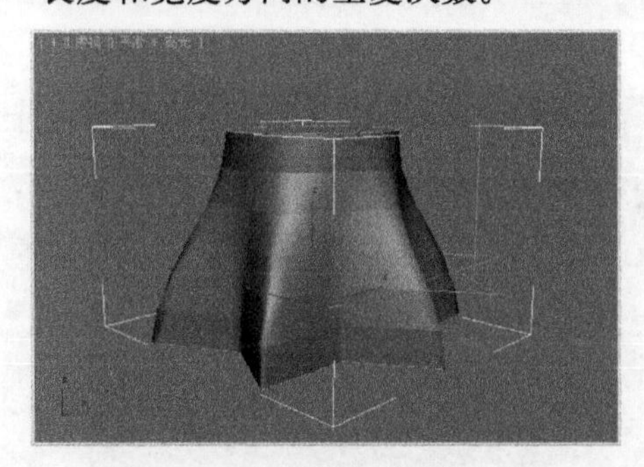

图4-30　取消选中“平滑长度”

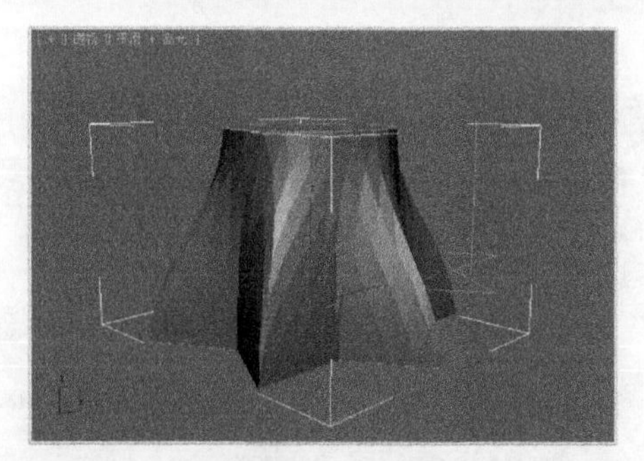

图4-31　取消选中“平滑宽度”

3. “路径参数”卷展栏

“路径参数”卷展栏用于控制“放样”路径的不同位置，定位几个不同的横截面图形。

● “路径”数值框是根据下面的“百分比”及“距离”单选按钮来确定新形状插入的位置。

● “捕捉”数值框则要选中后面的“启用”复选框才可生效，打开后可沿路径的固定距离进行捕捉。

● 选中“路径步数”单选按钮后，沿顶点定位的路径可以用一定的步数定位新形状。卷展栏下面的 3 个按钮分别有不同的用途。

(选取图形)：选定要插入到指定位置的新横截面样条曲线。

(上一个图形)：沿“放样”路径移动到前一个横截面图形。

(下一个图形)：沿“放样”路径移动到后一个横截面图形。

4. “蒙皮参数”卷展栏

“蒙皮参数”卷展栏用于控制“放样”对象内部的属性。

(1) “封口”选项组

“封口”选项组用于控制放样对象的封闭端点。

● 选中“封口始端”和“封口末端”复选框可以指定是否在放样的任何一端添加端面，图 4-32 为选中“封口始端”复选框的前后比较。

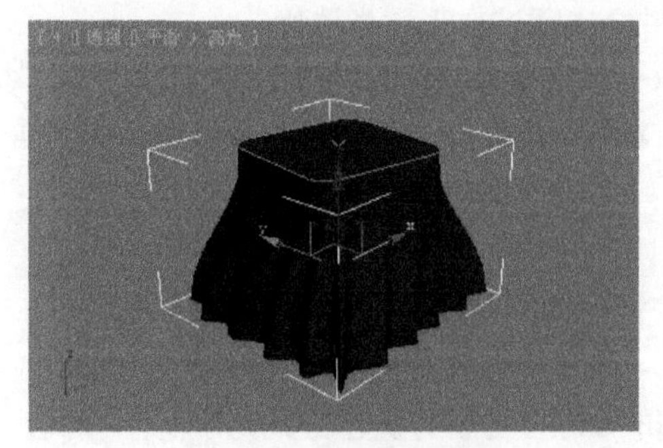

选中“封口始端”复选框

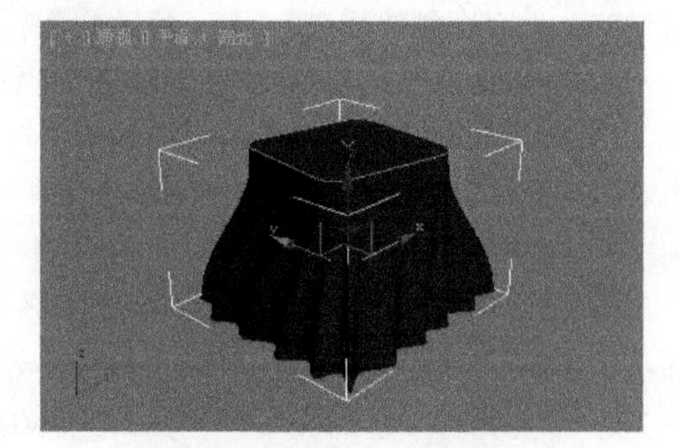

取消选中“封口始端”复选框

图4-32　选中“封口始端”复选框的前后比较

- “变形”和“栅格”单选按钮用于控制“封口始端”和“封口末端”的端面类型。

（2）“选项”选项组

“选项”选项组是用于控制曲面外观的选项。

- “图形步数”和“路径步数”两个数值框用于设置每个放样图形中的段数以及沿路径每个分界之间的段数，图 4-33 为不同“图形步数”值的比较。

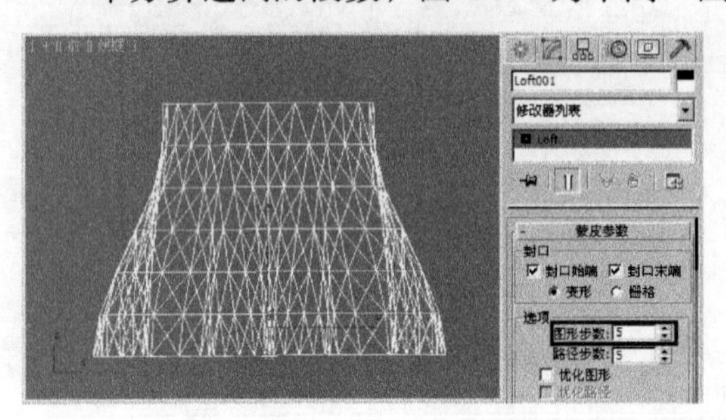

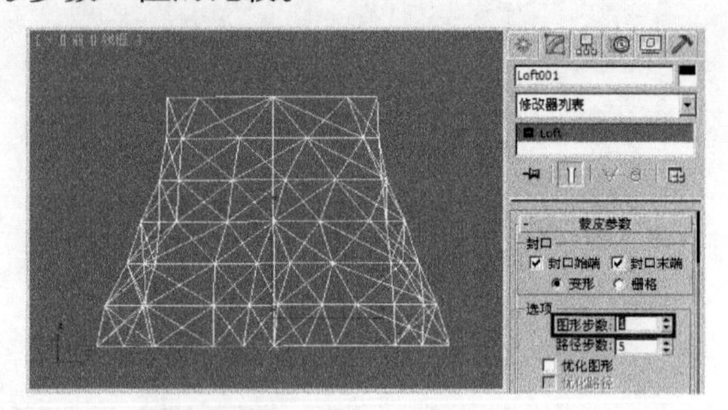

图4-33　不同“图形步数”值的比较

- 选中“优化图形”或“优化路径”复选框后，将删除不需要的边或顶点，从而降低放样的复杂度。
- 选中“自适应路径步数”复选框后将会自动确定路径使用的步数进行优化。
- 选中“轮廓”复选框后将确定横截面图形如何与路径排列。如取消选中该复选框，路径改变方向时横截面图形仍会保持原方向。
- 选中“倾斜”复选框后，路径弯曲时横截面图形会发生旋转。
- 选中“恒定横截面”复选框后将会按比例变换横截面，使它们沿路径保持一致的宽度。
- 选中“线性插值”复选框后，将在不同的横截面图形之间创建直线边。
- 选中“翻转法线”复选框后，将纠正放样对象法线的翻转处，一般用来将放样对象的蒙皮进行翻转。
- 选中“四边形的边”复选框后，将创建四边形，以连接相邻的边数相同的横截面图形。
- 选中“变换降级”复选框后，变换此对象时，放样曲面会消失，在横截面移动时可使横截面区域看起来更直观。

5．“变形”卷展栏

3ds Max 2011 提供了几个编辑工具，专门针对放样对象。在创建放样对象时是没有“变形”卷展栏的，只有在创建后进入（修改）面板就会出现“变形”卷展栏。

这个卷展栏包括了 5 个按钮，分别为“缩放”、“扭曲”、“倾斜”、“倒角”和“拟合”。这 5 个按钮打开后都有相似的编辑面板，其中包含控制点和一条用来显示应用效果程度的线。按钮右边的按钮是用于激活或禁用的效果。

（1）缩放

这里的缩放功能绝不是工具栏中的同名按钮所能实现的，创建一个放样对象后，进入编辑面板，单击“变形”卷展栏中的 缩放 按钮，弹出“缩放变形”面板，如图 4-34 所示。

这个面板具有一定的代表性，其余几种编辑工具的使用与操作方式几乎与之相同。面板最上方的是操作按钮，中间的是变形曲线视窗，下面的是视窗调整按钮。

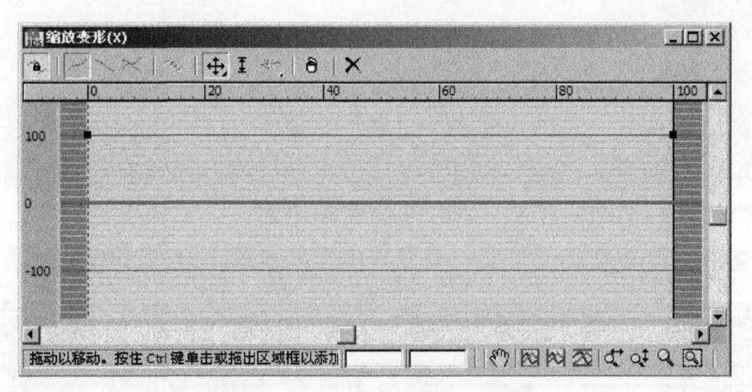

图4–34 “缩放变形”面板

（均衡）：变形曲线将被锁定，在 X 和 Y 轴上对称。

（显示 X 轴）：使控制 X 轴的曲线是可见的。

（显示 Y 轴）：使控制 Y 轴的曲线是可见的。

（显示 XY 轴）：使两条轴同时显示出来。

（交换变形曲线）：轴变形情况互相调换。

（移动控制点）：使用它可以移动控制点，其中还包括（水平）和（垂直）移动。通过移动控制点，可对放样对象进行缩放。

（缩放控制点）：按比例缩放控制点，改变曲线的形状。

（插入角点）：在变形曲线上插入新点，其中还包含（贝塞尔曲线）。通过插入新点，可在放样对象的任何位置进行缩放。

（删除控制点）：删除当前所选控制点。

（重置曲线）：将曲线恢复到未变化前的形状。

（平移）：移动变形曲线视窗。

（最大化显示）：最大化显示曲线范围，其中还包含（水平方向最大化显示）和（垂直方向最大化显示）。

（缩放）：放大或缩小变形曲线，其中还包含（水平缩放）和（垂直缩放）

（缩放区域）：用鼠标框选区域进行缩放。

（2）扭曲

放样对象的“扭曲”操作与参数编辑器中的“扭曲”编辑效果完全相同。具体的编辑方法与“缩放”基本相似，只是变形曲线反映的是扭曲的程度，而不是缩放的程度，“扭曲变形”面板如图 4–35 所示。

（3）倾斜

“倾斜”操作就是将放样对象的横截面围绕它的局部 X 轴或 Y 轴进行旋转。结果与选中“等高线”复选框生成的结果类似。

“倾斜”视窗包含两条线，一条红线和一条绿线。红线是 X 轴旋转，绿线是 Y 轴旋转。默认情况下，两条曲线都定位于 0°，“倾斜变形”面板如图 4–36 所示。

（4）倒角

“倒角”编辑的目的是将放样对象的尖锐棱角变得圆滑。“倒角”编辑与前面的编辑方法基本相同，都是在相应的面板中进行，要注意“倒角”编辑曲线的纵坐标值代表“倒角”的程度就可以了，“倒角变形”面板如图 4-37 所示。

“倒角”视窗也可以用于选择 3 种不同的倒角类型。

（法线倒角）：不管路径角度如何，生成带有平行边的标准倾斜角。

自适应（线性）：根据路径度，线性地改变倾斜角。

自适应（立方）：基于路径角度，用立方体样条曲线来改变倾斜角。

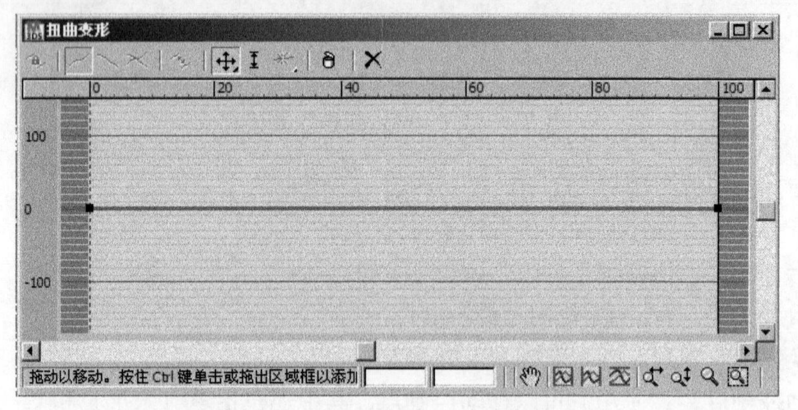

图4-35　“扭曲变形”面板

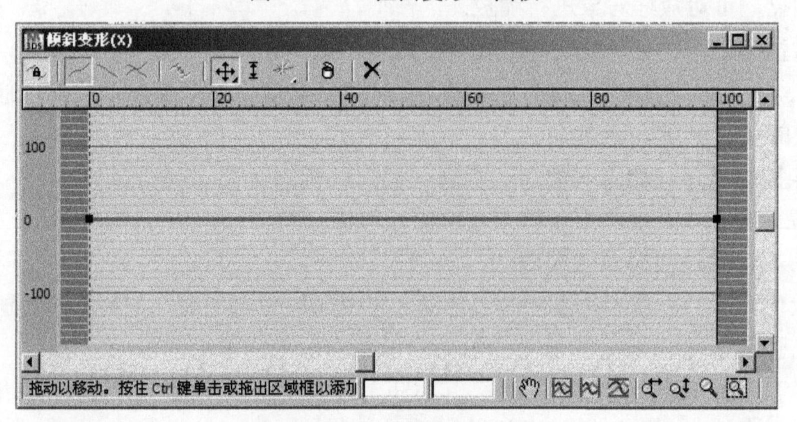

图4-36　“倾斜变形”面板

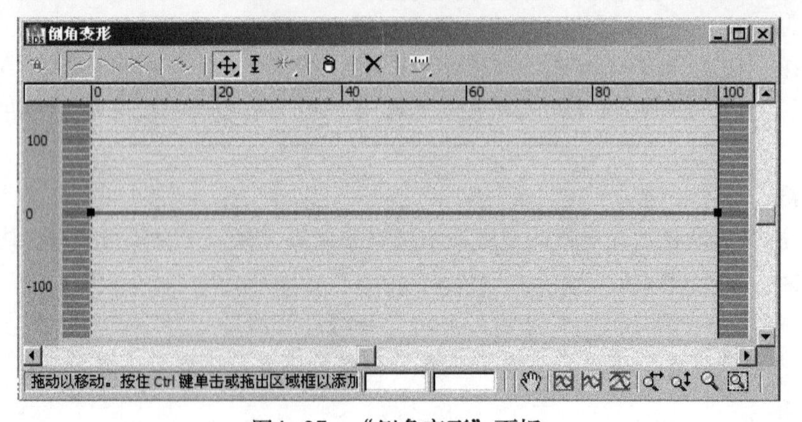

图4-37　“倒角变形”面板

（5）拟合

“拟合”相对前几种编辑工具来说更为复杂些。它不是利用变形曲线来控制变形的程度，而是利用对象的顶视图和侧视图来描述对象的外表形状。“拟合变形”面板如图 4-38 所示。

（水平镜像）：在水平方向镜像变换曲线。

（垂直镜像）：在垂直方向镜像变换曲线。

（逆时针旋转 90 度）：将拟合图形逆时针旋转 90°。

（顺时针旋转 90 度）：将拟合图形顺时针旋转 90°。

（删除曲线）：删除选定的曲线。

（获取图形）：在放样对象中选定单独的样条曲线作为轮廓线。

（生成路径）：用一条直线替换当前路径。

（锁定纵横比）：保持高度和宽度的比例关系。

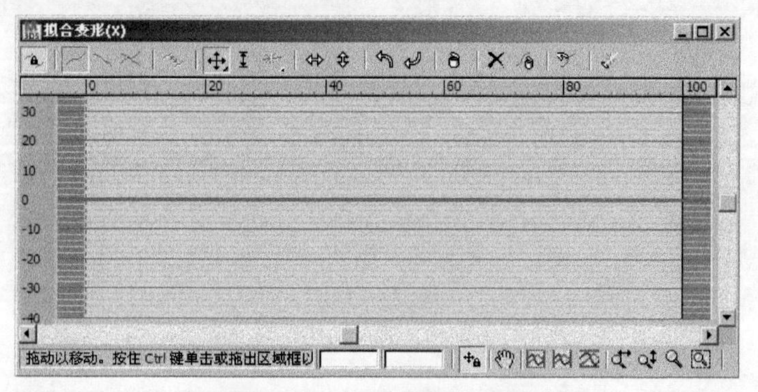

图4-38　“拟合变形”面板

下面就通过制作一个水龙头的实例，来具体介绍一下“放样”应用方式，具体过程如下：

① 在前视图中使用“线”创建图形，如图 4-39 所示。

② 将“顶点”改为“贝塞尔角点”模式，并调整为如图 4-40 所示。

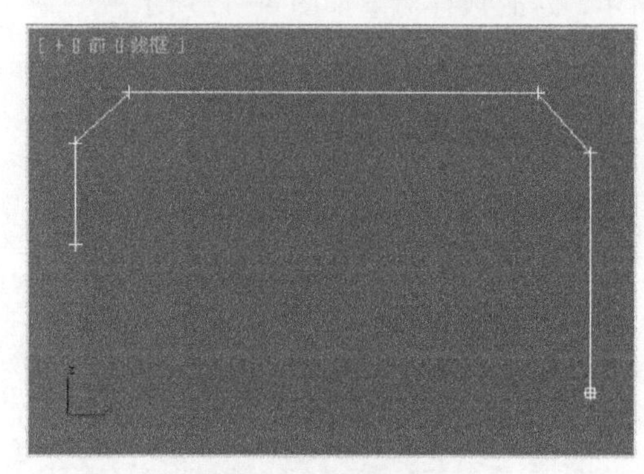

图4-39　创建图形

图4-40　变换“顶点”

③ 在顶视图中创建一个“圆环”，如图 4-41 所示。

④ 选中使用“线”创建的图形作为路径，单击“复合对象”面板中的 放样 按钮，然后单击“创建方法”卷展栏中的 获取图形 按钮，接着拾取场景中的“圆环”，结果如图 4-42 所示。

⑤ 进入 （修改）面板，单击“变形”卷展栏中的 缩放 按钮，在弹出的“缩放变形”

面板中单击 （插入角点）按钮，在图 4–43 所示位置插入两个“角点”，并右击鼠标将其改为“Bezier– 角点”模式。

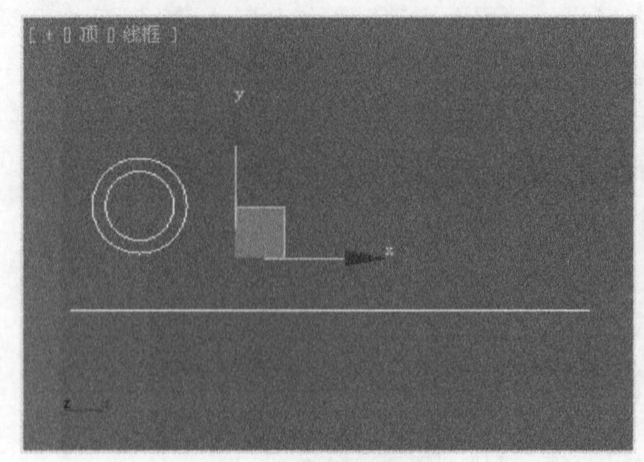

图4–41　创建“圆环”

图4–42　进行放样

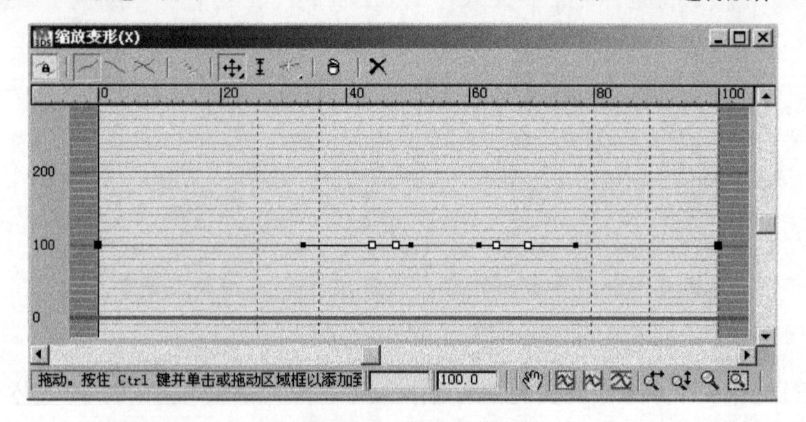

图4–43　插入角点

⑥ 调节这两个“角点”的控制柄如图 4–44 所示，这时放样对象如图 4–45 所示。

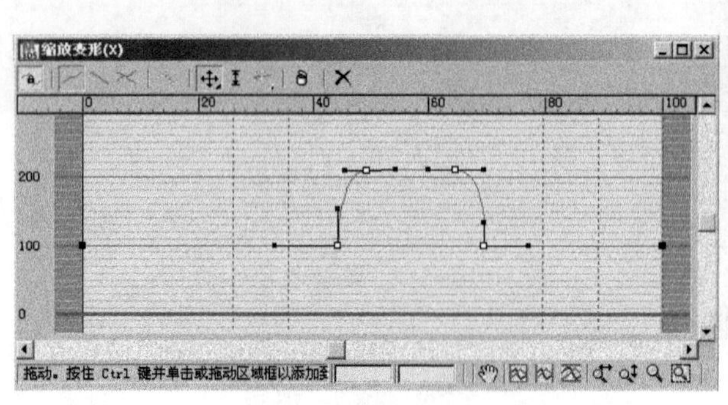

图4–44　变换“角点”

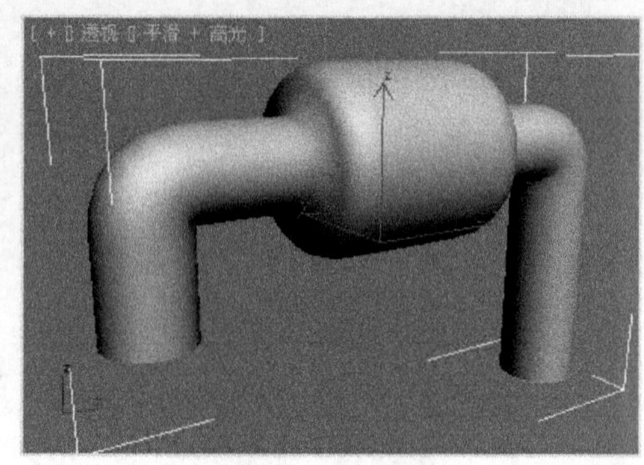

图4–45　缩放结果

⑦ 再次单击 （插入角点）按钮，在图 4–46 所示位置插入角点，并变换位置，结果如图 4–47 所示。

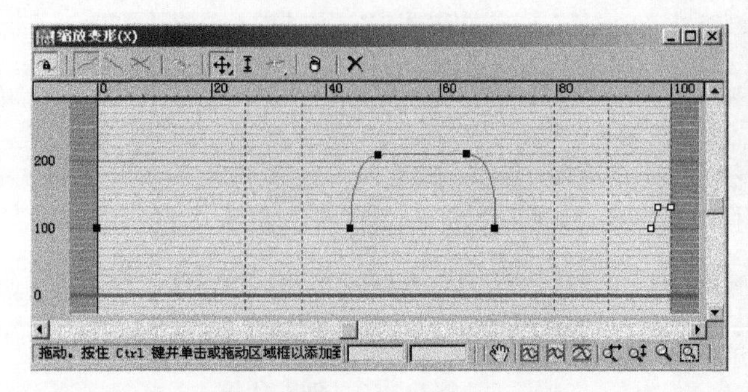

图4-46　插入并变换“角点”

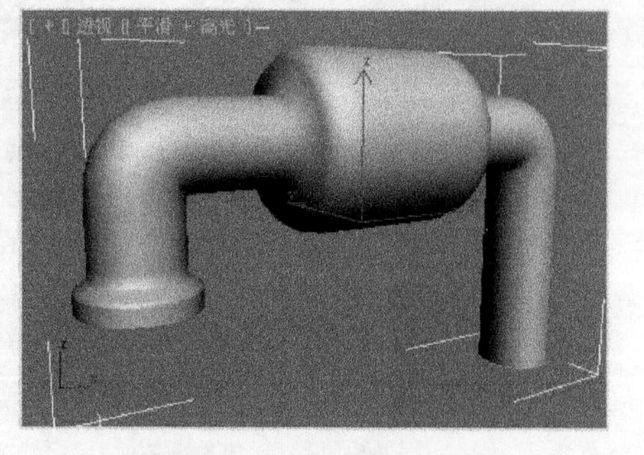

图4-47　变换后结果

⑧ 在顶视图中创建一个“星形”，参数设置如图 4-48 所示。

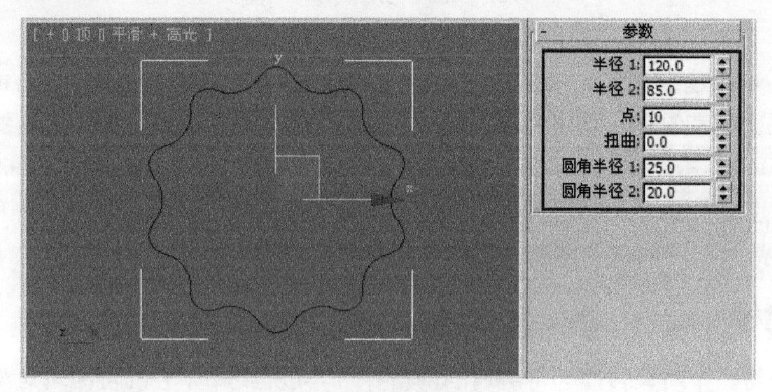

图4-48　创建“星形”

⑨ 再在顶视图中创建两个“圆”，大小关系如图 4-49 所示。

⑩ 在前视图中使用“线”创建一条路径，长度关系如图 4-50 所示。

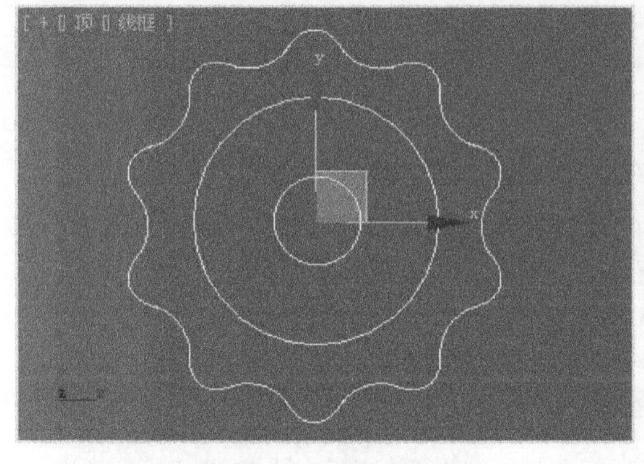

图4-49　创建两个圆

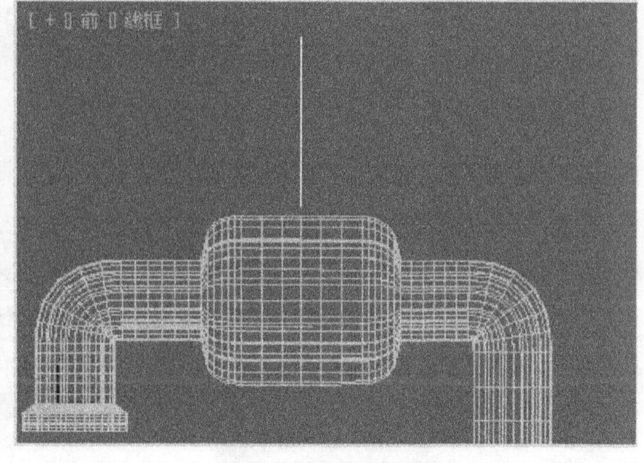

图4-50　创建路径

⑪ 选中路径，打开“复合对象”面板，单击 放样 按钮，单击“创建方法”卷展栏中的 获取图形 按钮后，拾取大圆。将“路径参数”卷展栏中“路径”数值框数值设为 80，再次单击 获取图形 按钮，拾取场景中的“星形”。最后将“路径参数”卷展栏中“路径”数值框数值设为 100，再单击 获取图形 按钮，拾取场景中的小圆，结果如图 4-51 所示。

⑫ 最后调整一下两个放样物体的大小与位置关系，结果如图 4-52 所示。

图4-51　进行放样

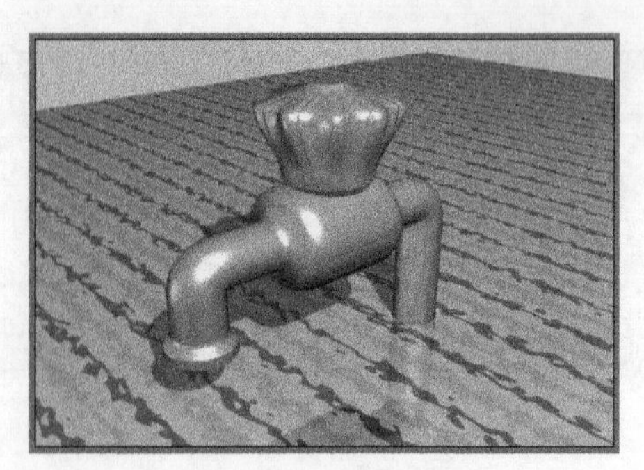

图4-52　最后结果

4.2 高 级 建 模

前面讲解了基础建模和复合建模的方法。这些建模方式只能够制作一些简单的或者比较粗糙的模型，要想表现和制作一些更加精细、真实复杂的模型就要使用高级建模的方法来实现。在3ds Max 2011中有网格建模、多边形建模、面片建模和NURBS建模4种高级建模方法。利用这几种高级建模方法可以创建出非常复杂的对象，如人物、动物、机械、各种生活用品等。本节将着重讲解最常用的网格建模和多边形建模的方法。

4.2.1 网格建模

网格建模是将一个对象转换为可编辑的网格并对其进行编辑，它的可编辑对象包括顶点、边、面、多边形、元素5个层级，它们的层次关系是两点构成边，边构成面，这些基础的面构成多边形，而多边形就构成了对象的整个表面（即元素）。网格建模通常可以通过“编辑网格”修改器和选择对象后右击，在弹出的快捷菜单中选择“转换到|转换为可编辑网格”命令两种方法来完成。

这里主要介绍通过“编辑网格”修改器将对象转换为可编辑网格的方法。

1．创建网格对象

创建网格对象的过程如下：

① 首先在场景中创建一个“长方体”，如图4-53所示。

② 打开（修改）面板，在“长方体”修改器参数面板中设定分段，如图4-54所示。这样就具备了编辑网格的基本条件，如图4-55所示。

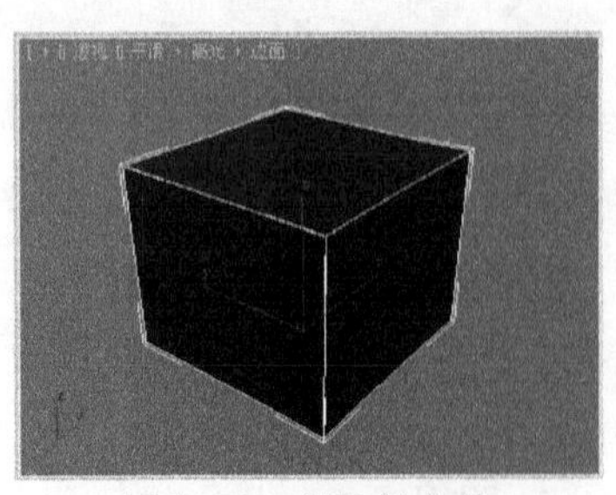

图4-53　创建长方体

图4-54　设定分段

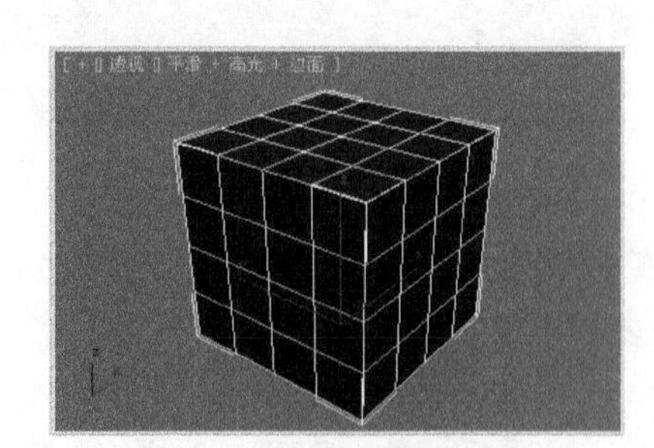

图4-55　可编辑网格对象

2．编辑网格对象

选中创建好的对象，执行菜单中的“修改器|网格编辑|编辑网格”命令，或者进入（修改）面板，执行修改器下拉列表中“编辑网格”命令，就可以对“顶点”、“边”、“面”、“多边形”和“元素”5个层级进行编辑了。

（1）编辑“顶点”

“顶点”是编辑网格修改器最基本的单位，当选择“顶点”层级后，参数面板如图4-56所示。

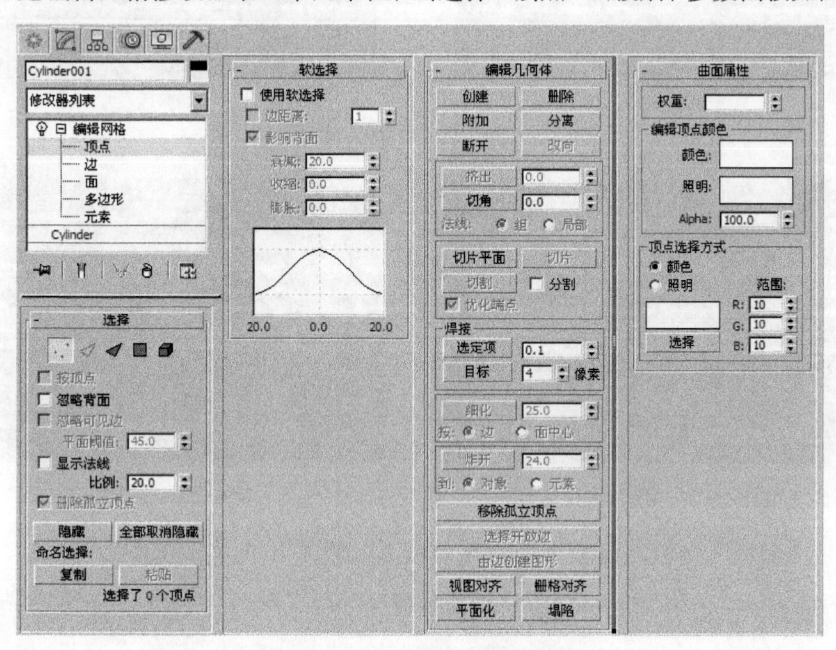

图4-56　“顶点”参数面板

在“顶点”层级参数卷展栏中有很多功能是可以和其他层级通用的，也有一些是只对“顶点”层级起作用的，下面就对“顶点”参数的用途进行解释。

- 创建：用于在视图中任意位置创建新的“顶点”。
- 删除：用于删除选中的“顶点”，但是删除后会在对象表面留下空洞。
- 附加：用于将其他三维对象合并在一起。
- 分离：与“附加”相反，是将合并在一起的对象分离出去。
- 断开：将选中的“顶点”分裂。通过这个“顶点”的面有多少，就分裂成为几个“顶点”，从而使每一个新增的“顶点”单独与一个面相连。如果只有一个面通过这个“顶点”，那么操作就没有实际的效果。
- 切角：用于对选中的“顶点”进行切角处理，如图4-57所示。切角的大小可以在后面的微调数值框中进行设置，也可以单击“切角”按钮将其激活，然后在视图中用鼠标进行控制。
- 切片平面：单击此按钮后，在视图中对象的内部出现代表平面的黄色线框，如图4-58所示。
- 切片：单击该按钮后，能够将对象进行切割，在切割的部分增加“顶点”，如图4-59所示。这样做可以将对象表面进行进一步的细分，增加对象的细致程度，便于编辑。
- 选定项：选中需要焊接的“顶点”，将按钮后面代表焊接距离的数值调整到选中的结点距离之内，单击“选定项”按钮，就能够将它们焊接起来。

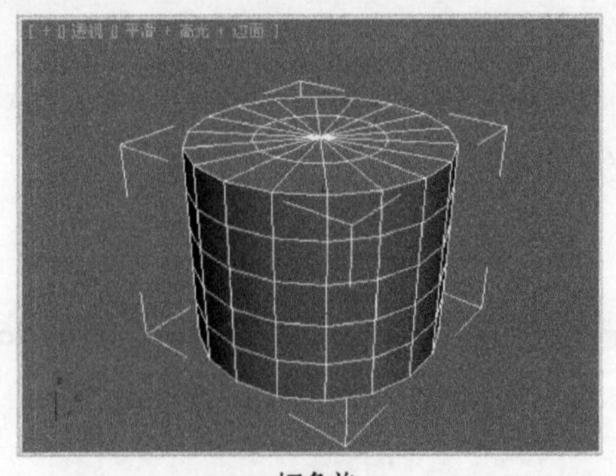

切角前

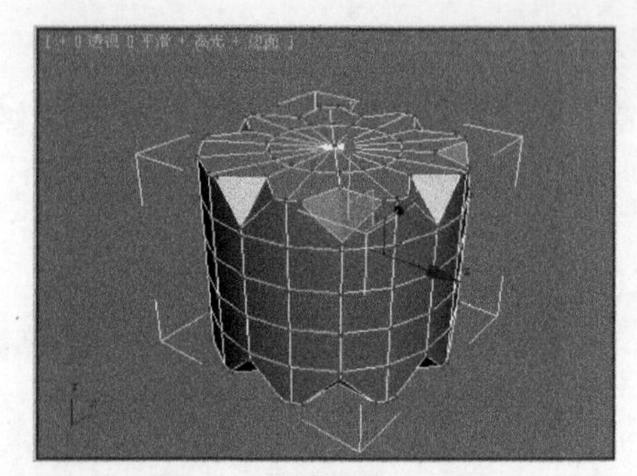

切角后

图4-57　切角效果

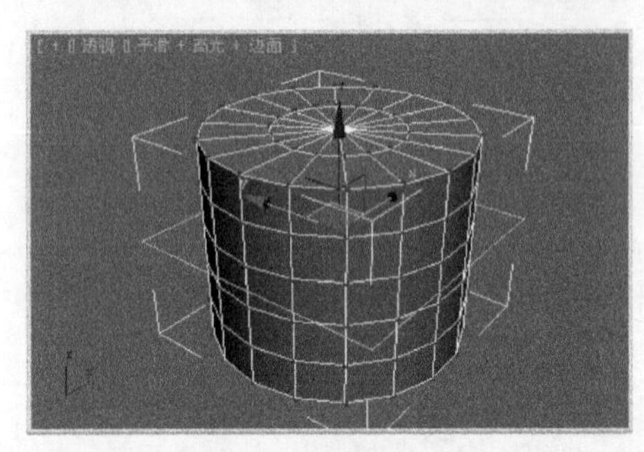

图4-58　切片平面

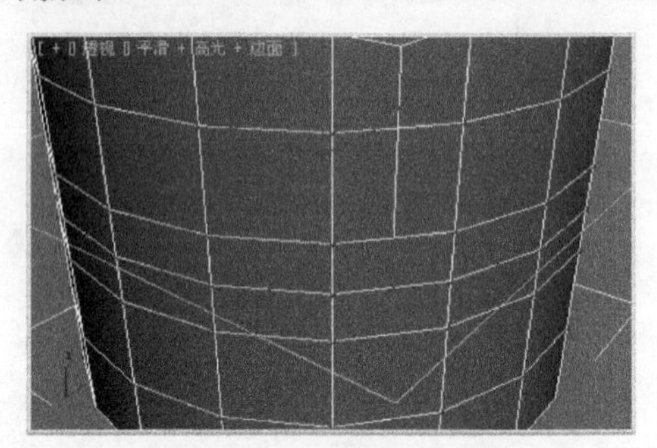

图4-59　切片

- 目标：“目标”按钮后面数值框中代表距离的数值（单位是像素），单击“目标”按钮后移动“顶点”，在移动过程中，这个“顶点”就会与设置距离之内的结点焊接在一起。

提示

在焊接“顶点”前，要先将两个对象进行“附加”。

对于焊接“顶点”的方式，这里用一个实例来简单说明一下，具体过程如下：

① 在场景中创建一个“长方体”并设置好其分段，如图 4-60 所示。

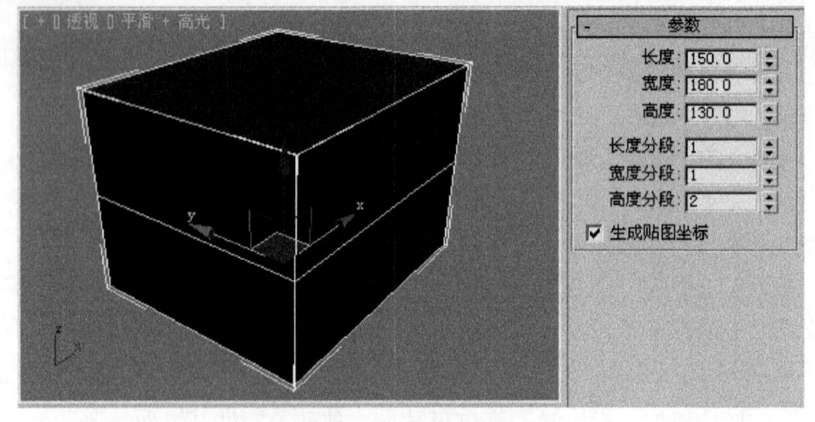

图4-60　创建对象

② 进入（修改）面板，打开修改器下拉列表，选择“编辑网格”选项后，进入“顶点”层级。

③ 拖动“顶点”编辑对象为如图 4-61 所示。

④ 单击工具栏中的（镜像）按钮，复制对象并移动到如图 4-62 所示位置。

⑤ 单击“附加”按钮，将两个对象进行合并。

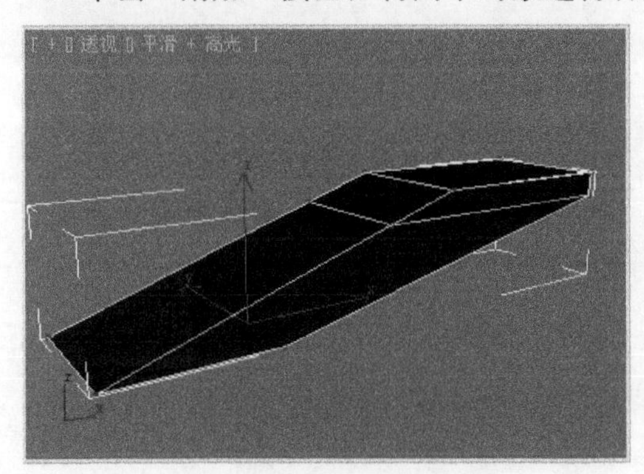

图4-61　移动“顶点”

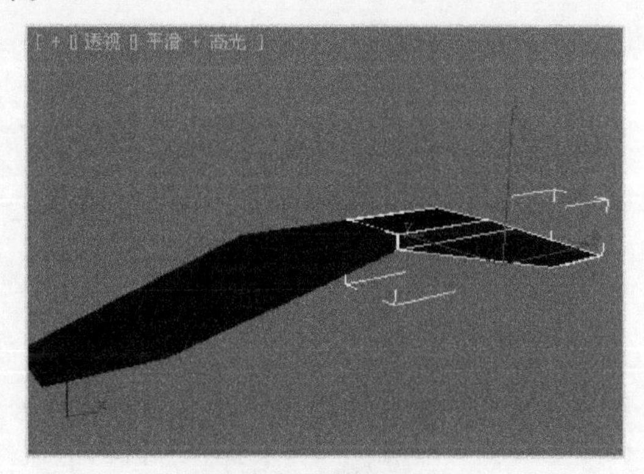

图4-62　复制对象

⑥ 选中如图 4-63 所示的两个“顶点”，然后单击“选定项”按钮将两个“顶点”进行焊接。如果提示不能进行焊接，就调整后边数值框中的数值，直到可以焊接为止。

⑦ 同理，对其他 3 对相邻的“顶点”也进行焊接，结果如图 4-64 所示。

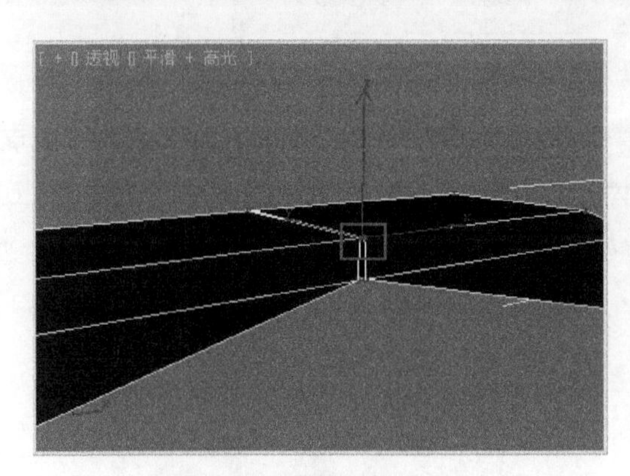

图4-63　焊接“顶点”

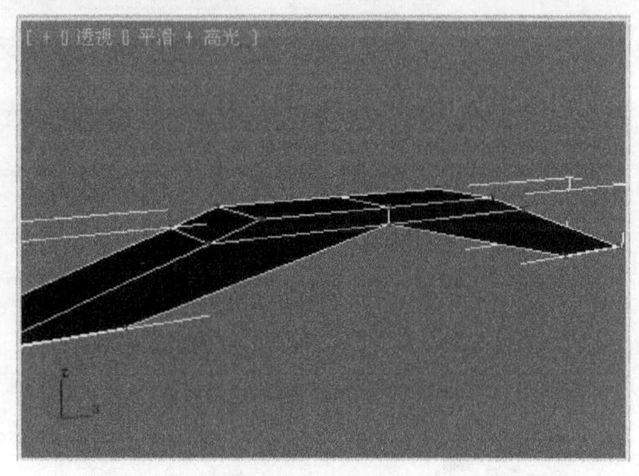

图4-64　结果

- 移除孤立顶点：用于删除对象上不与任何边相连的孤立“顶点”，与创建“顶点”的作用正好相反。
- 视图对齐：用于将选中的“顶点”在当前选中的视图中进行对齐操作，重新排列位置。如果当前选中视图是正交视图，如顶视图、左视图等，那么视图对齐实际上就是坐标对齐；如果选中视图是“透视图”或者“摄影机视图”，那么选中的“顶点”就会与摄影机视图相平行的平面进行对齐。
- 栅格对齐：用于将选中的“顶点”与当前视图中的网格线对齐。
- 平面化：通过选中的“顶点”创建一个新的平面，如果这些“顶点”不在一个平面上，那么会强制性地将它们调整到一个平面上。
- 塌陷：将选中的所有“顶点”塌陷为一个“顶点”，这个“顶点”的位置就在所有选中“顶点”的中心位置。

（2）编辑“边”

“边”的编辑工具中有一些与“顶点”是相同的，但是它们编辑的对象有很大的区别，因为通过“边”就能够直接创建出“面”，而“面”才是需要的最小可见单位，“边”参数面板如图 4-65 所示。

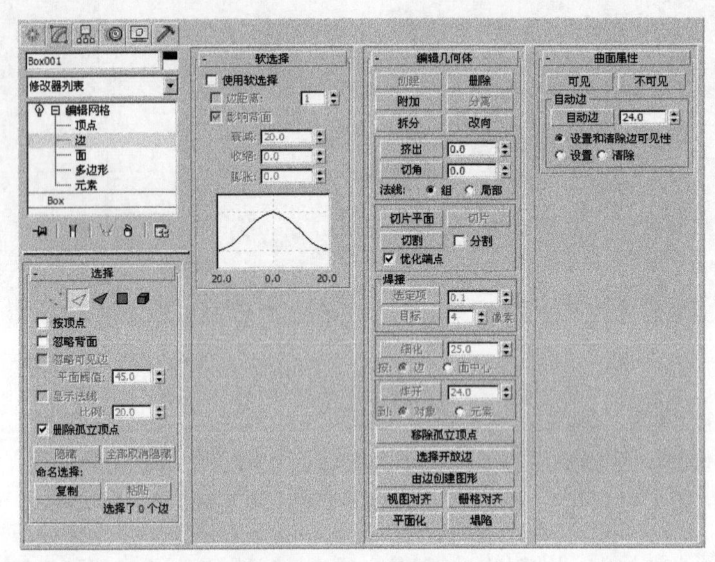

图4-65 “边”参数面板

- 改向：在 3ds Max 2011 中所有的面都是三角形面，但是用于描述对象的往往是四边形面。这是因为有一条隐藏的边将四边形分割为两个三角形，如图 4-66 所示。“改向”按钮就是将这条隐藏边转换方向。例如，本来是从左下到右上的一条分割边，单击“改向”按钮后就能够将它转换为从左上到右下的边，如图 4-67 所示。

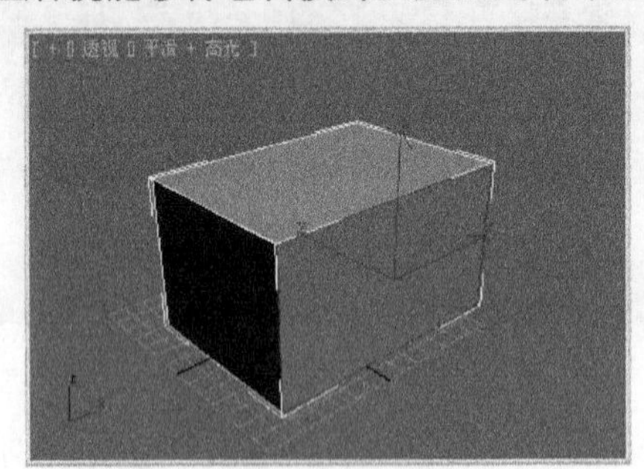

图4-66 隐藏边

图4-67 改向隐藏边

- 挤出：用于将选中的“边”挤压生成面，如图 4-68 所示。但利用边的挤压不能生成顶部和底部的封顶。
- 切角：用于将选中的边进行“切角”处理，如图 4-69 所示。
- 选择开放边：用于自动选择开放的边。所谓的开放边是指只与一个面连接的边，如果对象中有这样的边，那么它必须是不全封闭的。这个功能非常实用，一方面可以让用户发现没有闭合的表面，另一方面可以发现没有作用的边，将它们删除之后可以减少对象的复杂程度。

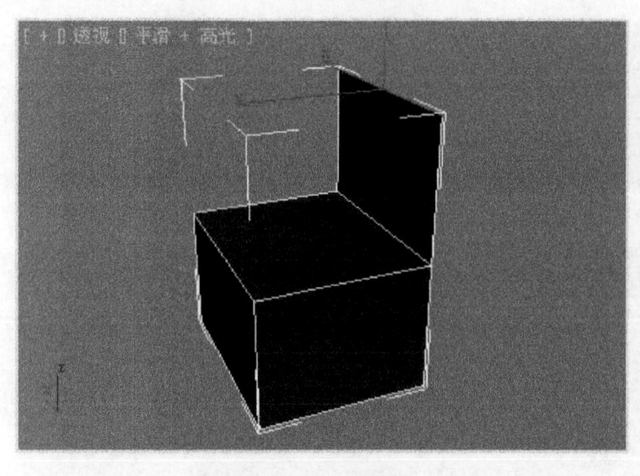

图4-68 挤出效果

图4-69 切角效果

- 由边创建图形：用于复制选中的边，并生成一个新的二维图形，如图 4-70 所示。

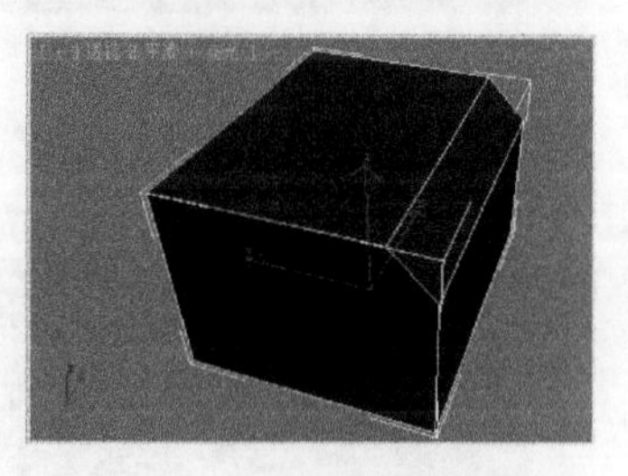

图4-70 由边创建图形效果

（3）编辑“面”/“多边形”

“面”和“多边形”层次的编辑命令基本相同。它们的区别是“面”为三角形的表面，“多边形”为四边形的表面。“面”层级和参数面板如图 4-71 所示。

“多边形”层级和参数面板如图 4-72 所示。

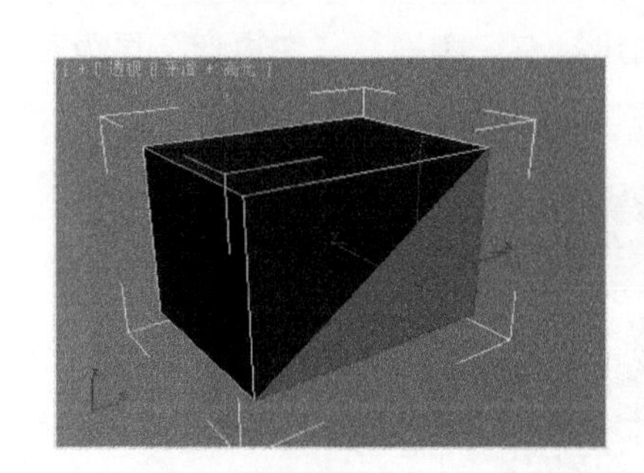

“面”层级

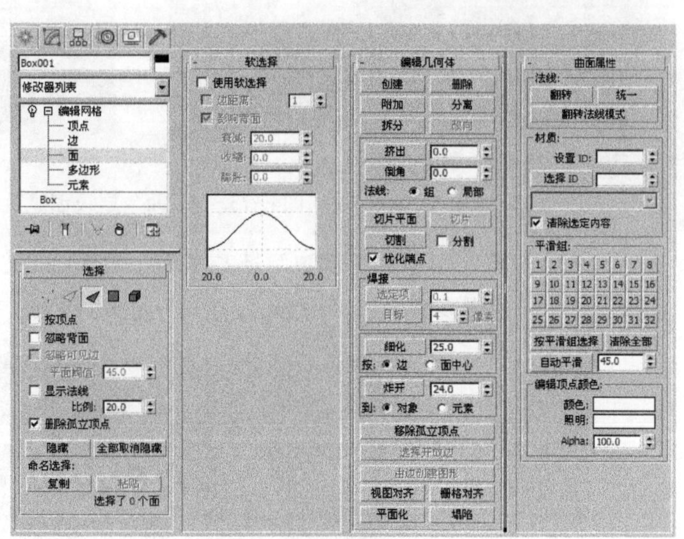

“面”参数面板

图4-71 “面”层级和参数面板

- 创建：单击此按钮，场景中的对象上的所有“顶点”都显示出来，依次单击 3 个“顶点”就能够随着产生的虚线创建出新的面，主要应用于在场景中创建的不在对象表面上的“顶点”生成面，如图 4-73 所示。

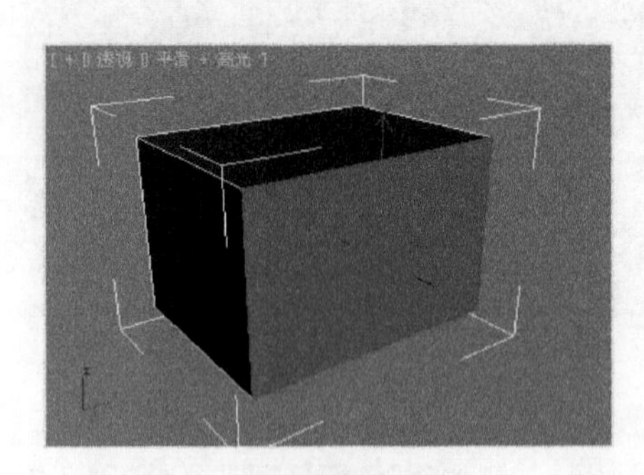

“多边形”层级

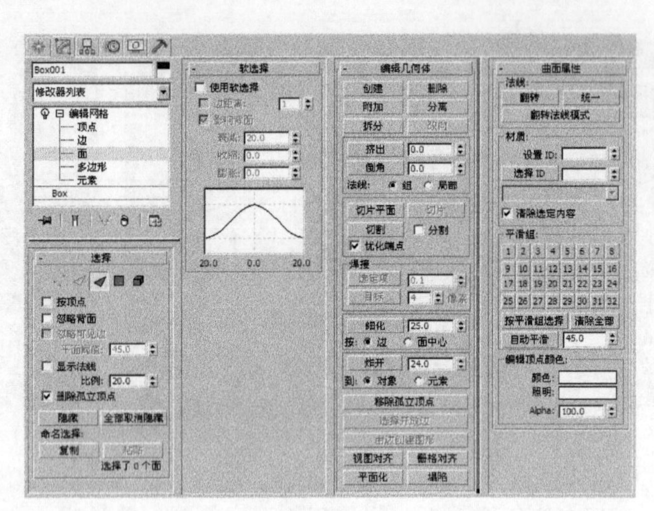

“多边形”参数面板

图4-72　“多边形”层级和参数面板

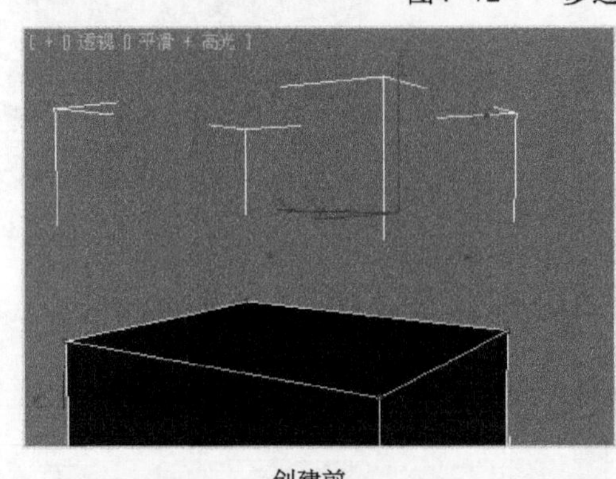

创建前

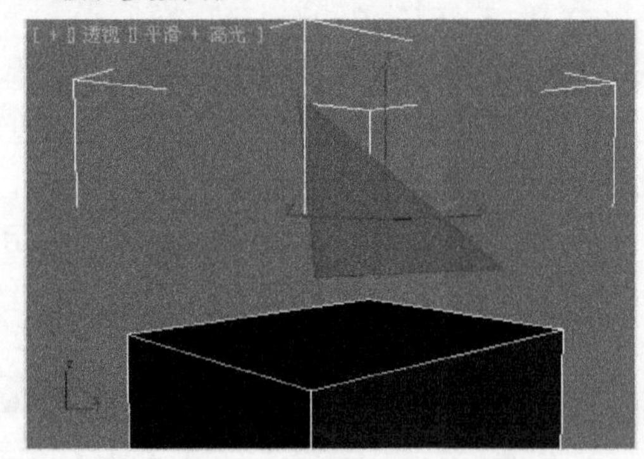

创建后

图4-73　“面”层级创建效果

而且“多边形”层级的“创建”还与“面”层级的“创建”有所不同，“多边形”层级可以连接用 4 个或者更多的顶点来生成面，如图 4-74 所示。

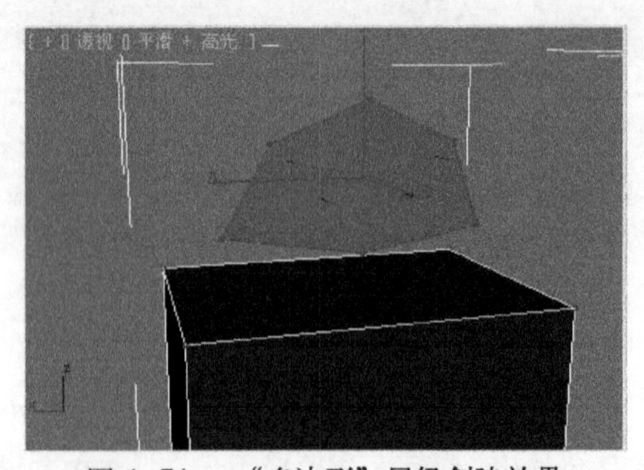

图 4-74　“多边形”层级创建效果

- 删除：用于删除所选中的面，但是删除后会在对象表面上留下空洞。
- 挤出：与“边”的挤出作用一样，用于对选中的“面”/“多边形”进行挤压，如图 4-75 所示。

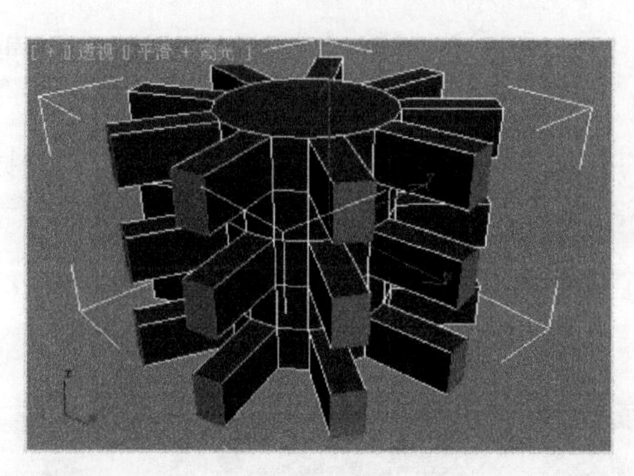

挤出“面”

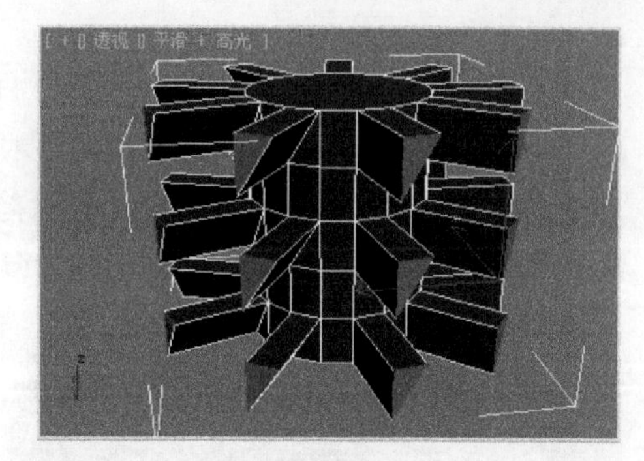

挤出“多边形”

图4-75 挤出“面”／“多边形”

- 细化：用于将选择的面进一步细化，在后边的数值框中还可以改变细化的程度，如图 4-76 所示。

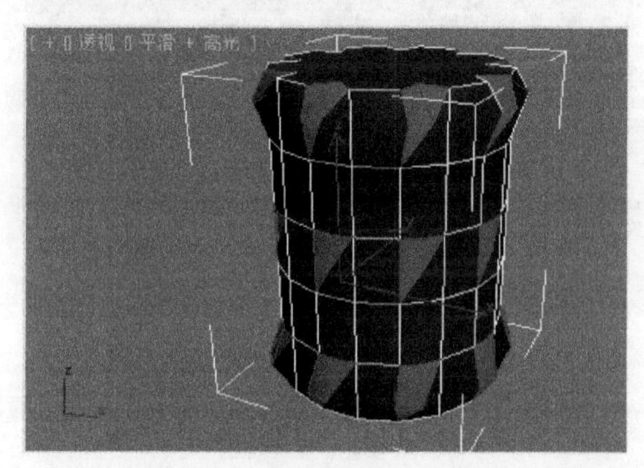

细化“面”

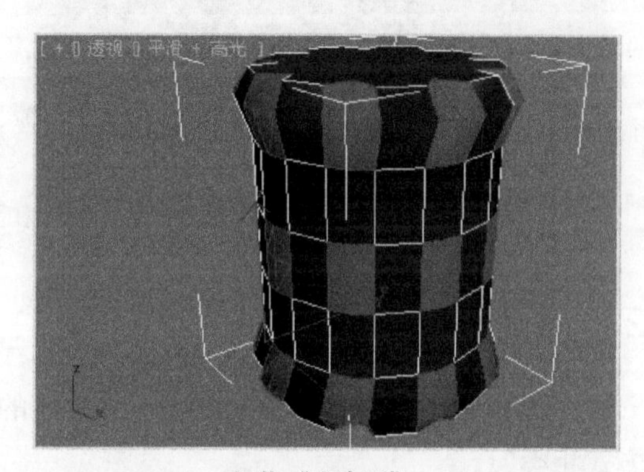

细化“多边形”

图4-76 细化“面”／“多边形”

- 炸开：用于将选择的面与原对象分离开来，成为独立的面。它有两种炸开方式：一种是“对象”方式，这种方式炸开后的“面”／“多边形”将成为单独的对象；另一种是“元素”方式，这种方式炸开后的“面”／“多边形”还是属于这个对象，只是不与原来的对象连接在一起罢了，如图 4-77 所示。

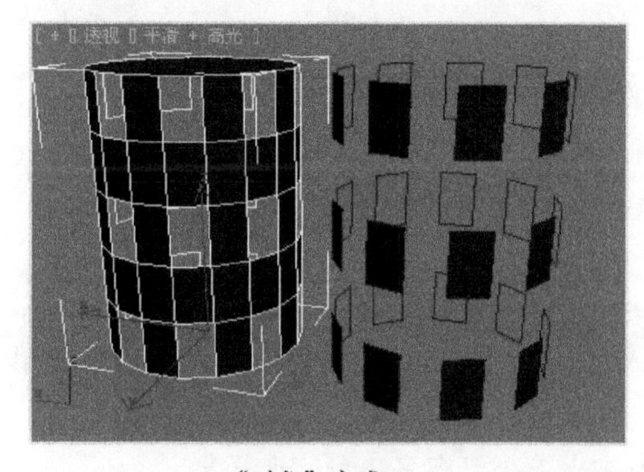

“对象”方式

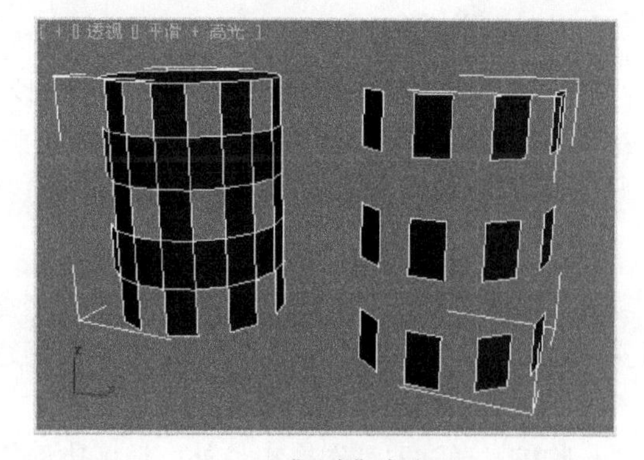

“元素”方式

图4-77 炸开效果

- “法线”选项组：用于设置法线的方向。选择相应的“面”/“多边形”后单击“翻转”按钮，将会使法线反向；单击“统一”按钮，将会使选中的面的法线指向一个方向。
- “材质”选项组：能够将选中的面赋给不同的ID（材质）号，以便于给不同的面不同的材质，具体的应用方式会在材质章节中进行详细介绍。
- 平滑组：可以将对象表面不同的部分分成不同的平滑组，从而能够对不同部分进行不同程度的平滑，如图 4-78 所示。

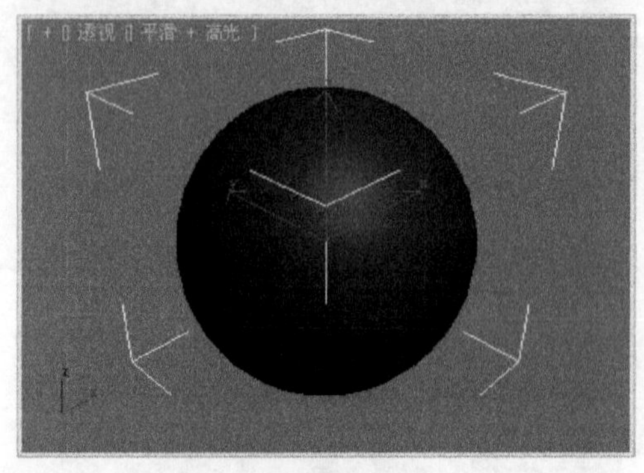

相同的平滑组

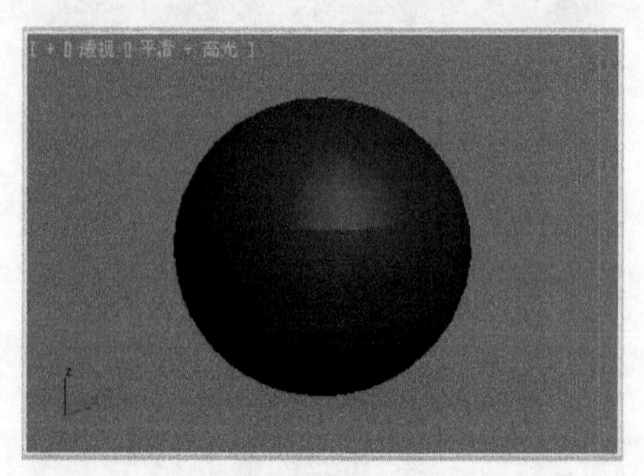

不同的平滑组

图4-78　相同和不同平滑组的比较

4.2.2 多边形建模

使用多边形建模也是 3ds Max 2011 中的一种很常用且灵活的建模方式，同“网格”建模的方式相类似。

1. 创建多边形对象

在 3ds Max 2011 中把一个存在的对象变为“多边形”对象有多种方式。可以在对象上右击，从弹出的快捷菜单中选择“转换到 | 转换到可编辑多边形”命令。或者执行修改器下拉列表中的“编辑多边形”命令。“编辑多边形”与“编辑网格”相比，“编辑多边形”具有更大的优越性，即多边形对象的面不止可以是三角形面和四边形面，而且可以是具有任何多个顶点的多边形面。

2. 编辑多边形对象

首先使一个对象转化为可编辑的“多边形”对象，然后通过对该“多边形”对象的各层级对象进行编辑和修改来实现建模过程。对于可编辑“多边形”对象，它包含了“顶点”、“边”、“边界”、“多边形”和“元素”5 种次对象层级，如图 4-79 所示。

（1）“选择”卷展栏

与“编辑网格”类似，进入可编辑“多边形”后，首先看到的是“选择”卷展栏，如图 4-80 所示。在“选择”卷展栏中提供了进入各次对象层级模式的按钮，同时也提供了便于次对象选择的各个选项。

- 收缩：通过取消选择集最外一层多边形的方式来缩小已有多边形的选择集。
- 增长：使用“增长”按钮可以将已有的选择集沿任意可能的方向向外拓展，因此它是增加选择集的一种方式。

- 环形："环形"按钮只在选择"边"和"边界"层级时才可用。它是增加边界选择集的一种方式。
- 循环："循环"按钮也是增加选择集的一种方式。使用该按钮将使选择集对应于选择的"边界"尽可能的拓展。

（2）"编辑顶点"卷展栏

只有在选择了"顶点"层级的时候才能出现"编辑顶点"卷展栏，如图4−81所示。

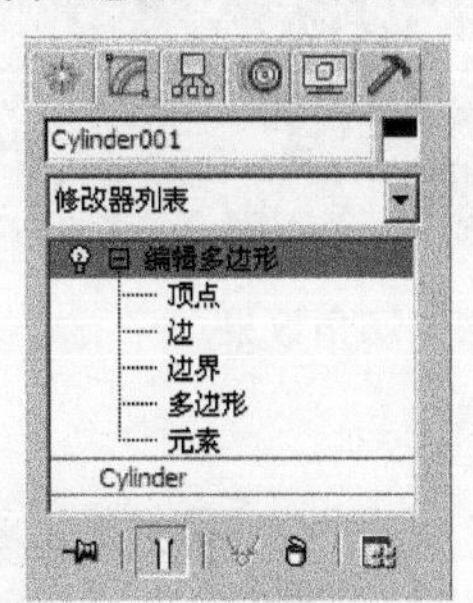

图4−79 "多边形"层级

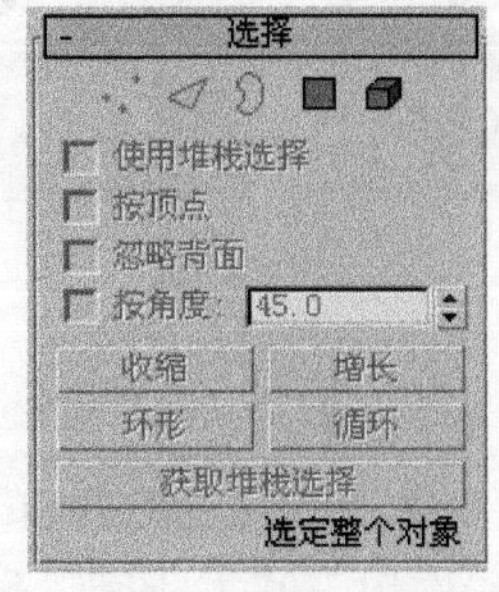

图4−80 "选择"卷展栏

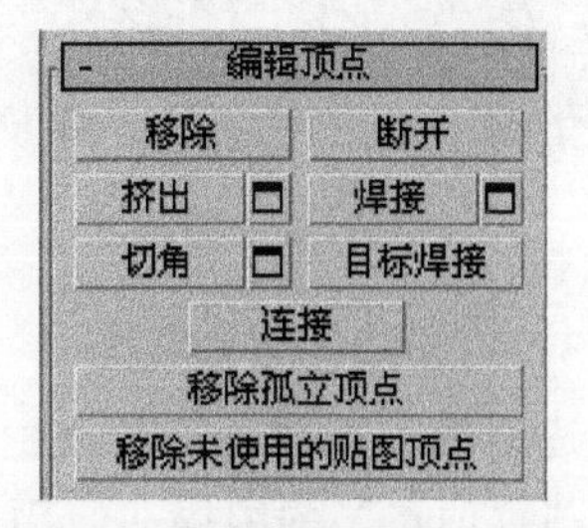

图4−81 "编辑顶点"卷展栏

- 移除："移除"按钮的作用就是将所选定的顶点从对象上删除，它和使用〈Delete〉键删除"顶点"的区别是使用〈Delete〉键删除"顶点"后会在对象上留下一个或多个空洞，而使用"移除"按钮可以从多边形对象上移除选定的"顶点"，但不会留下空洞，如图4−82所示。
- 断开："断开"按钮用于为多边形对象中选择的"顶点"分离出新的"顶点"，但是对于孤立的"顶点"和只被一个多边形使用的"顶点"，该项是不起作用的。

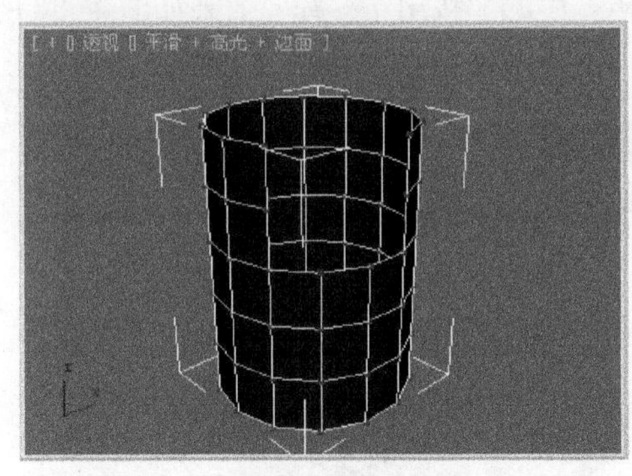

删除"顶点"

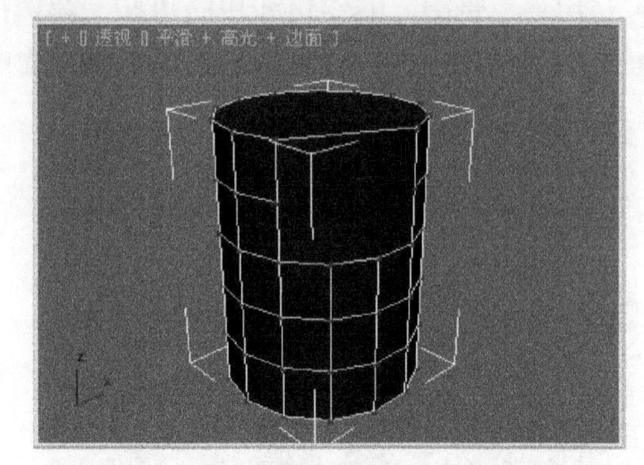

移除"顶点"

图4−82 删除和移除"顶点"比较

- 挤出："挤出"功能允许对多边形表面上选择的"顶点"垂直拉伸出一段距离，从而形成新的"顶点"，并且在新的"顶点"和原多边形面的各"顶点"间生成新的多边形表面，如图4−83所示。
- 焊接：用来合并选择的"顶点"。
- 切角：用来制作"顶点"切角效果，如图4−84所示。
- 目标焊接：使用"目标焊接"按钮可以在选择的"顶点"之间连接线段以生成"边界"的方式，但是不允许生成的"边界"有交叉的现象出现。例如，对四边形的四个"顶点"使用"目标焊接"，只会在四边形内连接其中的两个结点。

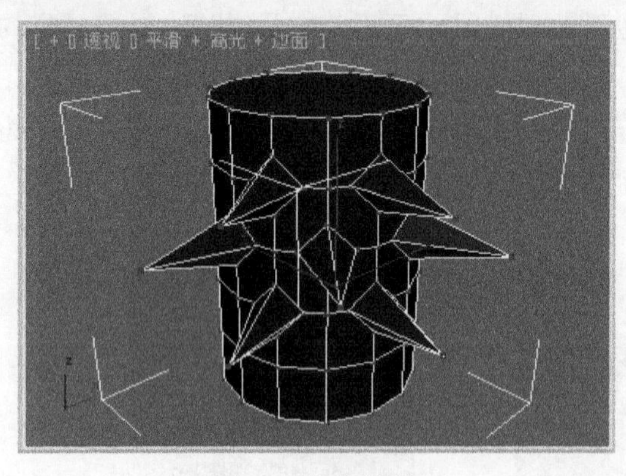

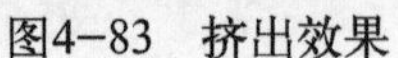
图4-83　挤出效果

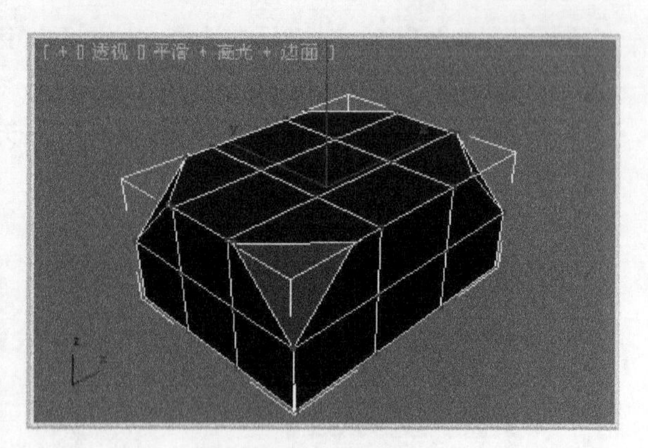

图4-84　切角效果

（3）“编辑边”卷展栏

多边形的“编辑边”卷展栏如图 4-85 所示。多边形的“边”的编辑与“顶点”的编辑在使用方法和作用上基本相同，但也具有一些自身的特点。

编辑边
移除　分割
插入顶点　焊接
挤出　目标焊接
切角　连接
创建图形
编辑三角剖分　旋转

图4-85　“编辑边”卷展栏

- 移除：与“顶点”的“移除”按钮的作用完全一样，但是在移除“边”的时候，经常会造成网格的变形和生成多边形不共面的现象。
- 插入顶点：“插入顶点”按钮是对选择的“边”手工插入“顶点”来分割“边”的一种方式。
- 挤出：“挤出”的作用和用法也和“编辑顶点”中的“挤出”一样，效果如图 4-86 所示。
- 切角：沿选中的“边”制作切角，效果如图 4-87 所示。

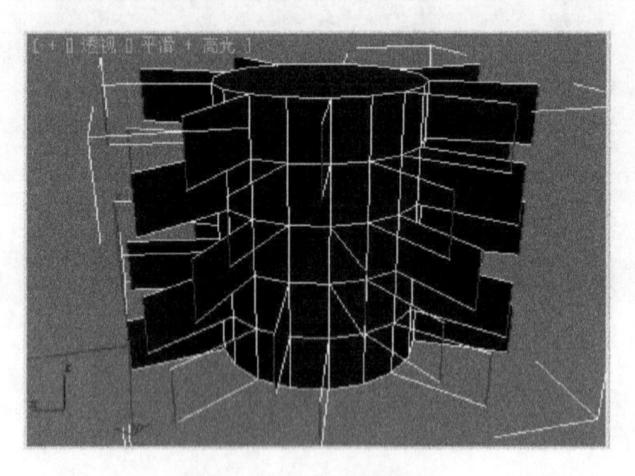

图4-86　挤出效果

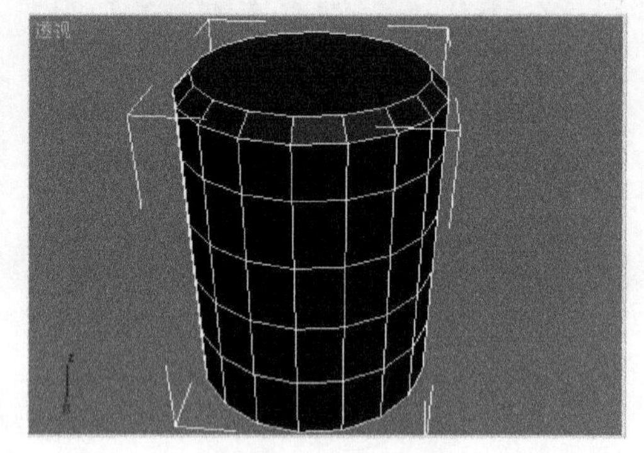

图4-87　切角效果

- 编辑三角剖分：单击该按钮，多边形对象隐藏的边会显示出来，如图 4-88 所示。
- 旋转：将显示出来的隐藏边的方向进行旋转。

（4）“编辑边界”卷展栏

“边界”可以理解为“多边形”对象上网格的线性部分，通常由多边形表面上的一系列“边”依次连接而成。“边界”是“多边形”对象特有的层级属性。“编辑边界”卷展栏如图 4-89 所示。

- 插入顶点：同“边”层级的“插入顶点”的意义和用法一样，不同的是这里的“插入顶点”

按钮只对所选择的“边界”中的“边”有影响，对未选中的“边界”中的“边”没有影响。

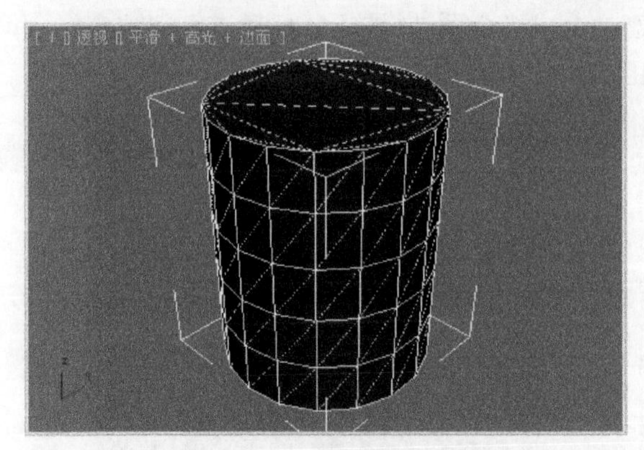

图4-88　编辑三角剖分效果

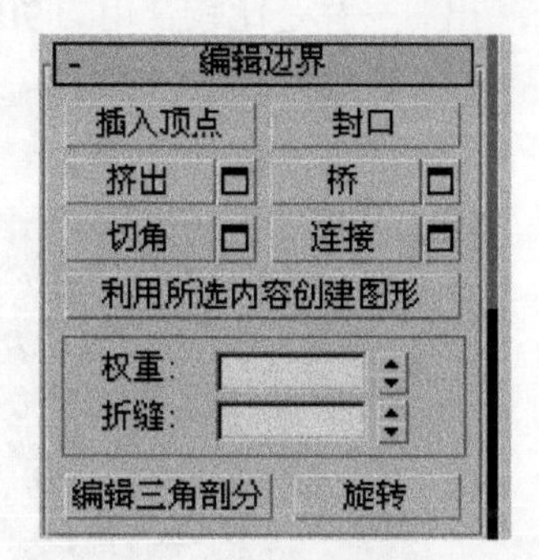

图4-89　“编辑边界”卷展栏

- 挤出：同“边”的“挤出”一样，“编辑边界”卷展栏也包含了“挤出”按钮，它用来对选择的“边界”进行挤出，并且在挤出后的“边界”上创建出新的多边形的面。
- 封口：这是“编辑边界”卷展栏中的一个特殊的选项，它可以用来为所选择的“边界”创建一个多边形的表面，就类似于为“边界”加了一个盖子，这一功能常被用于“样条线”，如图 4-90 所示。

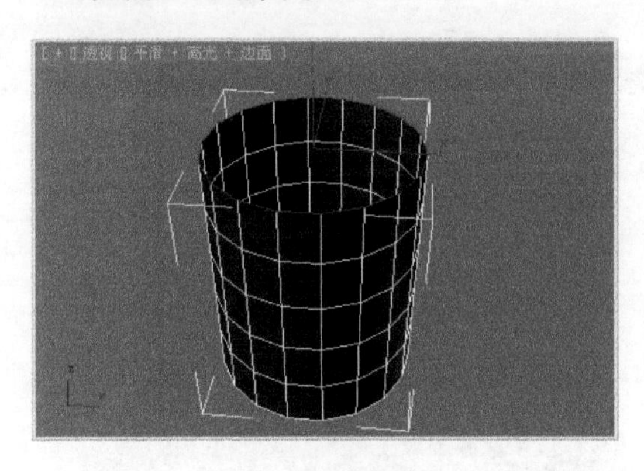

选中“边界”

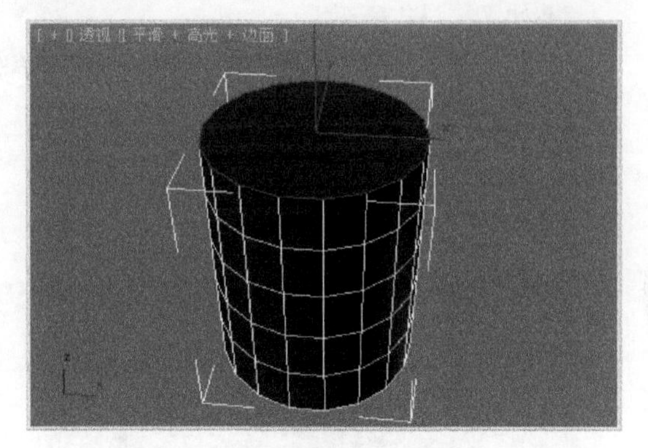

对“边界”进行“封口”

图4-90　“封口”边界

- 切角：“边界”的“切角”与“边”的“切角”的用法和作用完全一致，就是作用的对象不同，当选中多个“边”同时进行“切角”时，得到的结果会与“边界”的“切角”效果相同。

（5）“编辑多边形”卷展栏

多边形面就是由一系列封闭的“边”或“边界”围成的面，它是多边形对象的重要组成部分，同时也为多边形对象提供了可渲染的表面。“编辑多边形”卷展栏如图 4-91 所示。

- 插入顶点：在使用这一功能后，可以在多边形对象表面任意位置添加一个可编辑的“顶点”，与先前介绍的“插入顶点”的作用一致。
- 轮廓线：可以将多边形表面对象上的任意一个或多个面

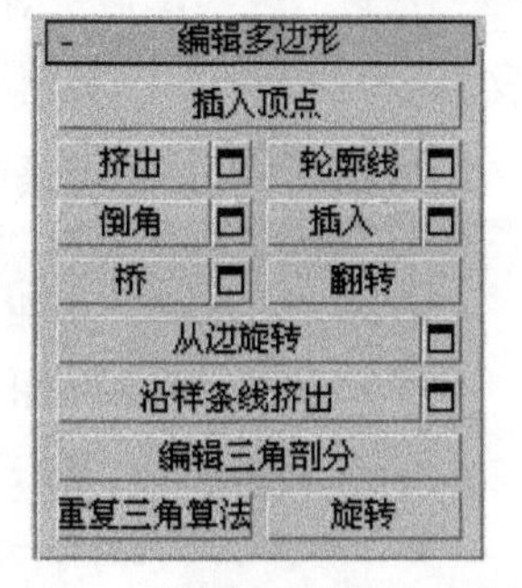

图4-91　“编辑多边形”卷展栏

进行放大或者缩小，效果如图 4–92 所示。

- 倒角：可以将多边形表面对象上的任意一个或多个面进行挤出，然后进行倒角变化，和“挤出”一样是比较常用的功能。效果如图 4–93 所示。

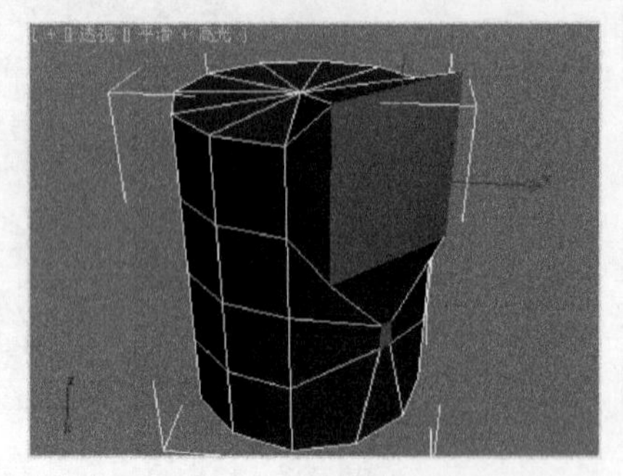

图4–92 “轮廓线”效果

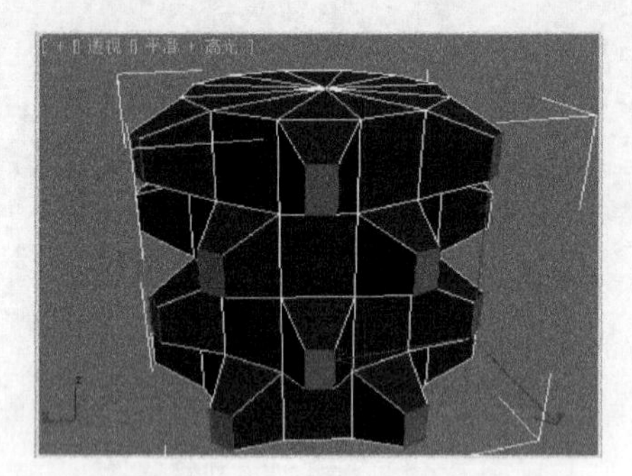

图4–93 “倒角”效果

提示

通过“挤出”后再进行“轮廓线”的变化也能得到“倒角”的效果。

- 插入：可以将多边形表面对象上的任意一个或多个面进行缩小并复制出一个新的面，效果如图 4–94 所示。
- 桥：用来连接两个“多边形”，在连接前要先将两个对象进行“附加”，效果如图 4–95 所示。

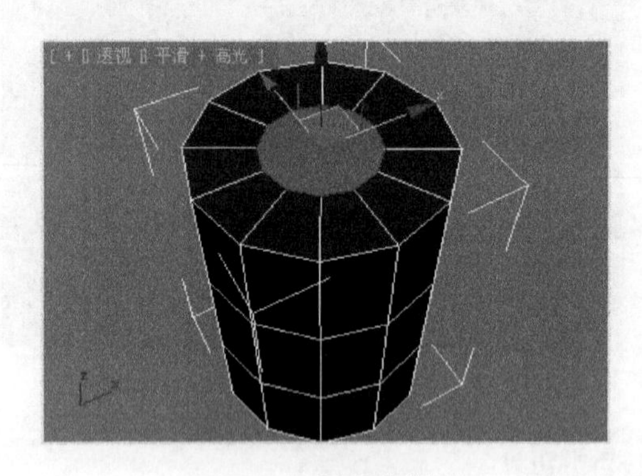

图4–94 插入效果

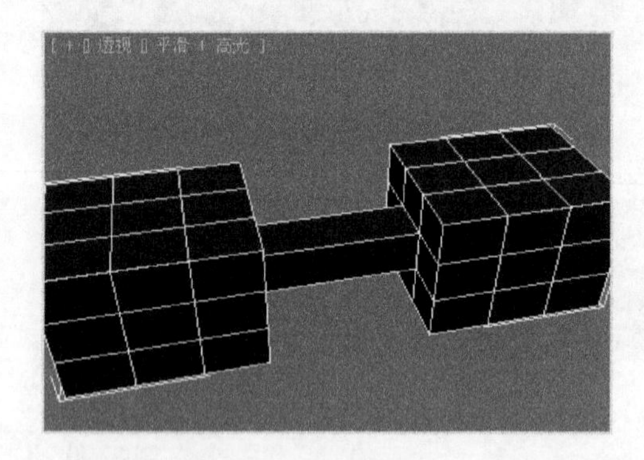

图4–95 桥效果

（6）“编辑元素”卷展栏

“元素”就是多边形对象上所有“多边形”的集合，与前边所说的“面片”中的“元素”层级意义完全相同，“编辑元素”卷展栏如图 4–96 所示。

- 插入顶点：在使用该功能后，可以在多边形对象表面任意位置添加一个可编辑的“顶点”，它与编辑“多边形”的“插入顶点”使用方式一样。
- 翻转：“翻转”按钮可以将多边形的表面进行翻转，这时就可以显示出多边形的内部并进行编辑，效果如图 4–97 所示。
- 编辑三角剖分：单击这个按钮多边形对象隐藏的边就会显示出来，它与编辑“边”的“编辑三角剖分”概念一致。

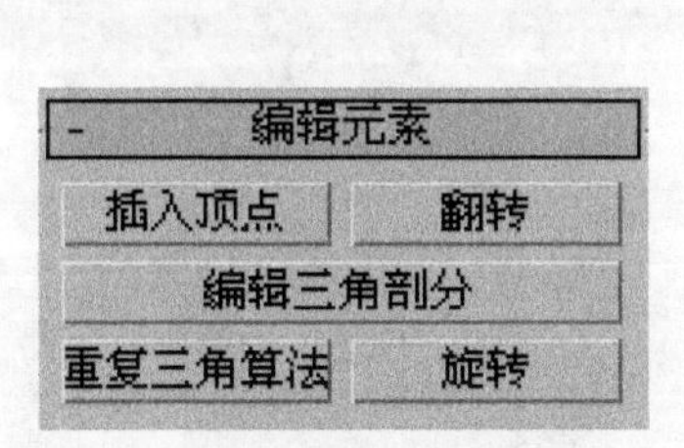

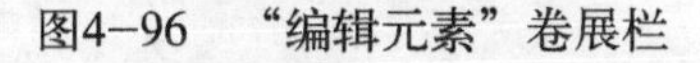

图4-96 “编辑元素”卷展栏　　图4-97 翻转效果

- 旋转：将显示出的隐藏边的方向进行旋转，它与编辑“边”的“旋转”概念一致。
- 重复三角算法：使用“重复三角算法”按钮可以自动计算多边形内部所有的边。

对于多边形建模，这里用一个制作望远镜的实例来简单说明一下，具体过程如下：

① 在场景中创建一个“圆柱体”，如图 4-98 所示。

② 进入 （修改）面板，打开修改器下拉列表，选择其中的“编辑多边形”选项，进入“多边形”层级。

③ 选中其中一个顶面，使用“倒角”按钮，将其变为如图 4-99 所示的效果。

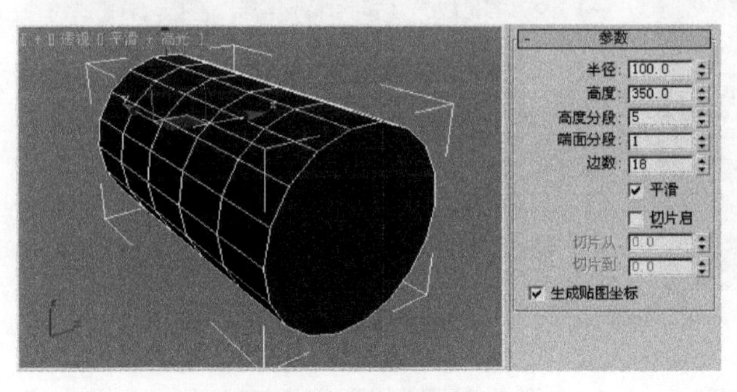

图4-98 创建圆柱体

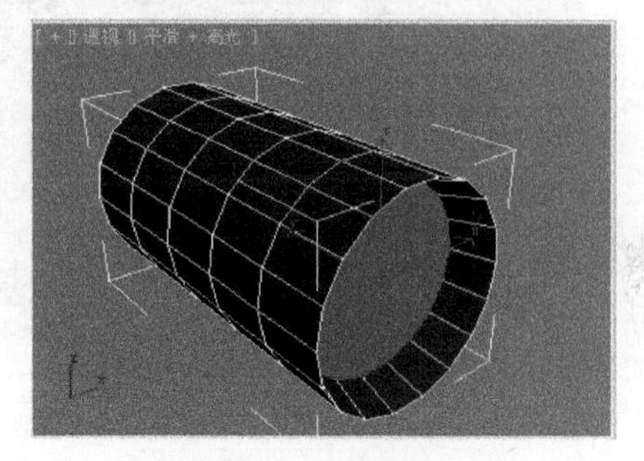

图4-99 倒角效果

④ 选中另外一端的顶面，使用“插入”按钮，创建出一个新的面，效果如图 4-100 所示。然后将其“挤出”，效果如图 4-101 所示。

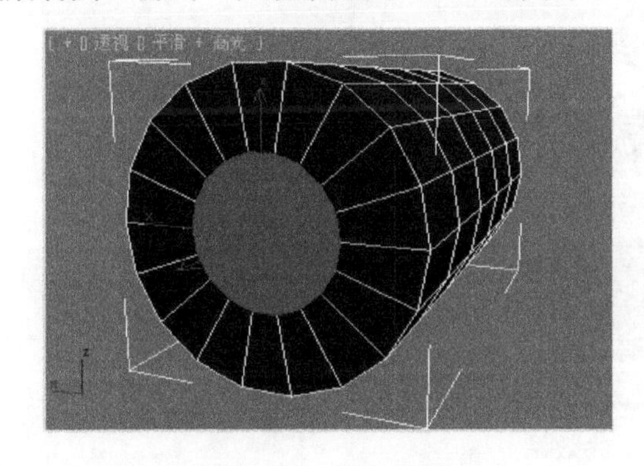

图4-100 插入效果

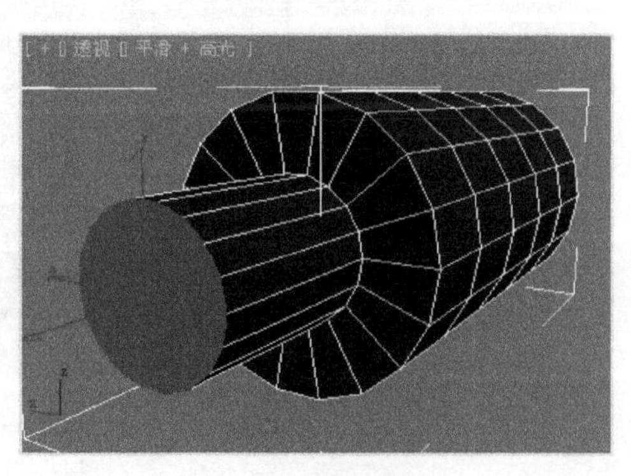

图4-101 挤出效果

⑤ 将“挤出”的部分再进行“倒角”变化，效果如图 4−102 所示。

⑥ 然后再使用“倒角”效果变化对象，效果如图 4−103 所示。

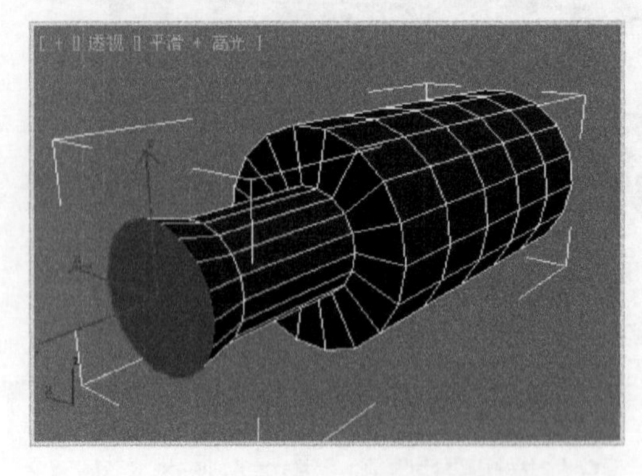

图4−102 倒角效果

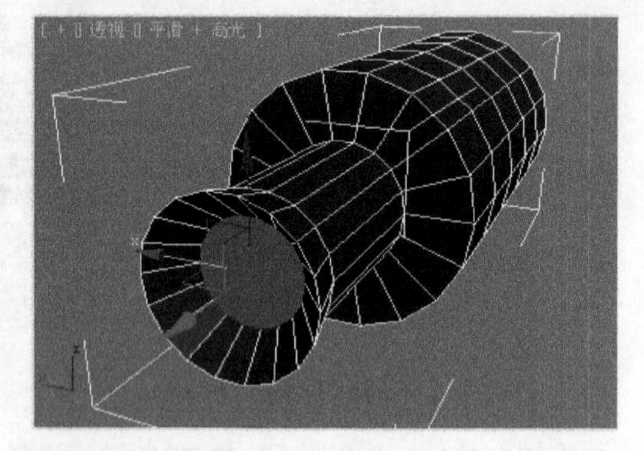

图4−103 倒角效果

⑦ 横向复制对象到如图 4−104 所示位置，并将两个对象“附加”为一个对象。

⑧ 使用“桥”功能，连接两个对象，效果如图 4−105 所示。

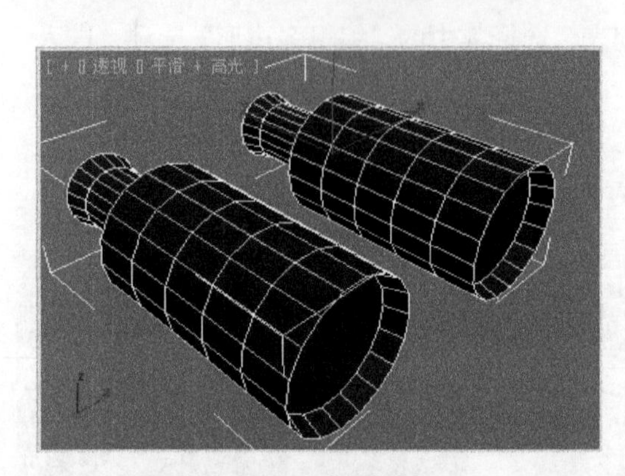

图4−104 复制对象

图4−105 “桥”效果

⑨ 执行修改器下拉列表中的“平滑”命令，然后赋予材质后进行渲染，最终效果如图 4−106 所示。

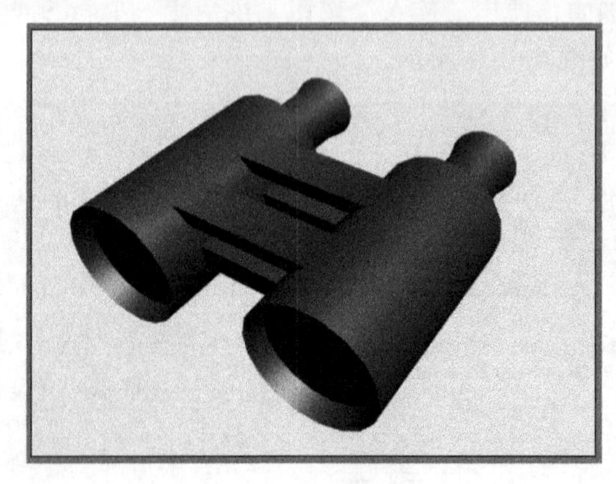

图4−106 最终效果

4.3 实例讲解

本节将通过“制作饮料瓶效果”、“制作象棋效果”、“制作镂空的模型效果”和“制作勺子效果”4个实例来讲解复合建模和高级建模在实践中的应用。

4.3.1 制作饮料瓶效果

要点

本例将制作一个饮料瓶，如图4-107所示。通过本例学习应掌握在放样物体的不同位置放置不同截面图形的放样方法。

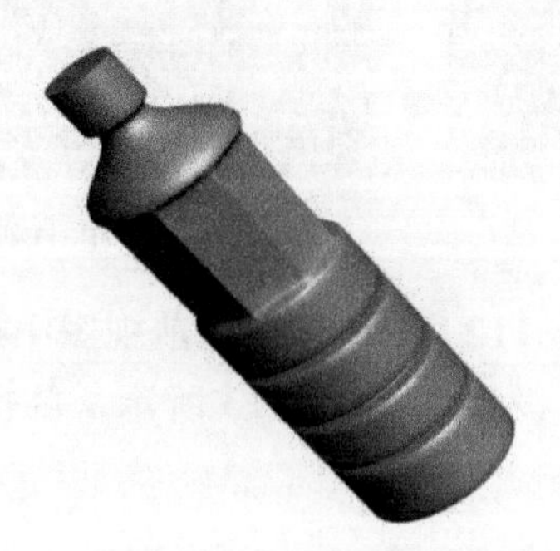

图4-107 饮料瓶

操作步骤

1．制作放样路径和放样图形

① 单击菜单栏左侧快速访问工具栏中的按钮，然后从弹出的下拉菜单中选择“重置”命令，重置场景。

② 单击（图形）面板中的 圆 按钮，在顶视图中创建一个圆环，然后再用 多边形 按钮创建一个八边形作为放样截面图形，参数设置及结果如图4-108所示。

③ 在前视图中创建一条直线作为放样路径，如图4-109所示。

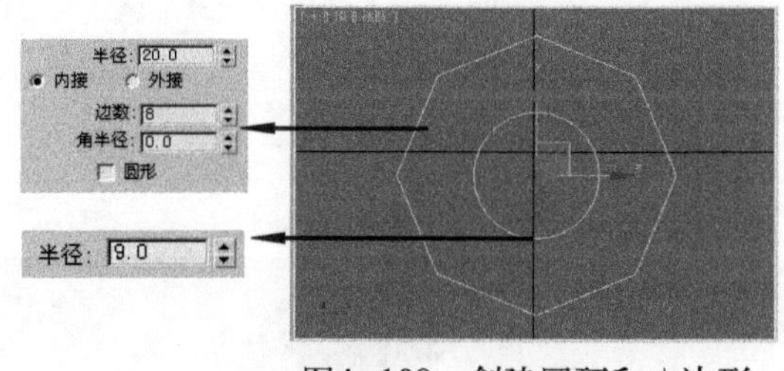

图4-108 创建圆环和八边形

图4-109 创建直线

2．放样形成饮料瓶

① 选中直线，单击（创建）面板下（几何体）中 复合对象 内的 放样 按钮，再

单击 获取图形 按钮后拾取视图中的圆环。

② 为了便于观察，下面将放样后的物体移动一下，效果如图 4-110 所示。

③ 为了便于观察截面图形，下面进入（修改）面板，取消选中“蒙皮”复选框，效果如图 4-111 所示。

图4-110 放样后效果

图4-111 取消选中“蒙皮”复选框后效果

④ 进入“图形”层级，如图 4-112 所示。然后在前视图中选中圆环截面图形，配合〈Shift〉键向下移动，在弹出的对话框中设置如图 4-113 所示，单击“确定”按钮，从而复制出截面图形。

图4-112 进入“图形”层级

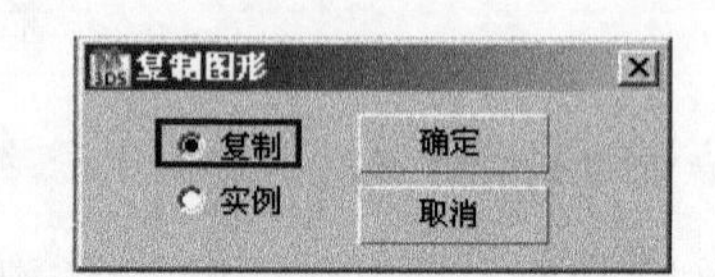

图4-113 选中“复制”单选按钮

⑤ 再次单击，退出“图形”层级，然后利用放样命令放样出其余的多边形和圆环，效果如图 4-114 所示。

⑥ 选择透视图，单击工具栏中的（渲染产品）按钮，渲染后效果如上图 4-115 所示。

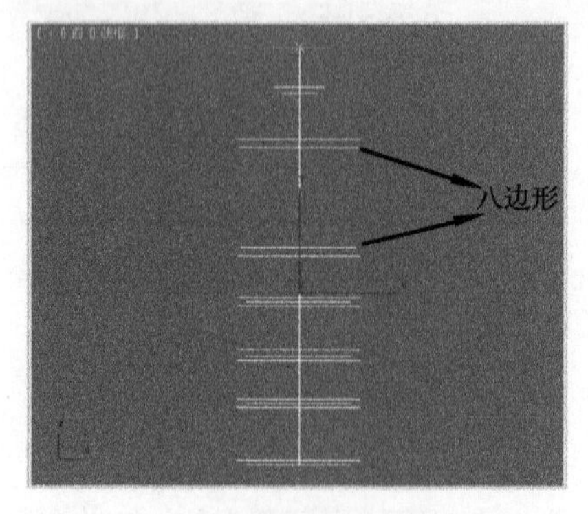

图4-114 在不同位置放样不同图形

图4-115 最终效果

4.3.2 制作象棋效果

要点

本例将制作一个象棋模型，如图4-116所示。通过本例学习应掌握“锥化”修改器与复合对象中的“布尔”运算的综合应用。

图4-116 象棋效果

操作步骤

① 单击菜单栏左侧快速访问工具栏中的按钮，然后从弹出的下拉菜单中选择“重置”命令，重置场景。

② 单击（创建）面板下（几何体）中的 圆柱体 按钮，然后在顶视图中绘制出一个圆柱体，参数设置及结果如图 4-117 所示。

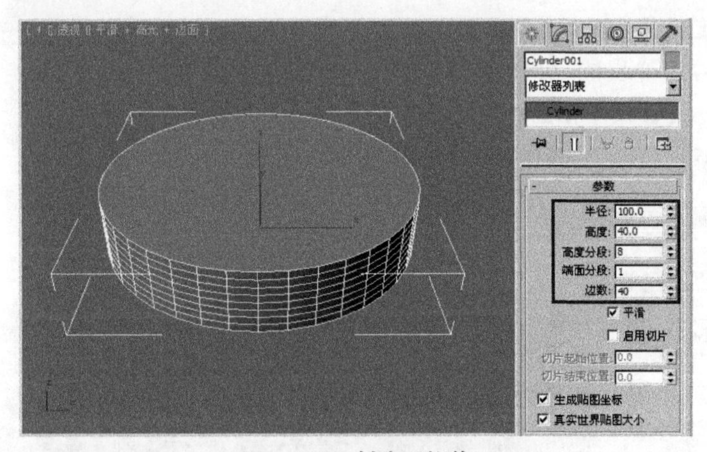

图4-117 创建圆柱体

提示

“高度分段”一定要为正数，且不能为1，否则后面进行结合命令时会出错。

③ 对圆柱体进行锥化处理。方法：选中视图中调整好的圆柱体，进入（修改）面板，然

后执行修改器下拉列表中的“锥化”命令，选中“对称”复选框，再调整“曲线”的数值，设置如图 4-118 所示。

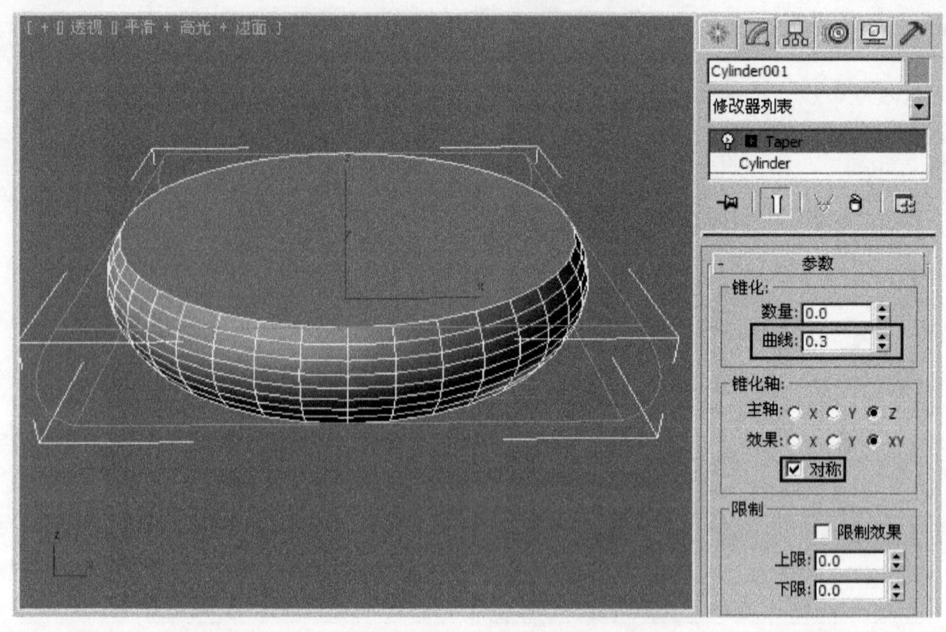

图4-118　创建圆柱体

④ 单击（创建）面板下（标准几何体）中的 管状体 按钮，在顶视图中绘制出一个管状体，管状体的直径要比圆柱体的直径小一些。在管状体的参数面板中的参数设定如图 4-119 所示。

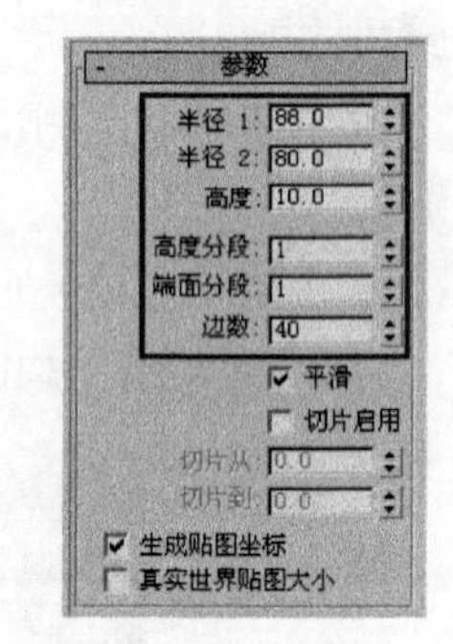

图4-119　设置“管状体”参数

⑤ 将管状体和圆柱体进行对齐。方法：保证管状体处于选中状态，单击工具栏中的（对齐）按钮，然后在圆柱体上单击一下，接着在弹出的“对齐当前选择”对话框中设置如图 4-120 所示，使管状体和圆柱体按照它们的中心的 3 个坐标轴对齐，最后单击“确定”按钮，效果如图 4-121 所示。

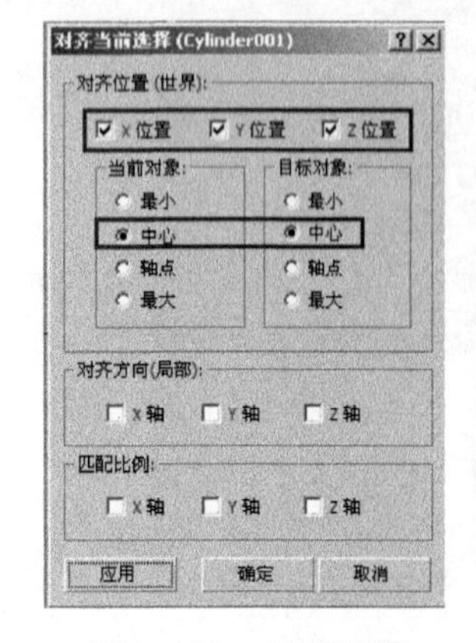

图4-120　对齐圆环

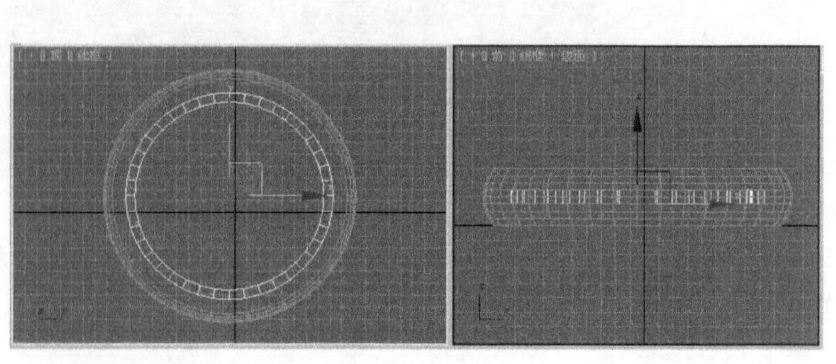

图4-121　对齐后效果

⑥ 单击（创建）面板下（图形）中的 文本 按钮，设定参数如图 4-122 所示。然后将光标移动到顶视图上单击，这样在顶视图上就出现了一个“象”字（注意定义的字体尺寸，使“象”字的大小不要超过圆环的直径）。

⑦ 选中场景中的“象”字，进入（修改）面板。执行修改器下拉列表中的“挤出”命令，参数设置如图 4-123 所示。

图4-122　创建文字　　图4-123　设置“挤出”参数

⑧ 单击菜单栏上的（对齐）按钮，将光标在圆环上单击，在弹出的“对齐当前选择”对话框中设置如图 4-120 所示，然后单击“确定”按钮，使圆柱体、圆环、文字三者的中心都沿着它们的 *X*、*Y*、*Z* 坐标轴对齐，结果如图 4-124 所示。

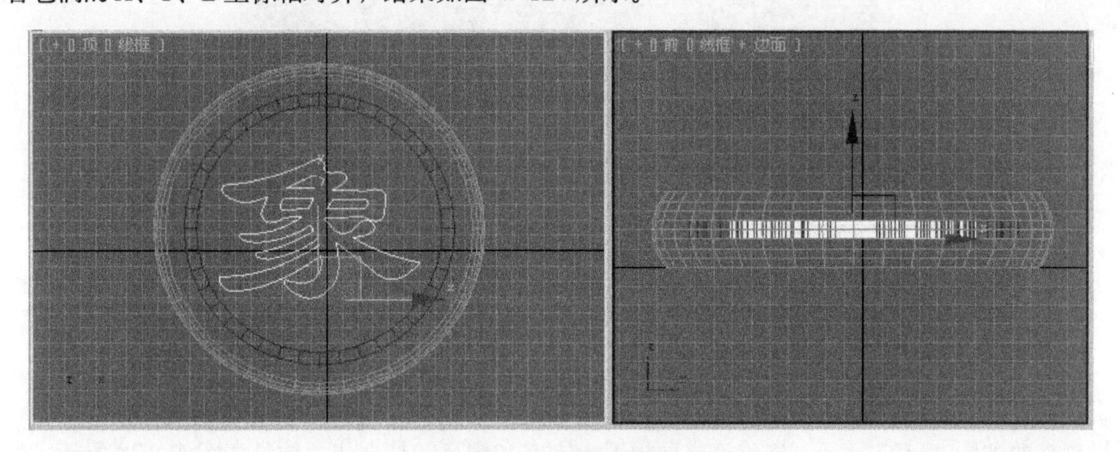

图4-124　将文字进行对齐

⑨ 选中“象”字，进入（修改）面板。执行修改器下拉列表中的“编辑网格”命令，然

后进入它的参数面板，单击 附加 按钮，并在管状体上单击，使文字和圆环结成一个整体，如图 4-125 所示。

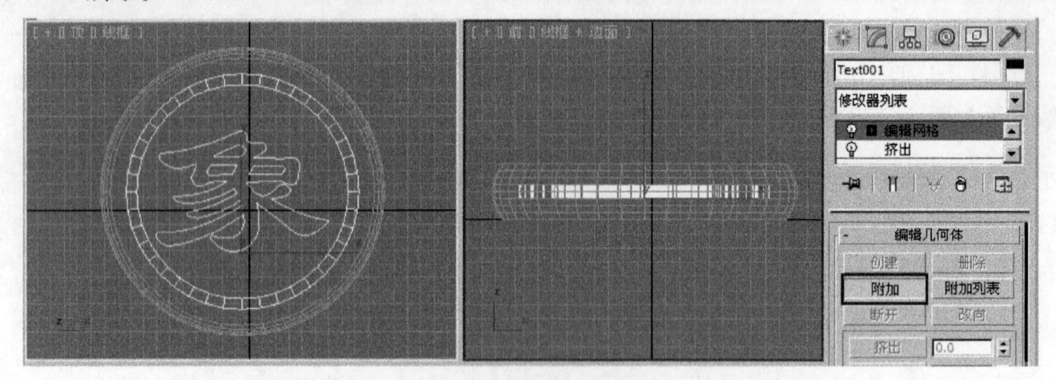

图4-125　将文字和管状体附加成一个整体

⑩ 关掉 附加 按钮，在前视图上将圆环与文字结合成的整体向上移动，使结合体一部分的高度高出圆柱体，以便下面执行布尔运算，如图 4-126 所示。

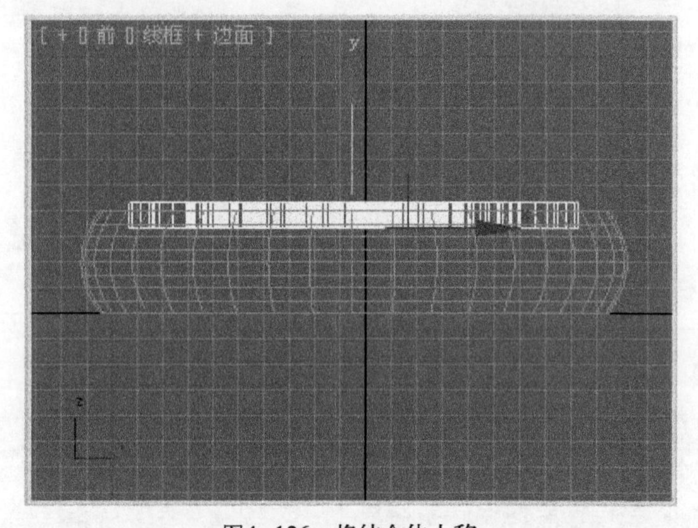

图4-126　将结合体上移

提示

在这里必须使文字和管状体结成后再执行布尔运算。否则执行布尔运算后只能计算文字或管状体中的一个。

⑪ 执行布尔运算。方法：选中圆柱体，单击 （创建）面板下的 （几何体）按钮，从下拉列表框中选择 复合对象 选项。然后单击 布尔 按钮，在参数面板中单击 拾取操作对象 B 按钮，设置参数如图 4-127 所示。接着拾取顶视图上文字和圆环的结合体，结果如图 4-128 所示。最后再次单击 布尔 按钮，退出布尔运算。

⑫ 赋给象棋材质后进行渲染，最终结果如图 4-129 所示。

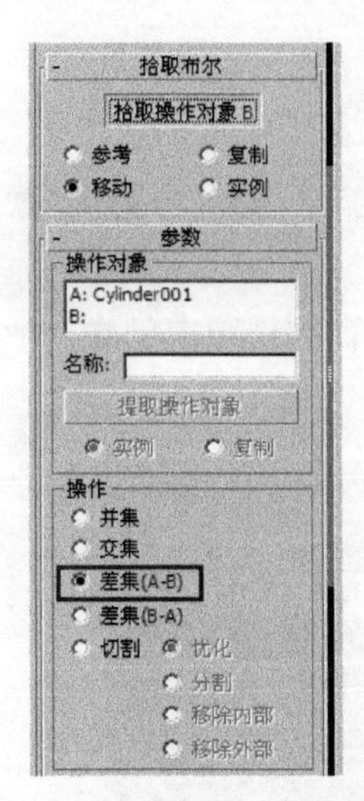

图4-127　选中“差集(A-B)”单选按钮

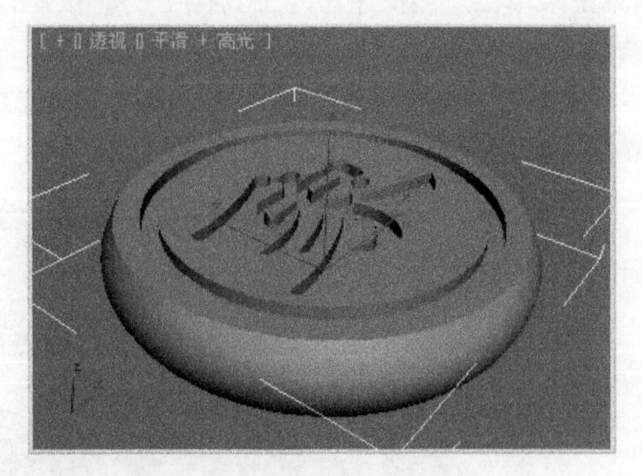

图4-128　“布尔”后效果

图4-129　渲染后效果

4.3.3　制作镂空的模型效果

要点

本例将制作一个基础模型，如图4-130所示。通过本例学习应掌握对可编辑的网格物体的基本操作。

图4-130　镂空的模型效果

操作步骤

① 单击菜单栏左侧快速访问工具栏中的按钮，然后从弹出的下拉菜单中选择“重置”命令，重置场景。

② 单击（创建）面板下（几何体）中的 长方体 按钮，在顶视图中创建一个正方体，参数设置及结果如图4-131所示。

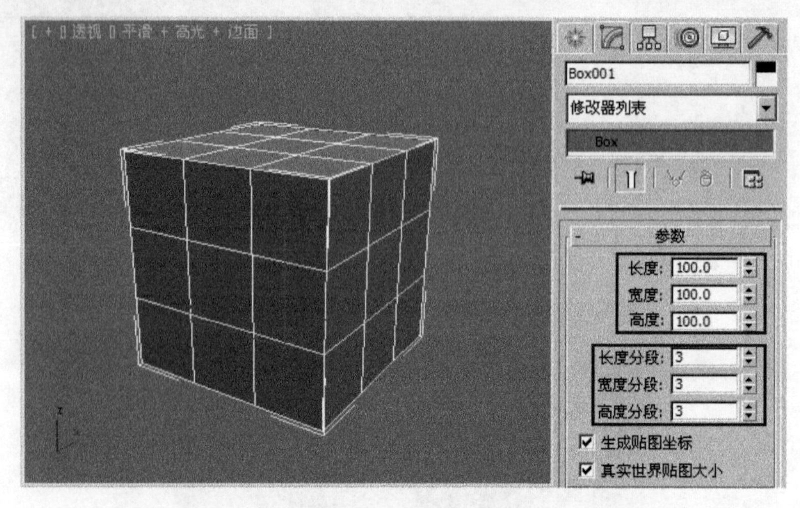

图4-131 创建正方体

③ 右击场景中的正方体，在弹出的快捷菜单中选择“转换为|转换为可编辑网格”命令，如图4-132所示，从而将长方体转换为“可编辑网格”物体。

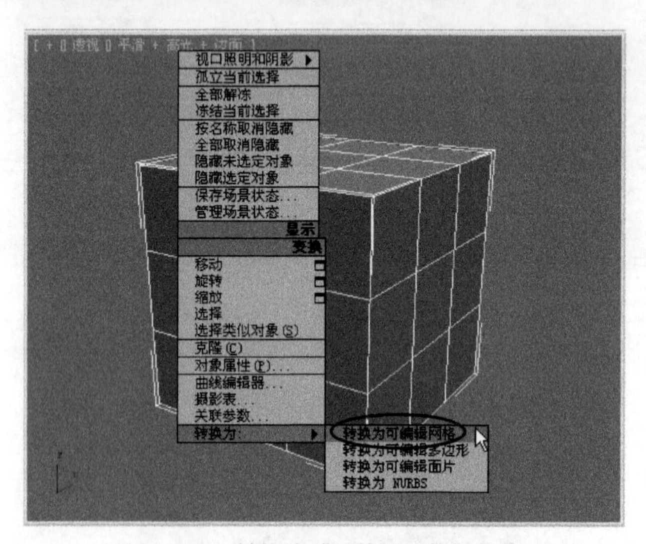

图4-132 转换为“可编辑网格”物体

提示

当完成建模操作后，将模型转换成“可编辑网格”是一个很好的习惯，这样可以大大节省资源。

④ 进入 （修改）面板“可编辑网格”中的 （多边形）层级，然后选择立方体6个面的中间的多边形，如图4-133所示。

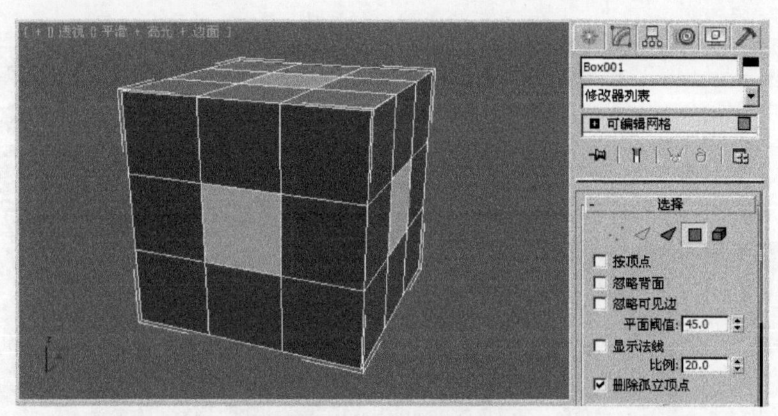

图4-133　选择多边形

⑤ 利用工具栏中的 （选择并匀称缩放）按钮，将选中的6个多边形放大，如图4-134所示。

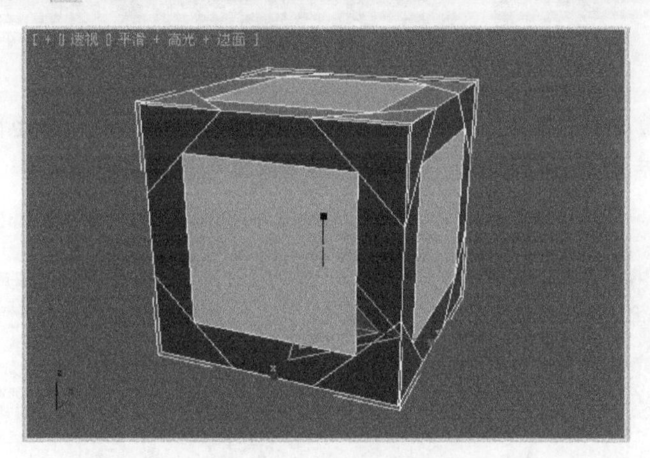

图4-134　放大多边形

⑥ 单击“挤出”按钮，然后在视图中向内挤出6个多边形，尽量使6个多边形靠近，结果如图4-135所示。

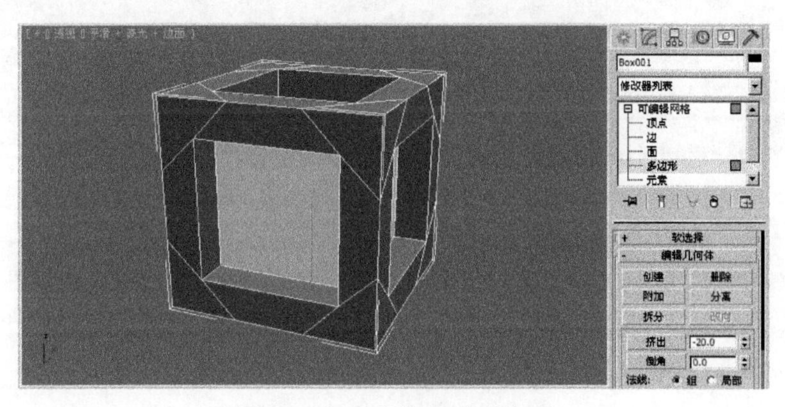

图4-135　向内挤出6个多边形

⑦ 按〈Delete〉键删除选中的 6 个多边形，结果如图 4-136 所示。

⑧ 进入“可编辑网格”物体的 ∴（顶点）级别，在顶视图中框选如图 4-137 所示的顶点。

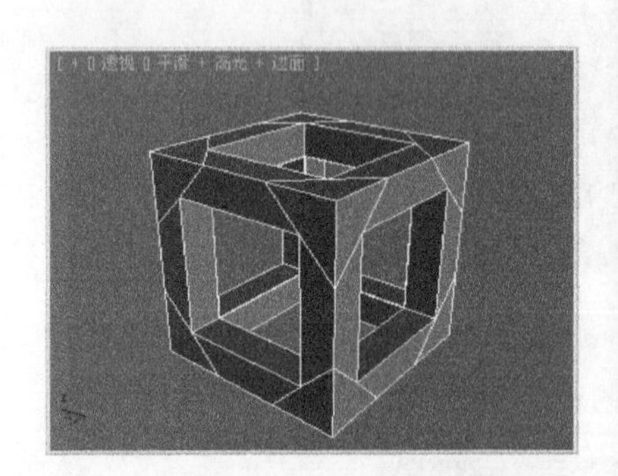

图4-136　删除6个多边形

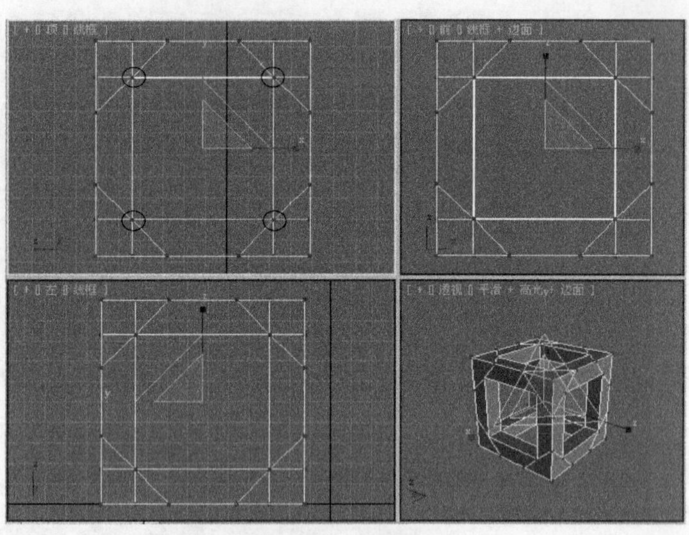

图4-137　框选顶点

⑨ 利用 ∴（顶点）级别的焊接选项组中的 选定项 按钮，将焊接范围加到 10 左右，如图 4-138 所示，对结点进行焊接。

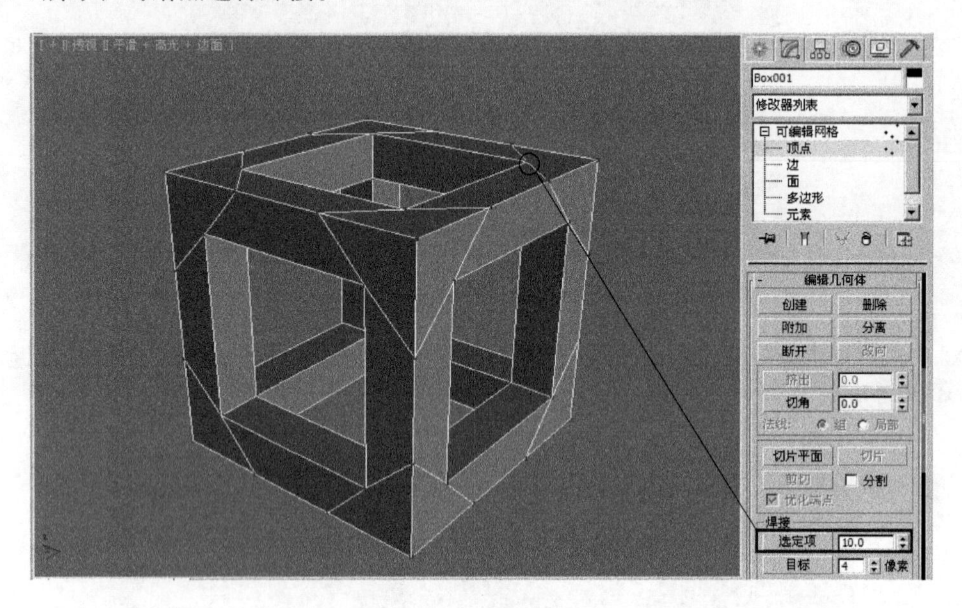

图4-138　焊接顶点

⑩ 在修改器列表下拉列表框中选择“网格平滑”命令，设置参数及效果如图 4-139 所示。

⑪ 赋予模型材质后，单击工具栏中的 （渲染产品）按钮进行渲染，效果如图 4-140 所示。

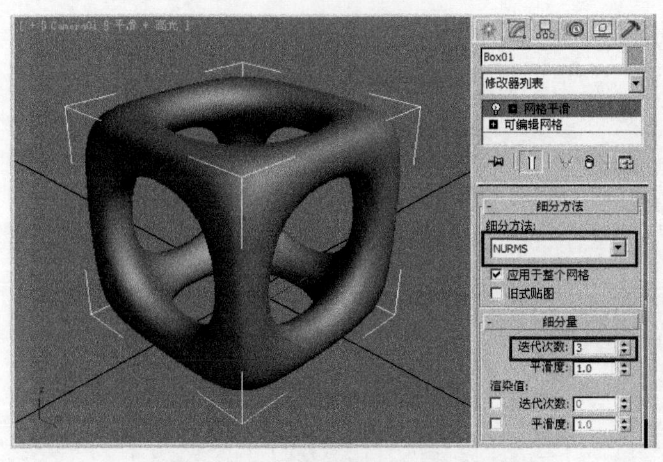

图4-139　“网格平滑”后的效果

图4-140　渲染后的效果

4.3.4　制作勺子效果

要点

本例将制作一个勺效果，如图4-141所示。通过本例学习应掌握多边形建模，“壳”、“涡流平滑”修改器以及不锈钢材质的综合应用。

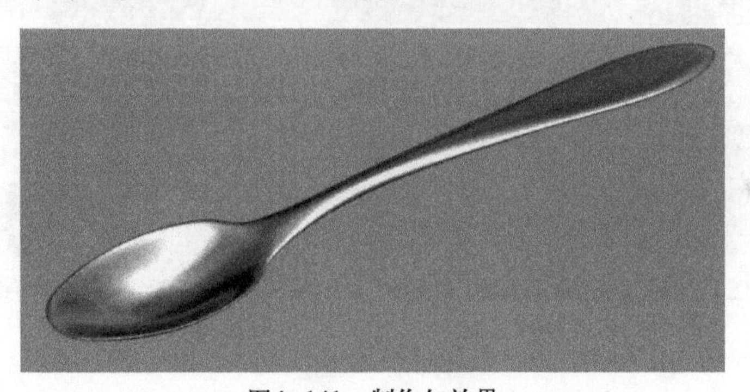

图4-141　制作勺效果

操作步骤

1．制作出勺子的大体模型

① 单击菜单栏左侧快速访问工具栏中的按钮，然后从弹出的下拉菜单中选择“重置”命令，重置场景。

② 在顶视图中创建一个平面，参数设置及结果如图 4-142 所示。

③ 为了便于操作，下面显示出圆柱体的边面。方法：右击透视图左上角的“透视”文字，从弹出的快捷菜单中选择“边面”命令（快捷键〈F4〉），结果如图 4-143 所示。

④ 右击视图中的平面，从弹出的快捷菜单中选择“转换为|转换为可编辑多边形”命令，如图 4-144 所示，从而将平面转换为可编辑的多边形。

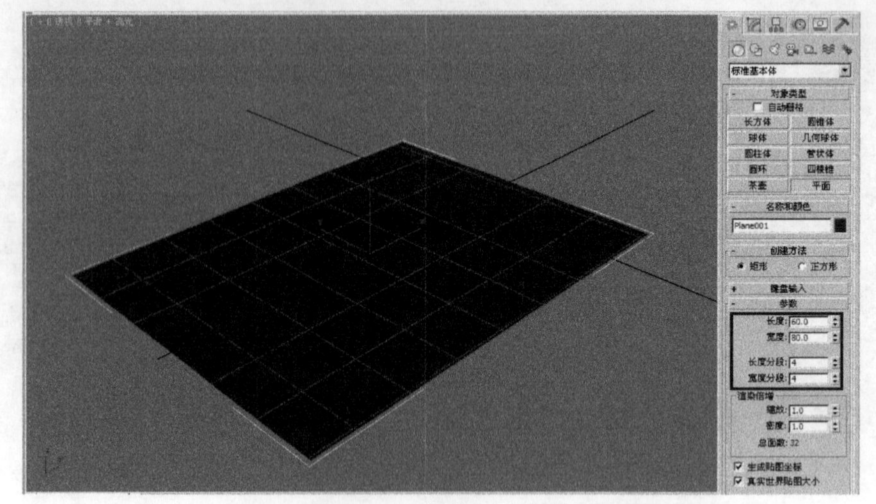

图4-142　创建一个平面

图4-143　边面显示平面

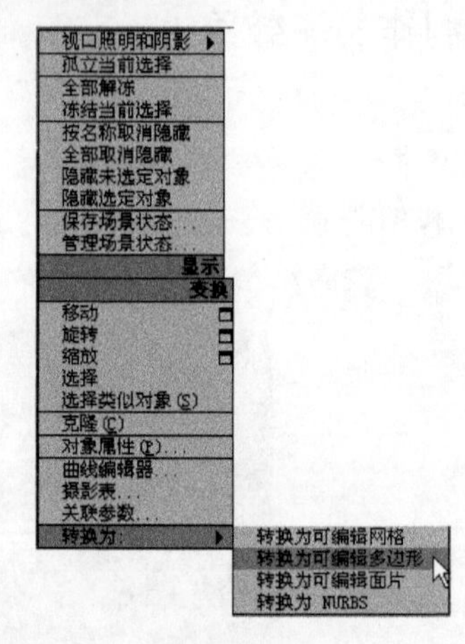

图4-144　选择“转换为可编辑多边形”命令

⑤ 制作出勺子的大体形状。方法：选择视图中的平面，进入（修改）面板，执行修改器下拉列表中的FFD3×3×3命令，然后进入“控制点”层级，如图4-145所示。接着利用工具栏中的（选择并匀称缩放）和（选择并移动）按钮对控制点进行缩放和移动处理，结果如图4-146所示。

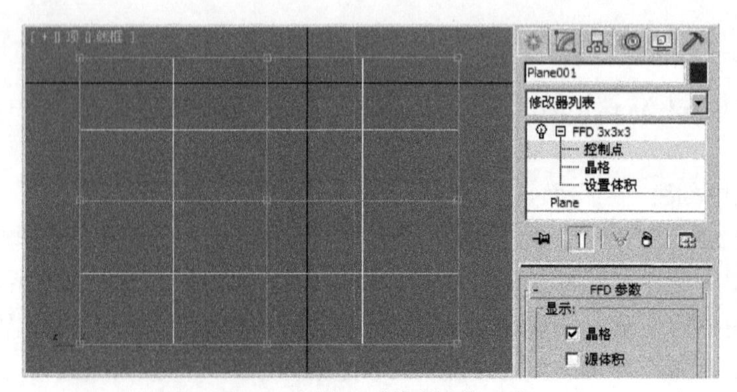

图4-145　进入“控制点”层级

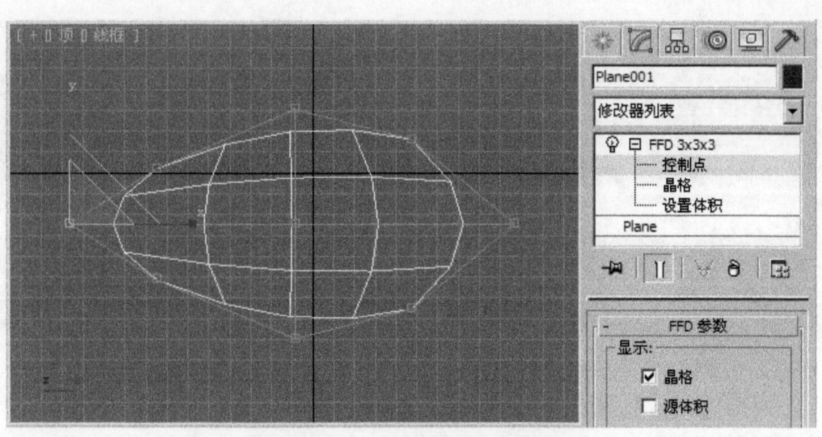

图4-146　调整控制点的形状

⑥ 制作出勺柄的大体形状。方法：进入可编辑多边形的（边）层级，选择图 4-147 所示的两条边，然后单击工具栏中的（选择并移动）按钮，配合〈Shift〉键向右移动，从而拉伸出勺柄的大体长度，如图 4-148 所示。

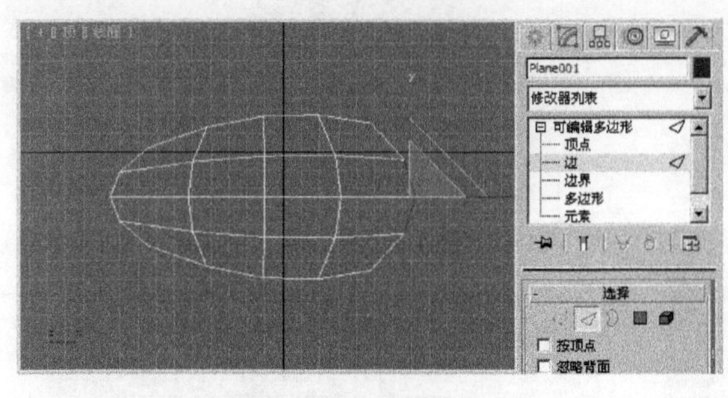

图4-147　选择边

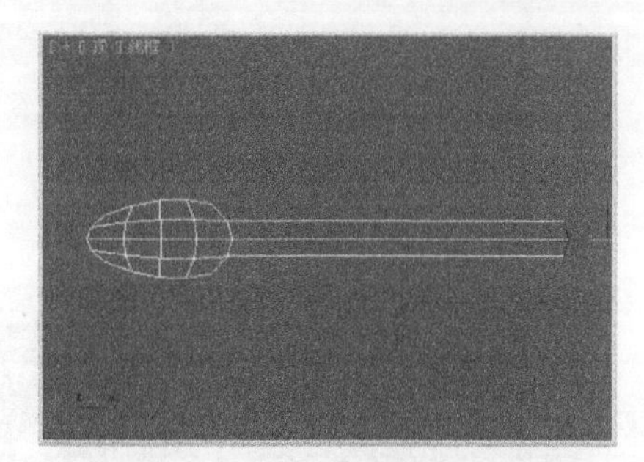

图4-158　拉伸出勺柄的大体长度

⑦ 为了便于调整勺柄的形状，下面添加一条边。方法：利用工具栏中的（选择对象）按钮选择图 4-149 所示的边，然后单击“连接”按钮，从而添加一条边，如图 4-150 所示。

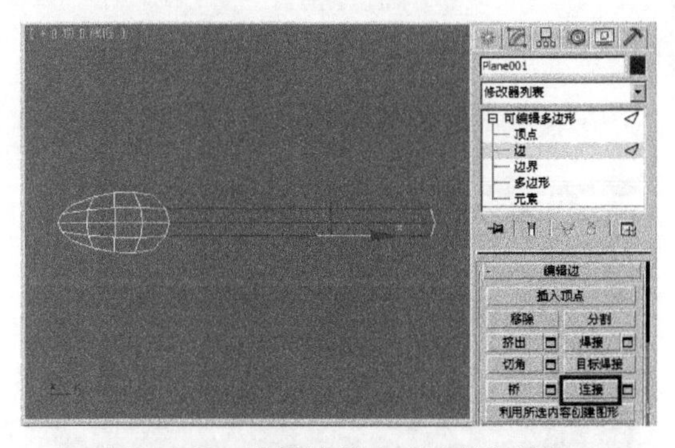

图4-149　选择边单击“连接”按钮

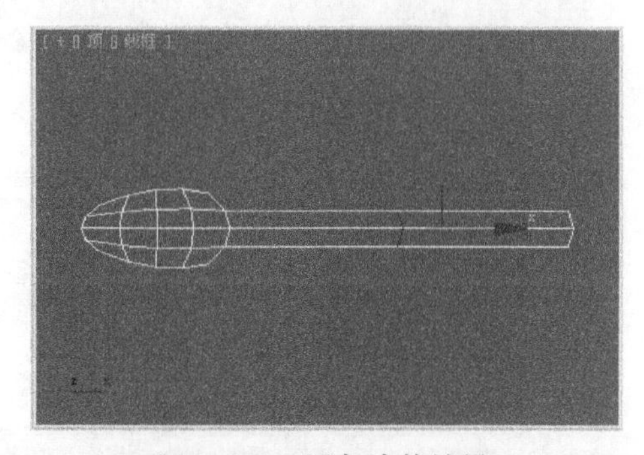

图4-150　添加边的效果

⑧ 此时添加的边是倾斜的，为了便于操作，下面将其处理为垂直边。方法：进入可编辑多边形的（顶点）层级，然后利用工具栏中的（选择并匀称缩放）按钮，沿 *X* 轴进行缩放，使 3 个顶点在垂直方向成为一条线，结果如图 4-151 所示。接着将其移动到图 4-152 所示的位置。

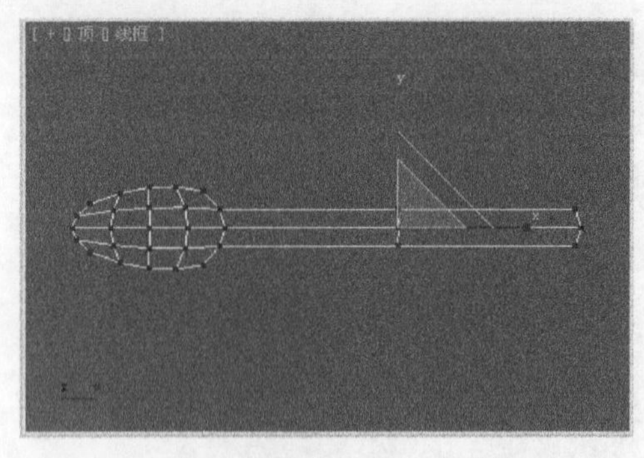

图4-151　使3个顶点在垂直方向成为一条线

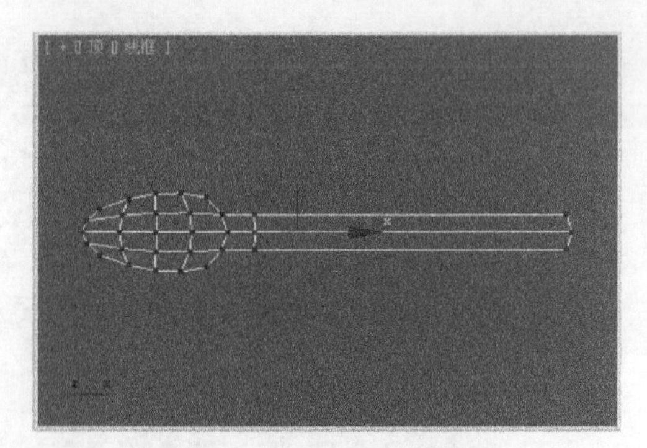

图4-152　移动顶点的位置

2．制作出勺子的凹陷形状

① 选择图 4-153 所示的顶点，然后右击，从弹出的快捷菜单中选择“转换到面”命令，如图 4-154 所示，从而选中图 4-155 所示的多边形。接着在左视图中将其沿 Y 轴向下移动，结果如图 4-156 所示。

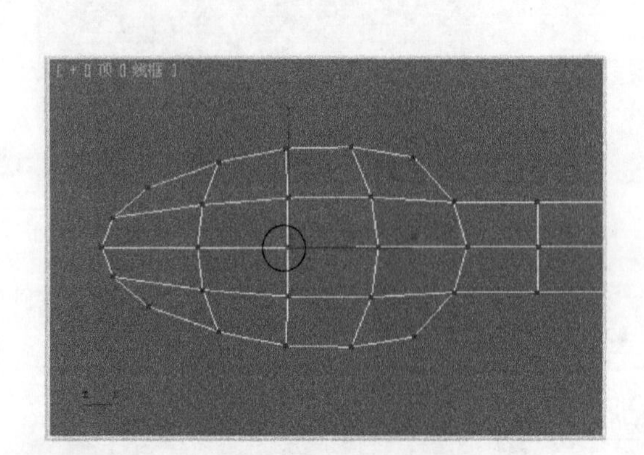

图4-153　选择顶点

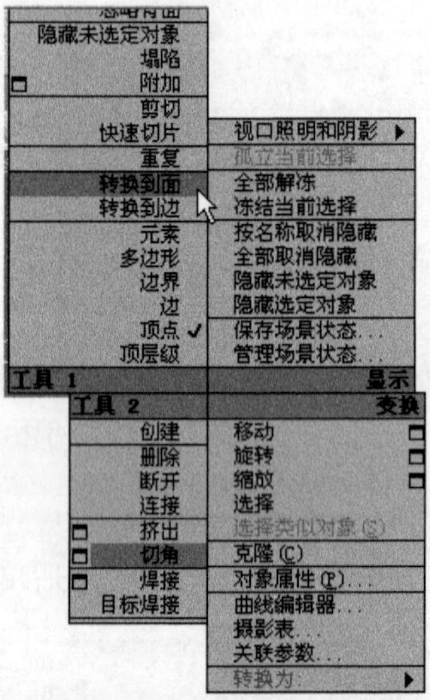

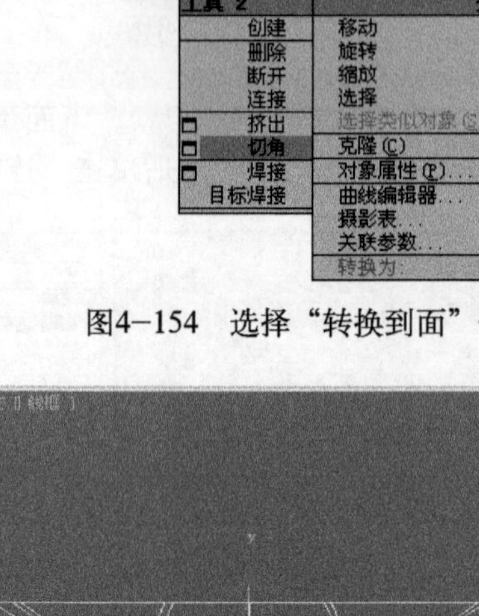

图4-154　选择“转换到面”命令

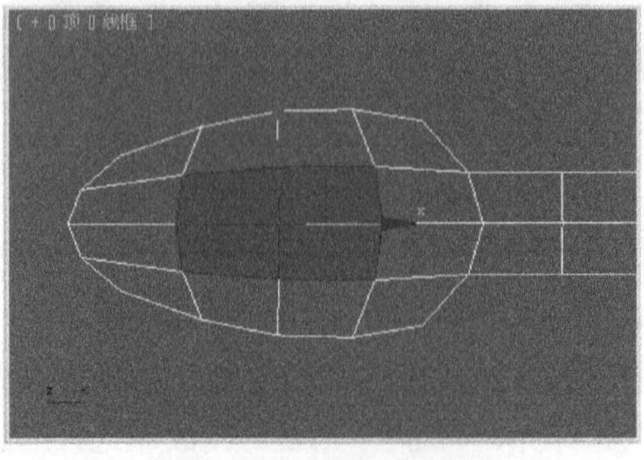

图4-155　选择多边形

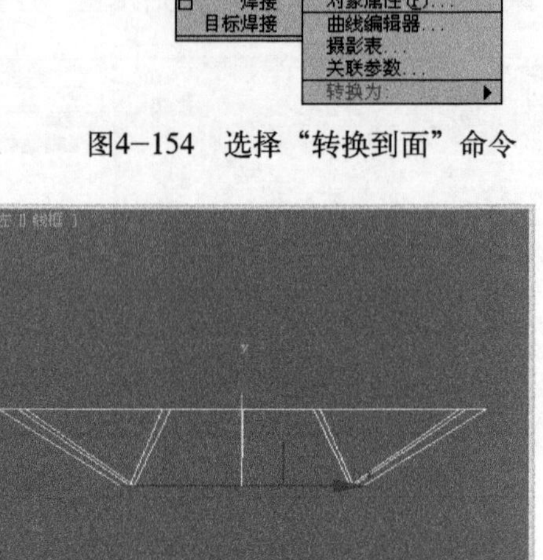

图4-156　将选中多边形沿Y轴向下移动

② 进入可编辑多边形的 ◁（边）层级，选择图 4−157 所示的边，然后在前视图中将其沿 Y 轴向下移动，如图 4−158 所示。接着进入可编辑多边形的 ⁞（顶点）层级，在前视图中调整顶点的形状，如图 4−159 所示。

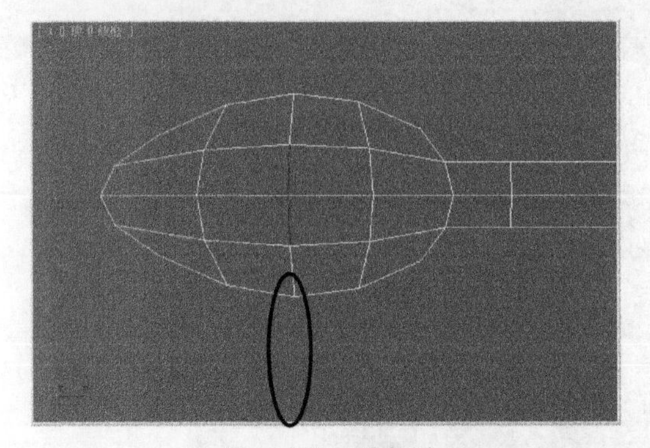

图4−157　选择边

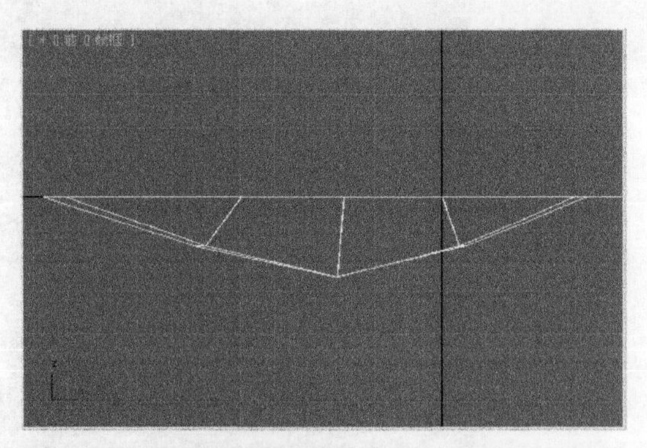

图4−158　在前视图中将选择的边沿Y轴向下移动

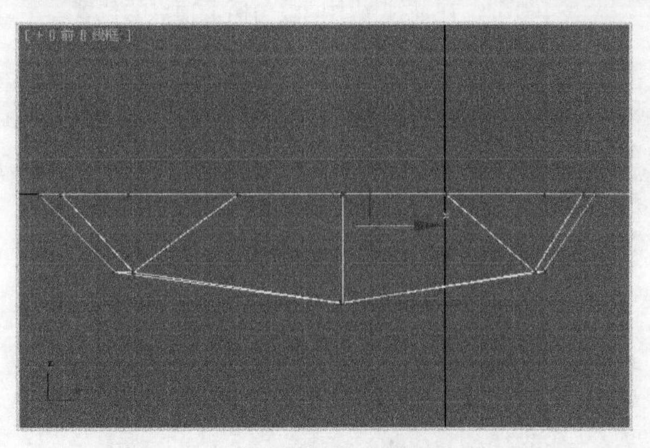

图4−159　在前视图中调整顶点的形状

③ 在左视图中选择图 4−160 所示的顶点，沿 Y 轴向下移动，并适当调整其余顶点的位置，从而形成勺子的凹陷，如图 4−161 所示。

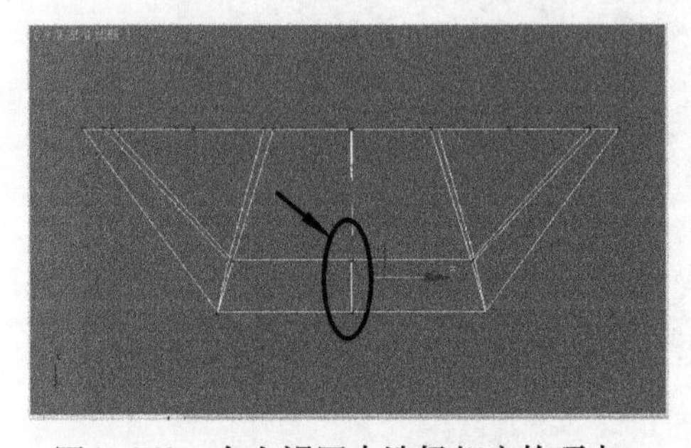

图4−160　在左视图中选择相应的顶点

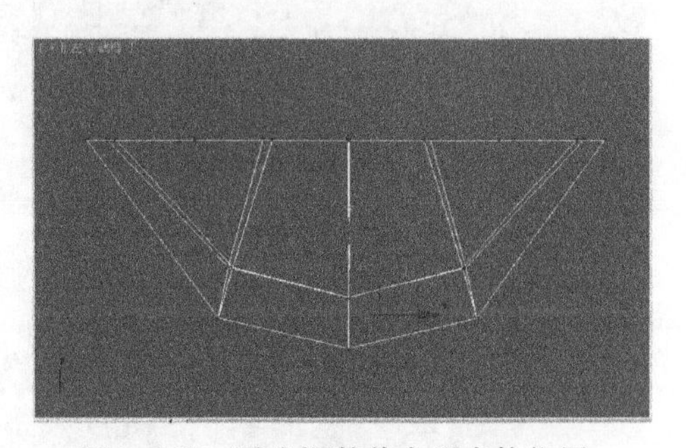

图4−161　适当调整其余顶点的位置

3．调整勺柄的形状

① 进入可编辑多边形的 ⁞（顶点）层级，在前视图中调整勺柄上顶点的位置，如图 4−162 所示。

② 为了便于调节勺柄的形状，下面进入可编辑多边形的 ◁（边）层级，单击“连接”按

钮，添加边，如图 4-163 所示。然后进入 （顶点）级别，在前视图中调整顶点的位置，如图 4-164 所示。

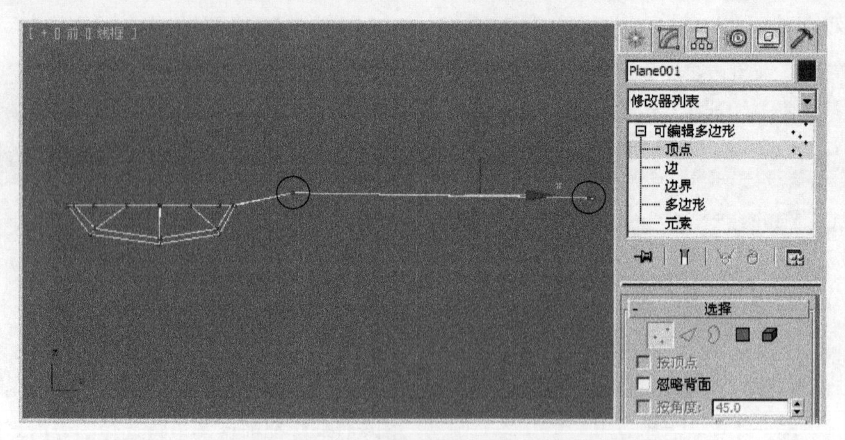

图4-162　在前视图中调整勺柄上顶点的位置

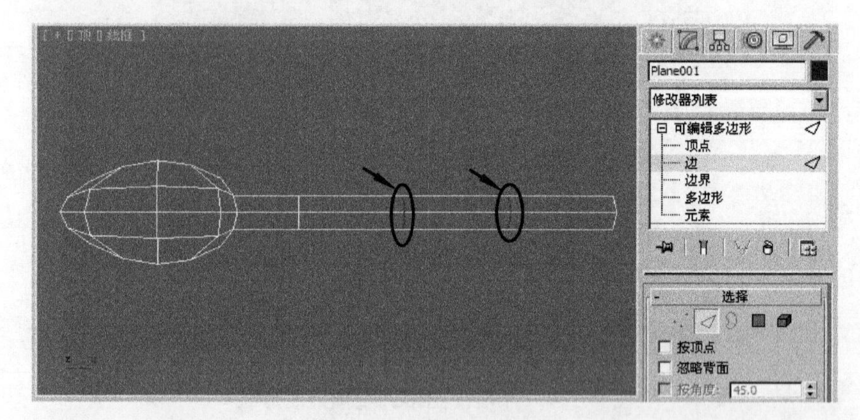

图4-163　添加两条边

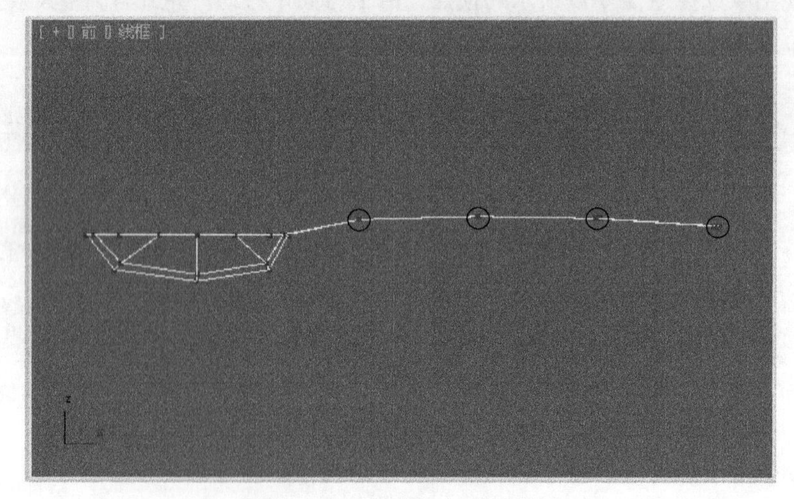

图4-164　调整勺柄的形状

③ 在顶视图中利用工具栏中的（选择并匀称缩放）按钮沿 Y 轴缩放顶点，如图 4–165 所示。然后调整勺柄末端顶点的位置，如图 4–166 所示。

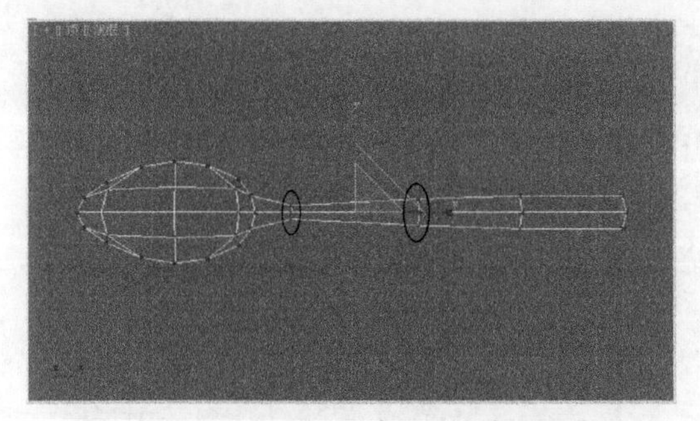

图4–165　在顶视图中沿Y轴缩放顶点

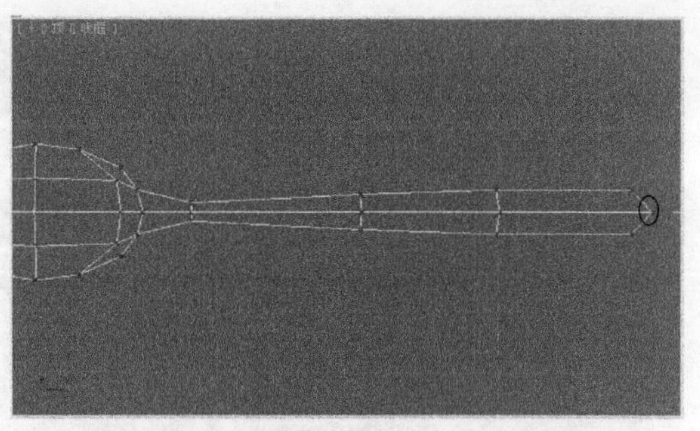

图4–166　调整勺柄末端顶点的位置

④ 为了制作出勺柄末端的加宽形状，下面再在勺柄末端添加边，如图 4–167 所示。然后利用工具栏中的（选择并匀称缩放）按钮沿 Y 轴缩放边，如图 4–168 所示。

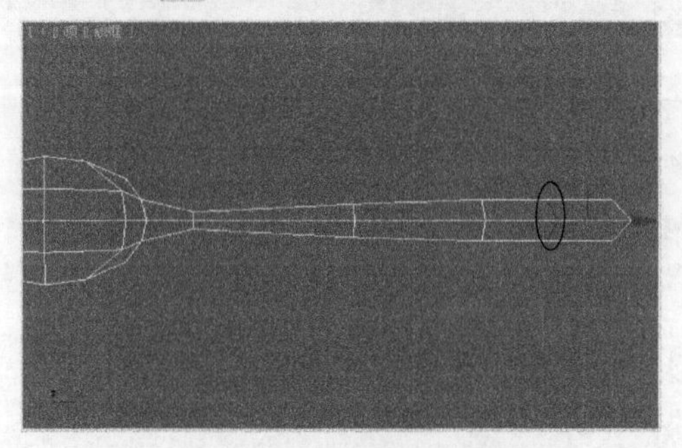

图4–167　在勺柄末端添加一条边

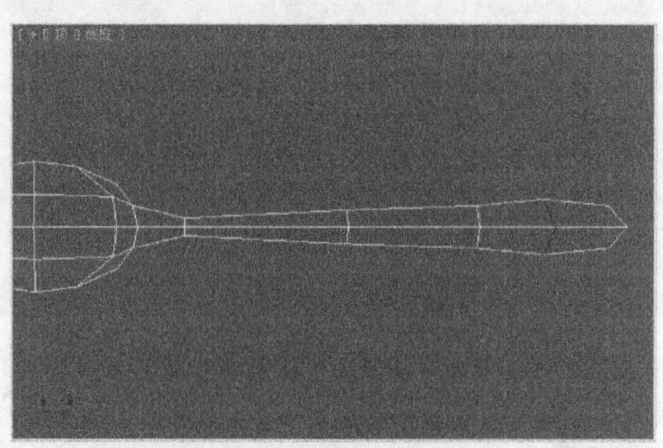

图4–168　沿Y轴缩放边

⑤ 制作出勺柄处的突起部分。方法：在顶视图中选择图 4–169 所示的边，然后在前视图中沿 Y 轴向上移动，如图 4–170 所示。

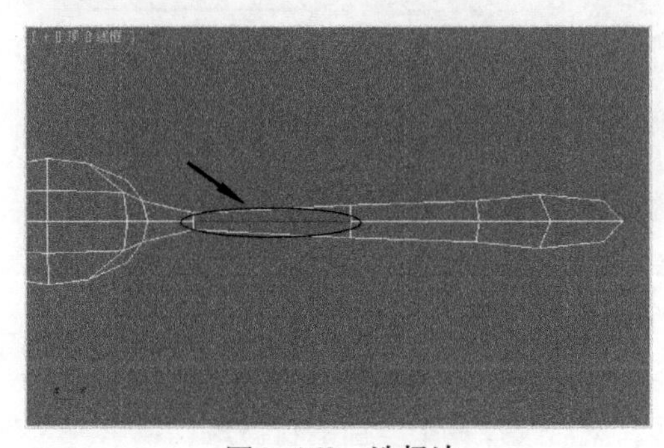

图4–169　选择边

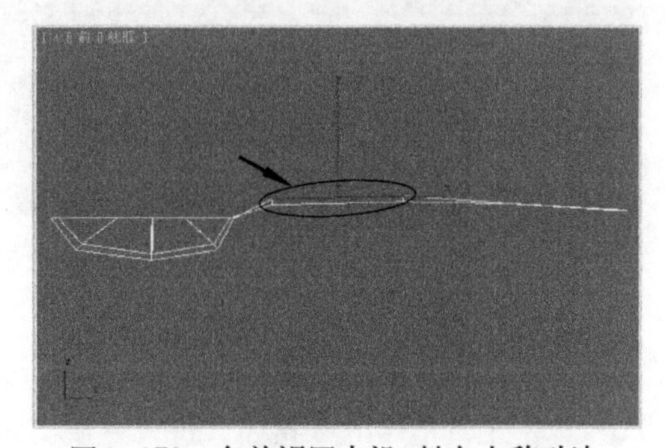

图4–170　在前视图中沿Y轴向上移动边

4．制作出勺子的厚度和平滑感

① 制作出勺子的厚度。方法：在修改器中单击“可编辑多边形”，退出次对象编辑模式。然后执行修改器下拉列表中的“壳”命令，参数设置及结果如图 4–171 所示。

② 制作出勺子的平滑感。方法：执行修改器下拉列表中的“网格平滑”命令，参数设置及结果如图 4-172 所示。

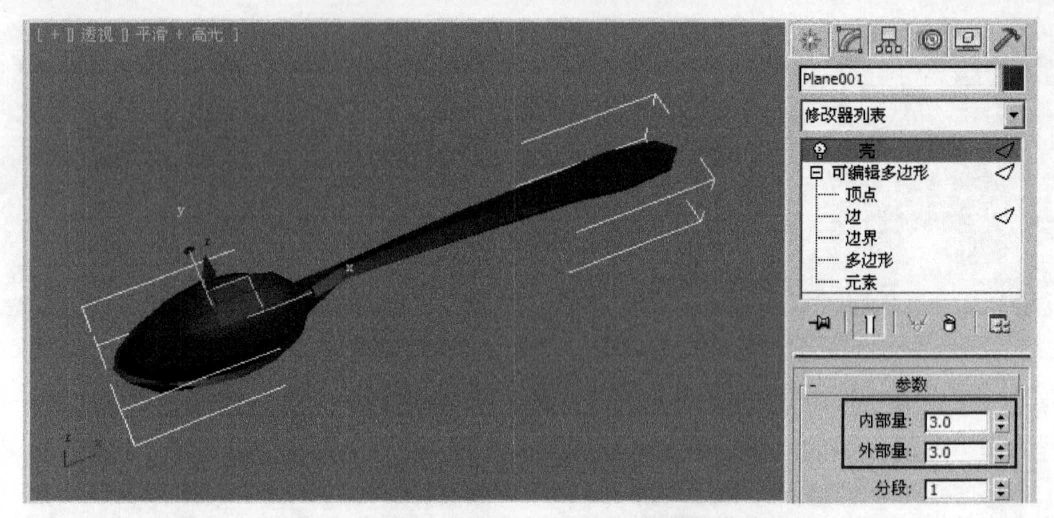

图4-171 设置“壳”参数及效果

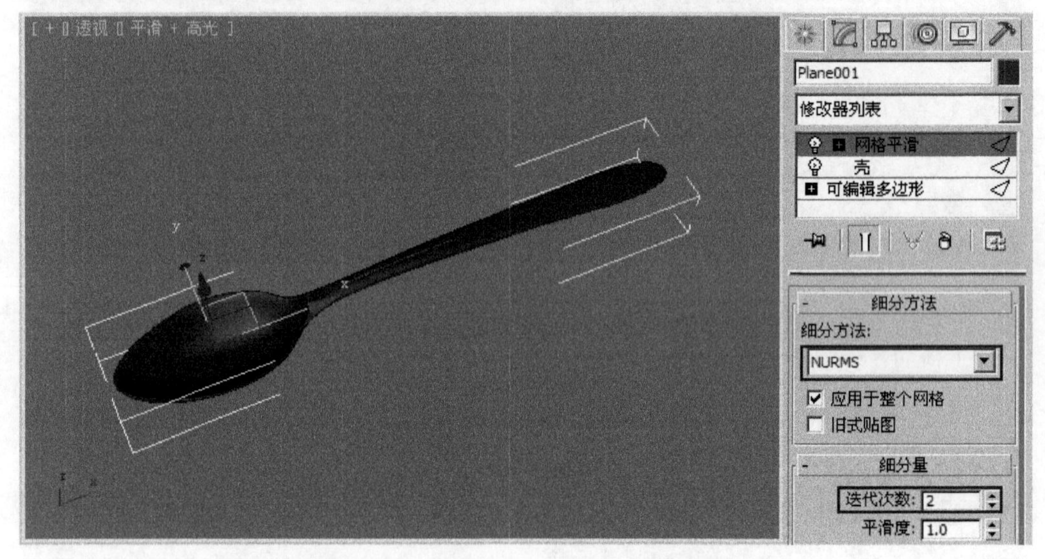

图4-172 设置“网格平滑”参数及效果

5. 赋予勺子不锈钢材质

① 单击工具栏中的按钮，进入材质编辑器。然后选择一个空白的材质球，单击 Arch & Design 按钮，在弹出的“材质 / 贴图浏览器”对话框中选择“标准”材质，单击“确定”按钮，进入“标准”材质的参数设置面板。接着设置“环境色”和“漫反射”颜色如图 4-173 所示，再展开“贴图”卷展栏，指定给“反射”右侧按钮一个配套光盘中的“mpas\ 云彩 .tif”贴图，如图 4-174 所示。

② 选择视图中的勺子模型，然后单击材质编辑器工具栏中的（将材质指定给选定对象）按钮，将材质赋予勺子模型。

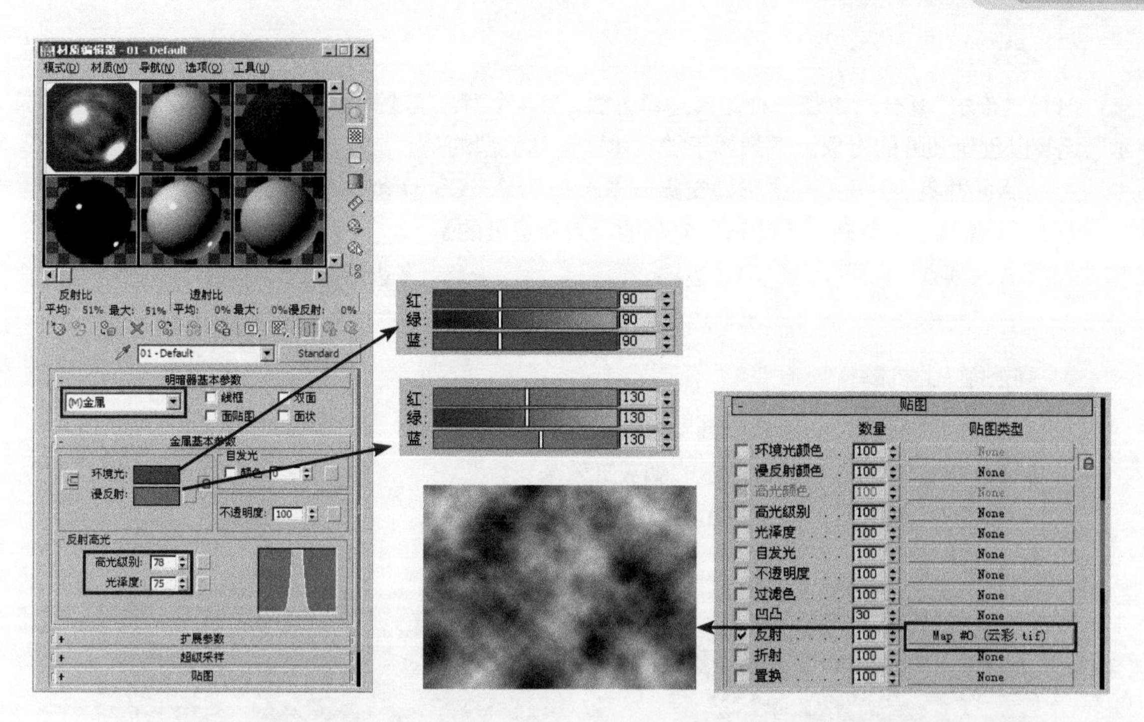

图4-173　设置不锈钢参数　　　　图4-174　指定反射贴图

③ 选择透视图，单击工具栏中的 （渲染产品）按钮进行渲染，最终效果如图 4-175 所示。

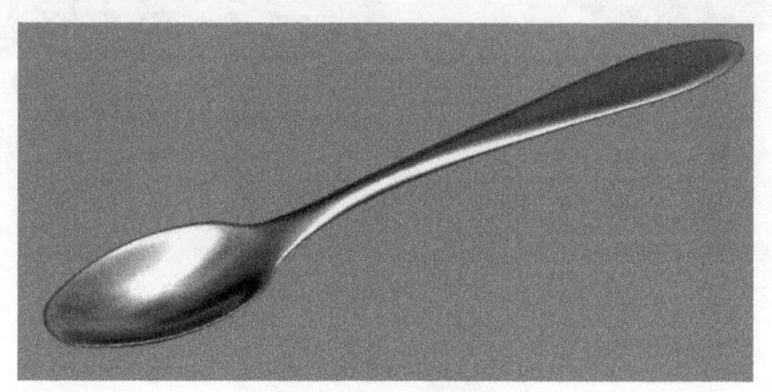

图 4-175　渲染效果

课 后 练 习

1. 填空题

（1）在 3ds Max 2011 中包括 12 种复合对象的类型，它们分别是＿＿＿＿＿＿、＿＿＿＿＿＿、＿＿＿＿＿＿、＿＿＿＿＿＿、＿＿＿＿＿＿、＿＿＿＿＿＿、＿＿＿＿＿＿、＿＿＿＿＿＿、＿＿＿＿＿＿、＿＿＿＿＿＿、＿＿＿＿＿＿和＿＿＿＿＿＿。

（2）在 3ds Max 2011 中有＿＿＿＿＿＿、＿＿＿＿＿＿、＿＿＿＿＿＿和＿＿＿＿＿＿4 种高级建模方法。

2．选择题

（1）“布尔”复合对象是一种逻辑运算方法，当两个对象交叠时，可以对它们执行不同的“布尔”运算以创建独特的对象。下列属于“布尔”运算类型的是____________。

A．并集　　B．交集　　C．切割　　D．挖空

（2）下面属于可编辑“多边形”对象的次对象层级的是____________。

A．顶点　　B．边界　　C．多边形

D．元素　　E．边

3．问答题／上机题

（1）简述“放样”复合建模中各参数的含义。

（2）练习 1：制作图 4-176 所示的烟灰缸效果。

（3）练习 2：制作图 4-177 所示的叉子效果。

图4-176　练习1效果

图4-177　练习2效果

第5章 材质与贴图

前面几章我们讲解了利用3ds Max 2011创建模型的方法，好的作品除了模型之外还需要材质与贴图的配合，材质与贴图是三维创作中非常重要的环节，它的重要性和难度丝毫不亚于建模。通过本章学习应掌握以下内容：

- 材质编辑器的基本功能；
- 常用材质的参数设置和使用方法；
- 常用贴图的参数设置和使用方法。

5.1 材质编辑器的界面与基本命令

材质按照复杂程度可分为以下3种。

- 基本材质：指只具有光学特性的材质，它包括“环境光”、“漫反射”、“高光反射”、“高光级别”、“光泽度”和“柔化”等，这种材质占用时间和内存少，但是没有贴图特性。
- 基本贴图材质：在“漫反射”中指定的基本贴图方式的材质。
- 复合材质：指单击材质编辑器上 Standard 按钮所出现的材质，如“双面”材质、“混合”材质、“顶／底”材质等。

5.1.1 材质编辑器的界面

3ds Max 2011的材质编辑器界面有精简材质编辑器和平板材质编辑器（又称石板精简材质编辑器）两种界面。其中精简材质编辑器界面就是用户熟悉的以前版本中的材质编辑器界面，如图5-1所示；另一种平板材质编辑器（又称石板精简材质编辑器）界面则是3ds Max 2011的新增功能，它将材质和贴图显示为关联在一起用来创建材质树的结点结构，如图5-2所示，用户可以通过这种结点结构编辑材质。

在3ds Max 2011的工具栏中单击按钮，可以进入精简材质编辑器的界面；在工具栏中单击按钮，可以进入平板材质编辑器的界面。如果要在两种材质编辑器界面中进行切换，可以在材质编辑器面板界面菜单中单击“模式”中的相关命令即可。

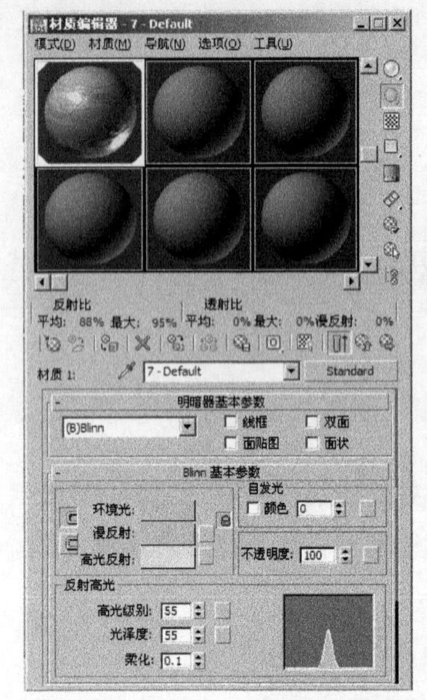

图5-1 精简材质编辑器界面

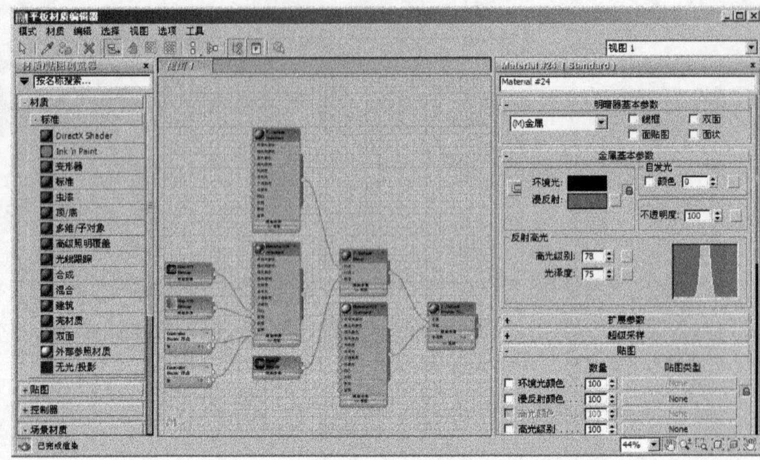

图5-2 平板材质编辑器界面

下面以精简材质编辑器界面为例来介绍一下材质编辑器的使用方法。单击主工具栏中的（材质编辑器）按钮（或按〈M〉键），进入精简材质编辑器界面，如图 5-3 所示。

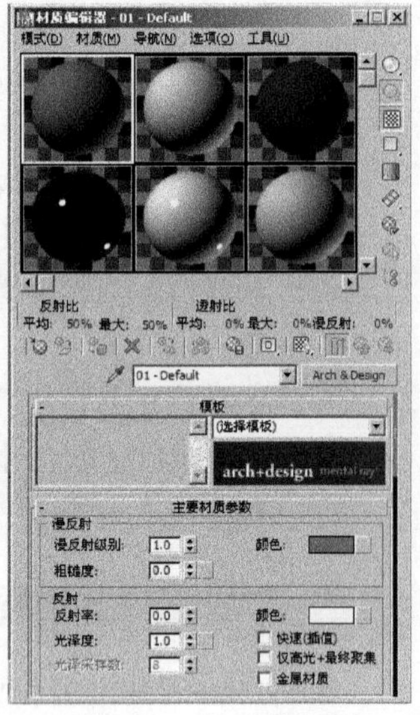

图5-3 材质编辑器

5.1.2 材质分类

3ds Max 2011中的材质分为标准材质及相关材质（非光度学）、Arch&Design 材质和 metal ray 材质 3 类。其中标准材质及相关材质（非光度学）使用的是 3ds max 默认的扫描线渲染器，这些材质主要用于游戏、动画和一般模型，但不适合在物理上精确的照明模型；Arch&Design 材质是建筑材质，使用这些材质可以提高建筑渲染的图像质量，使曲面（比如地面）更加光滑，当与光度学灯光和光能传递一起使用时，能够产生逼真的效果；metal ray 材质专门用于 metal ray 渲染器，只有当 metal ray 为活动的渲染器时，这些材质才能在材质编辑器中见到。后面主要讲解标准材质及相关材质（非光度学）的使用方法。

5.1.3 材质样本球

材质样本球区右侧有 9 个控制按钮。

（采样类型）：单击该按钮不放，会出现球体、柱体、立方体的图标。在这里可以选择与要贴图的对象最为接近的样本，如图 5-4 所示。

（背光）：控制给材质样本球是否设置背光效果，如图 5-5 所示。这一功能与场景中的对象没有关系。

球体 柱体 立方体

图5-4 采样类型

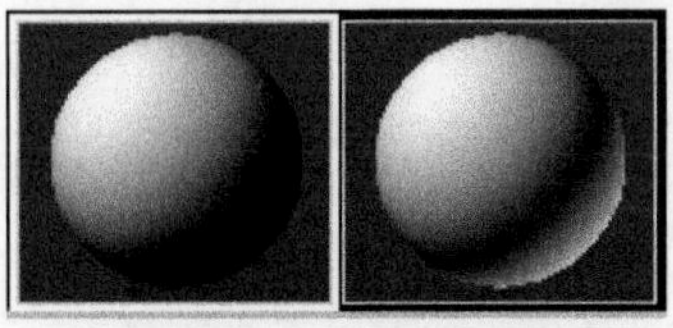

无背光 有背光

图5-5 背光效果

（背景）：控制样本球是否显示透明背景，该功能主要针对透明材质，如图 5-6 所示。

（采样 UV 平铺）：单击该按钮不放，会出现 4 种图标，在这里可以设置贴图显示重复的次数，如图 5-7 所示。这一功能实际上也与场景没有关系，可以理解成是预览的功能。

（视频颜色检查）：检查无效的视频颜色。

（生成预览）：控制是否能够预览动画材质。

（选项）：单击该按钮，将弹出“材质编辑器选项”对话框，如图 5-8 所示。在这里可以设定样本球是否“抗锯齿”以及在材质编辑器中显示“示例窗数目”（3×2、5×3 或 6×4）。

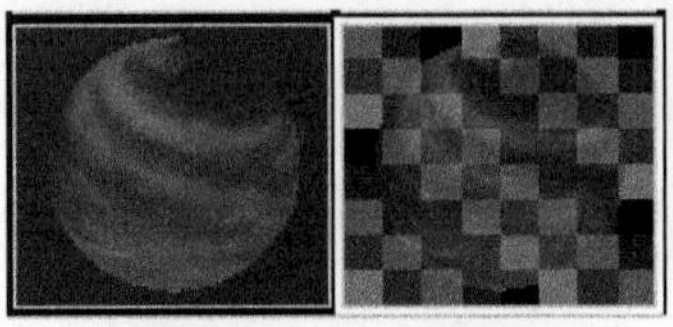

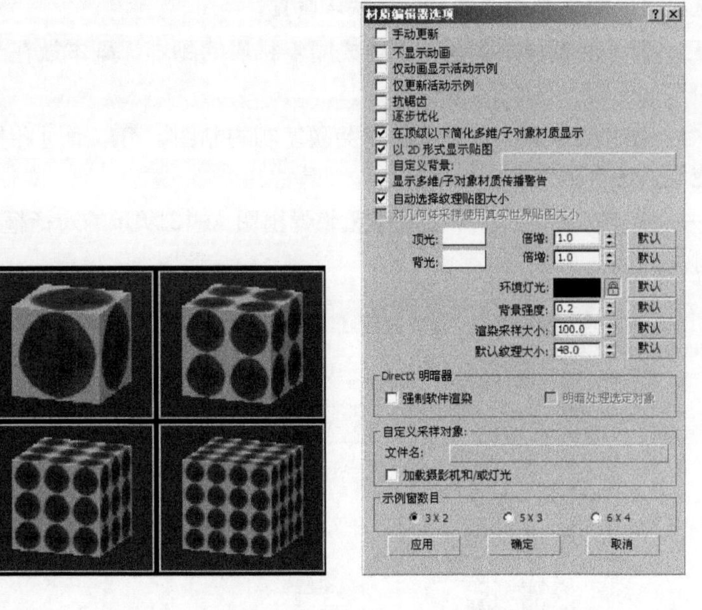

无背景 有背景

图5-6 背景效果

图5-7 采样UV平铺

图5-8 “材质编辑器选项”对话框

（按材质选择）：单击该按钮，将弹出图 5-9 所示的“选择对象”对话框，在这里可以选定具有示例材质的对象。

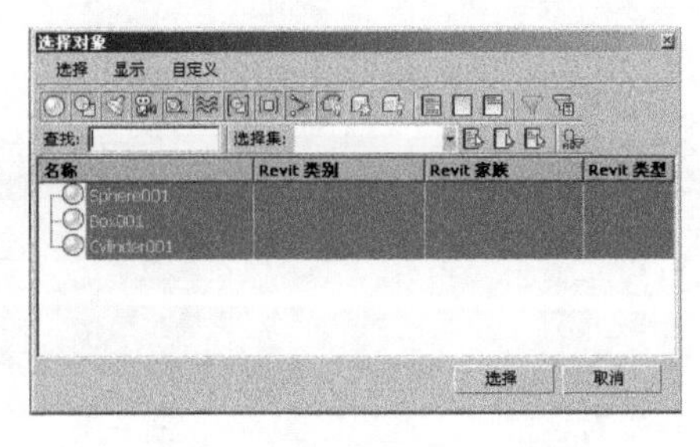

图5-9 “选择对象”对话框

（材质／贴图导航器）：单击该按钮，将会弹出“材质／贴图导航器”面板，如图 5-10 所示。在这里可以将材质的结构显示在当前示例窗中。

图5-10 “材质/贴图导航器”面板

5.1.4 材质编辑器工具条

样本窗口的下面为材质编辑器的工具栏，其中陈列着进行材质编辑的常用工具，提供材质的存取功能。

（获取材质）：单击该按钮，将弹出“材质／贴图浏览器”面板，如图 5-11 所示。在这里可选取、装入或生成新的材质，

（将材质放入场景）：将当前场景当中使用的材质运用到处于同一场景中的其他对象上。

（将材质指定给选定对象）：将当前材质赋予场景中选择的对象。此按钮只在选定对象后才有效。

（重置贴图／材质为默认设置）：单击该按钮，将弹出图 5-12 所示的提示对话框。在这里可以恢复当前样本窗口为默认设置。

（生成材质副本）：生成同步材质的副本，副本放在当前窗口，用在不想用另外的样本窗口处理同一材质的情况下。

（使唯一）：对于进行关联复制的贴图，可以通过此按钮将贴图之间的关联关系取消，使它们各自独立。

（放入库）：单击此按钮将弹出图 5-13 所示的对话框。在这里可保存在示例窗中制作的材质。

图5-11 “材质/贴图浏览器”对话框

图5-12 提示对话框

图5-13 “放置列库”对话框

（材质 ID 通道）：赋给材质通道，用于 Video Post（视频特效）。

（在视口中显示标准贴图）：在视图中显示贴图，选择这个选项将消耗很多显存。

（显示最终效果）：在 3ds Max 2011 中的很多材质是由基本材质和贴图材质组成的，利用此按钮可以在样本窗口中显示最终的结果。

（转到父对象）：3ds Max 2011 中很多材质有几个层级，利用此按钮可以在处理同级材质时进入上级材质。

（转到下一个同级顶）：进入同层级材质。

5.2 标准材质的参数面板设置

单击工具栏中的按钮，进入材质编辑器。然后选择一个空白的材质球，单击 Arch & Design 按钮，在弹出的“材质／贴图浏览器”对话框中选择“标准”材质，如图 5-14 所示，单击“确定”按钮，即可进入“标准”材质的参数面板，如图 5-15 所示。

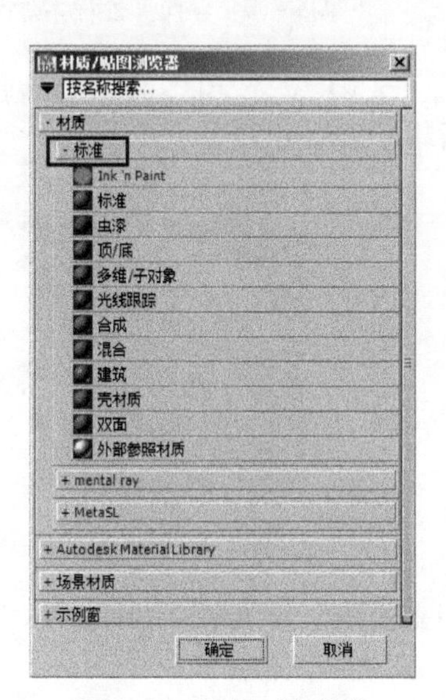

图5-14 选择“标准”

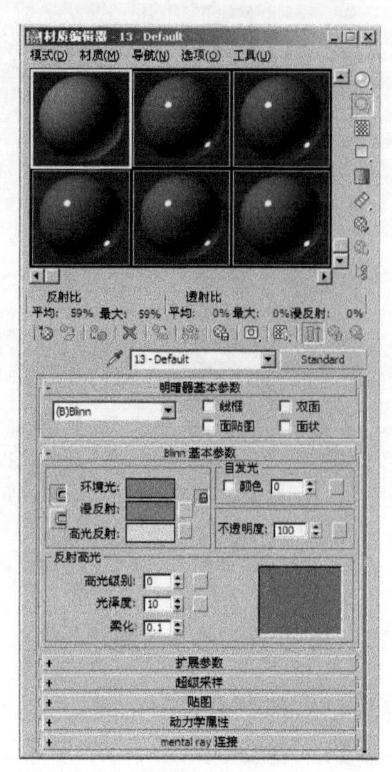

图5-15 “标准”材质的参数面板

“标准”材质的参数设置面板一般包括“明暗器基本参数”卷展栏、“基本参数”卷展栏、“扩展参数”卷展栏、“超级采样”卷展栏、“贴图”卷展栏和“动力学属性”卷展栏。

5.2.1 “明暗器基本参数”卷展栏

“明暗器基本参数”卷展栏包括明暗器和底纹两部分。

1．明暗器

3ds Max 2011 的阴影类型有 8 种，分别为“各向异性”、Blinn、“金属”、“多层”、

Oren–Nayar–Blinn、Phong、Strauss 和“半透明明暗器”，如图 5–16 所示。

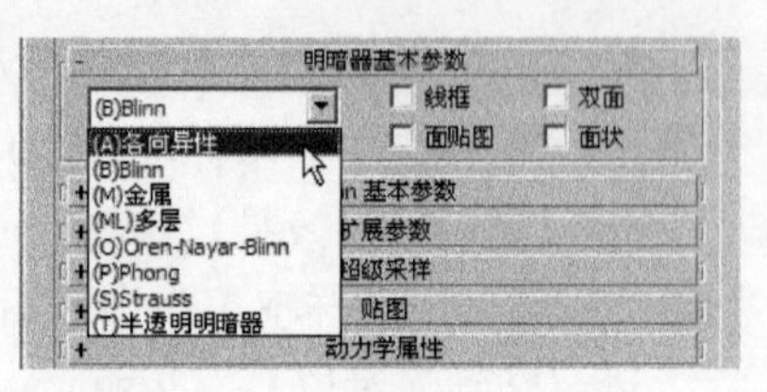

图5–16　阴影模式的种类

当选择不同的阴影模式类型的时候，下边的基本参数卷展栏也会随之发生变化。

● 各向异性：该明暗器主要是用来表现非圆形的，具有方向性的高光区域。经常在表现人工制作的对象表面，或者受光的事物拥有不规则的受光表面时使用。“各向异性基本参数”卷展栏如图 5–17 所示，材质球显示如图 5–18 所示。

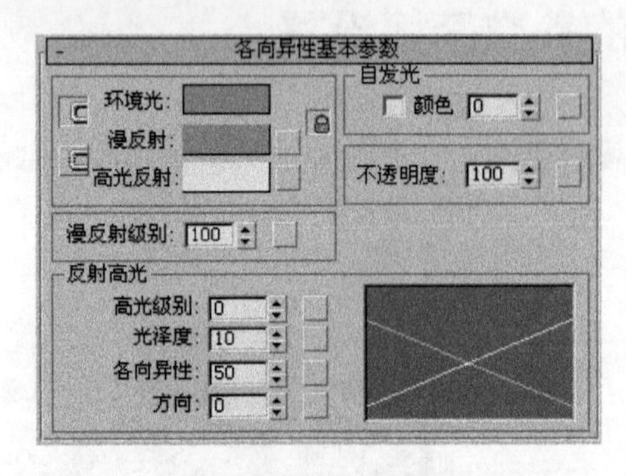

图5–17　“各向异性基本参数”卷展栏

图5–18　各向异性样本球

● Blinn：是一种带有圆形高光的明暗器。它的应用范围很广，是 3ds max 默认的明暗器。“Blinn 基本参数”卷展栏如图 5–19 所示，材质球显示如图 5–20 所示。

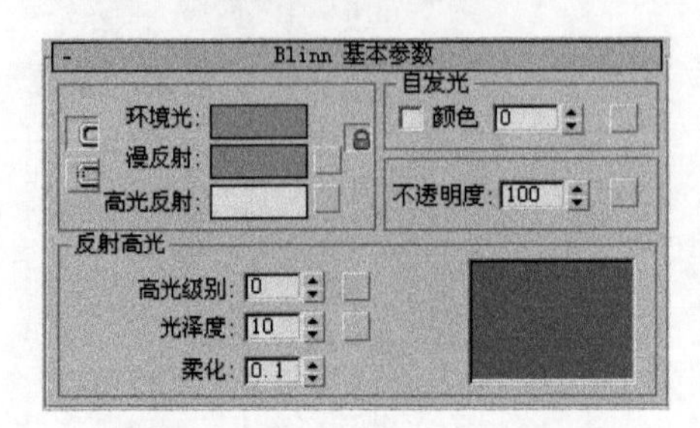

图5–19　“Blinn 基本参数”卷展栏

图5–20　Blinn 样本球

● 金属：正如字面意思一样，这一阴影模式主要用来表现金属效果为主的材质。“金属基本参数”卷展栏如图 5–21 所示，材质球显示如图 5–22 所示。

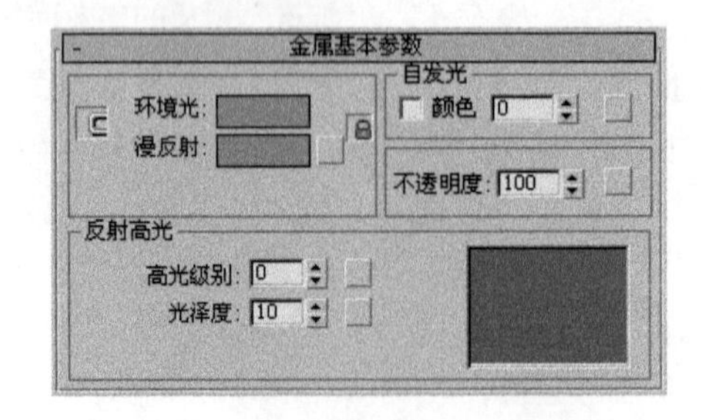

图5–21　“金属基本参数”卷展栏

图5–22　金属样本球

- 多层：该明暗器包含两个各向异性的高光。二者可以分别调整，从而制作出有趣的效果。“多层基本参数”卷展栏如图 5–23 所示，材质球显示如图 5–24 所示。

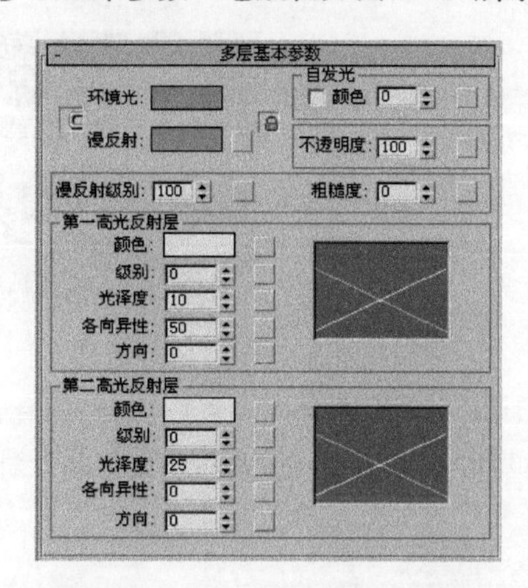

图5–23 “多层基本参数”卷展栏

图5–24 多层样本球

- Oren–Nayar–Blinn：该明暗器具有 Blinn 风格的高光，但看起来更柔和，比较适合表现布料、塑料等对象。“Oren–Nayar–Blinn 基本参数”卷展栏如图 5–25 所示，材质球显示如图 5–26 所示。

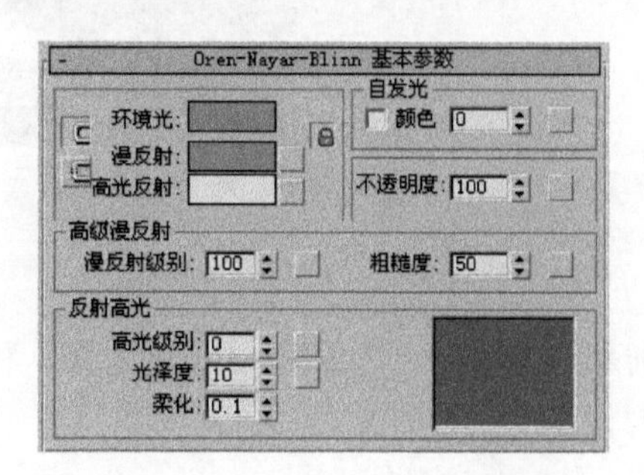

图5–25 “Oren–Nayar–Blinn基本参数”卷展栏

图5–26 Oren–Nayar–Blinn样本球

- Phong：该明暗器是从 3ds max 最早版本保留下来的，它的功能类似于 Blinn，但高光有些松散，不像 Blinn 那么圆，比较适合应用在具有人工质感的对象上。“Phong 基本参数”卷展栏如图 5–27 所示，材质球显示如图 5–28 所示。

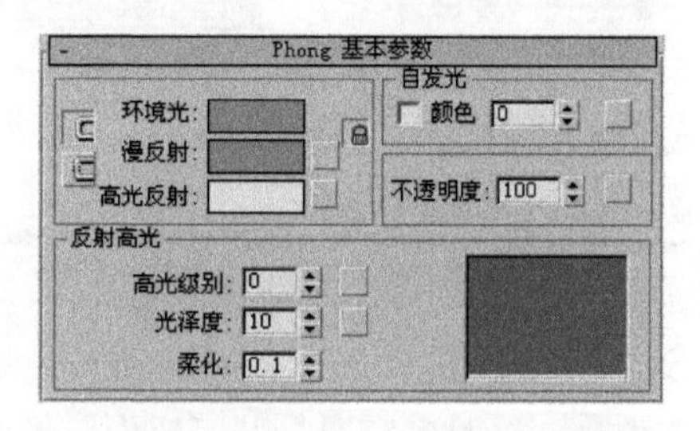

图5–27 “Phong 基本参数”卷展栏

图5–28 Phong 样本球

- Strauss：该明暗器用于创建金属或者非金属表面，比较适合表现涂料或油漆表面。“Strauss基本参数”卷展栏如图 5-29 所示，材质球显示如图 5-30 所示。

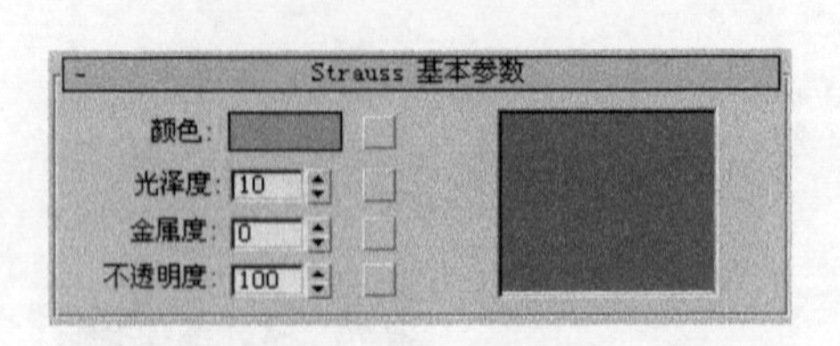

图5-29 “Strauss 基本参数”卷展栏

图5-30 Strauss 样本球

- 半透明明暗器：该明暗器用于创建薄物体的材质，模拟光穿透的效果，比较适合表现窗帘、投影屏幕等。“半透明基本参数”卷展栏如图 5-31 所示，材质球显示如图 5-32 所示。

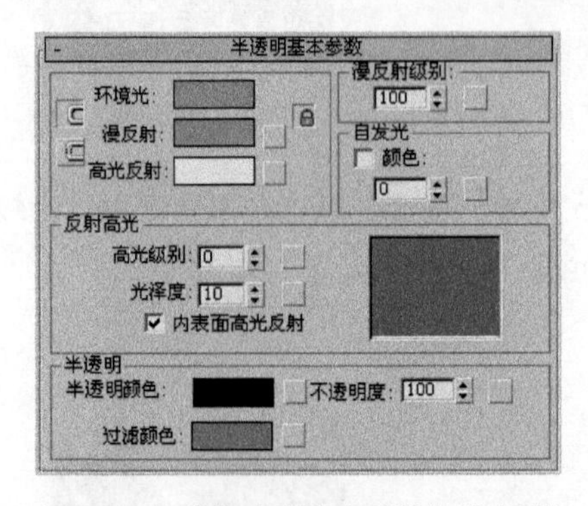

图5-31 “半透明基本参数”卷展栏

图5-32 “半透明明暗器”样本球

2．底纹类型

3ds Max 2011 中有 4 种底纹类型，它们分别是“线框”、“双面”、“面贴图”和“面状”，如图 5-33 所示。下面分别介绍这 4 种底纹类型的作用。

线框

双面

面贴图

面状

图5-33 底纹类型

- 线框：以网格线框的方式渲染物体，只能表现出物体的线架结构，对于线框的粗细，由“扩展参数”卷展栏的“大小”数值框来调节。
- 双面：将物体法线的另一面也进行渲染。通常为了简化计算，只渲染物体的外表面。但对有些敞开的物体，其内壁不会看到材质的效果，这时就需要打开“双面”显示。
- 面贴图：将材质指定给物体所有的面，如果是一个贴图材质，则物体表面的贴图坐标会失去作用，贴图会分布在物体的每一个面上。

- 面状：提供更精细级别的渲染方式，渲染速度极慢，如果没有特殊品质的高精度要求，不要使用这种方式，尤其是在指定了反射材质之后。

5.2.2 “基本参数”卷展栏

“基本参数”卷展栏包括生成和改变材质的各种控制，该卷展栏会随着阴影类型的改变而发生相应的变化。下面以图 5–34 所示的 Blinn 阴影类型的“Blinn 基本参数”卷展栏为例来介绍一下“基本参数”卷展栏的相关参数。

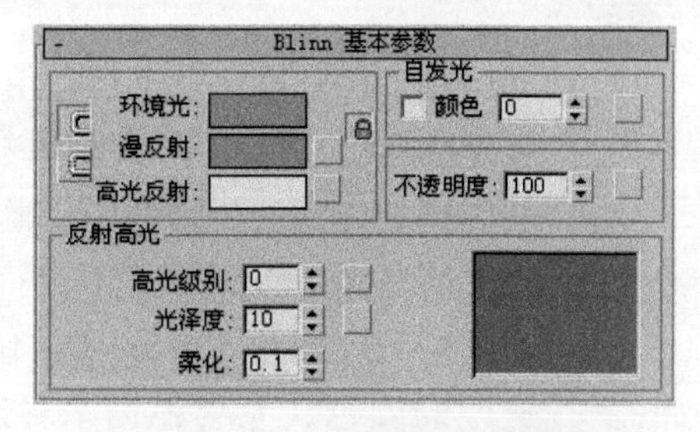

图5–34　“Blinn基本参数”卷展栏

“Blinn 基本参数”卷展栏一共有 4 个选项组，分别是“基本颜色”、“反射高光”、“自发光”和“不透明度”。

1. “基本颜色”选项组

“基本颜色”选项组控制材质的基本光照属性，共有3个选项，这是标准材质的3种明暗特性。

- 环境光：控制在远离光源的阴暗区域显示的颜色。
- 漫反射：控制整个对象的色调
- 高光反射：控制高光区的颜色。

2. “反射高光”选项组

“反射高光”选项组确定材质表面高光的光照属性，一共有 3 个选项。

- 高光级别：确定材质表面的反光强度，数值越大反光强度越大。
- 光泽度：确定材质表面反光面积的大小，数值越大反光面积越小。
- 柔化：对高光区的反光作柔化处理，从而产生柔和效果。

3. “自发光”选项组

“自发光”选项组使材质具备自身发光的效果，常用于制作太阳、灯泡等光源物体的材质。数值越大，自发光亮度越高。选中“颜色”复选框，可以设置不同颜色的自发光。单击数值框后面的小方块按钮，可以给自发光设置贴图。

4. “不透明度”选项组

“不透明度”选项组设置材质的不透明度，可以使物体产生透明的效果。默认值为 100，即不透明材质。

降低数值可使透明度增加，数值为 0 时变为完全透明材质。对于透明材质，还可以在扩展参数面板中调节它的透明衰减程度。

5.2.3 “扩展参数”卷展栏

“扩展参数”卷展栏，如图 5–35 所示。这个卷展栏中的参数可以调节折射率和透明度等。“扩展参数”卷展栏中的参数会随着贴图和材质的类型改变而发生变化，但是其中的设定内容和设定方式基本上区别不大。其中线框中的参数是将材质线框化之后才能发生作用的。它包括 3

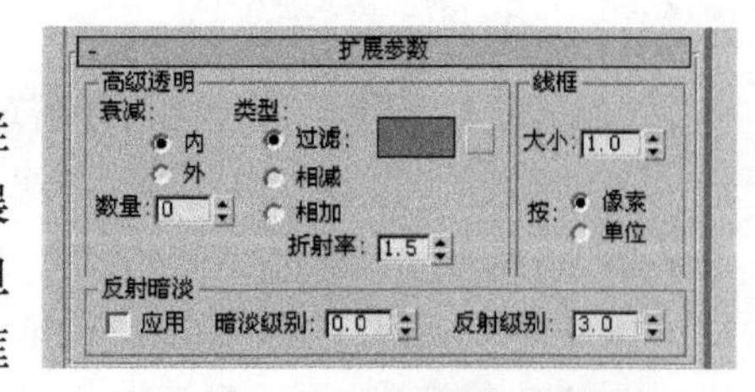

图5–35　“扩展参数”卷展栏

个选项组，分别是“高级透明”、“线框”和“反射暗淡”。

1. “高级透明”选项组

“高级透明”选项组主要用于控制透明材质的不透明衰减度设置，包括“衰减”和“类型”两部分。

- “衰减”部分有3个选项，用来控制物体内部和外部透明的程度。“内”单选按钮用来规定物体由边缘向中心增加透明的程度，如玻璃的效果；“外”单选按钮规定物体由中心向边缘增加透明的程度，类似云雾的效果；“数量”数值框可以控制物体中心和边缘的透明度哪一个更强。
- “类型”部分有3个单选按钮，用来控制透明的类型。“过滤色”以过滤色来确定透明的颜色，它会根据一种过滤色在物体的表面上色；“相减”根据背景色减去材质的颜色，使材质后面的颜色变暗；“相加”将材质颜色加到背景色中，使材质后面的颜色变亮。

2. “线框”选项组

“线框”选项组主要用来对线框进行编辑，它包括两个单选按钮和一个数值框。其中“大小”数值框用来设置线框的粗细。“像素”和“单位”两个单选按钮控制线框粗细的单位。“像素”表示线的宽度以屏幕像素为单位，“单位”表示线宽以系统设定的逻辑单位为单位。

3. “反射暗淡”选项组

“反射暗淡”选项组用来控制反射模糊效果，数值可通过“暗淡级别”和“反射级别”数值框来控制。“暗淡级别”可设置物体投影区反射的强度，数值为1时，不产生模糊影响；数值为0时，被投影区仍表现为原有的投影效果，不产生反射。“反射级别”可设置物体被投影区的反射强度，它可以使反射强度倍增，一般用默认值即可。如果选中“应用”复选框，则反射模糊将发生作用。

5.2.4 “超级采样”卷展栏

“超级采样”卷展栏，如图5-36所示。这个卷展栏可设置渲染的高级采样的效果，以提供更精细级别的渲染效果。它通常用于渲染高精度的图像，或者消除反光点处的锯齿或毛边。但是在使用时会消耗大量的渲染时间，在使用“光线跟踪”材质的时候更加突出。

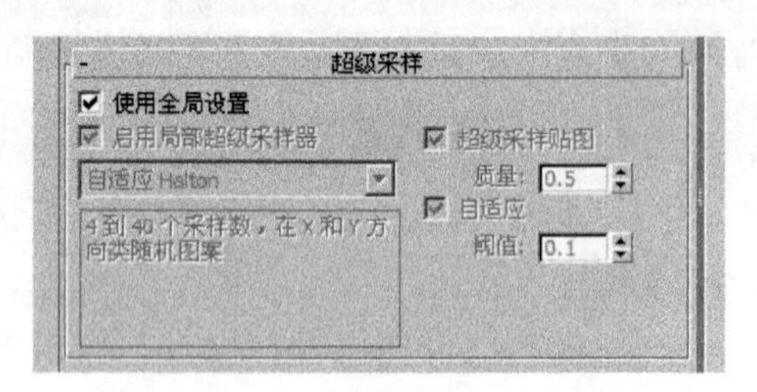

图5-36 “超级采样”卷展栏

5.2.5 “贴图”卷展栏

“贴图”卷展栏，如图5-37所示。在这里可以赋予材质不同的类型和性质。

在“贴图”卷展栏中，有很多参数和贴图效果，下面就简单介绍一下这些参数的功能和使用方法。

- 环境光颜色：这个贴图取代了环境色，使得对象的阴影看起来像贴图。
- 漫反射颜色：这个贴图取代了漫反射，这是用于对象的主要颜色，是最常用的贴图通道。

默认情况下“漫反射颜色”和“环境光颜色”贴图是相同的。如果要分别设置它们的贴图，可以单击它们之间的按钮，解除锁定即可。

- 高光颜色：这个贴图通道可以在对象的最明亮部分加入贴图。我们可以在对象受光最强烈的部分赋予贴图，受到的反射越强烈，贴图越清晰，但是如果对象表面没有强烈的光反射区域，那么就不会显示贴图。
- 高光级别：该贴图通道可在赋予对象贴图后在对象表面生成一个明暗通道，如图5–38所示。

图5–37 “贴图”卷展栏

图5–38 使用“高光级别”效果

提示

彩色或黑白图片皆可。

- 光泽度：“光泽度”通道与“高光级别”通道的使用方法基本是一样的，但是“光泽度”贴图通道与“高光级别”贴图通道的意义截然相反，它是将作为通道图片的亮部还原，将暗部变为高光区域。
- 自发光：这个贴图通道可以产生自发光效果，在使用这个贴图通道的时候，同样也是在对象表面按照所用图片的明暗生成一个通道，但有所不同的是，在图片中偏白的部分会产生自发光效果。它不受光线的影响，不管是在对象的暗部或是亮部，都不会受到影响。相反的，在图片中越接近黑色的部分，也就逐渐不会产生自发光效果了。
- 不透明度：这个贴图通道一般用来表现三维场景中一些非三维对象的效果，它可以过滤掉不需要的材质边缘，只显示需要的部分，因为它对白色的贴图部分是保留的，对于偏黑色部分就会逐渐变为透明。

对于“不透明度”贴图通道的操作，这里用一个实例来说明一下，具体过程如下：

① 在3ds Max 2011中打开图5–39所示的树叶图片，然后将图片中的树叶部分全部填充为白色，背景变为黑色，如图5–40所示。

图5–39 原图

图5–40 修改图片

② 单击“不透明度”后边的None按钮，在弹出的对话框中选择“位图”选项后单击“确定”按钮。然后在弹出的“选择位图图像文件”对话框中找到修改后的图片，单击“打开”按钮。接着单击材质编辑器工具栏中的按钮，回到上一层级。

③ 在场景中创建“平面”，如图5-41所示。然后将贴图赋予平面，这样树叶的一个剪影轮廓就出现在了场景中，结果如图5-42所示。

图5-41 创建“平面”

图5-42 赋予贴图

④ 在“漫反射颜色”贴图通道中加入树叶原来的贴图，这样一个完整的树叶就出现在场景中了，此时效果如图5-43所示。

图5-43 加入漫反射材质

⑤ 此时虽然树叶已经出现在场景中，但是树叶的阴影还是平面的形态。这时就要改变灯光的阴影模式。在默认情况下，灯光的阴影模式是“阴影贴图”模式，下面将其改为“光线跟踪阴影”模式，如图5-44所示。现在阴影的效果也比较完美了，如图5-45所示。

提示

该项一般在处理平面上的植物或者是远景背景时使用，这样可以节约不少资源，加快工作效率。

图5-44 修改灯光阴影模式

图5-45 最终效果

- 过滤色：这个贴图通道在加入贴图后并不能在对象表面显示出来，必须改变对象本身的不透明度才能看到。这个功能基本与“不透明度”功能相同，但是如果透明度为0，那么就会变为透明状态。
- 凹凸：这个贴图通道是通过位图的颜色使对象的表面凸起或是凹陷。贴图中白色区域凸起，黑色区域凹陷。
- 反射：这个贴图通道是一种高级的贴图方式，主要用于表现具有镜像效果的对象，如水面、玻璃或者光滑的大理石表面等。
- 折射：这个贴图通道可在对象表面折射周围的其他对象或者环境。它可以很好地表现诸如水、玻璃、冰块等对光线的折射。在使用这一效果的同时，也会牺牲大量的渲染时间，但是最终的完成效果绝对是一流的。

对于“不透明度”贴图通道的操作，这里用一个实例来说明一下，具体过程如下：

① 创建一个简单的场景，如图5-46所示。

② 单击“折射”后边的None按钮，然后在弹出的对话框中选择“反射/折射”选项，如图5-47所示，单击“确定”按钮。

图5-46 创建简单场景

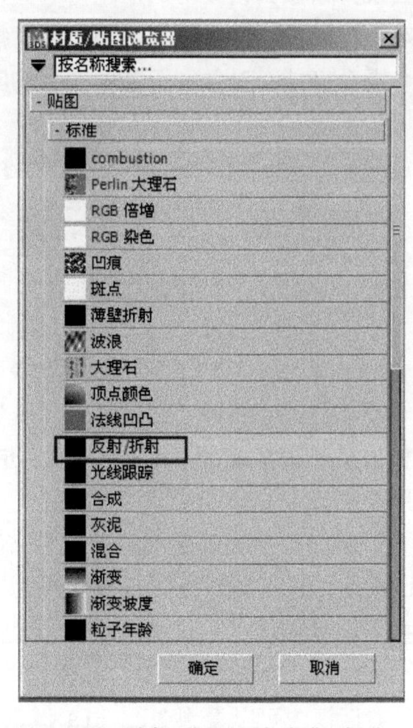

图5-47 选择“反射/折射”选项

③ 单击材质编辑器示例窗下边的按钮，回到上一层级。将材质赋予对象，渲染后效果如图5-48所示。

提示

可以通过改变折射数值可以调节折射率。

图5-48 “反射/折射”效果

- 置换：“置换”贴图通道是将图片的黑白灰色调的深浅值置换成挤压力度值，从而对对象产生性质替换的一种贴图方式，形象地说就是利用图片的明暗关系，做出隆起或者凹陷的效果。一般应用在NURBS对象或者是多边形对象上，作用和“凹凸”贴图比较类似。

5.2.6 “动力学属性”卷展栏

“动力学属性”卷展栏，如图5-49所示。它主要用于动画制作中，对动力学系统进行设置，只有进入了动力学系统，这些设置才有意义。

“动力学属性”卷展栏参数解释如下：

- 反弹系数：设置对象在碰撞到其他对象时的反弹程度。
- 静摩擦：对象在由静止到运动所需要的力。
- 滑动摩擦：对象在运动中产生的阻力。

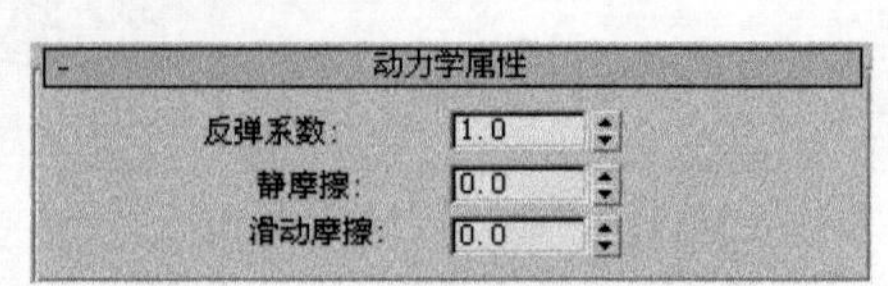

图5-49 “动力学属性”卷展栏

5.3 标准材质类型

材质是给对象赋予质感的功能。进一步来说，材质类型用于制作并具体设置这一质感。一个材质类型可以包含多个贴图类型，但是贴图类型中不包含材质类型。换句话来说，材质类型是贴图类型的上一个层级。

接下来就要了解一下标准材质类型的具体用途，单击图5-15中的 Standard 按钮，从弹出的“材质/贴图浏览器”对话框中可以看到3ds Max 2011标准材质类型中包括12种材质，如图5-50所示。

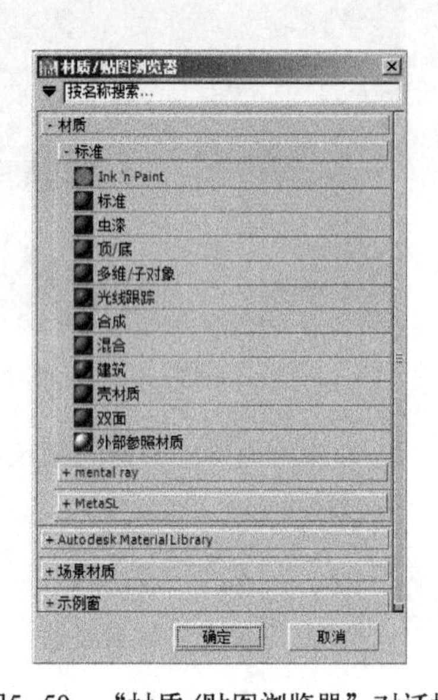

图5-50 “材质/贴图浏览器”对话框

5.3.1 “混合”材质

“混合”材质就是将两种材质混合起来，通过“遮罩”可以设置两种材质的混合方式。“混合基本参数”卷展栏如图5-51所示，混合效果如图5-52所示。

“混合基本参数”卷展栏参数解释如下：

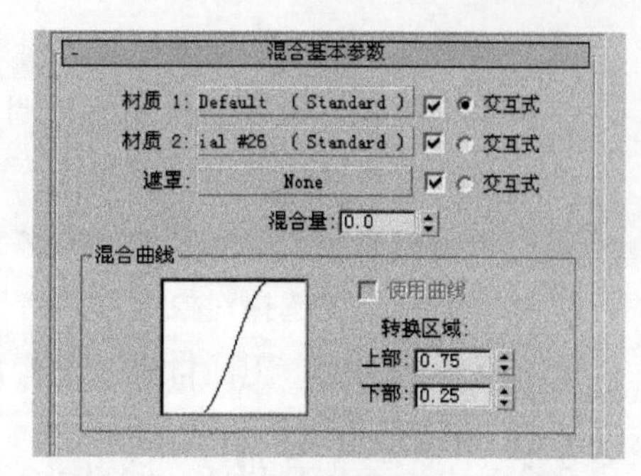

图5-51　“混合基本参数”卷展栏

- 材质 1：选择合成材质的第 1 种材质。
- 材质 2：选择合成材质的第 2 种材质。
- 交互式：选中后，这种材质就会在场景中表现为阴影。
- 遮罩：在这里加入的图片会被识别为黑白图片，并按照图片的明暗关系对以上选择的材质进行混合。
- 混合量：这个参数只有在没有使用“遮罩”贴图的时候才能使用，默认值为0。在为0的时候只显示“材质 1”的材质，调高数值后逐渐显示“材质 2”的材质，数值为100时只显示“材质 2”的材质。
- 使用曲线：可以使“材质 1”和“材质 2”的图片更加紧密地合成在一起。
- 上部：调整上一层级的合成部位。
- 下部：调整下一层级的合成部位。

图5-52　混合效果

5.3.2 “双面”材质

“双面”材质包括两部分材质，一部分是在对象的外表面，另一部分是在对象的内表面。

“双面基本参数”卷展栏如图 5-53 所示。实际应用效果如图 5-54 所示。

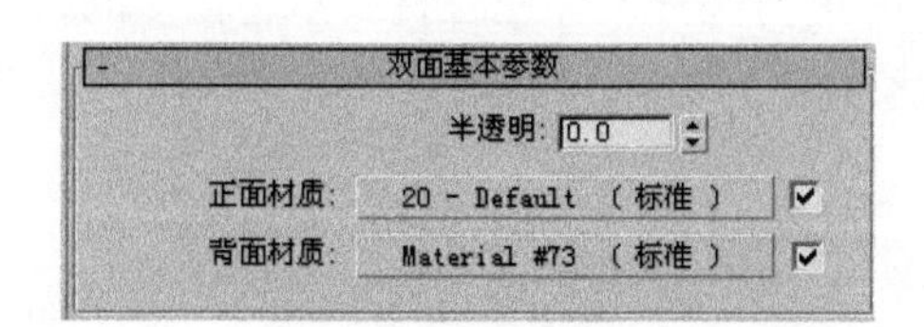

图5-53　“双面基本参数”设置卷展栏

图5-54　“双面”材质应用效果

“双面基本参数”卷展栏参数解释如下：

- 半透明：可以调整材质的透明度。随着数值的升高，指定在内部的材质从外部，外部的材质从内部开始变得透明。
- 正面材质：选择对象外部的材质。
- 背面材质：选择对象内部的材质。

如果没有选中“正面材质”或“背面材质”后边的复选框，就会使用黑色进行渲染。

5.3.3 “多维/子对象”材质

“多维/子对象”材质的奇妙之处在于能分别为对象的不同子级赋予不同的材质。例如，对于一个长方体，可以使用“多维/子对象”材质为每个面指定不同的材质。

“多维/子对象基本参数”卷展栏如图5-55所示，实际应用效果如图5-56所示。

图5-55 “多维/子对象基本参数”卷展栏

图5-56 “多维/子对象”材质应用效果

“多维/子对象基本参数”卷展栏参数解释如下：

- 设置数量：设置使用材质的个数，默认为10种材质。
- 添加：增加新的材质，如果已经给对象指定了若干材质ID，并且已经没有多余可使用的材质ID的情况下，单击“添加”按钮就可以增加一个新的材质。
- 删除：删除所选定的材质，在删除的同时材质也就失去了作用。
- ID：材质的编号。
- 名称：在这栏中可以给材质指定名称。在场景中如果使用的材质很多，为了方便地查找、修改或管理材质就要在这里使用相应的名称来进行区分。即使在材质不是很多的时候也要养成编制名称的习惯。
- 子材质：给相应的ID指定材质。
- 颜色：在不指定材质的情况下，也可以修改对象的漫反射颜色。
- 启用/禁用：决定是否使用相应的ID中的材质。

5.3.4 “顶 / 底”材质

“顶／底”材质就是给对象的上部和下部分别赋予不同贴图的材质类型。也是一种比较常用的材质类型。

“顶／底基本参数”卷展栏如图 5-57 所示，实际应用效果如图 5-58 所示。

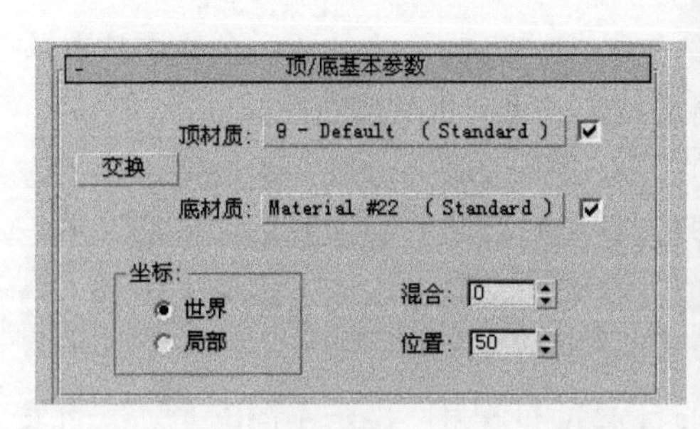

图5-57　“顶/底基本参数”卷展栏

图5-58　“顶/底”材质应用效果

“顶／底基本参数”卷展栏参数解释如下：

- 顶材质：指定对象的上部材质。
- 底材质：指定对象的下部材质。
- 交换：单击该按钮后会将“顶材质”与“底材质”的位置对调。
- 坐标：指定贴图的轴。
- 世界：以对象的世界轴坐标为标准，混合上下两部分的材质，不适合制作动画。
- 局部：以对象的自身坐标为标准混合上下两部分，在制作动画时必须使用该项。
- 混合：这个数值是用来调节“顶材质”与“底材质”两个材质区域边界的柔和度的，数值越大，混合度越高。
- 位置：用来调节“顶材质”与“底材质”所占区域的比例，默认值为 50（即两种材质各占一半）。

5.3.5 “光线跟踪”材质

“光线跟踪”材质是可以同时使用反射和折射的材质类型，可以精确控制反射和折射的各种属性，包括对高光反射部位的贴图和暗部贴图的折射率、折射的颜色、透明度等属性的调整。它的参数设置卷展栏如图 5-59 所示，效果如图 5-60 所示。

“光线跟踪基本参数”卷展栏参数解释如下：

- 环境光：表示阴影部分的颜色，“环境光”决定吸收多少光的值。取消选中这一选项的复选框就可以不用颜色，改为使用数值来进行设定。

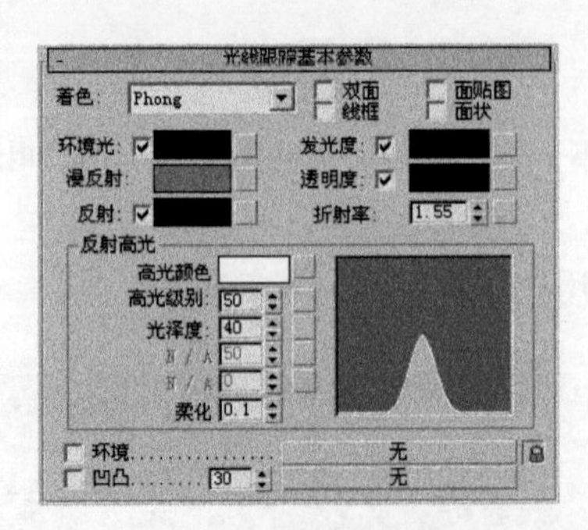

图5-59　“光线跟踪基本参数”卷展栏

图5-60　“光线跟踪”材质效果

- 漫反射：与普通材质中的“漫反射”作用相同，但是当“反射”值是纯白色或者取最大值 100 的时候并不显示本身的颜色，而是反射周围对象或是背景的颜色。
- 反射：可以调整对象的透明度和对环境的反射值。可以通过颜色进行调整，使用颜色进行调整的时候是按照颜色的明暗来取值的，色调越亮反射越强，反之越弱，但是并不影响对象颜色上的变化。同样在取消选中这一选项复选框的时候可以通过数值来调整，这时默认的颜色就是纯黑色或纯白色。
- 发光度：与普通材质中的“自发光”具有相同的自发光的效果。但是不同的是，“自发光”是让漫反射颜色中的颜色发光，而“发光度”是按照自己设定的颜色发光，即可以发出与对象本身不同的光。如果取消选中此选项的复选框，也可以通过数值来进行调整，并且颜色也默认为纯黑或纯白色，这一点和自发光的性质完全一样。
- 透明度：可以调整对象的透明度。它和普通材质中的“不透明”的概念是完全一样的，这一功能也可以通过颜色和数值两种方式来进行设定。
- 折射率：代表透过“光线跟踪”材质的光线折射率。在取值为 1 的时候不发生变化，但是当值高于 1 的时候后面的对象就会扩大显示，低于 1 的时候就会缩小显示。如果要表现水中透过对象折射的效果，就要运用“透明度”数值。
- 高光颜色：用来调整对象高光部分的颜色、强度和扩散值。
- 高光级别：代表对象受到光线影响在表面形成的高光区域，可以用来指定这一部分的颜色，默认为白色。
- 光泽度：表示高光部分的强度。区别就是在普通材质中可以使用的最高值为 100，这里为 200。
- 柔化：与普通材质中的柔化一样。可以用来调整“高光度”和“光泽度”之间的柔和度。
- 环境：忽视反射在对象表面的场景颜色和贴图。使用这里的贴图来进行替换，使对象表面折射出来的映像和这里设定的图片一致。
- 凹凸：和普通材质中的凹凸的作用一样，利用打开图片的明暗关系来表现对象表面的纹理效果。

5.3.6 Ink’n Paint 材质

Ink’n　Paint 的材质类型比较接近于 2D　Illustrator 的效果，这种材质是现在比较流行的一种材质，一般称为2D渲染方式，渲染如图5-61所示。Ink'n Paint材质包含以下几个参数设置卷展栏。

1. “基本材质扩展”卷展栏

“基本材质扩展”卷展栏如图5-62所示。它的参数解释如下：

图5-61 Ink'n Paint效果

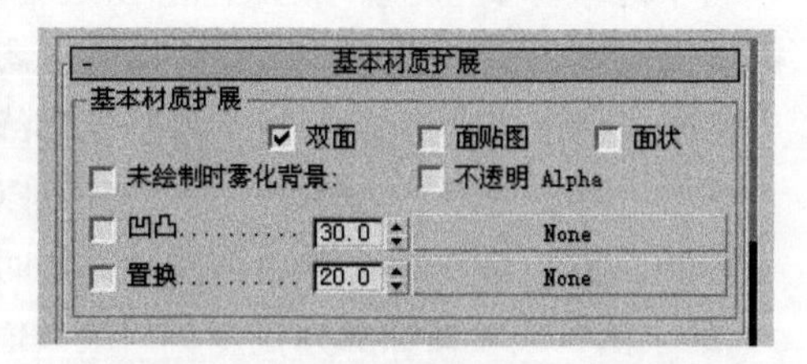

图5-62 “基本材质扩展”卷展栏

- 双面：与普通的材质“双面”作用一样，默认是选定状态的。
- 面贴图：以对象所有的面为单位来运用。
- 面状：表现解除每个面的柔化之后的坚硬效果。但是实际上与“面贴图”的效果是一样的。
- 未绘制时雾化背景：在背景中设置烟雾，此项只有在解除“绘制控制”卷展栏中的所有选定时才能使用。如果在场景中加入烟雾效果，那对象就会变为和烟雾一样的颜色。
- 不透明 Alpha：选中“不透明 Alpha”复选框后进行渲染就不会在场景中形成任何的Alpha的通道值。
- 凹凸／置换：与前边提到的标准材质中的一般贴图的“凹凸”、“置换”功能是一样的。

2. “绘制控制”卷展栏

“绘制控制”卷展栏如图5-63所示。它的参数解释如下：

- 亮区：可以指定对象的整体颜色，还可以在None按钮中加入其他贴图图片。并可以调整材质的清晰度。
- 绘制级别：这个参数可以用来设定对象的层次感。最高有255个层级，层级越多，层次感越强，但是渲染时间就越长。

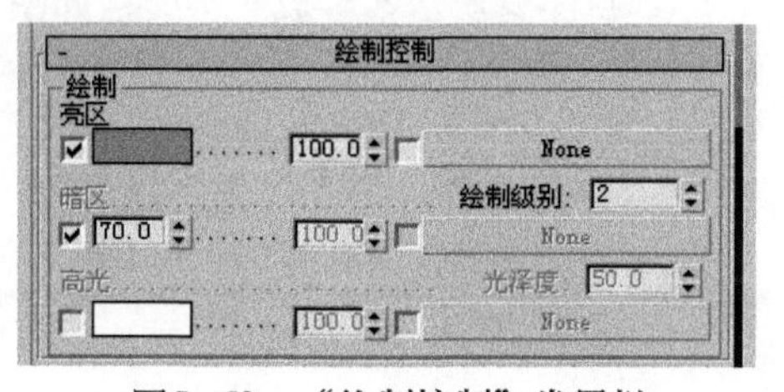

图5-63 “绘制控制”卷展栏

- 暗区：在默认情况下暗区都是被选中的，它代表的是对象上最阴暗的部分。在选中的情况下阴影部分为黑色，数值越低，阴暗的部分越多；数值越高，就越少。如果取消选中该复选框，那么就可以改变暗部的颜色或者添加材质。
- 高光：正如它的字面意思那样，控制的区域是对象上的高光部分。在选中该复选框后，高光区域就出现在对象上，可以直接改变颜色并可以通过调整光泽度的值来改变高光区域的大小，或者直接在后边的None按钮中加入贴图，并可通过调节数值来调整混合度。

3．“墨水控制”卷展栏

“墨水控制”卷展栏，如图5-64所示。它用于实现对材质颜色，表面凹凸、边缘轮廓线、内部轮廓线、高光等属性的调整。它的参数解释如下：

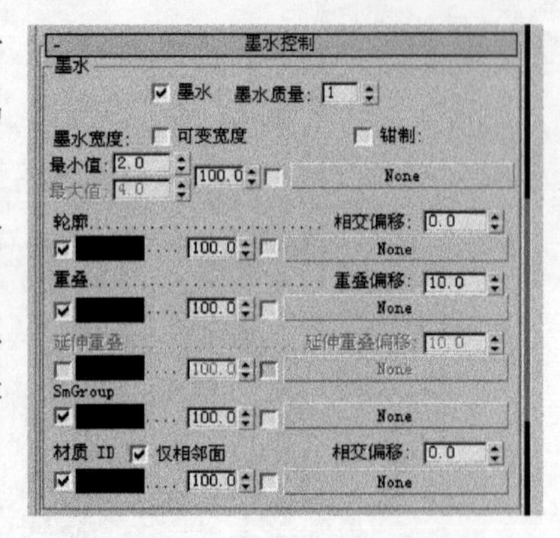

图5-64　“墨水控制”卷展栏

- 墨水：选中“墨水”复选框后才会在渲染时出现对象的轮廓线。
- 墨水质量：数值越大轮廓线越准确。最高值为3，但是相应的渲染时间也会拉长。这个卷展栏的功能是表现外轮廓线和内轮廓线的粗细、颜色等参数的选项组。
- 墨水宽度／可变宽度／钳制：这3个参数互相关联。首先“墨水宽度”的作用是调整轮廓线的粗细。如果选中“可变宽度”复选框，那么就可以产生轮廓线在对象凸起的部分逐渐变细的效果，这时“墨水宽度”下边的“最小值”开始发生作用，“最小值”代表最细部分宽度，“最大值”代表最粗部分的宽度；如果没有选中“钳制”，那么线条就会和亮区的亮度保持一致。
- 轮廓：代表对象的外轮廓线，在这里可以改变外轮廓线的颜色。“相交偏移”数值框可以用来设置外轮廓线交叉区域的倾斜度。
- 重叠：表现一个对象中重叠的区域，默认状态为非选中状态。
- SmGroup：代表一个对象的内轮廓线，同外轮廓线一样，也可以进行改变颜色等设置。
- 材质 ID：可以在同一个对象的面中指定各自不同的ID来分别运用不同的颜色或者贴图。

5.3.7　其他材质类型

1．“虫漆”材质

“虫漆”材质能够混合两个材质并表现出具有光泽的效果。当然还有其他的方法可以做出混合并有光泽的效果，但是效果最好的还是虫漆材质。

“虫漆材质基本参数”卷展栏如图5-65所示。效果如图5-66所示。

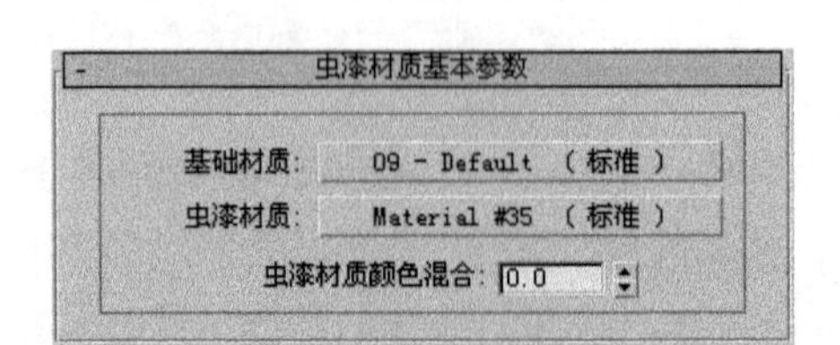

图5-65　“虫漆材质基本参数”卷展栏

图5-66　“虫漆”材质效果

2．“标准”材质

这里所说的“标准”材质就是普通材质。它是 3ds Max 2011 以前版本中默认的材质类型，也是最基础的材质类型，所有对象的材质效果都是用它来编辑完成的，其他的材质类型只不过起了一个合成的作用。

3．“建筑”材质

“建筑”材质会自动将光线追踪算法加入到渲染之中，从而反映真实的反射与折射。“建筑”材质的参数卷展栏如图 5-67 所示。

4．壳材质

“壳材质参数”卷展栏如图 5-68 所示。它的参数解释如下：

- 原始材质：在这里添加的材质，其作用和使用方法基本和一般材质一致。
- 烘焙材质：“烘焙材质”除了包含原始材质的颜色和贴图之外，还包含了灯光的阴影和其他信息。
- 视口：控制在视窗中显示哪种材质。
- 渲染：控制在渲染时显示哪种材质。

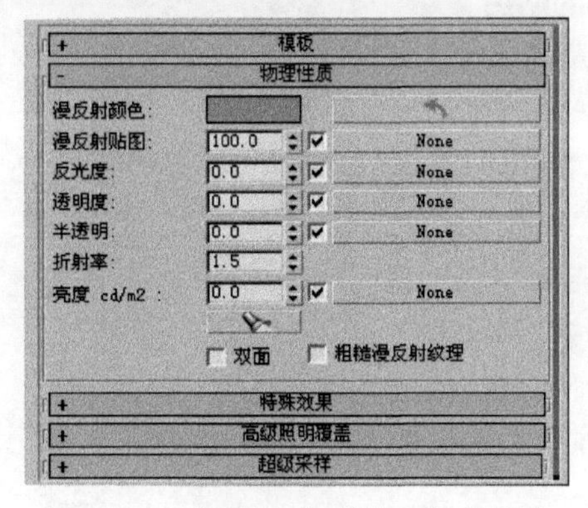

图5-67 “建筑”材质的参数卷展栏

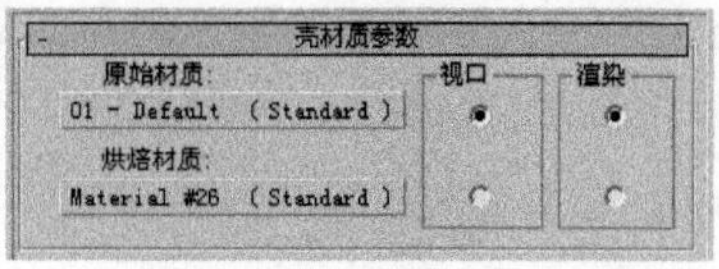

图5-68 “壳材质参数”卷展栏

5．外部参照材质

外部参照材质可以使用户在场景中参照外部某个应用于对象的材质。对于外部参照对象，材质保存在单独的源文件中。用户可以仅在源文件中设置材质属性。当用户在源文件中改变材质属性然后保存时，在包含外部参照的主文件中，材质的外观可能会发生变化。

6．合成材质

合成材质最多可以合成 10 种材质。按照在卷展栏中列出的顺序，从上往下叠加材质。合成材质只有一个“合成基本参数”卷展栏，如图 5-69 所示。它的参数解释如下：

- “材质 1”到“材质 9”：选中它们前面的复选框，

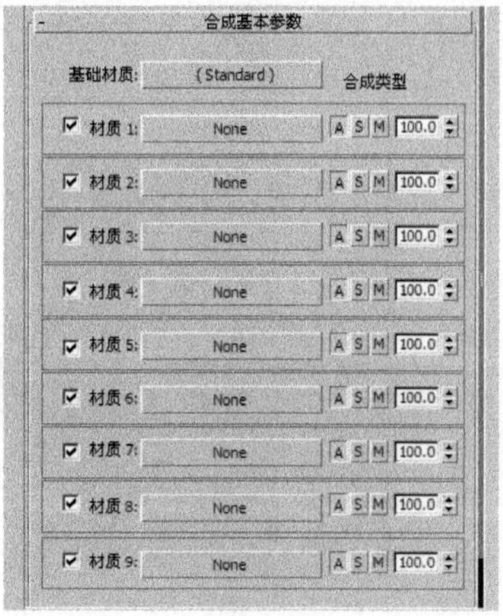

图5-69 “合成基本参数”卷展栏

将在合成中使用该材质。如果取消选中，则不使用该材质。默认为选中状态。

- A：激活该按钮，将使用相加不透明度。
- S：激活该按钮，将使用相减不透明度。
- M：激活该按钮，将根据后面数值框中的数量值来混合材质。

5.4 标准贴图类型

3ds Max 2011 共有 34 种标准贴图，这些贴图都可以在“材质／贴图浏览器”对话框中找到，如图 5-70 所示。

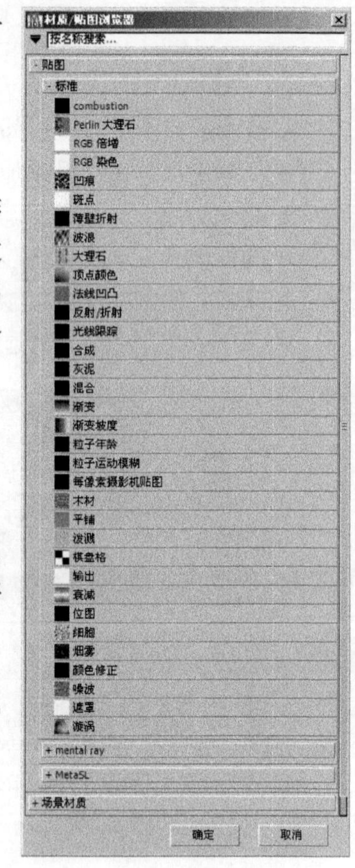

图5-70　标准贴图类型

5.4.1 “位图”贴图

“位图”贴图是较为常用的一种二维贴图。在三维场景制作中大部分模型的表面贴图都要与实际情况相吻合，而这一点通过其他程序贴图是很难实现的，也许通过一些程序贴图可以模拟出一些纹理，但这与真实的纹理有一定差距。在这时候我们大多会选择以拍摄、扫描等手段获取的位图来作为这些对象的贴图。

对于“位图”贴图的操作，这里用一个实例来简单说明一下，具体过程如下：

① 在场景中创建一个茶壶，如图 5-71 所示。

② 单击工具栏中的（材质编辑器）按钮，进入材质编辑器。然后选择一个空白的样本球，指定给它一个标准材质后单击（将材质指定给选定对象）按钮，将材质赋予场景中的茶壶。

③ 在材质编辑器的“明暗器基本类型”卷展栏中选择 Blinn，在“Blinn 基本参数”卷展栏中设置“高光级别”为 100，“光泽度”为 40，如图 5-72 所示。

④ 展开“贴图”卷展栏，单击“漫反射颜色”后面的None按钮，然后在弹出的“材质／贴图浏览器”对话框中选择“位图”选项，单击“确定”按钮。

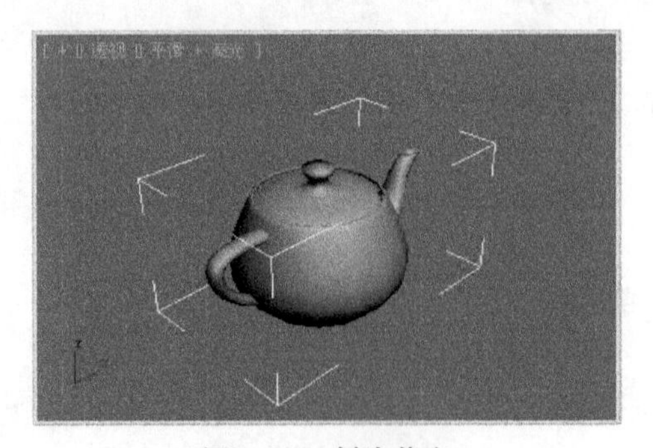

图5-71　创建茶壶

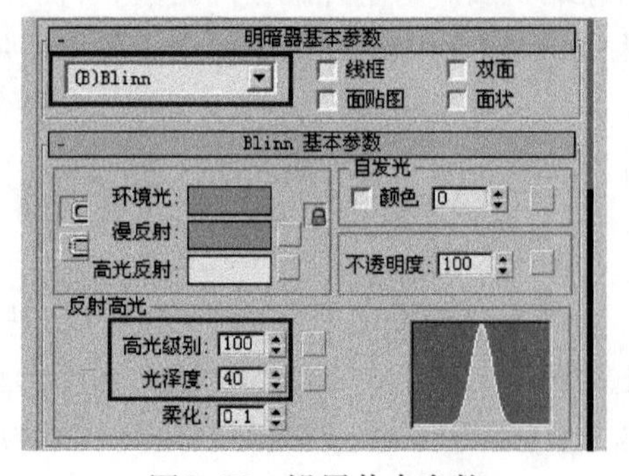

图5-72　设置基本参数

⑤ 在随后弹出的“选择位图图像文件”对话框中选择相应的位图作为茶壶的表面贴图，如图 5-73 所示，单击“打开”按钮。

⑥ 单击工具栏中的（渲染产品）按钮，渲染后效果如图 5-74 所示。

图5-73　选择相应的位图

图5-74　渲染后效果

⑦ 当需要快速渲染且不要求精度的情况下，可以使用位图作为反射和折射贴图，来模拟自动反射和折射的效果。方法：在“贴图”卷展栏中单击“反射”右侧的 None 按钮，在弹出的对话框中选择“位图”选项，然后在随后弹出的“选择位图图像文件”对话框中选择一幅图片作为反射贴图，如图 5-75 所示。渲染后的最终效果如图 5-76 所示。

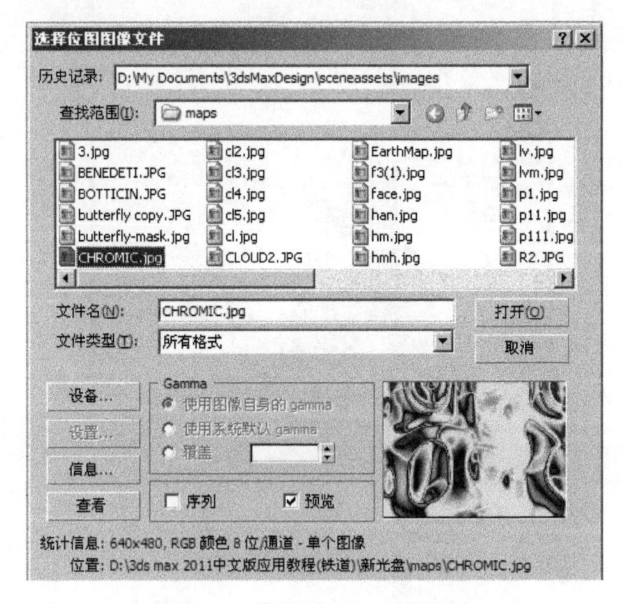

图5-75　选择用于反射的位图

图5-76　最终效果

5.4.2 “棋盘格”贴图

如果从“材质／贴图浏览器”对话框中选择“棋盘格”选项，然后单击“确定”按钮，即可进入“棋盘格”贴图设置。“棋盘格”贴图包括“坐标”、“噪波”和“棋盘格参数”3个卷展栏，如图5-77所示。

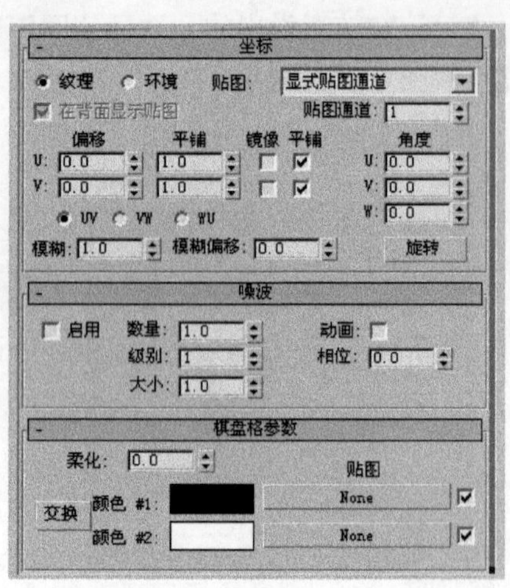

图5-77 “棋盘格”卷展栏

1. “坐标”卷展栏

“坐标”卷展栏中的参数是对模型表面贴图的位置、重复次数、排列方式等效果的设置。图5-78为不同UV平铺值的效果比较。

2. “噪波”卷展栏

“噪波”卷展栏中的参数是对对象表面贴图进行变形和调整等效果的设置，只有在“启用”前边的复选框选中时才能产生作用。图5-79为不同级别的效果比较。

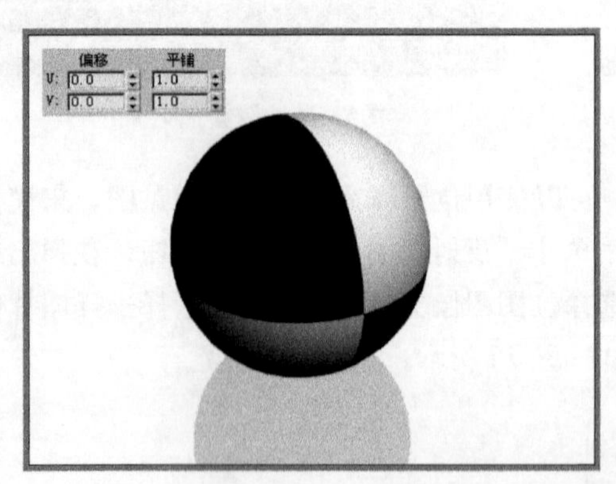

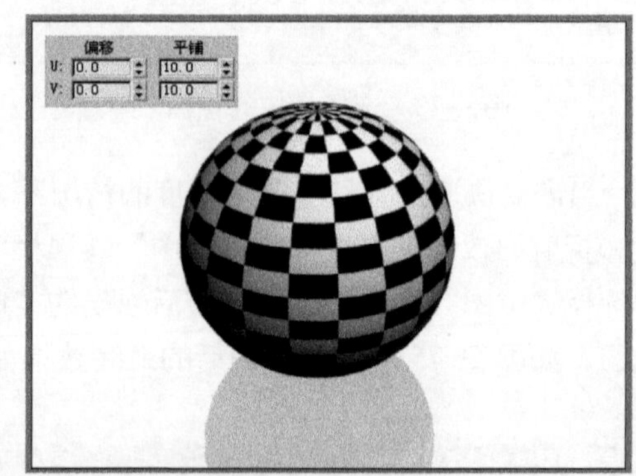

图5-78 不同UV平铺值的效果比较

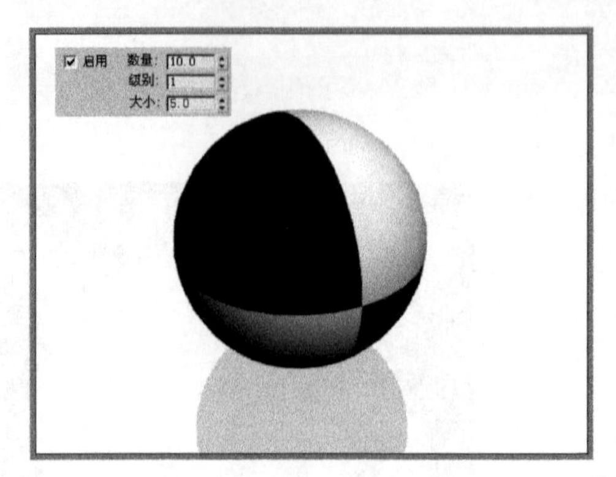

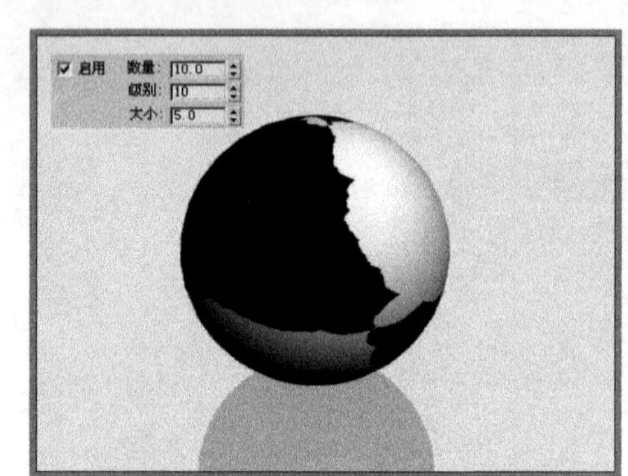

图5-79 不同级别的效果比较

3. “棋盘格参数”卷展栏

“棋盘格参数”卷展栏的参数用于改变颜色，利用“柔化”可以将形成图案的两种颜色的边界部分进行混合；利用“交换”可以将后边“颜色 #1”和“颜色 #2”中的颜色位置调换。此外还可以用贴图来代替颜色，如图 5-80 所示。

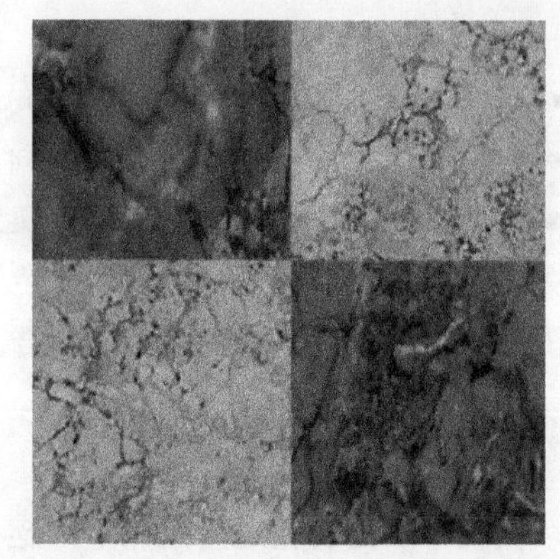

图5-80 添加贴图后的“棋盘格”贴图效果

5.4.3 “渐变”贴图

“渐变”贴图的作用是使用 3 种不同的颜色或者贴图生成渐变效果。一般应用在天空或海水的制作上。“渐变参数”卷展栏（见图 5-81）中的“颜色 #1”、“颜色 #2”、“颜色 #3”和前边的“棋盘格”贴图中“颜色 #1”和“颜色 #2”的作用和使用方法完全一样。实际应用效果如图 5-82 所示。

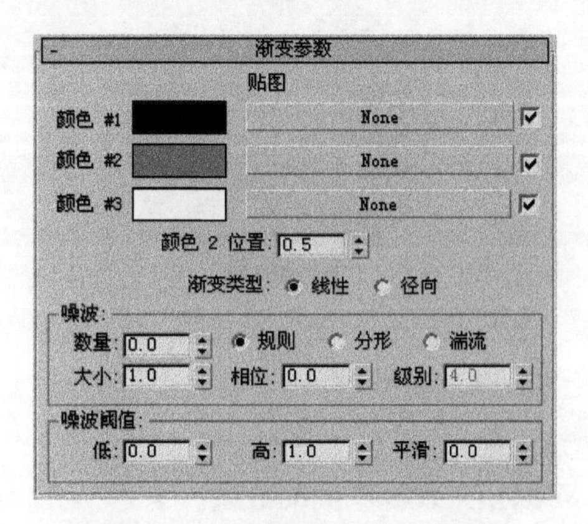

图5-81 “渐变参数”卷展栏

图5-82 “渐变”贴图效果

“渐变参数”卷展栏参数解释如下：

（1）“贴图”选项组

- 颜色 2 位置：这个数值可以调整 3 个渐变色或图片的分布位置。
- 线性：默认选项，为普通的线性渐变。
- 径向：制作放射型渐变。

（2）“噪波”选项组

- 数量：这一数值可决定噪波的程度，最大值为 1。
- 规则：该选项为默认选项，常用于表现烟雾或云彩等效果，表现效果比较柔和。
- 分形：常用来表现电子波长等效果，能够产生非常强烈的变形效果。
- 湍流：常用来表现海水中的影子等效果，表现效果比较粗糙。
- 大小：这一数值可以用来指定纹理的大小。
- 相位：可以在噪波中产生流动效果，用来制作动画。
- 级别：只有在选中上边的“分形”和“湍流”模式才能使用，可以用来调节“分形”和“湍流”的效果。

（3）“噪波阈值”选项组

- 低：在下边设置噪波的移动方向。
- 高：在上边设置噪波的移动方向。
- 平滑：可以让噪波的边界变得柔和。

如果分别在“颜色 #1”、“颜色 #2”、“颜色 #3”后边的None按钮中添加贴图，这些贴图在对象表面上就会进行渐变混合。

5.4.4 “噪波”贴图

“噪波”贴图的应用范围非常广泛，用途也很多，可以用来表现水面、云彩和烟雾等效果。“噪波参数”卷展栏如图5-83所示。“噪波”贴图的效果如图5-84所示。

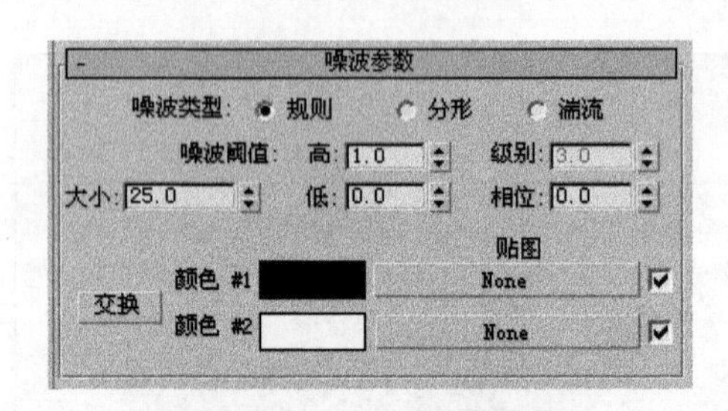

图5-83 “噪波参数”卷展栏

图5-84 “噪波”贴图效果

“噪波参数”卷展栏参数解释如下：

- 噪波类型：在这里有3种噪波类型可以选择，可以用来表现不同的效果。
- 规则：制作柔和有规律的噪波图案。
- 分形：表现比较粗糙的“噪波”贴图。
- 湍流：制作更加粗糙并且复杂的贴图。
- 噪波阈值：调整两个颜色的区域和浓度。
- 高：代表“颜色 #2”颜色的区域大小，数值越小范围越大，颜色越浓。
- 低：代表“颜色 #1”颜色的区域大小，数值越小范围越大，颜色越浓。
- 级别：在噪波类型中选择“规则”时不能使用，用来控制噪波的粗糙程度。
- 相位：在动画中运用“噪波”贴图时，用来表现噪波始点移动的动画效果。
- 大小：控制“噪波”贴图图案的整体大小。
- 颜色 #1/颜色 #2：“颜色 #1”代表噪波的纹理颜色；“颜色 #2”代表噪波的背景图案的颜色。同样在后边的None按钮中可以添加位图贴图。

5.4.5 其他贴图

在“材质／贴图浏览器”对话框中还有很多其他类型的贴图，其使用方法和前面讲的贴图都差不多。下面就来简单介绍一下各个贴图的作用范围和效果。

- Combustion贴图：用于在3ds Max 2011中调用Combustion软件中的贴图。

- “Perlin 大理石”贴图：用于制作珍珠岩状的贴图效果。
- “RGB 倍增”贴图：用于加倍两个单独贴图的 RGB 值并将其组合起来创建单个贴图。
- “RGB 染色”贴图：用于为图像添加一个 RGB 染色，可以通过调节 RGB 值改变图的色调。
- “凹痕”贴图：常用于“凹凸”贴图通道，表现一种风化腐蚀的效果。
- “斑点”贴图：用于表现一些斑点、油污等效果。
- “薄壁折射”贴图：常用于配合“折射”贴图通道使用，可模拟透镜变形的折射效果，能制作透镜、玻璃和放大镜等。
- “波浪”贴图：用于表现水面波纹一类的贴图。
- “大理石”贴图：用于模拟大理石的贴图效果。
- “顶点颜色”贴图：用于赋予可编辑的网格物体，从而产生五彩斑斓的效果。
- “法线凹凸“贴图：该贴图使用的是纹理烘焙法线贴图，用于指定给材质的凹凸和位移组件。
- “反射/折射”贴图：用于反射和折射贴图方式，效果不如“光线跟踪”贴图，但渲染速度快。
- “光线跟踪”贴图：非常重要的贴图模式，包含标准材质所没有的特性，如半透明性和荧光性。
- “合成”贴图：用于使用 Alpha 通道将指定数目的几个贴图结合成简单贴图。
- “灰泥”贴图：配合“凹凸”贴图通道，可模拟类似泥灰剥落的无序斑点效果。
- “混合”贴图：用于将两种颜色或材质混合在一起。此外还可以将“混合数量”参数设为动画然后画出使用变形功能曲线的贴图，来控制两个贴图随时间混合的方式。
- “渐变坡度”贴图：与“渐变”贴图很相似，作用也是一样的，但是“渐变坡度”贴图的功能更加强大，可以表现的渐变层次更丰富。
- “粒子年龄”贴图：是应用在粒子上的一种贴图方式，它可以表现最初形成粒子、结束粒子和两者之间粒子的颜色或贴图。
- “粒子运动模糊”贴图：用于给粒子增添运动模糊效果。
- “每像素摄影机贴图”贴图：用于从特定的摄影机方向投射贴图。
- “木材”贴图：用于模拟三维的木纹纹理。
- “平铺”贴图：可以不使用图片就生成各种不同图案的砖，关于它的使用方法基本和前面提到的贴图类型大同小异，同样也可以用已有的贴图取代颜色，并且可以随意改变砖缝的纹理。
- “泼溅”贴图：用于表现油彩飞溅的效果。
- “输出”贴图：用于弥补某些无输出设置的贴图类型，可以将图像进行反转、还原、增加对比度等处理。
- “衰减”贴图：用于产生由明到暗的衰弱效果。
- “细胞”贴图：用于随机产生细胞、鹅卵石状的贴图效果。
- “烟雾”贴图：用于表现烟雾形状的图案，形式和噪波贴图类似。
- “颜色修整”贴图：用于利用颜色对使用基于堆栈的方法的贴图进行修改。
- “遮罩”贴图：用于将图像作为遮罩框蒙在对象表面，好像在外面盖上一层图案的薄膜，以黑白度来决定透明度。
- “漩涡”贴图：用于将两种颜色或图片进行混合，制作出具有漩涡效果的贴图。

5.5 实例讲解

本节将通过“制作雪碧易拉罐效果”、“制作金属镜面反射材质效果”、“制作景泰蓝花瓶材质”和“制作雪山材质”4个实例来讲解材质与贴图在实践中的应用。

5.5.1 制作易拉罐效果

要点

本例将制作一个易拉罐，如图5-85所示。通过本例学习应掌握材质编辑器的基本参数的使用方法。

图5-85 易拉罐

操作步骤

1. 制作罐体

① 单击菜单栏左侧快速访问工具栏中的按钮，然后从弹出的下拉菜单中选择“重置”命令，重置场景。

② 在前视图中创建一个矩形，如图5-86所示。

③ 选中这个矩形，进入（修改）面板，执行修改器中的“编辑样条线”命令。然后进入（顶点）层级，单击 优化 按钮。接着将鼠标指针移动到矩形的两条短边上，待光标变成加点形状时单击，即可添加一个顶点。

④ 同理，在两边上各加两个“顶点”，如图5-87所示。

⑤ 关掉“细化”按钮，然后移动顶点和调整顶点控制柄，如图5-88所示。

提示

如果需要对顶点的两条控制柄分别进行调整，可以在选中顶点的同时单击鼠标右键，在弹出的快捷菜单中选中“Bezier 角点”选项，如图5-89所示。这样即可将其他形式的顶点转化成贝塞尔角点，然后就可以单独对任意一条控制柄进行调整了。

⑥ 退出“顶点”层级，执行修改器下拉列表中的“车削”命令，参数设置及结果如图5-90所示。

提示

此时如果对罐体的外形还不满意，可以进入修改器“编辑样条线”中的“顶点”层级，对顶点进行再次修改。

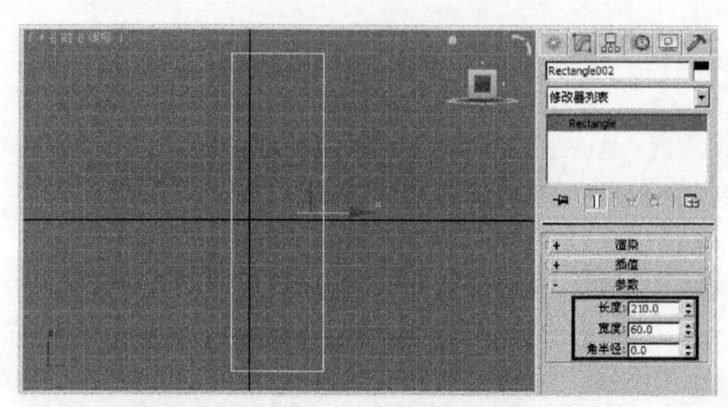

图5-86　绘制矩形

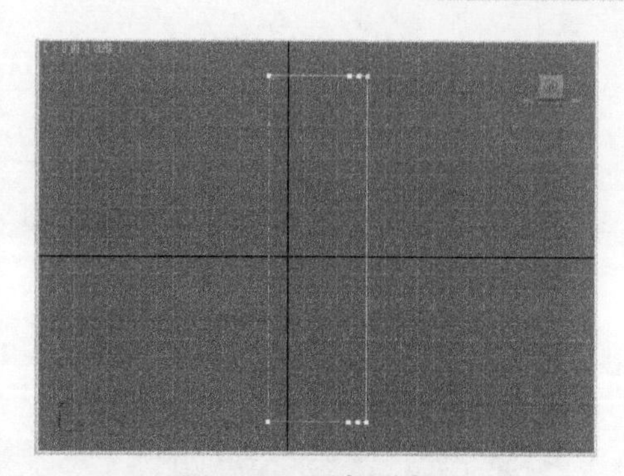

图5-87　添加顶点

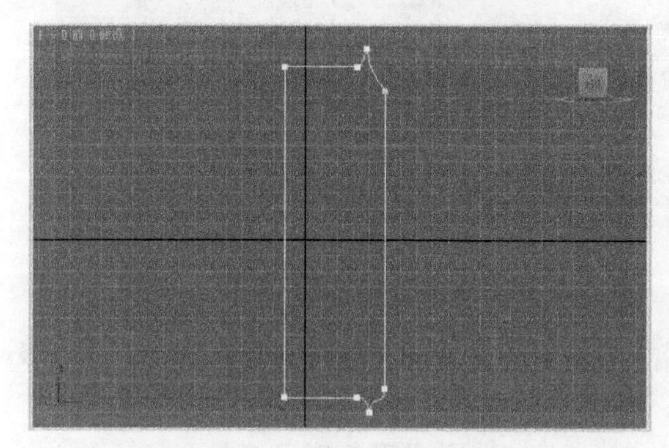

图5-88　调整顶点的位置

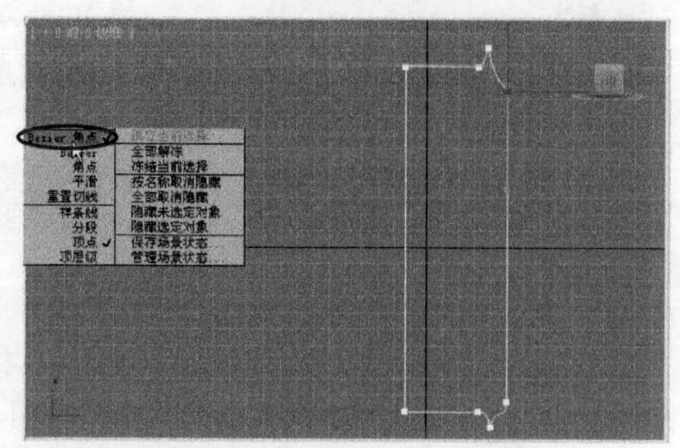

图5-89　转换为“Bezier角点”

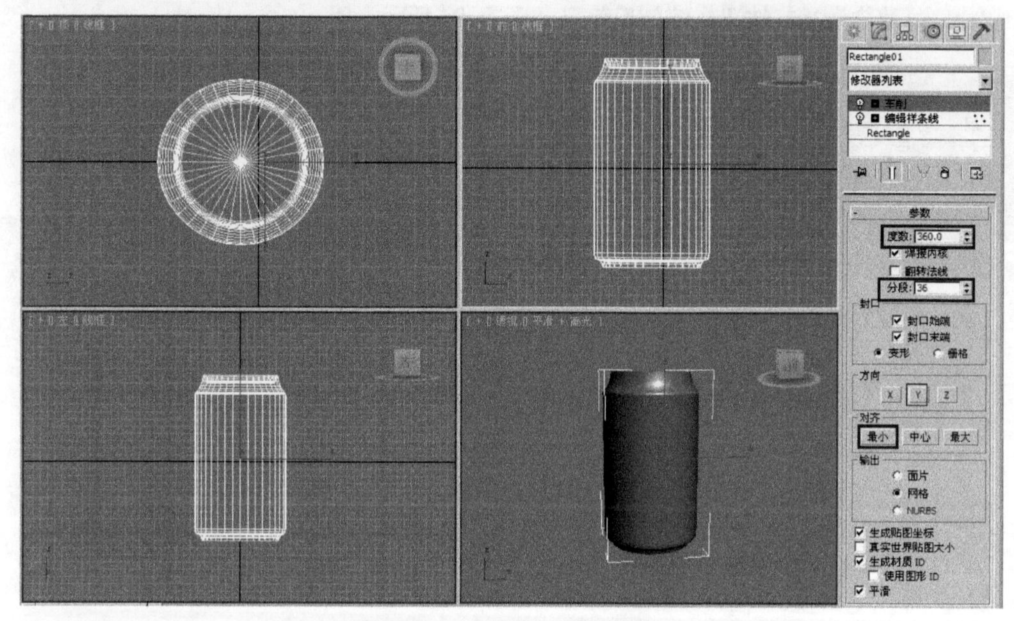

图5-90　“车削”后的效果

2. 制作易拉罐材质

① 单击工具栏中的按钮，进入材质编辑器。然后选择一个空白的材质球，单击 Arch & Design 按钮，在弹出的“材质／贴图浏览器”对话框中选择“标准”选项，如图5-91所示，单击“确定”按钮。接着设置“金属基本参数”卷展栏中的参数如图5-92所示。

图5-91　选择“标准”选项

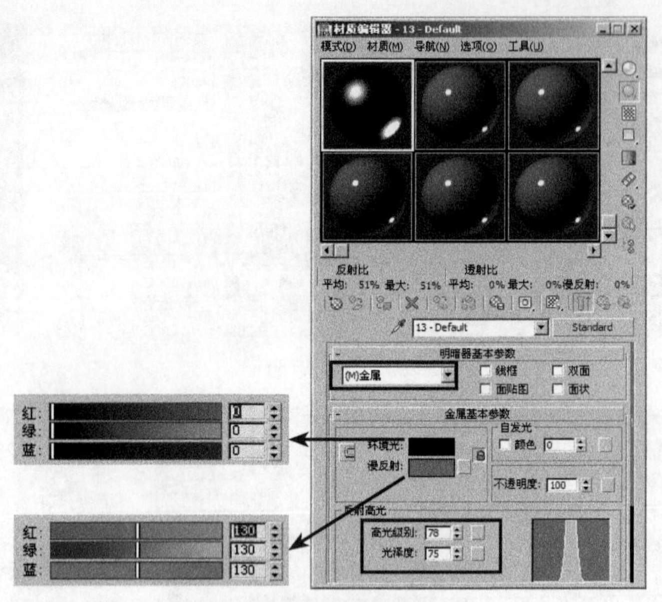

图5-92　设置金属基本参数

② 指定反射贴图。展开“贴图”卷展栏，指定给“反射”右侧按钮配套光盘中的“素材及结果\5.5.1 制作易拉罐效果\云彩.jpg”贴图，如图5-93所示。

③ 选中罐体，单击材质编辑器工具栏中的按钮，将刚才制作的贴图赋予罐体。然后单击工具栏中的（渲染产品）按钮，渲染后效果如图5-94所示。

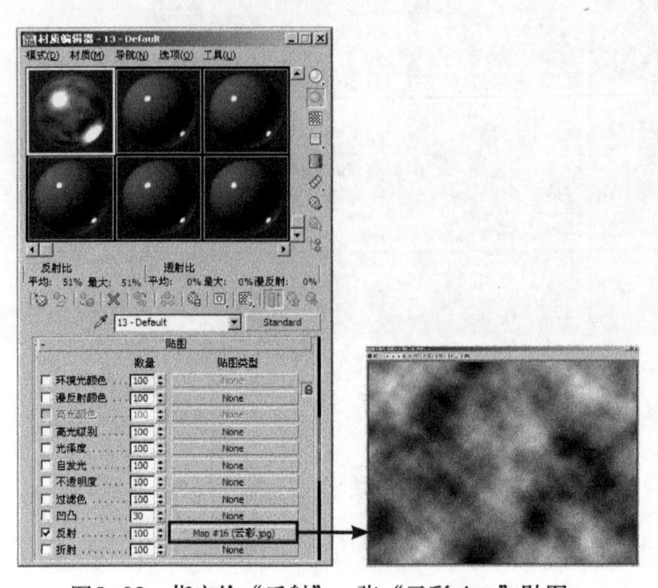

图5-93　指定给“反射”一张“云彩.jpg”贴图

图5-94　渲染后效果

④ 指定给“漫反射”右侧按钮一张配套光盘中的“素材及结果\5.5.1 制作易拉罐效果\雪碧.jpg”贴图，如图5-95所示。

⑤ 为了直接在视图中看到渲染结果，可以单击材质编辑器工具栏中的（在视图中显示标准贴图）按钮，这样在视图中就可以观察贴图后的模型情况了，如图5-96所示。

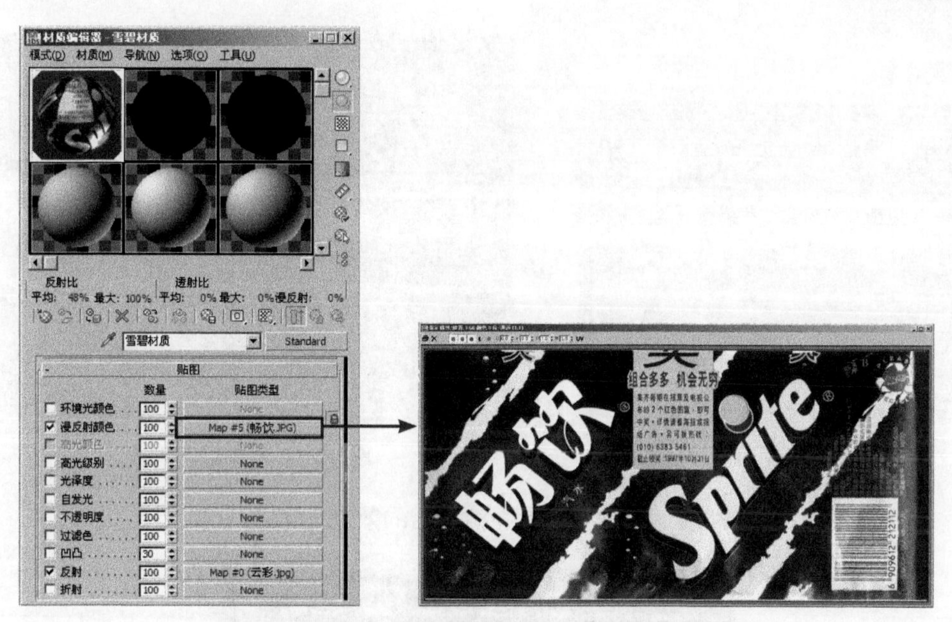

图5-95 指定给“漫反射”一张“畅饮.jpg”贴图

⑥ 此时效果不是很理想。这是因为贴图轴向不对的原因，为了解决这个问题需要对贴图进行进一步调整。方法：选中罐体，执行修改器上的“UVW 贴图”命令，设置参数及效果如图 5-97 所示。

提示

此时一定要取消选中“真实世界贴图大小”复选框。

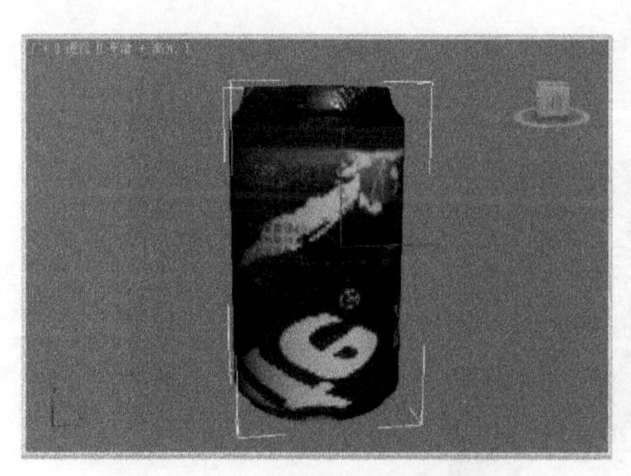

图5-96 在视图中观看效果

图5-97 执行“UVW 贴图”命令后的效果

⑦ 此时贴图范围过大，需要缩小。方法：单击材质编辑器中“漫反射”右侧的带M字样的按钮，进入贴图的扩展参数面板，设置参数如图 5-98 所示，调整后的效果如图 5-99 所示。

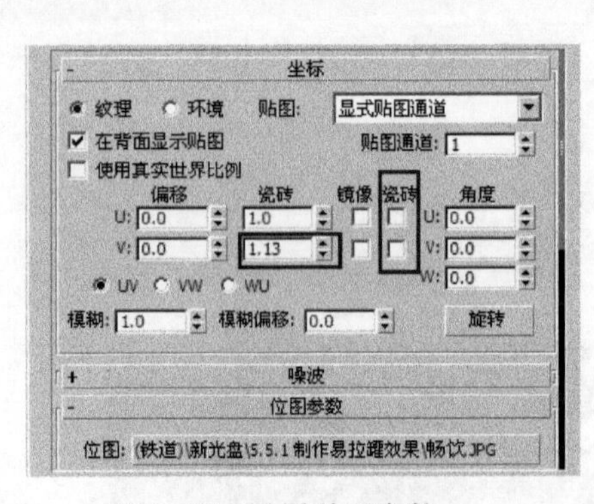

图5-98　设置贴图参数

图5-99　调整后的效果

⑧ 复制一个易拉罐，然后制作一个桌面，渲染后的效果如图 5-100 所示。

图5-100　易拉罐效果

5.5.2　制作金属镜面反射材质效果

要点

本例将制作一个金属镜面倒角文字效果，如图5-101所示。通过本例学习应掌握“倒角”命令和金属材质的综合使用。

图5-101　金属倒角文字

操作步骤

1．建立模型

① 单击菜单栏左侧快速访问工具栏中的按钮，然后从弹出的下拉菜单中选择“重置”命令，重置场景。

② 单击（创建）面板中的（图形）按钮，在出现的图形面板中单击“文本”按钮。接着在文本框中输入文字 3ds max，参数设置及结果如图 5-102 所示。

图5-102　输入文字

③ 选中文字，进入（修改）面板，执行修改器中的“倒角”命令，参数设置及结果如图 5-103 所示。

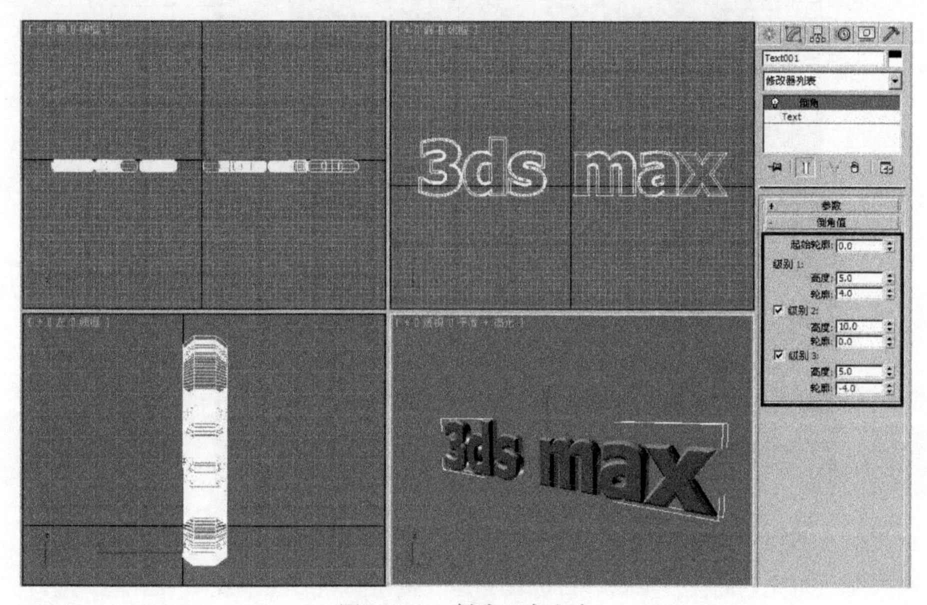

图5-103　创建倒角文字

④ 进入 （摄影机）面板，单击“目标”按钮，然后在前视图中创建一架目标摄影机，并调整其位置。接着选中透视图，按〈C〉键，将透视图切换为摄影机视图，结果如图 5-104 所示。

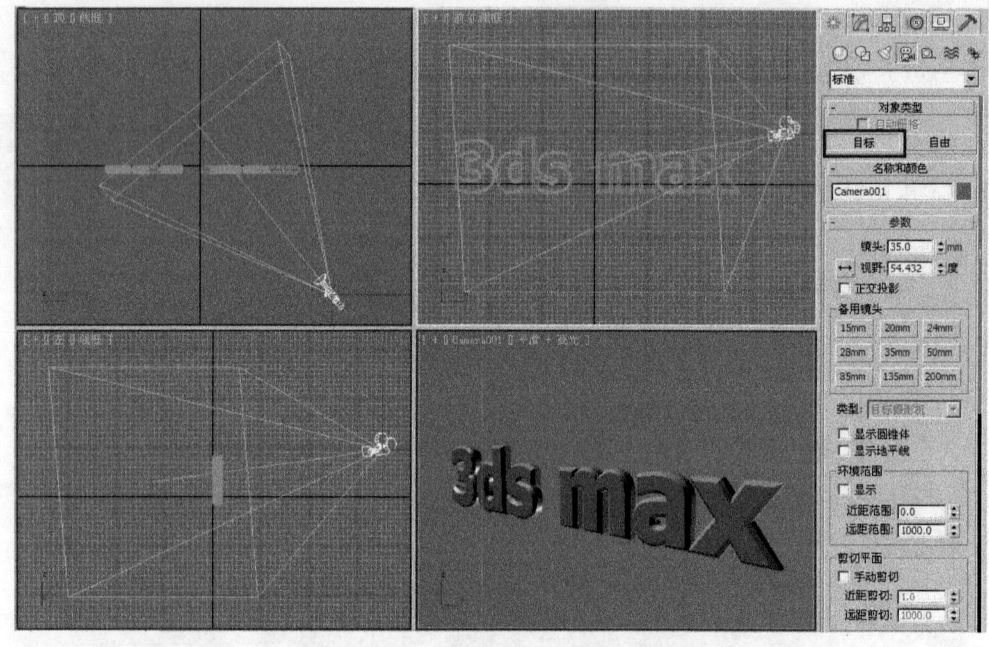

图5-104　将透视图切换为摄影机视图

⑤ 单击 （创建）面板中的 （几何体）按钮，然后单击其中的“长方体”按钮，在顶视图中创建一个长方体，参数设置及结果如图 5-105 所示。

图5-105　创建长方体

2. 设置灯光及材质

① 进入 （灯光）面板，单击“目标聚光灯”按钮。然后在顶视图中创建一盏目标聚光灯。接着进入 （修改）面板，修改其参数，如图 5-106 所示。

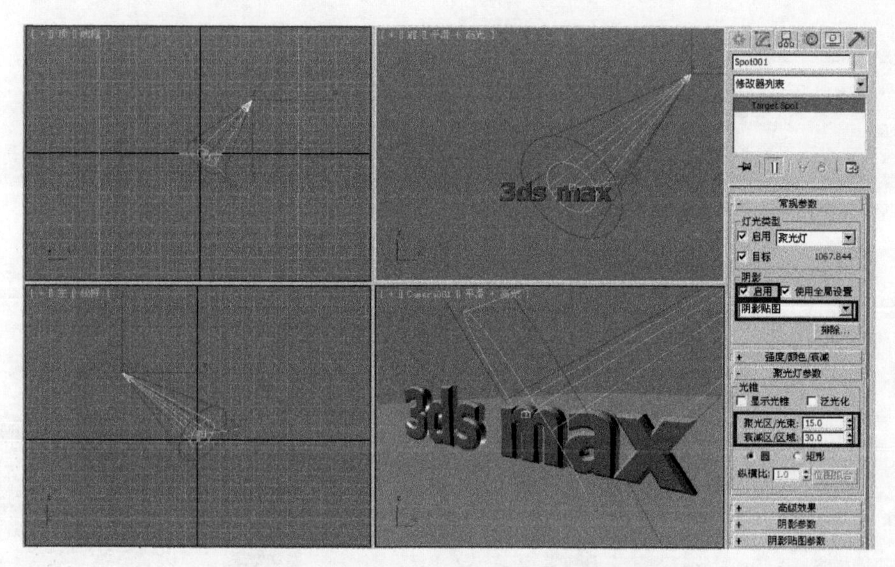

图5-106 创建目标聚光灯并修改参数

② 单击工具栏中的按钮，进入材质编辑器。然后选择一个空白的材质球，单击 Arch & Design 按钮，在弹出的“材质/贴图浏览器”对话框中选择“标准”选项，如图5-107所示，单击“确定”按钮。接着在“金属基本参数”卷展栏中设置参数如图5-108所示。

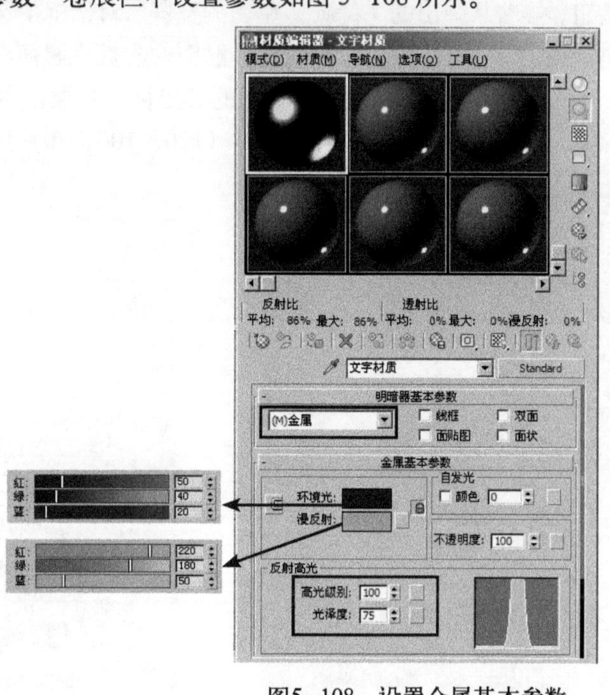

图5-107 选择“标准”选项

图5-108 设置金属基本参数

③ 展开“贴图”卷展栏，单击“反射”右侧的按钮，在弹出的“材质/贴图浏览器”对话框中选择“位图”选项，如图5-109所示，单击“确定”按钮。然后在弹出的对话框中选择配套光盘中的“素材及结果\5.5.2 制作金属镜面反射材质效果\CHROMIC.jpg”贴图，如图5-110所示，此时材质球如图5-111所示。接着单击（将材质指定给选定对象）按钮，将材质赋予视图中的文字。

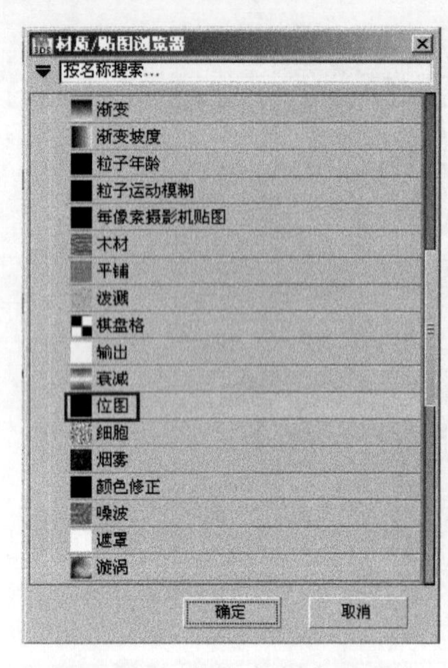

图5-109　选择“位图”选项

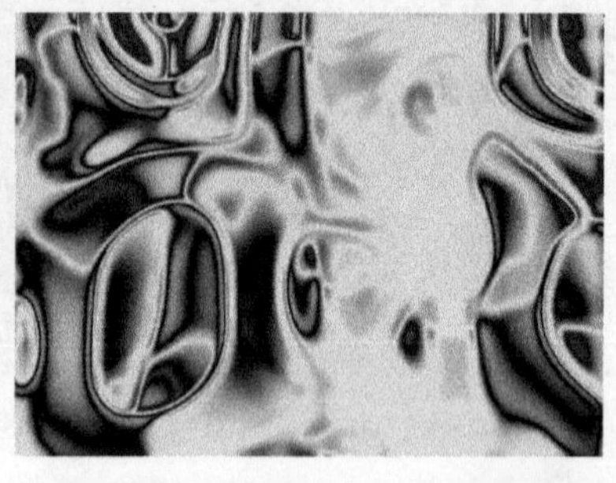

图5-110　CHROMIC.jpg贴图

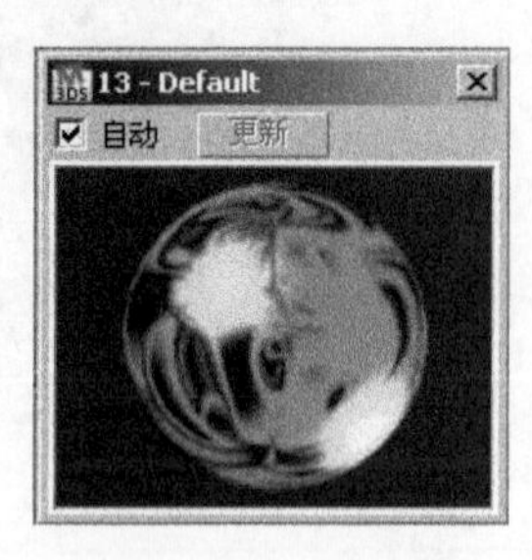

图5-111　材质球

④ 选中视图中的长方体，然后在材质编辑器中选择一个空白的材质球，单击“漫反射”右侧按钮。接着从弹出的“材质／贴图浏览器”对话框中选择“棋盘格”选项，如图 5-112 所示，单击“确定”按钮，进入“棋盘格”贴图的参数设置面板。

⑤ 在“棋盘格”参数设置面板的“坐标”卷展栏中设置“大小”值均为 60。然后单击“颜色 #1”的颜色设置为土黄色（RGB（120，100，80）），如图 5-113 所示。

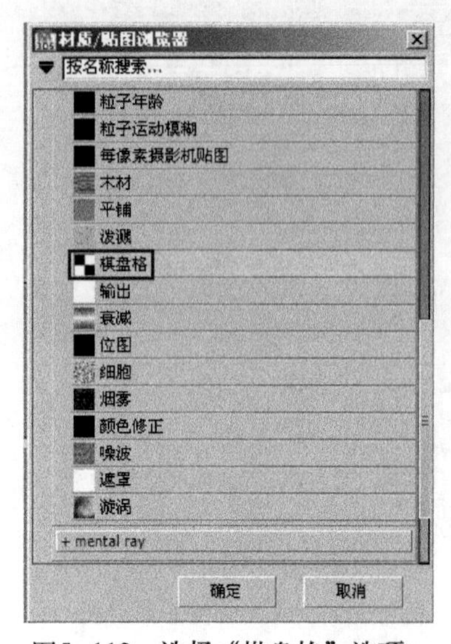

图5-112　选择“棋盘格”选项

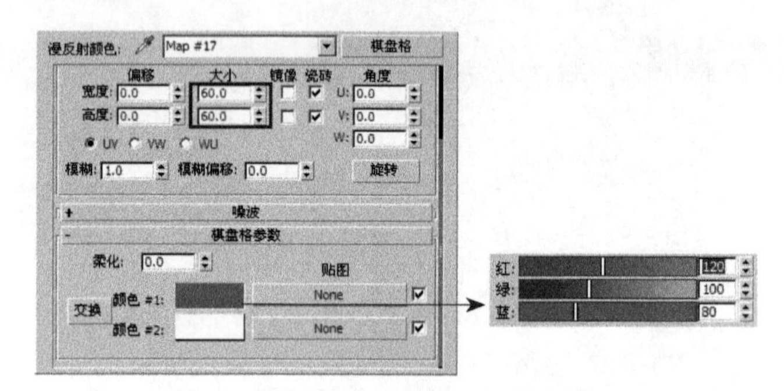

图5-113　设置“颜色#1”的颜色

⑥ 单击（转到父对象）按钮，回到上一级面板。然后选中“反射”复选框，单击其右侧按钮，从弹出的“材质／贴图浏览器”对话框中选择“光线跟踪”选项，并设置数值为 30，如图 5-114 所示。接着单击（将材质指定给选定对象）按钮，将材质赋予视图中的长方体。

⑦ 选择透视图，单击工具栏中的（渲染产品）按钮，渲染后效果如图 5-115 所示。

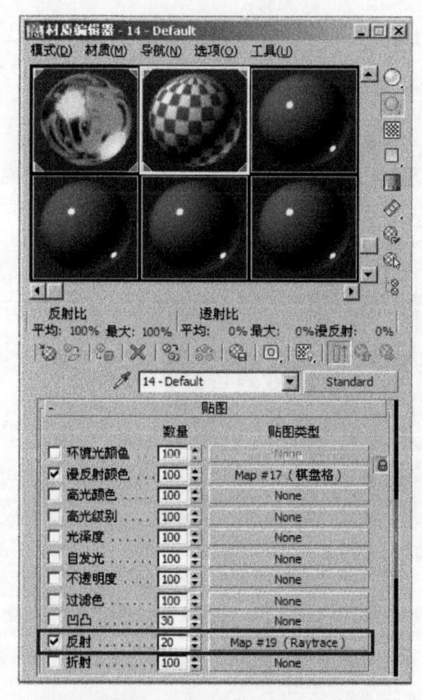

图5-114 设置“反射”贴图

图5-115 金属倒角文字

5.5.3 制作景泰蓝花瓶材质

要点

本例将制作景泰蓝花瓶材质，如图5-116所示。通过本例的学习，读者应掌握“双面”、“混合”材质和“凹凸”贴图的设置方法以及修改贴图坐标的方法。

图5-116 景泰蓝花瓶材质

操作步骤

1．制作花瓶造型

① 单击菜单栏左侧快速访问工具栏中的按钮，然后从弹出的下拉菜单中选择“重置”命令，重置场景。

② 进入（图形）面板，单击 线 按钮，在前视图中创建一条曲线，如图 5–117 所示。

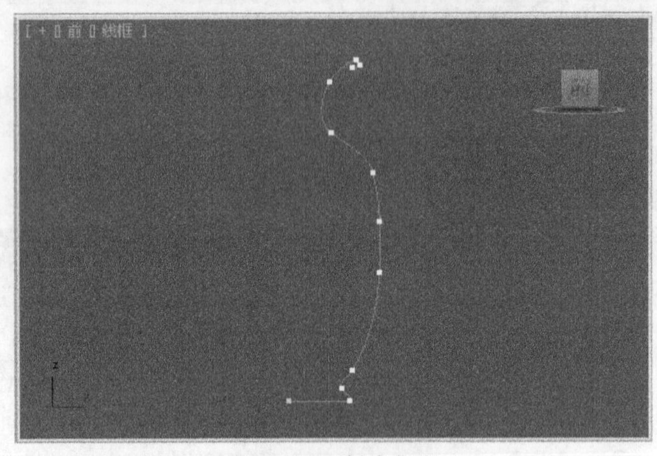

图5–117　创建曲线

③ 进入（修改）面板，执行修改器下拉列表中的“车削”命令，参数设置及结果如图 5–118 所示。

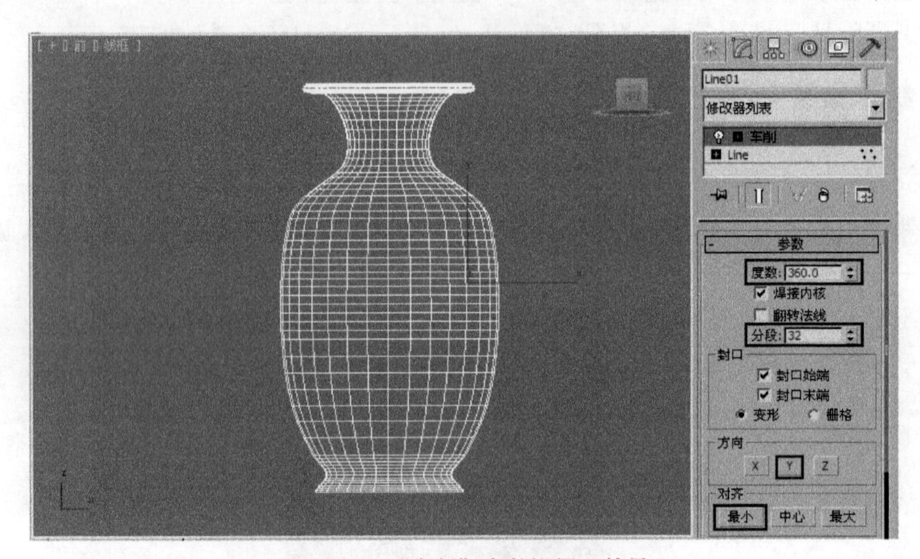

图5–118　“车削”参数设置及结果

2. 赋予花瓶“双面”材质

① 单击工具栏中的按钮，进入材质编辑器。然后选择一个空白的材质球，单击 Arch & Design 按钮，在弹出的“材质／贴图浏览器”对话框中选择“双面”选项，如图 5–119 所示，单击“确定”按钮，接着在弹出的“替换材质”对话框中选中“丢弃旧材质？”单选按钮，如图 5–120 所示，单击“确定”按钮，进入“双面”材质的参数设置面板，如图 5–121 所示。

② 单击“正面材质”右侧按钮，进入正面材质的参数设置，然后设置参数如图 5–122 所示。接着单击材质编辑器工具栏中的（转到下一个同级顶）按钮，转到背面材质的参数设置，并设置参数如图 5–123 所示。

图5-119 选择“双面”材质

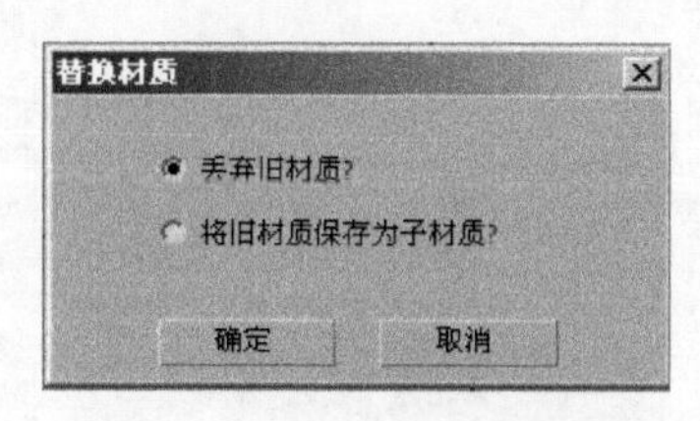

图5-120 选中“丢弃旧材质？”

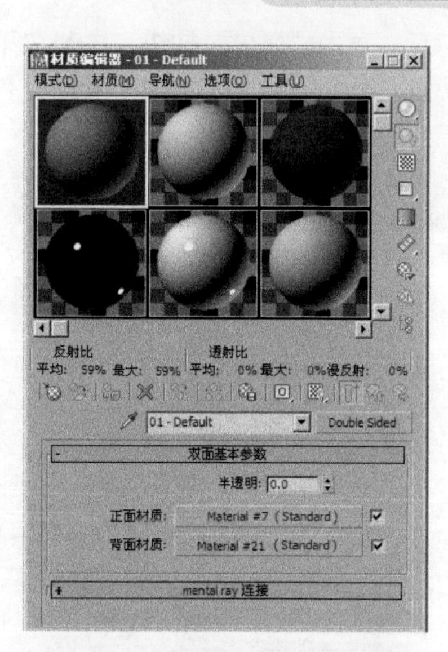

图5-121 “双面”材质参数面板

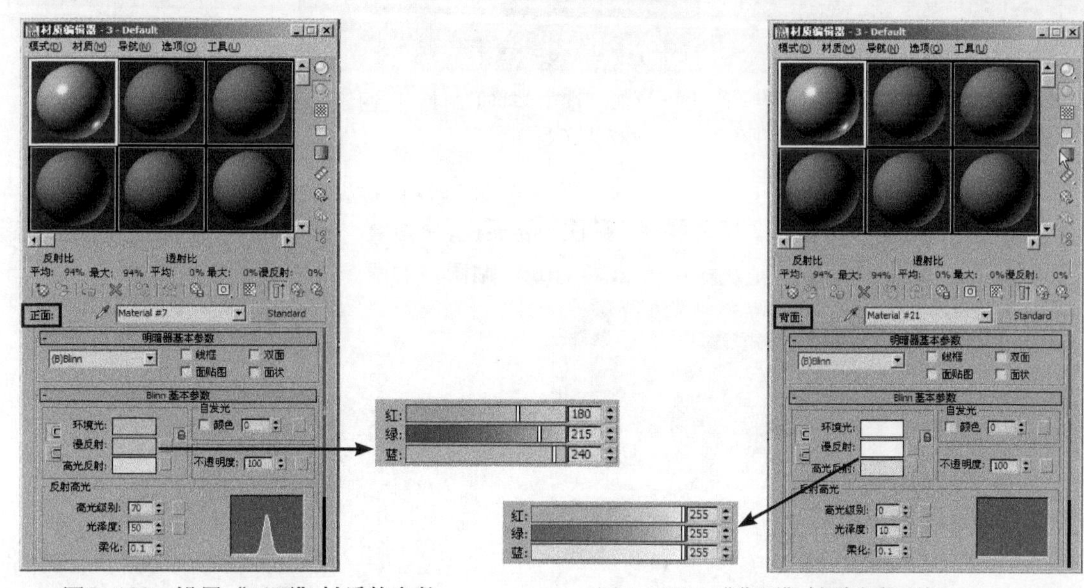

图5-122 设置“正面”材质的参数

图5-123 “背面”材质参数面板

③ 选择花瓶造型，单击材质编辑器工具栏中的按钮，将材质赋予花瓶造型。然后单击工具栏中的按钮，渲染后效果如图 5-124 所示。

图5-124 渲染效果

3. 赋予花瓶“混合”材质

花瓶表面是由青瓷、金属龙纹组成的，下面使用“混合”材质来制作这种效果。

① 单击材质编辑器工具栏中的（转到下一个同级项）按钮，重新转到正面材质的参数设置。然后单击 Standard 按钮，从弹出的“材质 / 贴图浏览器”对话框中选择“混合”选项，如图 5-125 所

示，单击“确定”按钮。接着在弹出的图 5-126 所示对话框中选中“将旧材质保存为子材质？”单选按钮，单击“确定”按钮，进入“混合”材质的参数设置面板，如图 5-127 所示。

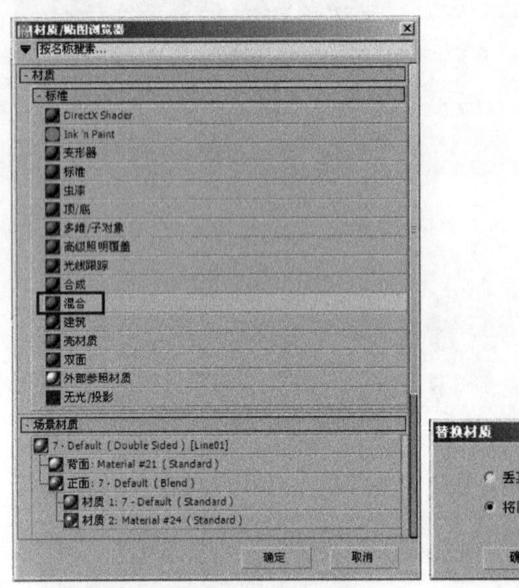

图5-125 选择“混合”选项 图5-126 选中“将旧材质保存为子材质？”

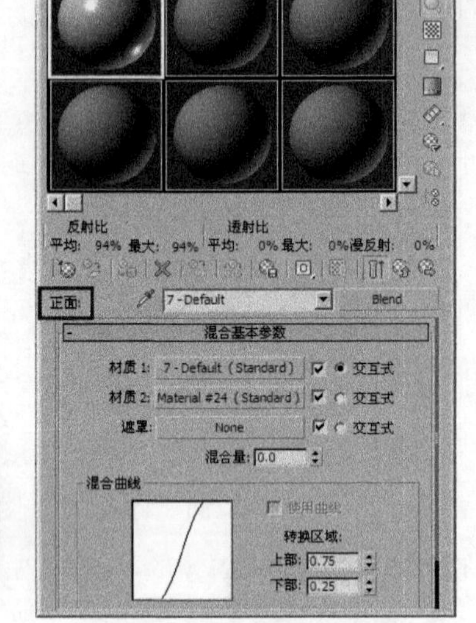

图5-127 进入“混合”材质参数设置面板

② 制作花瓶表面金属材质。方法：单击“材质 2”旁的按钮，进入“材质 2”的参数设置面板，然后设置颜色如图 5-128 所示，接着展开“贴图”卷展栏，指定给“反射”一张配套光盘中的“素材及结果 \5.5.3 制作景泰蓝花瓶材质 \ 云彩 .jpg”贴图，如图 5-129 所示。

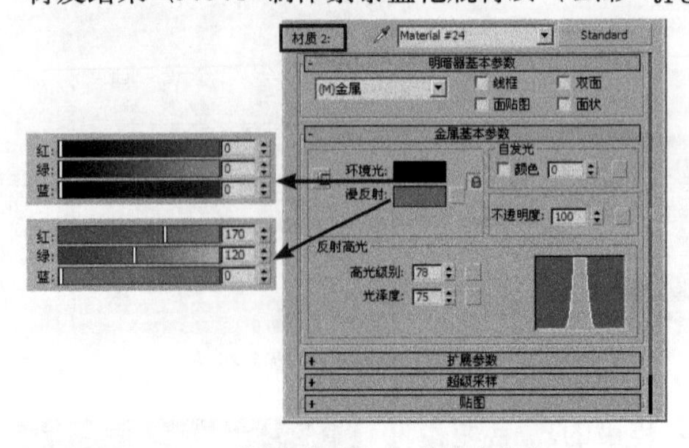

图5-128 设置“材质1”的基本参数

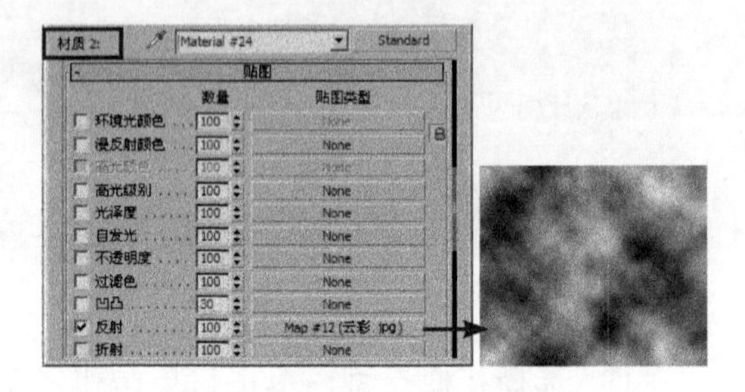

图5-129 指定“反射”贴图

③ 制作龙纹效果。方法：单击材质编辑器工具栏中的（转到父对象）按钮，回到“混合”材质的最顶级，然后单击“遮罩”右侧 None 按钮，从弹出的“材质／贴图浏览器”对话框中选择“位图”选项，如图 5-130 单击“确定”按钮。接着在弹出的对话框中选择配套光盘中的 maps\f3(1).jpg 贴图，并调整贴图在花瓶上的位置和大小参数，如图 5-131 所示。

④ 单击工具栏中的按钮，进行渲染，此时会出现图 5-132 所示的错误，这是因为没有指定正确的贴图轴的原因。下面就来解决这个问题。方法：选择视图中的花瓶造型，执行修改器下拉列表中的“UVW 贴图”命令，然后取消选中“真实世界贴图大小”复选框，选中“柱形”单选按钮，并选择“对齐”方式为 X，再单击“适配”按钮即可，如图 5-133 所示。

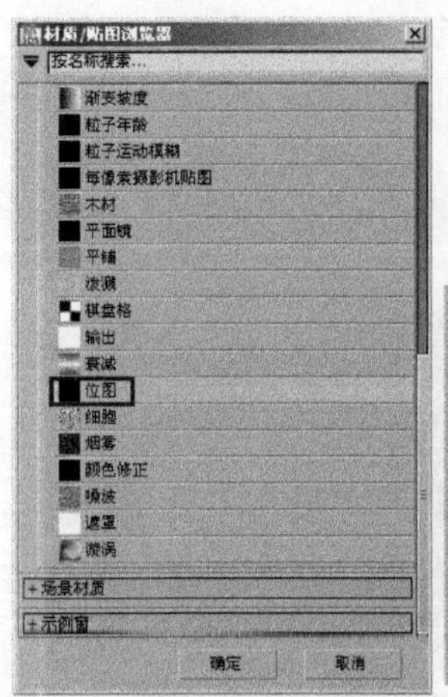

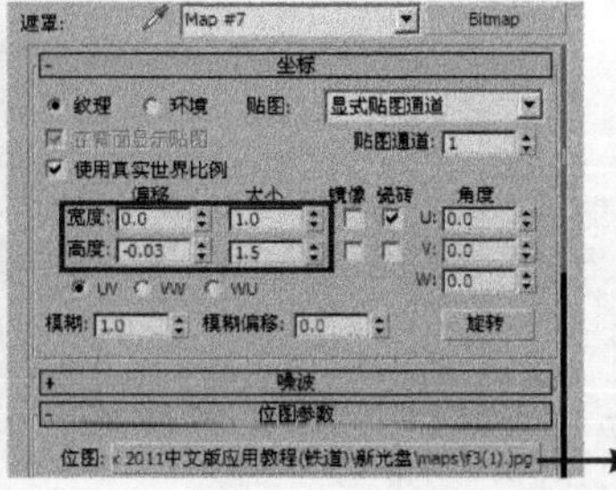

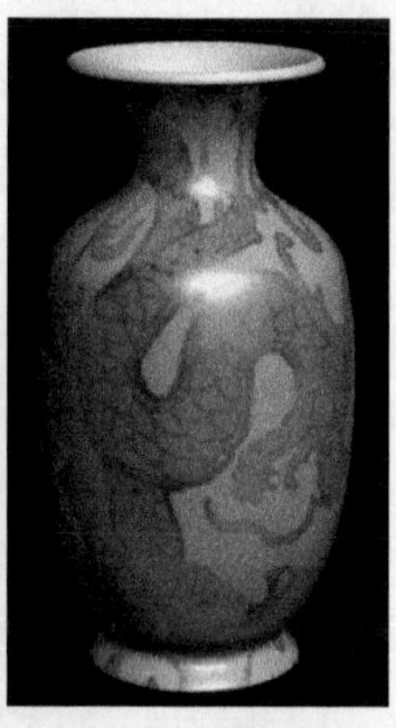

图5-130　选择“位图”　　图5-131　指定并调整“遮罩”贴图　　图5-132　渲染效果

⑤ 单击工具栏中的 按钮，进行再次渲染，结果如图 5-134 所示。此时龙纹花瓶没有凹凸感，下面就来解决这个问题。方法：右击“遮罩”右侧按钮，从弹出的快捷菜单中选择“复制”命令，如图 5-135 所示，然后单击“材质 2”右侧按钮，进入“材质 2”的参数设置面板。接着展开“贴图”卷展栏，右击“凹凸”右侧按钮，从弹出的快捷菜单中选择“粘贴（实例）”命令，如图 5-136 所示。

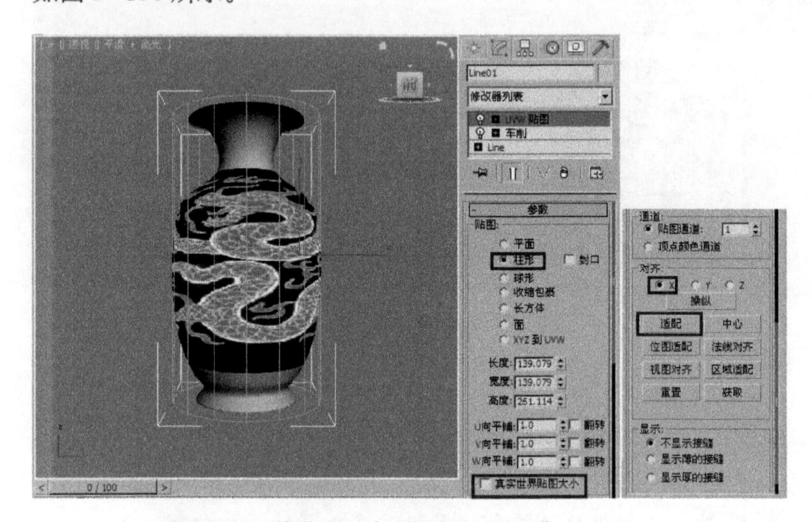

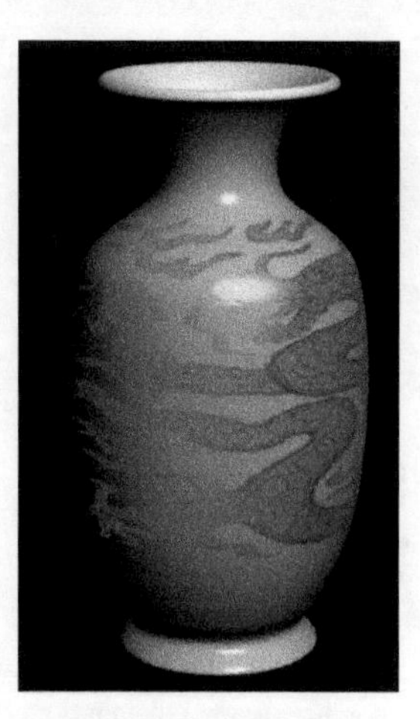

图5-133　给花瓶添加“UVW 贴图”修改器　　图5-134　再次渲染效果

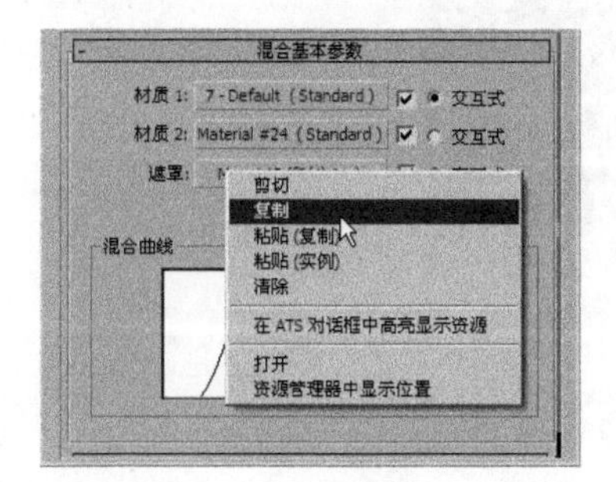

图5-135　选择“复制”命令　　图5-136　选择“粘贴（实例）”命令

⑥ 单击工具栏中的 按钮，进行再次渲染，结果如图 5−137 所示。此时龙纹花瓶有了凹凸感，但龙纹花纹是凸出来的，而我们需要的是龙纹花纹凹进去，下面就来解决这个问题。方法：将“凹凸”数值由默认的“30”改为“−30”，如图 5−138 所示。此时再次渲染，效果如图 5−139 所示。

图5−137　再次渲染效果

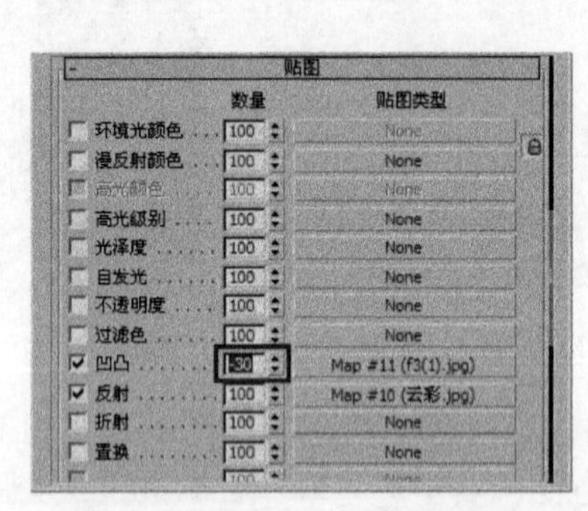

图5−138　将“凹凸”数值设置为“−30”

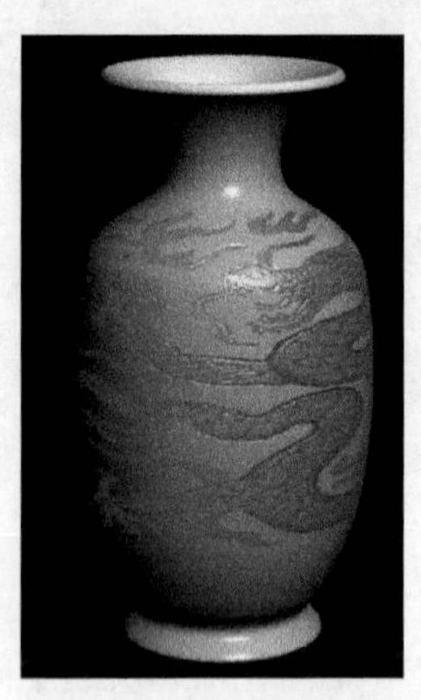

图5−139　再次渲染效果

⑦ 至此，景泰蓝龙纹花瓶制作完毕，下面单击材质编辑器工具栏中的 （材质／贴图导航器）按钮，查看材质分布，如图 5−140 所示。

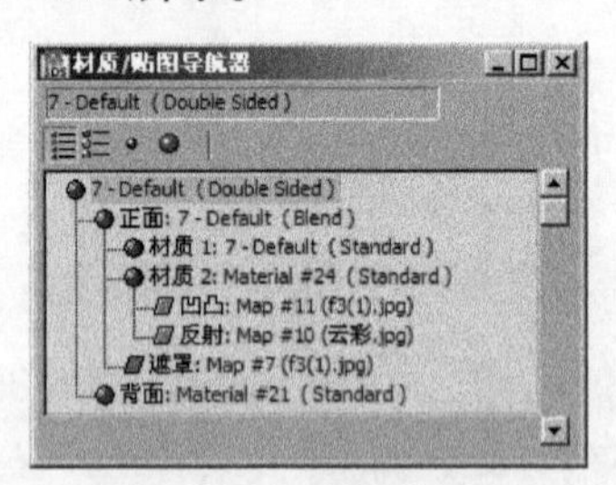

图5−140　材质分布

5.5.4　制作雪山材质

要点

本例将制作一座被冰雪覆盖的山脉效果，如图5−141所示。通过本例的学习，读者应掌握“顶/底”材质、“噪波”贴图、“渐变”贴图和“置换”修改器的综合应用。

图5−141　冰雪柔化的雪山

操作步骤

1. 创建山脉造型

① 单击菜单栏左侧快速访问工具栏中的按钮，然后从弹出的下拉菜单中选择“重置”命令，重置场景。

② 单击（创建）面板下（几何体）中的 平面 按钮，在顶视图中创建一个平面，参数设置及结果如图 5-142 所示。

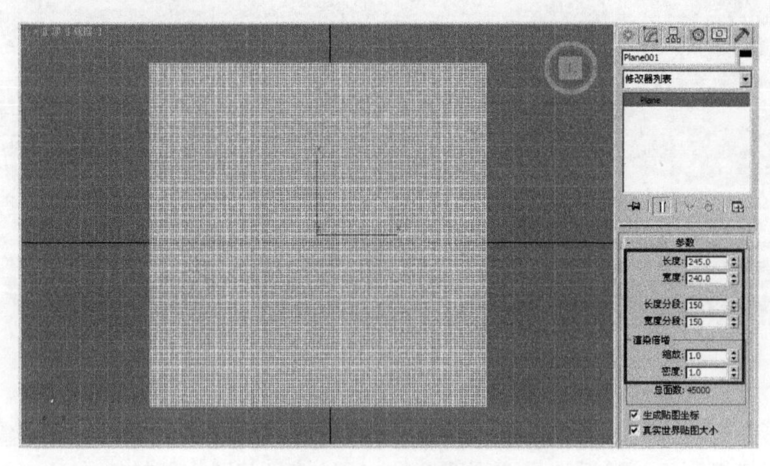

图5-142 创建平面

③ 进入（修改）面板，选择修改器下拉列表框中的“置换”命令，然后单击“位图”下的“无”按钮，如图 5-143 所示。接着从弹出的“选择置换图像”对话框中选择配套光盘中的“素材及结果 \5.5.4 制作雪山材质 \ 置换贴图 .jpg”贴图，如图 5-144 所示，单击“打开”按钮。

图5-143 单击“无”按钮

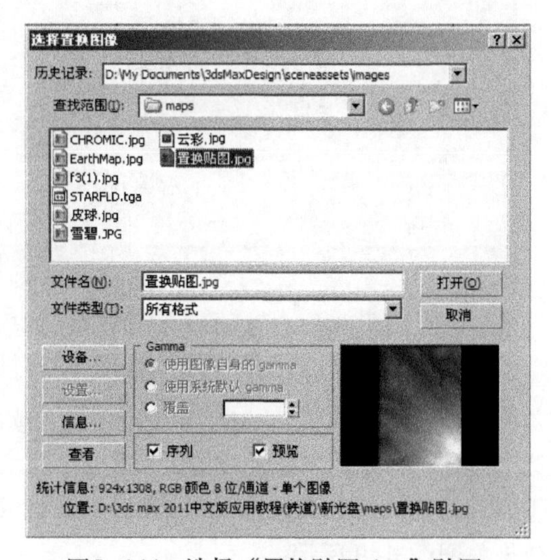

图5-144 选择“置换贴图.jpg”贴图

④ 此时并看不到如何效果，这是因为“强度”为0的原因。下面将“强度”设置为85，效果如图5-145所示。

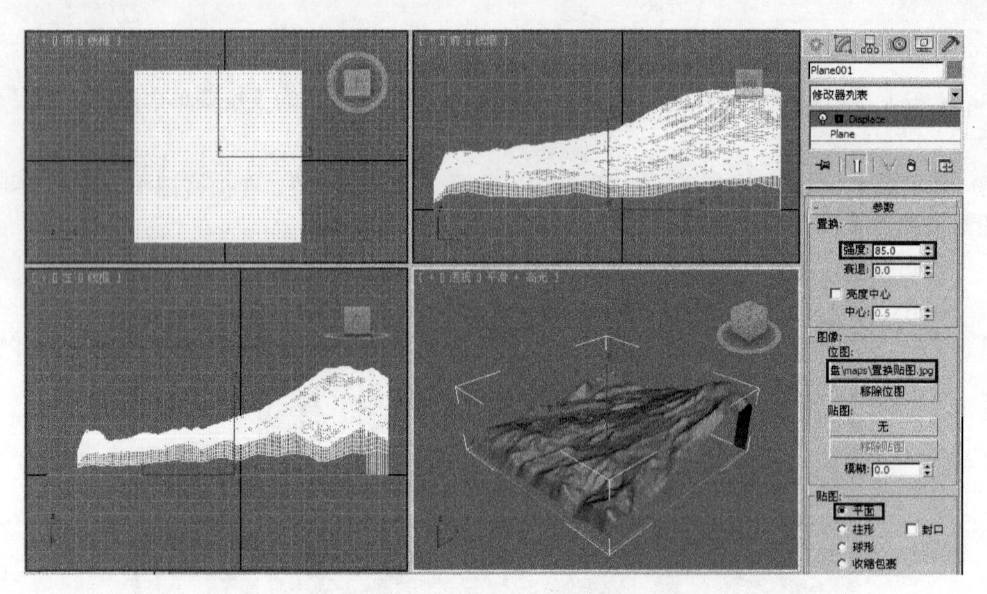

图5-145　将“强度”设置为85的效果

⑤ 架设摄影机。方法：单击（创建）面板下（摄影机）中的 目标 按钮，在顶视图中创建一架目标摄影机，然后选择透视图，按〈C〉键，将透视图转换为Camera01视图，接着在左视图中调整摄影机到合适角度，结果如图5-146所示。

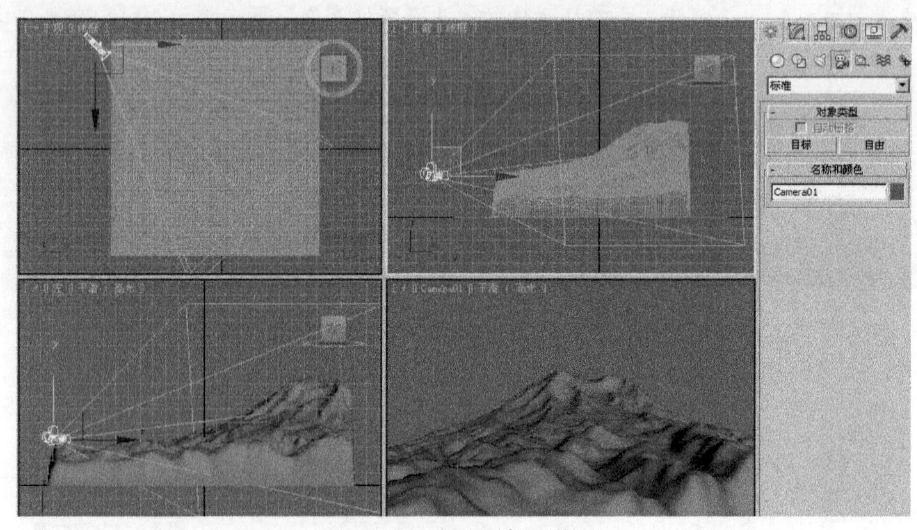

图5-146　创建目标摄影机

⑥ 单击工具栏中的按钮，渲染后的结果如图5-147所示。此时山脉缺少细节，下面就来解决这个问题。方法：单击修改器面板中的Plane层级，进入平面的参数设置，然后将“渲染倍增”下的“密度”由1.0改为3.0，如图5-148所示，接着再次渲染，此时山脉的细节丰富了许多，效果如图5-149所示。

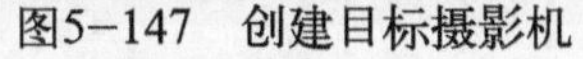

图5-147　创建目标摄影机

图5-148　设置“密度”

图5-149　再次渲染效果

2. 制作山脉材质

① 单击工具栏中的（材质编辑器）按钮，进入材质编辑器。然后选择一个空白的材质球，将其命名为“场景”，然后将该材质拖到视图中的山脉造型上，即可将该材质赋予山脉造型。

② 指定“顶／底”材质。方法：单击 Arch & Design 按钮，在弹出的“材质／贴图浏览器”对话框中选择“顶／底”选项，如图 5-150 所示，单击“确定”按钮，接着在弹出的“替换材质”对话框中选中“丢弃旧材质？”单选按钮，如图 5-151 所示，结果如图 5-152 所示。

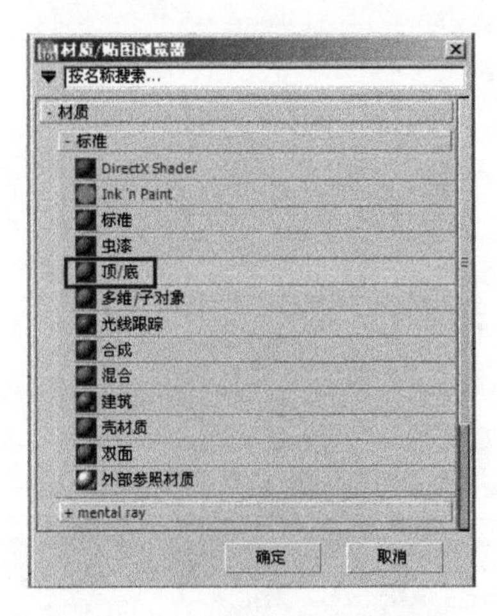

图5-150　选择“顶/底”材质

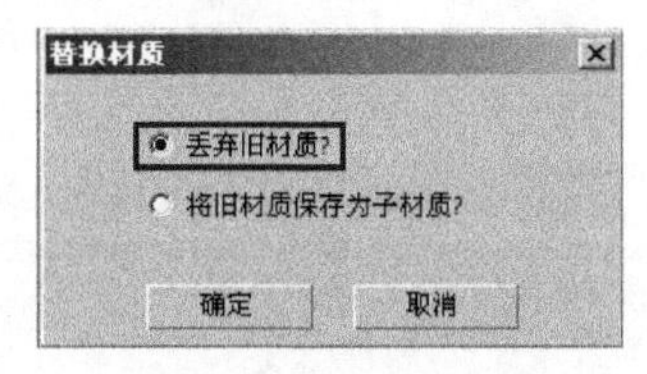

图5-151　保持默认参数

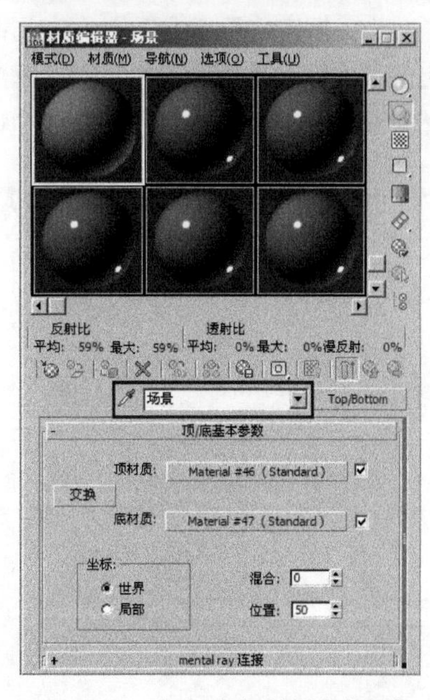

图5-152　“顶/底”材质参数面板

③ 设置“顶材质”参数。方法：单击“顶材质”右侧的按钮，进入顶材质参数设置面板。为了便于操作，下面将其命名为“雪”，然后设置参数，如图 5-153 所示。

④ 设置“底材质”参数。方法：单击材质编辑器工具栏中的 （转到下一个同级顶）按钮，进入顶材质参数设置面板。为了便于操作，下面将其命名为“山石”，然后设置参数，如图 5-154 所示。

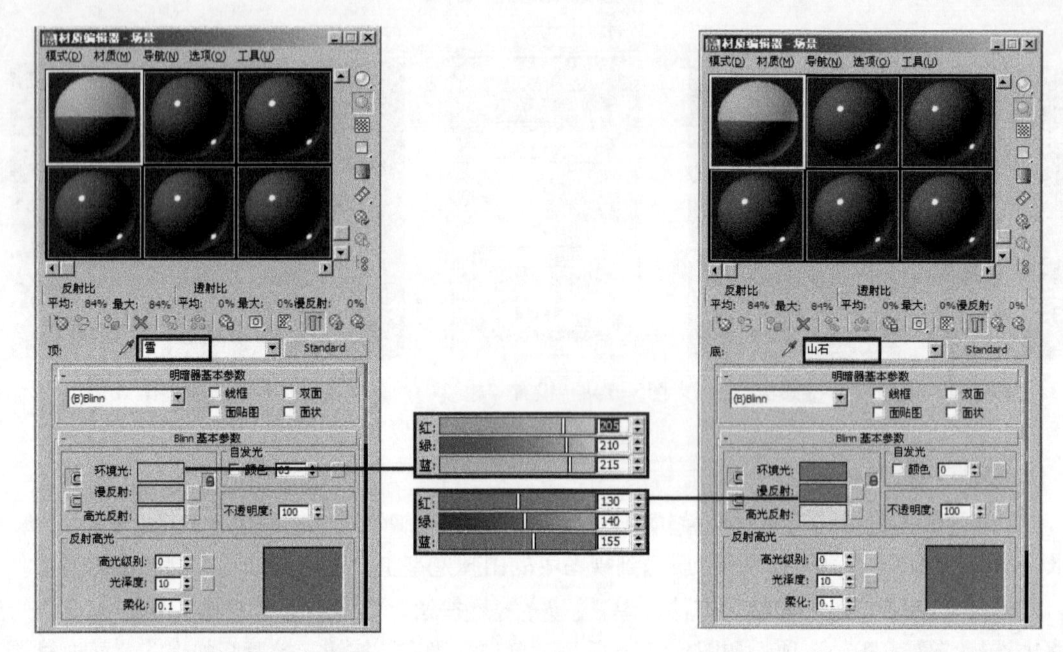

图5-153 设置“顶材质”参数

图5-154 设置“底材质”参数

⑤ 指定山石凹凸贴图。方法：展开“贴图”卷展栏，然后单击“凹凸”右侧的按钮，在弹出的“材质／贴图浏览器”对话框中选择“噪波”选项，如图 5-155 所示，单击“确定”按钮。然后在弹出的“噪波”设置面板中设置参数，如图 5-156 所示。

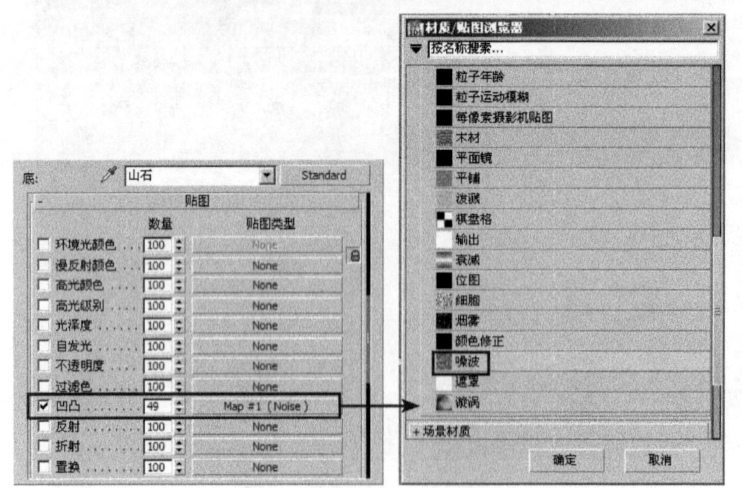

图5-155 指定给“凹凸”一个“噪波”贴图类型

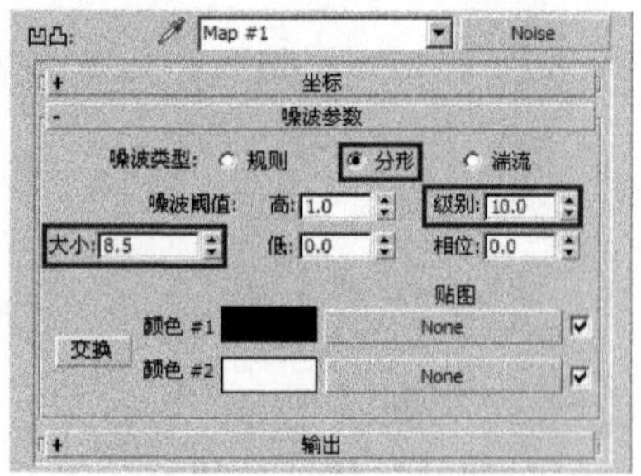

图5-156 设置“噪波参数”

⑥ 设置“顶材质”和“底材质”的位置和混合。方法：单击材质编辑器工具栏中的 （转到父对象）按钮，回到“顶／底”材质最上层级，然后设置参数，如图 5-157 所示。

⑦ 至此，冰雪覆盖的山脉材质制作完毕，下面单击材质编辑器工具栏中的 （材质 / 贴图导航器）按钮，查看材质分布，如图 5-158 所示。

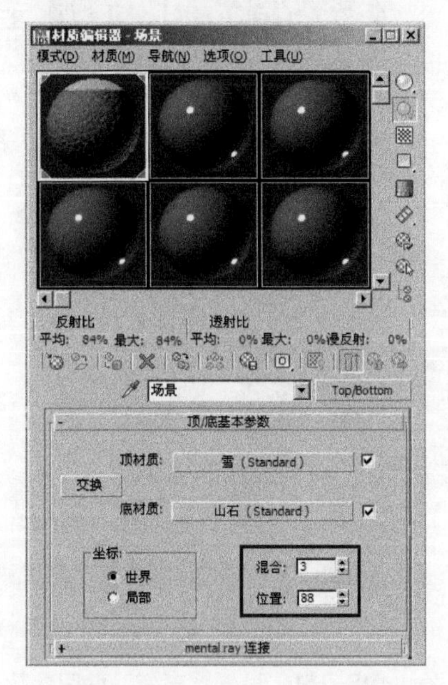

图5-157　设置“混合”和“位置”参数

图5-158　材质分布

3．设置背景

① 执行菜单中的“渲染 | 环境”命令，在弹出的对话框中指定给“环境贴图”一个“渐变”贴图，如图 5-159 所示。

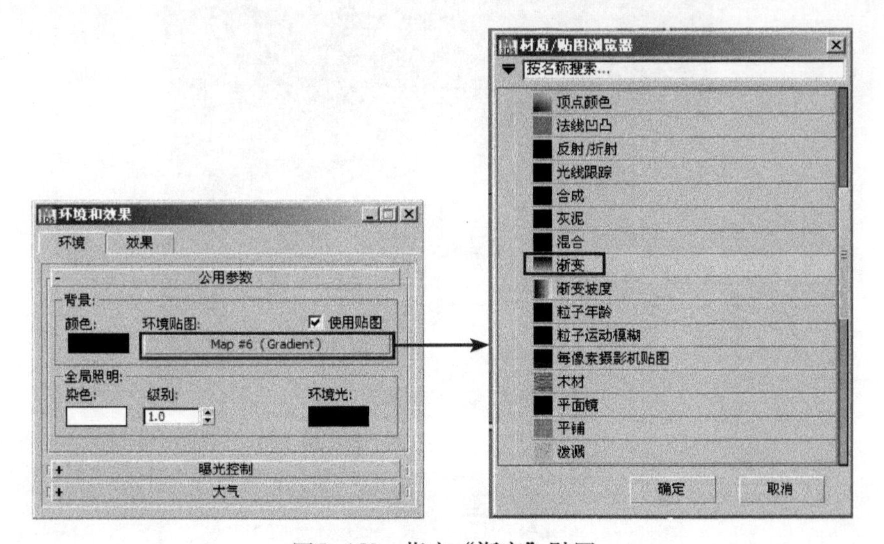

图5-159　指定“渐变”贴图

② 将其拖入材质编辑器一个空白的材质球上，在弹出的对话框中选中“实例”单选按钮，如图 5-160 所示，单击“确定”按钮。接着设置“渐变”贴图的参数，如图 5-161 所示。

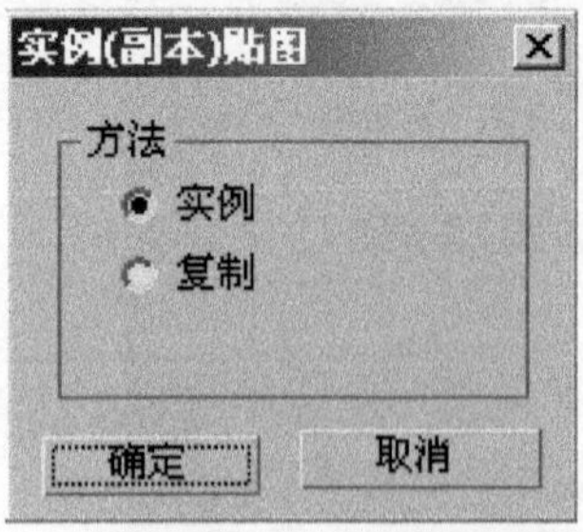

实例(副本)贴图
方法
实例
复制
确定
取消

图5-160　选中“实例”单选按钮

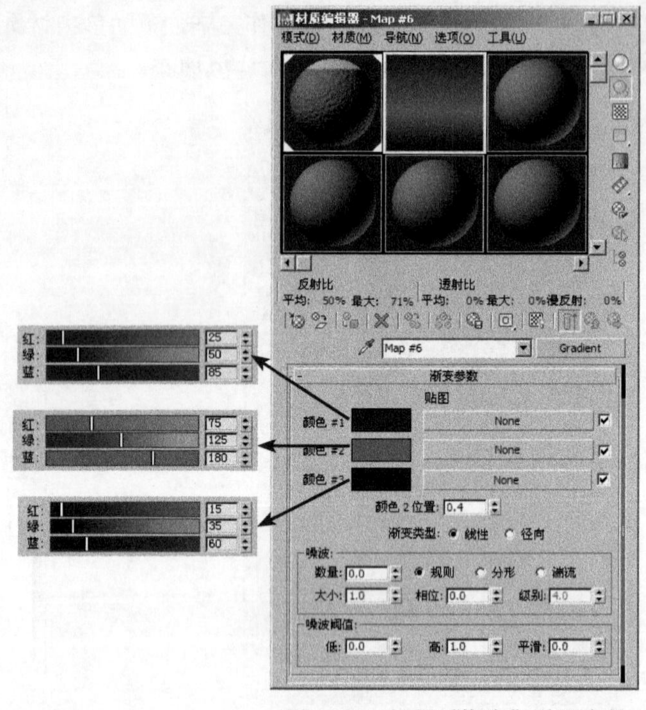

图5-161　设置“渐变”贴图参数

③ 为了美观，下面在视图中添加一盏目标聚光灯和天光，然后单击工具栏中的按钮进行渲染，最终效果如图 5-162 所示。

图5-162　冰雪柔化的雪山

课 后 练 习

1．填空题

（1）________材质可以给对象的上部和下部分别赋予不同贴图的材质类型。

（2）________材质，专门用于渲染卡通漫画效果，利用它可以在 3ds Max 中直接输出卡通动画。

2．选择题

（1）按________键，可以进入材质编辑器面板。

A．<C>　　B．<M>　　C．<N>　　D．<F1>

（2）单击材质编辑器工具栏中的________按钮，可以在视图中显示贴图。

A．　　B．　　C．　　D．

3．问答题 / 上机题

（1）简述“多维 / 子对象”材质的各参数的含义。

（2）练习 1：制作图 5-163 所示的冰雪融化的山脉效果。

（3）练习 2：制作图 5-164 所示的金属扫光效果。

图5-163　练习1效果

图5-164　练习2效果

第6章 灯光、摄影机、渲染与环境

在三维动画设计中，要完成一个真实和丰富多彩的场景，仅仅靠建模和赋予模型材质是远远不够的，还需要灯光、摄影机、环境和渲染的综合应用。通过本章学习应掌握以下内容：

- 灯光的种类和使用方法；
- 摄影机的使用方法；
- 利用环境对话框制作火、体积光、体积雾和雾的方法；
- 渲染器的种类和应用。

6.1 灯　　光

本节将对光的概念和3ds Max 2011中灯光的种类和参数设置做一个具体讲解。

6.1.1 光的概述

灯光在创建三维场景中是非常重要的，它的主要作用是用来模拟太阳、照明灯和环境等光源，从而营造出环境氛围。灯光的颜色对环境影响很大，明亮、色彩鲜艳的灯光有一种喜庆的气氛，而冷色调、幽暗的灯光则给人带来阴森、恐怖的感觉。另外，灯光的照射角度也能够从侧面影响人的感觉，它可以烘托和影响整个场景的色彩和亮度，使场景更具真实感。

6.1.2 灯光的种类

单击（创建）面板中的（灯光）按钮，即可打开“灯光”面板。在3ds Max 2011“灯光”面板的下拉列表中有“标准”和“光度学”两种灯光类型，如图6-1所示。

- “标准”灯光类型有8种，分别为“目标聚光灯”、“自由聚光灯”、“目标平行光”、“自由平行光”、“泛光灯”、“天光”、“mr区域泛光灯”和“mr区域聚光灯”，如图6-2所示。
- “光度学”灯光类型有3种，分别为“目标灯光”、“自由灯光”和“mr Sky门户”，如图6-3所示。

1. “标准”灯光

“标准”灯光包括的灯光类型解释如下：

- 目标聚光灯：3ds Max 2011环境中的基本照明工具。它产生的是一个锥形的照射区域，可影响光束内被照射的物体，从而产生一种逼真的投影效果。它包括两个部分：投射点和目标点。投射点就是场景中的圆锥形区域，而目标点则是场景中的小立方体图形。用户可以通过调整这两个图形的位置来改变物体的投影状态，从而产生不同方向的效果。聚光灯有"矩形"和"圆"两种投影区域。"矩形"特别适合制作电影投影图像、窗户投影等。"圆"适合制作路灯、车灯、台灯等灯光的照射效果。

图6-1　"灯光"面板

图6-2　标准灯光

图6-3　光度学

- 自由聚光灯：一个圆锥形图标，可产生锥形照射区域。它实际上是一种受限制的目标聚光灯，也就是说它是一种无法通过改变目标点和投影点的方法来改变投射范围的目标聚光灯，但可以通过主工具栏中的旋转工具来改变其投影方向。
- 目标平行光：可产生一个圆柱状的平行照射区域，其他的功能与目标聚光灯基本类似。目标平行光主要用于模拟日光、探照灯、激光光束等光线效果。
- 自由平行光：一种与自由聚光灯相似的平行光束，它的照射范围是柱形的。
- 泛光灯：三维场景中应用最广泛的一种光源。它是一种可以向四面八方均匀照射的光源。它的照射范围可以任意调整，在场景中表现为一个正八面体的图标。标准泛光灯常用来照亮整个场景。
- 天光：可以对场景中天空的颜色和亮度进行设置，此外还可以进行贴图的设置，它不能控制发光范围。
- "mr 区域泛光灯"和"mr 区域聚光灯"：用于 mental ray 的泛光灯和聚光灯。

2."光度学"灯光

"光度学"灯光用于创建荧光灯管、霓虹灯和天空照明的效果。

"光度学"灯光中的目标类灯光与自由灯光的区别在于是否有目标点。设置目标点的意义在于可设置追光功能，将目标点与物体连接起来，这样随着物体的运动，就可改变灯光照射位置和方向。"mr Sky 门户"灯光为天空门户对象提供了一种"聚集"内部场景中的现有天空照明的有效方法，使用"mr Sky 门户"灯光无需高度聚集或全局照明设置（这会使渲染时间过长）。实际上，门户就是一个区域灯光，从环境中导出其亮度和颜色。

6.1.3 灯光的卷展栏参数

“常规参数”、“强度 / 颜色 / 衰减”、“聚光灯参数”、“高级效果”、“阴影参数”和“大气和效果”6个卷展栏是每种灯光修改面板中的共有卷展栏。下面以目标聚光灯为例，具体讲解一下这些卷展栏的参数含义。

1. “常规参数”卷展栏

“常规参数”卷展栏如图6-4所示。“常规参数”卷展栏的参数解释如下：

(1) “灯光类型”选项组

- 启用：用来控制是否启用灯光系统。灯光只有在着色和渲染时才能看出效果。当取消选中“启用”复选框时，渲染将不显示出灯光的效果。“启用”复选框的右侧为灯光类型的下拉列表，用于转换灯光的类型。其中有“聚光灯”、“平行光”和“泛光灯”3种灯光类型可供选择，如图6-5所示。

图6-4 “常规参数”卷展栏

图6-5 可选择灯光类型

- 目标：用来控制灯光是否被目标化。选中后灯光和目标之间的距离将在目标项的右侧被显示出来。对于自由灯光，可以直接设置这个距离值，对于有目标对象的灯光类型，可通过移动灯光的位置和目标点来改变这个距离值。

(2) “阴影”选项组

- 启用：可用来定义当前选择的灯光是否要投射阴影和选择所投射阴影的种类。
- 使用全局设置：选中该复选框，将实现灯光阴影功能的全局化控制。
- 阴影类型下拉列表：有“高级光线跟踪”、“mental ray阴影贴图”、“区域阴影”、“阴影贴图”和“光线跟踪阴影”5种阴影类型可供选择，如图6-6所示。
- 排除：单击“排除”按钮，将弹出灯光的“排除 / 包含”对话框，如图6-7所示。我们可通过“排除 / 包含”对话框来控制创建的灯光对场景中的那些对象起作用。

关于“排除 / 包含”对话框的各项参数解释如下：

- 场景对象：“场景对象”栏及下面的列表框列出了场景中所有是否受灯光影响的对象名称。单击>>按钮，能把左边列表框所选择的对象转移到右边的列表框中；单击<<按钮，能把右边列表框中所选择的对象移回左边的列表框中。
- “排除”和“包含”单选按钮：可用来决定对象是否排除 / 包含灯光的影响，它们只对右边列表框中被选择的对象起作用。

选中“排除”和“照明”两个单选按钮，球体表面将不受任何光线影响，显示为黑色，但显示投射阴影，如图6-8所示。

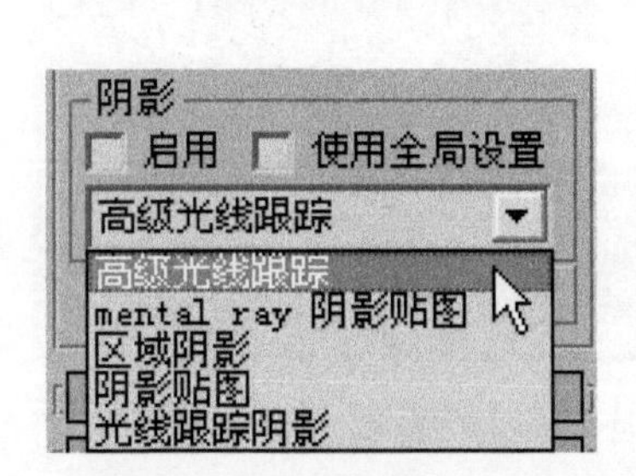

图6–6 可选择阴影类型

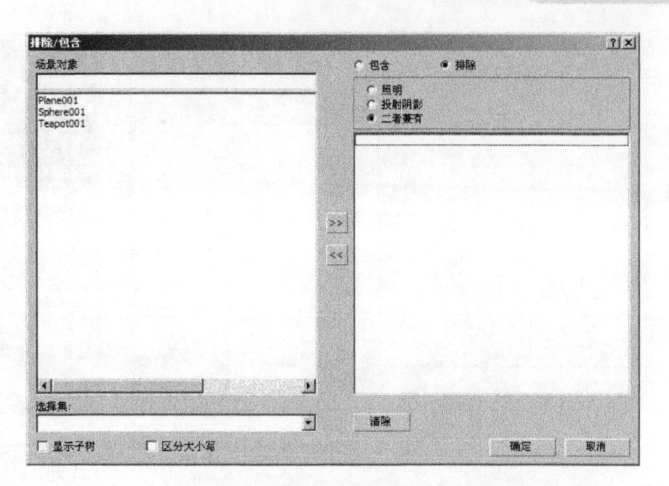

图6–7 “排除/包含”对话框

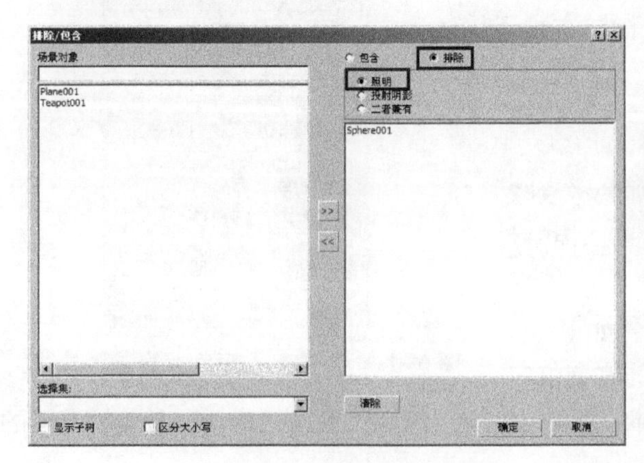

图6–8 选中“照明”和“排除”两个单选按钮及渲染后的效果

选中“投射阴影”和“排除”两个单选按钮，球体在灯光启用阴影的情况下将没有阴影效果，如图 6–9 所示。

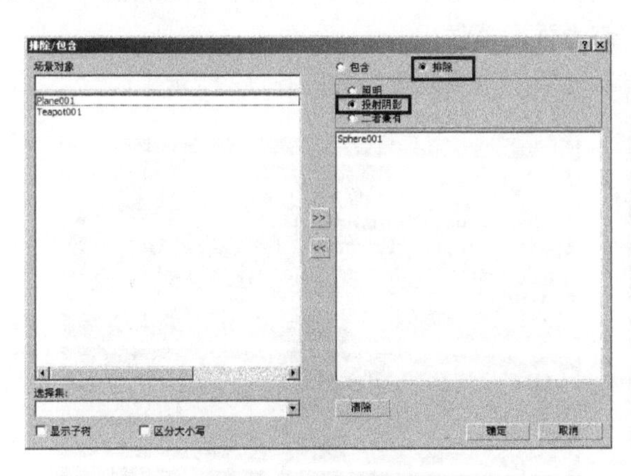

图6–9 选中“投射阴影”和“排除”两个单选按钮及渲染后的效果

选中“二者兼有”和“排除”两个单选按钮，既不显示球体也不显示阴影，如图 6–10 所示。单击“清除”按钮将快速清除右侧列表框中所有对象。

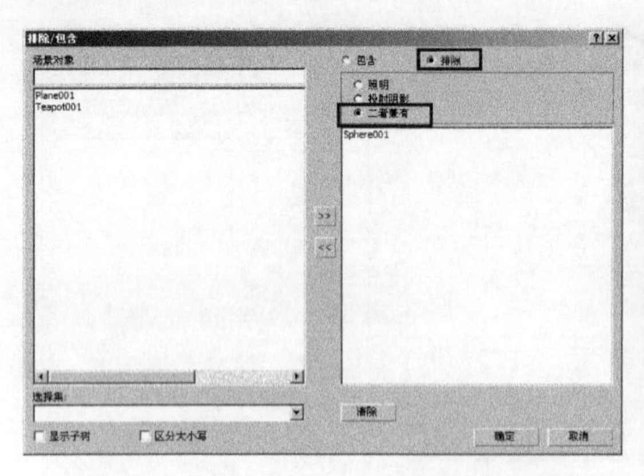

图 6-10　选中“排除”和“二者兼有”单选按钮及渲染后的效果

- “显示子树”和“区分大小写”复选框：用于控制左侧列表框中的对象是以“显示子树”方式还是“区分大小写”方式进行显示。

2.．“强度 / 颜色 / 衰减”卷展栏

灯光是随距离的增加而减弱的，“强度 / 颜色 / 衰减”卷展栏主要设置灯光的强度、颜色和衰减效果，控制灯光的特性，它的参数面板如图 6-11 所示。

“强度 / 颜色 / 衰减”卷展栏的参数解释如下：

- 倍增：“倍增”数值框中的数值为灯光的亮度倍率，数值越大光线越强，反之越小，系统默认的灯光亮度为 1.0。单击“倍增”数值框后面的色块，可设置灯光的颜色。

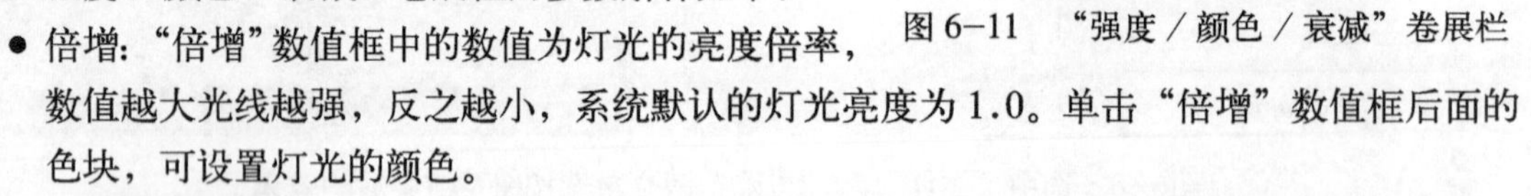

强度/颜色/衰减
倍增: 1.0
衰退
类型 无
开始 40.0　显示
近距衰减
使用　开始 0.0
显示　结束 40.0
远距衰减
使用　开始 80.0
显示　结束 200.0

图 6-11　“强度 / 颜色 / 衰减”卷展栏

(1)“衰退”选项组

- 类型：“类型”下拉列表中包括“无”、“倒数”和“平方反比”3 个选项。三者的差异之处在于其计算衰减的程序不同。具体表现为按照顺序，3 种衰减程度逐渐加强。
- 开始：指的是衰减的近远值，值越大，灯光强度越强。
- 显示：选中该复选框，在视图中将会显示光源的衰减范围，如图 6-12 所示。

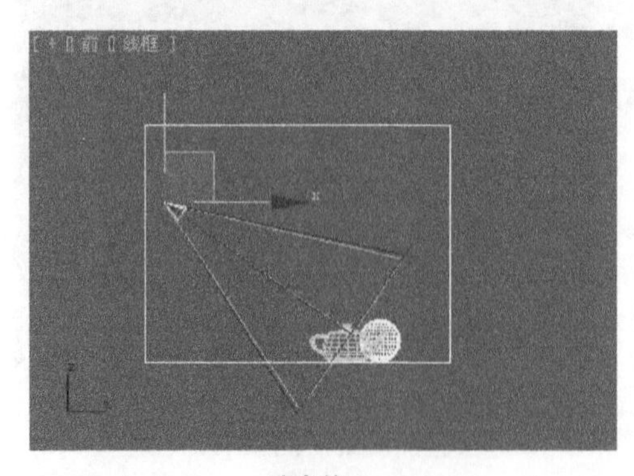

选中前

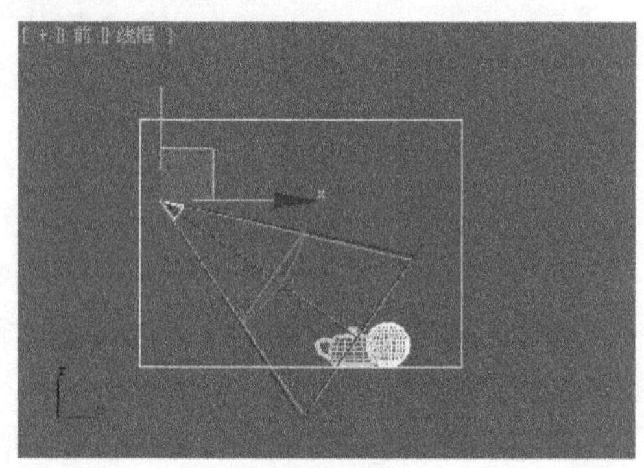

选中后

图6-12　选中“显示”复选框的前后比较

(2)“近距衰减”选项组

“近距衰减”选项组用于设定系统光源衰减的最小距离，如果对象与光源的距离小于这个值，那么光源是照不到它的。

- “开始”和“结束”两个数值框：用于控制光源衰减的范围。
- 使用：选中该复选框，衰减参数才能起作用。
- 显示：选中该复选框，衰减的开始和结束范围将会用线框在视图中显示，便于观察，如图 6-13 所示。

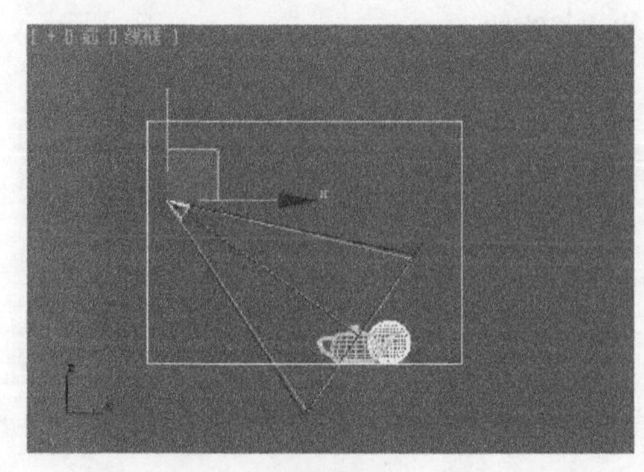

选中前　　选中后

图6-13　选中“显示”复选框的前后比较

(3)“远距衰减”选项组

“远距衰减”选项组用于设定光源衰减的最大距离，如果物体在这个距离之外，光线也不会照射到这个物体上。

在视图中创建一个简单场景，我们即可观察灯光衰减的效果，如图 6-14 所示。

使用“衰减”

不使用“衰减”

图6-14　使用和不使用“衰减”的对比

3．“聚光灯参数”卷展栏

“聚光灯参数”卷展栏主要是调整灯光的光源区域与衰减区的大小比例关系以及光源区的形状，它的参数面板如图 6-15 所示。

图6-15　“聚光灯参数”卷展栏

“聚光灯参数”卷展栏中的“光锥”选项组用于设定聚光效果形成的光柱的相关选项，其参数解释如下：

- 显示光锥：选中该复选框，系统用线框将光源的照射作用范围在场景中显示出来。
- 泛光化：选中该复选框，光线将向四面八方散射。
- 聚光区／光束：“聚光区／光束”数值框用于设定光源中央亮点区域的投射范围。
- 衰减区／区域：“衰减区／区域”数值框用于设定光源衰减区的投射区域的大小。很显然衰减区应该包含聚光区。
- “圆”和“矩形”单选按钮：“圆”和“矩形”分别代表光照区域为圆形或矩形。
- 纵横比：用于设置矩形光源的长宽比，不同的比值决定光照范围的大小和形状。
- 位图拟合：用于将光源的长宽比作为所选图片的长宽比。

4．“高级效果”卷展栏

“高级效果”卷展栏用于设定灯光照射物体表面，它的参数面板如图6–16所示。

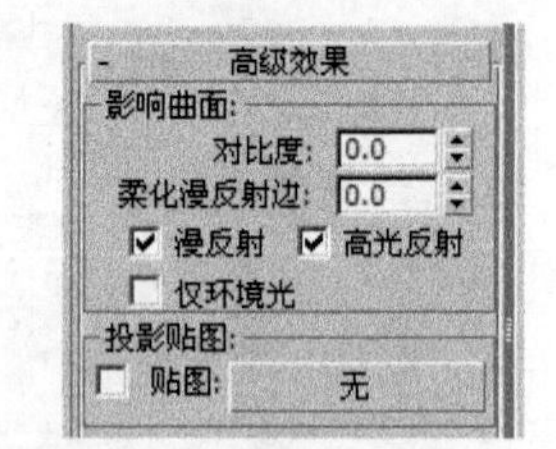

图6–16 “高级效果”卷展栏

“高级效果”卷展栏的参数解释如下：

（1）“影响曲面”选项组

- 对比度：用于设定当光源照射物体边缘时，受光面和阴暗面所形成的对比值的强度。
- 柔化漫反射边：用于设定表现灯光照射到物体上的柔和程度。
- “漫反射”、“高光反射”和“仅环境光”复选框：用于将物体表面分为不同部分进行柔和处理。

（2）“投影贴图”选项组

贴图：选中该复选框，可将贴图以影像投影的方式投影出来，单击 无 按钮可指定投射贴图文件。图6–17为灯光直接投射的效果，图6–18为指定了一张投影贴图后渲染出来的效果。

图6–17 灯光的照射

图6–18 灯光投射贴图

5．“阴影参数”卷展栏

“阴影参数”卷展栏可对具体的阴影效果进行设置，也可对阴影方式进行选择，它的参数面板如图6–19所示。

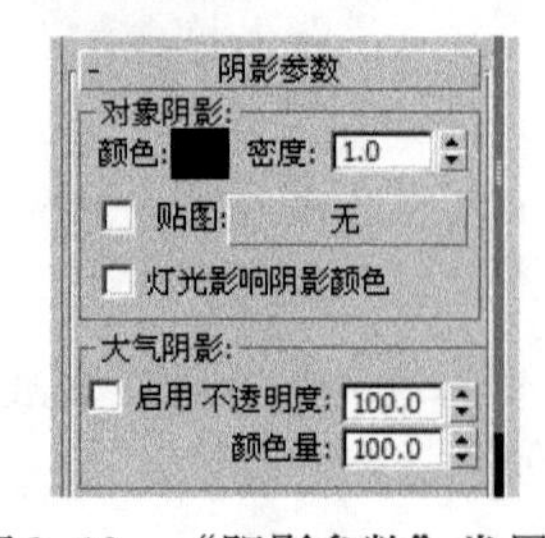

图6–19 “阴影参数”卷展栏

“阴影参数”卷展栏参数解释如下：

（1）“对象阴影”选项组

- 颜色：单击“颜色”块，可对阴影进行颜色的调节。

- 密度："密度"数值框中的数值代表阴影的浓度。数值越大阴影浓度越大，如图 6-20 所示为不同"密度"值的比较。

"密度"值为0.8

"密度"值为3

图6-20 不同"密度"值的比较

- 贴图：选中"贴图"复选框后，单击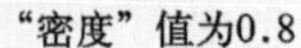

按钮，可选择阴影的贴图，即用一幅位图来代替单纯的颜色。
- 灯光影响阴影颜色：选中该复选框，阴影的颜色会与灯光的颜色进行计算得到一个综合颜色。

(2) "大气阴影"选项组

"大气阴影"选项组可使大气效果产生阴影。

- 启用：选中该复选框，大气的效果发生作用。
- 不透明度：用于设置阴影的透明程度。
- 颜色量：用于设置阴影颜色与大气颜色的混合程度。

6. "大气和效果"卷展栏

"大气和效果"卷展栏用于设置添加和修改，它的参数面板如图 6-21 所示。

"大气和效果"卷展栏的参数解释如下：

- 添加：单击"添加"按钮，在弹出的如图 6-22 所示的对话框中可添加相应的效果。
- 删除：单击"删除"按钮，可以删除选中的效果。

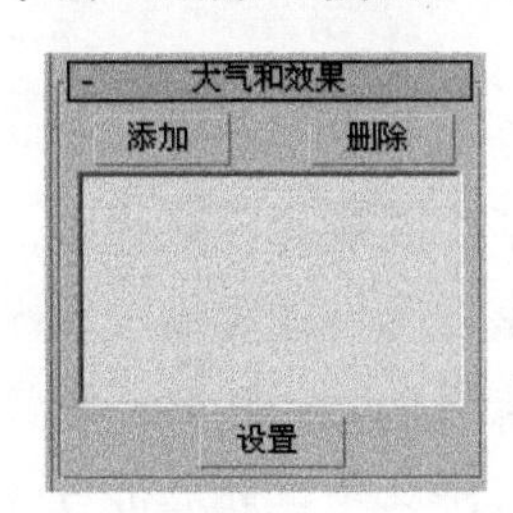

图6-21 "大气和效果"卷展栏

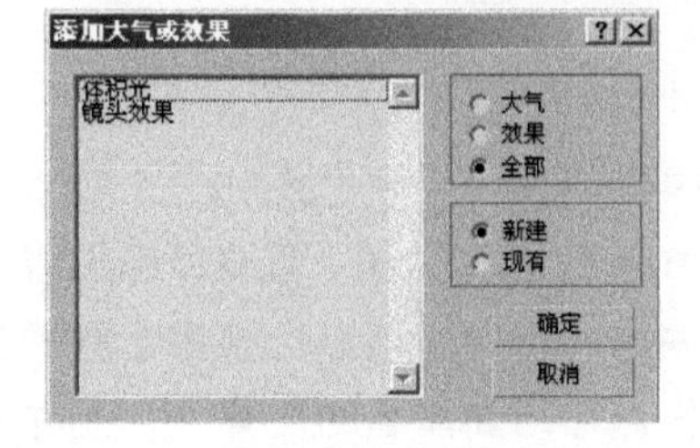

图6-22 "添加大气或效果"对话框

- 设置：单击"设置"按钮可对添加的效果进行相应的参数设置。

6.2 摄 影 机

本节将对 3ds Max 2011 中的摄影机做一个具体讲解。

6.2.1 摄影机的概述

在基本的场景、物体、灯光建立完成后，还要在场景中加入摄影机。三维场景中的摄影机与在真实场景中使用摄影机拍摄效果基本上是一致的。

三维动画的场景中摄影机捕捉的信息分为静态和动态两种。静态镜头是在场景中布置好摄影机后，摄影机的位置不变，而且也不作任何参数改变。它的特点是在场景中的物体看得很清楚，介绍的重点是受场景物体的影响很大，因此，静态镜头特别讲究制作细节。动态镜头是在场景中布置好摄影机后，摄影机的位置可随场景物体的移动而作相应的移动和参数改变，或摄影机的位置不随场景中物体的移动而移动，而是在不移动的条件下拍摄场景中正在移动或不动的物体。

3ds Max 2011 提供了目标摄影机和自由摄影机两种摄影机的类型。

6.2.2 创建目标和自由摄影机

创建摄影机有两种方法：一种是执行菜单中的“创建|摄影机”命令，在弹出的子菜单中选择相应的命令来创建摄影机，如图6-23所示。另一种是在面板中单击（创建）下的（摄影机）按钮，然后通过单击“目标”或“自由”按钮来创建相应的摄影机，如图 6-24 所示。

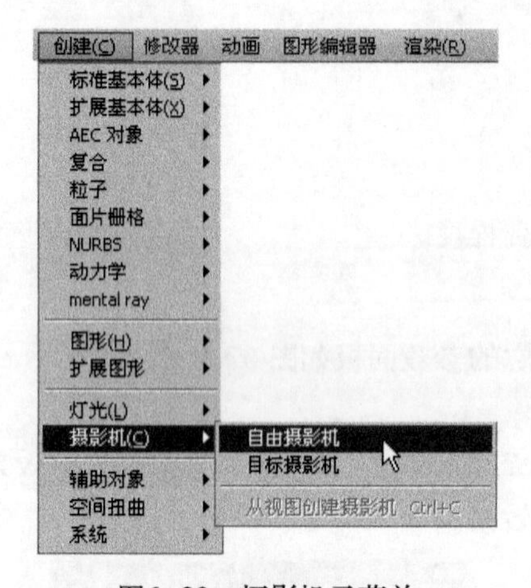

图6-23 摄影机子菜单

图6-24 摄影机创建面板

目标摄影机有一个目标点和一个视点。一般把摄影机所处的位置称为视点，把目标所处的位置称为目标点。可以通过调整目标点或者视点来调整观察方向，也可以在目标点和视点选择后同时调整他们。目标摄影机多用于观察目标点附近的场景对象，比较容易定位，确切地说，就是将目标点移动到需要的位置上。制作动画时，摄影机物体及其目标点都可以设置动画，即将它们连接到一个虚拟物体上，通过虚拟物体进行动画设置，从而完成摄影机的动画。在视图中创建的目标摄影机如图 6-25 所示。

提示

单击目标摄影机目标点和摄影点之间的连线，可以同时选择摄影机的目标点和摄影点。

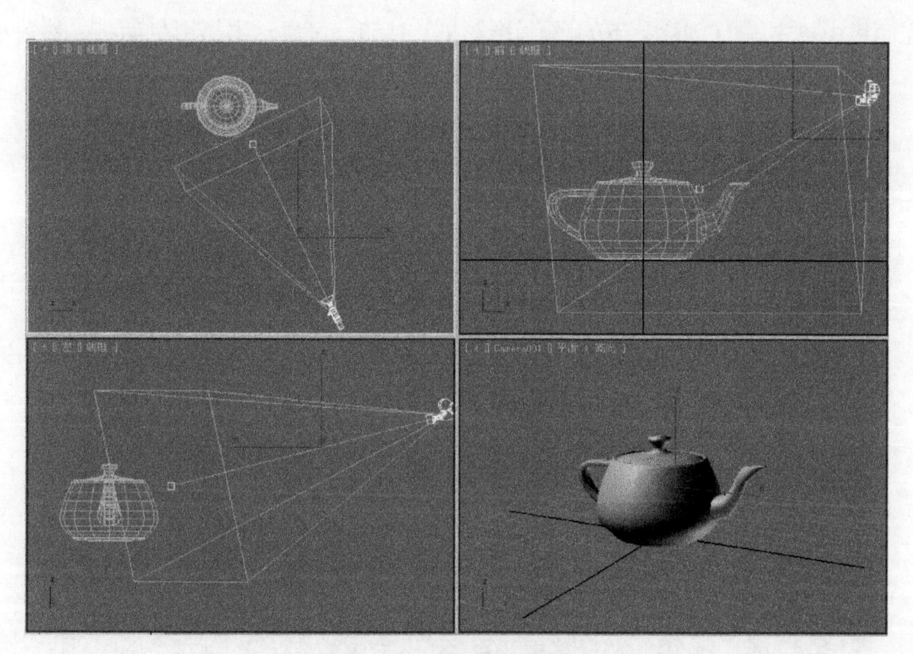

图6–25　创建目标摄影机

自由摄影机多用于观察所指方向内的场景内容，可以应用其制作轨迹动画，例如，在室内外场景中的巡游。也可以使用自由摄影机应用于垂直向上或向下的摄影机动画，从而制作出升/降镜头的效果。在视图中创建的自由摄影机只有摄影点而没有目标点，如图 6–26 所示。

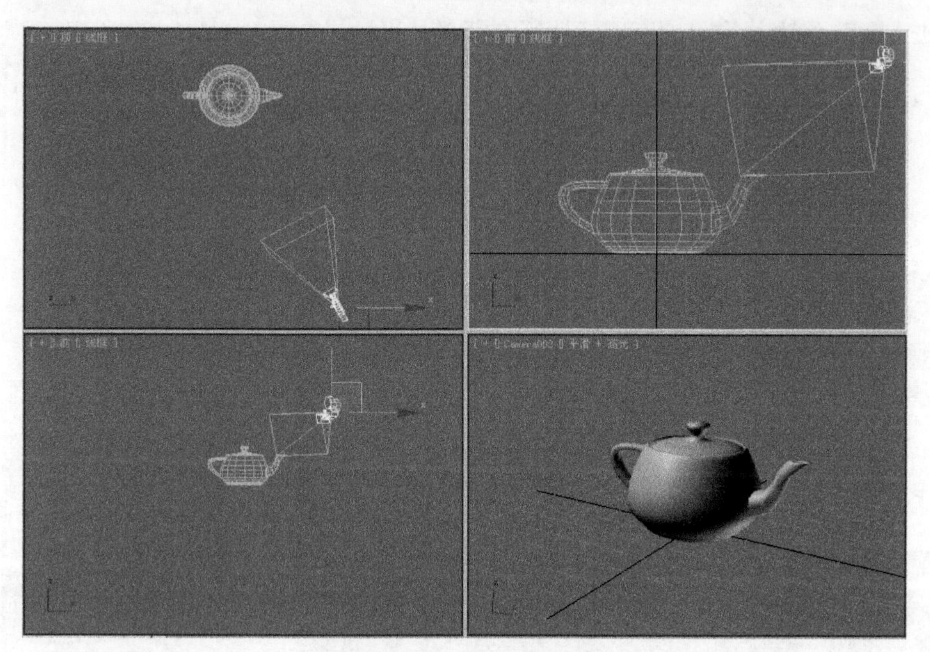

图6–26　创建自由摄影机

下面通过一个实例来讲解摄影机参数面板中常用参数的功能，具体过程如下：

① 执行菜单中的“文件|打开”命令，打开配套光盘“素材及结果\自由摄影机 .max”文件。

② 在面板中单击（创建）下的（摄影机）按钮，可显示出摄影机面板，然后单击“自由”按钮后在前视图中创建自由摄影机，效果如图 6-27 所示。

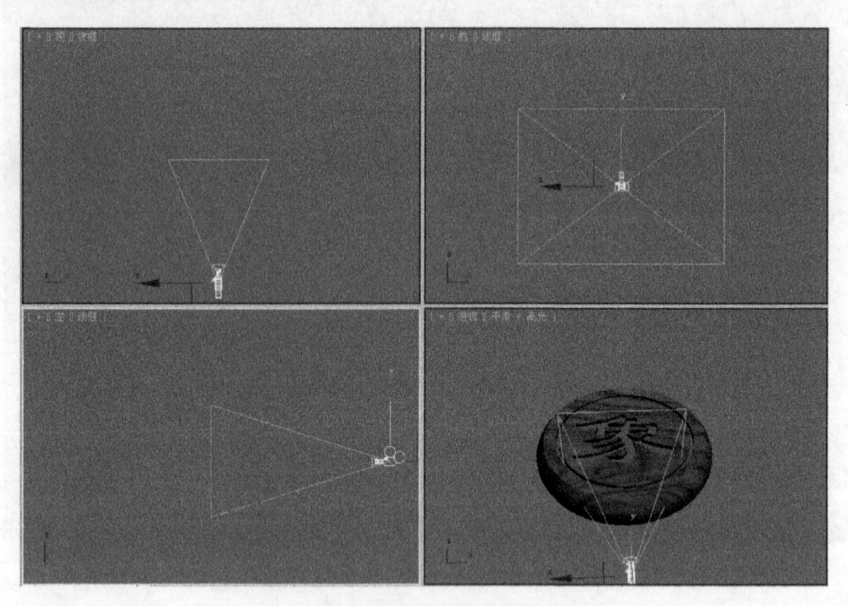

图6-27　创建自由摄影机的效果

③ 选择透视图，然后按〈C〉键，从而将透视图切换为 Camera01 视图。接着利用工具栏中的按钮旋转摄影机目标点，如图 6-28 所示。

④ 进入（修改）面板，即可看到相应的调整摄影机的参数，如图 6-29 所示。

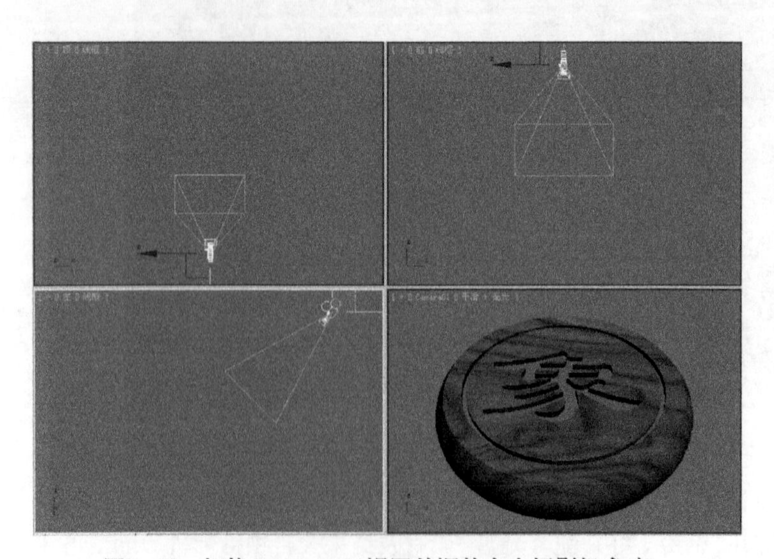

图6-28　切换Camera 01视图并调整自由摄影机角度

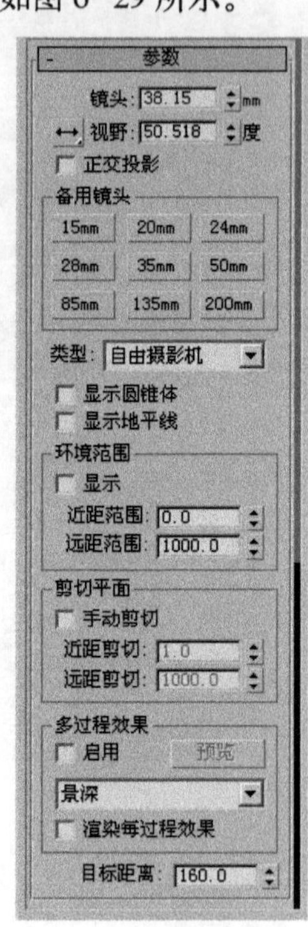

图6-29　参数面板

常用参数及其功能如下：

- 镜头：用于改变摄影机的镜头大小，单位是mm（毫米）。随着镜头数值的增大，摄影机视图的物体变大，通过摄影机所能看到的范围变窄。
- 视野：用于设置摄影机的视野范围，单位是“度”。默认值相当于人眼的视野值，当修改其数值时，镜头的数值也将随之改变。它左侧弹出的按钮有↔（水平）、↕（垂直）或⤢（对角线）3种视野范围可供选择。
- 正交投影：选中该复选框，摄影机会以正面投影的角度面对物体进行拍摄。这样将消除场景中后面对象的任何透视变形，并显示场景中所有对象的真正尺寸。
- “备用镜头”选项组：系统预设的镜头，镜头包括15 mm、20 mm、24 mm、28 mm、35 mm、50 mm、85 mm、135 mm和200 mm共9种。“镜头”和“视野”数值框将根据所选择的备用镜头自动更新。
- 类型：在右侧的下拉列表框中可以切换目标摄影机和自由摄影机。
- 显示圆锥体：选中该复选框，系统会将摄影机所能够拍摄的锥形视野范围在视图中显示出来。
- 显示地平线：选中该复选框，系统会将场景中水平线显示于屏幕上。

（1）“环境范围”选项组

“环境范围”选项组用于设置远近范围值。

- 显示：选中该复选框在视图中将显示摄影机圆锥体内的黄色矩形。
- 近距范围：用于设置取景作用的最近范围。
- 远距范围：用于设置取景作用的最远范围。

（2）“剪切平面”选项组

“剪切平面”选项组用于设置摄影机视图中对象的渲染范围，在范围外的任何物体都不被渲染。

- 手动剪切：选中该复选框，可以以手动的方式来设定摄影机的切片功能。
- 近距剪切：用于设定摄影机切片作用的最近范围，物体在范围内的部分不会显示于摄影机场景中。
- 远距剪切：用于设定摄影机切片作用的最远范围，物体在范围外的部分不会显示于摄影机场景中。

（3）“多过程效果”选项组

“多过程效果”选项组用于设定摄影机的深度或模糊效果。

- 启用：选中该复选框，将启动景深模糊效果，其右侧的“预览”按钮也会变成启用的；如取消选中，景深效果只有在渲染时才有效。
- 预览：单击“预览”按钮后，景深效果将在视图中显示出来。
- 多次效果的下拉列表框：有“景深（metal ray）”、“景深”和“运动模糊”3种效果类型可供选择。在选择不同效果类型时会出现不同的参数卷展栏。
- 渲染每过程效果：选中该复选框，场景的景深效果会被最终渲染出来。
- 目标距离：用于控制摄影机目标与摄影点之间的距离。

6.2.3 摄影机视图按钮

在使用 3ds Max 2011 时，需要经常放大显示场景中某些特殊部分，以便进行细致调整。此时可以通过 3ds Max 2011 右下角视图区中的摄影机视图按钮来完成这些操作，如图 6–30 所示。

图 6–30 摄影机视图调整工具

视图区中各摄影机视图按钮的具体解释如下：

（推拉摄影机）：前后移动摄影机来调整拍摄范围。

（推拉目标）：前后移动目标进行拍摄范围的调整。

（推拉摄影机＋目标）：同时移动目标物体以及摄影机来改变拍摄范围。

（透视）：移动摄影机的同时保持视野不变，改变拍摄范围，用于突出场景主角。

（侧滚摄影机）：转动摄影机，产生水平的倾斜。

（最大化显示全部）：最大化显示所有视图。

（视野）：改变摄影机的视野范围，它不会改变摄影机和摄影机目标点的位置。

（环游摄影机）：固定摄影机的目标点，保持目标物体不变，转动摄影机来调整拍摄范围。

（摇移摄影机）：固定摄影机的视点，使摄影机目标点围绕摄影机视点旋转。

（最大化视口切换）：最大化或最小化单一的显示视图。

6.2.4 摄影机的景深特效

首先来观察图 6–31 所示的左右两张图片的区别。

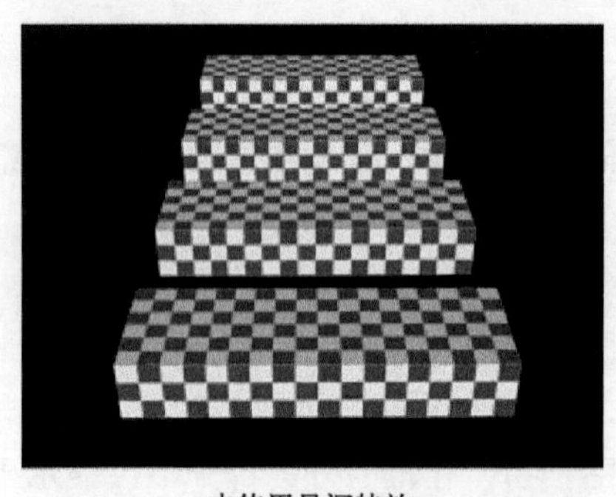

未使用景深特效

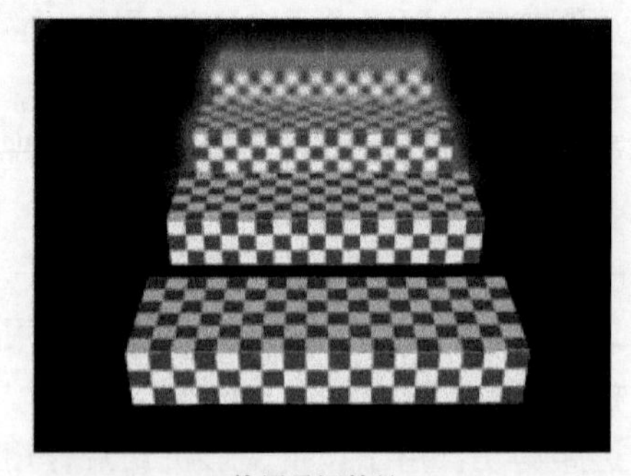

使用景深特效

图 6–31 使用景深特效前后的比较

对比两张渲染后的摄影机视图，可以发现其中的区别。左边的图片没有使用景深特效，视图中所有的对象都显得非常清楚。右边的图片使用了景深特效后，只有第 1 个长方体看得很清楚，后面的越来越模糊。景深特效的原理是运用了多通道渲染效果生成的。在渲染时就可以看到，对同一帧，进行多次渲染，每次渲染都有细小的差别，最终合成一幅图像。

“景深参数”卷展栏用于调整摄影机镜头的景深与多次效果的设置，“景深参数”卷展栏如图 6–32 所示。

“景深参数”卷展栏的参数解释如下：

（1）“焦点深度”选项组

“焦点深度”选项组用于设置焦点的深度距离。

- 使用目标距离：选中该复选框，可以通过改变这个距离来使目标点靠近或远离摄影机。

当使用景深时，这个距离非常有用。在目标摄影机中，可以通过移动目标点来调整距离，但在自由摄影机中只有改变这个参数来改变目标距离。

- 焦点深度：用于控制摄影机焦点远近的位置。当选中“使用目标距离”复选框后，就使用摄影机的“使用目标距离”参数。如果没被选中，那么可以手动在“焦点深度”数值框内输入距离。

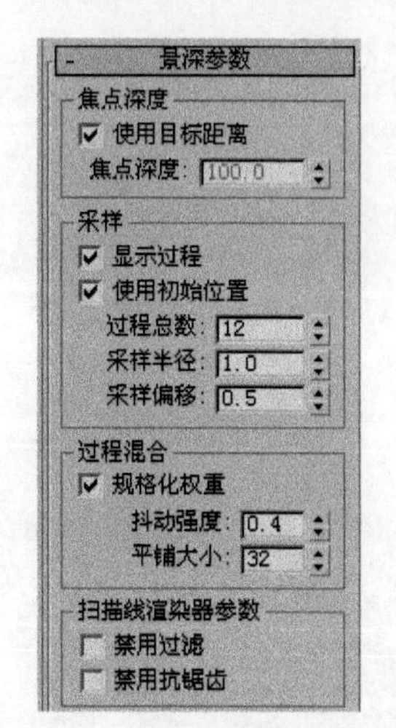

图 6–32 “景深参数”卷展栏

（2）“采样”选项组

“采样”选项组用于渲染景深特效的抽样观察。

- 显示过程：选中该复选框，系统渲染将能看到景深特效的叠加生产过程。
- 使用初始位置：选中该复选框，渲染将在原位置上进行。
- 过程总数：数值越大，特效越精确，渲染耗时越大。
- 采样半径：决定模糊的程度。
- 采样偏移：决定场景的模糊程度。

（3）“过程混合”选项组

“过程混合”选项组用于控制系统控制模糊抖动的参数。

- 规格化权重：选中该复选框，系统会给一个标准的平滑作业结果。
- 抖动强度：控制抖动模糊的强度值。
- 平铺大小：用于设定抖动的百分比，最大值为 100%，最小值为 0。

（4）“扫描线渲染器参数”选项组

“扫描线渲染器参数”选项组用于设置渲染时是否过滤和抗锯齿。

- 禁用过滤：选中该复选框，系统渲染将不使用滤镜效果。
- 禁用抗锯齿：选中该复选框，系统渲染将不使用保真效果。

6.3 渲　　染

渲染是指以各种不同的层次细节观看构成场景的对象。3ds Max 2011 可以使用几种不同的渲染引擎，也可以使用外部插件渲染器或者专用的渲染工具等。

进入图 6–33 所示的渲染场景对话框的方法有两种：一种是执行菜单中的“渲染 | 渲染设置”命令；另一种是单击工具栏中的（渲染设置）按钮。

在“渲染设置”对话框中包含很多的参数和选项，这里只对其中一些比较常用的设置进行一下介绍。

6.3.1 设置动画渲染

在平时进行一般的渲染时只是对单帧进行渲染，并不能生成动画。如果要进行场景动画的渲染，就要选中“时间输出”选项组中的“活动时间段”单选按钮，或者“范围”单选按钮。

- 活动时间段：这个单选按钮只能够对 0 ～ 100 帧进行渲染，也就是 3ds Max 2011 默认的帧数。
- 范围：在这里可以任意设置要进行渲染的帧数，可以是 0 ～ 100 帧，也可以是 50 ～ 100

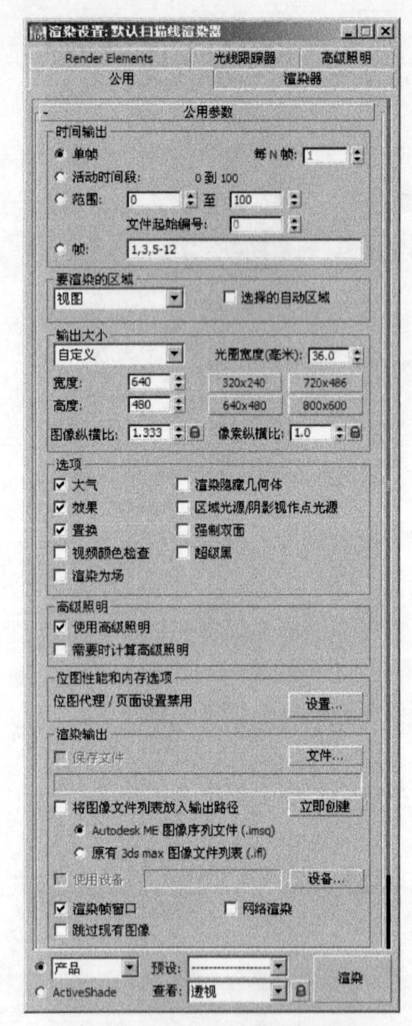
图6-33 “渲染场景”对话框

帧或者 0 ~ 300 帧，前提是制作的动画必须有那么多的帧数。

- “输出大小”选项组可以任意改变所渲染的单帧或者动画的分辨率，可以从它给出的选择范围选择，也可以根据用户的不同需要自定义渲染分辨率。
- “选项”选项组中有很多的复选框，这些复选框控制着在渲染时可以对哪些效果或者对象进行渲染，或者不可以对哪些效果或者对象进行渲染。
- “高级照明”选项组是控制场景中的照明在渲染时是否发生作用的。
- “渲染输出”选项组比较重要，在进行渲染动画的时候，要在这里设置动画的输出路径，否则当动画渲染完成后不能生成动画格式文件。单击“文件”按钮会弹出“渲染输出文件”对话框，如图 6-34 所示。打开“保存类型”下拉列表框就能选择所要渲染动画的文件格式。

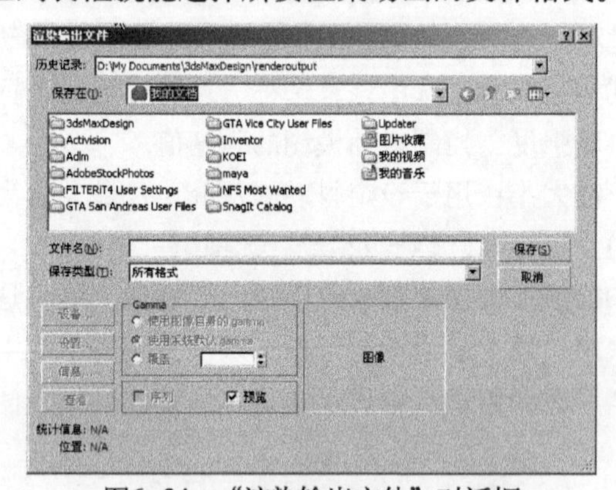
图6-34 “渲染输出文件”对话框

6.3.2 选择渲染器类型

打开“指定渲染器”卷展栏，在这里可以改变渲染器的类型或者调用渲染器插件，如现在比较流行的巴西渲染器。单击如图 6-35 所示按钮，会弹出“选择渲染器”对话框，如图 6-36 所示，在这里就可以对渲染器进行指定。

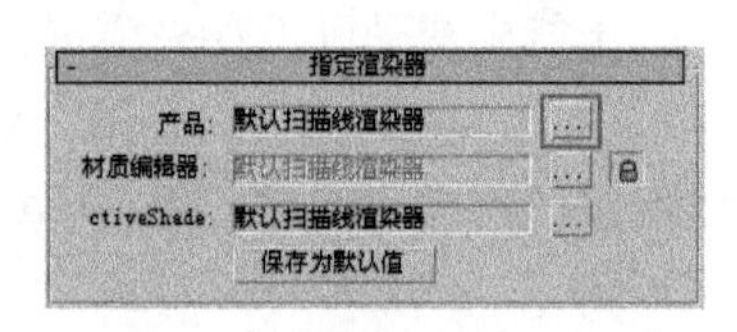

图6-35 “指定渲染器”卷展栏

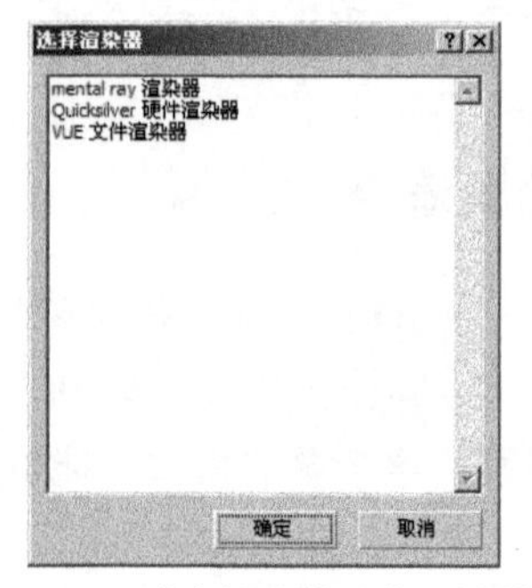

图6-36 “选择渲染器”对话框

- mental ray 渲染器：3ds Max 2011 自带的渲染器，它是由 mental image 开发的一款功能强大的渲染器，是基于真实物理原理来模拟灯光的照明效果，包括光线的折射，反射及衍射等效果。此外，还包括全局光技术。
- Quicksilver 硬件渲染器：使用图形硬件来生成渲染。该渲染器可以进行快速渲染，并可以通过提高质量来获得更润色的效果。
- VUE 文件渲染器：顾名思义就是针对 VUE 文件进行渲染输出的渲染器。

6.4 环　　境

本节将对环境大气的概念和特效做一个具体讲解。

6.4.1 环境大气的概念

现实世界中的所有对象都被某种特定的环境所围绕。环境对场景氛围的设置起到了很大的作用。例如，冬天大雪后的小镇与夏天大雨后的小镇的环境有很大的不同，在制作这样的场景时要应用不同的环境效果。3ds Max 2011 包含了颜色设置，背景图像和光照环境的对话框，这些特性有助于定义场景。

3ds Max 2011 的大气效果包括火、雾、体积雾和体积光效果。这些效果只有在进行渲染后才可以看到。

6.4.2 设置环境颜色和背景

本小节将对在 3ds Max 2011 中设置环境颜色和背景作一个具体讲解。

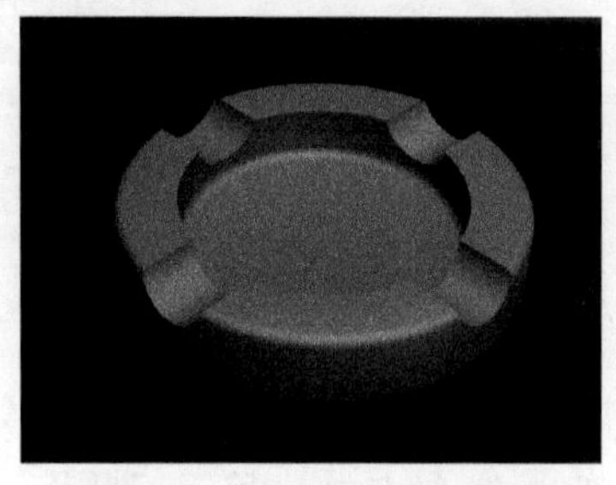

图6-37　默认渲染效果

1. 背景颜色设置

在渲染时，默认背景色为黑色，但有时渲染主体为深色时，就需要适当更改背景色。更改背景色的具体过程如下：

① 打开配套光盘中的“素材及结果\烟灰缸.max”文件，然后单击工具栏中的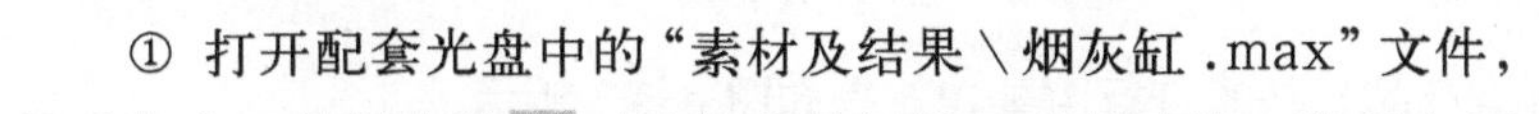（渲染产品）按钮进行渲染，结果如图 6-37 所示。

② 更改背景颜色。方法：执行菜单中的“渲染|环境”命令，在弹出的“环境和效果”对话框中单击“颜色”下面的颜色块，然后在弹出的“颜色选择器”对话框中将颜色设为白色，如图 6-38 所示。

③ 再次单击工具栏中的（渲染产品）按钮进行渲染，效果如图 6-39 所示。

2. 背景图像设置

除了可以根据需要来更改背景颜色外，还可以添加背景图像来进一步烘托效果。添加背景图像的具体过程如下：

① 打开配套光盘中的“素材及结果\烟灰缸.max”文件。

② 执行菜单中的“渲染|环境”命令，在弹出的对话框中单击“无”按钮，然后在弹出的“材质/贴图浏览器”对话框中选择“位图”选项，如图 6-40 所示，单击“确定”按钮。

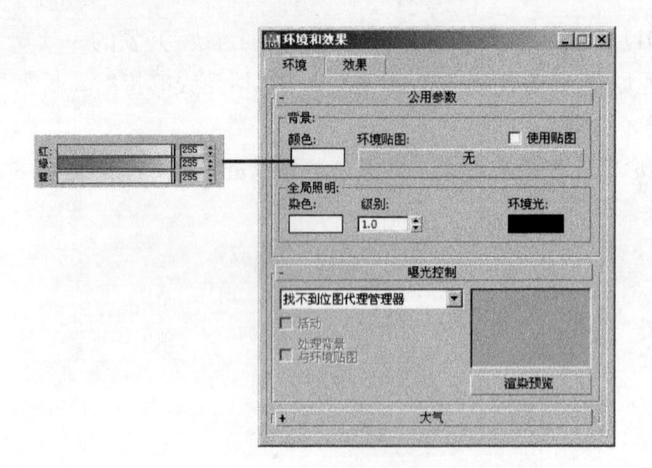

图6-38　将背景颜色改为白色

图6-39　渲染效果

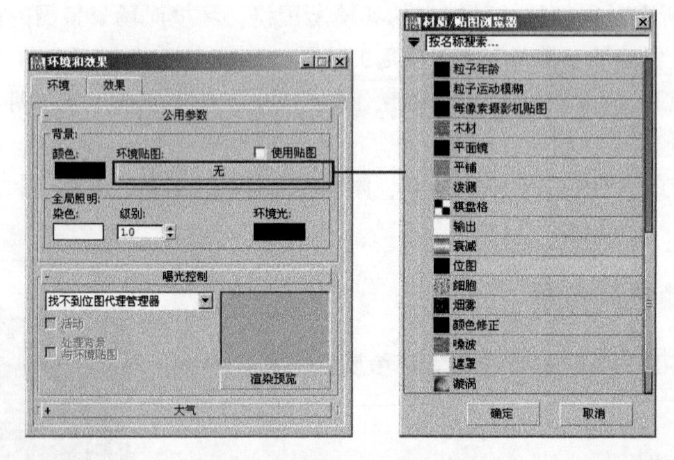

图6-40　选择“位图”选项

③ 在弹出的“选择位图图像文件”对话框中选择配套光盘中的“maps\BOTTICIN.jpg”图片，如图 6-41 所示，单击“打开”按钮。

④ 单击工具栏中的 （渲染产品）按钮进行渲染，效果如图 6-42 所示。

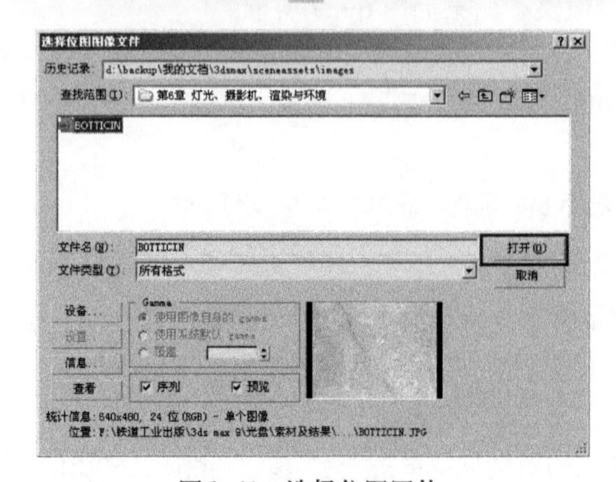

图6-41　选择位图图片

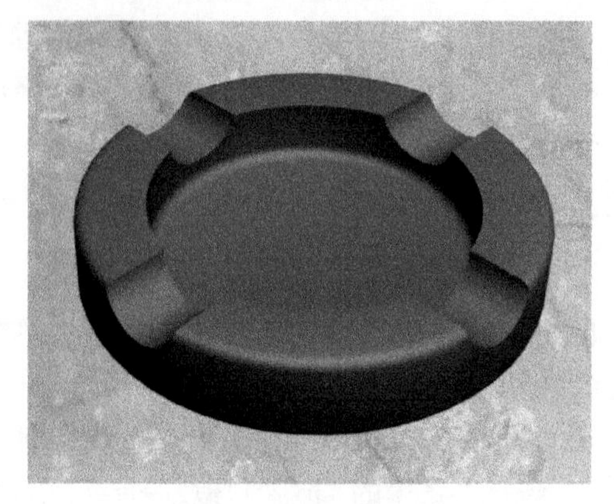

图6-42　渲染后效果

6.4.3 火效果

使用火效果可以生成火焰、烟以及爆炸效果等，如火炬、火球和云团类的效果。制作火效果需要 Gizmo 来限定火的范围。Gizmo 可在（创建面板）下（辅助对象）次面板下拉列表框“大气装置”中创建，它有 3 种方式供选择：长方形 Gizmo、球体 Gizmo 和圆柱体 Gizmo，如图 6−43 所示。通过移动、旋转和缩放可对已创建的 Gizmo 进行修改，但不能使用修改器命令。“火效果参数”卷展栏如图 6−44 所示。

提示

火效果不支持透明物体，若要表现物体被烧尽的效果应该用可见性的物体。

图6−43　“大气装置”面板

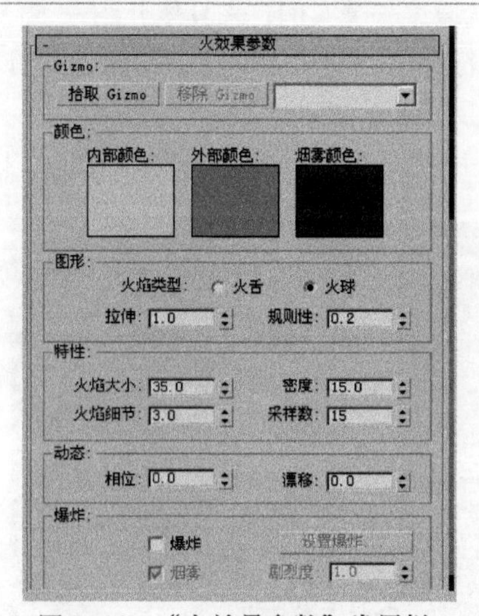

图6−44　“火效果参数”卷展栏

“火效果参数”卷展栏的参数解释如下：

（1）Gizmo 选项组

Gizmo 选项组用于选取和删除作为火焰的 Gizmo。当单击“拾取 Gizmo”按钮后可拾取视图中的 Gizmo 作为火效果。

（2）“颜色”选项组

“颜色”选项组用于设置火焰的颜色。火焰的组成颜色有 3 种：内部颜色、外部颜色和烟雾颜色。

（3）“图形”选项组

“图形”选项组的参数用于设置火焰的形状，火焰的总体形状是由加载的对象决定的，这里指的形状是火焰的形状。

火焰有“火舌”和“火球”两种类型。这两种类型是由“拉伸”和“规则性”的数值来控制。

（4）“特性”选项组

“特性”选项组用于设置火焰的具体特性。

- 火焰大小：用于控制火焰的大小，值越大火焰越大。
- 密度：用于设置火焰的颜色浓度。
- 火焰细节：用于设置火焰的细节描述程度，数值越高，运算量越大。

- 采样数：用于设置火焰的模糊度，数值越大，渲染时间越长。

（5）“动态”选项组

- 相位：用于设置不同类型的火焰。
- 漂移：数值越大，火焰的跳动越强烈。

（6）“爆炸”选项组

- 爆炸：选中该复选框，单击“设置爆炸”按钮，在弹出的对话框中可设置爆炸的开始时间和结束时间。
- 烟雾：选中该复选框，爆炸发生的同时会产生浓烟。
- 剧烈度：用于控制爆炸的激烈程度。

下面就通过一个实例，来具体介绍一下“火效果”的使用方法，具体过程如下：

① 执行菜单中的“文件|打开”命令，打开配套光盘中的“素材及结果\火把.max”文件，如图6-45所示。

② 在火把头的位置创建大气装置中的“球体Gizmo”，如图6-46所示。

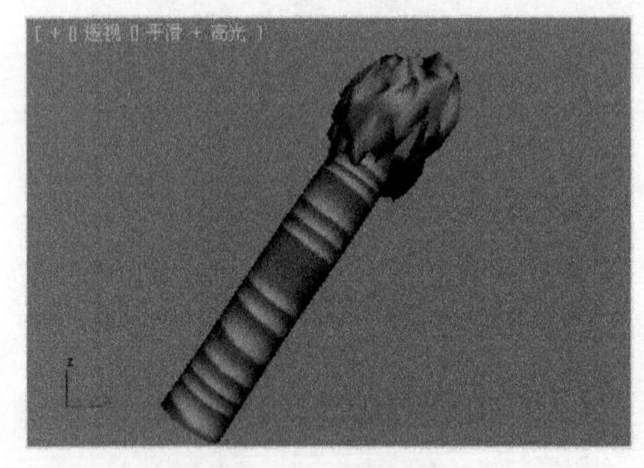

图6-45　创建火把

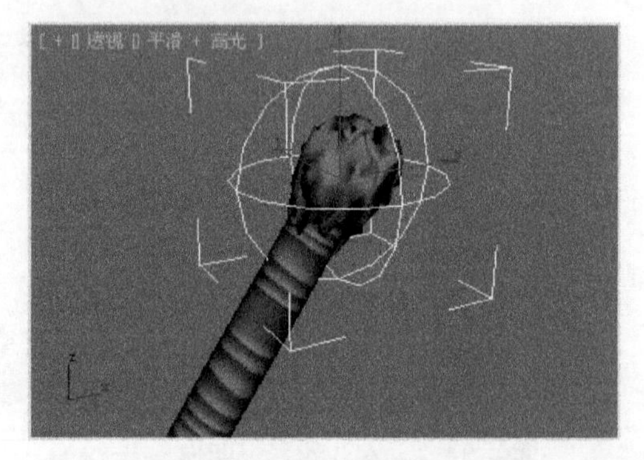

图6-46　创建“球体Gizmo”

③ 在“球体Gizmo参数”卷展栏中选中“半球”复选框，将球体Gizmo变为半球Gizmo，然后使用（选择并非均匀缩放）工具对其进行拉伸，结果如图6-47所示。

④ 执行菜单中的“渲染|环境”命令，弹出“环境和效果”对话框。

⑤ 单击“大气”卷展栏中的“添加”按钮，在弹出的对话框中选择“火效果”选项，如图6-48所示，然后单击“确定”按钮。

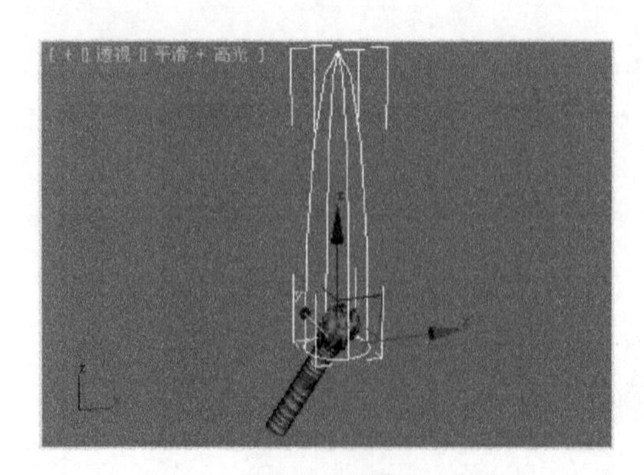

图6-47　变形“球体Gizmo”

图6-48　选择“火效果”选项

⑥ 这时就会出现“火效果参数”卷展栏。下面单击“拾取 Gizmo”按钮，到场景中拾取“圆柱体 Gizmo”，然后渲染场景，结果如图 6-49 所示。

图6-49 渲染结果

6.4.4 雾效果

“雾”用于制造一种在视图中物体可见度随位置而改变的大气效果，像现实生活中的雾一样，它的位置一般以渲染的视图作为参照。“雾参数”卷展栏如图 6-50 所示。

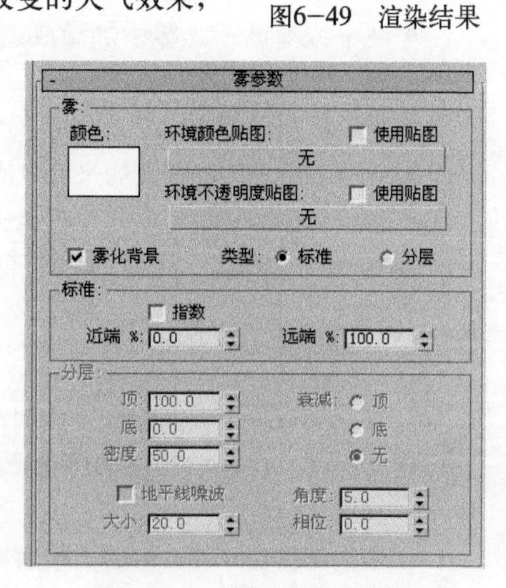

图6-50 “雾参数”卷展栏

“雾参数”卷展栏的参数解释如下：

（1）“雾”选项组

“雾”选项组用于设置雾的环境。

- 颜色：用于设置雾的颜色。
- 环境颜色贴图：用贴图来控制雾的颜色，取消选中“使用贴图”复选框，渲染时将不会有贴图颜色。
- 环境不透明贴图：用贴图来控制雾的透明度，取消选中“使用贴图”复选框，渲染时将不会有贴图颜色。
- 雾化背景：用于控制背景的雾化。
- 类型：分为“标准”和“分层”两种。“标准”指雾的浓度随远近的变化而变化；“分层”指雾的浓度随视图的纵向变化。

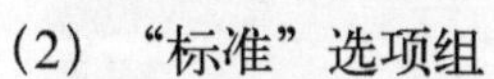

（2）“标准”选项组

“标准”选项组只有在选择“标准”类型时才可用。

- 指数：用于控制雾的浓度随距离的变化符合现实中的指数规律。
- “近端%”和“远端%”数值框：用于控制在摄影机的近端和远端位置上雾的浓度的百分数，在这两者之间系统会自动产生过渡。

图 6-51 为使用“标准”雾前后的比较。

未使用“标准”雾

使用“标准”雾

图6-51 使用“标准”雾前后的比较

（3）“分层”选项组

“分层”选项组只有在选择“分层”类型时才可用。

- 顶：用于设定雾的顶端到地平线的值，也就是雾的上限。

- 底：用于设定雾的底端到地平线的值，也就是雾的下限。
- 密度：用于控制雾的整体浓度。
- 衰减：有“顶”、“底”、“无”3 种，将添加一个额外的垂直地平线的浓度衰减，在顶层或底层雾的浓度将为 0。
- 地平线噪波：为雾添加噪波，可在雾的地平线上增加一些噪波以增加真实感。
- 角度：用于控制效果偏离地平线的角度。
- 大小：用于控制噪波的尺寸，值越大雾的卷须越长。
- 相位：该数值框可制作雾气腾腾的效果。

图 6-52 为使用“分层”雾的效果。

图6-52　“分层”雾效果

6.4.5 体积雾

“体积雾”是一种拥有一定作用范围的雾，它和火焰一样需要一个 Gizmo。“体积雾参数”卷展栏如图 6-53 所示。

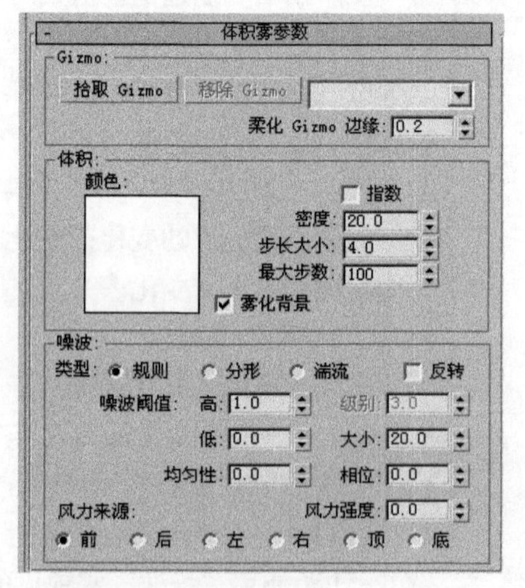

图6-53　“体积雾参数”卷展栏

“体积雾参数”卷展栏的参数解释如下：

（1）Gizmo 选项组

- 拾取 Gizmo：单击该按钮后拾取一种类型的 Gizmo，即可产生“体积雾”效果。如果不选择任何 Gizmo，那么体积雾将会弥漫整个场景。
- 柔化 Gizmo 边缘：用于控制加载物体的边缘模糊，这样体现在体积雾的效果上会使得雾的边缘更加柔和，产生更为朦胧的感觉。

（2）“体积”选项组

“体积”选项组用于设定体积雾的特性。

- 颜色：用于控制体积雾的颜色。
- 指数：能使雾的浓度随距离的变化符合现实中的指数规律。
- 密度：用于定义体积雾的整体浓度。
- 步长大小：用于控制体积雾的粒度，值越大体积雾则显得越粗糙。
- 最大步数：用于限定取样的数量。
- 雾化背景：选中后使背景雾化。

（3）“噪波”选项组

噪波有规则、分形和湍流 3 种类型。

- 反转：可将噪波浓度大的地方变成浓度小的，浓度小的地方变成浓度大的。
- “噪波阈值”中的“高”：用于设定阈值的上限；
- “噪波阈值”中的“低”：用于控制阈值的下限；两者的值均在 0 ~ 1，它们的差越大，雾的过渡越柔。

- 均匀性：用于控制雾的均匀性，取值范围为 −1 ～ 1。值越小，越容易形成分离的雾块，雾块间的透明也越大。
- 级别：只有选择分形或湍流时才有效，用于调整噪波的程度。
- 大小：用于调整体积雾的大小。
- 相位：用于调节动画时控制体积雾的相位。
- 风力强度：用于控制烟雾的速度。
- 风力来源：可在下面选择风的方向。风力来源的方向有 6 种，分别是前、后、左、右、顶、底。

图 6−54 为应用前边火把的场景，为火焰添加体积雾效果。

图 6−55 为使用体积雾表现的山峰云雾环绕的效果。

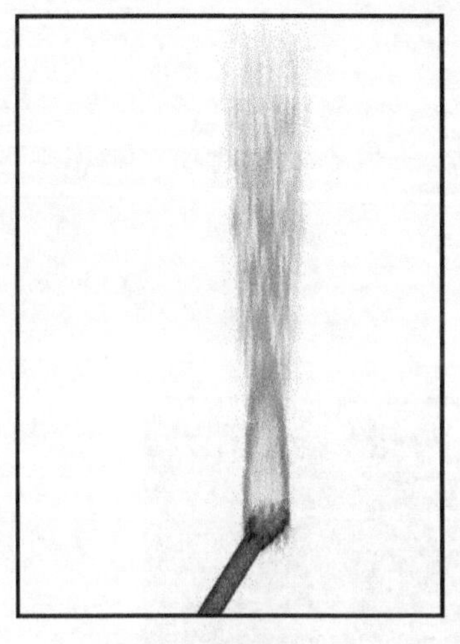

图6−54　烟雾效果

图6−55　云雾环绕的效果

6.4.6 体积光

“体积光”是用来模拟光柱或光圈等效果，它在制造氛围的时候十分有用。体积光必须与灯光相结合，也就是说场景中必须有灯光。体积光和体积雾的参数十分相似，在此只对体积光特有的参数作介绍，如图 6−56 所示。

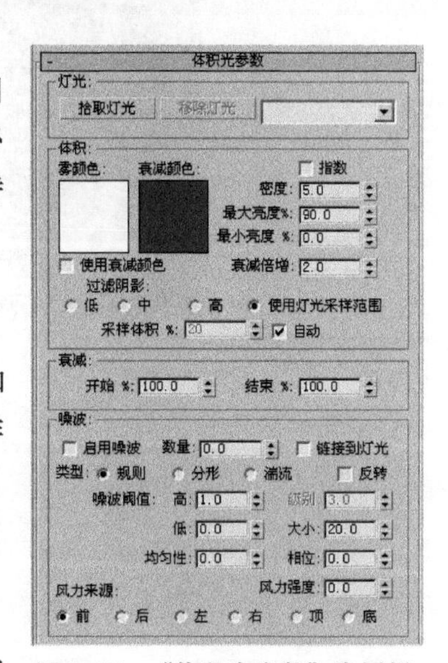

图6−56　“体积光参数”卷展栏

“体积光参数”卷展栏的参数解释如下：

（1）“灯光”选项组

“灯光”选项组用于选取灯光。将设置好的大气效果添加到场景中的灯光上。单击“选取灯光”按钮后，在视图中拾取作为体积光的灯光，即可将体积光添加到灯光上。

（2）“体积”选项组

“体积”选项组用于调整体积光的特性。它的色块有两种，“雾颜色”和“衰减颜色”。

- 当选中色块下的“使用衰减颜色”复选框后，体积光将由“雾颜色”逐渐变成“衰减颜色”。

- 衰减倍增：用于控制衰减的程度。
- “最大亮度 %”和“最小亮度 %”数值框：用于控制体积光的最大亮度和最小亮度，一般最小亮度的值设为“0”。
- 过滤阴影：用来提高体积光的渲染质量，随着渲染质量的提高渲染的时间也会增加。对不同的输出应使用不同方法，一般使用默认即可。

（3）“衰减”选项组

“衰减”选项组用于控制体积光的衰减速度。“开始 %”和“结束 %”是体积衰减和灯光衰减的比较。数值在 100 时体积光的衰减和灯光的衰减是一致的，如果数值小于 100 时，体积光比灯光衰减要快，而数值大于 100 时则相反。

（4）“噪波”选项组

- “启用噪波”复选框指的是把噪波加入到体积光上。
- “数量”数值框指的是噪波的强度。
- “链接到灯光”复选框是使噪波跟随灯光一起移动，一般不使用此项，除非要达到一种特殊的效果。
- “风力来源”可制作动画，设置方法与体积雾相同。

图 6–57 为使用体积光制作的路灯效果。

图6–57　体积光效果

6.5 实 例 讲 解

本节将通过“制作地球光晕效果”和“制作光线穿透海水的效果”两个实例来讲解灯光、摄影机、渲染与环境在实践中的应用。

6.5.1　制作地球光晕效果

本例将制作地球光晕效果，如图6-58所示。通过本例学习应掌握“体积光”效果的应用。

图6-58　体积光效果

操作步骤

1. 建立场景

① 单击菜单栏左侧快速访问工具栏中的按钮，然后从弹出的下拉菜单中选择“重置”命令，重置场景。

② 单击（创建）面板下（几何体）中的 球体 按钮，在顶视图中创建一个球体。

③ 单击工具栏中的（材质编辑器）按钮，进入材质编辑器。然后选择一个空白的材质球，单击“漫反射”右侧按钮，指定给它配套光盘中的“素材及结果\6.5.1 制作地球光晕效果\EarthMap. jpg”贴图。接着选中场景中创建的球体，单击（将材质指定给选定对象）按钮，将材质赋予地球模型。

④ 为了便于在视图中看到贴图效果，可单击材质编辑器工具栏中的（在视图中显示标准贴图）按钮，结果如图 6-59 所示。

⑤ 在视图中创建一架目标摄影机，然后选择透视图，按〈C〉键，将透视图切换为摄影机视图，结果如图 6-60 所示。

图6-59　在视图中显示贴图

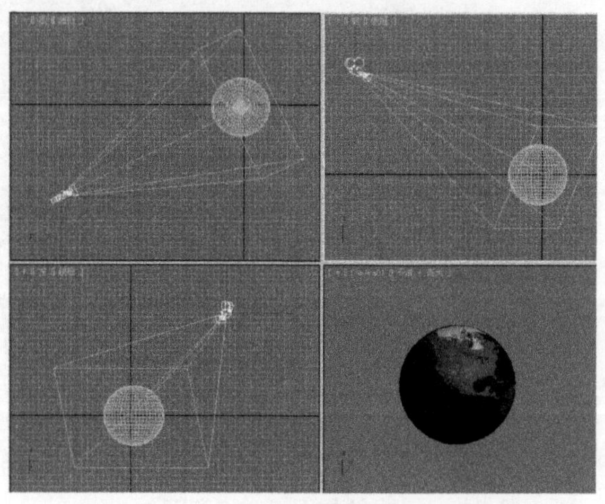

图6-60　将透视图转换为摄影机视图

⑥ 在视图中创建一盏泛光灯，然后利用工具栏中的(对齐)工具将其与地球模型中心对齐。然后进入（修改）面板，设置参数如图 6-61 所示，效果如图 6-62 所示。

图6-61　设置泛光灯参数

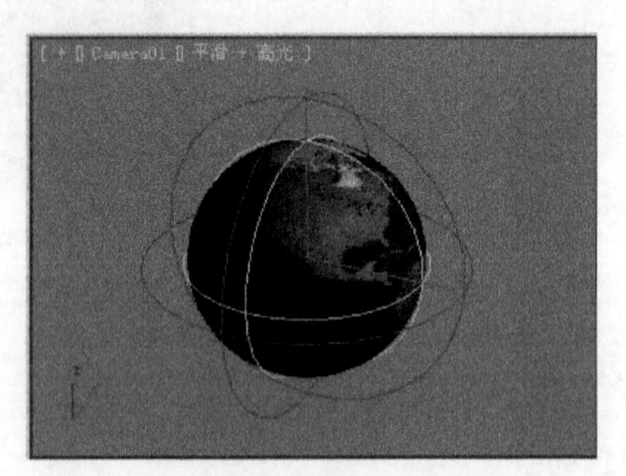

图6-62　设置后效果

⑦ 在视图中再放置一盏泛光灯作为补光，如图 6-63 所示。

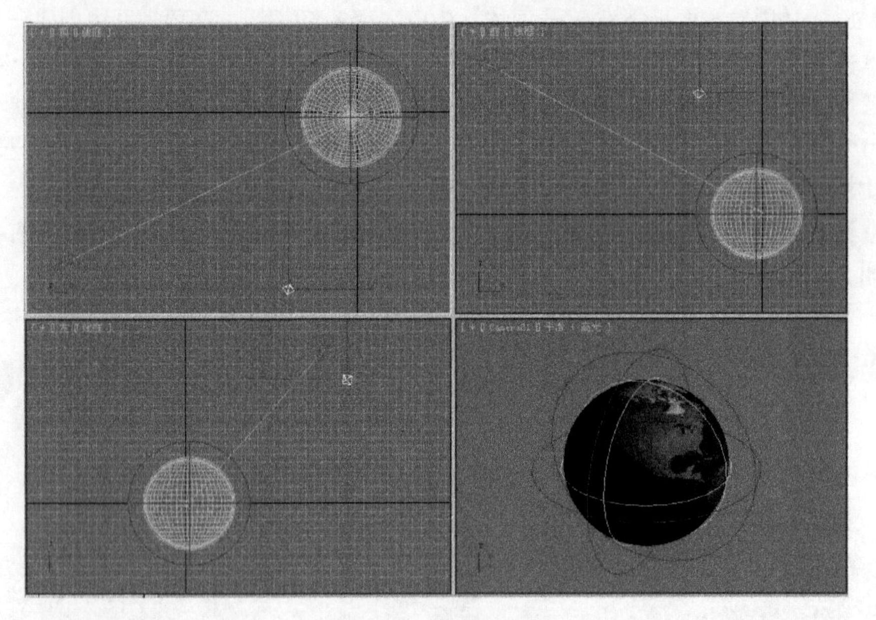

图6-63　创建补光

2．制作体积光效果

① 执行菜单中的“渲染|环境”命令，在弹出的“环境和效果”对话框中单击“添加”按钮，如图 6-64 所示。然后在弹出的“添加大气效果”对话框中选择“体积光”选项，如图 6-65 所示，单击“确定”按钮，结果如图 6-66 所示。

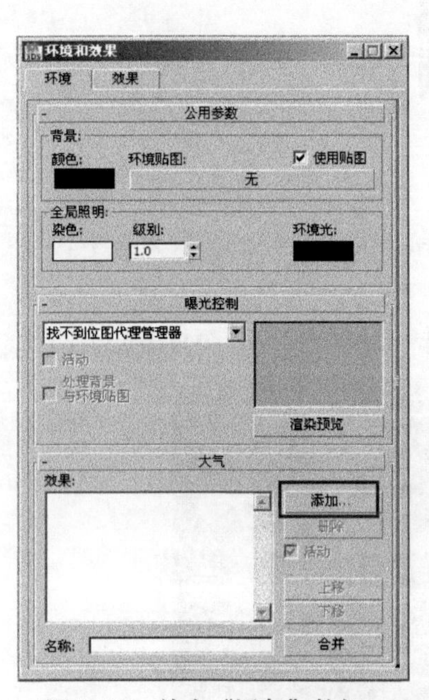

图6-64　单击“添加”按钮

图6-65　选择“体积光”选项

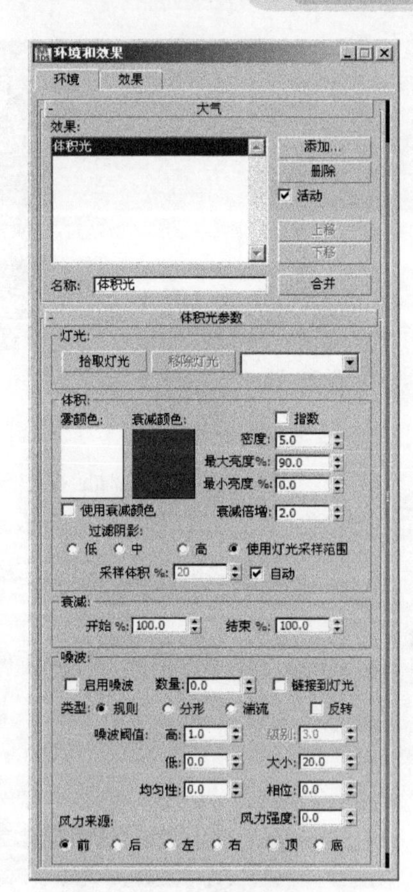

图6-66　添加“体积光”

② 单击“拾取灯光”按钮后拾取视图中与地球中心对齐的泛光灯，结果如图 6-67 所示。

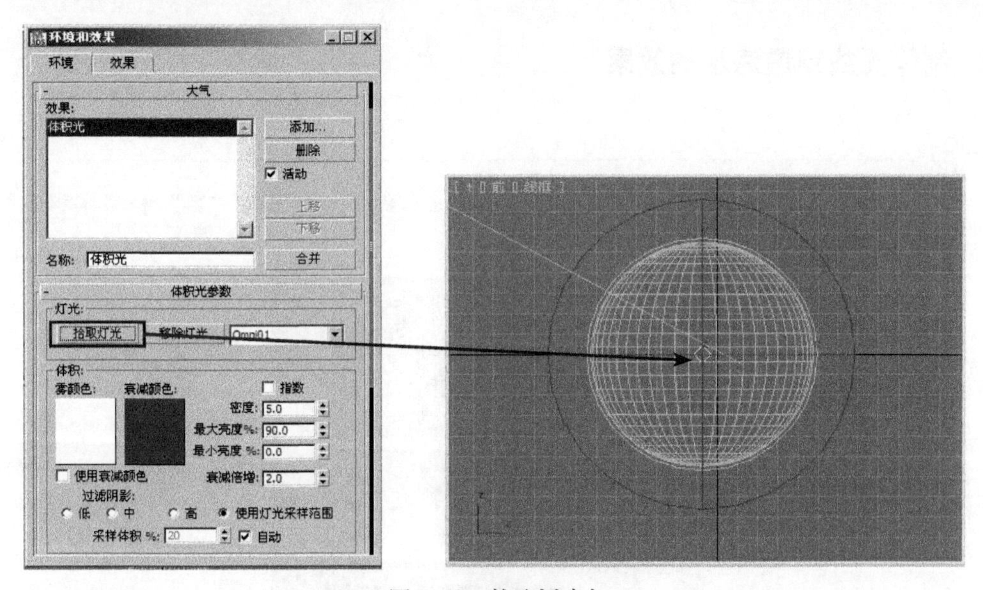

图6-67　拾取泛光灯

③ 选择摄影机视图，单击工具栏中的 （渲染产品）按钮，进行渲染，效果如图 6-68 所示。

图6-68　渲染后效果

3．指定背景贴图

① 在“环境和效果”对话框中单击“无”按钮，如图6-69所示。然后指定给它配套光盘中的“素材及结果\6.5.1 制作地球光晕效果\STARFLD.tga”贴图。

② 选择摄影机视图，单击工具栏中的（渲染产品）按钮，进行渲染，最终效果如图6-70所示。

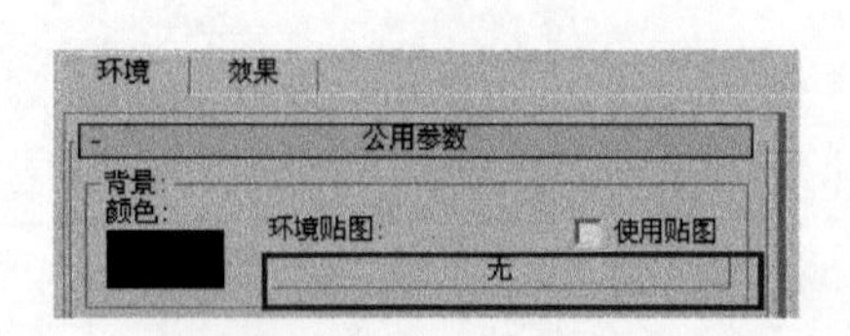

图6-69　单击“无”按钮

图6-70　最终效果

6.5.2　制作光线穿透海水的效果

要点

本例将制作海底效果，如图6-71所示。通过本例学习应掌握“雾”和“体积光”的综合应用。

图6-71　海底效果

操作步骤

1. 制作“雾”效果

① 执行菜单中的“文件|打开”命令，打开配套光盘中的“素材及结果\6.5.2 制作光线穿透海水的效果\海底源文件 .max”文件，如图 6-72 所示，渲染后的效果如图 6-73 所示。

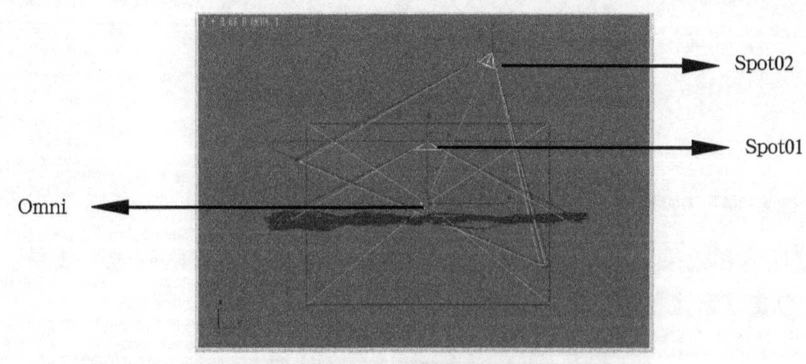

图 6-72　打开文件

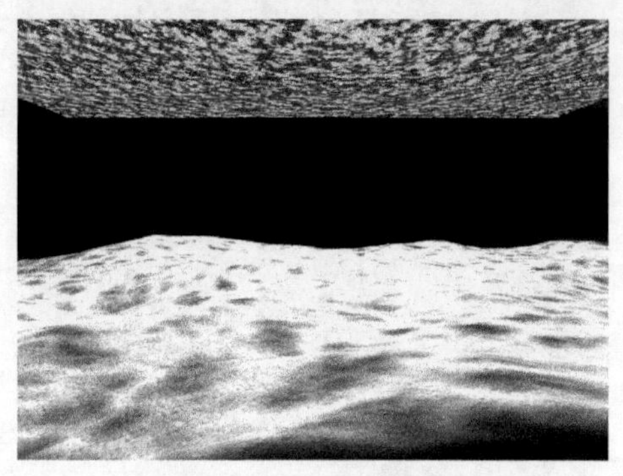

图 6-73　渲染效果

② 执行菜单中的“渲染|环境”命令，在弹出的对话框中设置如图 6-74 所示，单击“确定”按钮。

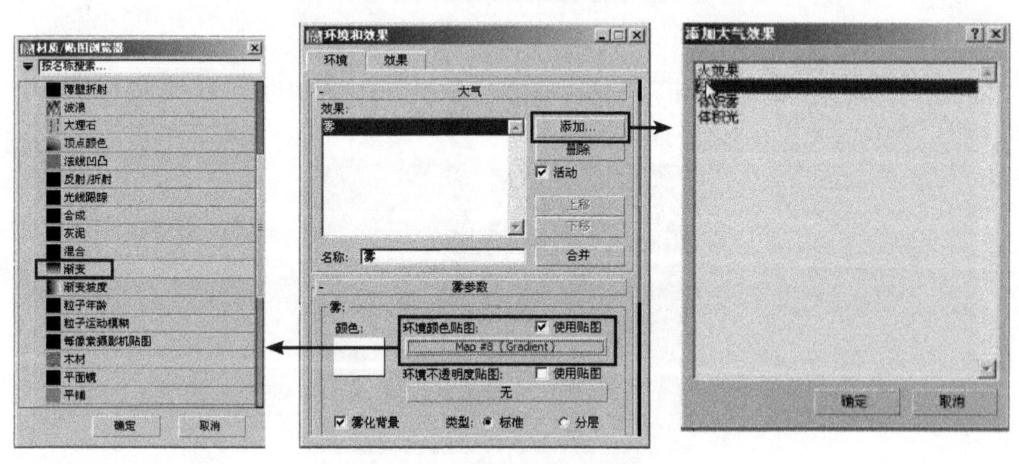

图6-74　添加“渐变”贴图

③ 选择 Camera 视图，单击工具栏中的 （渲染产品）按钮，渲染后的结果如图 6–75 所示。

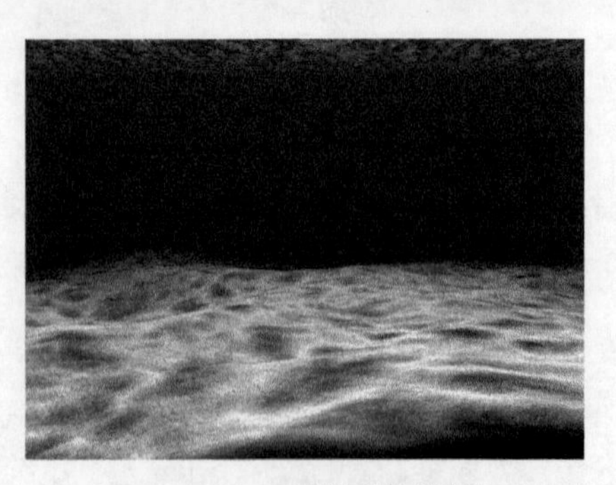

图 6–75　渲染后的效果

2．制作“体积光”效果

① 单击“环境和效果”对话框中的 添加... 按钮，添加一个“体积光”效果，参数设置如图 6–76 所示，单击“确定”按钮。

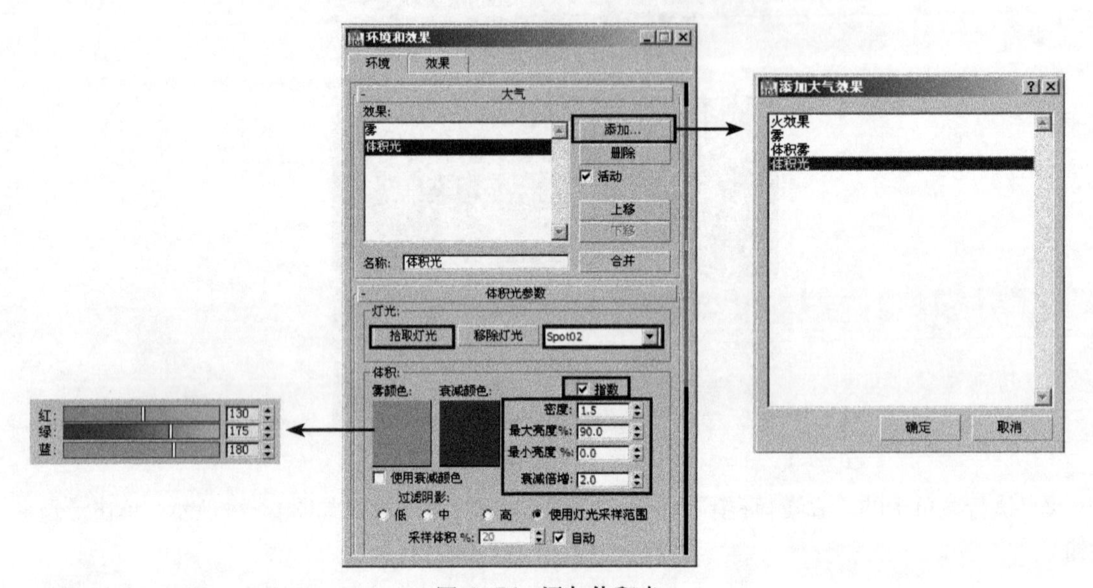

图 6–76　添加体积光

② 选择 Camera 视图，单击工具栏中的 （渲染产品）按钮进行渲染，渲染后的最终结果如图 6–77 所示。

图6–77　渲染后的效果

课后练习

1．填空题

(1) 3ds Max 2011中“标准”灯光类型有8种，它们分别是________、________、________、________、________、________、________和________。

(2) 3ds Max 2011包括________、________、________和________4种大气效果。

2．选择题

(1)单击____按钮，可以改变摄影机的视野范围，而不会改变摄影机和摄影机目标点的位置。

A．　　B．　　C．　　D．

(2) 在3ds Max 2011中，可以创建的摄影机类型有____。

A．目标　　B．自由　　C．景深　　D．平行

3．问答题/上机题

(1) 简述．“聚光灯参数”卷展栏的各参数的含义。

(2) 练习1：制作图6−78所示的飘动的云彩效果。

(3) 练习2：制作图6−79所示的晨雾下的房间效果。

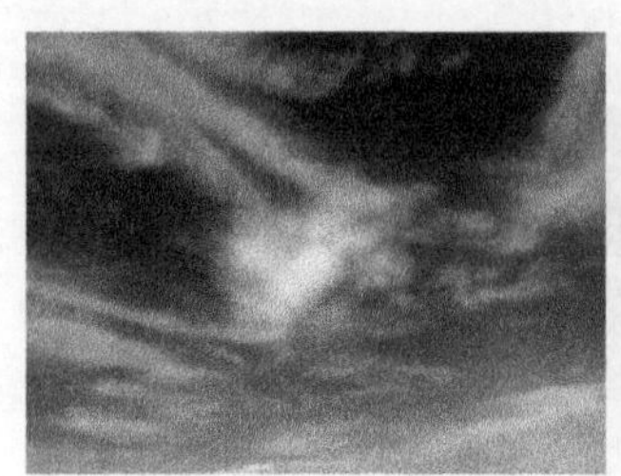

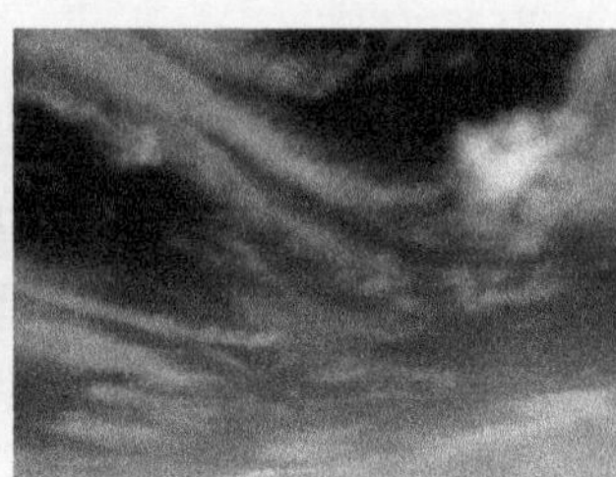

图6−78　练习1效果

图6−79　练习2效果

第 7 章

基础动画与动画控制器

本章我们将要接触到最让人激动的部分——动画。通过本章学习应掌握以下内容：

- 关键帧的概念和动画设置方法；
- 轨迹视图的使用方法；
- 常用动画控制器的使用方法。

7.1 关键帧动画

通过关键帧来设置动画是 3ds Max 2011 制作动画的依据。本节将具体讲解关键帧的概念及其动画的设置方法。

7.1.1 3ds Max 中的关键帧

在二维传统动画中，需要手工绘制每一帧的位置和形状。而 3ds Max 2011 极大地简化了这个工作，可以在时间线上定义对象几个关键点的位置，然后通过程序计算中间帧的位置，从而得到一个流畅的动画。在 3ds Max 中，需要手工定位的帧称为关键帧。

需要注意的是，位置并不是设置动画的唯一特征。在 3ds Max 中除了位置外，旋转、比例、参数变化和材质等也可以设置动画。因此，3ds Max 中的关键帧只是在时间的某个特定位置指定了一个特定数值的标记。

7.1.2 时间配置

3ds Max 是根据时间来定义动画的，默认的时间单位是帧。但是需要注意的是帧并不是严格的时间单位，同样是 25 帧的图像，对于 NTSC 制式电视来讲，时间长度不够 1 s；对于 PAL 制式电视来讲，时间长度正好是 1 s；对于电影来讲，时间长度大于 1 s。由于 3ds Max 在录制动画的过程中记录了与时间相关的所有数值，因此在制作完动画后再改变帧速率和输入格式，系统将自动进行调整以适应所做的改变。

单击用户界面右下角播放区的（时间配置）按钮，即可进入“时间配置”对话框，如图 7-1 所示。它包括“帧速率”、“时间显示”、“播放”、“动画”和“关键点步幅”5 个选项组。

7.1.3 创建关键帧

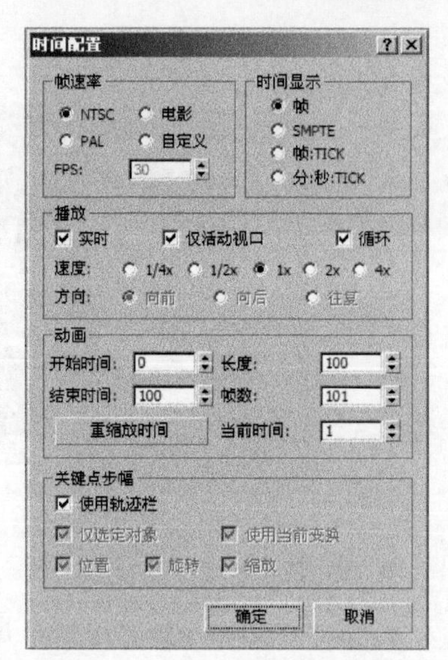

图7–1 “时间配置”对话框

要在3ds max中创建关键帧，就必须在激活自动关键点按钮（快捷键〈N〉）的情况下，在非第0帧改变某些对象。这些改变可以是变换的改变，也可以是参数的改变。改变后将在该帧创建一个关键帧。例如，创建了一个球，然后打开自动关键点按钮，到非第0帧改变球的半径参数，这样，3ds max将创建一个关键点。只要自动关键点按钮处于打开状态，就一直处于记录模式，3ds max将记录用户在非第0帧所作的任何改变。在创建了关键帧之后就可以拖动时间滑块来观察动画。

7.1.4 播放动画

通常在创建了关键帧后就要观察动画。此时可以通过拖动时间滑块来观察动画，也可以使用动画控制区中的回放按钮播放动画。动画控制区中的按钮含义如下。

（播放动画）：用来在激活的视图中播放动画。

（停止动画）：用来停止播放动画。

（播放选定对象）：用于在激活的视图中播放选择对象的动画。如果没有选择的对象，就不播放动画。

（转至开头）：单击该按钮，时间滑块将移动到当前动画范围的开始帧。如果正在播放动画，那么，单击该按钮，动画就停止播放。

（转至结尾）：单击该按钮，时间滑块将移动到当前动画范围的末端。

（下一关键点）：当激活按钮后，单击该按钮，时间滑块将移动到选择对象的下一个关键点。

（上一关键点）：当激活按钮后，单击该按钮，时间滑块将移动到选择对象的上一个关键点。

（时间配置）：用来设置制式和时间长度。

7.1.5 设计动画

作为一个动画师，在开始动画之前就需要将一切规划好。设计动画的一个常用工具就是故事板。故事板对制作动画非常有帮助，它是一系列草图，用来描述动画中的关键事件、角色和场景元素。

7.2 轨迹视图－曲线编辑器

轨迹视图－曲线编辑器主要用于调整动画。单击工具栏中的（曲线编辑器）按钮，即可进入轨迹视图－曲线编辑器。它由菜单栏、编辑工具栏、树状结构图、编辑窗口4部分组成，如图7–2所示。

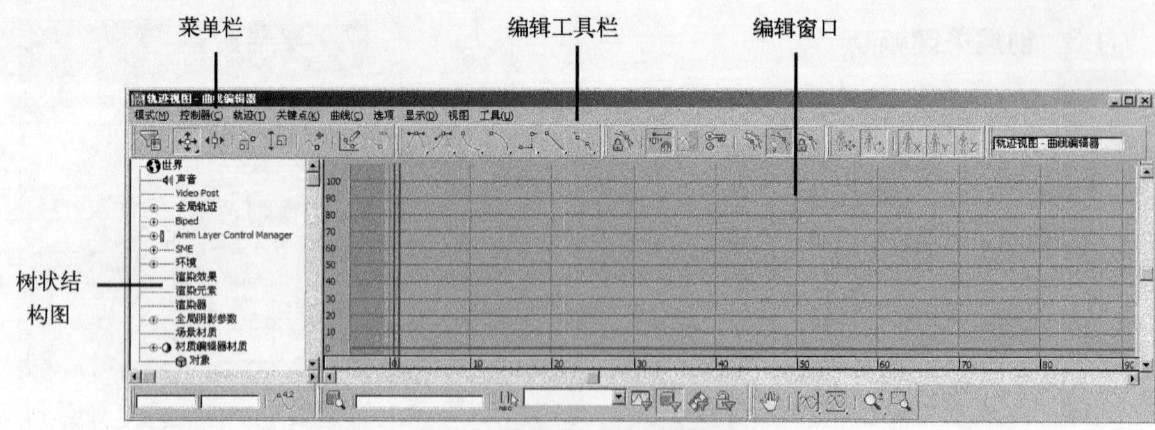

图7−2　轨迹视图−曲线编辑器

1．菜单栏

菜单栏整合了轨迹视图的大部分功能。它包括“模式”、“控制器”、“轨迹”、“关键点”、“曲线”、“选项”、“显示”、“视图”和“工具”9个菜单。

2．编辑工具栏

编辑工具栏包括控制项目、轨迹和功能曲线的所有工具。

3．树状结构图

树状结构图位于轨迹视图的左侧。它将场景中的所有项目显示在一个层级中，在层级中对物体名称进行选择即可选择场景中的对象。

树状结构图中每种类型的项目都用一种图标表示，可以使用这些图标快速识别项目代表的意义。

4．编辑窗口

编辑窗口位于视图右侧，显示时间和参数值的轨迹和功能曲线。编辑窗口使用浅灰色背景表示激活的时间段。

7.2.1　编辑关键点

在创建了关键点之后，还可对关键点的位置和范围进行调整，下面就通过一个实例，来具体介绍一下编辑关键点方法，具体过程如下：

① 在前视图中创建一个半径为25的球体。

② 创建球体动画。激活自动关键点按钮，将时间滑块移动到第50帧，然后在前视图中将球体向上移动5个单位；接着将时间滑块移动到第100帧，在前视图中将球体向上移动10个单位。最后再次单击自动关键点按钮，退出动画录制模式。

③ 单击工具栏中的（曲线编辑器）按钮，进入轨迹视图，在左侧树状结构图中选择球体的位置轨迹，如图7−3所示。

④ 添加关键点。单击编辑工具栏中的（添加关键点）按钮，然后在轨迹上单击鼠标，即可添加关键点，如图7−4所示。

⑤ 移动关键点。单击编辑工具栏中的（移动关键点）和（滑动关键点）按钮，都可对关键点的位置进行调整，如图7−5所示。

⑥ 缩放关键点。选定轨迹中间的两个关键点，然后单击编辑工具栏中的 （缩放值）按钮，即可对选定的部分关键点进行缩放，从而控制这些选定的关键点与起始点的距离，如图 7–6 所示。

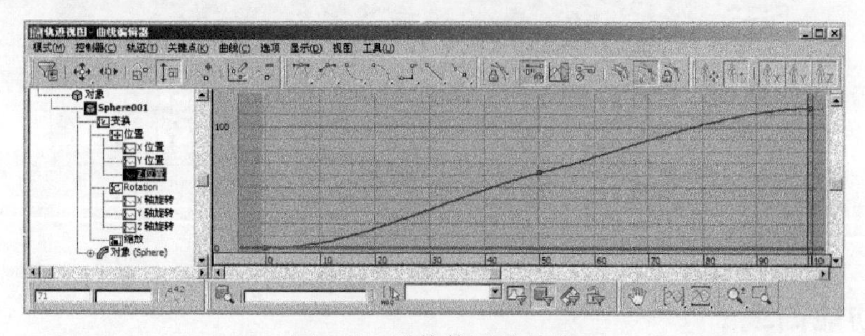

图7–3　球体的运动轨迹

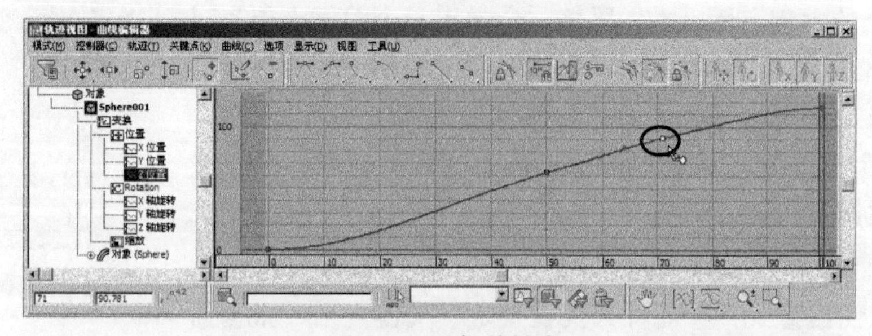

图7–4　添加关键点

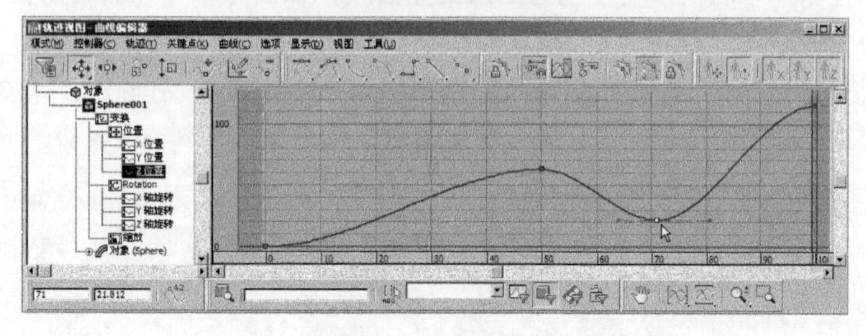

图7–5　移动关键点

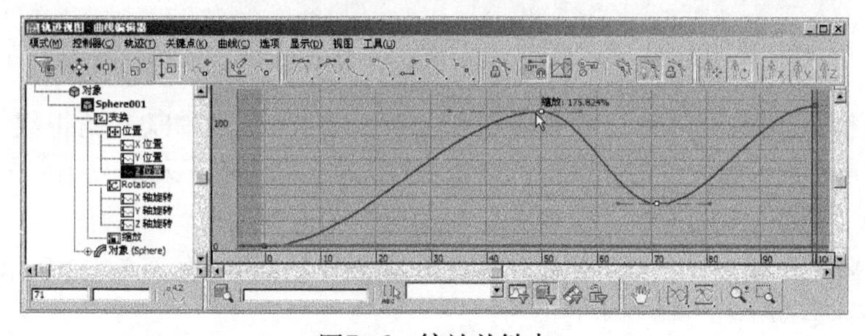

图7–6　缩放关键点

⑦ 锁定关键点。单击编辑工具栏中的 （锁定当前选择）按钮，所选的关键点就被锁定，此时使用任何工具进行调整时都是针对锁定的关键点进行的，再次单击 （锁定当前选择）按钮可以释放锁定，这样可以重新选定其他关键点。

⑧ 删除关键点。在编辑窗口中选定第 2 个关键点，然后按〈Delete〉键，即可删除该关键点，如图 7–7 所示。

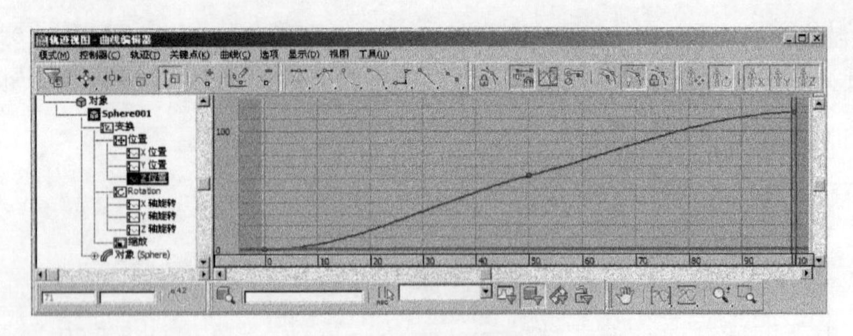

图7-7　删除关键点

7.2.2　调整功能曲线

选择曲线上的关键点后，右击鼠标，会弹出一个关键点信息对话框，如图 7-8 所示。在关键点对话框中可以改变动画的数值时间及一个或多个选定关键点两边曲线的插入方式。

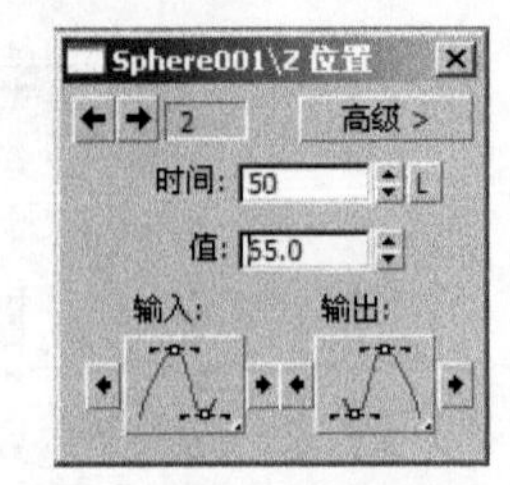

图7-8　关键点信息对话框

在这一对话框中选择点两边曲线的插入方式，可直接影响场景中对象在两个关键点间的运动方式，按住“输入”下面的曲线按钮，在弹出的按钮中可以选择 7 种不同类型的入射角曲线。

（默认曲线方式）：此种方式在设定了关键点后，根据通过控制点两侧的控制柄来随机确定点两边的入射角曲线，如图 7-9 所示。对象在两个关键点之间的运动轨迹为曲线形式。

（直线插入方式）：此种方式将关键点两边曲线变为直线入射形式，如图 7-10 所示。物体在两个关键点之间的运动轨迹为直线，物体在两个关键点之间做匀速运动。

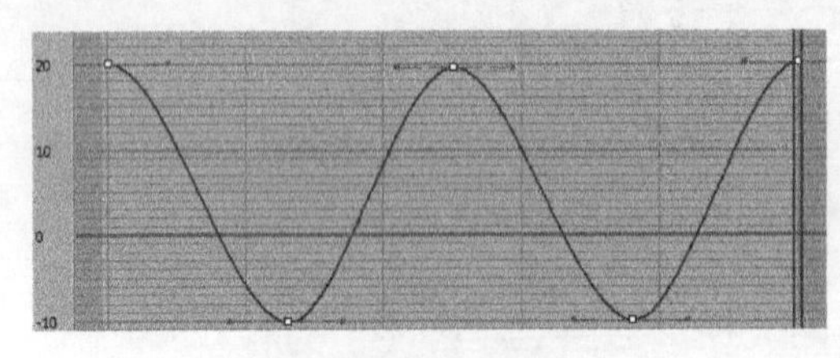

图7-9　默认曲线方式

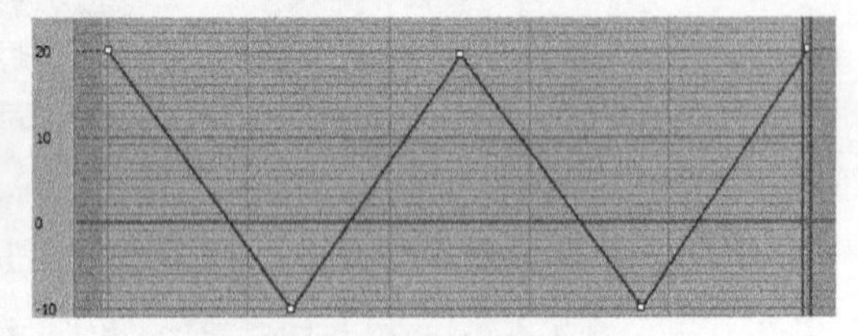

图7-10　直线插入方式

（直角插入方式）：此种方式将关键点两边的轨迹曲线以直角折线方式插入，如图 7-11 所示。通常用于突变过程。选择这种插入方式后，物体在运动时只出现关键点设定的位置而没有关键点之间的运动过程。

（慢速插入方式）：选择此种插入方式后，点两边的曲线如图 7-12 所示，对象在两个关键点之间做减速运动，如上抛物体的运动。

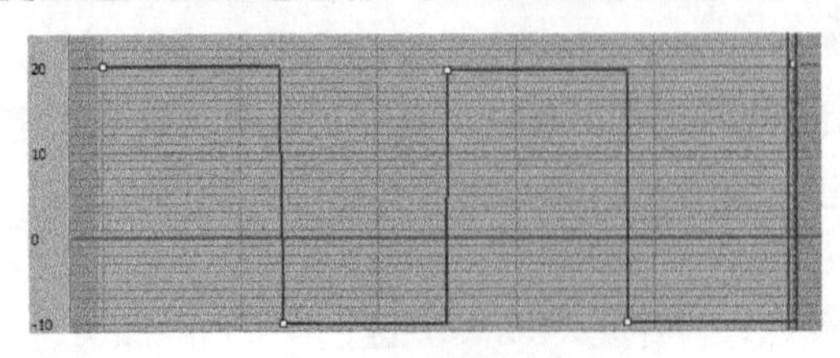

图7-11　直角插入方式

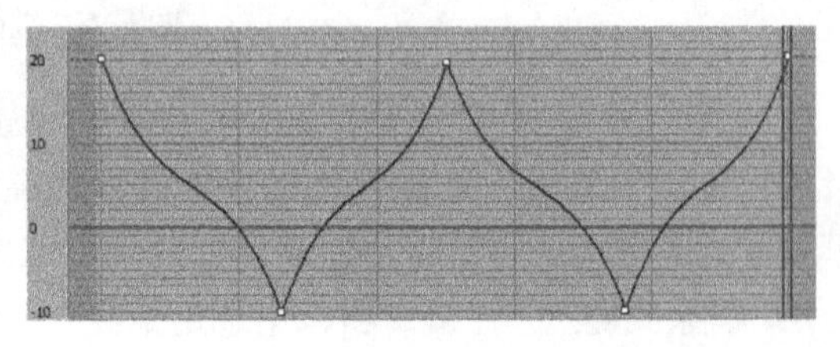

图7-12　减速插入方式

（快速插入方式）：选择这种插入方式，关键点两端的曲线如图 7–13 所示，对象在两个关键点之间做加速运动，如下落物体的运动。

（贝塞尔插入方式）：选择此种方式，可以使用贝塞尔控制柄随意调整曲线造型，如图 7–14 所示，这样能够更好地控制轨迹的形状。

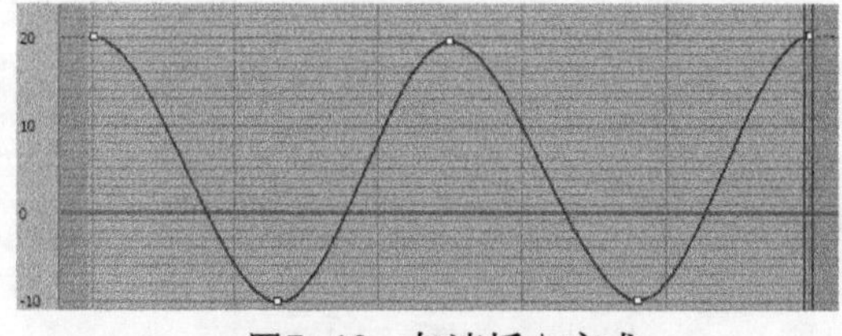

图7–13　加速插入方式

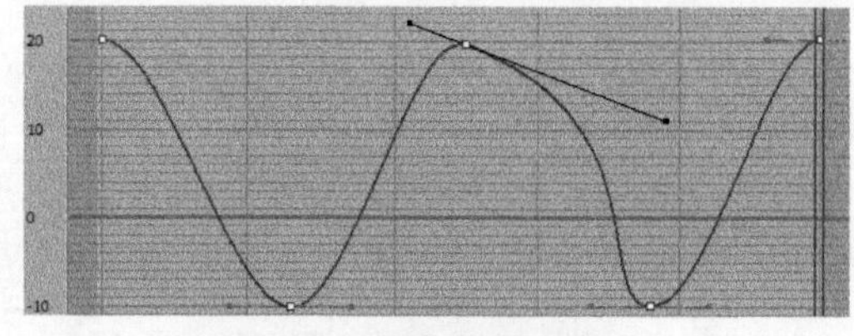

图7–14　贝塞尔插入方式

（平滑插入方式）：选择此种方式，可以对关键点两端的曲线进行平滑处理，如图 7–15 所示。

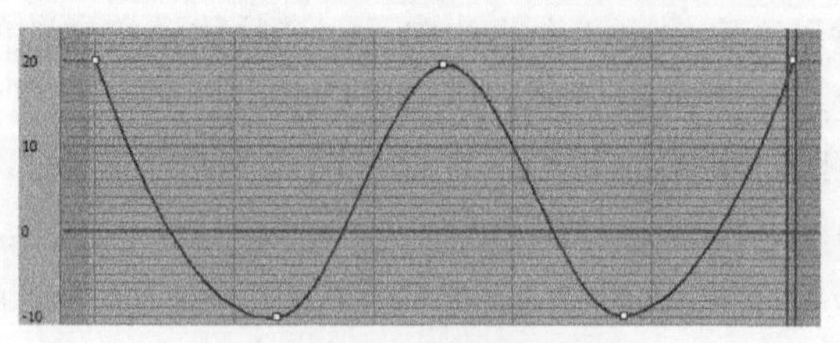

图7–15　平滑插入方式

7.3　动画控制器

在 3ds Max 2011 中，创建的任何一个对象都被指定了一个默认的控制器。如果要制作一些特殊的效果，还可以指定其他的控制器，在控制器左边有“>”标记的，表明是当前使用的控制器，或是系统默认的设置，如图 7–16 所示。

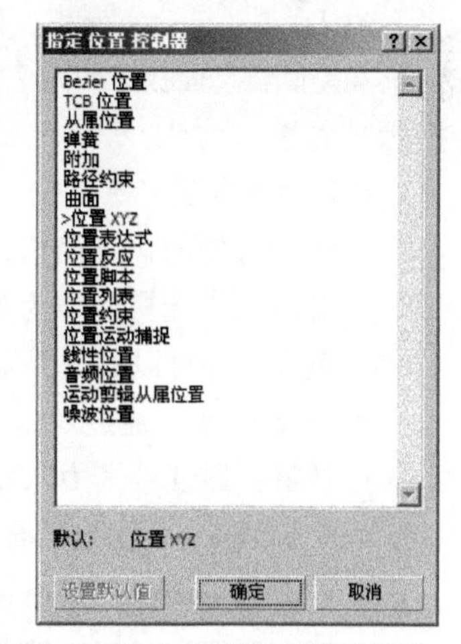

图7–16　当前使用的控制器

7.3.1　“变换”控制器

3ds Max 2011 的控制器可在轨迹视图和“运动”面板中进行指定，这两个地方的内容和效果完全相同，只是面板形式不同而已。

进入（运动）面板，然后选择“变换”选项，如图 7–17 所示。接着单击（指定控制器）按钮，会弹出“指定变换控制器”面板，如图 7–18 所示。它包括 CATGizmoTransform、CATHDPivotTrans、CATHIPivotTrans、CATTransformOffset、“变换脚本”、“链接约束”、“外部参照控制器”和“位置／旋转／缩放”8 种控制器。其中前 4 种控制器在以前版本的 3ds Max 中需要单独以插件的形式安装，而到了 3ds Max 2011，这 4 种控制器已经内置在软件中。这 4 种控制器主要用于控制肢体动作。后面 4 种控制器的参数解释如下：

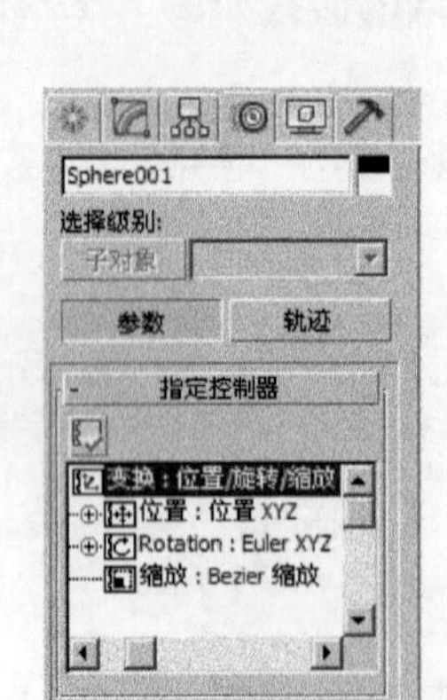

图7-17　控制器类型

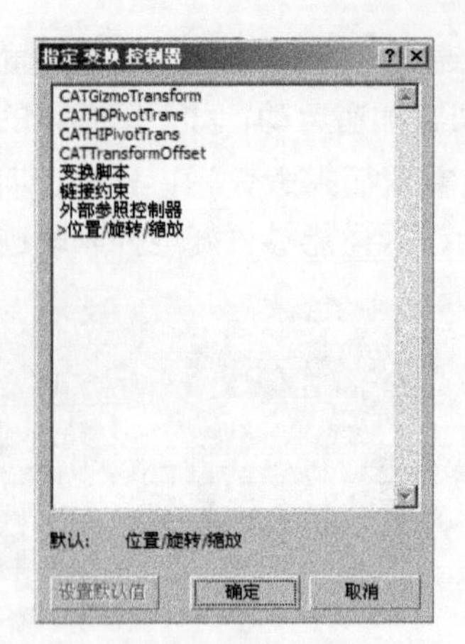

图7-18　指定变换控制器面板

- 变换脚本：用脚本来设置变换控制器。
- 链接约束：用于对层次链中由一个物体向另一个物体链接转移的动画制作。分配作为链接对象的父物体后，可以对开始的时间进行控制。
- 外部参照控制器：该控制器也是 3ds Max 2011 新增的控制器，用于调用外部 3ds max 文件中相关对象的控制器来控制当前对象。
- 位置 / 旋转 / 缩放：改变控制器对话框中的系统默认设置，使用非常普遍，是大多数物体默认使用的控制器，它将变换控制分为“位置”、“旋转”和“缩放”3 个子控制项目，分别分配不同的控制器。

7.3.2 “位置”控制器

进入（运动）面板，选择“位置”选项，然后单击（指定控制器）按钮，会弹出“指定位置控制器”面板，如图 7-16 所示。它包括多种“位置”控制器，下面介绍一些常用的“位置”控制器类型：

- Bezier 位置：3ds Max 2011 中使用最广泛的动画控制器之一，它在两个关键点之间使用一个可调的样条曲线来控制动作插值，对大多数参数而言均可用，所以“位置”控制器对话框中选择它作为默认设置。它允许以函数曲线方式控制曲线的形态，从而影响运动效果。还可以通过贝塞尔控制器控制关键点两侧曲线衔接的圆滑程度。
- TCB 位置：通过“张力”、“连续性”和“偏移”3 个参数项目来调节动画。
- 弹簧：通过“张力”和“阻尼”两个参数来产生弹簧动画。
- 附加：将一个物体结合到另一个物体的表面。需要注意的是目标物体必须是一个网格物体，或者能够转化为网格物体的 NURBS 物体、面片物体。通过在不同关键点分配不同的附属物控制器，可以制作出一个物体在另一物体表面移动的效果。如果目标物体表面是变化的，它将发生相应的变化。
- 路径约束：使物体沿一个样条曲线路径进行运动，通常在需要物体沿路径轨迹运动且不发生变形时使用。如果物体沿路径运动的同时还要产生变形，应使用“路径变形”修改器修改或空间扭曲。

- 曲面：使一个物体沿另一个物体表面运动，但是对目标物体要求较多。目标物体必须是球体、圆锥体、圆柱体、圆环、四边形面片、NURBS物体。除此之外，都不能作为曲面控制器的目标物体，而且这些物体要保持完整性，不能使用“切片”处理，不能加入变动修改命令。
- 位置XYZ：将位置控制项分为X、Y、Z共3个独立的控制项，可以单独为每一个控制项分配控制器。
- 位置表达式：通过数学表达式来实现对动作的控制。可以控制物体的基本创建参数（如长度、半径等）。
- 位置脚本：通过脚本语言进行位移动画控制。
- 位置列表：一个组合其他控制器的合成控制器，能将其他种类的控制器组合在一起，按从上到下的顺序进行计算，从而产生组合控制效果。
- 位置约束：用于约束一个对象跟随另一个对象的位置或者几个对象的权重平均位置。
- 位置运动捕捉：在3ds Max 2011中，允许使用外接设置控制和记录物体的运动，目前可用的外围设备包括鼠标、键盘、游戏杆和MIDI。
- 线性位置：在两个关键点之间平衡地进行动画插值计算，从而得到标准的直线性动画，常用于一些规则的动画效果，如机器人关节的运动。
- 音频位置：通过一个声音的频率和振幅来控制动画物体的位移运动节奏，基本上可以作用于所有类型的控制参数。可以使用WAVE、AVI等文件的声音，也可以由外部直接用声音同步动作。
- 噪波位置：此控制器产生一个随机值，可在功能曲线上看到波峰及波谷。它没有关键点的位置，而是使用一些参数来控制噪声曲线，从而影响动作。

7.3.3 “旋转”控制器

进入◎（运动）面板，选择“旋转”选项，然后单击☑（指定控制器）按钮，会弹出“指定旋转控制器”面板，如图7-19所示。它包括多种“旋转”控制器，下面介绍一些常用的“旋转”控制器类型：

- Euler XYZ：一种合成控制器，通过它可将旋转控制分为X、Y、Z共3个控制项，分别控制在3个轴向上的旋转，然后可对每个轴分配其他的动画控制器。这样做的目的是实现对旋转轨迹的精细控制。
- TCB旋转：通过“张力”、“连续性”和“偏移”3个参数项来调节旋转动画。该控制器提供类似Bezier控制器的曲线，但没有切线类型和切线控制手柄。
- 平滑旋转：完成平滑自然的旋转动作，与“线性”旋转相同，没有可调的函数曲线，只能在轨迹视图中改变时间范围，或者在视图中旋转物体来改变旋转值。

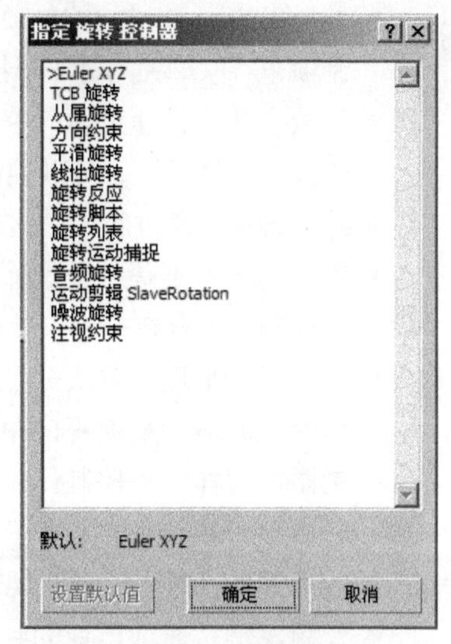

图7-19 “指定旋转控制器”面板

- 线性旋转：在两个关键点之间得到稳定的旋转动画，常用于一些规律性的动画旋转效果。
- 旋转脚本：通过脚本语言进行旋转动画控制。

- 旋转列表：不是一个具体的控制器，而是含有一个或多个控制器的组合，能将其他种类的控制器组合在一起，按从上到下的排列顺序进行计算，产生组合的控制效果。
- 旋转运动捕捉：当旋转运动捕捉控制器分配后，原控制器将变为下一级控制器，同样发生控制作用。接通外设后，旋转运动捕捉控制器可以反复进行物体旋转运动的捕捉，最后的运动结果将在每一帧建立一个关键点，可以使用轨迹视图中的（减少关键点）工具对它们进行精简。
- 音频旋转：通过一个声音的频率和振幅来控制动画物体的旋转运动节奏，基本上可以作用于所有类型的控制参数。
- 噪波旋转：此控制器产生一个随机值，可在功能曲线上看到波峰及波谷，产生随机的旋转动作变化。它没有关键点的设置，而是使用一些参数来控制噪声曲线，从而影响旋转动作。

7.3.4 “缩放”控制器

进入（运动）面板，选择“缩放”选项，然后单击（指定控制器）按钮，会弹出“指定缩放控制器”面板，如图 7-20 所示。它包括多种“缩放”控制器，下面介绍一些常用的“缩放”控制器类型：

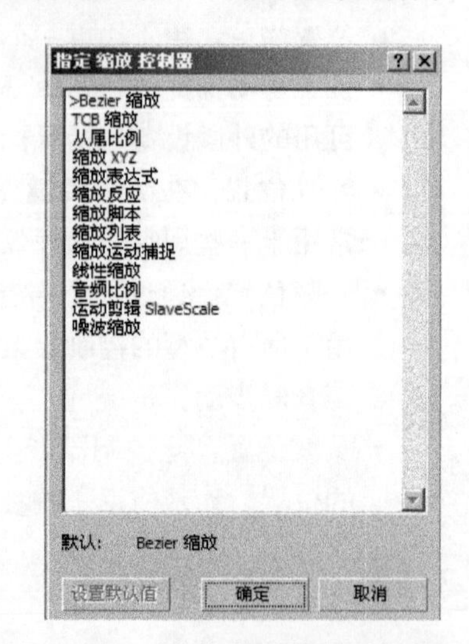

图7-20 “指定缩放控制器”面板

- Bezier 缩放：是默认的“缩放”控制器，它允许通过函数曲线方式控制物体缩放曲线的形态，从而影响运动效果。
- TCB 缩放：通过“张力”、“连续性”、“偏移”3 个参数项来调节物体的缩放动画。该控制器提供类似 Bezier 控制器的曲线，但没有切线类型和切线手柄。
- 缩放 XYZ：将缩放控制项分为 X、Y、Z 3 个独立的控制项，可以单独为每一个控制项分配控制器。
- 缩放表达式：通过数学表达式来实现对动作的控制。可以控制物体的基本创建参数（如长度、半径等），可以控制对象的缩放运动。
- 缩放脚本：通过脚本语言进行缩放动画控制。
- 缩放列表：不是一个具体的控制器，而是含有一个或多个控制器的组合。能将其他种类的控制器组合在一起，按从上到下的排列顺序进行计算，从而产生组合的控制效果。
- 缩放运动捕捉：首次分配时要在轨迹视图或运动面板中完成，修改和调试动作时要在程序面板的运动捕捉程序中完成。分配缩放运动捕捉控制器后，原控制器将变为下一级控制器，同样发挥控制作用。接通外设，缩放运动捕捉控制器可以反复进行物体缩放运动的捕捉，最后的结果将在每一帧建立一个关键点。
- 线性缩放：常用于一些规律性的动画效果。
- 音频比例：通过声音的频率和振幅来控制动画物体的缩放运动节奏，基本上可以作用于所有类型的控制参数。
- 噪波缩放：此控制器产生一个随机值，可在功能曲线上看到波峰及波谷，产生随机的缩放动作变化。没有关键点的设置，而是使用一些参数来控制噪声曲线，从而影响对象的缩放动作。

7.4 实例讲解

本节将通过“制作弹跳的小球效果”和“制作旋转着逐渐倒下的硬币效果”两个实例来讲解基础动画与动画控制器在实践中的应用。

7.4.1 制作弹跳的皮球效果

要点

本例将制作弹跳的皮球效果，如图7-21所示，通过本例学习应掌握轨迹视窗的使用方法。

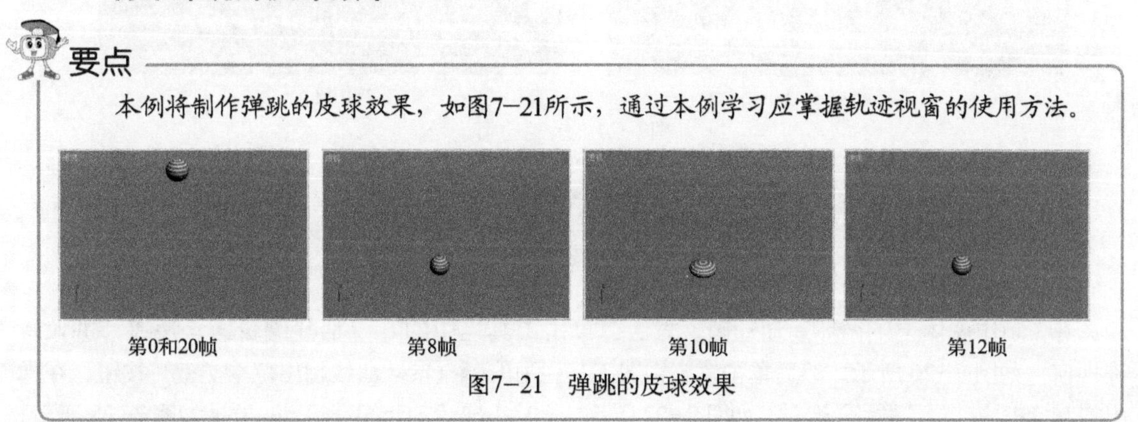

第0和20帧　　第8帧　　第10帧　　第12帧

图7-21　弹跳的皮球效果

操作步骤

1. 制作小球上下循环运动

① 单击菜单栏左侧快速访问工具栏中的按钮，然后从弹出的下拉菜单中选择“重置”命令，重置场景。

② 单击（创建）面板下（几何体）中的 球体 按钮，在场景中创建一个“球体”，半径设为10，并选中“轴心在底部”复选框，如图7-22所示。

③ 制作球体上下运动动画。方法：激活 自动关键点 按钮，将时间滑块移至第10帧，如图7-23所示。然后将小球向下移动10个单位，如图7-24所示。接着选中时间线上的第0帧，按〈Shift〉键，将第0帧复制到第20帧，如图7-25所示。此时预览，小球已经是一个完整的上下运动过程。

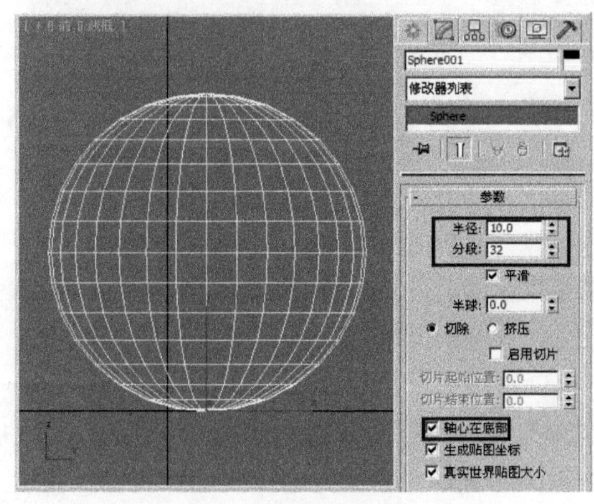

图7-22　选中“轴心在底部”复选框

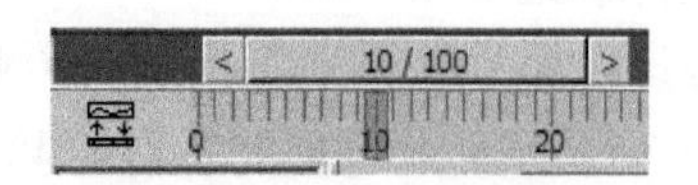

图7-23　将时间滑块移到第10帧

第0帧

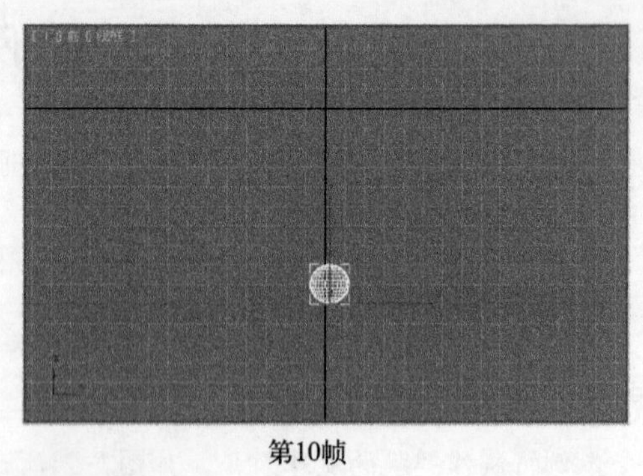

第10帧

图7-24　录制动画

图7-25　将第0帧复制到第20帧

④ 制作球体上下循环运动动画。方法：单击工具栏中的（曲线编辑器）按钮，进入轨迹视窗，如图 7-26 所示。然后单击轨迹视图工具栏中的（参数曲线超出范围类型）按钮，在弹出的对话框中选择“循环”选项，如图 7-27 所示。此时小球运动为循环运动，效果如图 7-28 所示。

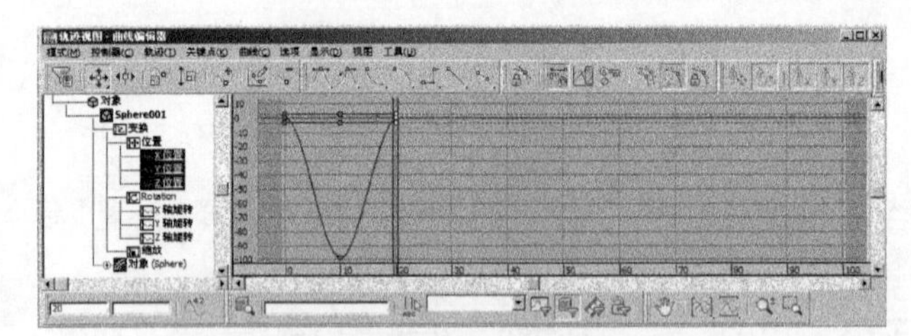

图7-26　进入轨迹视窗

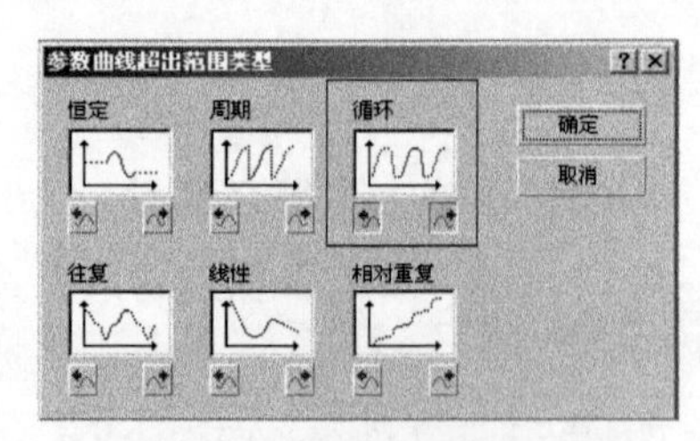

图7-27　选择“循环”选项

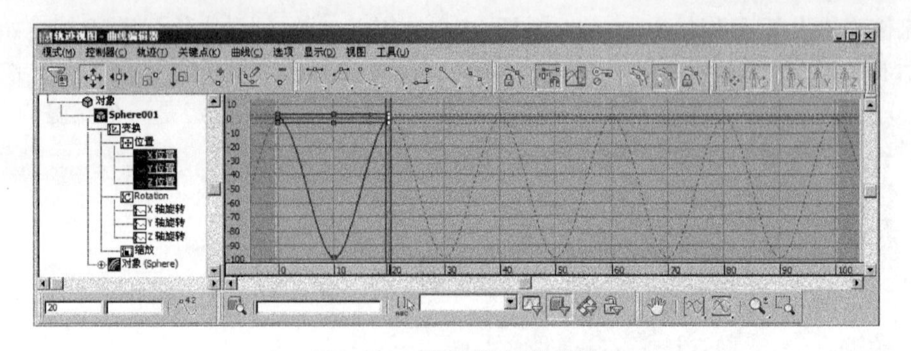

图7-28　“循环”后的效果

2．制作小球向下做加速运动向上做减速运动

此时小球上下运动不正常，为了使小球向上运动为减速运动，向下运动为加速运动，需要进一步进行设置。

方法：右击轨迹视窗中的第 10 帧，在弹出的对话框中设置如图 7-29 所示。设置后的效果如图 7-30 所示。此时就完成了小球向下加速，向上减速的循环运动。

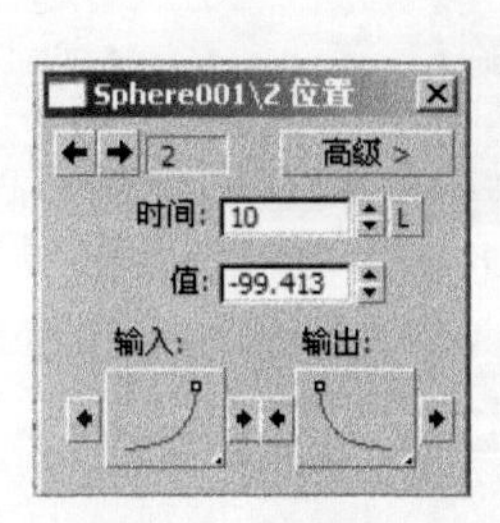

图7-29 设置曲线

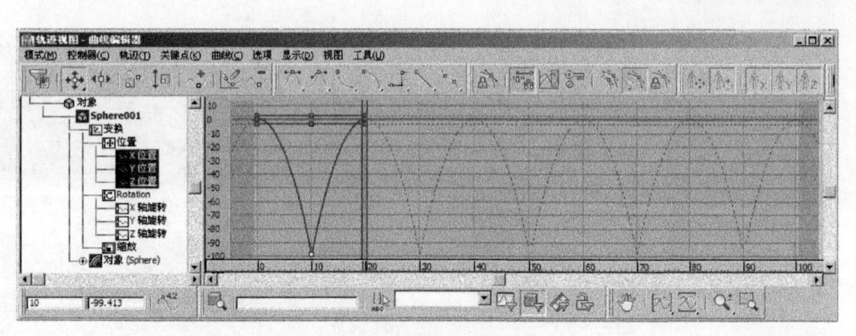

图7-30 设置后的效果

3．制作小球与地面接触时的挤压动画

① 将时间滑块移动到第 10 帧，单击工具栏中的（百分比捕捉）按钮，再单击（选择并挤压）按钮，在前视图中对球体进行挤压，挤压参数设置如图 7-31 所示。

② 为了便于观看关键帧，下面在轨迹视图中执行菜单中的“模式|摄影表”命令，此时轨迹视图如图 7-32 所示。

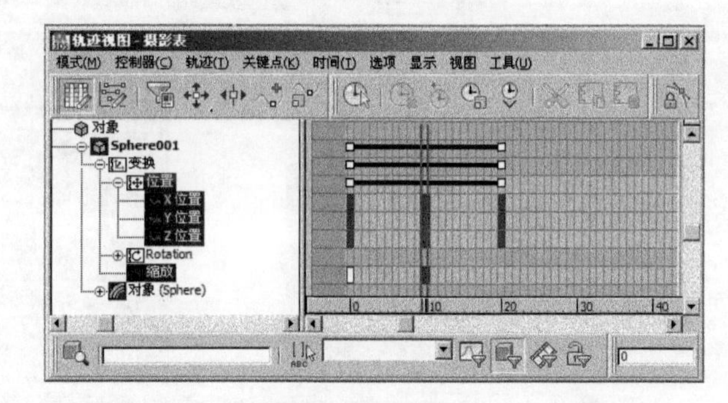

图7-31 挤压参数　　图7-32 “摄影表”模式下的进入轨迹视窗

③ 在轨迹视图中，利用工具栏中的（移动关键点）工具选中“缩放”的第1帧，按住〈Shift〉键，将第 1 帧复制到第 20 帧，如图 7-33 所示。

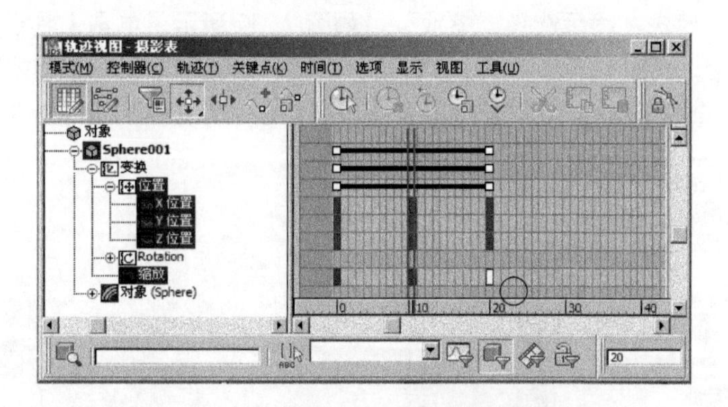

图7-33 将“缩放”第1帧复制到第20帧

④ 此时预览会发现小球向下运动时开始挤压变形，向上运动时开始恢复原状，这是不正确的。为了解决这个问题，可以将“缩放”中的第 1 帧分别复制到第 8 帧和第 12 帧，如图 7-34 所示，使小球只在第 8 ～ 12 帧变形。

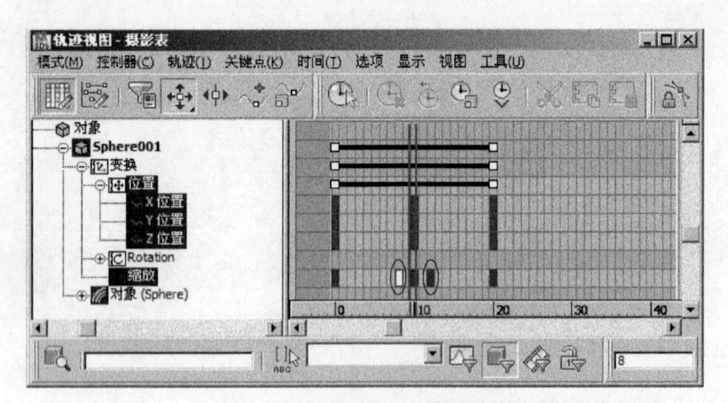

图7-34 “缩放”中的第1帧分别复制到第8帧和第12帧

⑤ 此时小球在第 8 ~ 12 帧变形的同时还在运动，这也是不正确的，为此可以将“位置”下的“Z 位置”中的第 10 帧复制到第 8 帧和第 12 帧，如图 7-35 所示。

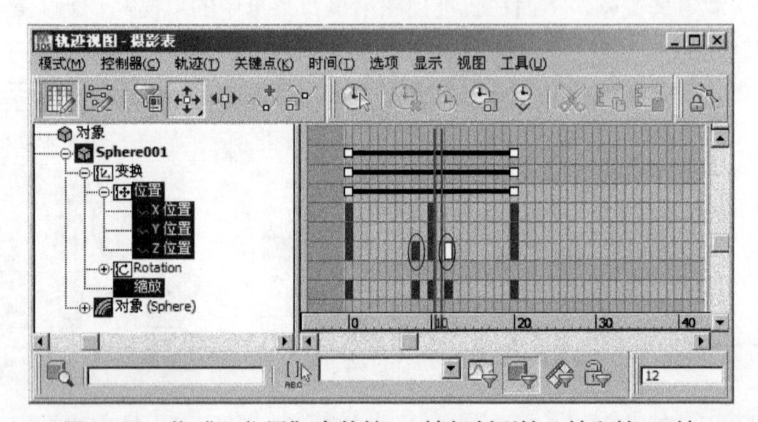

图 7-35 将“Z 位置”中的第 10 帧复制到第 8 帧和第 12 帧

⑥ 此时整个小球弹跳动画制作完毕，但是预览会发现小球挤压动画不能够自动循环，下面就来解决这个问题。方法：轨迹视图中执行菜单中的“模式 | 曲线编辑器”命令，如图 7-36 所示，回到“曲线编辑器”模式，然后选择“缩放”，如图 7-37 所示，单击工具栏中的 （参数曲线超出范围类型）按钮，在弹出的对话框中重新选择“循环”选项，此时轨迹视图如图 7-38 所示。

⑦ 赋予小球一个配套光盘中的“素材及结果 \7.4.1 制作弹跳的皮球效果 \ 皮球 .jpg”贴图。

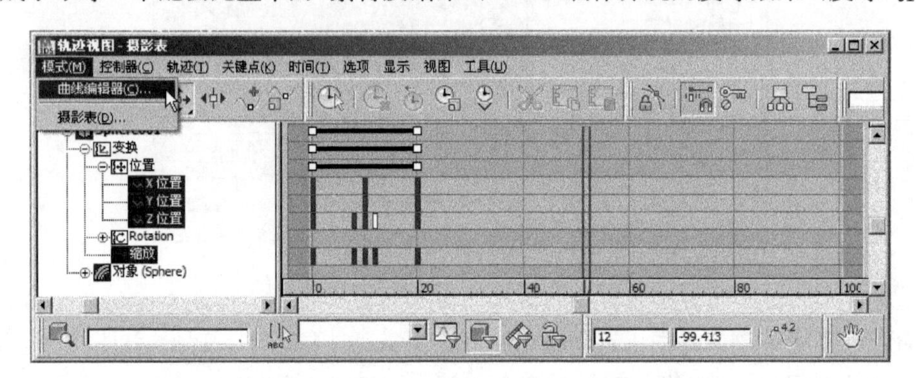

图7-36 执行菜单中的“模式|曲线编辑器”命令

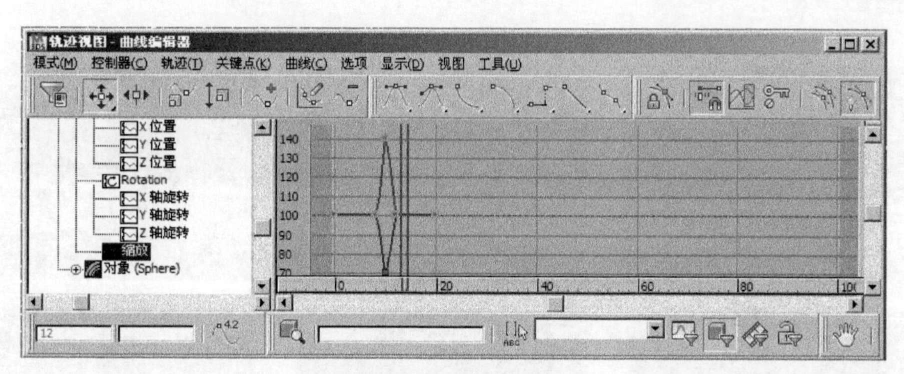

图 7-37 选择“缩放”

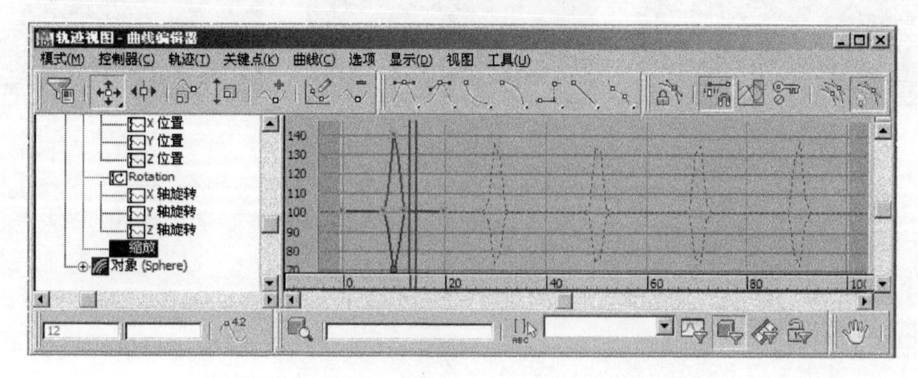

图 7-38 选择以“循环”方式进行“缩放”循环

⑧ 至此，整个动画制作完毕，这个动画的整个过程：小球从第 0 帧开始向下左加速运动，在第 8 帧到达底部后开始挤压，在第 10 帧挤压到极限，在第 12 帧恢复原状，然后向上做减速运动，如图 7-39 所示。

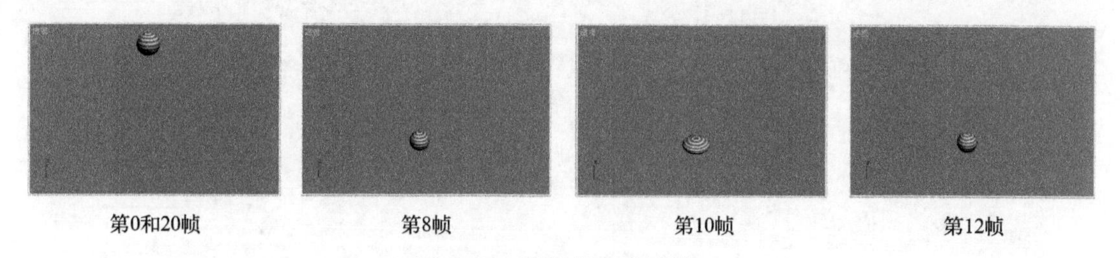

图 7-39 弹跳的皮球效果

7.4.2 制作旋转着逐渐倒下的硬币效果

要点

本例将制作一个制作旋转落地的硬币效果，如图7-40所示。通过本例学习应掌握多边形建模，“涡轮平滑”修改器，“路径约束”、“注视约束”控制器，利用虚拟对象和点来控制对象的综合应用。

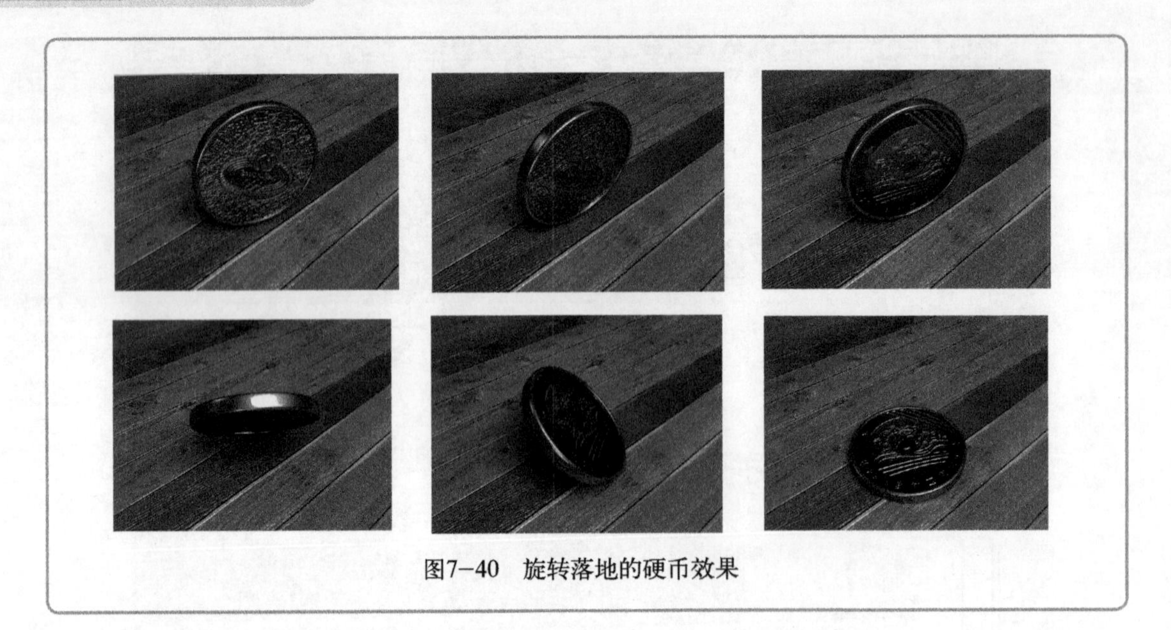

图7-40　旋转落地的硬币效果

操作步骤

1. 制作硬币造型

① 单击菜单栏左侧快速访问工具栏中的按钮，然后从弹出的下拉菜单中选择“重置”命令，重置场景。

② 在顶视图中创建一个圆柱体，并按〈F4〉键将其边面显示，参数设置及结果如图7-41所示。

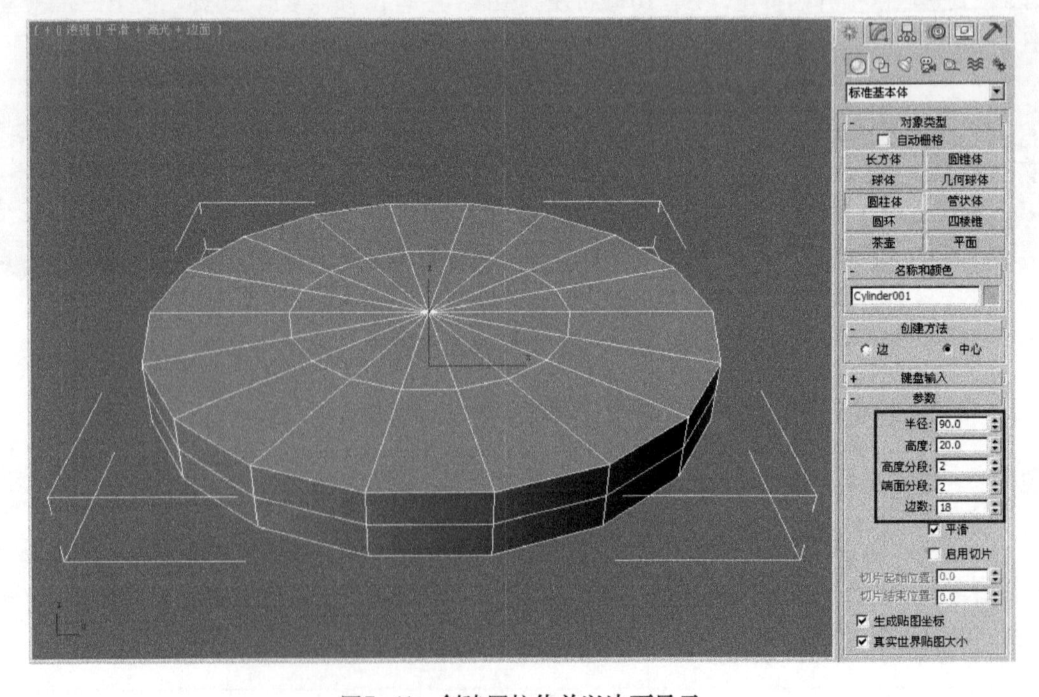

图7-41　创建圆柱体并以边面显示

③ 为了便于操作，下面将圆柱体的轴心点定在其中心位置。方法：选择视图中的魔方块模型，进入（层次）面板，单击 仅影响轴 按钮后单击 居中到对象 按钮即可，结果如图 7–42 所示。然后再次单击 仅影响轴 按钮，退出编辑状态。

④ 将中心点的坐标定为零点。方法：右击工具栏中的（选择并移动）工具，从弹出的对话框中设置如图 7–43 所示。

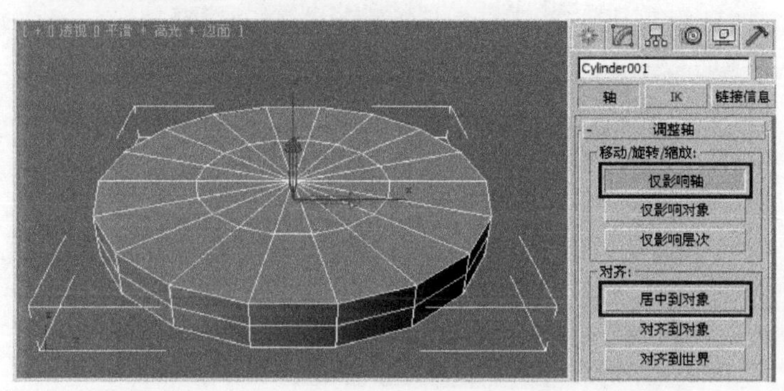

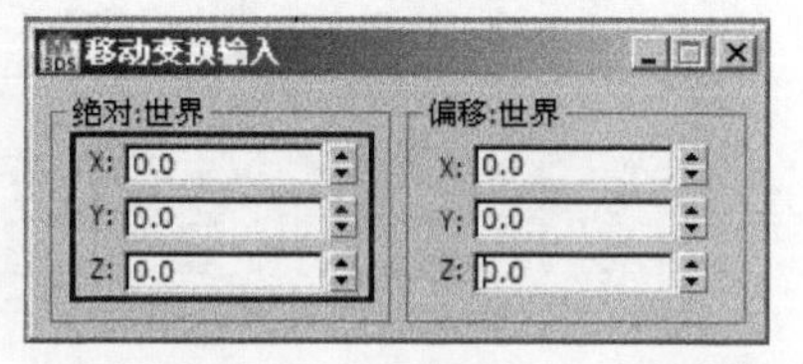

图7–42　面将圆柱体的轴心点定在其中心位置　　图7–43　将中心点的坐标定为零点

⑤ 右击视图中的圆柱体，从弹出的快捷菜单中选择“转换为 | 转换为可编辑多边形”命令，从而将圆柱体转换为可编辑的多边形。

⑥ 进入（修改）面板可编辑多边形的（顶点）层级，然后利用工具栏中的（选择对象）工具在顶视图中框选图 7–44 所示的顶点，接着右击，从弹出的快捷菜单中选择“转换到面”命令，如图 7–45 所示，从而选中图 7–46 所示的面。

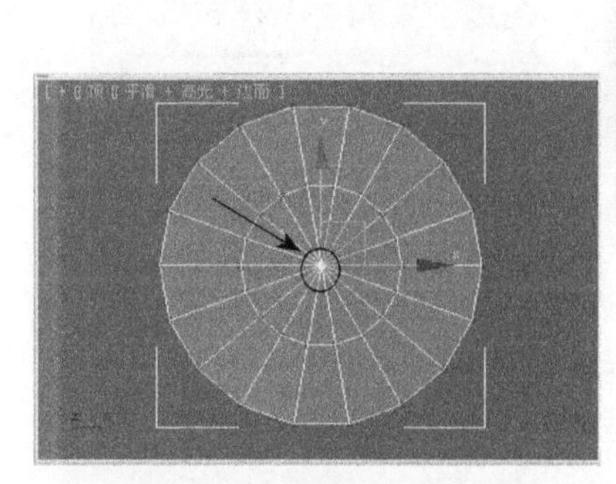

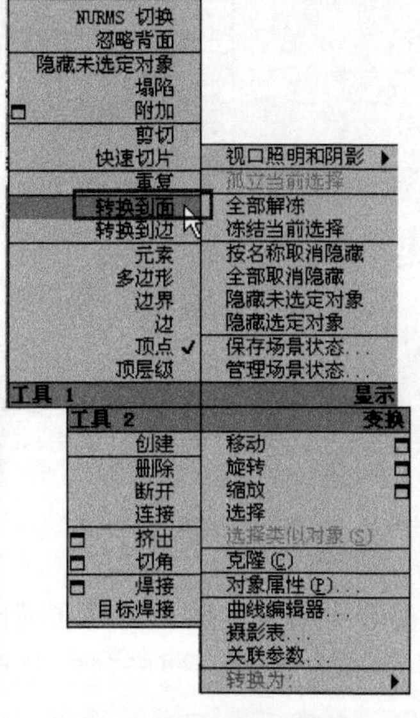

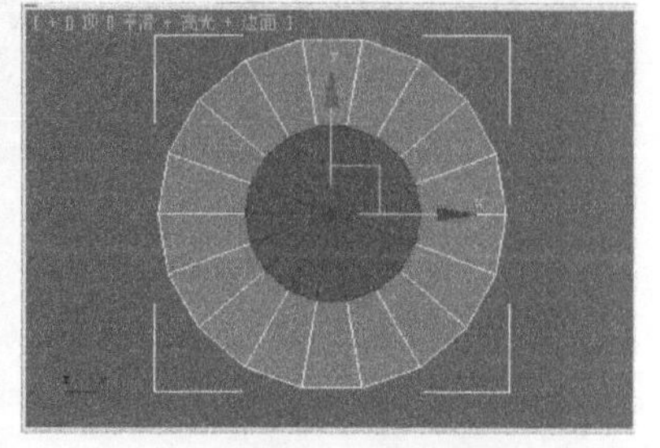

图7–44　框选中心顶点　　图7–45　选择“转换到面”命令　　图7–46　选中面

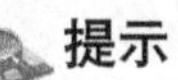

提示

利用工具栏中的（选择对象）工具框选顶点的目的是为了将同一位置的前后两个顶点一起选中。

⑦ 制作硬币中间的凹陷部分。方法：利用工具栏中的（选择并匀称缩放）工具缩放选中的面，如图 7-47 所示，然后单击“挤出”右侧的按钮，在弹出的快捷面板中设置参数如图 7-48 所示，单击按钮。

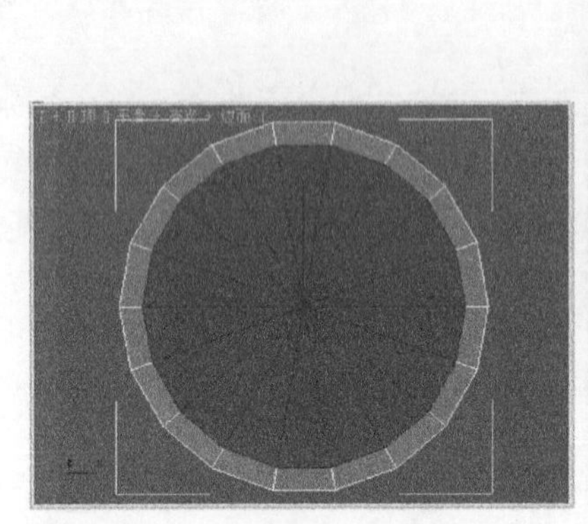

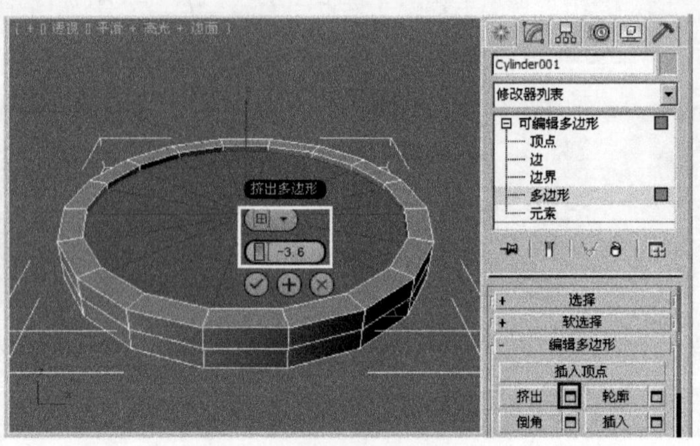

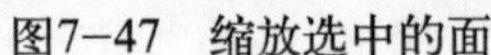
图7-47　缩放选中的面　　　　图7-48　挤出多边形后的效果

⑧ 为了以后在凹陷处能够制作正确的平滑效果，下面将挤出后的多边形进行分离。方法：单击“分离”按钮，如图 7-49 所示，然后在弹出的“分离”对话框中设置如图 7-50 所示，单击“确定”按钮即可。

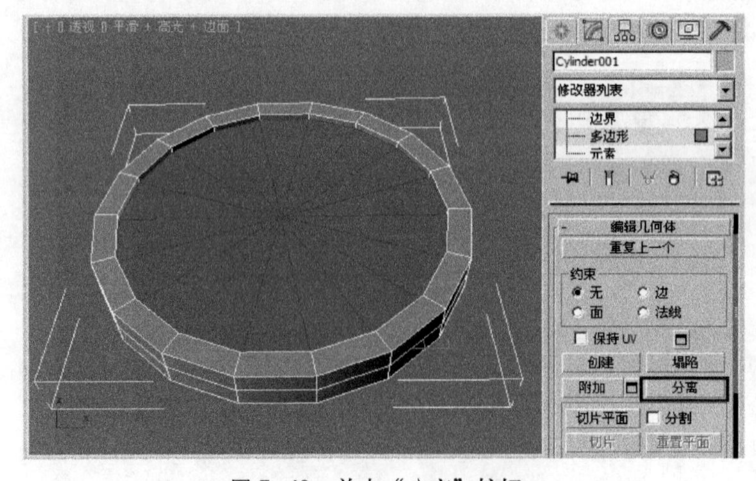

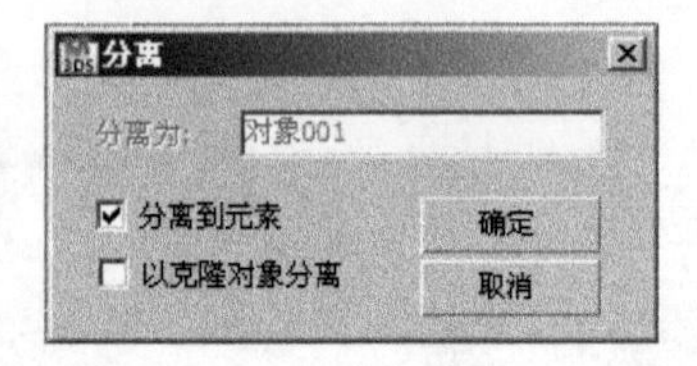

图 7-49　单击“分离”按钮　　　　图 7-50　设置“分离”参数

⑨ 为了以后在硬币边缘产生正确的平滑效果，下面在硬币边缘添加边。方法：进入可编辑多边形的（边）层级，选择图 7-51 所示的边，然后利用视图控制区中的（环绕）工具旋转硬币，从而显示出硬币背面，再选择一条硬币背面边缘的边，如图 7-52 所示。接着单击“环形”按钮（快捷键〈Alt+R〉），即可选择图 7-53 所示的环形边。最后单击“连接”按钮，即可在硬币边缘添加一圈环形边，如图 7-54 所示。

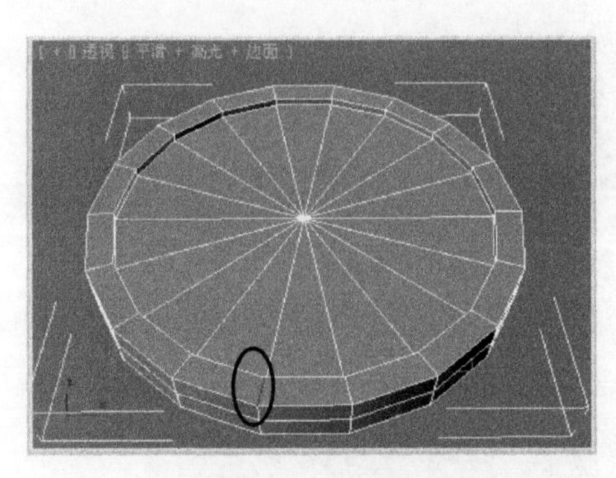

图7-51　选择边

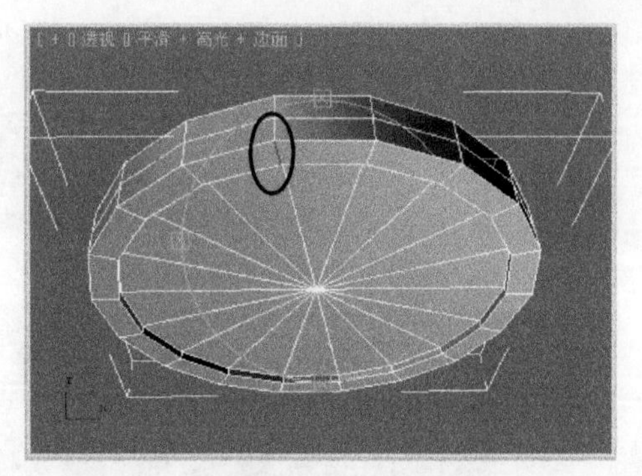

图7-52　选择背面硬币边缘的一条边

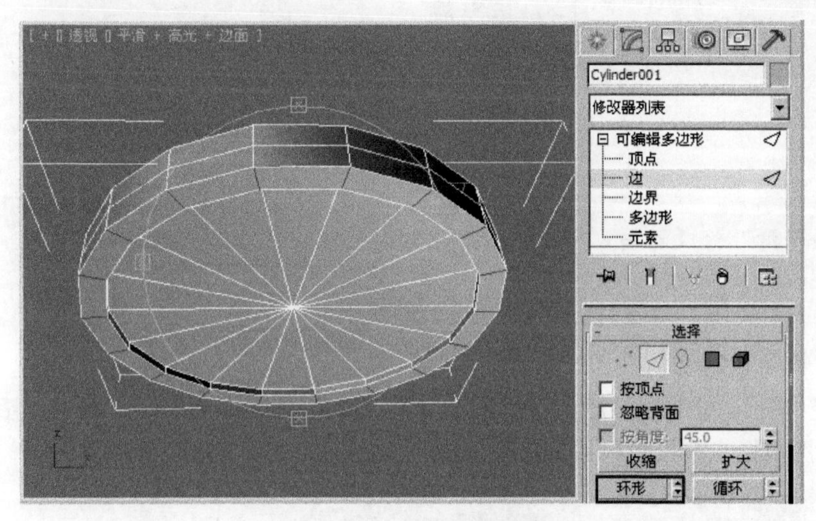

图7-53　选择环形边

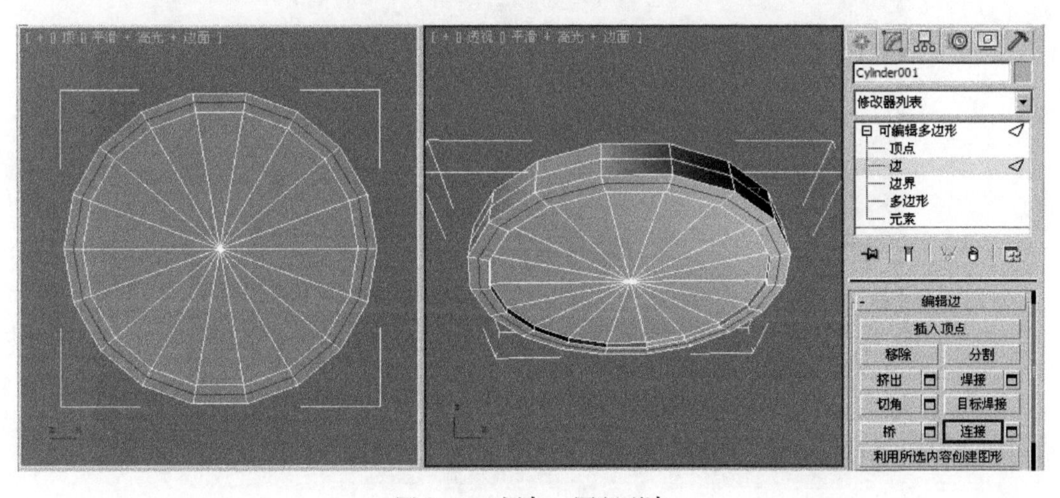

图 7-54　添加一圈环形边

⑩ 对硬币进行平滑处理。方法：在修改器列表中选择“可编辑多边形”选项，退出次对象层级，然后执行修改器下拉列表中的“涡轮平滑”命令，参数设置及结果如图 7-55 所示。

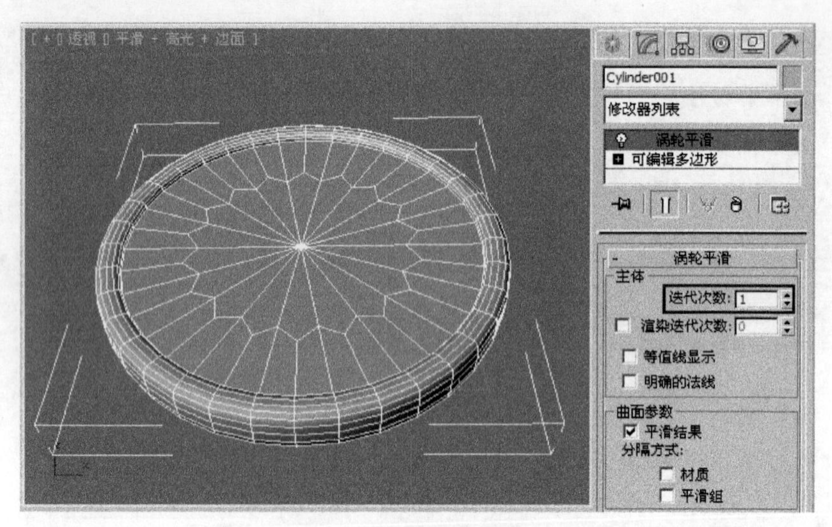

图7-55 涡轮平滑效果

提示

“涡轮平滑”修改器与“网格平滑”修改器相比，可以节省系统资源，从而提高工作效率。

2．制作旋转落地的动画

① 创建控制硬币旋转的路径。方法：在顶视图中创建一个螺旋线，参数设置及效果如图 7-56 所示。然后将其中心点定为零点。

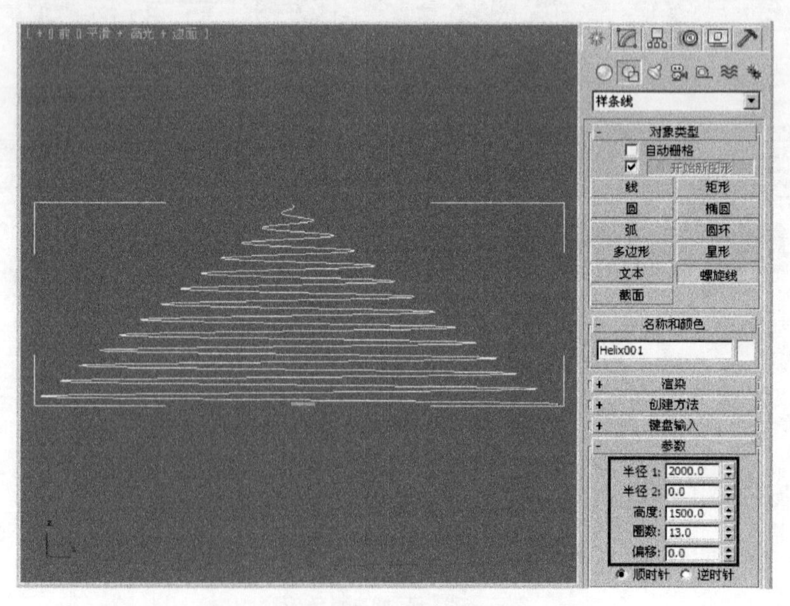

图7-56 创建螺旋线

② 创建点辅助对象沿螺旋线运动的效果。方法：单击（创建）面板下（辅助对象）中的 点 按钮，然后在视图中创建一个点对象，参数设置及效果如图 7-57 所示。再单击

（运动）按钮，进入运动面板，接着选择“位置：位置 XYZ”，单击 （指定控制器）按钮，如图 7–58 所示，再在弹出的“指定位置控制器”对话框中选择“路径约束”选项，如图 7–59 所示，单击“确定”按钮。最后单击“添加路径”按钮，如图 7–60 所示，再拾取视图中的螺旋线，此时在第 1 帧和第 100 帧会自动产生两个关键点，如图 7–61 所示。播放动画会看到点沿螺旋线运动的效果。

③ 制作硬币注视点辅助对象的效果。方法：再次单击“添加路径”按钮，退出添加路径状态。然后选择视图中的硬币模型，单击 （运动）按钮，进入运动面板。再选择“Rotation：Eluer XYZ”，单击 （指定控制器）按钮，如图 7–62 所示。接着在弹出的“指定旋转控制器”对话框中选择“注视约束”选项，如图 7–63 所示，单击“确定”按钮。最后单击“添加注视目标”按钮后拾取视图中的点虚拟对象，如图 7–64 所示。此时播放动画会看到硬币从地面逐渐旋转着立起来的效果，如图 7–65 所示。

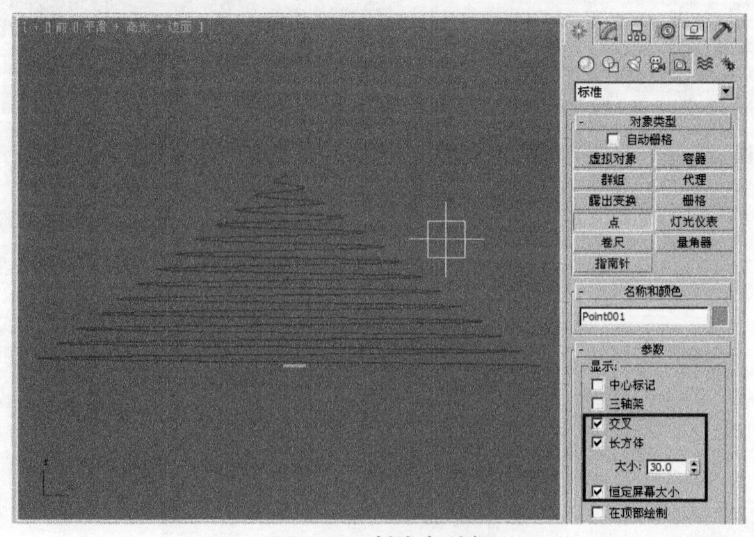

图7–57　创建点对象

图7–58　单击 （指定控制器）按钮

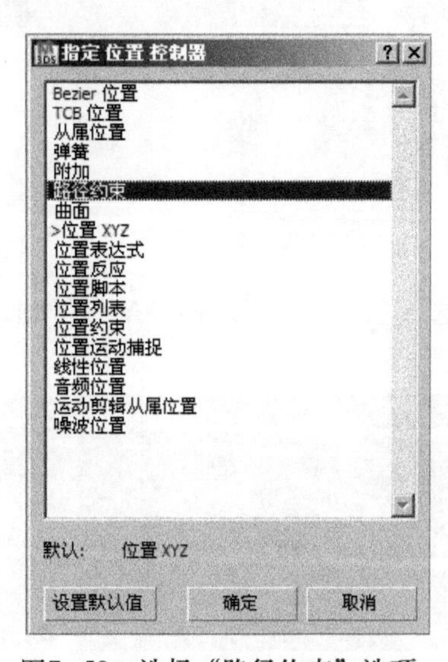

图7–59　选择“路径约束”选项

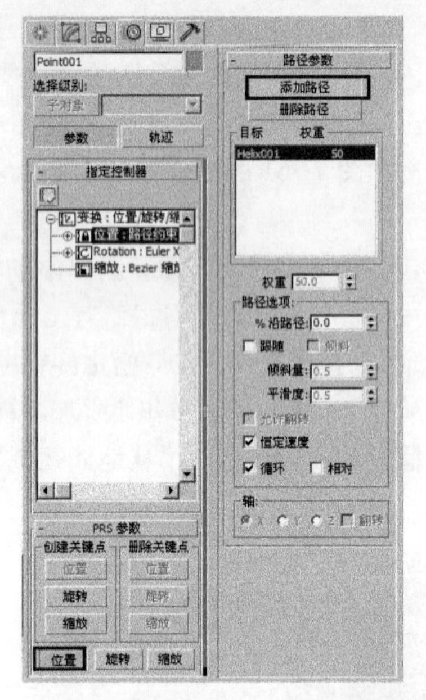

图 7-60　单击“添加路径”按钮后拾取螺旋线

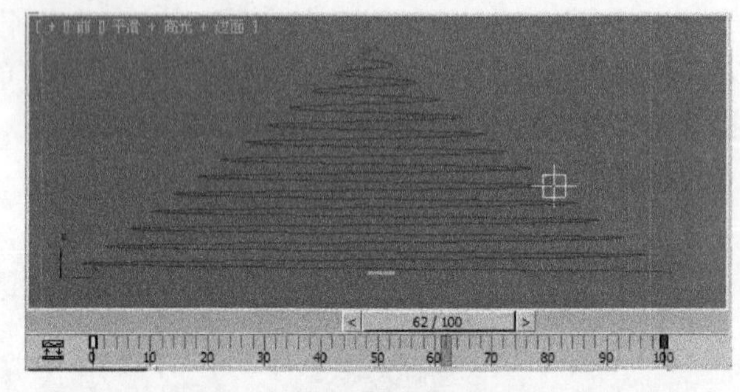

图 7-61　在第 1 帧和第 100 帧会自动产生两个关键点

图7-62　选择“Rotation：Eluer XYZ”

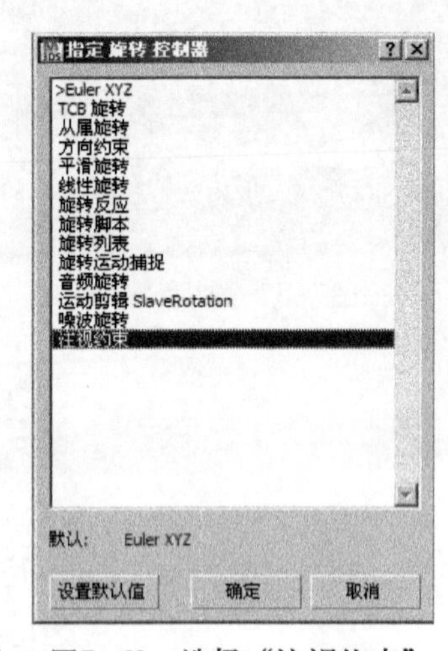

图7-63　选择“注视约束”

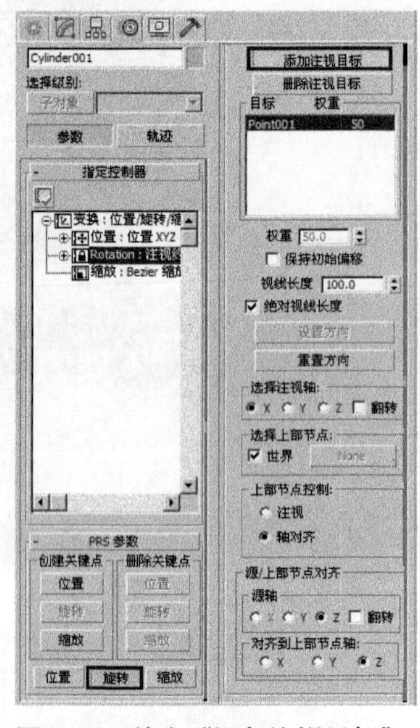

图7-64　单击“添加注视目标”按钮后拾取点辅助对象

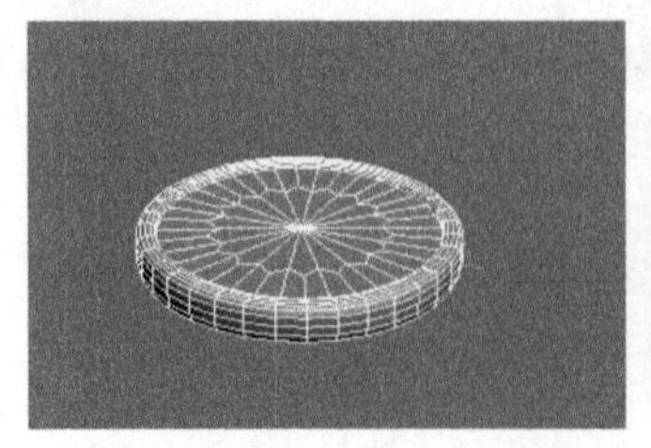

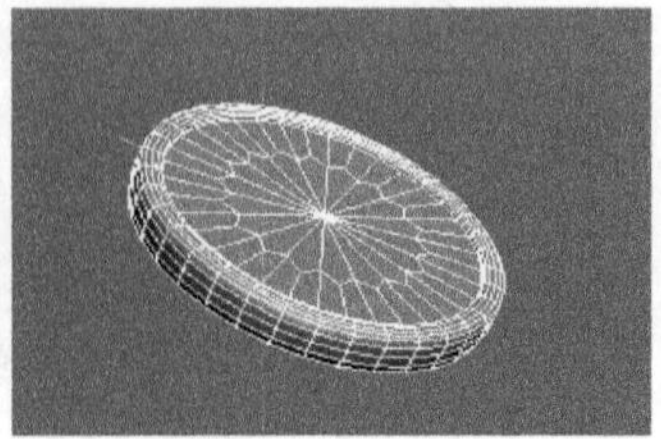

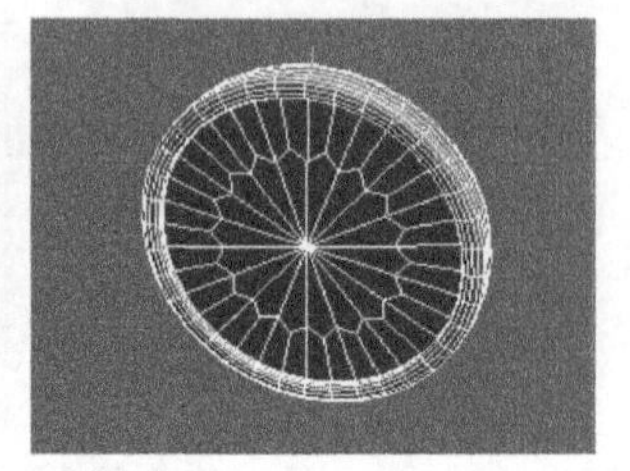

图7-65　硬币从地面逐渐旋转着立起来的效果

④ 这种效果是不正确的，我们需要的是硬币旋转着倒下的效果，由于硬币是随点辅助对象进行运动的，下面通过调整点辅助对象的关键点来完成设置。方法：选择视图中的点辅助对象，然后将第 100 帧移动到第 30 帧，将第 0 帧移动到第 100 帧即可，此时时间线如图 7-66 所示。此时播放动画会看到硬币旋转着逐渐倒下的效果，如图 7-67 所示。

提示

将第100帧移动到第30帧，而不是第0帧，是因为硬币不是在刚开始就逐渐倒下，而是在第0～30帧有一个快速旋转的过程，然后在30帧后才开始逐渐旋转着倒地。

0 10 20 30 40 50 60 70 80 90 100

图7-66　将第100帧移动到第30帧，将第0帧移动到第100帧

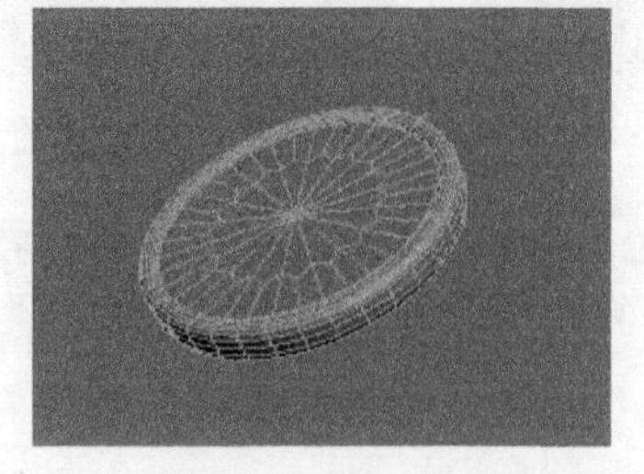

图7-67　硬币旋转着逐渐倒下的效果

⑤ 制作硬币在第 30 帧之前的快速旋转效果。由于此时硬币已经受到“注视约束”控制器的约束，因此不能通过直接对其进行旋转来完成此操作，而是将硬币链接到虚拟体上，通过旋转虚拟体来控制硬币在 30 帧前的旋转。方法：单击（创建）面板下（辅助对象）中的虚拟对象按钮，然后在视图中创建一个虚拟对象，如图 7-68 所示。接着单击工具栏中的（对齐）按钮后拾取视图中的硬币，再在弹出的对话框中设置如图 7-69 所示，单击“确定”按钮。

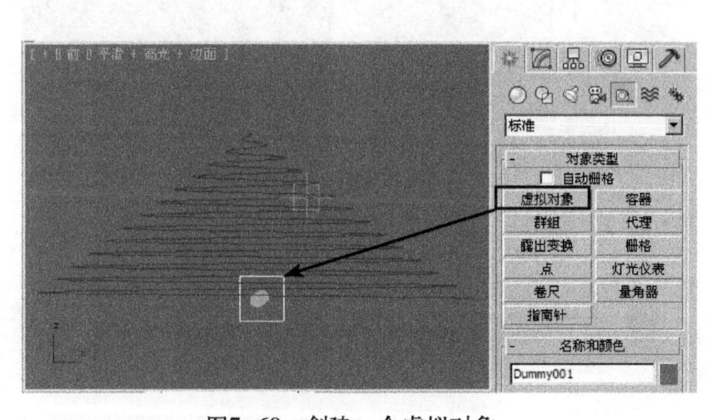

图7-68　创建一个虚拟对象

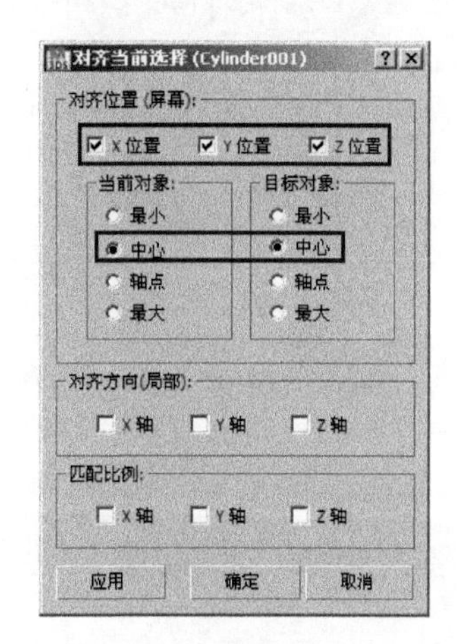

图7-69　将虚拟体与硬币中心对齐

⑥ 选择视图中的硬币模型，单击工具栏中的（选择并链接）按钮，将其拖动到虚拟体上建立链接，如图 7-70 所示。

⑦ 激活动画控制器中的自动关键点按钮（快捷键〈N〉），然后将时间滑块移动到第30帧，在前视图中将虚拟体沿Y轴旋转一定角度（此时旋转 -2000°），如图7-71所示。此时播放动画即可看到 硬币在第0～30帧进行旋转，第30帧后逐渐旋转着倒下的效果。

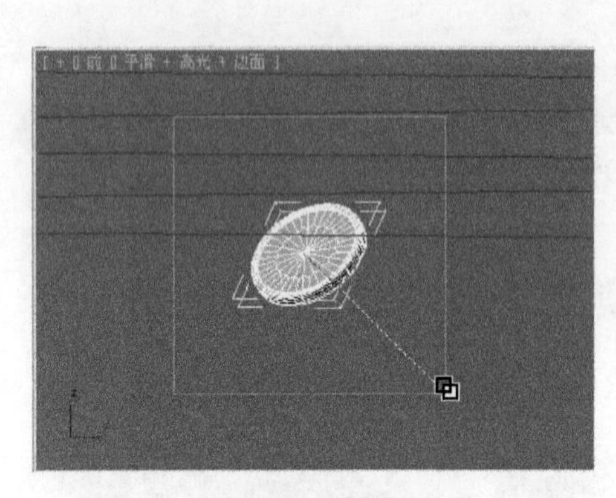

图7-70　将硬币链接到虚拟体上

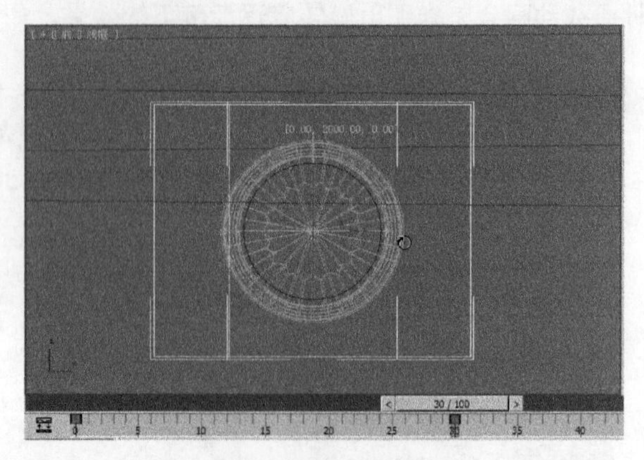

图7-71　在第30帧将虚拟体沿Y轴旋转-2000°

⑧ 为了便于观看，下面隐藏辅助对象和螺旋线。方法：单击（显示）按钮，进入显示面板，然后选中"图形"和"辅助对象"复选框，如图7-72所示，即可隐藏辅助对象和螺旋线。

⑨ 至此，这个动画制作完毕。下面为了美观，赋予硬币材质后进行渲染，效果如图7-73所示。

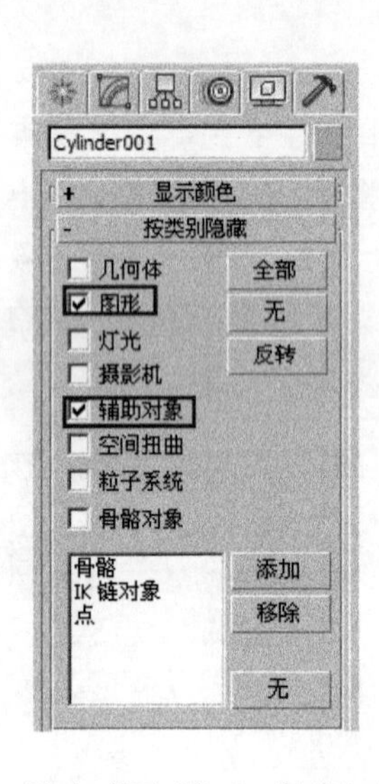

图7-72　选中"图形"和"辅助对象"复选框

图7-73　最终渲染效果

课后练习

1．填空题

（1）"轨迹视图－曲线编辑器"面板由________、________、________和________4部分组成。

（2）"指定变换控制器"面板中包括________、________和________3种控制器。

2．选择题

（1）激活 自动关键点 按钮的快捷键是________。

A．<M>　　B．<N>　　C．<A>　　D．<C>

（2）________控制器是默认的“缩放”控制器

A．TCB 缩放　　B．Bezier 缩放　　C．缩放 XYZ　　D．缩放表达式

3．问答题 / 上机题

（1）简述调整功能曲线的方法。

（2）练习 1：制作图 7–74 所示的大宝剧场字幕动画效果。

（3）练习 2：制作图 7–75 所示的展开的画卷效果。

图7–74　练习1效果

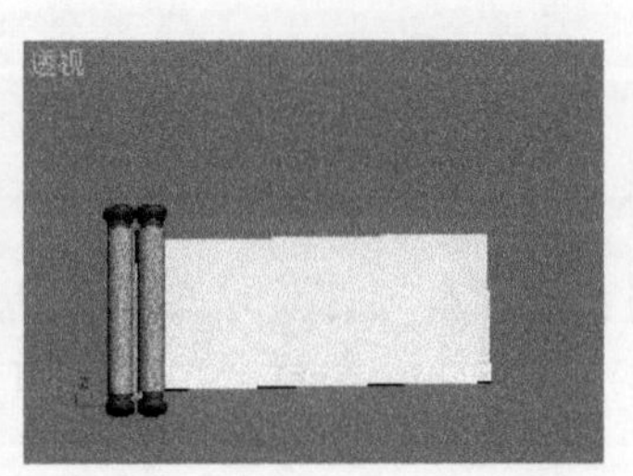
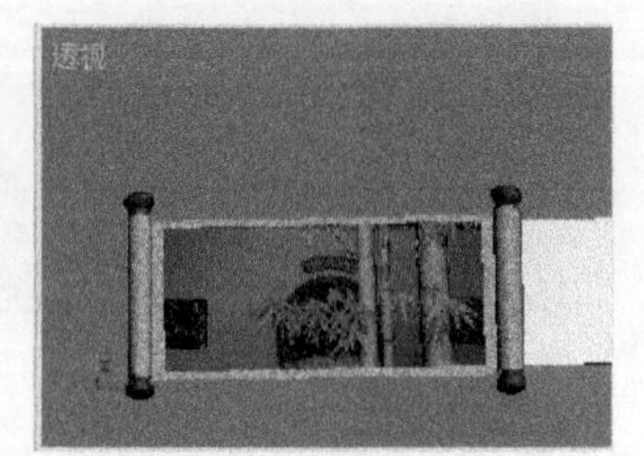

图7–75　练习2效果

第8章 粒子系统与空间扭曲

粒子系统与空间扭曲工具都是动画制作中非常有用的特效工具。粒子系统可以模拟自然界中真实的烟、雾、飞溅的水花、星空等效果。空间扭曲可以通过多种奇特的方式来影响场景中的对象，如产生引力、风吹、涟漪等特殊效果。通过本章学习应掌握以下内容：

- 粒子系统的使用；
- 常用空间扭曲工具的使用。

8.1 粒子系统

3ds Max 2011中粒子系统共有7种粒子，它们分别是：PF Source、喷射、雪、暴风雪、粒子云、粒子阵列和超级喷射，如图8-1所示。

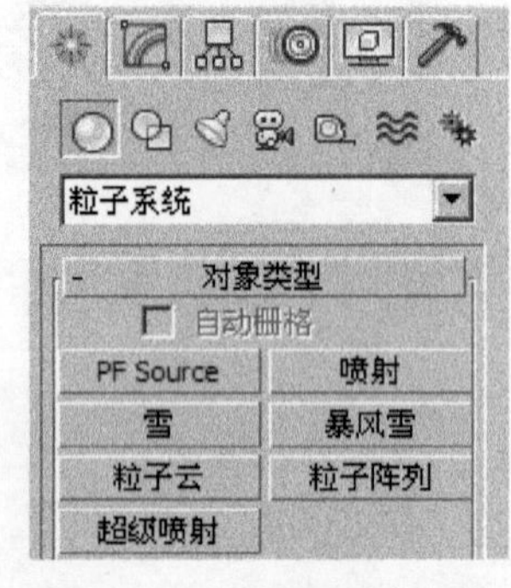

图8-1 “粒子系统”面板

创建粒子系统的方法：

① 创建一个粒子发射器。单击要创建的粒子类型，在视图窗口中拖拉出一个粒子发射器，所有的粒子系统都要有一个发射器，有的用粒子系统图标，有的则直接用场景中的物体作为发射器。

② 定义粒子的数量。设置粒子发射的“速度”、“开始”发射粒子以及粒子“寿命”等参数给定时间内粒子的数量。

③ 设置粒子的形状和大小。可以从标准粒子类型中选择，也可以拾取场景中的对象作为一个粒子。

④ 设置初始的粒子运动。主要包括粒子发射器的速度、方向、旋转和随机性。粒子还受到粒子发射器动画的影响。

⑤ 修改粒子的运动。可以在粒子离开发射器之后，使用空间扭曲来影响粒子的运动。

8.1.1 “喷射”粒子

喷射粒子是最简单的粒子系统，但是如果充分掌握喷射粒子系统的使用，同样可以创建出许多特效，如喷泉，降雨等效果，图8-2为使用喷射粒子创建的喷泉效果。

打开粒子系统，单击“喷射”按钮，即可看到“喷射”粒子的参数面板，如图8-3所示。

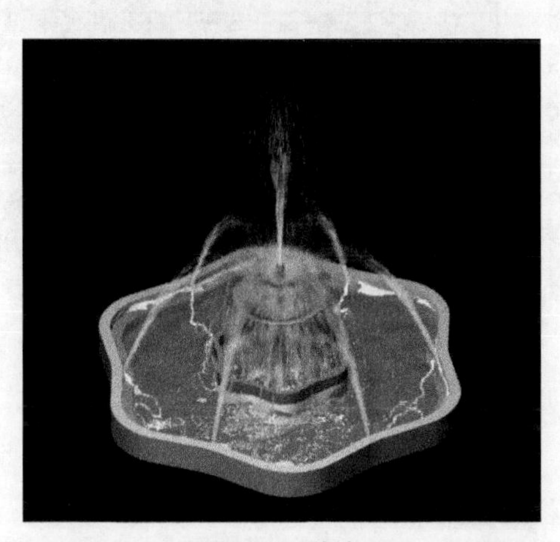

图8-2　喷泉

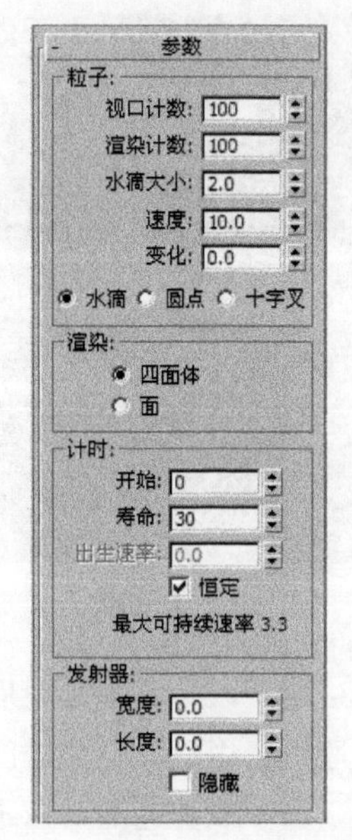

图8-3　“喷射”粒子参数面板

“喷射”粒子的“参数”卷展栏的参数解释如下：

（1）“粒子”选项组

“粒子”选项组用于设定粒子本身的属性。

- 视口计数：用于控制在视图中显示出的粒子的数量。
- 渲染计数：用于控制在渲染输出时的粒子数量。

提示

将视图中的粒子数量和渲染的粒子数量分开设置，是因为粒子系统非常占用内存，所以在编辑调整时，可以将数量调少一些，从而加快显示速度。

- 水滴大小：用于控制单个粒子的尺寸大小。
- 速度：用于控制粒子从发射器中喷射出来的初始速度。
- 变化：用于控制粒子的喷射方向以及速度发生变化的程度，这个参数可以使各个粒子之间有所不同，其余粒子系统中也有这个参数。
- 选中“水滴”单选按钮后粒子的形状是水滴状；选中“圆点”单选按钮后，粒子的形状成为点状；选中“十字叉”单选按钮后，粒子形状成为十字形。

（2）“渲染”选项组

“渲染”卷展栏用于设定粒子物体渲染后的显示状态。

选中“四面体”单选按钮后渲染时粒子成四面体状的晶体，如图 8-4 所示；选中“面”单选按钮后粒子的每个面都将被渲染输出，如图 8-5 所示。

（3）“计时”选项组

“计时”选项组用于设定粒子动画产生的时间。

- 开始：用于设定粒子系统产生粒子的起始时间。

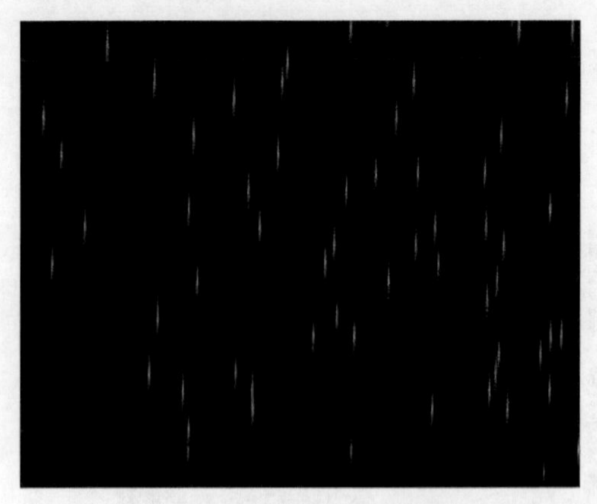

图8-4 “四面体”渲染效果

图8-5 “面”渲染效果

- 寿命：用于设定粒子产生后在视图中存在的时间。
- 出生速率：用于设定粒子产生的速率。
- 恒定：选中该复选框，粒子产生的速率将被固定下来。

(4)“发射器”选项组

“发射器”选项组用于控制发射器是否显示以及显示的尺寸。

- 宽度：用于控制发射器的宽度。
- 长度：用于控制发射器的长度。
- 隐藏：选中该复选框，发射器将被隐藏起来，不在视图中显示。

8.1.2 “雪”粒子

“雪”粒子系统主要用于模拟下雪和乱飞的纸屑等柔软的小片物体。它的参数与“喷射”粒子很相似。他们的区别在于“雪”粒子自身的运动。换句话说“雪”粒子在下落的过程中可自身不停地翻滚，而“喷射”粒子是没有这个功能的。

打开粒子系统，单击“雪”按钮，即可看到“雪”粒子的参数面板，如图8-6所示。

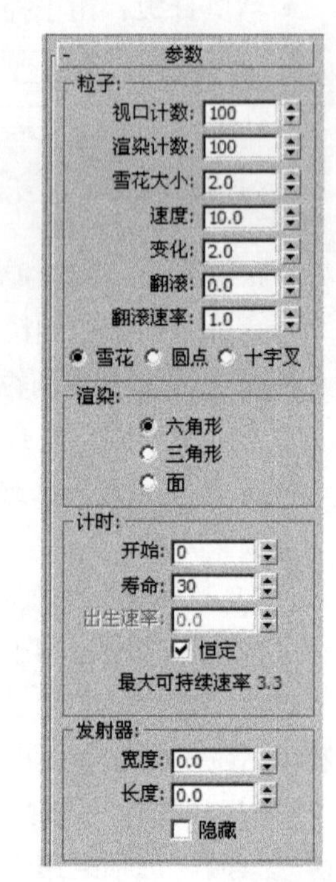

图8-6 “雪”粒子参数面板

“雪”粒子的“参数”卷展栏的参数解释如下：

(1)“粒子”选项组

“粒子”选项组同样是设置物体的自身属性。

- 雪花大小：可设定粒子的尺寸大小。
- 翻滚：可以设定粒子随机翻转变化的程度。
- 翻滚速度：用来设置翻转的频率。

(2)“渲染”选项组

选中“六角形”单选按钮后渲染后雪花成六角星形，如图8-7所示；选中“三角形”单选按钮后渲染后雪花成三角形，如图8-8所示；选中“面”单选按钮后渲染后雪花成四方形，如图8-9所示。

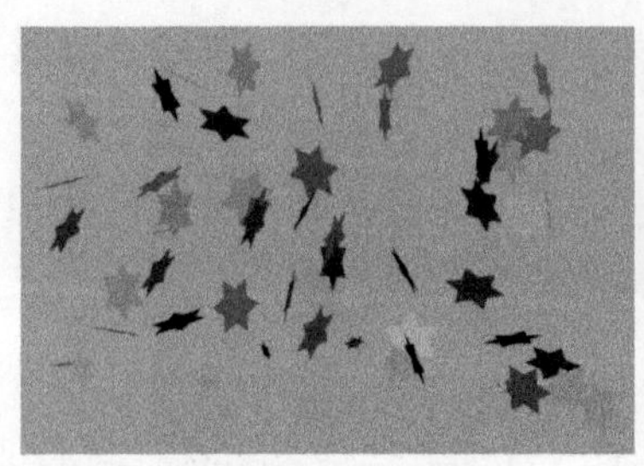

图8-7　六角星形

图8-8　三角形

图8-9　四方形

8.1.3 “暴风雪”粒子

顾名思义，“暴风雪”粒子系统是很猛烈的降雪，从表面现象看，它不过是比“雪”粒子在强度上要大一些，但是从参数上看，它比“雪”粒子要复杂得多，参数复杂主要在于对粒子的控制性更强，从运用效果上看，可以模拟的自然现象也更多，更为逼真。

打开粒子系统，单击“暴风雪”按钮，即可看到“暴风雪”粒子的参数面板，如图 8-10 所示。

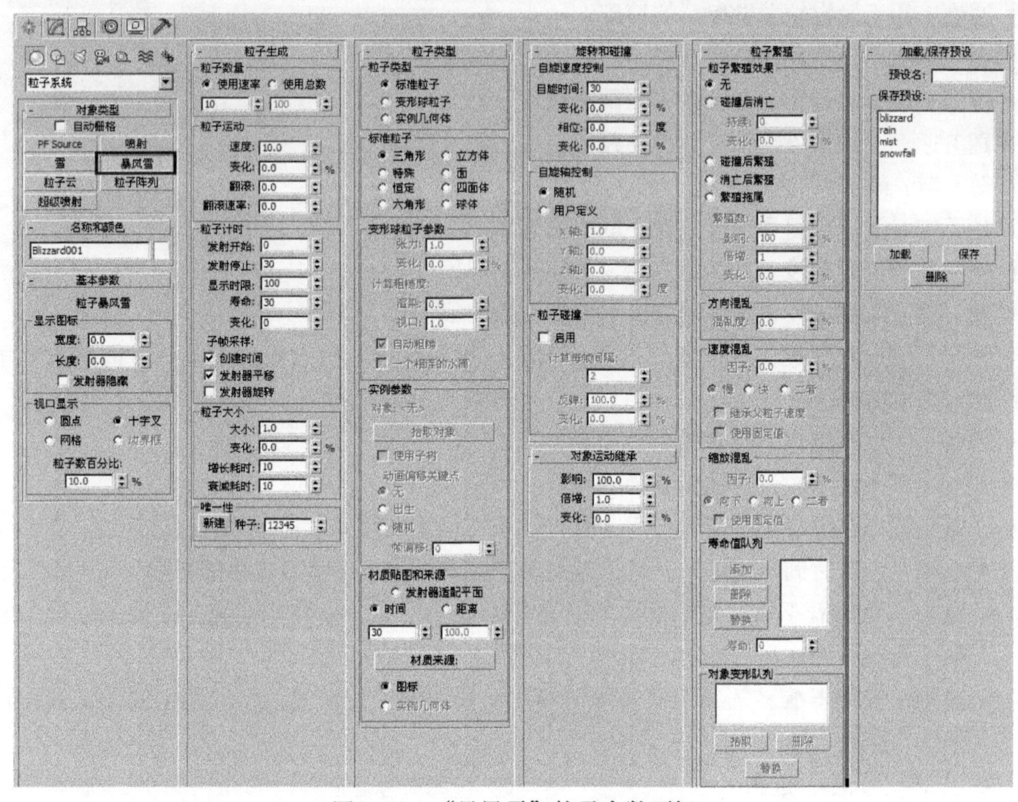

图8-10　“暴风雪”粒子参数面板

“暴风雪”粒子面板的参数解释如下：

1. “基本参数”卷展栏

“基本参数”卷展栏主要用于设定发射器和视图显示的相关属性。

“粒子暴风雪”的参数很多，其中很多参数在另外几种粒子中同样存在。

“显示图标”选项组中的参数与先前介绍的“喷射”和“雪”粒子基本相同。选中“发射器隐藏”复选框，系统会将发射器隐藏起来。

“视图显示”选项组中可设定粒子在视图中显示的形状，下面4个单选按钮代表了4种形状：点、十字、网格和长方体。

2. “粒子生成”卷展栏

“粒子生成”卷展栏的参数定义场景中的粒子数量。由于暴风雪粒子物体会随着时间的不同而改变形状，所以这里的设置比先前介绍的简单粒子系统要复杂一些。

(1) “粒子数量”选项组

“粒子数量”选项组用于设定产生的粒子数量。它下面有“使用速率”和“使用总数”两个单选按钮。选中“使用速率”单选按钮，在下面的数值框中可以输入每帧产生的粒子数量；而选中“使用总数”单选按钮后，在下面的数值框中可以设置产生的粒子总量。

(2) “粒子运动”选项组

“粒子运动”选项组用于设定物体运动的相关选项。

- 速度：用于设定粒子发射后的速度。
- 变化：用于设定粒子在运动中不规则变化的程度。
- 翻滚：用于设定粒子在运动中的翻滚程度。
- 翻滚速率：用于设定粒子翻滚的频率。

(3) “粒子计时”选项组

“粒子定时”选项组用于设定粒子的周期选项。

- 发射开始：用于设定发射器开始发射粒子的时间。
- 发射停止：用于设定发射器结束发射粒子的时间。
- 显示时限：用于设定粒子显示的终止时间，利用此参数可以设计出某一时间所有粒子同时消失的效果。
- 寿命：用于设定每个粒子的生命周期。
- 变化：用于设定粒子的随机运动的程度。
- 子帧采样：在发射器本身进行运动时，粒子在输出取样的过程中的有关选项。
  - 选中“创建时间”复选框，粒子系统从创建开始就不受喷射作用的影响。
  - 选中“发射器平移”复选框，发射器在场景中发生位移时，系统会在渲染过程中避免粒子受到喷射作用的影响。
  - 选中“发射器旋转”复选框，发射器在场景中发生旋转时，可以避免粒子受到喷射作用的影响。

(4) “粒子大小”选项组

“粒子大小”选项组用于设定粒子物体的大小。

- 大小：用于设定粒子物体的大小，不过此粒子是系统生成的粒子，而非用户自定义的粒子物体。在暴风雪中用户可以自定义某种物体作为粒子物体。
- 变化：用于设定粒子间大小不同的差异值，这种差异实际上是相当小的。
- 增长耗时：用于设定粒子物体由开始发射到指定尺寸的时间。
- 衰减耗时：用于设定粒子物体由开始衰减到完全消失的时间。

(5) “唯一性”选项组

“唯一性”选项组用于设定粒子产生时的外观布局，粒子开始发射时的布局是很随意的，这实际上是计算机为随机安排的一种布局。

- 新建：单击该按钮，重新设定随机数值。
- 种子：用于设定系统所取的随机数值。

3．“粒子类型”卷展栏

“粒子类型”卷展栏用于设定暴风雪例子的类型。

(1) “粒子类型”选项组

“粒子类型”选项组用于设定粒子的基本类型。“粒子类型”选项组中有“标准粒子”、“变形球粒子”和“实例几何体”3 个粒子形式可供选择。

- 标准粒子：系统默认的粒子物体形式，这种粒子形式可以选择多种内部系统提供的方式，用户可以在下面的“标准粒子”选项组中选择系统提供的方式。
- 变形球粒子：可用来模拟液体形态的粒，如图 8-11 所示。
- 实例几何体：这种方式实际上就是由用户指定粒子的形式，这样用户可以自行创建粒子的形状，图 8-12 为指定茶壶为粒子形状的结果。

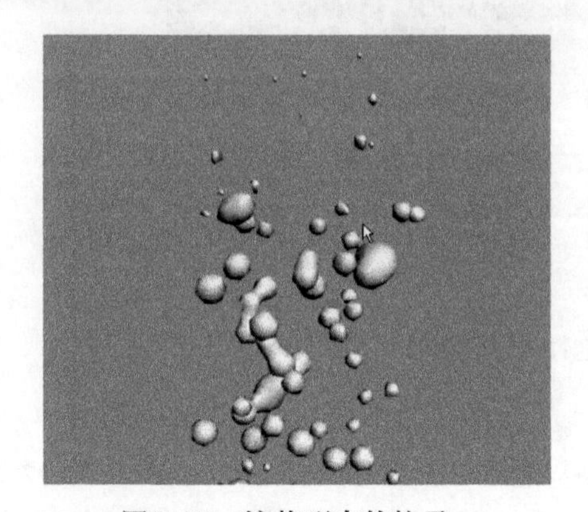

图8-11　液状形态的粒子

图8-12　指定茶壶为粒子形状

(2) “标准粒子”选项组

“标准粒子”选项组提供了 8 种标准形式的粒子，如图 8-13 所示。

(3) “变形球粒子参数”选项组

“变形球粒子参数”选项组用于设置用户选择这种方式的粒子形式时的相关参数。

- 张力：用于设置变形粒子物体间的紧密程度，该参数值越高，代表粒子物体越容易结合在一起。
- 变化：用于设定“张力”参数值的变化程度。
- 计算粗糙度：用于设定系统对于变形粒子的计算细节，此参数值越高，系统会忽略越多细节，缩短变形粒子物体的作业时间。
  - ■ “渲染”和“视图”数值框：可分别设定渲染和视图的粗糙值。
  - ■ 选中“自动粗糙”复选框，系统会自动计算“粗糙值”的参数。
  - ■ 选中“一个相连的水滴”复选框，系统会将所有的粒子结合成一个粒子。

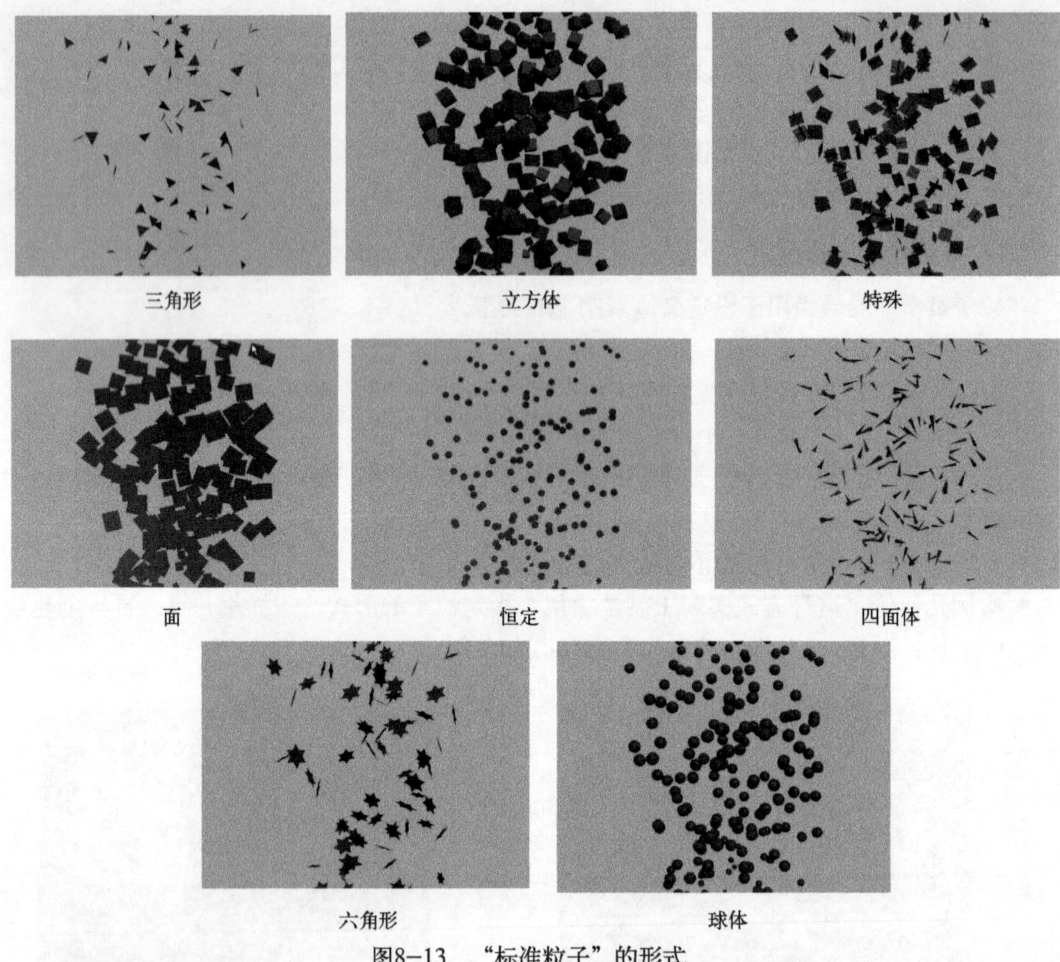

图8-13 “标准粒子”的形式

（4）“实例参数”选项组

“实例参数”选项组用于选中“实例几何体”粒子后的有关设置。“实例几何体粒子”是非常有用的一种粒子形式，在创作过程中，最大的乐趣便是自由，如果只能使用系统提供的几种形状，无疑会约束人们的思维。现在，用户可以创作出奔跑的兽群、飞翔的鸟类等大规模的集群物体了。

- 单击“拾取对象”按钮后，可以选中场景中的物体作为粒子物体。
- 选中“使用子树”复选框，选择的物体将包含连接关系，可以将子物体一并选中作为粒子物体。
- “动画偏移关键点”指当实例物体本身具有动画编辑的关键点时，用户可以设定的动画操作方式。具体有3种方式如下：
  - 选中“无”单选按钮，实例物体的运动仍然采用原来本身的关键点。
  - 选中“出生”单选按钮，设定实例粒子物体以第一个产生的粒子物体为依据，其后产生的粒子物体皆和此粒子物体的形态相同。
  - 选中“随机”单选按钮，以随机形式来决定实例粒子物体的形态，用户可以配合“帧偏移”数值框来设定变化的程度。

- “帧偏移”数值框可设定距离目前多少时间以后物体的形态。

(5) “材质贴图和来源”选项组

“材质贴图和来源”选项组用于设定实例形式的粒子物体的材质来源。

- 选中“发射器适配平面”单选按钮后，粒子材质将与反射器平面匹配。
- 选中“时间”单选按钮后，可设定粒子自发射到材质完全表现的时间，具体时间在下面的数值框中进行设定。
- 选中“距离”单选按钮后，可设定粒子自发射到材质完全表现的距离。
- 单击“材质来源”按钮后，可以在场景中选择作为材质来源的物体。
- 选中“图标”单选按钮后，可以选择场景中物体的材质。
- 选中“实例几何体”单选按钮后，可设定材质来源为实例物体的材质。

4. “旋转与碰撞”卷展栏

“旋转与碰撞”卷展栏中用于设定有关粒子物体自身的旋转和碰撞的参数。

(1) “自旋速度控制”选项组

“自旋速度控制”选项组用于设定粒子旋转运动的相关选项。

- 自旋时间：用于粒子物体旋转的时间。
- 变化：用于设定旋转效果的变化程度。
- 相位：用于设定粒子物体旋转的初始角度。
- 变化：用于设定相位的变化程度。

(2) “自旋轴控制”选项组

“自旋轴控制”选项组用于设定粒子发生旋转作用时的轴向控制。

- 选中“随机”单选按钮后可随机选取旋转轴向。
- 选中“用户定义”单选按钮后，用户可以自行定义粒子的旋转轴向，下面的 X、Y、Z 轴相以及“变化”数值框可具体设定旋转轴向。

(3) “粒子碰撞”选项组

“粒子碰撞”选项组用于设定各个粒子在运动过程中发生碰撞的有关设置。

- 启动：选中该复选框后，允许在粒子系统的生成过程中发生粒子碰撞事件。
- 计算每帧间隔：用于设定每帧动画中粒子的碰撞次数。
- 反弹：用于设定粒子碰撞后发生反弹的程度。
- 变化：用于设定粒子碰撞的变化程度。

5. “对象运动继承”卷展栏

“对象运动继承”卷展栏用于设定有关粒子物体在运动体系中的反应的选项。

- 影响：用于设定粒子受到发射器方向的影响程度，该数值越大，所受到的影响也就越大。
- 倍增：用于设定粒子受到发射器方向的影响时的繁殖数量。
- 变化：用于设定“倍增”的变化程度。

6. “粒子繁殖”卷展栏

“粒子繁殖”指的是这样一种现象，在粒子发生碰撞的情况下，会产生新的粒子，使用好这一类参数能够模仿出两个物体相撞的逼真效果。

（1）“粒子繁殖效果”选项组

“粒子繁殖效果”选项组用于设定粒子碰撞后所产生的效果的相关选项。

- 无：选中该单选按钮后粒子物体在碰撞后不会产生任何效果。
- 碰撞后消亡：选中该单选按钮后可使粒子碰撞后消失。
- “持续”和“变化”数值框分别控制碰撞后存留的时间以及变化程度。
- 碰撞后繁殖：选中该单选按钮后，粒子物体会在破灭时产生新的次粒子物体。
- 消亡后繁殖：选中该单选按钮后，碰撞后的粒子物体会在移动时产生新的次粒子物体。
- 繁殖拖尾：选中该单选按钮后，碰撞后的粒子物体会沿运动轨迹产生新的次粒子物体。
- 繁殖数：用于设定产生新的次粒子的数量。
- 影响：用于设定有多少比例的粒子会产生新的次粒子。
- 倍增：用于设定粒子在碰撞后会以多少倍率的数量产生新的次粒子。
- 变化：用于设定“倍增”参数变化程度。

（2）“方向混乱”选项组

“方向混乱”选项组用于设定增生粒子物体在运动方向的随机程度。

（3）“速度混乱”选项组

“速度混乱”选项组用于设定增生粒子物体在速度上的随机选项。

- 因子：用于设定碰撞后粒子产生速度变化的值，当参数为0是不会产生任何变化。下面“慢”、“快”和“二者”3个单选按钮用于设定碰撞后粒子的速度变化趋势。
- 继承母体速度：选中该复选框后，新生的粒子物体以母体的速度作为变化的依据。
- 使用固定值：选中该复选框后，系统会以一固定的值作为速度的变化依据。

（4）“缩放混乱”选项组

“缩放混乱”选项组用于设定粒子新生后在尺寸上的随机选项。

- 因子：用于设定碰撞后粒子产生尺寸变化的值，当参数值为0时不会产生任何变化。下面“向下”、“向上”和“二者”3个单选按钮代表尺寸变化的3种趋势。
- 使用固定值：选中该复选框后，系统会以一固定的值作为尺寸的变化依据。

（5）“寿命值队列”选项组

“寿命值队列”选项组用于让用户指定次粒子的生命周期。

- 添加：单击该按钮后，可将“寿命”数值框所设定的参数增加到列表框中；单击“删除”按钮后，将删除列表框中的参数；单击“替换”按钮后，将替换列表框中的参数。
- 寿命：该数值框中的数值是次粒子物体的寿命值。

（6）“对象变形队列”选项组

“对象变形队列”选项组中提供了在关联粒子物体以及次粒子物体间进行切换的能力。

- 拾取：单击该按钮后，可将场景中拾取物体加入到“对象变形队列”列表框中。
- 删除：单击该按钮后，可将“对象变形队列”列表框中的物体删除。
- 替换：单击该按钮后，可用选中的物体取代“对象变形队列”列表框中的物体。

7. “加载/保存预设”卷展栏

“加载/保存预设”卷展栏用于直接载入或保存先前设置好的参数。全部重新设置很复杂，而粒子系统描述的很多场景都是自然现象，在许多场合都比较类似，用户可以多次调用设置好的参数，从而大大提高工作效率。

- “预设名”是预先设置好的参数资料名称。
- 加载：单击该按钮后可载入需要的参数资料。
- 保存：单击该按钮后可存储设置好的参数资料。
- 删除：单击该按钮后可将列表框中选中的参数资料删除。

8.1.4 “粒子阵列”粒子

“粒子阵列”同暴风雪一样，也可以将其他物体作为粒子物体，选择不同的粒子物体，可以利用粒子阵列轻松地创建出气泡、碎片或者是熔岩等特效。图 8-14 为利用“粒子阵列”制作出的“地雷爆炸”时的碎片效果。

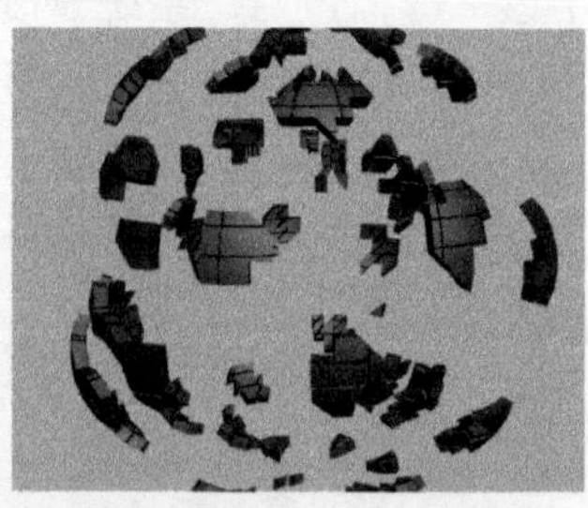

图8-14　“地雷爆炸”效果

打开粒子系统，单击“粒子阵列”按钮，即可看到“粒子阵列”参数面板，如图 8-15 所示。

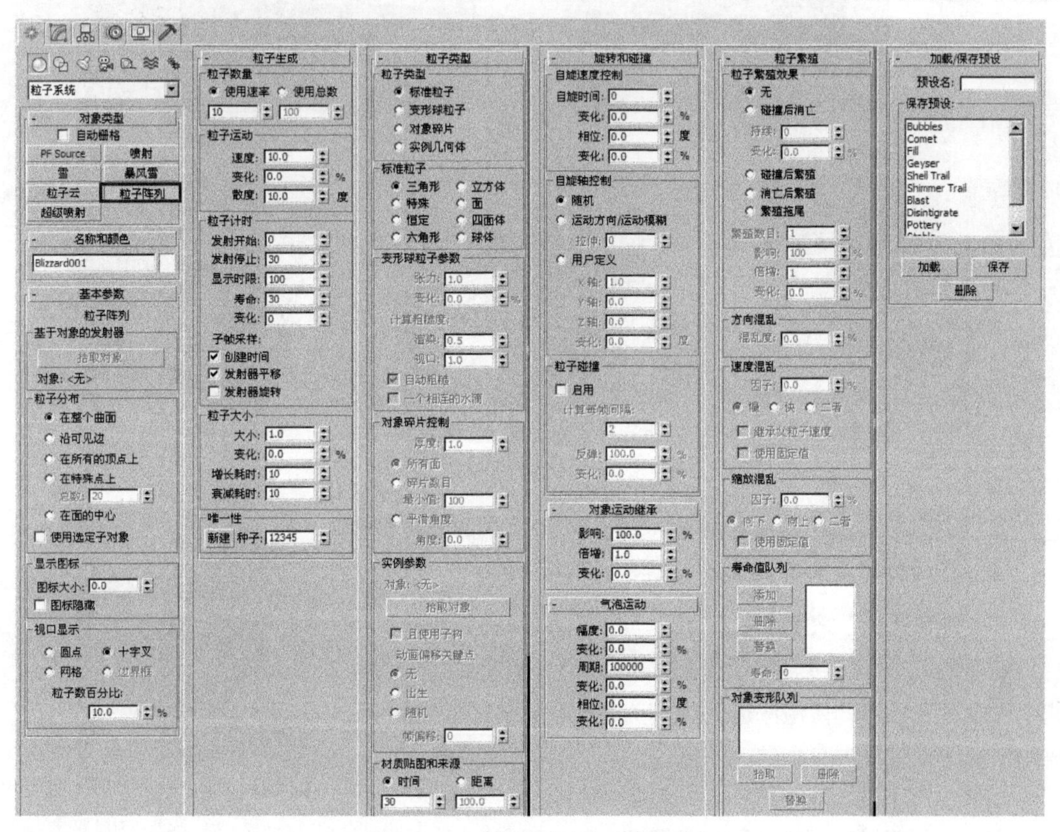

图8-15　“粒子阵列”参数面板

“粒子阵列”参数面板的参数解释如下。

1. “基本参数”卷展栏

“基本参数”卷展栏的参数与“暴风雪”的基本参数有所不同，在基本参数中，粒子阵列增加了一个拾取发射器的功能，在“暴风雪”粒子系统中，可以选择场景中的物体作为粒子物体，现在甚至可以选择粒子的发射器。单击“基于对象的发射器”选项组中的“拾取对象”按钮，就能够在场景中任意选择物体作为粒子发射器。

“粒子分布”选项组用于设定发射器的粒子发射编制方式。编制方式指的是粒子从发射器的什么部分发射出来，粒子阵列共有5种编辑方式：

- 在整个曲面：选中该单选按钮后，系统会设定粒子的发射位置为物体表面。
- 沿可见边：选中该单选按钮后，系统会设定粒子的可见沿边。
- 在所有的顶点上：选中该单选按钮后，系统会设定粒子的顶点。
- 在特殊点上：选中该单选按钮后，系统会设定粒子的特殊点上。
- 在面的中心：选中该单选按钮后，系统会设定粒子的表面中心。

图8-16为5种情况的比较。

在整个曲面

沿可见边

在所有的顶点上

在特殊点上（此时设为5）

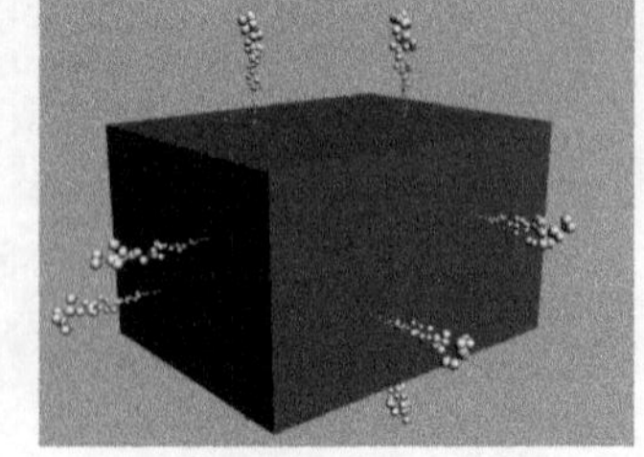

在面的中心

图8-16　5种情况的比较

- 使用选定子对象：选中该复选框后，只将选中的物体的一部分作为物体发射的位置，如图8-17所示。

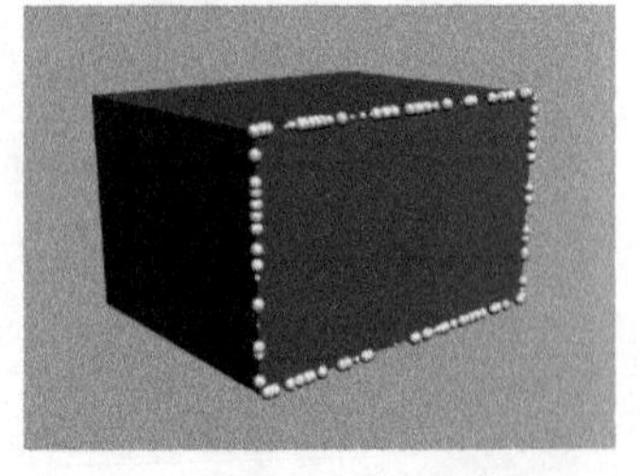

图8-17　选中“使用选定子对象”复选框后的效果

2. “气泡运动”卷展栏

“粒子阵列”与“暴风雪”相比，多了一个“气泡运动”卷展栏，在其中可以设定粒子物体泡沫运动的相关参数。所谓“气泡运动”，就是物体在运动过程中自身的一些振动。

- 幅度：用于设定粒子进行左右摇晃的幅度。
- 变化：用于设定“幅度”的变化程度。

- 周期：用于设定粒子物体振动的周期。
- 变化：用于设定“周期”的变化程度。
- 相位：用于设定粒子在初始状态下距离喷射方向的位移。
- 变化：用于设定“相位”的变化程度。

8.1.5 “粒子云”粒子

“粒子云”粒子适合于创建云雾，参数与“粒子阵列”基本类似，其中粒子种类有一些变化。系统默认的粒子云系统是静态的，如果想让设计的云雾动起来，可通过调整一些参数来录制动画。

打开粒子系统，单击“粒子云”按钮，即可看到“粒子云”参数面板，如图 8-18 所示。

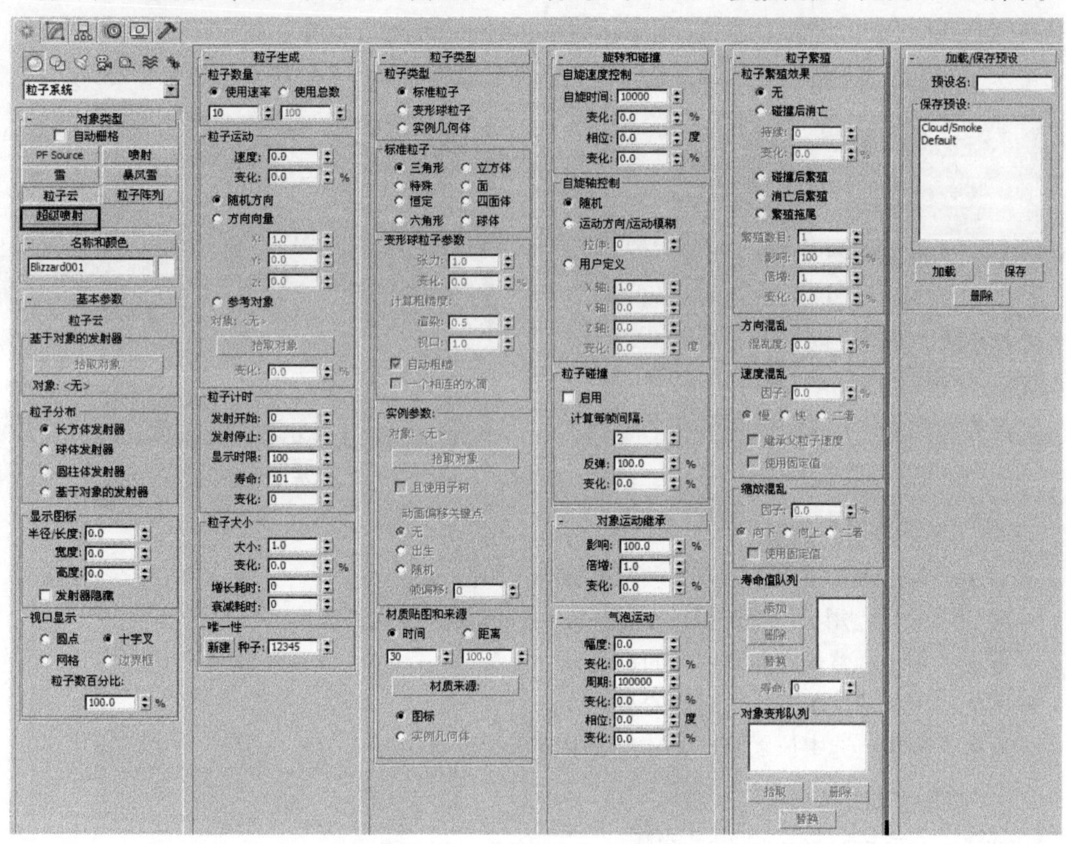

图8-18　“粒子云”参数面板

“粒子云”参数面板的参数解释如下。

1. “基本参数”卷展栏

“基本参数”卷展栏的参数解释如下：

拾取对象：单击该按钮，可以在场景中选择物体作为发射器的基体。当在“粒子分布”选项组中选中“基于对象的发射器”单选按钮时才有效。

（1）“粒子分布”选项组

- 长方体发射器：选中该单选按钮，将选用一个长方体形状的发射器，如图 8-19 所示。
- 球体发射器：选中该单选按钮，将选用球形发射器，如图 8-20 所示。

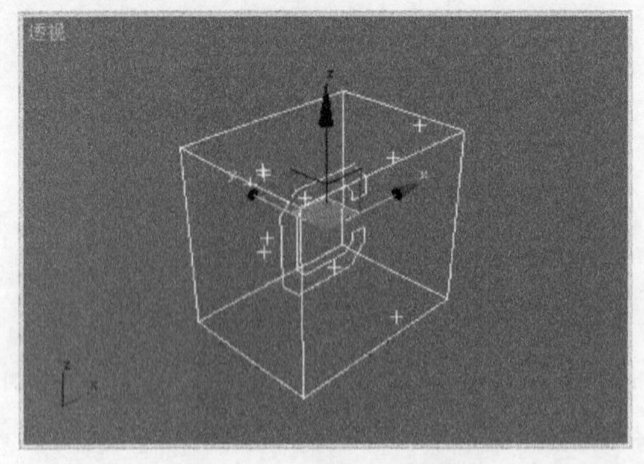

图8-19　长方体发射器

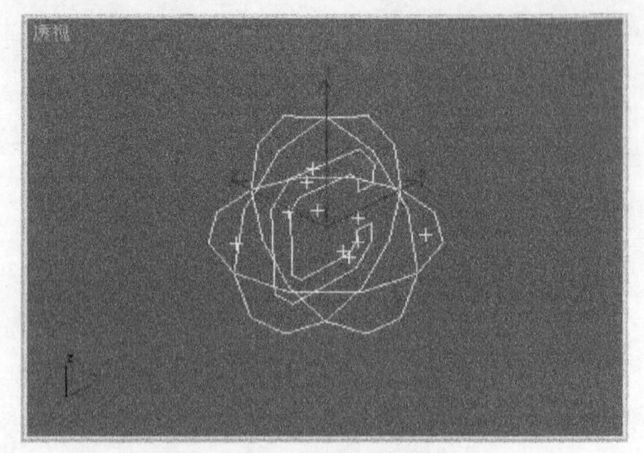

图8-20　球体发射器

- 圆柱体发射器：选中该单选按钮，将选用圆柱形发射器，如图 8-21 所示。
- 基于对象的发射器：选中该单选按钮，会将选取的物体作为发射器，如图 8-22 所示。

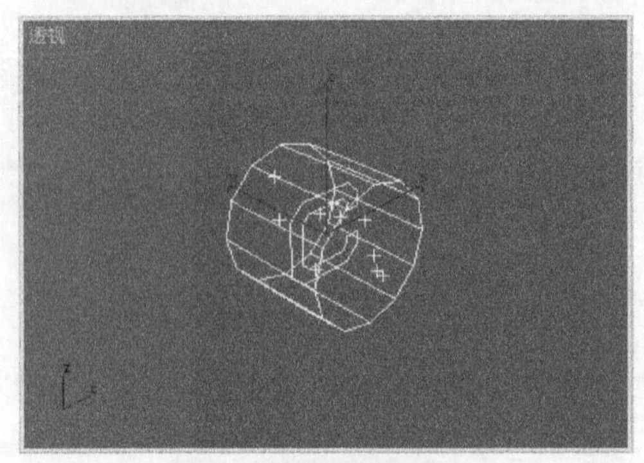

图8-21　圆柱体发射器

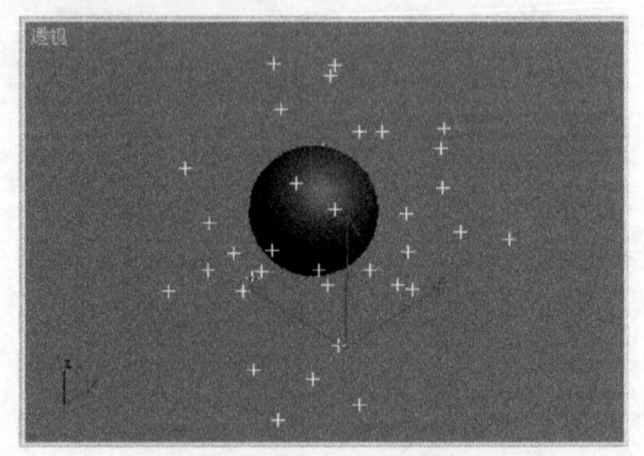

图8-22　基于对象的发射器

（2）“显示图标”选项组

“显示图标”选项组用于调整发射器图标的大小。

- 半径 / 长度：用于调整球形或圆柱形的半径和长方体的长度。
- 宽度：用于调整长方体发射器的宽度。
- 高度：用于调整长方体发射器的高度。
- 发射器隐藏：选中该复选框将在视图中显示发射器。

2．“粒子生成”卷展栏

“粒子生成”卷展栏的参数解释如下：

- 速度：用于设定粒子发射时的速度。如果想得到正确的容器效果，应将速度设为 0。
- 变化：用于设定发射速度的变化百分数。
- 随机方向：选中该单选按钮可控制粒子发射方向为任何方向随机发射。
- 方向向量：选中该单选按钮可由 X/Y/Z 组成的矢量控制发射方向。
- 参考对象：选中该单选按钮将沿指定的对象的 z 轴发射粒子。
- 变化：可控制方向变化的百分比。

8.1.6 “超级喷射”粒子

“超级喷射”是“喷射”的增强粒子系统，可以提供准确的粒子流。它与“喷射”粒子的参数基本相同，不同之处在于它自动从图标的中心喷射而出，而超级喷射并不需要发射器。超级喷射用来模仿大量的群体运动，电影中常见的奔跑的恐龙群、蚂蚁奇兵等都可以用此粒子系统制作。

打开粒子系统，单击“超级喷射”按钮，即可看到“超级喷射”参数面板，如图 8-23 所示。图 8-24 为以茶壶作为发射粒子的效果。

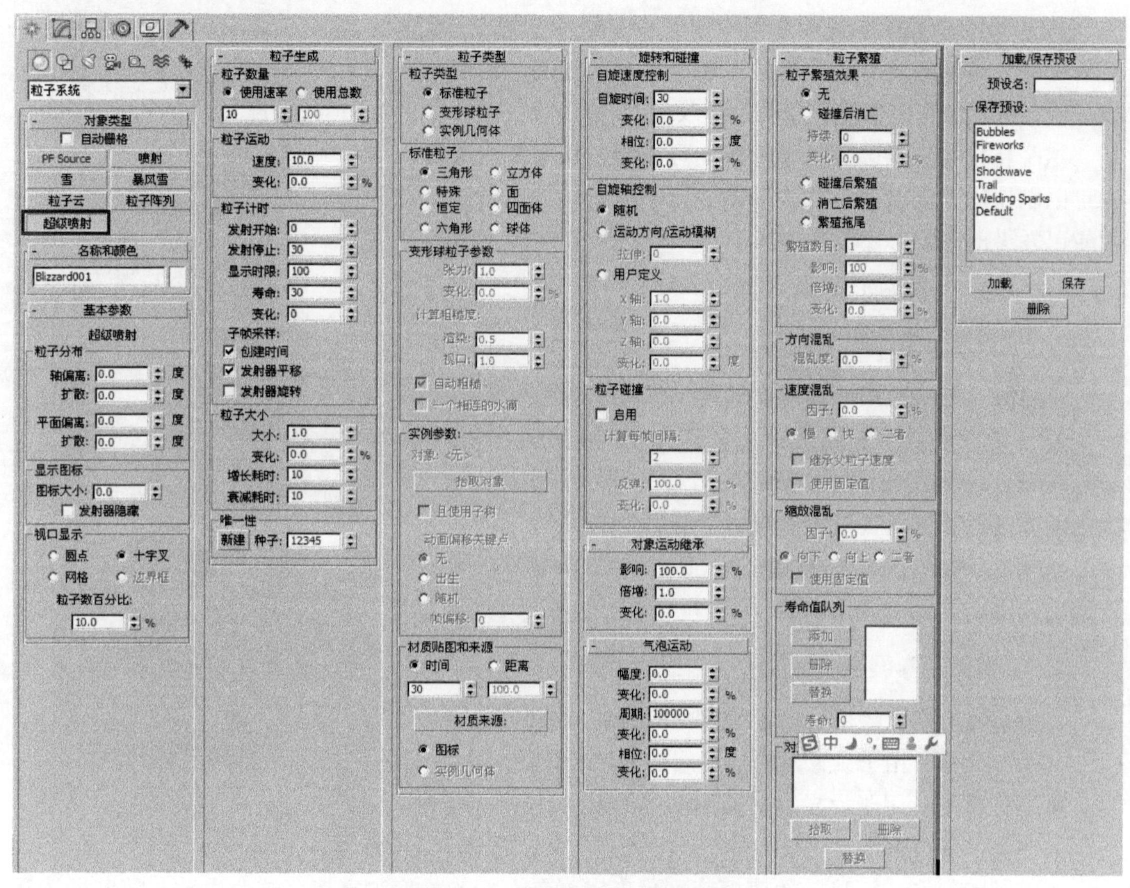

图8-23　“超级喷射”参数面板

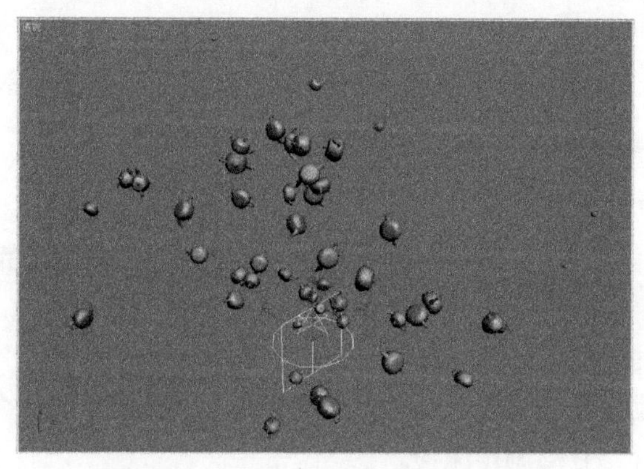

图8-24　以茶壶作为发射粒子的效果

8.1.7 PF Source粒子

我们所说的高级粒子系统，也就是PF Source粒子。它的创建方法没有特别之处，与其他粒子系统一样。

打开粒子系统，单击PF Source按钮，即可看到PF Source参数面板，如图8-25所示。

PF Source粒子与先前介绍的粒子系统最为不同的一点是它有一种"事件触发"类型的粒子系统。也就是说，它生成的粒子状态可以由其他事件引发而进行改变。

这个特性大大增强了粒子系统的可控性，从效果上来说，它可以制作出千变万化、真实异常的粒子喷射场景。当然，它的使用方法也是最为复杂的。

PF Source参数面板的参数解释如下。

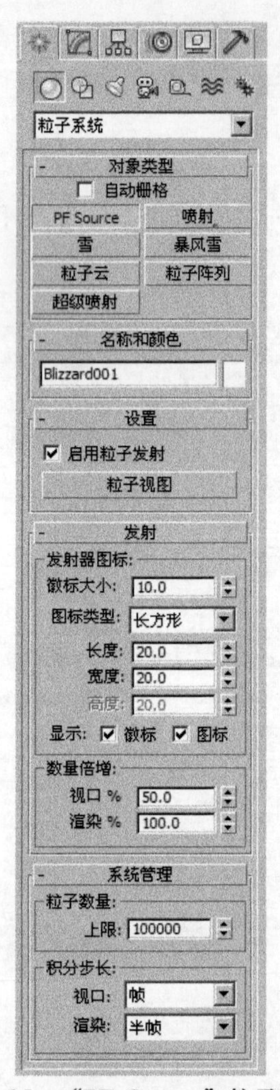

图8-25 "PF Source"粒子面板

1. "设置"卷展栏

"设置"卷展栏用于设置PF Source有关属性的参数，当然，它的属性是非常复杂的，这里实际上只有一个"粒子视图"按钮，单击该按钮后，会弹出"粒子视图"窗口。对PF Source粒子的设置可在这个面板中进行。

选中"启用粒子发射"复选框后，系统中设置的"粒子视图"才发生作用。

2. "发射"卷展栏

"发射器"卷展栏用于设置发射器的有关参数。

- 徽标大小：用于设置发射器中间的循环标记的大小。
- 图标类型：用于设置发射器图标的形状，在下拉列表框中有"长方形"、"长方体"、"圆形"和"球体"4个选项。
- "长度"和"宽度"数值框分别代表发射器图标的长度和宽度，这个参数是随着所选择的发射器图标形状不同而变化。
- "数量倍增"选项组中可以设置视图中和渲染时粒子生成数量的比率，粒子系统中都有这个参数，是为了控制视图中或者观察初步渲染效果时的粒子数量，以提高显示和渲染速度。

3. "粒子视图"窗口

PF Source粒子是一种"事件触发"类型的粒子系统，具体的设置都在"粒子视图"中进行，单击"粒子视图"按钮，就会打开"粒子视图"窗口，如图8-26所示。

PF Source粒子的使用方法比较复杂，对它的掌握关键在各种操作和测试的使用。当然，要制作出高水平的粒子发射动画，还需要有大量的经验，对日常生活中各种自然现象的细致观察是必不可少的。下面将介绍它的制作流程。

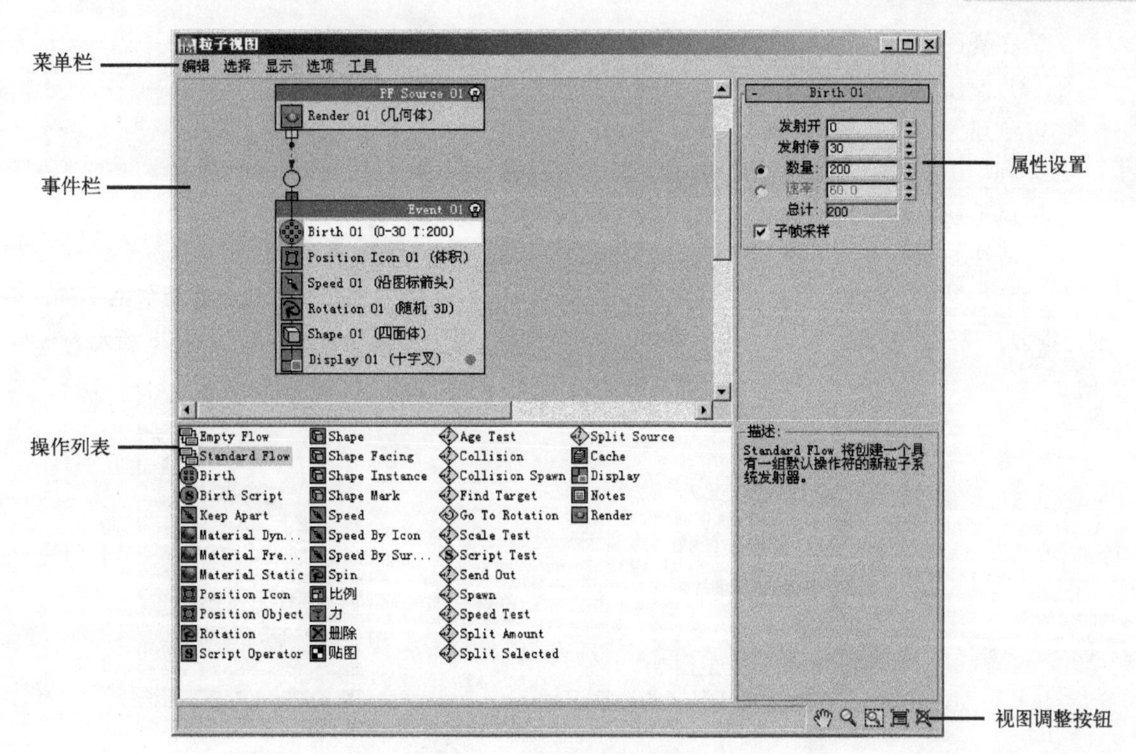

图8-26　“粒子视图”窗口

在“粒子视图”中，系统设置了一些常用的“操作图标”，将某个操作拖动到事件栏中，可以创建“事件”，也可以加入到某个已经存在的“事件”中。选中事件中的操作，右面的属性栏中，可以设置这个操作所包含的属性。测试也在操作列表中，图标为黄色，它的加载方法与操作完全相同。通过菜单栏，或者是右键快捷菜单同样可以实现删除、插入、追加等操作。

“测试”前面有“分支”，用鼠标可以将“分支”与另一个“事件”相连，系统自动根据测试结果，判断“事件”的流程。

8.2 空间扭曲

“空间扭曲”工具是 3ds Max 系统提供的一个外部插入工具，通过它可以影响视图中移动的对象以及对象周围的三维空间，最终影响对象在动画中的表现。

3ds Max 2011 中空间扭曲工具分为 6 类，它们分别为力、导向器、几何 / 可变形、基于修改器、reactor、粒子和动力学，如图 8-27 所示。

空间扭曲看起来有些像修改器，但是空间扭曲影响的是世界坐标，而修改器影响的却是物体自己的坐标。

当用户创建一个空间扭曲物体时，在视图中显示的是一个线框符号，可以向别的物体一样对空间扭曲的符号进行变形处理，这些变形都可以改变空间扭曲的作用效果。

（1）创建空间扭曲的方法

① 单击创建面板中空间扭曲面板，在下拉列表中选择合适的类别。

② 选择要创建的空间扭曲工具按钮。

③ 在视图中拖动鼠标，即可生成一个空间扭曲工具图标。

(2) 使用空间变形的方法

① 创建一个空间扭曲对象。

② 利用工具栏中的按钮，将物体绑定到空间扭曲对象上。

③ 调整扭曲的参数。

④ 对空间扭曲进行平移、旋转、比例缩放等调整。

下面以“力”类型为例说明一下参数。3ds Max 2011 中“力”空间扭曲面板包括 9 种，分别为推力、马达、漩涡、阻力、粒子爆炸、路径跟随、重力、风和置换，如图 8-28 所示。

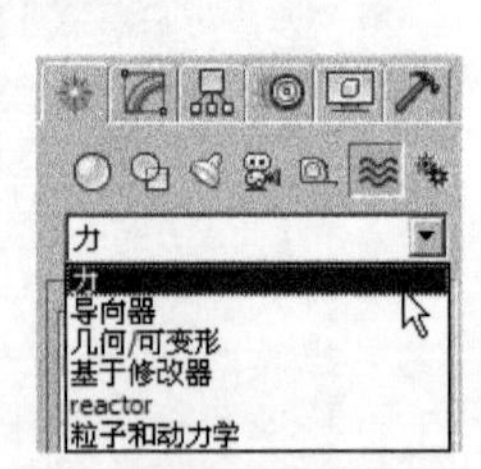

图 8-27 “空间扭曲工具”的种类

图 8-28 “力”面板

8.2.1 重力

“重力”是我们经常说的重力系统，它用于模拟自然界的重力，可以作用于粒子系统或动态效果。它的参数面板如图 8-29 所示。

“重力”面板的参数解释如下。

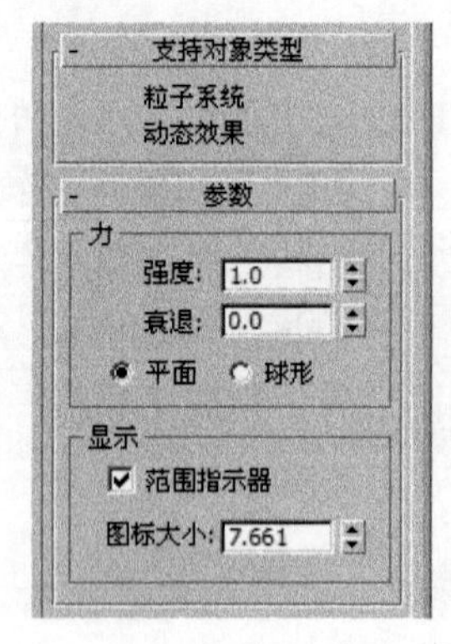

图8-29 “重力”参数面板

1. “支持对象类型”卷展栏

“支持对象类型”卷展栏有“粒子系统”和“动态效果”两种重力支持的类型。

2. “参数”卷展栏

“参数”卷展栏的参数解释如下：

(1) “力”选项组

- 强度：用于定义重力的作用强。
- 衰退：用于设置远离图标时的衰减速度。
- 平面：选中该单选按钮，将使用“平面”力场，平面力场可使粒子系统喷射的粒子或物体沿箭头方向运动。
- 球形：选中该单选按钮，将使用“球形”力场，球形力场将吸引粒子或物体向球形符号运动。

图 8-30 为“平面”和“球形”力场的比较。

(2) “显示”选项组

- 范围指示器：选中该复选框，当“衰退”值大于 0 时，用于指示力场衰退在什么位置衰退到了原来的一半。

● 图标大小：用于定义图标的大小。

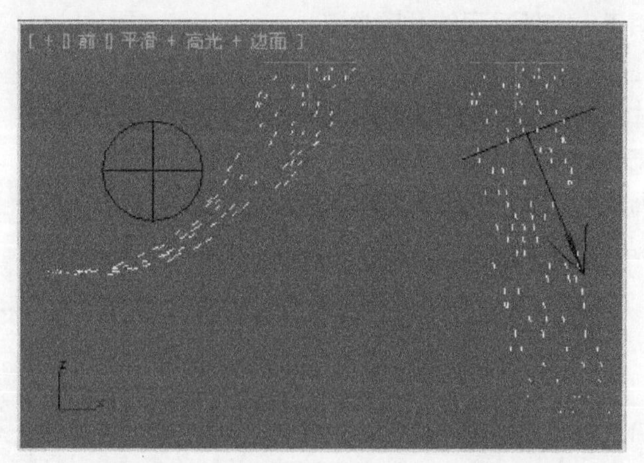

图8-30　“平面”和“球形”力场的比较

8.2.2 风

“风”用于模拟风吹对粒子系统的影响，粒子在顺风的方向加速运动，在迎风的方向减速运动。风与重力系统非常相像，风增加了一些自然界中风的特点，如气流的紊乱等。它的参数面板如图 8-31 所示。大部分参数与重力系统相同，这里只说明一下“风”选项组。

● 湍流：用于定义风的紊乱量。

● 频率：用于定义动画中风的频率

● 比例：用于定义风对粒子的作用程度。

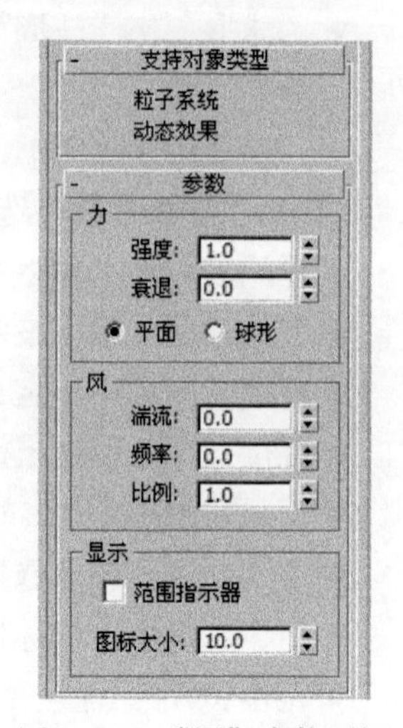

图8-31　“风”参数面板

8.2.3 置换

“置换”空间扭曲可以模拟力场对物体表面的三维变形效果，与“置换”修改器效果类似。它的参数面板如图 8-32 所示。

“置换”空间扭曲的“参数”卷展栏的参数解释如下：

（1）“置换”选项组

● 强度：用于设置“置换”工具的作用效果，当值为 0 时，没有效果，值越大效果越明显。

● 衰退：用于设置作用效果在一定距离内衰减到 0。

● 亮度中心：选中该复选框将使用“亮度中心”。

● 中心：用于设置以哪一级灰度值作为亮度中心值，缺省值是 50%。

（2）“图像”选项组

“图像”选项组用于选择图像作为错位影响。

● 无：该按钮可以指定一幅用于置换效果图片。

● 移除位图：按钮用于去除该图片。

● 模糊：用于定义图像的模糊程度，以便增加错位的真实感。

（3）“贴图”选项组

“贴图”选项组用于定义所采用的贴图类型。

- “平面”、“柱形”、“球形”和“收缩包裹”单选按钮：用于控制将图片以何种方式映射为置换效果。
- “长度”、“宽度”和“高度”数值框：用于控制空间扭曲工具的大小，高度并不影响平面贴图效果。
- “U/V/W 向平铺”数值框：用于控制在 U、V、W 平面上的平铺。

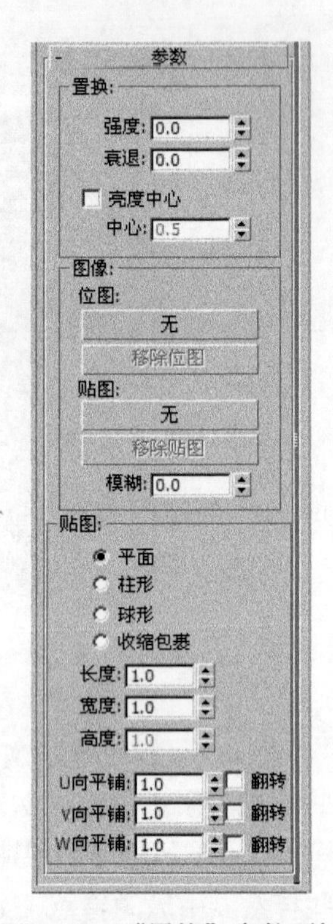

图8-32　“置换”参数面板

8.2.4 粒子爆炸

“粒子爆炸”空间扭曲用于产生一次冲击波使粒子系统发生爆炸。它的参数面板如图 8-33 所示。

“粒子爆炸”空间扭曲的“基本参数”卷展栏的参数解释如下：

（1）“爆炸对称”选项组

- “球形”、“柱形”和“平面”单选按钮：用于控制不同的爆炸对称类型。
- “混乱度”数值框：用于设置爆炸的混乱程度。

（2）“爆炸参数”选项组

“爆炸参数”选项组用于设置爆炸的参数。

- 开始时间：用于设定爆炸发生的时间帧数。
- 持续时间：用于定义爆炸持续的时间。
- 强度：用于设定爆炸的强度。
- 无限范围：选中该单选按钮表示爆炸影响整个场景范围。
- 线性：选中该单选按钮表示爆炸力量以线性衰减。
- 指数：选中该单选按钮表示爆炸力量以指数衰减。
- 范围：用于确定爆炸的范围，它从空间扭曲的图标中心开始计算。

图8-33　“粒子爆炸”参数面板

8.2.5 旋涡

“旋涡”空间扭曲应用于粒子系统，会对粒子施加一个旋转的力，使它们形成一个漩涡，类似龙卷风。可以很方便地创建黑洞、旋涡或漏洞状的物体。它的参数面板如图 8-34 所示。

“漩涡”空间扭曲的“参数”卷展栏的主要参数解释如下：

（1）“旋涡外形”选项组

“旋涡外形”选项组用于控制漩涡的大小形状。

- 锥化长度：用于控制漩涡的长度，较小的值会使漩涡看起来比较紧，而大的值可以得到稀松的漩涡。

- 锥化曲线：用于控制漩涡的外形，小值时的漩涡开口比较宽大，大的值可以得到几乎垂直的入口。

(2)“捕捉和运动”选项组

“捕捉和运动”选项组包含了一系列对漩涡的控制。

- 无限范围：选中该复选框，漩涡将在无限范围内发挥作用。
- 轴向下拉：用于控制粒子在漩涡内沿轴向下落的速度。
- 范围：用于定义轴向阻尼具有完全作用的范围。
- 衰减：用于定义用于定义在轴向阻尼的完全作用范围之外的分布范围。
- 阻尼：用于定义轴向阻尼。
- 轨道速度：用于控制粒子旋转的速度。
- 径向拉力：用于控制粒子开始旋转时与轴的距离。

(3) “显示”选项组

“显示”选项组用于控制视图中图标的显示大小。

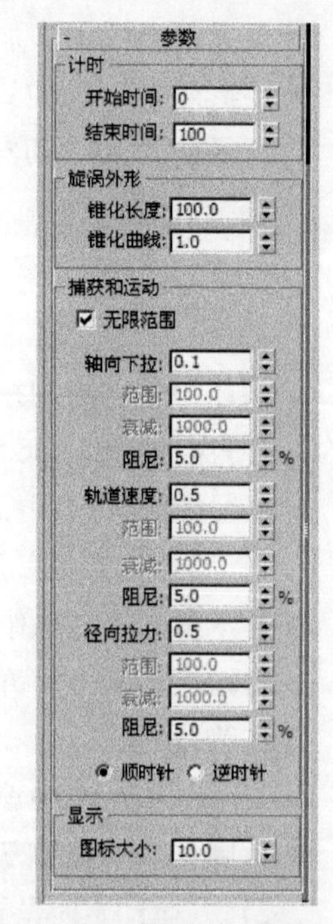

图 8–34　“漩涡”参数面板

8.2.6 阻力

“阻力”空间扭曲其实就是一个粒子运动阻尼器，在指定的范围内以特定的方式减慢粒子的运动速度，可以是线性的、球状的或圆柱形的。在模拟风的阻力或粒子在水中的运动时有很好的效果。它的参数面板如图 8–35 所示。

“阻尼特性”选项组是它特有的选项组，“阻尼特性”选项组可以选择不同的阻尼器形式，以及一系列的参数设置。它的参数解释如下：

- 无限范围：选中该复选框，阻尼效果将在无限的范围内以相同的大小作用，取消选中“范围”和“衰减”就会起作用。
- 线性阻尼：选中该单选按钮，会根据阻尼工具的本身坐标定义一个 X、Y、Z 矢量，每个粒子都要受到垂直于这个矢量的平面的阻尼，阻尼平面的厚度由“范围”决定。
- “X / Y / Z 轴”分别用于定义在阻尼工具的本身坐标方向上影响粒子的程度，也就是粒子在阻尼工具本身坐标轴方向上受到的阻尼程度。
- 范围：用于定义阻尼平面的厚度，在此平面厚度内，阻尼作用是 100% 的。
- 衰减：用于定义阻尼在“范围”以外，以线性规律衰减的范围。
- 球形阻尼：选中该单选按钮，阻尼器图标显示为两个同心的球，离子的运动被分解为径向和切向，球形阻尼分别在这两

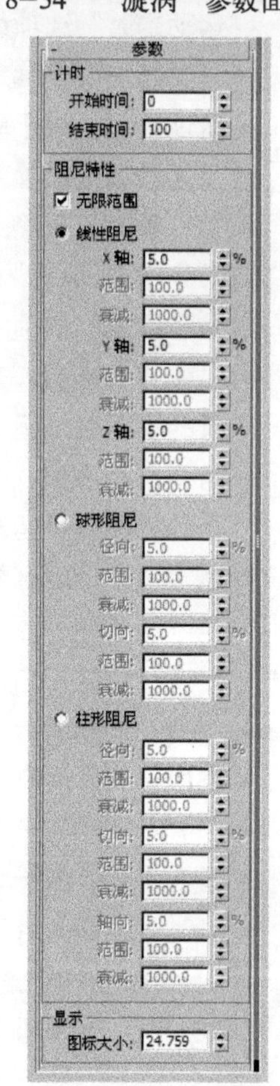

图8–35　“阻力”参数面板

个方向对粒子施加作用，作用范围由相应的“范围”和“衰减”确定。

- 柱形阻尼：选中该单选按钮，阻尼器图标显示为两个套在一起的圆柱，阻尼工具分别在“径向”、“切向”和“轴”对粒子施加作用，作用范围分别由相应的“范围”和“衰减”确定。

8.2.7 路径跟随

“路径跟随”空间扭曲可使粒子沿着某一条曲线路径运动。它的参数面板如图 8-36 所示。

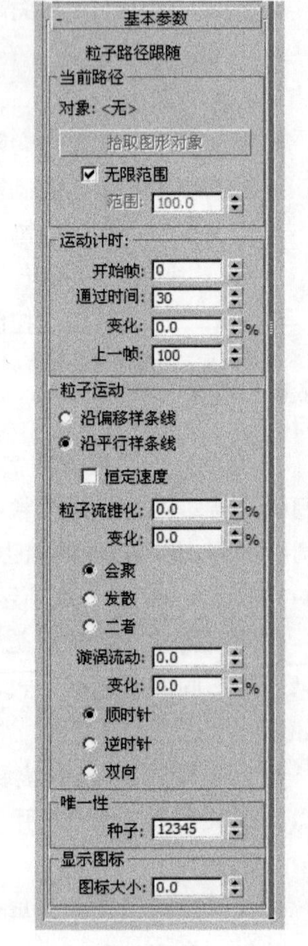

图8-36 “路径跟随”参数面板

“路径跟随”空间扭曲的“基本参数”的参数解释如下：

（1）“基本参数”选项组

“基本参数”选项组用于选择作为样条曲线路径的物体。

- 拾取图形对象：单击该按钮可以在视图中指定某个对象作为路径。
- 无限范围：选中该复选框后“范围”数值框将不可使用。
- 范围：用于指定从路径到粒子的距离。

（2）“运动定时”选项组

“运动定时”选项组用于设置运动的时间参数。

- 开始帧：用于确定粒子开始跟随路径运动的起始时间。
- 通过时间：用于确定粒子通过整个路径需要的时间帧数。
- 变化：用于设置粒子随机变化的比率。
- 上一帧：用于确定粒子不再跟随路径运动的时间。

（3）“粒子运动”选项组

“粒子运动”选项组用于控制粒子沿路径运动的方式。

- 沿偏移样条线：表示粒子沿着与原样条曲线有一定偏移量的样条曲线运动。
- 沿平行样条线：表示所有粒子从初始位置沿着平行于路径的样条曲线运动。
- 恒定速度：表示粒子以相同的速度运动。
- 粒子流锥化：用于设置粒子在一段时间内从路径移开的幅度。
- 会聚：表示所有的粒子在运动时汇聚在路径上。
- 发散：表示所有的粒子在运动时沿路径越来越分散。
- 二者：表示粒子在运动时产生两种效果。
- 漩涡流动：用于设定粒子绕路径旋转的圈数。
- 顺时针、逆时针和双向：用于控制粒子运动的方向。

（4）“唯一性”选项组

“唯一性”选项组中的“种子”数值框用于为当前的路径跟随效果设置一个随机的种子数。

8.3 实例讲解

本节将通过“制作吹出的泡泡效果”和“制作倒水的茶壶效果”两个实例来讲解空间扭曲与粒子系统在实践中的应用。

8.3.1 制作吹出的泡泡效果

要点

本例将制作吹出的泡泡动画，如图8-37所示。通过本例学习应掌握“超级喷射”粒子的具体应用。

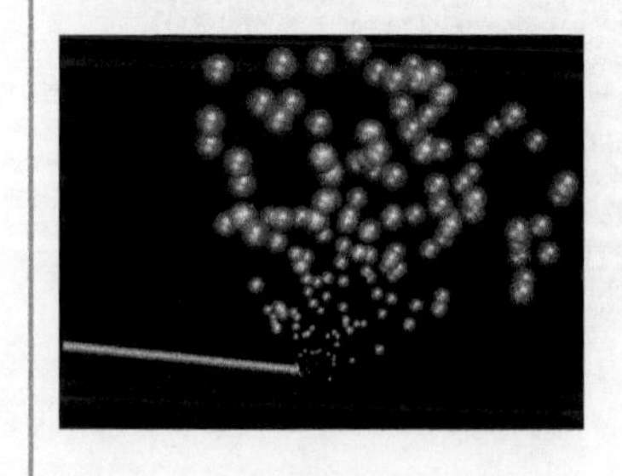

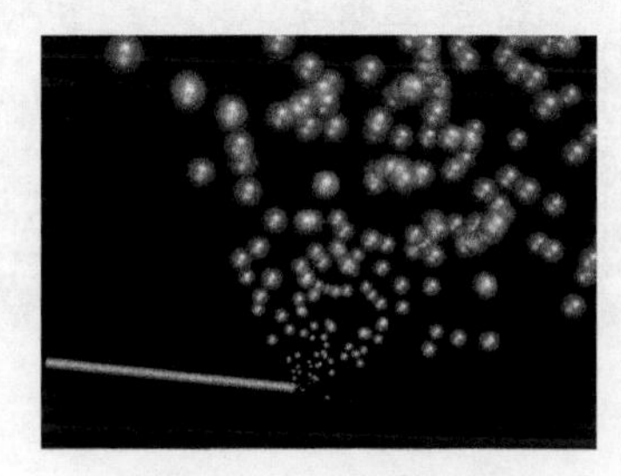

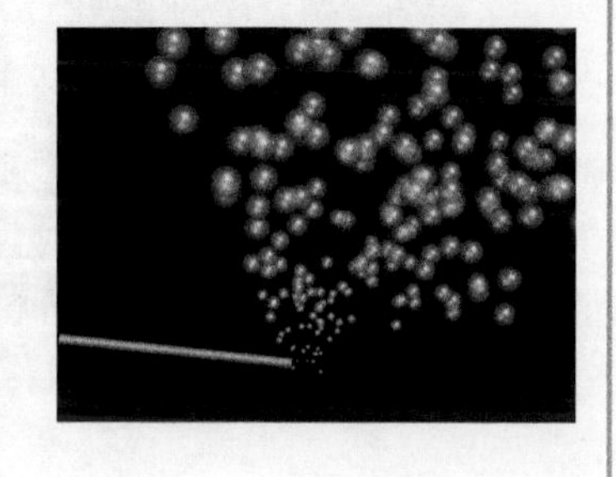

图8-37 吹出的泡泡

操作步骤

① 单击菜单栏左侧快速访问工具栏中的按钮，然后从弹出的下拉菜单中选择“重置”命令，重置场景。

② 单击（创建）面板下（几何体）中的下拉列表，从中选择粒子系统，进入创建粒子系统状态。然后单击超级喷射按钮，如图 8-38 所示。接着在顶视图中创建一个“超级喷射”粒子系统，如图 8-39 所示。

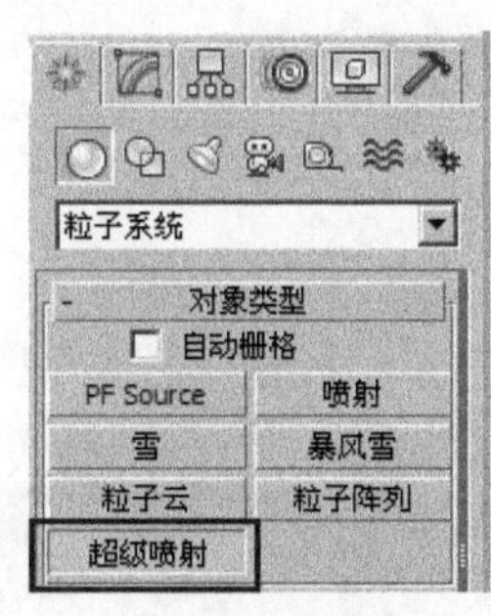

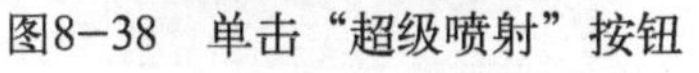

图8-38 单击“超级喷射”按钮

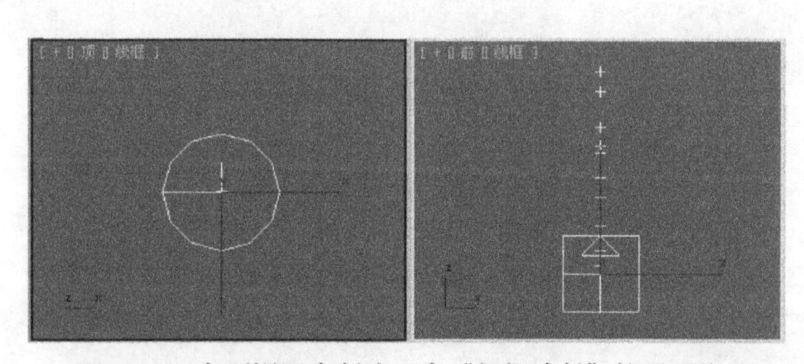

图8-39 在顶视图中创建一个“超级喷射”粒子系统

③ 制作泡泡飞出的角度。方法：进入（修改）面板，然后在“基本参数”卷展栏中设置参数如图 8-40 所示。

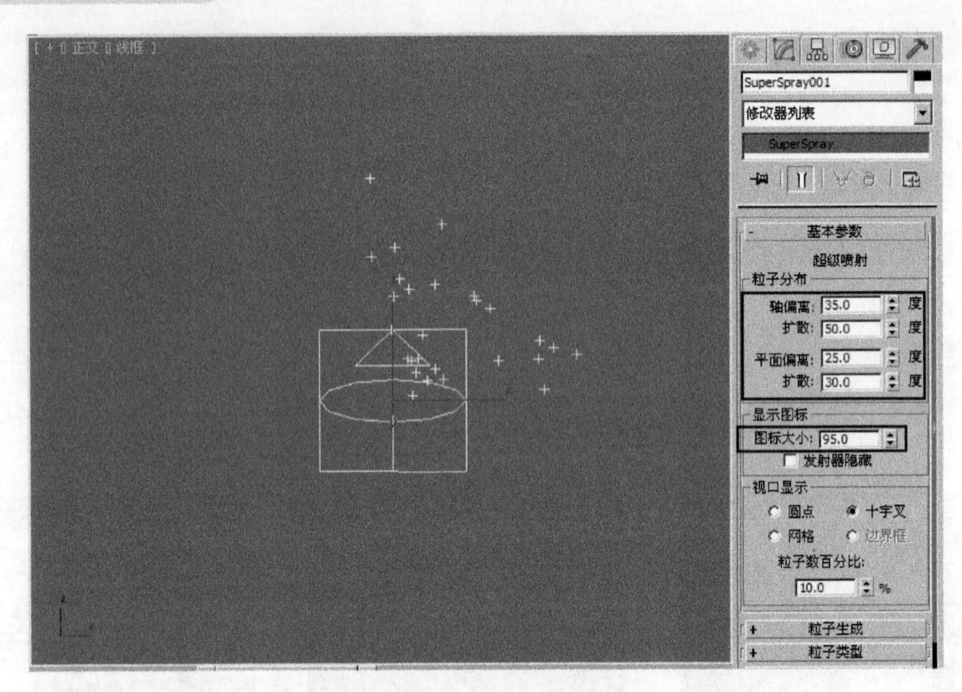

图8-40　设置泡泡飞出的角度

④ 制作泡泡。方法：单击（创建）面板下（几何体）中的 球体 按钮，在顶视图中创建一个球体，参数设置如图 8-41 所示。然后选中喷射粒子，进入（修改）面板，展开“粒子类型”卷展栏，选中“实例几何体”单选按钮，再单击 拾取对象 按钮后拾取视图中球体，从而将球体作为泡泡粒子。接着为了在视图中观看球体替换粒子的效果，下面在“基本参数”卷展栏中选中“视口显示”选项组中的“网格”单选按钮，如图 8-42 所示。

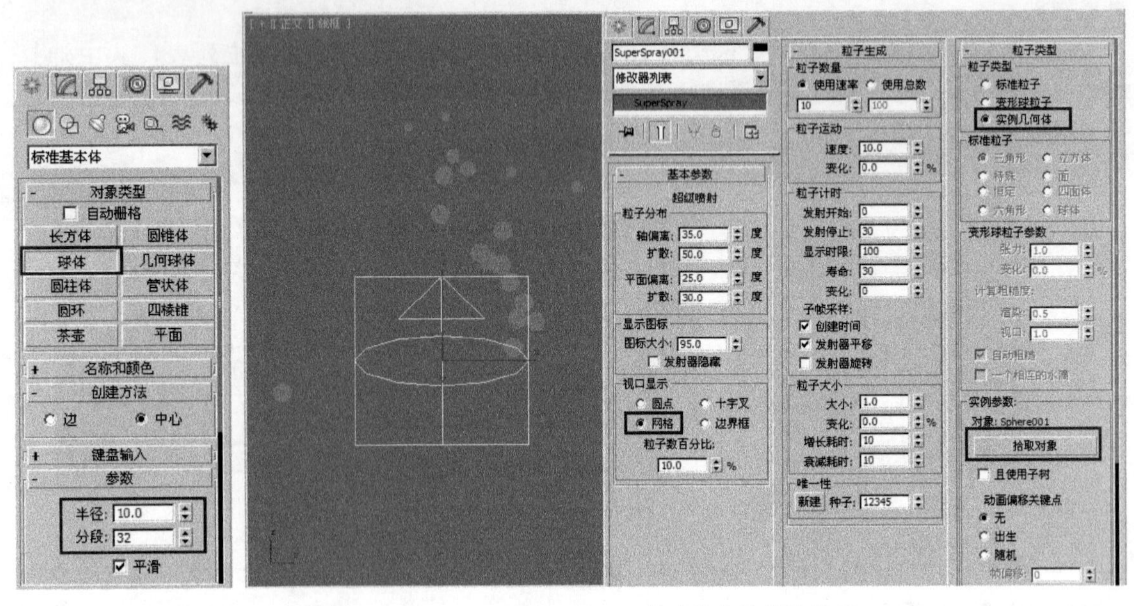

图8-41　设置球体参数　　　　图8-42　将球体作为泡泡粒子

⑤　下面选择透视图，单击工具栏中的（渲染产品）按钮，渲染后效果如图 8-43 所示。

⑥　此时泡泡过于集中，下面通过调整粒子发射的速度来解决这个问题。方法：展开“粒子生成”卷展栏，设置参数如图 8-44 所示，然后再次渲染，效果如图 8-45 所示。

图8-43　渲染后效果

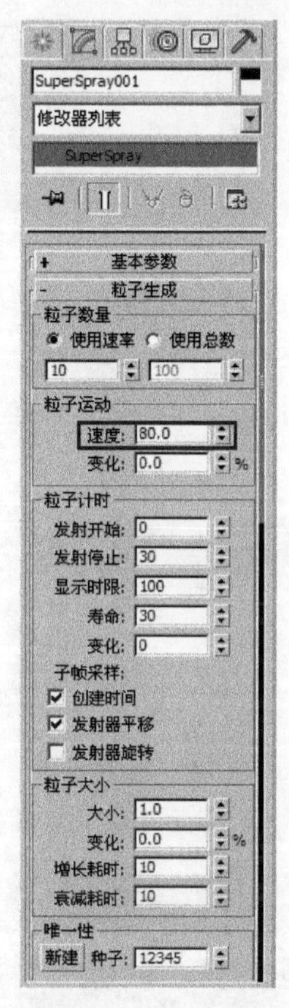

图8-44　设置速度参数

⑦　此时泡泡尺寸过小，下面在“粒子生成”卷展栏的“粒子大小”选项组中将“大小”由 1 改为 5，如图 8-46 所示，然后再次渲染，效果如图 8-47 所示。

图8-45　再次渲染效果

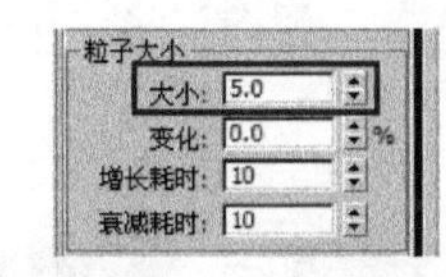

图8-46　设置粒子大小

图8-47　渲染后效果

⑧　制作泡泡材质。方法：单击工具栏中的按钮，进入材质编辑器。然后选择一个空白的材质球，单击 Arch & Design 按钮，在弹出的“材质 / 贴图浏览器”对话框中选择“标准”选项，单击“确定”按钮，进入“标准”材质的参数设置面板。接着设置参数如图 8-48 所示。再将材质赋予视图中的超级喷射粒子，最后单击工具栏中的（渲染产品）按钮，渲染后效果如图 8-49 所示。

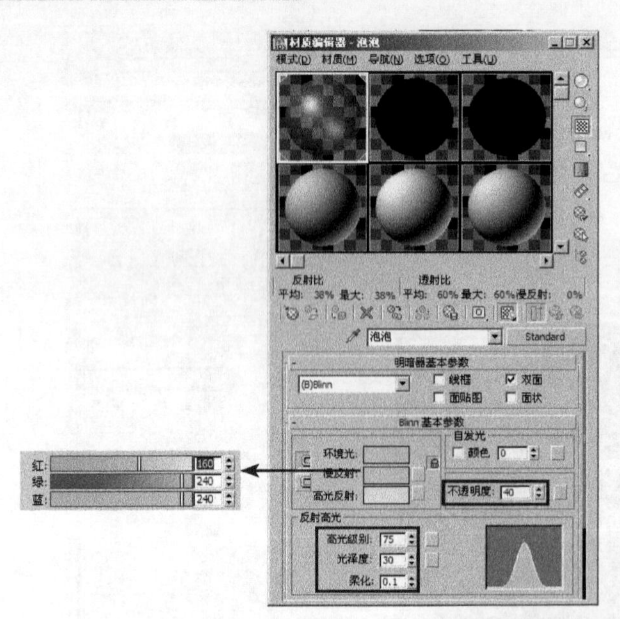

图8-48　设置材质参数

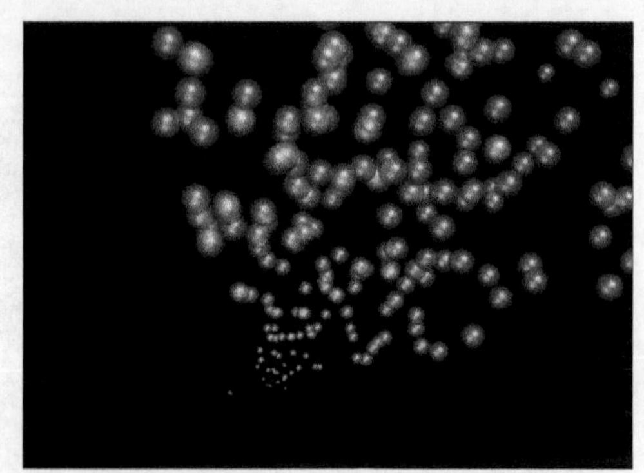

图8-49　　渲染后效果

⑨ 下面创建一个圆柱体作为吹出泡泡的小管子，然后进行渲染，最终效果如图 8-50 所示。

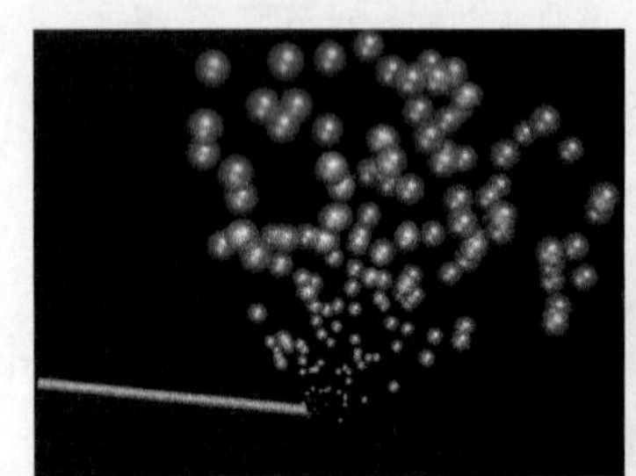
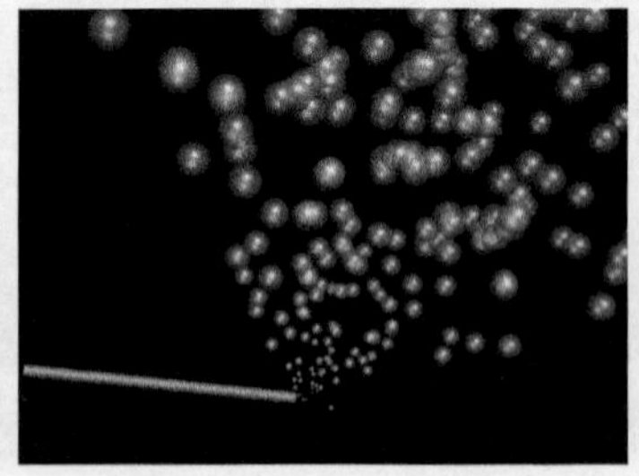
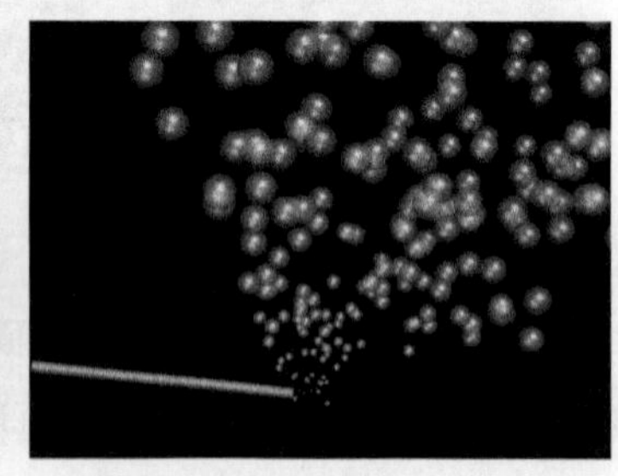

图8-50　吹出的泡泡

8.3.2 制作倒水的茶壶效果

要点

本例将制作动态的茶壶倒水效果，如图8-51所示。通过本例学习应掌握“喷射”粒子、“重力”和“导向板”的综合应用，以及使用“布尔”运算命令制作复合物体茶杯造型的方法。

图8-51　动态的茶壶倒水效果

操作步骤

1. 创建茶杯和茶壶造型

① 单击菜单栏左侧快速访问工具栏中的按钮，然后从弹出的下拉菜单中选择“重置”命令，重置场景。

② 单击（创建）面板下（几何体）中的 圆柱体 按钮，在顶视图中创建一个圆柱体，参数设置及结果如图 8-52 所示。

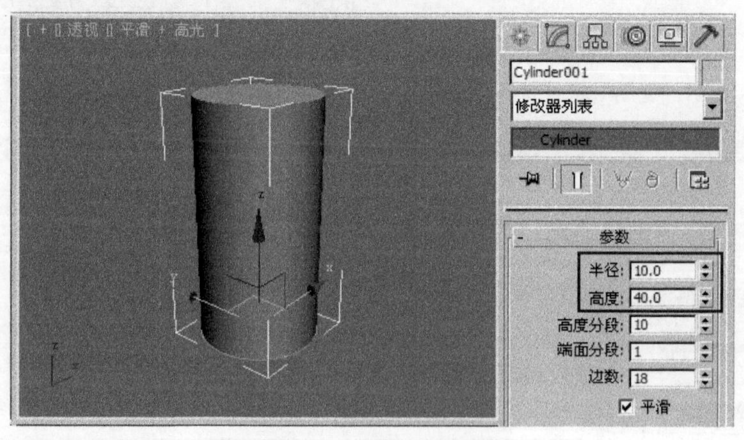

图8-52　创建一个圆柱体

③ 将圆柱体命名为“茶杯 1”，然后进入（修改）面板，执行修改器下拉列表中的“锥化”命令，参数设置及结果如图 8-53 所示。

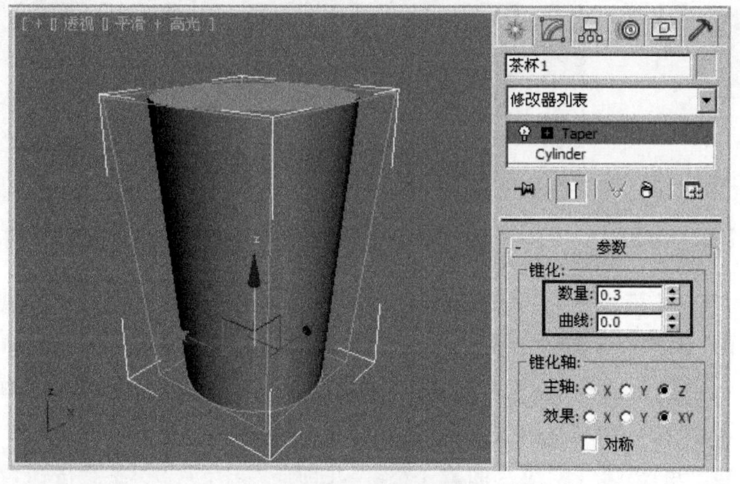

图8-53　锥化效果

④ 复制茶杯。方法：按住〈Shift〉键单击视图中的“茶杯 1”模型，在弹出的对话框中设置如图 8-54 所示，然后单击“确定”按钮。此时原地复制了一个名称为“茶壶 2”的茶壶模型。

⑤ 为了便于观察结果，选择工具栏中的（选择并移动）工具将复制后的茶杯模型移出来，效果如图 8-55 所示。

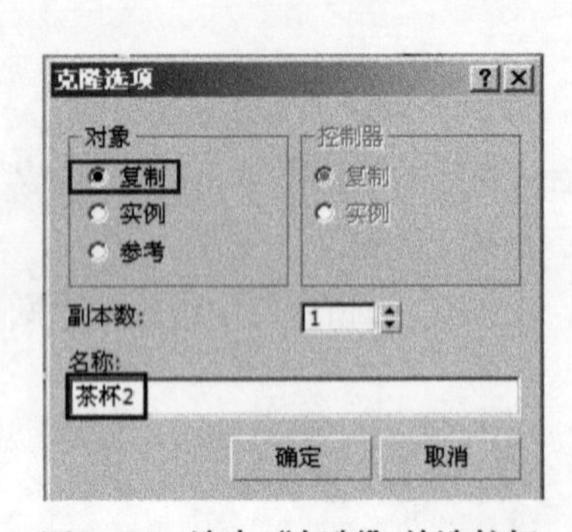

图8-54　选中“复制”单选按钮

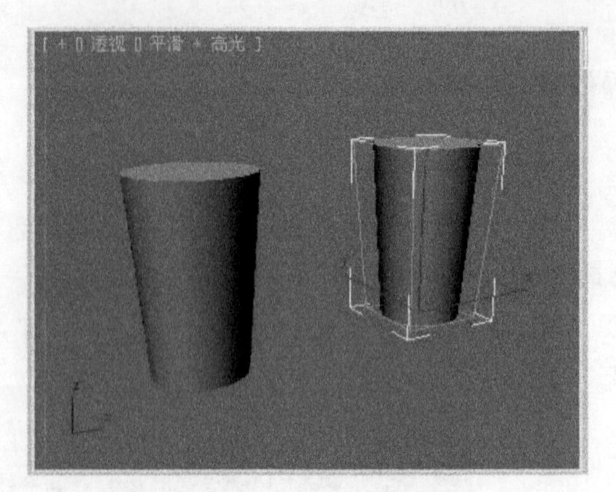

图8-55　复制后效果

⑥ 选择视图中的“茶壶 2”模型，在（修改）的修改列表框中选择圆柱体，修改参数如图 8-56 所示。

⑦ 将“茶杯 2”模型移动到“茶杯 1”模型中，如图 8-57 所示。

图8-56　修改“茶杯2”半径

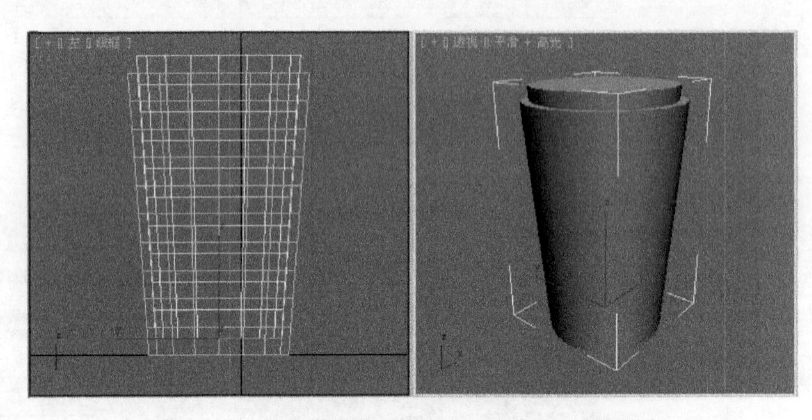

图8-57　将“茶杯2”模型放入“茶杯1”模型中

⑧ 选择“茶杯 1”模型，单击（创建）面板下（几何体）中复合对象下拉列表内的布尔按钮，接着单击拾取操作对象 B按钮后拾取场景中的“茶杯 2”模型，效果如图 8-58 所示。

⑨ 单击（创建）面板下（几何体）中的茶壶按钮，在顶视图中创建一个茶壶，参数设置及结果如图 8-59 所示。

⑩ 制作桌面。单击（创建）面板下（几何体）中的长方体按钮，在顶视图中创建一个长方体作为桌面，放置位置如图 8-60 所示。

2．创建茶壶中水流造型

下面通过“喷射”粒子系统创建茶壶的水流，并通过“重力”和“导向板”扭曲对象确定水流的方向和位置。

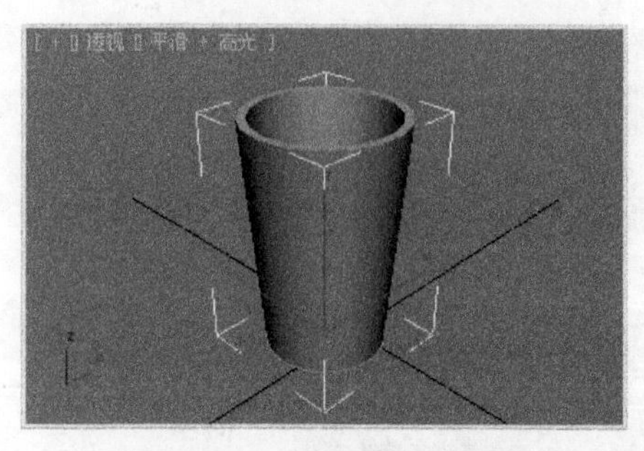
图8-58　“布尔”后效果

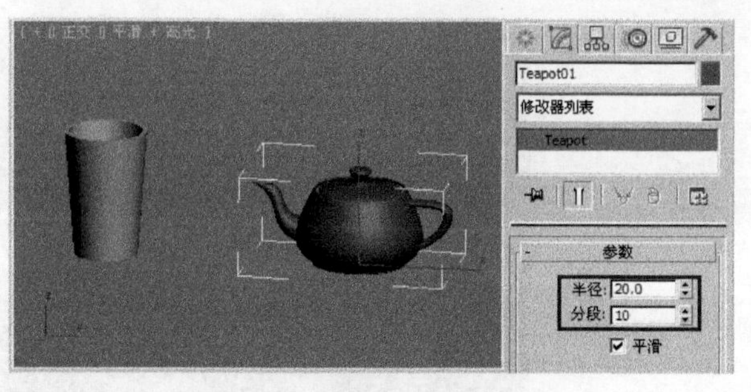

图8-59　创建一个茶壶体

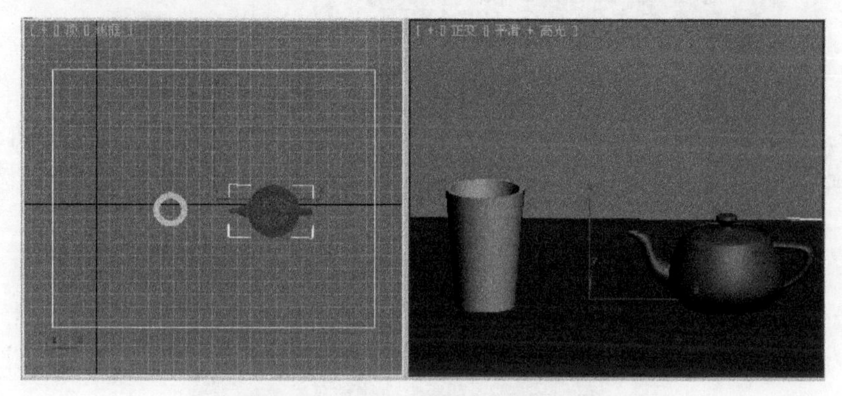
图8-60　创建一个长方体作为桌面

① 单击（创建）面板下（几何体）中 粒子系统 下拉列表内的 喷射 按钮，在视图中创建一个“喷射”粒子系统，如图 8-61 所示。

② 利用工具栏中的（选择并移动）和（选择并旋转）工具将粒子的发射方向调整到向上，并移到茶壶嘴边，如图 8-62 所示。

图 8-61　创建“喷射”粒子系统

图 8-62　调整“喷射”粒子的位置和方向

③ 选择视图中的“喷射”粒子，利用工具栏中的（选择并链接）工具，将其链接到茶壶对象上。此时移动茶壶可以看到粒子跟随茶壶一起移动。

④ 现在给水流创建一个地球引力使水流向下。方法：单击（创建）面板下（空间扭曲）中的 重力 按钮，然后在顶视图中创建一个重力矩形图标，设置参数如图 8-63 所示。

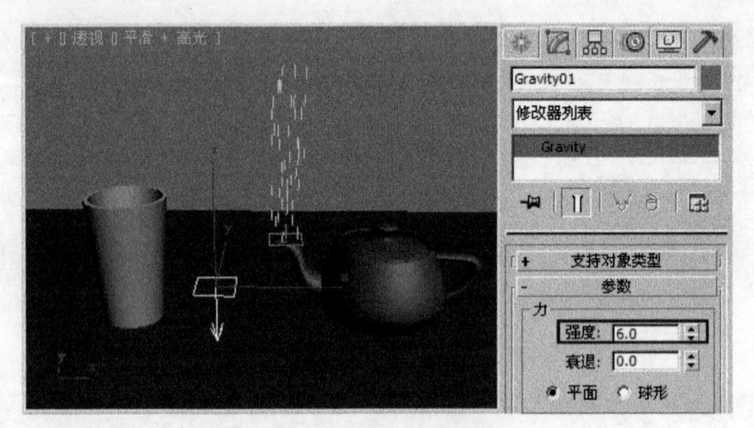

图8-63　创建一个重力

⑤ 选择工具栏中的（绑定到空间扭曲）工具，将视图中的“喷射”粒子捆绑到“重力”上。此时水流受到重力影响向下流动，如图 8-64 所示。

图8-64　将“喷射”粒子捆绑到“重力”上的效果

3. 录制动画

① 在第 0 帧设置场景如图 8-65 所示。

② 单击动画控制区中的自动关键点按钮，打开动画录制器，将时间滑块移到 30 帧，移动茶壶到图 8-66 所示的位置。然后再次单击自动关键点按钮，关闭动画录制器。

图8-65　第0帧场景

图8-66　第30帧场景

③ 此时水流在第 0 ~ 30 帧就开始流下，如图 8-67 所示，这是不正确的。为了解决这个问题，需进入（修改）的 Spray 层级，将“开始”由 0 改为 30，如图 8-68 所示。

④ 将时间滑块移动到第 100 帧，会发现水流会穿透茶杯，如图 8-69 所示。为了解决这个问题需添加一个“导向板”，将水流挡在茶杯内。方法：单击（创建）面板下（空间扭曲）中的 导向器 下拉列表内的 导向板 按钮，在顶视图中创建一个导向板，放置位置及参数设置参数如图 8-70 所示，

图8-67　水流在第0～30帧就开始流下的效果

图8-68　改变“开始”参数

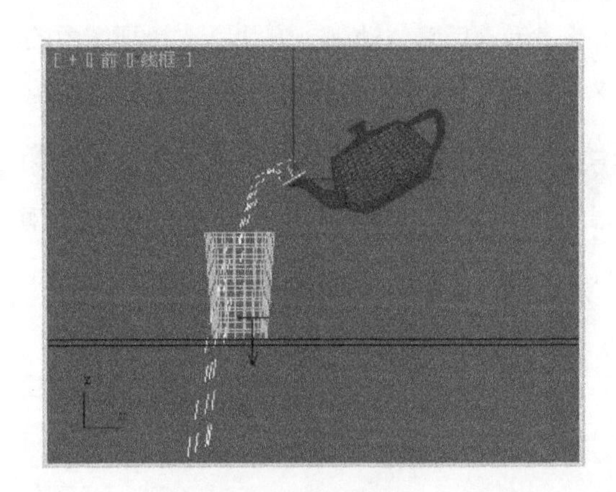

图8-69　第100帧效果

⑤ 选择工具栏中的（绑定到空间扭曲）工具，将视图中的“喷射”粒子捆绑到导向板上。此时导向板会挡住透过茶杯的粒子，如图 8-71 所示。

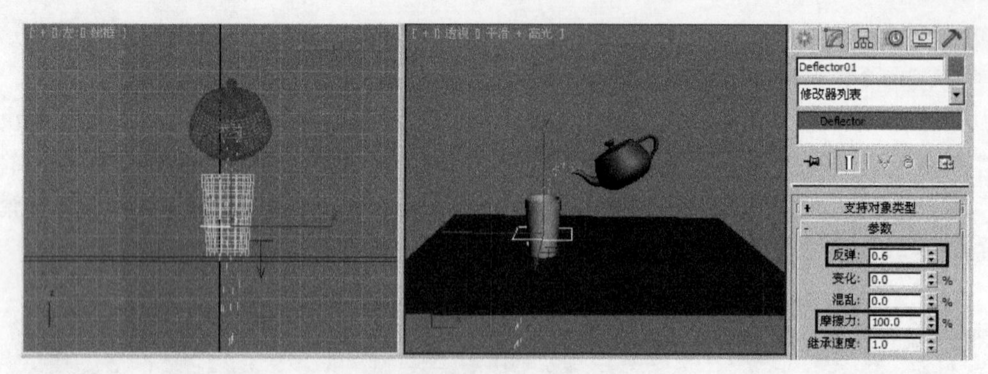

图8-70　创建一个导向板

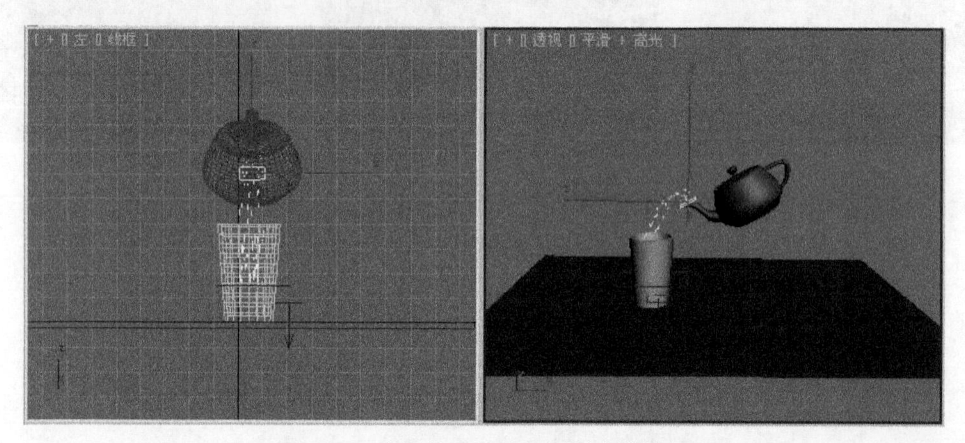

图8-71　喷射粒子受导向板影响的效果

⑥ 激活动画控制区中的自动关键点按钮，将时间滑块移到30帧，设置“喷射”粒子的“水滴大小”为3.5；然后将时间滑块移到80帧，设置“喷射”的“水滴大小”为0。接着再次单击自动关键点按钮，关闭动画录制器。

⑦ 制作茶壶倒水后复位动画。方法：选择视图中的茶壶，在时间轴上按住〈Shift〉键将第0帧复制到第100帧，第30帧复制到第80帧，结果如图8-72所示。

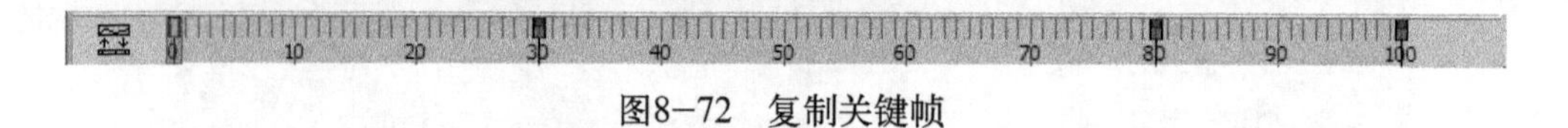

图8-72　复制关键帧

⑧ 执行菜单中的“渲染|渲染设置”命令，将文件渲染输出“倒水茶壶.avi”文件。

课 后 练 习

1．填空题

（1）3ds Max 2011中粒子系统共有7种粒子，它们分别为________、________、________、________、________、________和________。

（2）“暴风雪”粒子类型有________、________和________3个粒子形式可供选择。

2．选择题

（1）下列属于 3ds Max 2011 中空间扭曲工具的是________。

A．重力　　B．风　　C．置换　　D．漩涡

（2）利用________制作出的“地雷爆炸”时有厚度的碎片效果。

A．超级喷射　　B．粒子阵列　　C．雪　　D．粒子云

3．问答题 / 上机题

（1）简述“喷射”粒子的各参数的含义。

（2）练习 1：制作图 8–73 所示的喷泉效果。

（3）练习 2：制作图 8–74 所示的小球穿过木板后的爆炸效果。

图8–73　练习1效果

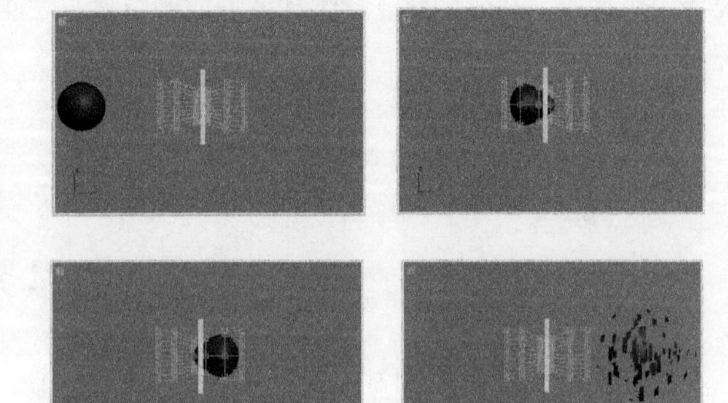

图8–74　练习2效果

第 9 章

视频特效

通过前面各章的学习我们制作出来的只是一些半成品，只有经过 Video Post 的深加工（主要指编辑片段、音效搭配以及添加各种滤镜特效）才能完成最终的动画效果。通过本章学习应掌握以下内容：

- Video Post 界面构成;
- Video Post 中常用滤镜的使用方法。

9.1 Video Post 界面介绍

后期制作是三维动画制作的最后一个步骤，利用它可以制作出逼真的动画效果。后期制作主要是剪接样片、配合声音效果以及增加镜头特效。3ds Max 是通过自带的 Video Post 来完成此项工作的。

3ds Max 2011 中 Video Post 的工作方法：先将场景调入编辑队列中，再加入针对此场景的事件，最后将编辑效果输出。

执行菜单中的“渲染|Video Post”命令，即可进入 Video Post 界面。

Video Post 界面分为 5 个区域，它们分别为编辑工具栏、队列视图、时间编辑视图、视图控制工具和状态栏，如图 9-1 所示。

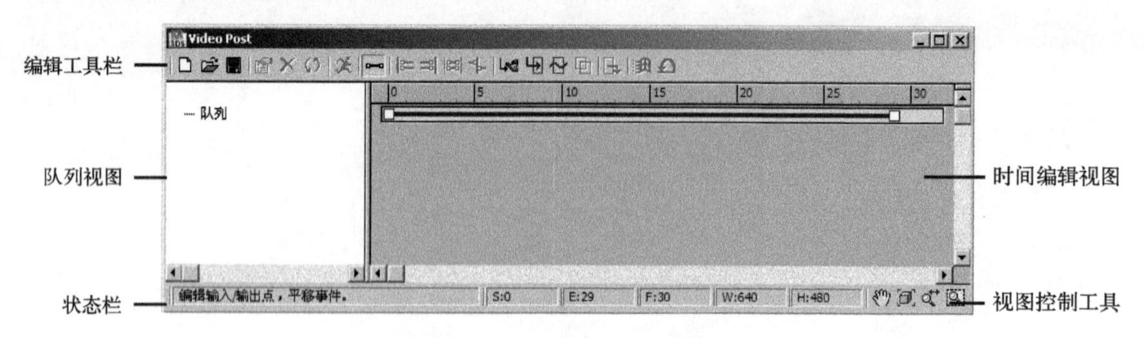

图9-1 Video Post 对话框

1. 编辑工具栏

编辑工具栏提供了 Video Post 编辑所需要的全部工具。

🗋（新建序列）：新建影响后期制作序列。

（打开序列）：打开用户指定的序列。

（保存序列）：将当前编辑的序列存盘。

（编辑当前事件）：对当前编辑的事件进行设定。

（删除当前事件）：删除当前选中的事件。

（交换事件）：将选中的两个事件的顺序相互交换。

（执行序列）：将编辑好的序列渲染输出。

（编辑范围栏）：选定编辑的范围。

（将选定项靠左对齐）：将队列中的所有选中事件左对齐，使其能够在同一时间开始。

（将选定项靠右对齐）：将队列中的所有选中事件右对齐，使其能够在同一时间结束。

（使选定项大小相同）：将队列中的选取事件的作业时间长度设为相同。

（关于选定项）：使选中的两个事件靠在一起，目的是这两个事件能够连续执行。

（添加场景事件）：在队列中增加一个作业场景。这个操作一般最先操作。

（添加图像输入事件）：在动态影像中加入静态影像作为特殊效果。

（添加图像过滤事件）：在影像中加入滤镜特殊效果。

（添加图像分层事件）：用于两个子级事件以某种特殊方式与父级事件合成在一起。

（添加图像输出事件）：系统能将事件以不同的格式进行输出，用户可指定要存储的文件及位置。

（添加外部事件）：弹出外部的等距离进行协助工作。

（添加循环事件）：系统会在影像中加入循环处理效果。

2．队列视图

Video Post对话框左侧区域为队列视图，队列视图中以分支树的形式列出了后期处理序列中包括的所有事件。

事件就是编辑的内容，通常一个完整的后期制作至少需要3个事件：场景事件、滤镜事件和输出事件。

- 场景事件：调入需要进行后期制作的场景。
- 滤镜事件：对场景物体进行影像处理的有关设置。
- 输出事件：将编辑好的场景进行输出。

3．时间编辑视图

Video Post对话框右侧区域为时间编辑视图，视图中深蓝色的范围线表示事件作用的时间段。当选中某个事件以后，编辑窗口中对应的范围线会变成红色。

选择多条范围线可以进行各种对齐操作。双击某个事件的范围线可以它的参数控制面板进行参数设置。

范围线两端的方块标志了该事件的最初一帧和最后一帧，拖动两端的方块可以加长和缩短事件作用的时间范围，拖动两端方块之间的部分则可以整体移动范围线。当范围线超出了给定的动画帧数时，系统性会自动添加一些附加帧。

4. 视图控制工具

视图控制工具主要用于控制时间编辑视图的显示。

（平移）：可以将时间编辑视图上下左右移动，方便观察。

（最大化显示）：将队列中所有事件的编辑线条在时间编辑视图中最大化显示。

（缩放时间）：选择该工具后，可以在时间视图中左右移动鼠标指针来缩放时间。

（缩放区域）：选该工具后，可以对动画轨迹进行缩放，对时间轨迹进行水平缩放，用鼠标上下位移，来查看看不见的全局时间区域。

5. 状态栏

“状态栏”位于视图控制工具左方，其中各个数值框中的数值意义为（Star）代表起始帧、E（End）代表结束帧、F（Frame）代表目前的编辑的帧总数、W（Width）代表输出影像的宽度、H（Height）代表输出影像的高度。

9.2 滤镜特效类型

3ds Max 2011中有11种滤镜特效，分别为淡入淡出、底片、对比度、简单擦拭、镜头效果高光、镜头效果光斑、镜头效果光晕、镜头效果焦点、图像 Alpha、伪 Alpha、星空。下面主要讲解镜头效果高光、镜头效果光斑、镜头效果光晕 3 种常用的滤镜特效。

9.2.1 镜头效果高光

“镜头效果高光”可以制作明亮的、星形的高光区。可以在有光泽的材质对象上使用该效果。例如，一个吊灯的金属边缘闪闪发光，如图 9-2 所示。用户可以决定物体的哪一部分将被添加高光效果，还可以决定这些高光效果将会如何被应用。

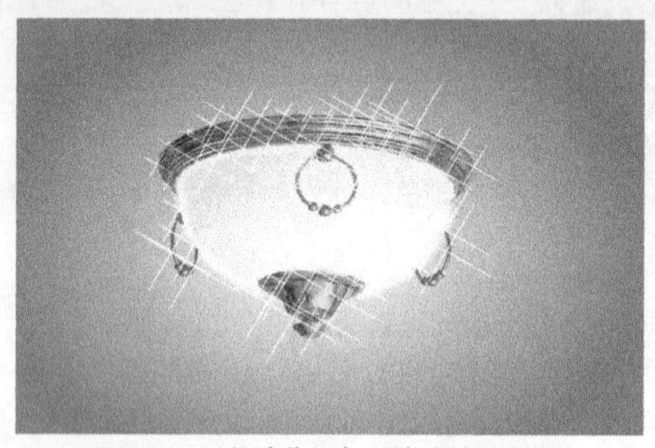

图9-2 吊灯边缘添加了镜头效果高光

1. 添加“镜头效果高光”滤镜的方法

执行菜单中的“渲染|Video Post”命令，单击（添加场景事件）按钮，在弹出的对话框中选择渲染视图，如图 9-3 所示，单击“确定”按钮。然后单击（添加图像过滤事件）按钮，在弹出的对话框中选择“镜头效果高光”选项，如图 9-4 所示，单击“确定”按钮。

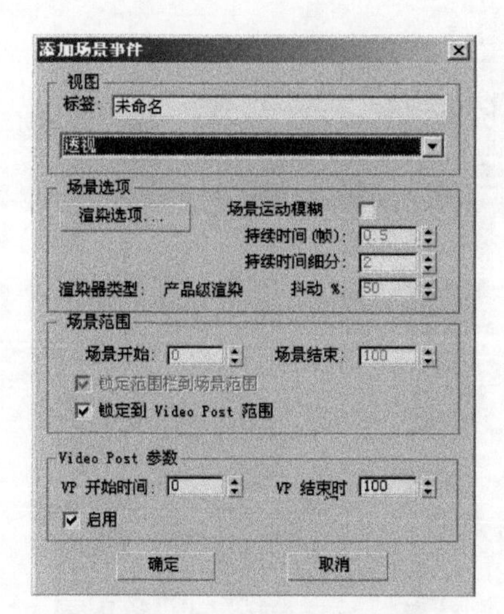

图9-3 设置需要合成的视图

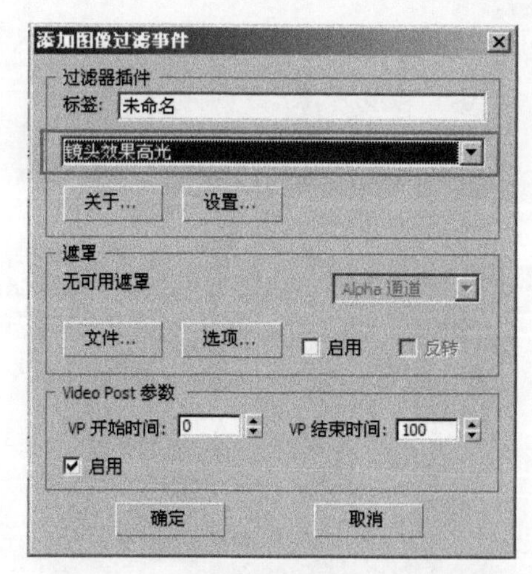

图9-4 选择“镜头效果高光”滤镜

2. 操作界面

在“队列视图”中双击“镜头效果高光”滤镜，在弹出的“编辑图像过滤事件”对话框中单击“设置”按钮，进入“镜头效果高光”界面。然后单击“预览”按钮，预览结果如图 9-5 所示。

“镜头效果高光”滤镜参数设置面板上部分为预览区域，在预览区域里用户可以实时看到滤镜设置的效果。3d Max 将使用默认的场景来表现滤镜的效果。单击“VP 队列”按钮后，在“属性”面板中选择事先设定好的“对像 ID”号或“效果 ID”号，这时预览窗口内会显示具体场景中的效果。

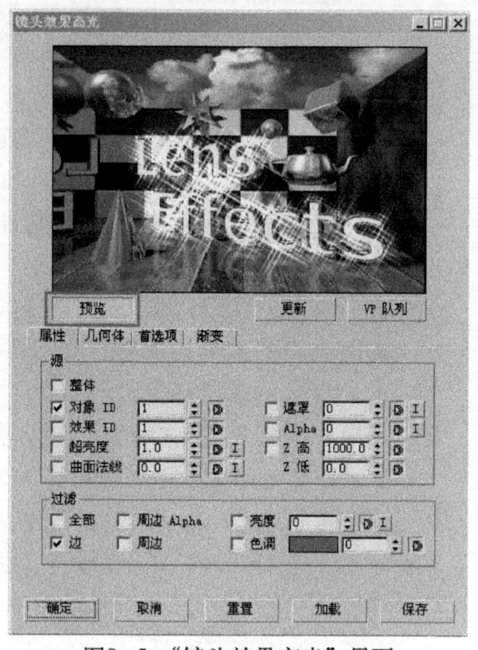

图9-5 “镜头效果高光”界面

1）“属性”选项卡

属性选项卡包括“源”和“过滤”两个选项组。

（1）“源”选项组

“源”选项组可以应用一个镜头效果高光到场景中任何“G 缓冲区”数据所对应的对象上。

- 整体：将镜头效果高光应用到整个的场景，不只是一个单独的几何体。
- 对象 ID：将镜头效果高光应用到一个场景中对应的对象 ID 号的对象上。指定物体 ID 号的方法是选中对象，然后右击，在弹出的快捷菜单中选择“属性”命令，在弹出的“对象属性”对话框中设定物体 ID 号，如图 9-6 所示。
- 效果 ID：将镜头效果高光应用到具有一个效果 ID 号的对象上。指定效果 ID 号是通过在材质编辑器中分配给材质一个材质效果通道，如图 9-7 所示。

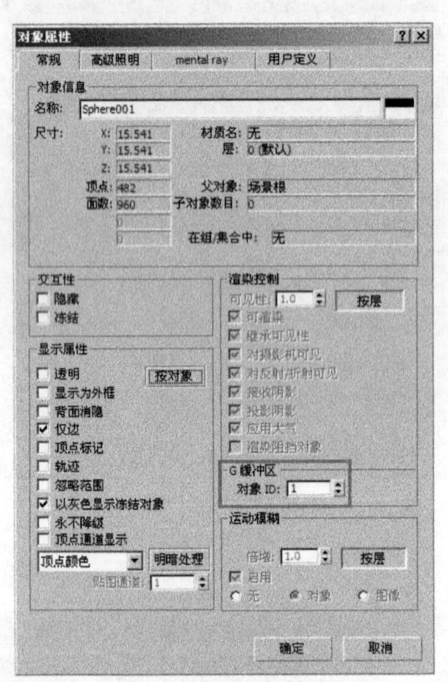

图9-6　指定对象ID号

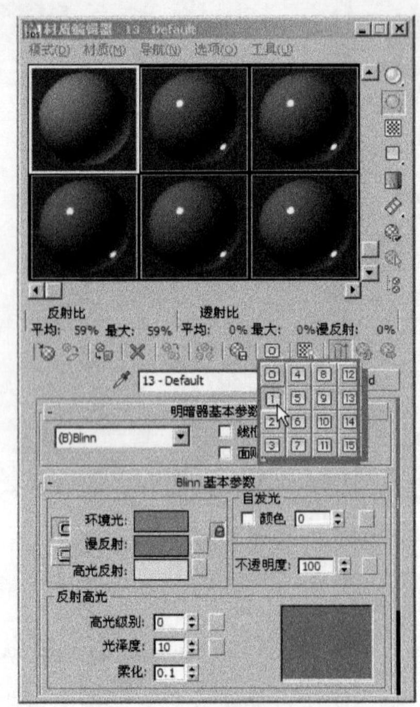

图9-7　指定材质ID号

- 超亮度：当场景包含明亮的金属高光区或爆炸的时候，3ds max 将跟踪这些容易出现“热区”的像素点。微调器让用户设定被选定作为镜头效果高光的像素的最低亮度值。纯粹的白色对应值为 1。当这个微调器被设定成 1 的时候，任何一个像素在具有高于 255 的亮度是都将会发光。
- 曲面法线：将基于对象表面法线和摄影机的角度来选择镜头效果高光。0 值是与屏幕平行的面；90 的值则是正交的，也就是对屏幕的垂直线；如果用户设定 45，则只有法线角度比 45° 大的表面将会发光。
- 遮罩：指高光图像的蒙版通道。微调器的数值代表了一个蒙版中灰色的层次。当这个参数被设定的时候，蒙版图像中任何灰度值比这个值大的像素都会在最后的图像中发光。用户可以通过单击右边的“I”按钮反转这个值。它的取值范围是 0 ~ 255。
- Alpha：指图像的 Alpha 通道，它的作用与图像蒙版通道相反。
- “Z 高”和“Z 低”复选框：根据一个物体到摄影机的距离来设置镜头效果高光。“Z 高”是最大的距离，“Z 低”是最小的距离。在它们之间的任何对象将会被选定为镜头效果高光。

（2）“过滤”选项组

“过滤”选项组用于对高光区进行进一步的过滤。例如，场景中有两个物体都具有相同的对象 ID 号，但是有不同的颜色。如果用户设定镜头效果高光为对象 ID1，那么镜头效果高光将只被应用到这两个物体上。而“过滤”选项组可以使我们控制镜头效果高光具体应用到哪个物体上。它包括“全部”、“周边 Alpha”、“边”、“周边”、“亮度”和“色调”6 个复选框。

- 选中“全部”复选框后，场景中所有的像素都将应用镜头效果高光。
- 选中“周边 Alpha”复选框后，将以对象的 Alpha 通道为基础应用镜头效果高光。

- 选中“边”复选框后，将选择所有的边缘像素应用一个镜头效果高光。
- 选中“周边”复选框后，将只对对象边缘的外边应用镜头效果高光。
- 选中“亮度”复选框后，可根据微调器重设定的一个亮度值过滤镜头效果高光对象。
- 选中“色调”复选框后，可根据对象的色调过滤镜头效果高光。

图 9-8 为 6 种过滤的比较图。

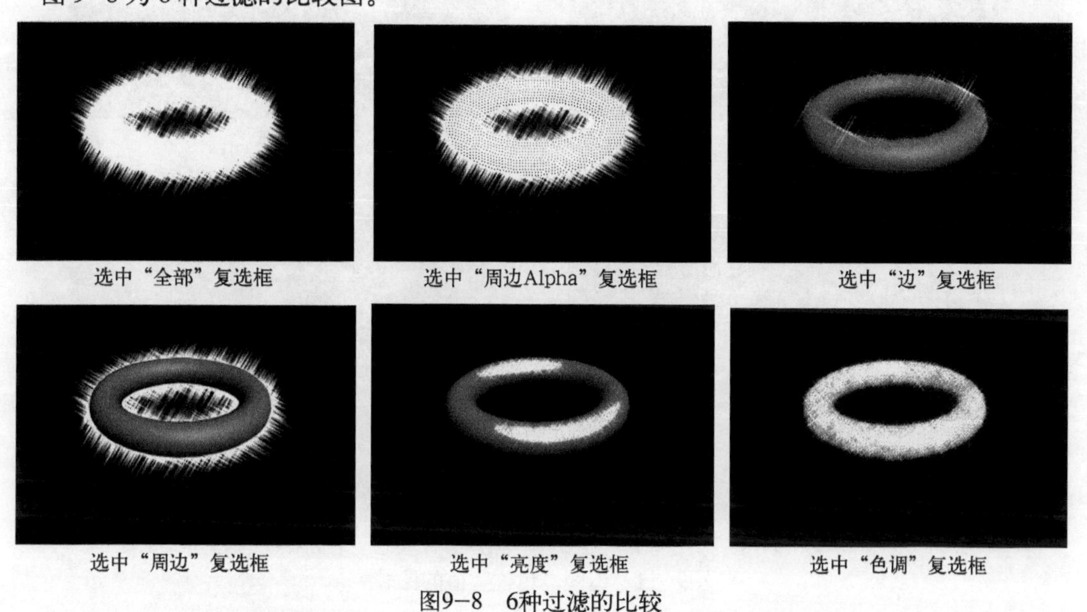

图9-8 6种过滤的比较

2）“几何体”选项卡

“几何体”选项卡包括“效果”、“变化”和“旋转”3 个选项组，如图 9-9 所示。

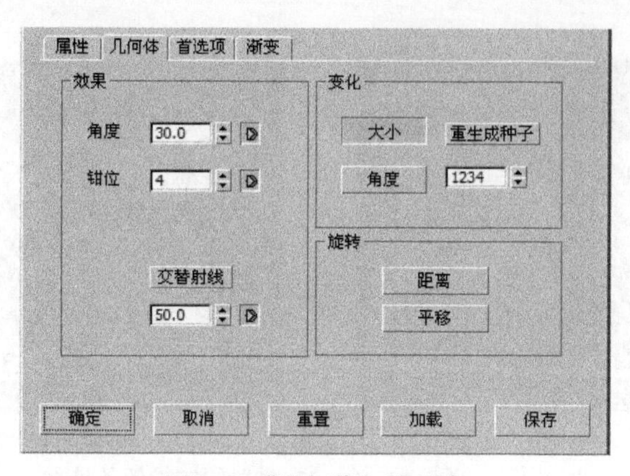

图9-9 “几何体”选项卡

（1）“效果”选项组

“效果”选项组用于设置“镜头效果高光”的“角度”和“上限”。

- 角度：用于设定镜头效果高光的角度，图 9-10 为不同“角度”值的比较。
- 钳位：用于设定需要存在多少个像素才可以创建一个镜头效果高光，图 9-11 为不同“钳位”值的比较。

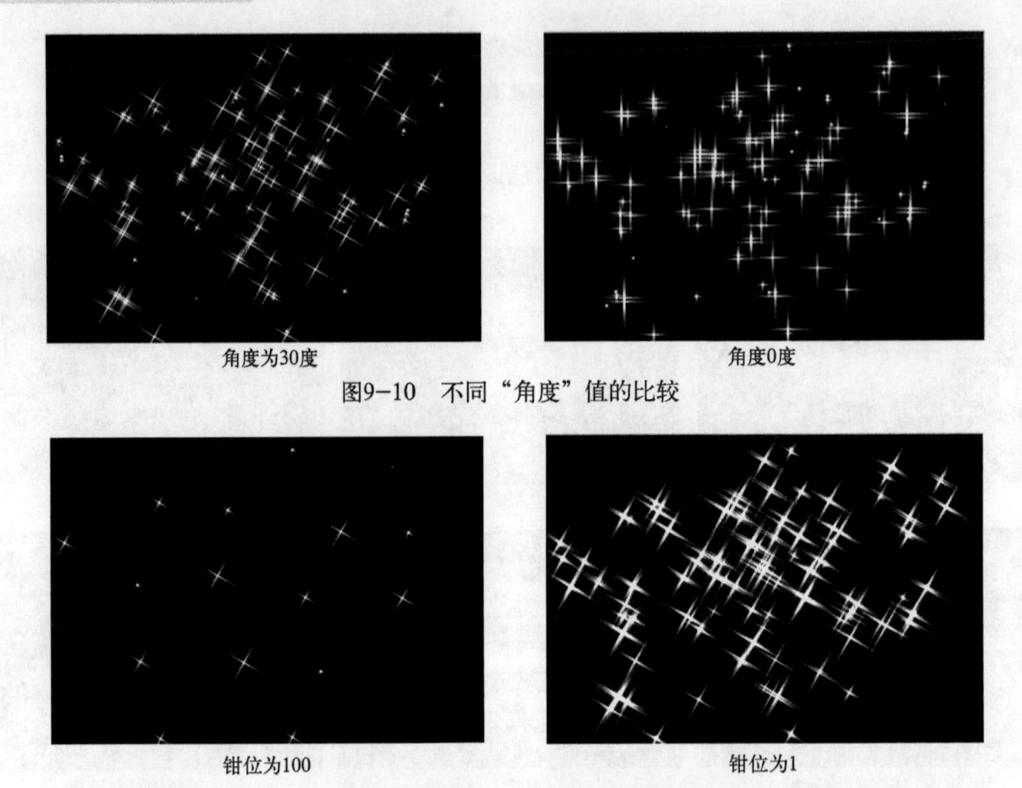

角度为30度　　角度0度

图9-10　不同“角度”值的比较

钳位为100　　钳位为1

图9-11　不同“钳位”值的比较

- 交替射线：激活该按钮，可改变高光点周围光线的长度，它是以光线的完整长度为基础根据微调器中的数值设置变化的百分比，关闭它后将恢复原有光线的长度，如图 9-12 所示。

激活“交替射线”按钮并将数值设为30

关闭“交替射线”按钮

图9-12　激活和关闭“交替射线”按钮的比较

（2）“变化”选项组

“变化”选项组用于给镜头效果高光加入随机的变化。

- 大小：激活该按钮，可随机改变每个高光区的尺寸大小。关闭“大小”按钮，每个高光点将是等大的。图 9-13 为激活和关闭“大小”按钮的比较。
- 角度：激活该按钮可改变每个高光区光线的方向，如图 9-14 所示。
- 重生成种子：激活该按钮，可强迫使用一个不同的随机数产生新的随机效果。

激活“大小”按钮

关闭“大小”按钮

图9-13 激活关闭“大小”按钮的比较

(3) “旋转”选项组

“旋转”选项组用于控制镜头效果高光根据他们在场景中的相对位置自动的旋转。

- 距离：激活该按钮，可在屏幕中前后方向移动高光点的时候自动的旋转每个高光点。移动的越快，他们将会旋转的越快，如图 9-15 所示。
- 平移：激活该按钮，可在屏幕中上下左右平移高光点的时候自动旋转高光效果。如图 9-16 所示。

图9-14 激活“角度”按钮

图9-15 前后平移高光点效果

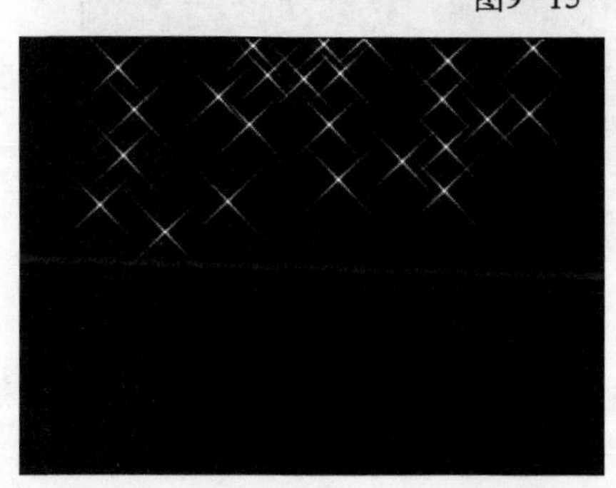
图9-16 上下左右平移高光点效果

3) “首选项”选项卡

“首选项”选项卡包括“场景”、“距离褪光”、“效果”和“颜色”4 个选项组，如图 9-17 所示。

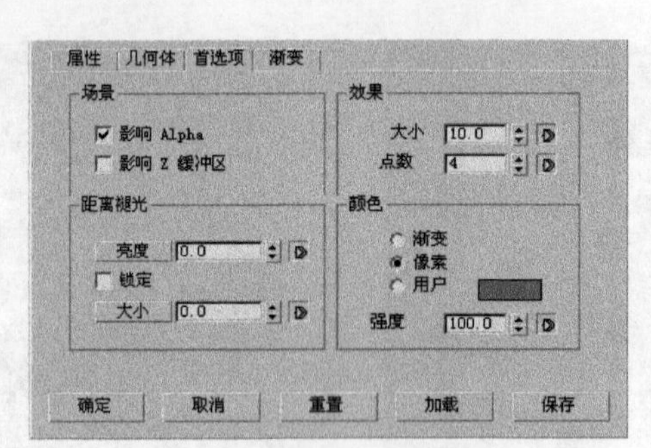

图9-17 “首选项”选项卡

（1）“场景”选项组

“场景”选项组包括“影响 Alpha”和“影响 Z 缓冲区”两个复选框。

- 影响 Alpha：当用户渲染图像到一个 32 位色的文件格式的时候，高光设置会影响图形的 Alpha 值。
- 影响 Z 缓冲区：决定高光是否影响图像的 Z 缓冲区。选中这个选项高光效果离摄影机的距离将被记录下来，以便能在一些可以利用 Z 缓冲区的特别效果中被使用。

（2）“距离褪光”选项组

“距离褪光”选项组用于设置“亮度”和“大小”参数。

- 亮度：激活该按钮可以根据镜头效果高光距摄影机的距离来变化高光效果的亮度。
- 大小：激活该按钮可以根据镜头效果高光距摄影机的距离来变化高光效果的大小。
- 锁定：选中该复选框可以同步锁定“亮度”和“大小”的数值。

（3）“效果”选项组

“效果”选项组用于设置“大小”和“点数”参数。

- 大小：用于控制镜头效果高光的尺寸大小，它以像素为单位计算的。图 9-18 为不同“大小”值的比较。

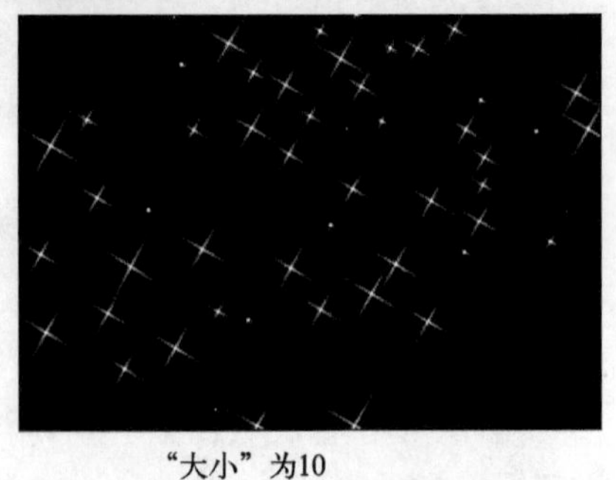

“大小”为10　　“大小”为30

图9-18 不同“大小”值的比较

- 点数：用于控制镜头效果高光产生的光线的数目。图 9-19 为不同“点数”值的比较。

（4）“颜色”选项组

“颜色”选项组用于设定高光点的颜色。

- 渐变：选中该单选按钮会根据“渐变”选项卡来设置镜头效果高光。
- 像素：选中该单选按钮会根据高光点的像素颜色来创建高光效果。这是系统默认的选项，它的计算速度最快。

“点数”为10　　　　“点数”为30

图 9-19　不同“点数”值的比较

- 用户：选中该单选按钮，可根据后面颜色框的颜色来改变高光点的颜色。
- 强度：用于控制高光区的强度或亮度。它的取值范围为 0 ~ 100。图 9-20 为不同“强度”值的比较。

“强度”为50　　　　“强度”为100

图9-20　不同“强度”值的比较

4）“渐变”选项卡

“渐变”选项卡中有“径向颜色”、“径向透明度”、“环绕颜色”、“环绕透明度”和“径向大小”5 个渐变条，如图 9-21 所示。

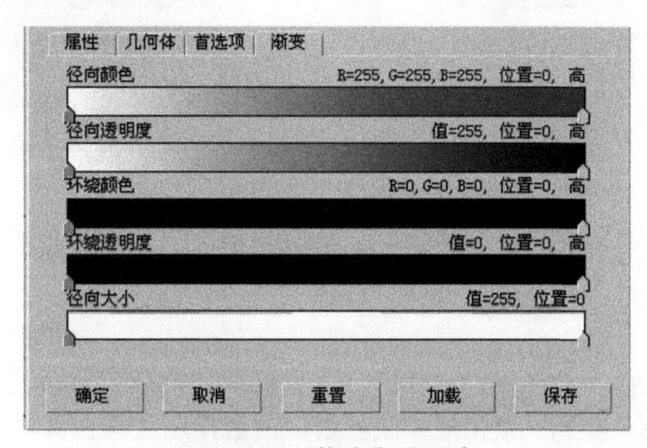

图9-21　“渐变”选项卡

要在渐变条上增加一个标志块，只需要双击渐变条上相应的位置即可；要编辑标志块的颜色也是在标志块上双击；要删除一个标志块，只要将标志块拖动到渐变条的两端最边缘处。

9.2.2 镜头效果光斑

“镜头效果光斑”滤镜可模拟镜头在光源下，因反射所造成的光斑效果，如图 9–22 所示。

图9–22 “镜头效果光斑”滤镜效果

1. 添加“镜头效果光斑”滤镜的方法

执行菜单中的“渲染|Video Post”命令，单击（添加场景事件）按钮，在弹出的对话框中选择渲染视图，如图 9–23 所示，单击“确定”按钮。然后单击（添加图像过滤事件）按钮，在弹出的对话框中选择“镜头效果光斑”选项，如图 9–24 所示，单击“确定”按钮。

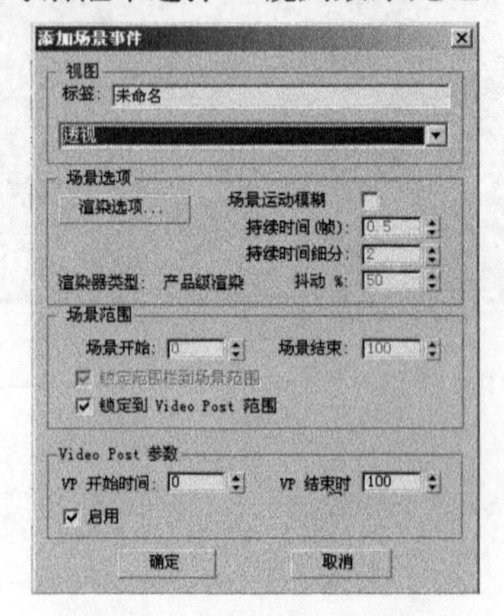

图9–23 设置需要的合成视图

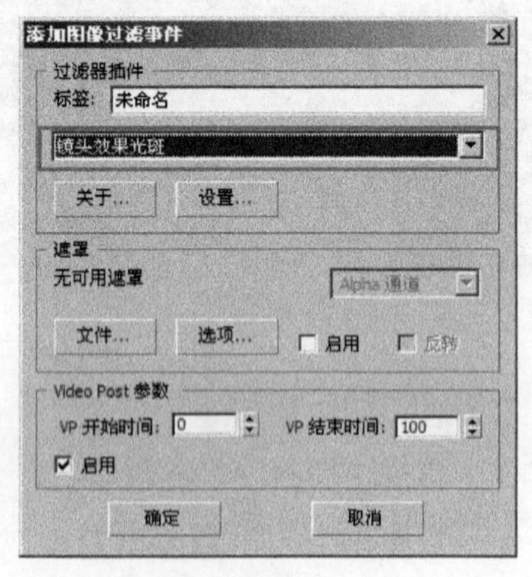

图9–24 选择“镜头效果光斑”选项

2. 操作界面

在“队列视图”中双击“镜头效果光斑”滤镜，在弹出的“编辑图像过滤事件”对话框中单击“设置”按钮，进入“镜头效果光斑”界面，如图 9–25 所示。

光斑特效的设置面板分为左右两部分，左面是部体特性参数，右面则是针对光斑的各个子项目进行具体设置。

1）总体特性参数

单击“预览”按钮后，在最上面的窗口中预览效果。单击“更新”按钮后，观察窗口内会随时更新效果。单击“VP 队列”按钮后，观察窗口内会显示光斑在具体场景中的效果。

（1）“镜头光斑属性”选项组

“镜头光斑属性”选项组可设置“镜头效果光斑”的全局属性。

- 种子：用于设置光斑发生的起始值。

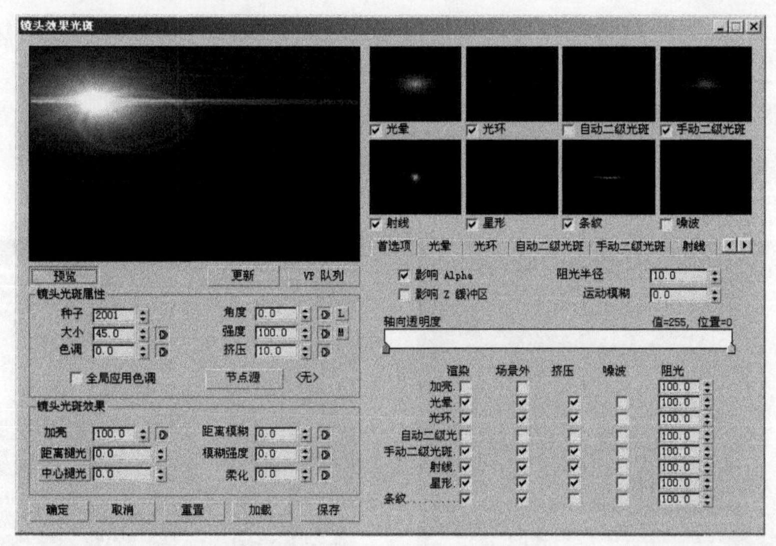

图9-25 “镜头效果光斑”界面

- 大小：用于设置“镜头效果光斑”的大小。图 9-26 为不同“大小”值的比较。

“大小”为5

“大小”为20

图9-26 不同“大小”值的比较

- 色调：在选中“全局应用色调”复选框后可控制对“镜头效果光斑”应用光源像素色调的比例。
- 角度：用于设置“镜头效果光斑”旋转的角度。
- 强度：用于控制“镜头效果光斑”的全局亮度和不透明度。
- 挤压：用于控制水平的或垂直的压缩“镜头效果光斑”的大小，为不同的渲染帧的长宽比做比例补偿。例如，如果用户为在电视上使用而转换一个电影胶片，应用“挤压”可以使“镜头效果光斑”在屏幕上看起来比例恰当，虽然一个画面宽度为 35 mm 的胶片的长宽比，远比一般的电视要大得多。前者为 16 ∶ 9，后者为 4 ∶ 3。
- 结点源：激活该按钮后可以在场景中选中一个物体作为光斑的发生源。通常这个源物体是虚拟物体，并不实际渲染。在场景中移动源物体，就能够使光斑跟着移动。

（2） “镜头光斑效果”选项组

“镜头光斑效果”选项组可设置特殊的全局效果。如衰减、加亮和柔化处理等。

- 加亮：用于设定整个图形的全局亮度。

- 距离褪光：激活该按钮，可在它的数值框根据距离摄影机的距离设置衰减镜头的光斑效果。
- 中心褪色：激活该按钮，可沿着“镜头光斑效果”的主轴衰减次级闪光。
- 距离模糊：可根据和摄影机的距离模糊镜头的光斑效果。
- 模糊强度：可在“距离模糊”被应用的时候设置模糊的强度。
- 柔化：可设置全局的柔化处理效果。图 9-27 为不同“柔化”值的比较。

“柔化”为0

“柔化”为10

图9-27　不同“柔化”值的比较

2）选项卡参数

“镜头效果光斑”包括“首选项”、“光晕”、“光环”、“自动二级光斑”、“手动二级光斑”、“射线”、“星形”、“条纹”和“噪波”9 个选项卡。

（1）“首选项”选项卡

“首选项”选项卡主要控制光斑各个组成部分的作用程度，如图 9-28 所示。其中大部分内容和我们在前面所提到的内容有很多相似的地方。

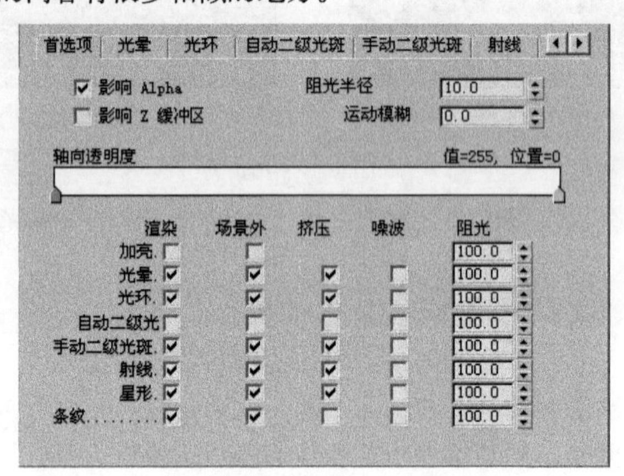

图9-28　“首选项”选项卡

- 阻光半径：用于设定透镜闪耀效果从背后穿过一个遮挡住它的对象时，对象边缘开始模糊的半径。
- 运动模糊：用于设定在渲染时是否对一个动画的透镜闪耀效果使用运动模糊。
- 选中“渲染”对应的复选框，相应的组成部分就生效。
- 选中“场景外”对应的复选框，表示光斑在场景外面是否被显示。
- 选中“挤压”对应的复选框，相应的光斑组成部分是否被挤压。

- 选中“噪波”对应的复选框，将影响“渲染”的每一个部分的效果。
- “阻光”数值框中设置阻光度。当光斑被物体阻挡住，各个组成部分显示效果的程度。
- 加亮：用于设定光斑效果的亮度。
- 光晕：用于设定光斑效果的主要光晕效果。
- 光环：是指光斑周围的一圈逐渐减弱的光环。
- 自动二级光斑：可用来模拟后一级层次的外围光晕。
- 手动二级光斑：用于手动调整模拟外围光晕。
- 射线：指从中心放射出的光线。
- 星形：指光源中心周围的放射状光线轨迹。一个星形效果比射线效果大，且由6个或更多的芒角组成，而不像射线那样有数百道的光线。
- 条纹：指在光源中心的一种水平的光线特效。

图9-29和图9-30为设置不同的参数和选项卡使光斑的特性发生变化的效果。

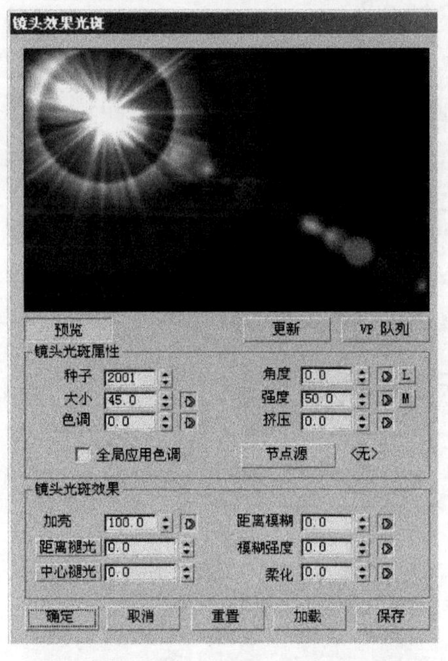

图9-29 参数、选项卡改变前的效果

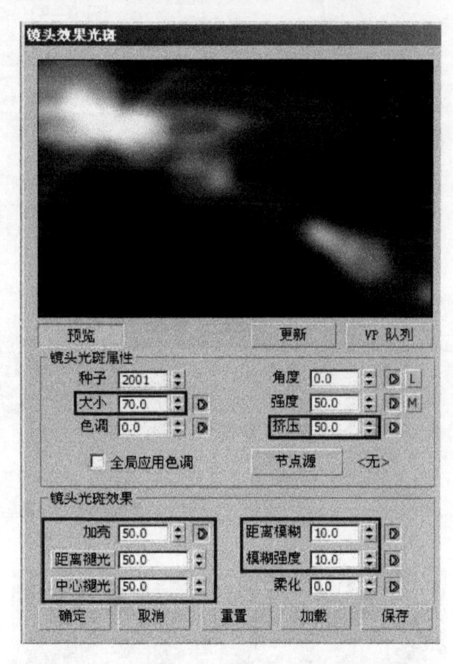

图9-30 参数、选项卡改变后的效果

（2）“光晕”选项卡

“光晕”选项卡可以设置光晕的有关选项，如图9-31所示。

- 大小：用于设定“光晕”的直径，它是以渲染帧画面大小的百分比来计算的。
- 色调：用于设定“光晕”的颜色。
- 隐藏在几何体后：用于将“光晕”效果之于几何体对象背后。

（3）“光环”选项卡

“光环”选项卡用于设置光环的相关选项，其参数面板如图9-32所示。

“厚度”数值框用于指定环的厚度它控制环从内半径到外半径的距离。图9-33为不同厚度值的比较。

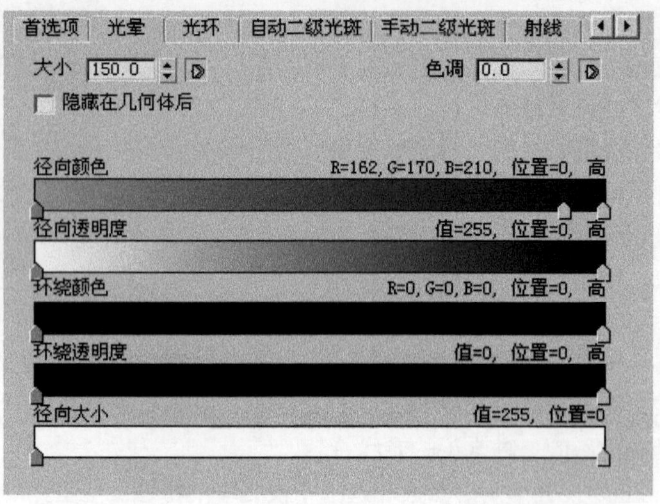

图 9-31 “光晕”选项卡

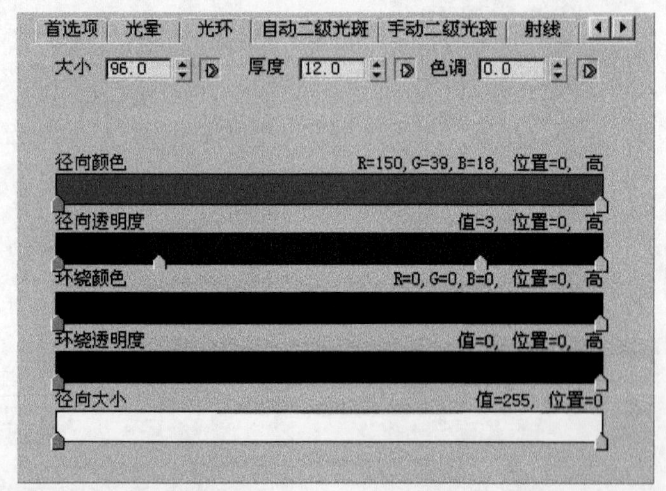

图 9-32 “光环”选项卡

“厚度”为50

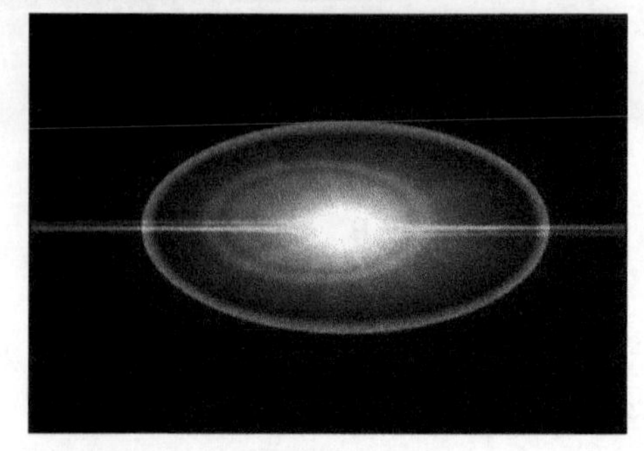

“厚度”为10

图9-33 不同“厚度”值的比较

（4）“自动二级光斑”选项卡

“自动二级光斑”选项卡用于设置自动二级光斑的相关选项，它的参数面板如图 9-34 所示。这些光斑是光在照相机镜头中被不同的透镜元件折射所产生的。

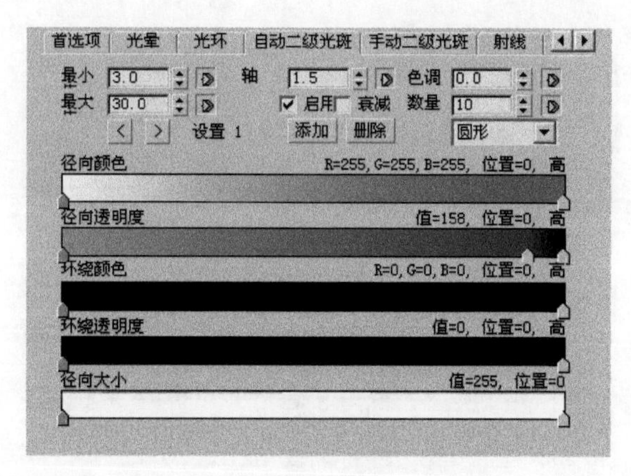

图9-34 “自动二级光斑”选项卡

- 最小：可控制目前的组中二级光圈的最小尺寸。
- 最大：可控制目前的组中二级光圈的最大尺寸。
- 设置：可用来选定用来渲染的二级光圈闪耀效果组。
- 轴：用于定义二级闪耀效果的光轴的长度。增大这个值则每个光圈之间的距离增大，反之距离减小，它的取值范围为 0 ～ 5。
- 选中“启用”复选框可启用这一组自动二级光圈效果。
- 选中“衰减”复选框可启用轴向衰减。
- 数量：可控制出现在当前效果组中的光圈的数目。
- 圆形：用于控制刺激闪耀光圈的形状。默认值是圆形的，用户可以选择 3 ～ 8 边的光圈效果。

(5) “手动二级光斑”选项卡

“手动二级光斑”选项卡用于设置手动二级光斑的相关选项，它的参数面板如图 9-35 所示。

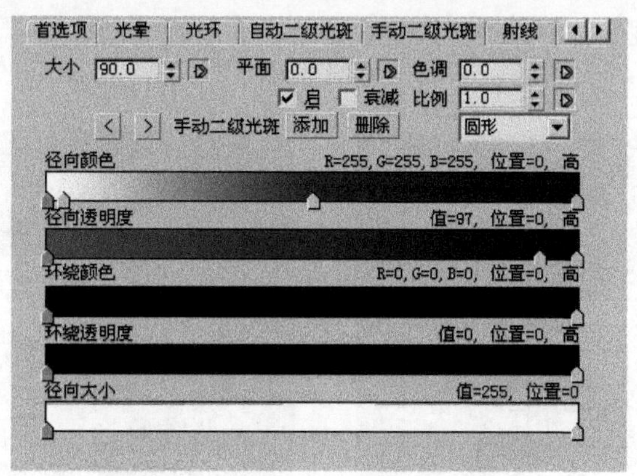

图9-35 “手动二级光斑”选项卡

“平面”数值框用于控制光源和人工二级光斑之间的距离。正值是在光源之前放置次级光斑效果，而负值则把次级光斑效果放在光源的背后。

(6) “射线”选项卡

“射线”选项卡用于设置射线的相关选项，它的参数面板如图 9-36 所示。

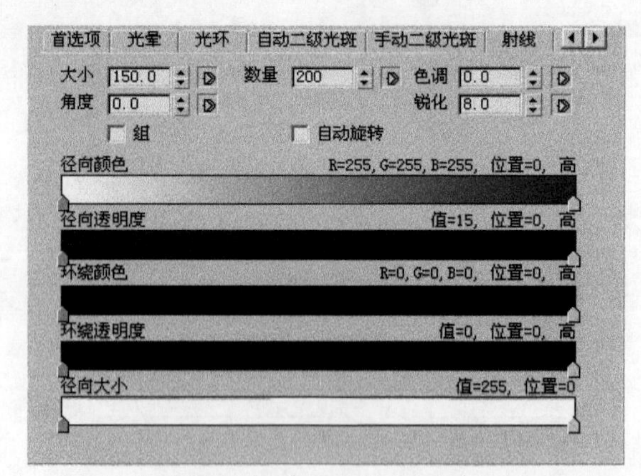

图 9-36 “射线”选项卡

- 角度：用于设置光线的角度。可以使用光线的正值或者负值，这样在动画的时候，光线将沿顺时针或逆时针方向旋转。图 9-37 为不同“角度”值的比较。

“角度”为0

“角度”为30

图9-37　不同“角度”值的比较

- 组：选中该复选框，可将光线分为 8 个距离、大小都相等的组。图 9-38 为选中“组”复选框前后的比较。

未选中“组”复选框

选中“组”复选框

图9-38　选中“组”复选框前后的比较

- 自动旋转：选中该复选框，可自动旋转光线的角度。
- 锐化：用于设置光线的尖锐程度。比较高的数目可生成明亮清晰的光线，它的取值范围为 0 ~ 10。图 9-39 为不同“锐化”值的比较。

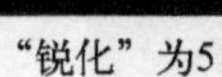

“锐化”为5

“锐化”为10

图9-39 不同“锐化”值的比较

“星形”选项卡用于设置星形的相关选项，它的参数面板如图 9-40 所示。

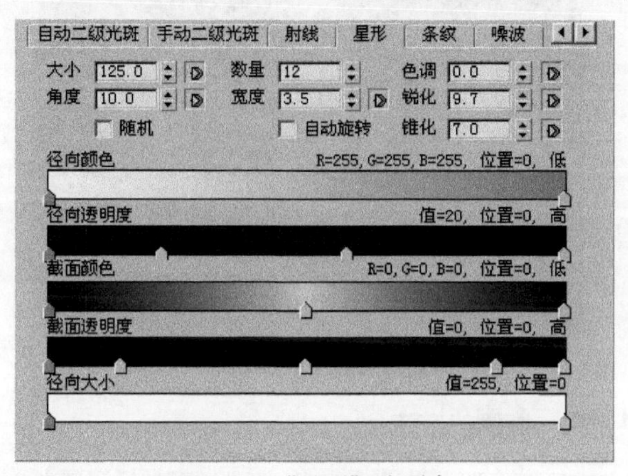

图9-40 “星形”选项卡

- 随机：选中该复选框，可随机设置芒角在闪耀效果中心的角度间隔。
- 数量：可设定星形效果中芒角的数目，默认为 6。
- 宽度：用于设置芒角的宽度。
- 锥化：用于控制星形效果中芒角的锥度，默认值为 0。

（7）“条纹”选项卡

“条纹”选项卡用于设置条纹的相关选项，它的参数面板如图 9-41 所示。

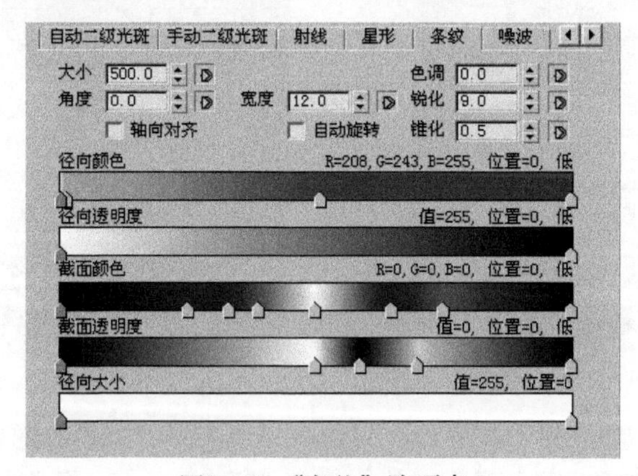

图9-41 “条纹”选项卡

“轴向对齐”复选框用于强迫“条纹”和二级光斑的光轴对齐。

(8) “噪波”选项卡

“噪波”选项卡的参数与前面所讲的相同，这里不再重复。

9.2.3 镜头效果光晕

“镜头效果光晕”可以在任何被选定的对象周围增加一个发光的晕圈，如图9-42所示。

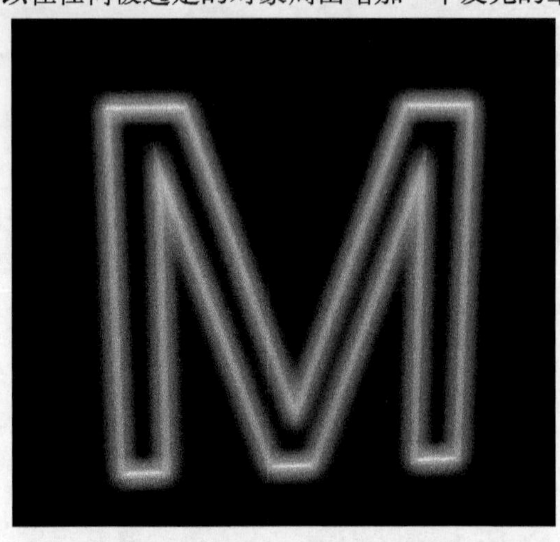

图9-42 “镜头效果光晕”效果

1. 添加“镜头效果光晕”滤镜的方法

执行菜单中的“渲染|Video Post”命令，单击 （添加场景事件）按钮，在弹出的对话框中选择渲染视图，如图9-43所示，单击“确定”按钮。然后单击 （添加图像过滤事件）按钮，在弹出的对话框中选择“镜头效果光晕”选项，如图9-44所示，单击“确定”按钮。

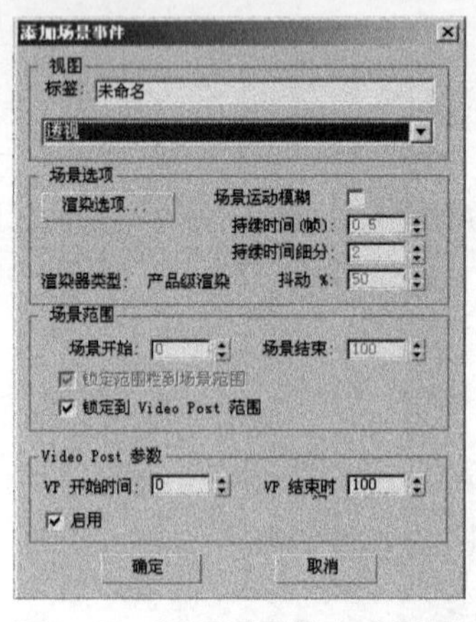

图9-43 设置需要的合成视图

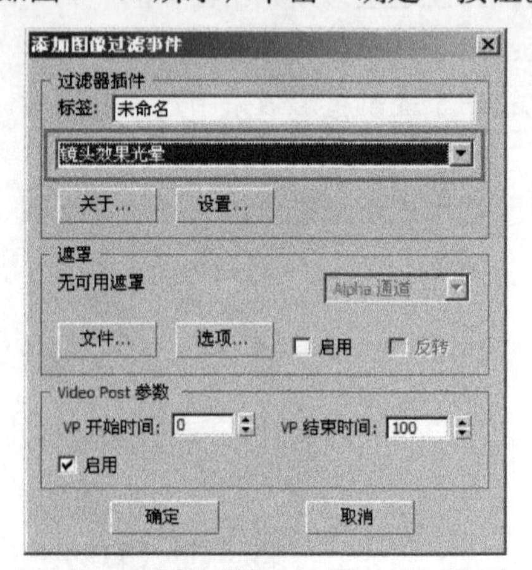

图9-44 选择“镜头效果光晕”选项

2. 操作界面

在“队列视图”中双击“镜头效果光晕”滤镜，在弹出的“编辑过滤事件”对话框中单击“设置”按钮，进入“镜头效果光晕”界面。然后单击“预览”按钮，预览如图9-45所示。

“镜头效果光晕”大部分参数选项卡的内容和含义与“镜头效果高光”都是完全一致的。这里我们就不再重复，下面主要介绍“镜头效果高光”中没有的选项卡——“噪波”选项卡。

“噪波”选项卡通过在“镜头效果光晕”滤镜的R、G、B色彩通道中添加随机噪声，使我们可以创建如物体发光、爆炸和烟雾等效果。它的参数面板分为“设置”和“参数”两个选项组，如图9-46所示。

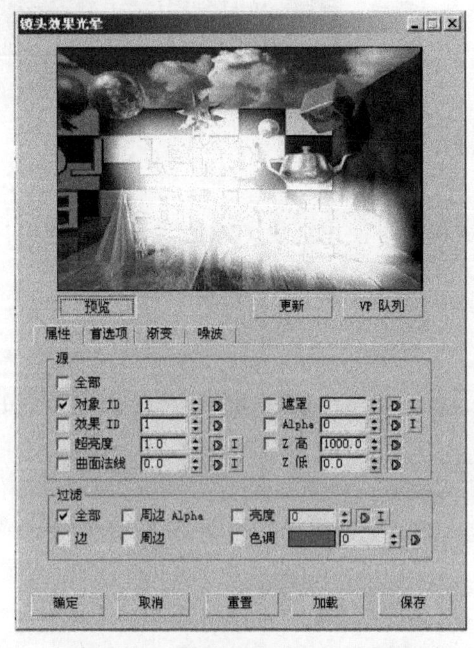

图9-45 “镜头效果光晕”对话框

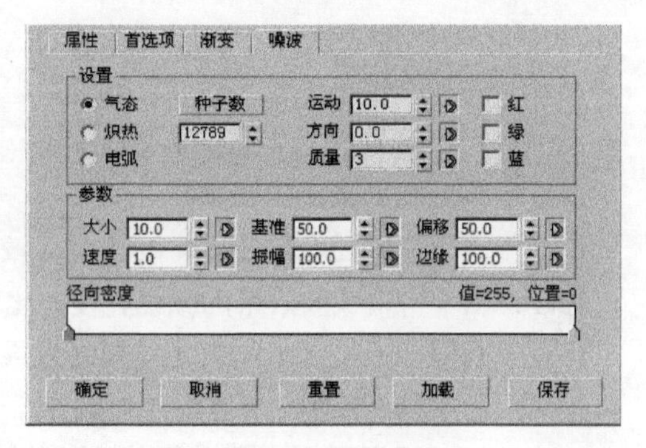

图9-46 “噪波”选项卡

(1) “设置”选项组

“设置”选项组用于设置“噪波”的种类。

- 气态：选中该单选按钮，产生的噪波比较柔和，时常用来云和烟雾，如图9-47所示。
- 炽热：选中该单选按钮，产生的噪波具有明亮而且清晰的边缘，时常用来模拟火焰，如图9-48所示。

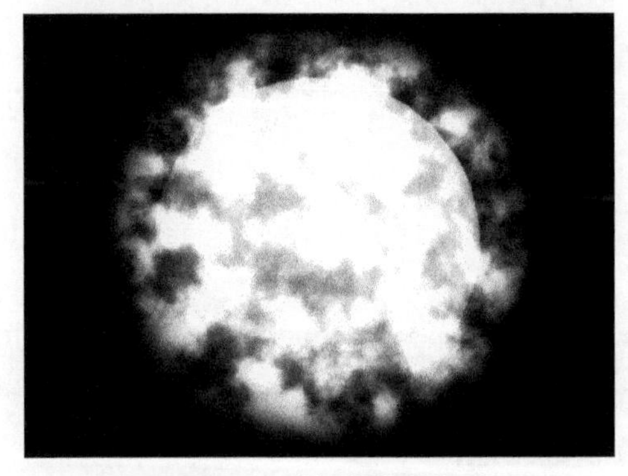

图9-47 “气态”效果

图9-48 “炽热”效果

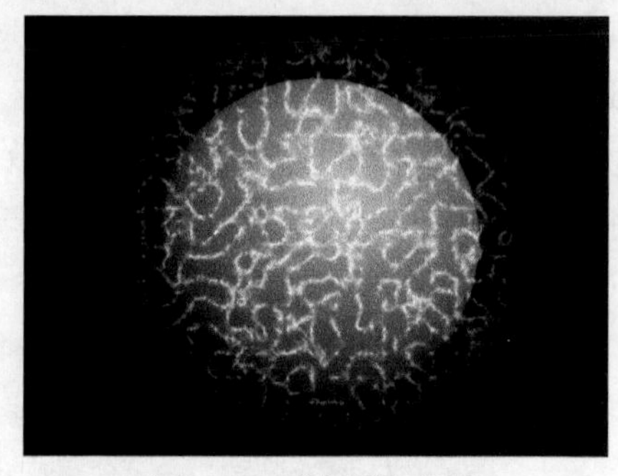
图9-49 “电弧”效果

- 电弧：选中该单选按钮，产生的噪波具有长条状卷曲的边缘，可以用来制作类似弧形闪电的效果，如图 9-49 所示。
- 种子数：单击该按钮，将重新生成一个随机噪波。
- 运动：用于设置制作噪波动画时，在指定方向上噪波效果移动的速度。
- 方向：用于设置运动的方向。单位为角度，0 被定义为指向 12 点钟的方向。
- 质量：用于设置噪波效果的质量。数值越高，质量越好。
- “红”“绿”和“蓝”复选框：用于设置是否同时使用红色／绿色／蓝色通道或只使用其中某个通道。

（2）“参数”选项组

“设置”选项组用于设置“噪波”的参数。

- 大小：用于设置噪波图案的大小。比较小的数值产生小的颗粒状的噪波；比较高的数值产生比较大的更柔和的图案。
- 速度：用于设置随机噪波变化的速度。较高的数值，噪波图案中会产生比较快的变化。
- 基准：用于指定噪波效果的颜色亮度。比较高的值会造成比较明亮的彩色和混乱的效果。比较低的值会造成阴暗的，比较软的效果。
- 振幅：用于控制噪波效果的最大亮度值。
- 偏移：用于设置向彩色范围的某一端偏置颜色。设置为 50 时没有任何效果。在 50 以上颜色向比较明亮的方向偏移，在 50 以下向更黑的方向偏移。
- 边缘：用于控制颜色亮的区域和暗的区域之间的对比度。高的数值产生高的对比度和明确的边缘交界，低的数值值得噪声更加柔和。

“径向密度”用于设置噪波效果在直径方向上的透明度。

9.3 实例讲解

本节将通过“制作闪闪发光的魔棒效果”和“制作发光文字效果”两个实例来讲解视频特效在实践中的应用。

9.3.1 制作闪闪发光的魔棒效果

要点

本例将制作一根闪闪发光的魔棒，如图9-50所示。通过本例学习应掌握粒子系统，“粒子寿命”材质和“镜头效果高光”滤镜的综合应用。

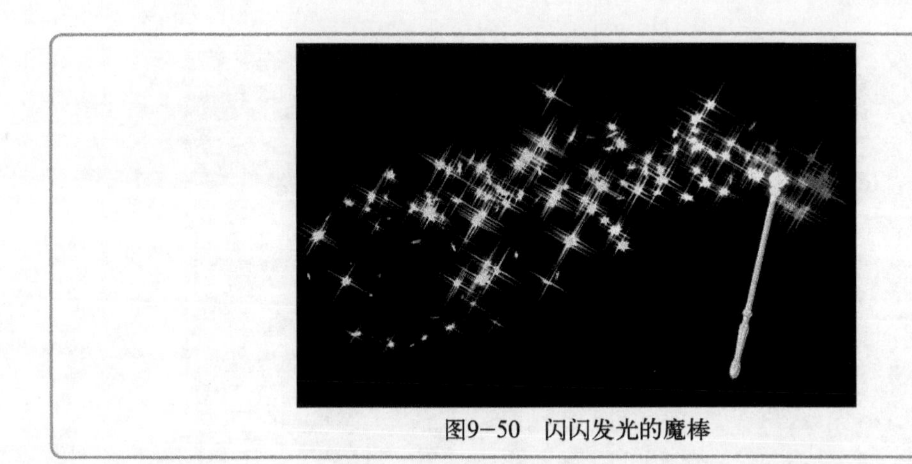

图9-50　闪闪发光的魔棒

操作步骤

1. 创建魔棒

① 单击菜单栏左侧快速访问工具栏中的按钮，然后从弹出的下拉菜单中选择“重置”命令，重置场景。

② 创建魔棒。方法：单击（创建）面板下的（图形）中的“线”按钮，然后在前视图中绘制魔棒的轮廓图案，接着执行修改器中的“车削”命令，结果如图 9-51 所示。接着赋予其材质，渲染后效果如图 9-52 所示。

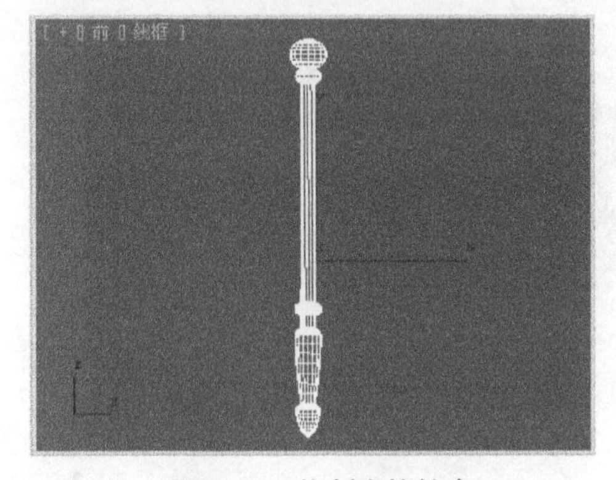

图9-51　绘制魔棒轮廓

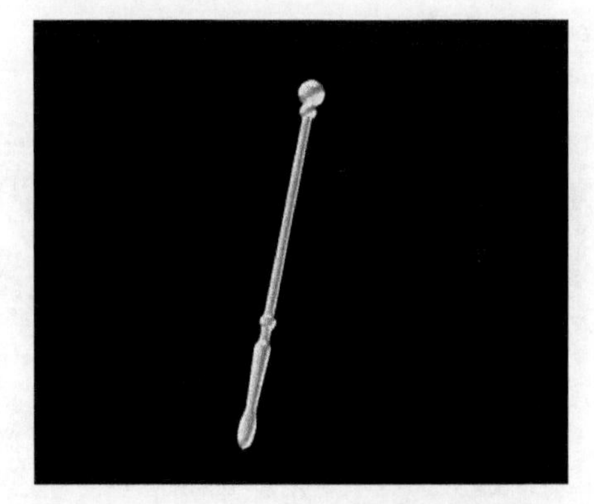

图9-52　赋予材质后的魔棒

2. 创建雪花粒子

单击（创建）面板下的（几何体）中“粒子系统”下拉列表中的“雪”按钮，然后在视图中拖出一个雪花粒子发射器，并设置参数如图 9-53 所示。

3. 制作雪花材质

① 单击工具栏中的按钮，进入材质编辑器。然后选择一个空白的材质球，单击Arch & Design按钮，在弹出的“材质／贴图浏览器”对话框中选择“标准”选项，单击“确定”按钮，进入“标准”材质的参数设置面板。接着将“自发光”选项组中的“颜色”设为 100，如图 9-54 所示。再将该材质赋予场景中的雪花粒子。

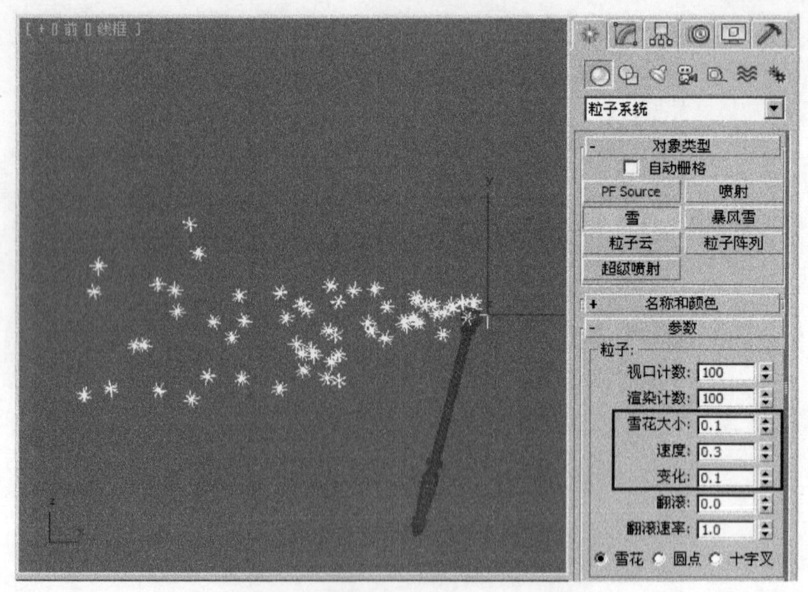

图9-53　创建一个“雪”粒子系统

② 此时要制作雪花能够随着时间的变化而出现不同的颜色，我们通过“粒子年龄”贴图来实现。设置“粒子年龄”贴图的方法：单击“漫反射颜色”右边的按钮，然后指定给它一个“粒子年龄”贴图，如图 9-55 所示。接着设置“粒子年龄”贴图设置面板分别将三个颜色窗口设置为不同的颜色，如图 9-56 所示。最后渲染视图，可以看到雪花粒子在不同的年龄段呈现出不同的颜色，如图 9-57 所示。

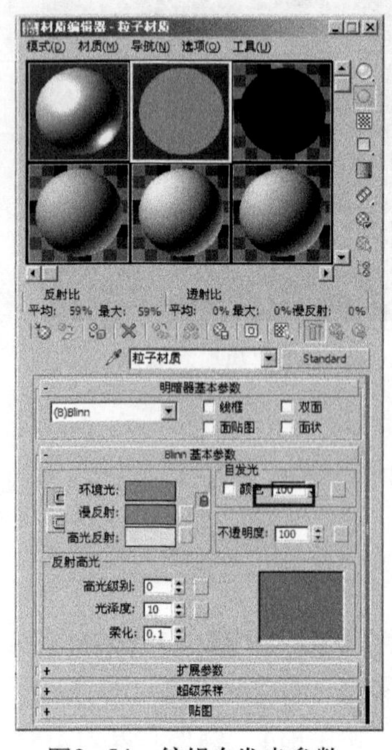

图9-54　编辑自发光参数

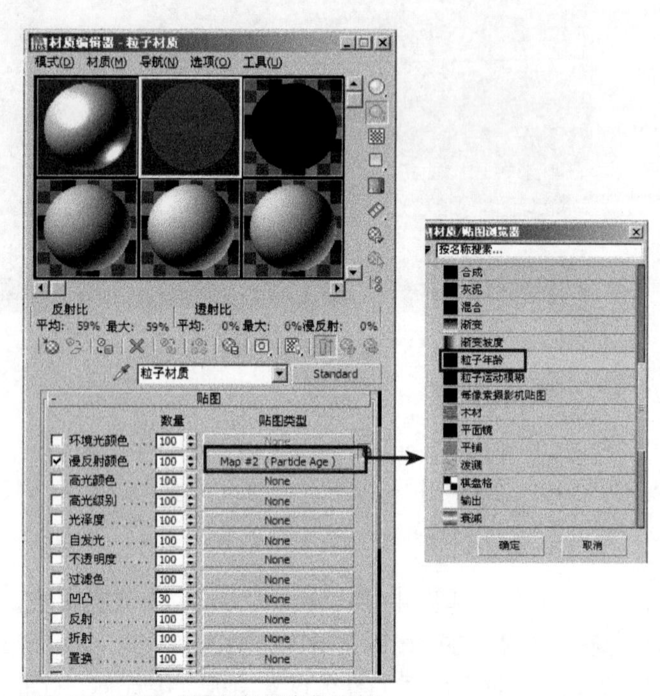

图9-55　设置“漫反射颜色”贴图

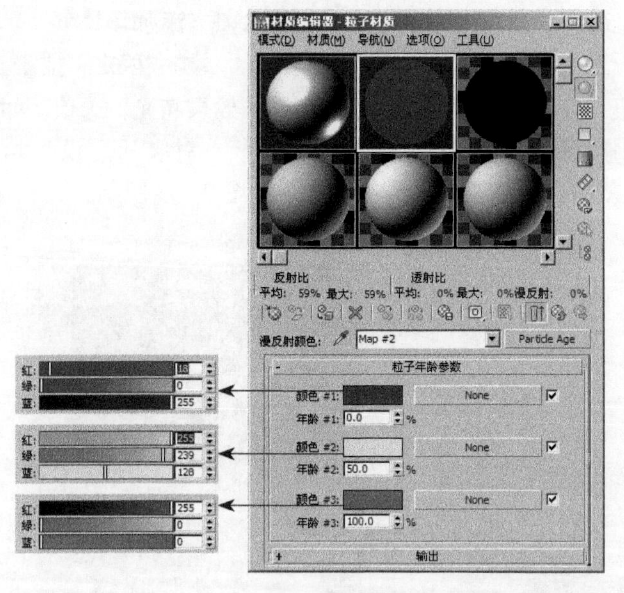

图9-56　设置“粒子年龄”贴图的颜色

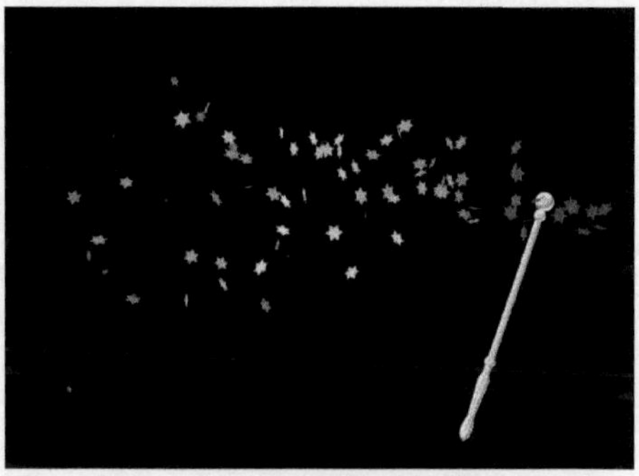

图9-57　渲染后的效果

4. 制作雪花粒子高亮特效

① 选择视图中的“雪”粒子，右击，从弹出的快捷菜单中选择“属性”命令，然后在弹出的“对象属性”对话框中将“G缓冲区”选项组中的“对象ID”设置为1，如图9-58所示，单击“确定”按钮。

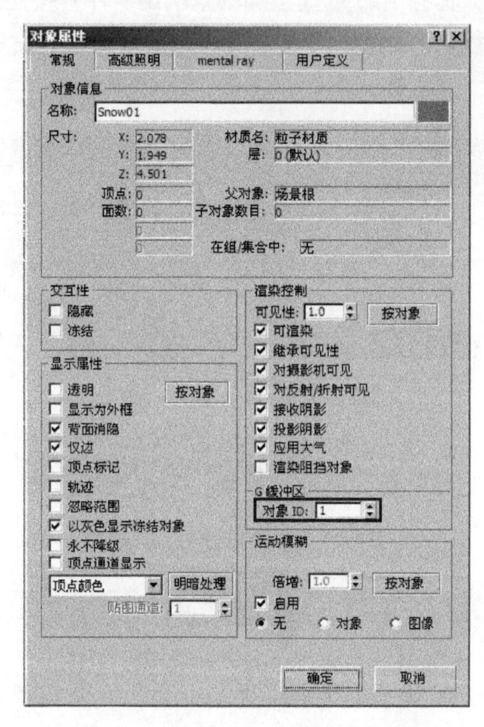

图9-58　创建一个“雪”粒子系统

② 执行菜单中的“渲染|Video Post”命令，在弹出的设置面板上单击（添加场景事件）按钮，然后在弹出的对话框中将渲染视图设置为“透视”，如图 9-59 所示，单击“确定”按钮。

③ 单击（添加图像过滤事件）按钮，在弹出的对话框中选择“镜头效果高光”选项，如图 9-60 所示，单击“设置”按钮。然后在弹出的“镜头效果高光”界面中将“对象 ID”设为 1，接着单击“预览”按钮和“VP 队列”按钮就可以看到雪花的高亮效果，如图 9-61 所示。

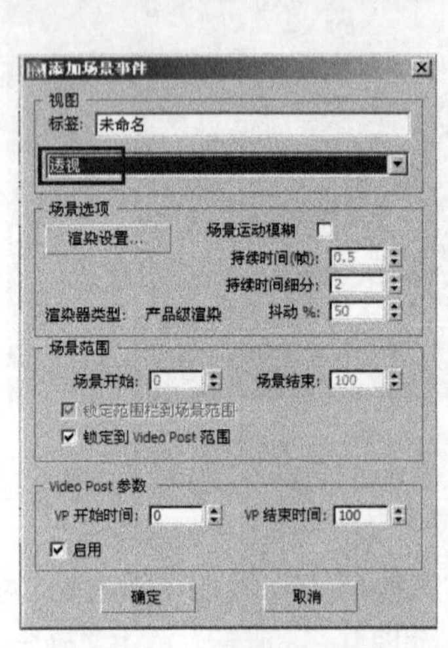

图9-59 添加场景事件

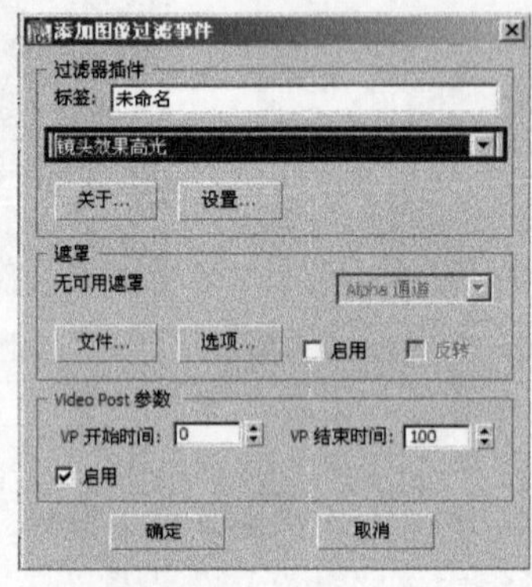

图9-60 选择“镜头效果高光”

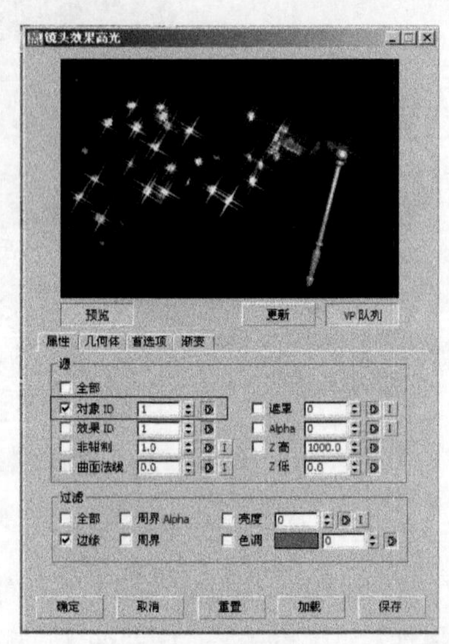

图9-61 设置“镜头效果高光”参数

④ 单击 Video Post 工具栏中的（添加场景输出事件）按钮，然后在弹出的“添加场景输出事件”对话框中单击 文件... 按钮。再在弹出的对话框中输入文件名称并选择输出类型，单击“确定”按钮，结果如图 9-62 所示。

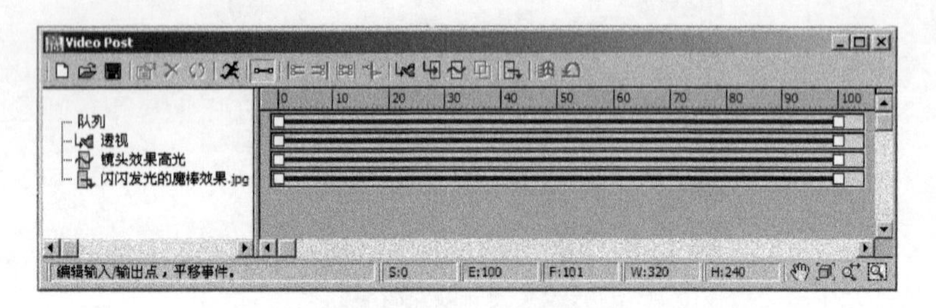

图9-62 Video Post 面板

⑤ 单击 Video Post 工具栏中的（执行序列）按钮，然后在弹出的“执行 Video Post”对话框中设置如图 9-63 所示，单击“渲染”按钮，即可输出文件，生成的最终效果如图 9-64 所示。

提示

“镜头效果高光”在调节时的预视效果不能作为最后效果的参考，因为它是针对像素进行计算的，而预览窗口图像的尺寸只有320 × 240左右大小。实际渲染时，只有在渲染320 × 240尺寸的图像进效果才会与预览窗口相符，而其他尺寸则会相应发生变化，如实际渲染640 × 480尺寸，产生光芒的区域与预览窗口相比会增多，光芒的数量也会增多。最后效果的确定要以实际尺寸的渲染为准。

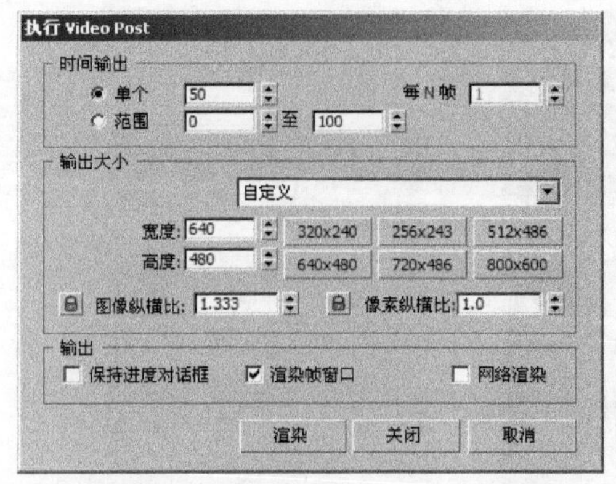

图9-63 “执行Video Post”对话框

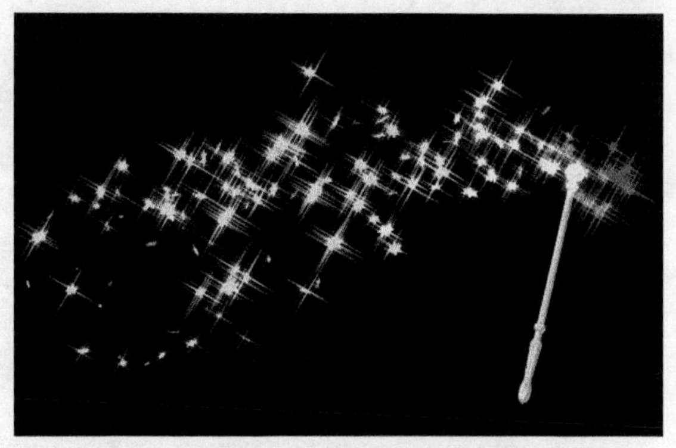

图9-64 添加镜头效果高光后的魔棒效果

9.3.2 制作发光的文字效果

要点

本例将制作发光字效，如图9-65所示。通过本例学习应掌握目标聚光灯，“路径变形（WSM）”修改器和“镜头效果光晕”滤镜的综合应用。

图9-65 霓红灯动画效果

操作步骤

1. 制作文字动画

① 执行菜单中的“文件|打开”命令，打开配套光盘中的“素材及结果\9.3.2 制作发光文字效果\发光文字源文件 .max”文件，如图 9-66 所示。

② 将总帧数调到 200 帧，PAL 制。方法：在动画控制区中单击（时间配置）按钮，然后在弹出的“时间配置”对话框中设置如图 9-67 所示，单击“确定”按钮。

③ 单击（创建）面板下（几何体）中的 圆柱体 按钮，在左视图中建立一个“圆柱体”，半径设为 1，高度设为 400，高度分段设为 200，其他使用默认值即可，结果如图 9-68 所示。

提示

如果图形简单，可以适当减小高度分段数；如果很复杂，200（最大值）仍无法满足要求，可以通过放样的方法来制作，或将多个圆柱体“附加”结合在一起。

④ 执行修改器下拉列表中的“路径变形（WSM）”命令，单击“拾取路径”按钮后拾取视图中文字“3”图形轮廓。然后单击“转到路径”按钮，结果圆柱体被放置在轮廓线上，如图 9-69 所示。

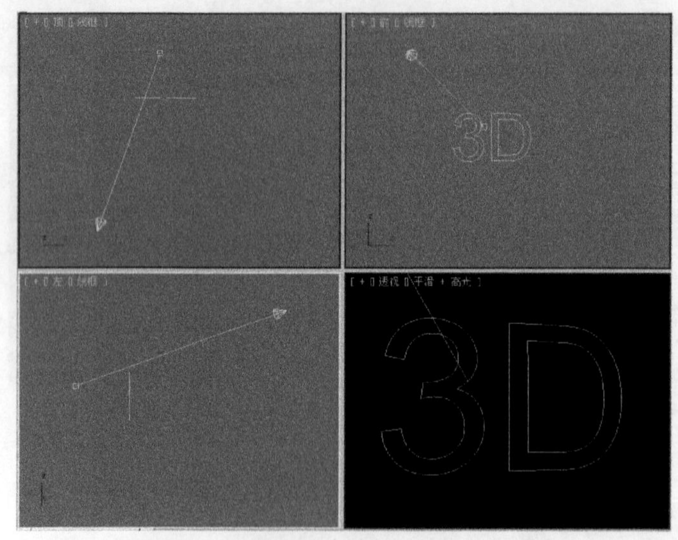

图9-66 “发光文字源文件.max”文件

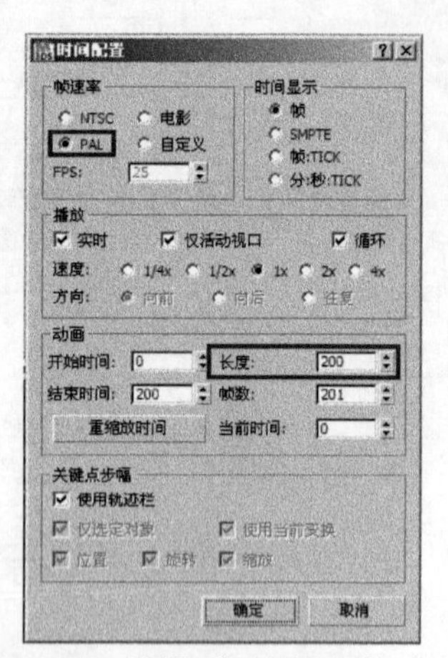

图9-67 设置“时间配置”参数

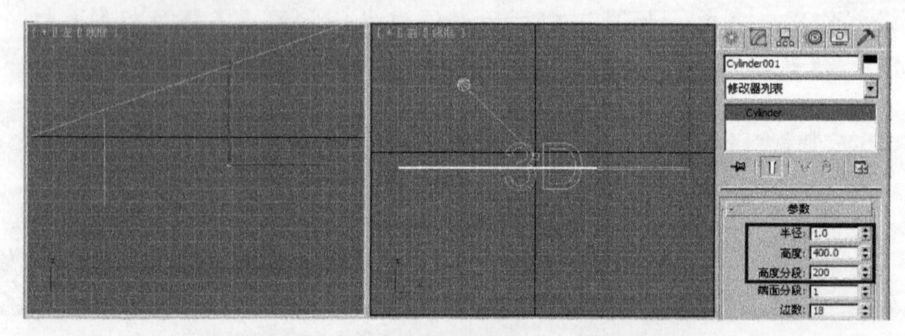

图9-68 在顶视图中创建一个圆柱体

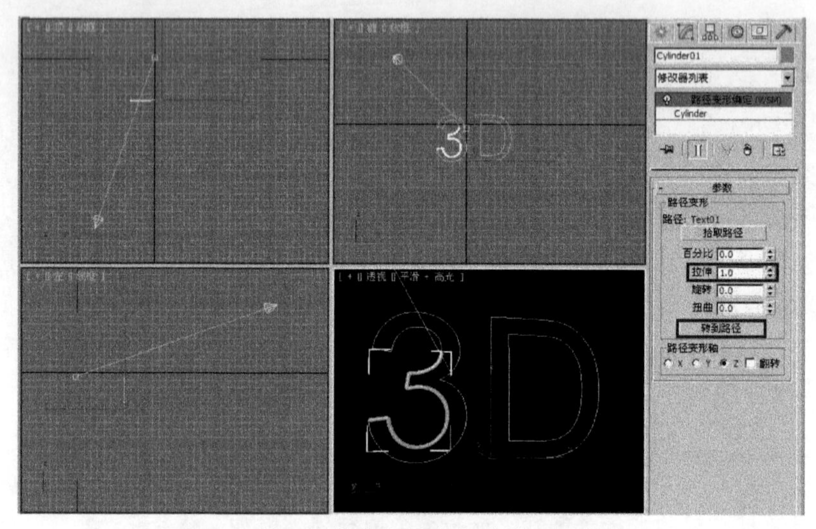

图9-69 将圆柱体绑定到文字“3”图形轮廓上

⑤ 将“拉伸”值设为0，拨动时间滑块至80帧，激活“自动关键点”按钮。然后将“拉伸”值设为3，这时应该正好将轮廓封闭。接着关闭“自动关键点”按钮，拨动滑块看一下伸展效果，如图9-70所示。

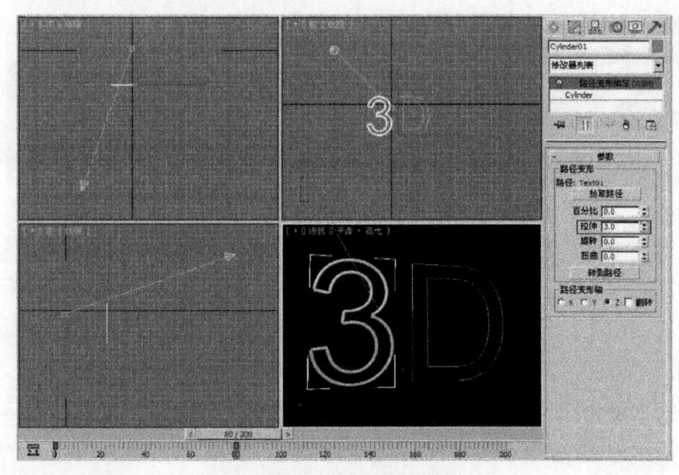

图9-70 制作伸展动画

⑥ 制作“D”的方法同“3”的制作方法一样。因“3”属于单轮廓图形，而“D”的轮廓是两个图形，所以需将其分离为两个独立的物体。为了先出现“3”再出现“D”，需将“D”外轮廓的动画开始帧设置为80帧，结束帧设置为160帧。再将“D”内轮廓的动画开始帧设置为160帧，结束帧设置为200帧。

2. 为3D赋予光晕特效

① 赋予文字“3D”不同轮廓相应的对象ID号。右击文字“3”，从弹出的快捷菜单中选择“属性”命令，然后在弹出的“对象属性”面板中将“G缓冲区”选项组中的“对象ID”设置为1，如图9-71所示，单击“确定”按钮。同理，将“D”外轮廓的“对象ID”设置为2，将“D”内轮廓的“对象ID”设置为3。

② 设置文字“3”的镜头光晕效果。方法：执行菜单中的“渲染|Video Post”命令，在弹出的设置面板上单击（添加场景事件）按钮，将渲染视图设置为“透视”，如图9-72所示，单击“确定”按钮。接着单击（添加图像过滤事件）按钮，在弹出的“添加图像过滤事件”对话框中选择“镜头效果光晕”选项，如图9-73所示，单击“确定”按钮，此时Video Post面板如图9-74所示。

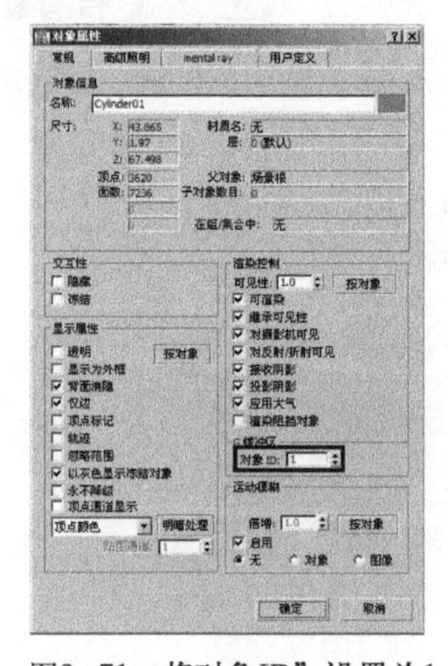

图9-71 将对象ID”设置为1

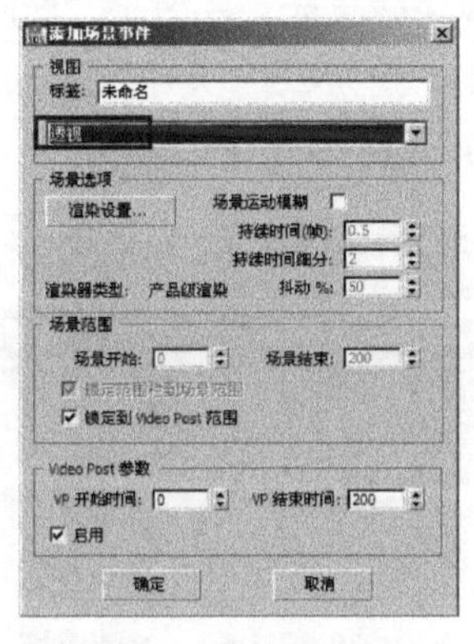

图9-72 添加场景事件

图9-73 选择镜头效果光晕

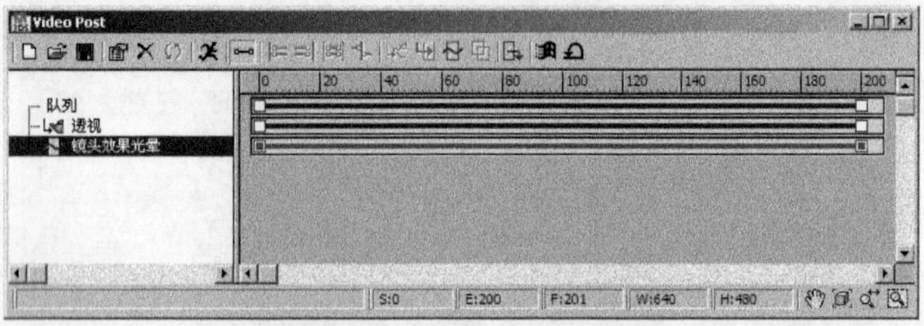

图9-74　Video Post面板

③ 在Video Post面板中双击添加的“镜头效果光晕”滤镜，然后在弹出的“编辑过滤事件”对话框中单击“设置”按钮，如图9-75所示。接着在弹出的“镜头效果光晕”对话框中的“属性”选项卡中将“对象ID”设为1，再单击“预览”按钮和“VP队列”按钮，效果如图9-76所示，即可看到文字“3”上的光晕效果。

④ 此时光晕效果过于明显，下面在“首选项”选项卡中将“大小”设为3，再单击“更新”按钮，效果如图9-77所示。

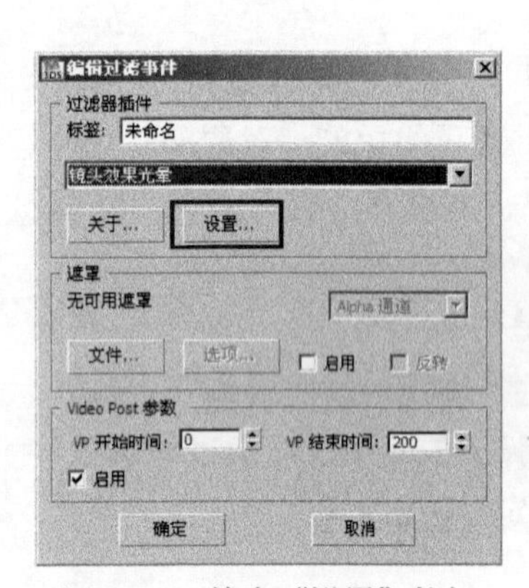

图9-75　单击“设置”按钮

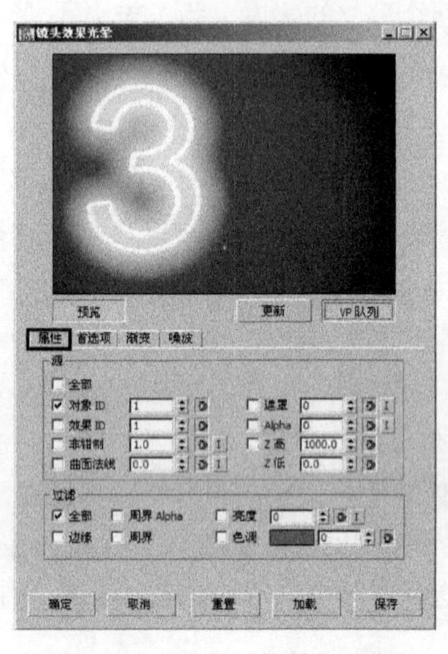

图9-76　设置“属性”参数

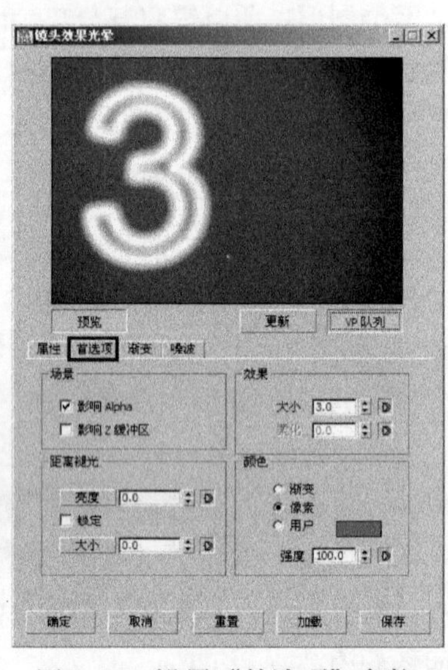

图9-77　设置“首选项”参数

⑤ 设置文字“D”外轮廓的镜头光晕效果。方法：在Video Post面板中单击（添加图像过滤事件）按钮，再次添加一个“镜头效果光晕”效果，此时Video Post面板如图9-78所示。然后设置该镜头效果光晕的“对象ID”设为2，“大小”设为3，再单击“预览”按钮和“VP队列”按钮，即可看到文字“D”外轮廓的光晕效果，效果如图9-79所示。

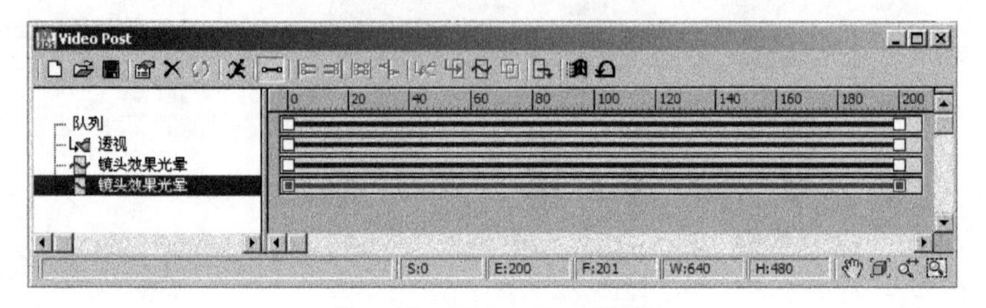

图9-78　Video Post面板

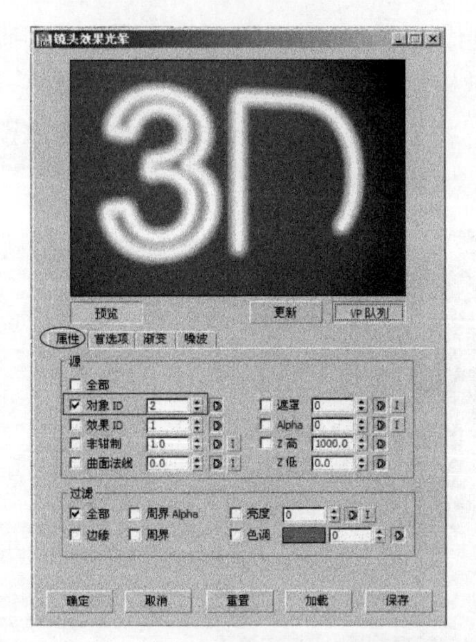

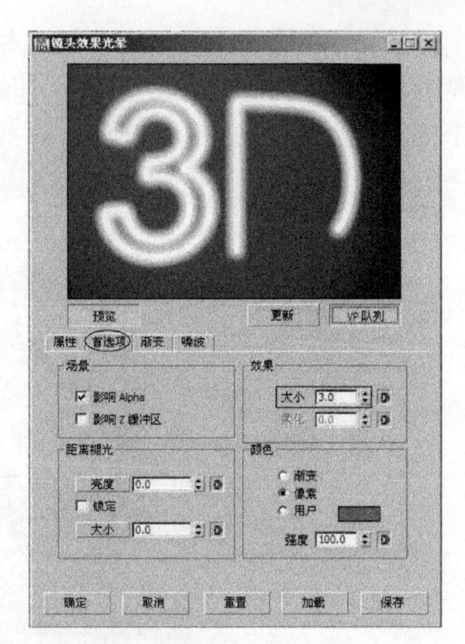

图9-79 设置第2个“镜头效果光晕”参数

⑥ 设置文字“D”内轮廓的镜头光晕效果。方法：在 Video Post 面板中单击 （添加图像过滤事件）按钮，再次添加一个“镜头效果光晕”效果，此时 Video Post 面板如图 9-80 所示。然后设置该镜头效果光晕的“对象 ID”设为 3，“大小”设为 3，再单击“预览”按钮和“VP 队列”按钮，即可看到文字“D”外轮廓的光晕效果，效果如图 9-81 所示。

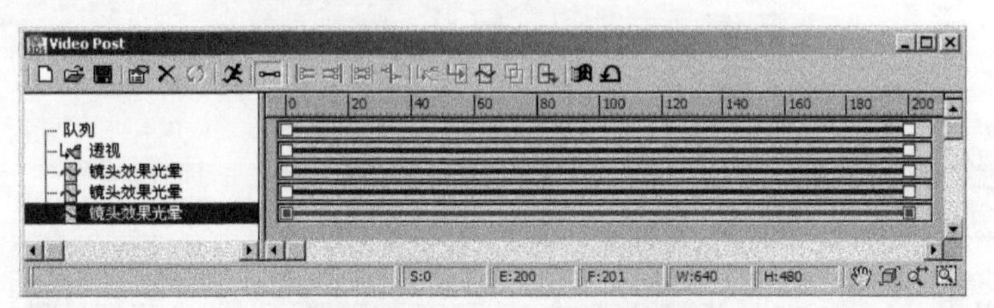

图9-80 Video Post面板

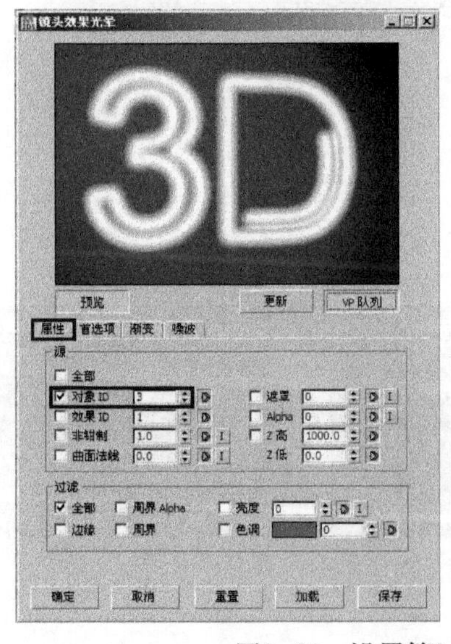

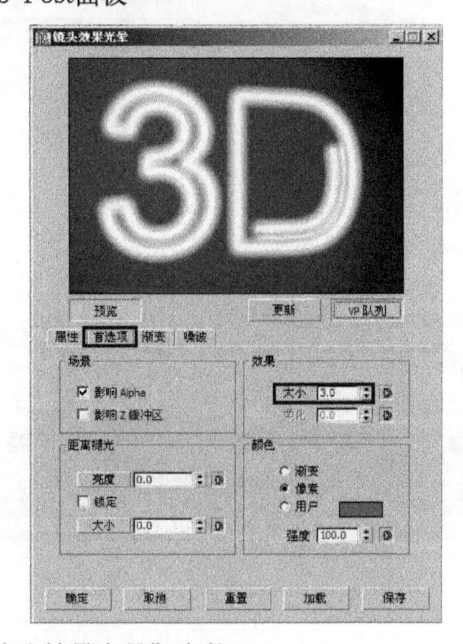

图9-81 设置第3个“镜头效果光晕”参数

⑦ 至此，文字“3D”的镜头效果光晕基本制作完毕，但是此时在文字“3”发光的同时，文字“D”的内外轮廓也会发光，如图 9-82 所示。下面就来解决这个问题。方法：在 Video Post 面板中将第 2 个“镜头效果光晕的”起点设为 80 帧，将第 3 个“镜头效果光晕的”起点设为 160 帧，如图 9-83 所示。

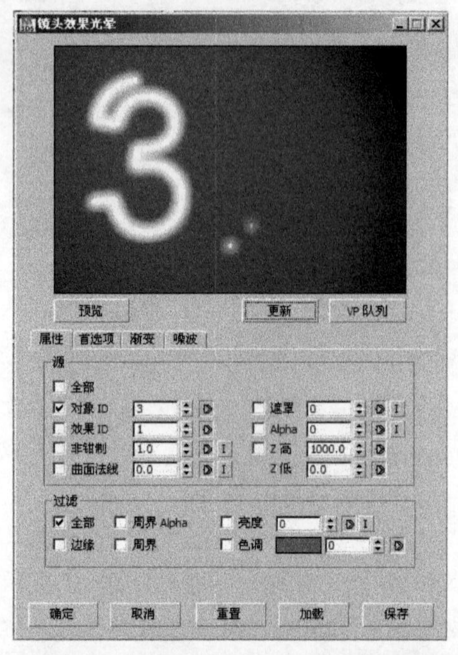

图9-82　文字“3D”同时发光的效果

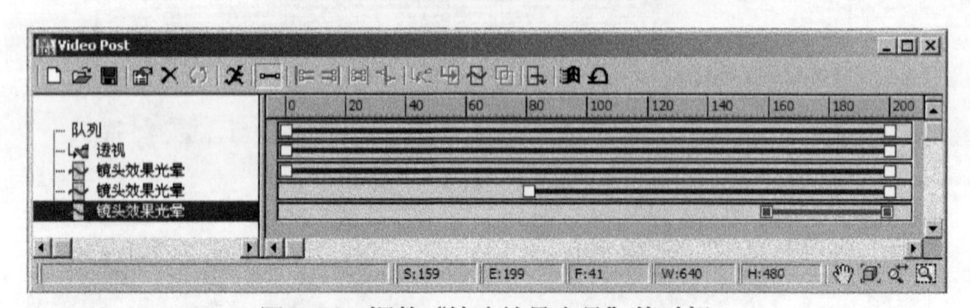

图9-83　调整“镜头效果光晕”的时间

⑧ 在“视频编辑”工具栏中单击 （添加图像输出事件）按钮，在弹出的对话框中设定文件名、存储位置及格式等，再单击 （执行序列）按钮，稍后生成最终的效果，如图 9-84 所示。

图9-84　霓虹灯动画效果

课后练习

1. 填空题

（1）Video Post界面分为5个区域，它们分别为__________、__________、__________、________和________。

（2）使用________滤镜，可以制作出吊灯的金属边缘闪闪发光的效果。

2. 选择题

（1）3ds Max 2011中共有________种滤镜特效。

A．9　　B．10　　C．11　　D．12

（2）利用________滤镜可以产生图9-85所示的效果。

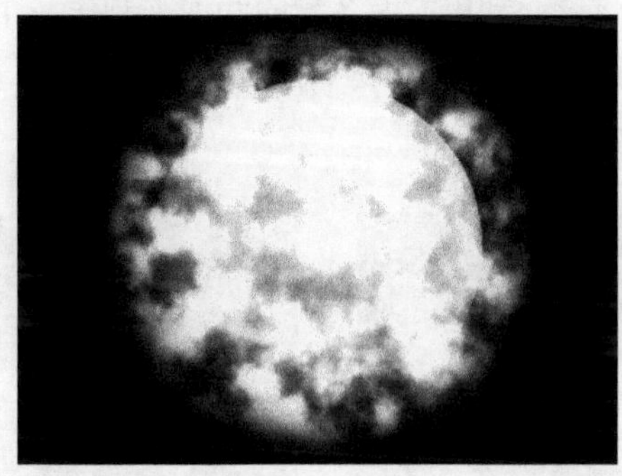

图9-85　滤镜效果

A．镜头效果高光　　B．镜头效果光斑

C．镜头效果光晕　　D．镜头效果焦点

3. 问答题 / 上机题

（1）简述"镜头效果高光"和"镜头效果光斑"滤镜的使用方法。

（2）练习1：制作图9-86所示的星光效果。

（3）练习2：制作图9-87所示的礼花绽放效果。

图9-86　练习1效果

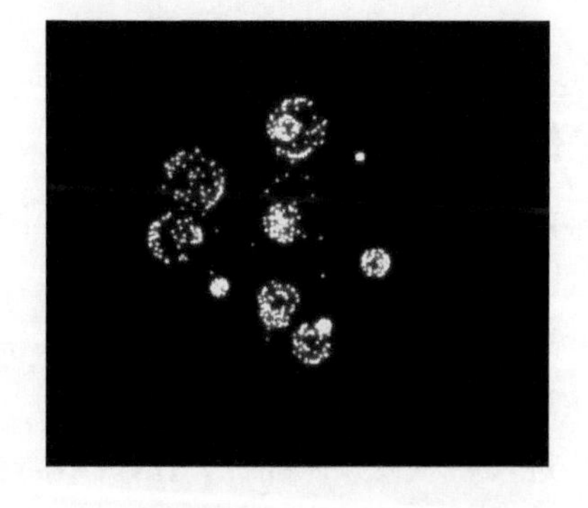

图9-87　练习2效果

第10章

综合实例——制作飞舞的蝴蝶效果

通过前面9章的学习，大家已经掌握了3ds max 2008的建模、材质、灯光和摄影机的基础知识，并能够利用动画控制器、空间变形工具、粒子系统和Video Post（视频特效）制作出一些简单的动画及特效。本章将综合利用前面各章的知识来制作一个在花丛中飞舞的蝴蝶效果，如图10-1所示。通过本例的学习，读者应掌握材质、“路径约束”动画控制器、“喷射”粒子、轨迹视图和Video Post的综合应用。

图10-1 飞舞的蝴蝶效果

10.1 创建蝴蝶造型

操作步骤

① 单击菜单栏左侧快速访问工具栏中的按钮，然后从弹出的下拉菜单中选择“重置”命令，重置场景。

② 进入（图形）面板，单击按钮，在顶视图中创建封闭图形作为蝴蝶一侧的翅膀，如图10-2所示。

③ 进入（修改）面板，在修改器列表下拉列表中的“挤出”命令，将二维图形转换为三维物体，如图10-3所示。

④ 镜像出另一侧的翅膀。方法：在顶视图中选择翅膀造型，然后单击工具栏中的（镜像）工具，在弹出的对话框中设置如图10-4所示，单击“确定”按钮，效果如图10-5所示。

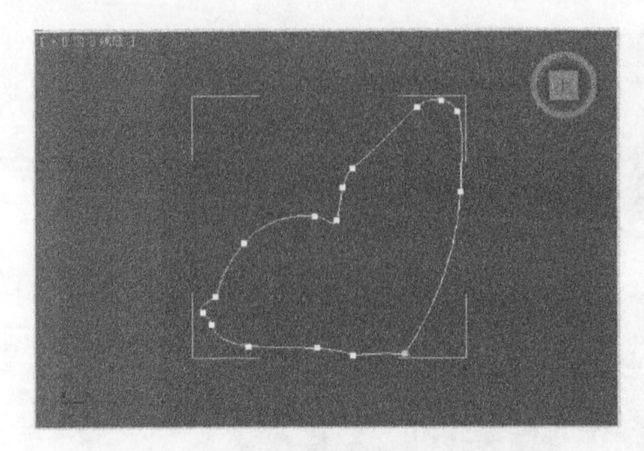

图10-2　创建蝴蝶一侧的封闭图形

图10-3　挤出效果

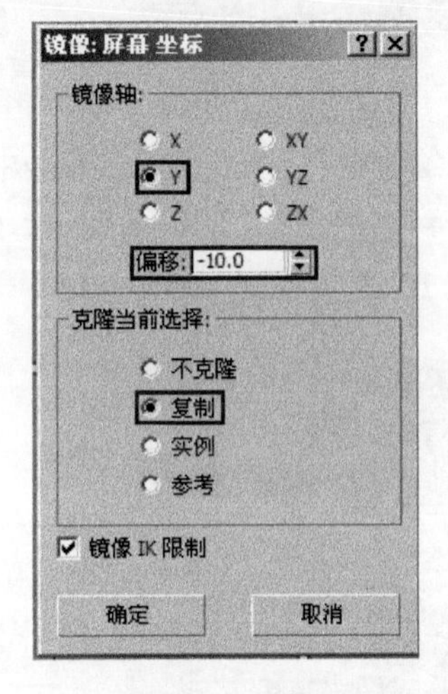

图10-4　设置“镜像”参数

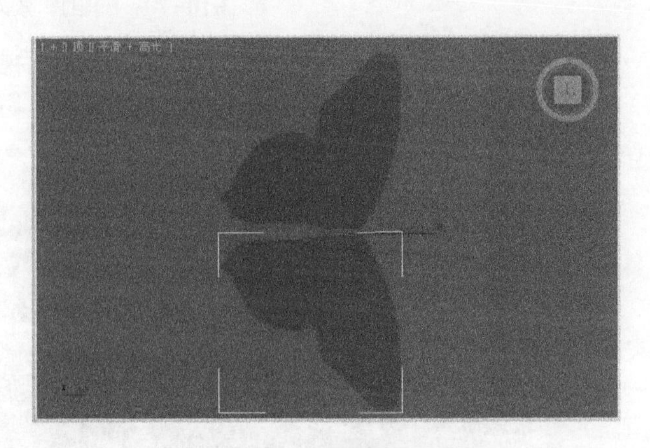

图10-5　“镜像”效果

⑤ 制作蝴蝶的躯体。方法：首先在顶视图中创建一个“矩形”，然后进入（修改）面板，执行修改器下拉列表中的“编辑样条线”命令。接着进入（顶点）层级，单击“优化”按钮后在矩形上添加顶点，并调整形状，结果如图 10-6 所示。最后执行修改器下拉列表中的“车削”命令，参数设置及效果如图 10-7 所示。

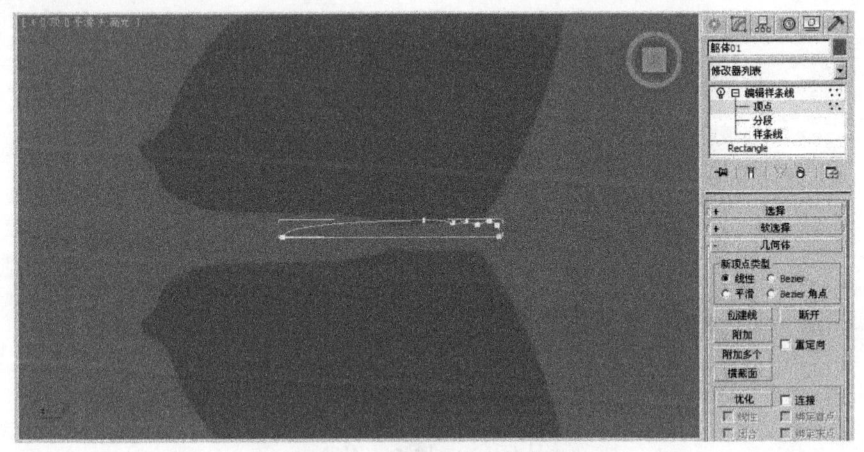

图10-6　创建矩形并调整形状

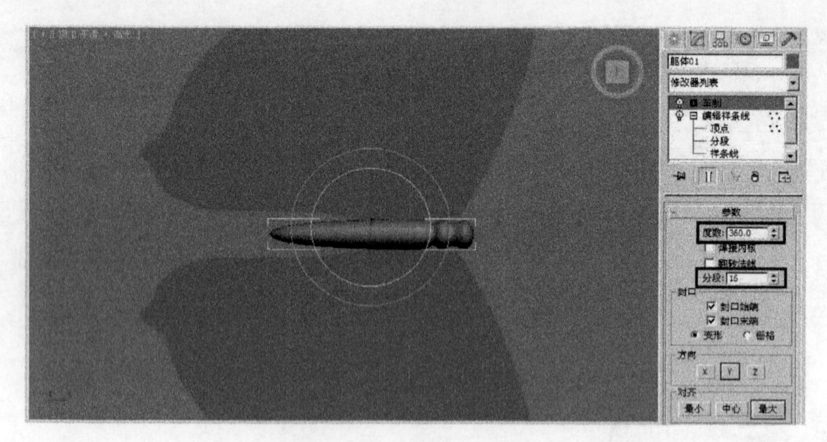

图10-7　“车削”效果

⑥ 制作蝴蝶的触角。方法：首先使用“线”工具在顶视图中绘制曲线，并选中“在渲染中启用”和“在视口中启用”两个复选项，以便在渲染和视图中均可看到效果，如图10-8所示。然后利用工具栏中的 (镜像）工具镜像出另一侧的触角，效果如图10-9所示。

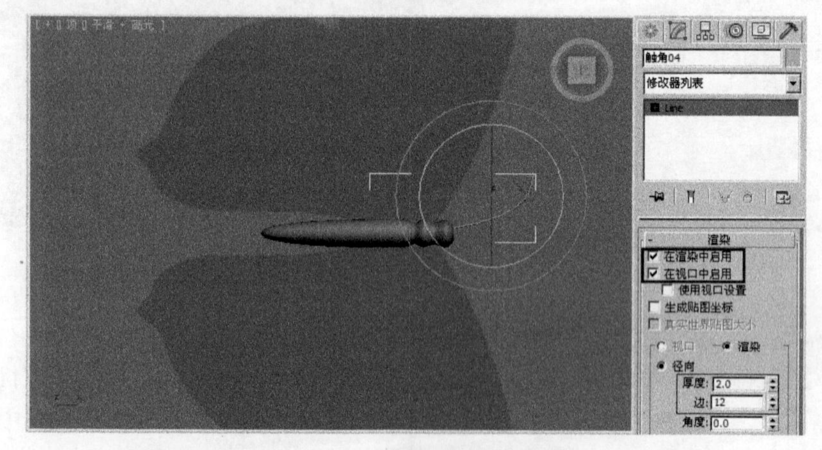

图10-8　设置“渲染”参数

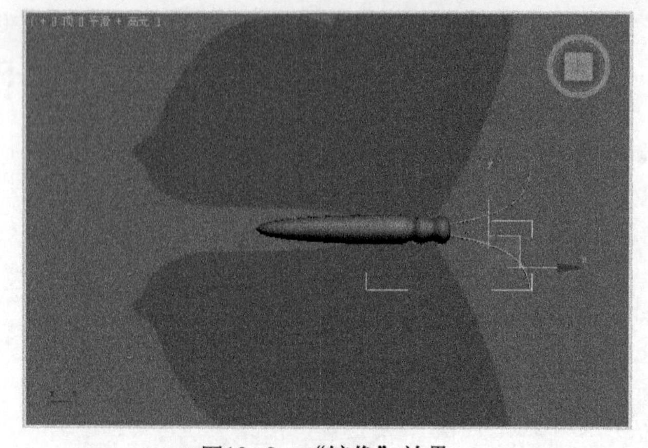

图10-9　“镜像”效果

⑦ 至此，整个蝴蝶造型制作完毕，为了使蝴蝶的翅膀、触角与躯体一起运动，下面利用工具栏中的 （选择并链接）工具将翅膀和触角链接到蝴蝶躯体上。此时可以通过单击工具栏中的 （按名称选择）按钮，来查看链接情况，如图 10-10 所示。

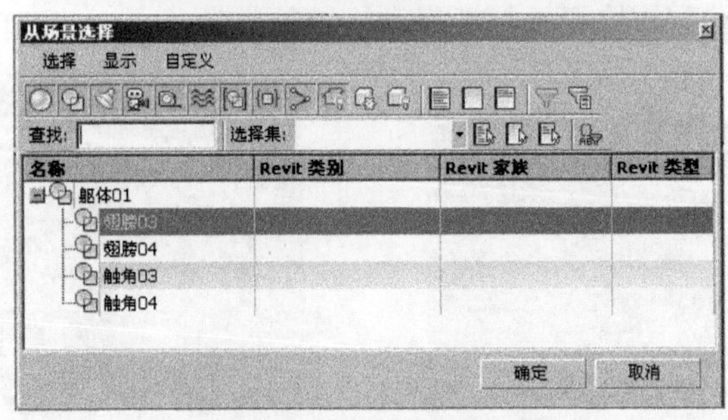

图10-10　查看链接情况

10.2 制作蝴蝶原地扇动翅膀动画

操作步骤

① 激活 自动关键点 按钮（快捷键〈N〉），然后将时间轴滑块定位到第 4 帧，利用工具栏中的 （选择并旋转）工具，在左视图中沿 Z 轴旋转 45°。同理，对另一侧的翅膀进行同样的处理，结果如图 10-11 所示。

② 在时间轴上按住〈Shift〉键，分别将蝴蝶两侧翅膀的第 0 帧复制到第 8 帧，如图 10-12 所示。此时播放动画即可看到蝴蝶翅膀扇动的动画效果。

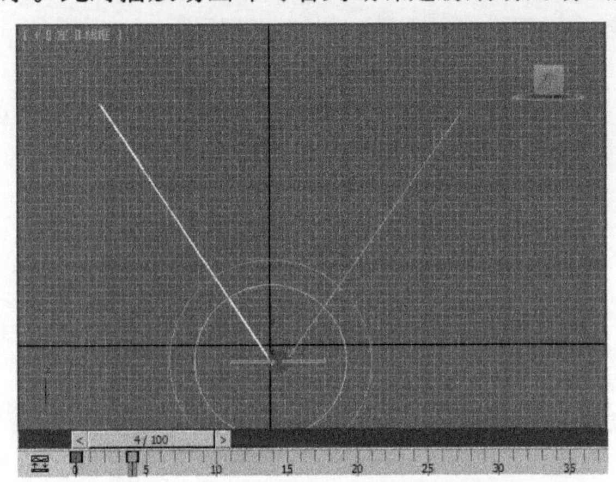

图10-11　在第4帧旋转两侧翅膀

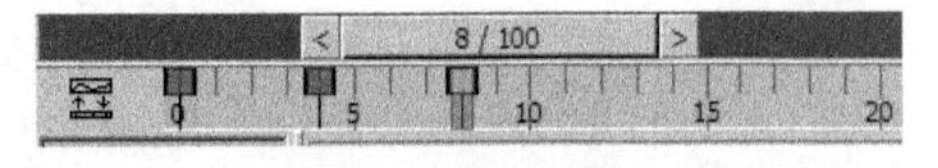

图10-12　将蝴蝶翅膀的第0帧复制到第8帧

③ 制作蝴蝶躯体随扇动翅膀而上下运动动画。方法：确认激活 自动关键点 按钮（快捷键〈N〉），然后选择视图中蝴蝶的躯体造型，在第0帧在左视图中将其向上移动，如图10-13所示。接着在第4帧在左视图中将其向下移动，如图10-14所示。最后再次单击 自动关键点 按钮，停止录制。

④ 在时间轴上按住〈Shift〉键，将第0帧复制到第8帧。

⑤ 此时蝴蝶只是在第0～8帧扇动翅膀和躯干运动，之后就静止了，下面利用轨迹视图制作循环动画。方法：选中视图中蝴蝶躯体造型，然后单击工具栏中的 （曲线编辑器）按钮，进

入轨迹视图，如图10-15所示。接着执行 （参数曲线超出范围类型）按钮，在弹出的对话框中选择“循环”选项，如图10-16所示，单击“确定”按钮，效果如图10-17所示。最后分别选择蝴蝶两侧的翅膀，也将其设置为“循环”方式。

⑥ 播放动画，即可看到蝴蝶原地循环扇动翅膀的效果。

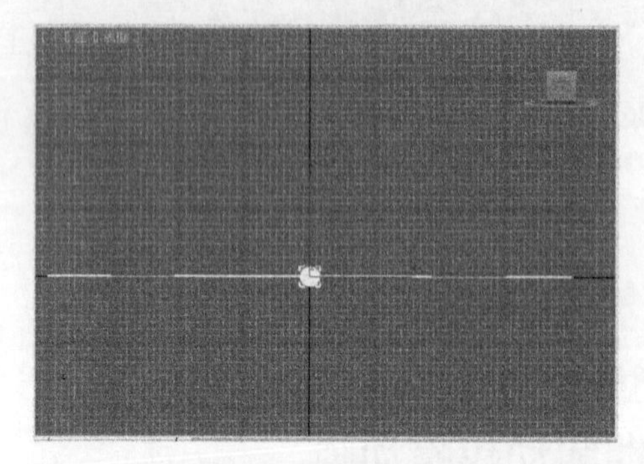

图10-13　在第0帧在左视图中将其向上移动

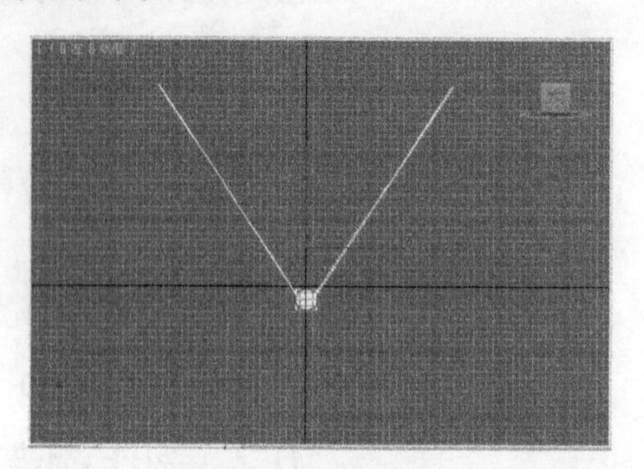

图10-14　在第4帧在左视图中将其向下移动

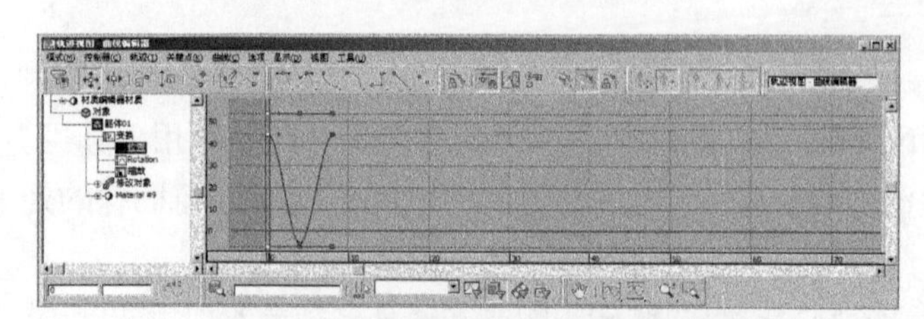

图10-15　选择蝴蝶躯体进入轨迹视图

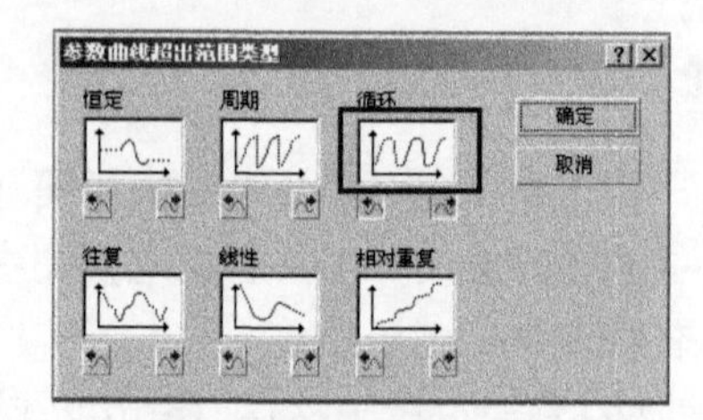

图10-16　选择“循环”

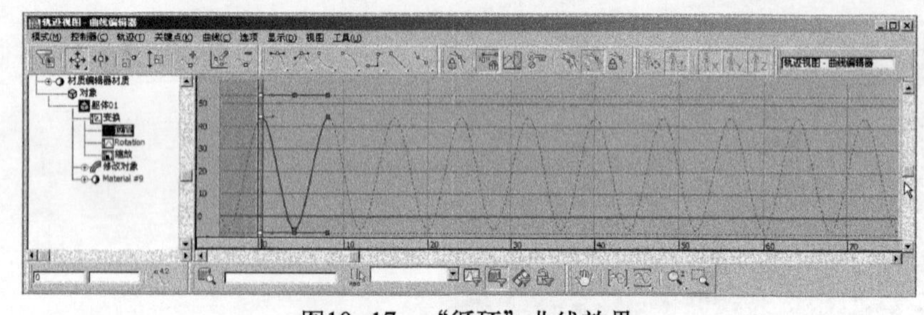

图10-17　“循环”曲线效果

10.3　制作蝴蝶沿路径运动效果

操作步骤

① 利用“线”工具在视图中创建路径，如图10-18所示。

② 选择蝴蝶躯体，进入 （运动）面板，然后选择“位置”，单击 （指定控制器）按钮，如图10-19所示，接着在弹出的对话框中选择“路径约束”选项，如图10-20所示。最后单击“添加路径”按钮，如图10-21所示，再拾取视图中的路径，此时播放动画即可看到蝴蝶沿路径运动的效果。

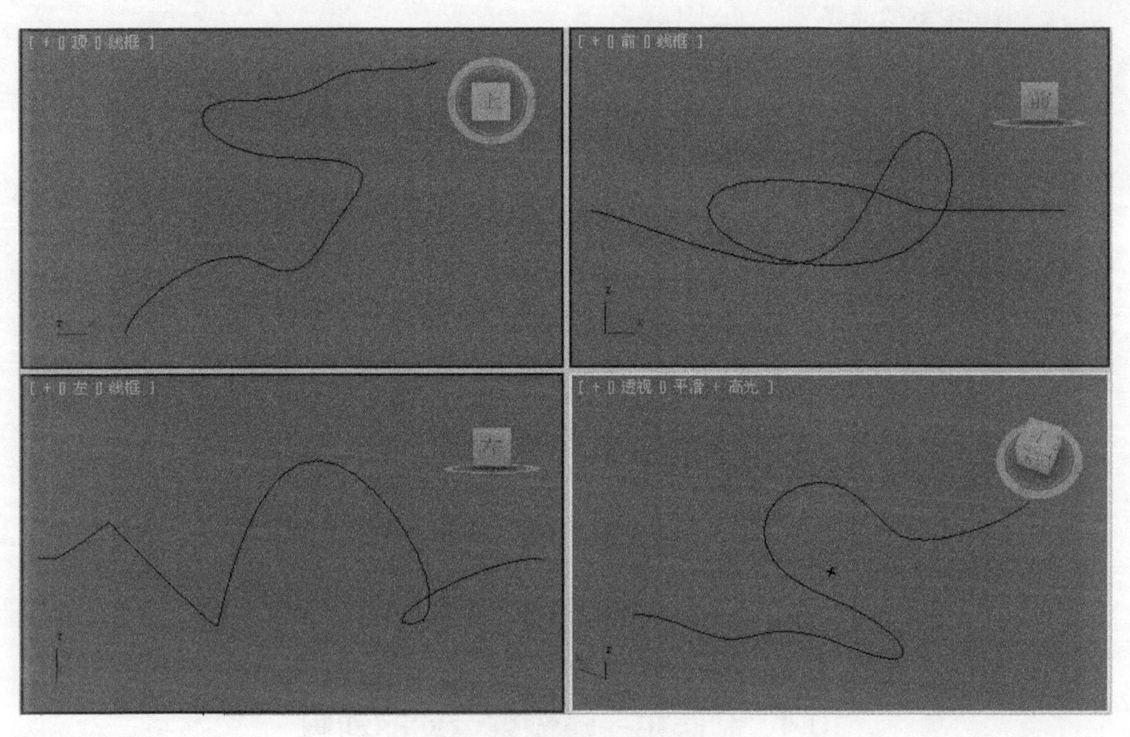
图10-18 创建曲线路径

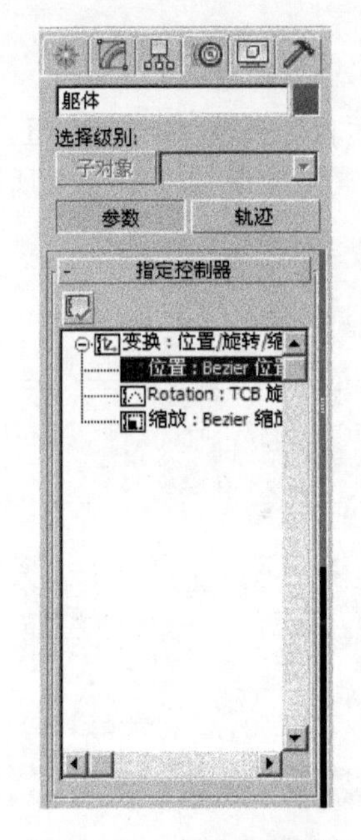

图10-19 创建曲线路径

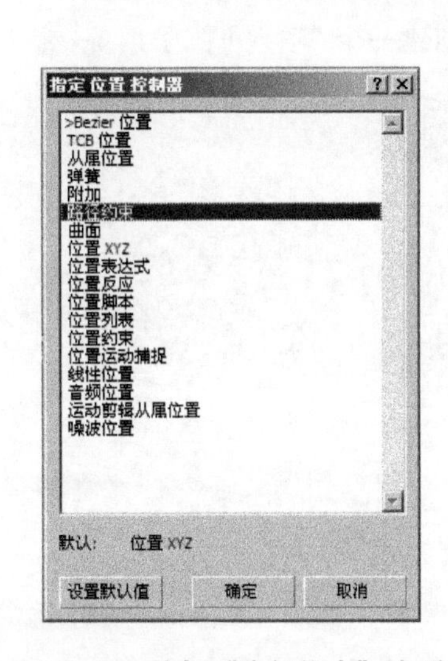

图10-20 选择“路径约束”选项

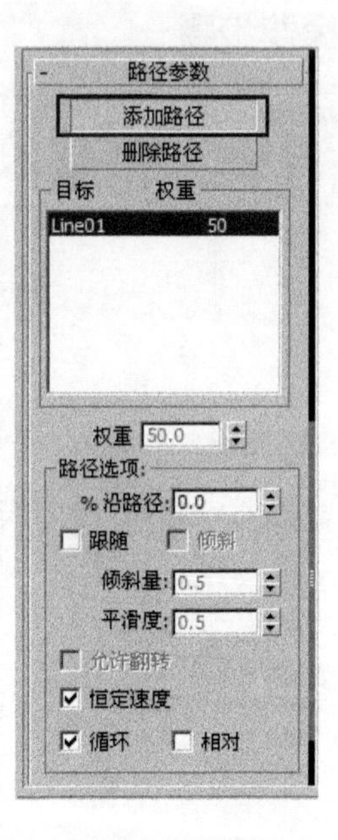

图10-21 单击“添加路径”按钮

③ 此时蝴蝶沿路径运动的方向不正确，下面进一步设置参数如图10-22所示。然后播放动画即可看到蝴蝶沿路径的方向进行运动的效果，如图10-23所示。

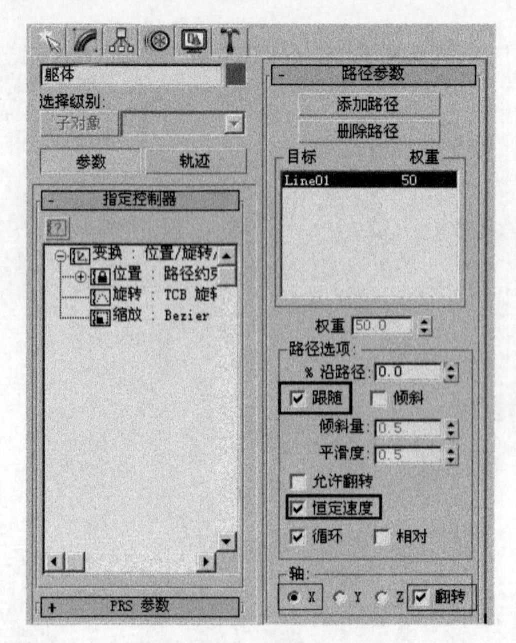

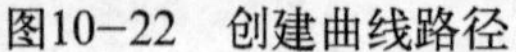

图10-22　创建曲线路径

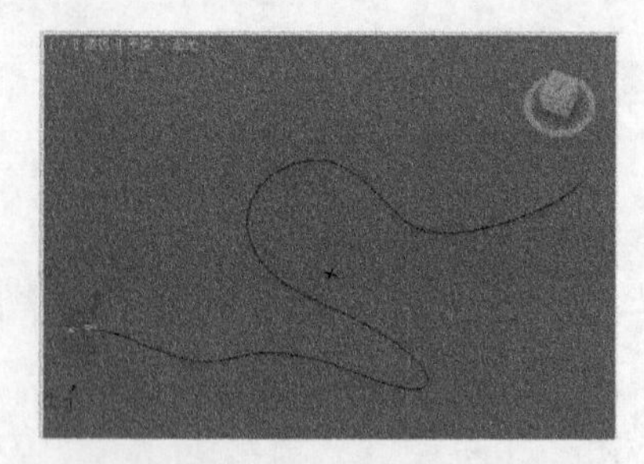

图10-23　沿径向运动的效果

10.4　制作粒子随蝴蝶运动的动画

操作步骤

① 单击（创建）面板下（几何体）中粒子系统面板里的喷射按钮，如图 10-24 所示。然后在顶视图中创建一个“喷射”粒子系统，参数设置及结果如图 10-25 所示。

图10-24　单击“喷射”按钮

图10-25　创建“喷射”粒子系统

② 在第 0 帧，将“喷射”粒子系统移动到图 10-26 所示的位置，然后利用工具栏中的（选择并链接）工具，将“喷射”粒子系统链接到蝴蝶躯体上，然后播放动画，即可看到粒子随蝴蝶运动的效果，如图 10-27 所示。

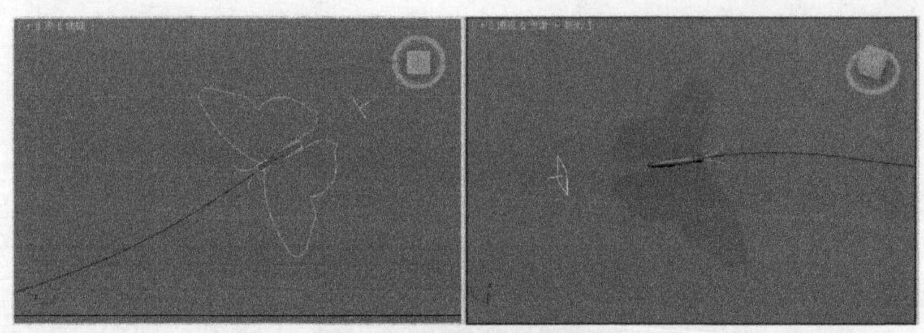

图10-26　第0帧“喷射”粒子的位置

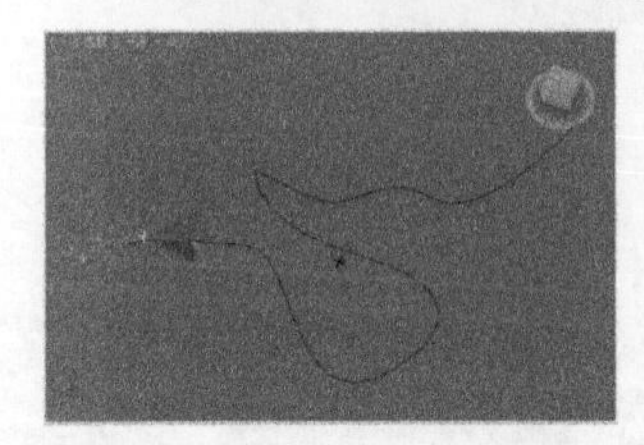

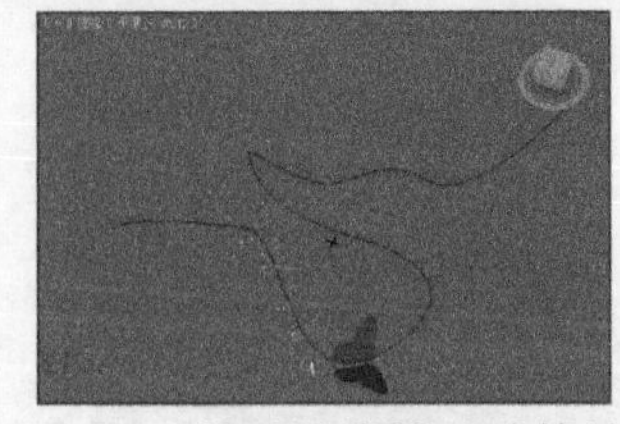

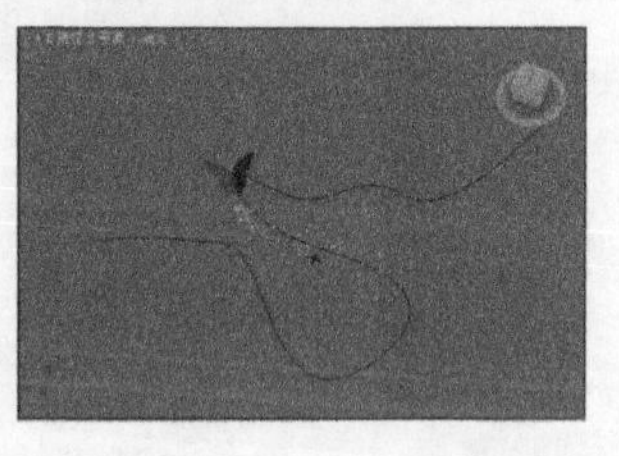

图10-27　粒子随蝴蝶运动的效果

10.5　赋予蝴蝶材质

操作步骤

单击工具栏中的（材质编辑器）按钮，进入材质编辑器。然后选择一个空白的材质球，指定给“漫反射颜色”右侧按钮一个“素材及效果\第10章　综合实例——制作飞舞的蝴蝶效果\maps\butterfly copy.jpg”贴图，接着指定给“不透明度”右侧按钮一个“素材及效果\第10章　综合实例——制作飞舞的蝴蝶效果\maps\butterfly-mask.jpg”贴图，如图10-28所示。最后将该材质分别赋予蝴蝶两侧的翅膀。

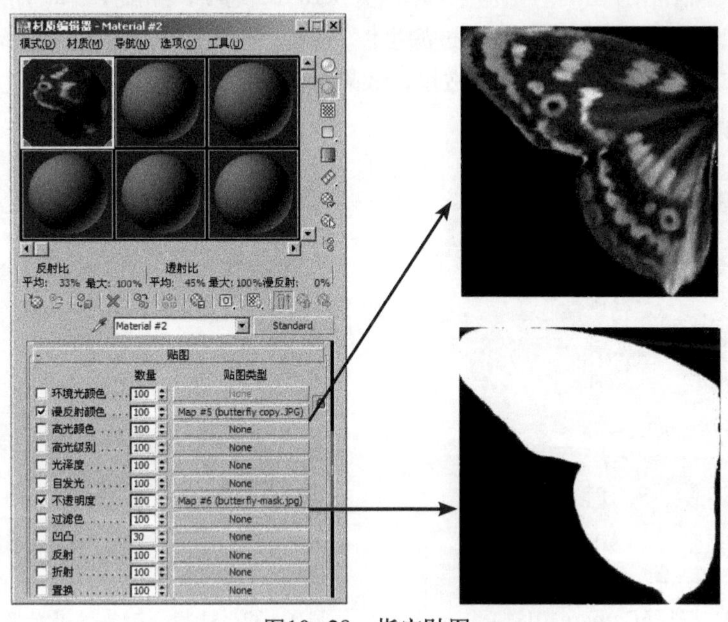

图10-28　指定贴图

10.6 制作粒子发光效果

操作步骤

① 赋给粒子系统一个物体通道。方法：右击视图中的“喷射”粒子系统，从弹出的快捷菜单中选择“对象属性”命令，然后在弹出的对话框中将“对象 ID”设置为 1，如图 10-29 所示。

② 在视图中创建一个目标摄影机，然后选择透视图按〈C〉键，将透视图切换为摄影机视图，接着调整摄影机到合适的角度，如图 10-30 所示。

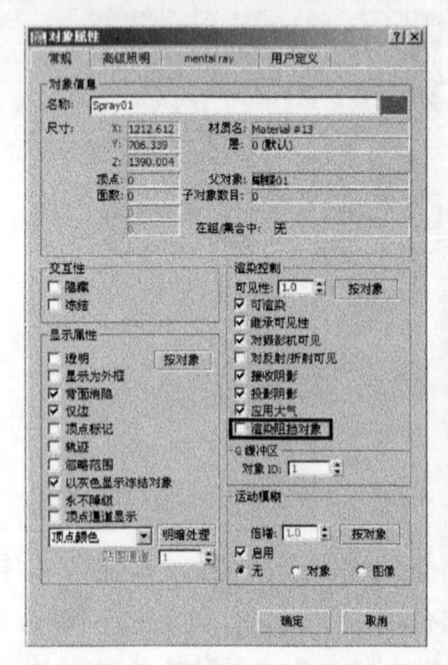

图10-29 设置“对象ID”为1

图10-30 创建目标摄像机

③ 执行菜单中的“渲染|Video Post”命令，从弹出的对话框中单击工具栏中的（添加场景事件）按钮，然后在弹出的对话框中选择 Camera 01 选项，如图 10-31 所示，单击“确定”按钮。接着单击工具栏中的（添加图像过滤事件）按钮，从弹出的对话框中选择“镜头效果光晕”选项，如图 10-32 所示，单击“确定”按钮，效果如图 10-33 所示。

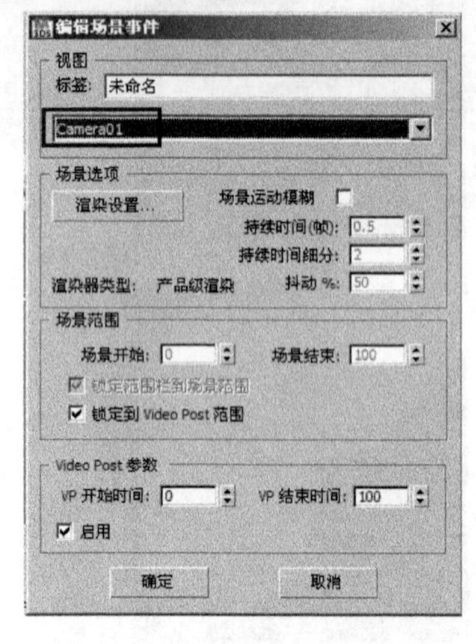

图10-31 选择Camera 01选项

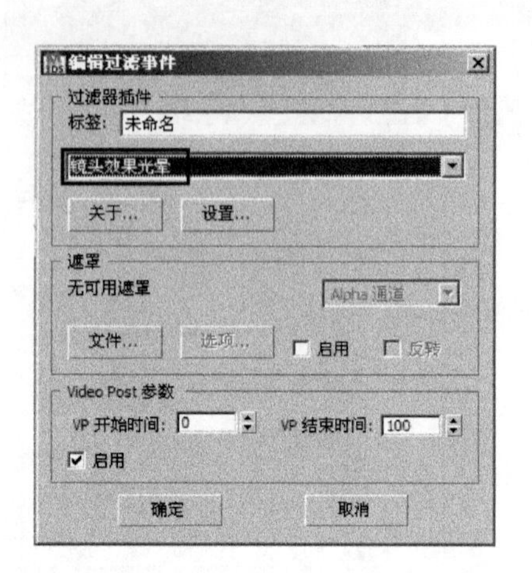

图10-32 选择“镜头效果光晕”选项

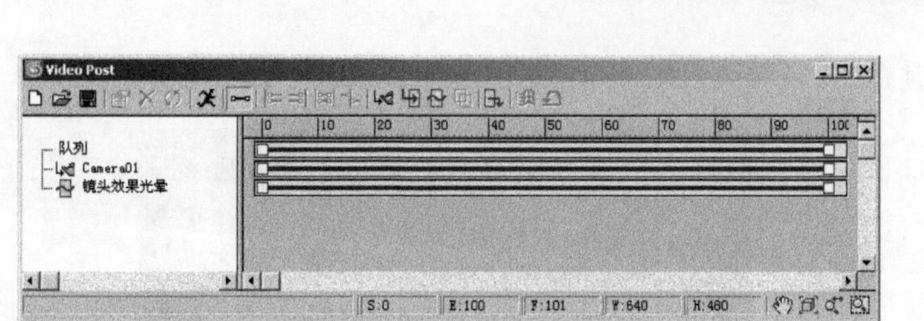

图10-33　添加“镜头效果光晕”特效的效果

④ 设置“镜头效果光晕”参数。方法：双击Video Post窗口右侧最下方的蓝线，重新进入图10-32所示的对话框，然后单击“设置”按钮，进入“镜头效果光晕”对话框。接着单击“预览”和“VIP 队列”按钮，从而在窗口中进行预览。最后设置参数如图10-34所示，单击“确定”按钮。

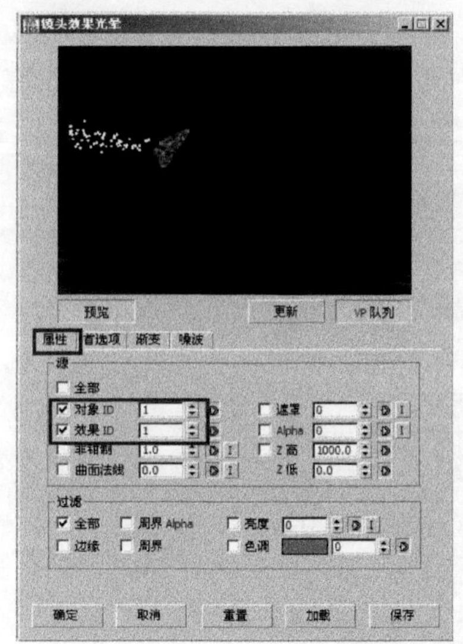

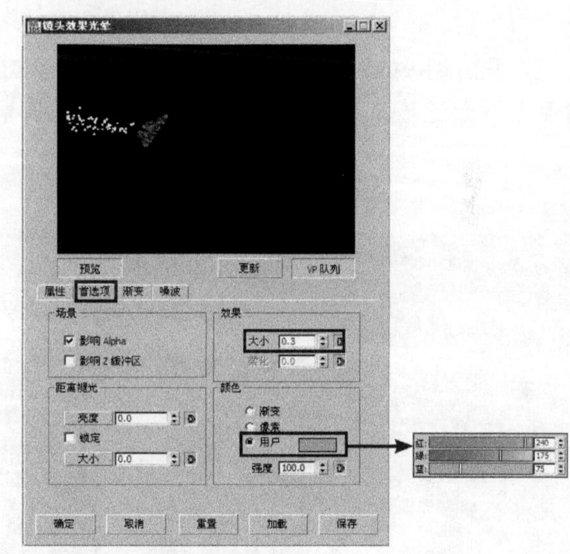

图10-34　设置“镜头效果光晕”参数

10.7　添加背景和灯光效果

操作步骤

① 执行菜单中的“渲染|环境”命令，在弹出的对话框中指定给“环境贴图”下的按钮一张“素材及效果\第 10 章　综合实例——制作飞舞的蝴蝶效果\maps\3.jpg”贴图，如图 10-35 所示。

图10-35　设置背景贴图

② 单击工具栏中的按钮，进行渲染，效果如图 10-36 所示。

图10-36　渲染效果

③ 此时蝴蝶的颜色发暗，与背景不匹配，下面通过添加灯光来解决这个问题。方法：在场景中添加 3 盏泛光灯，如图 10-37 所示。然后并调整这 3 盏泛光灯的参数如图 10-38 所示。

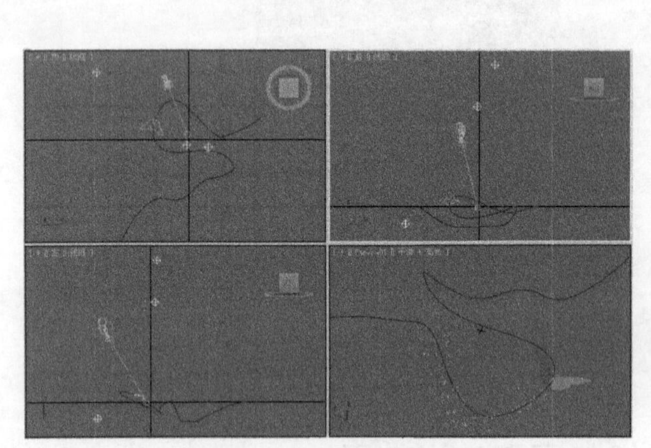

图10-37　添加3盏泛光灯

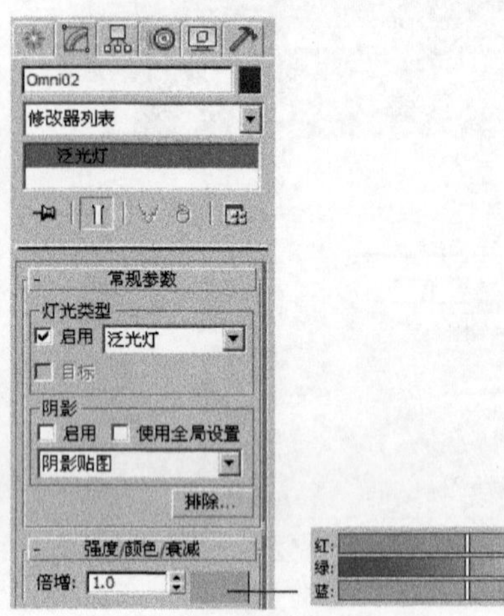

图10-38　设置泛光灯参数

④ 单击工具栏中的按钮，进行渲染，效果如图 10-39 所示。有兴趣的读者可以在场景中添加另一个飞舞的蝴蝶，从而制作出比翼双飞的效果，如图 10-40 所示。

图10-39　再次渲染效果

图10-40　蝴蝶比翼双飞的效果

10.8 输 出 动 画

操作步骤

① 在 Video Post 窗口中单击 （添加图像输出事件）按钮，然后在弹出的图 10–41 所示的对话框中设置单击“文件”按钮。接着在弹出的对话框中设置保存文件的路径、“文件名”和“保存类型”参数，如图 10–42 所示，单击“保存”按钮，再在弹出的“Targa 图像控制”对话框中保持默认参数，如图 10–43 所示，单击“确定”按钮，回到“添加图像输出事件”对话框。最后单击“确定”按钮，此时 Video Post 窗口如图 10–44 所示。

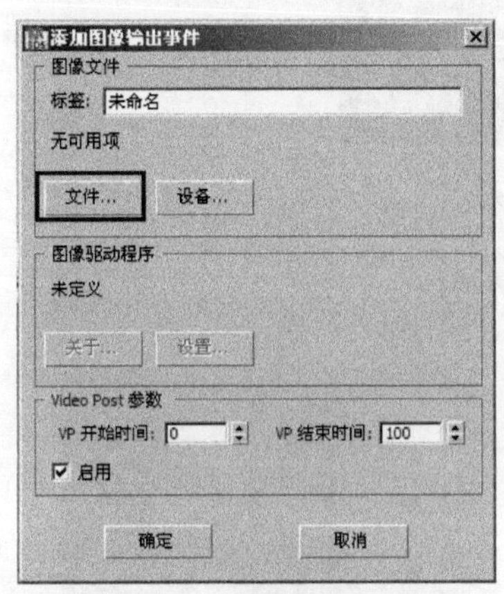

图10–41　设置保持的格式

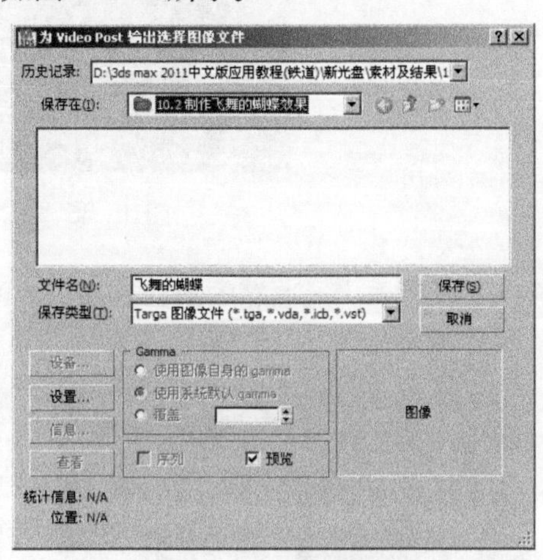

图10–42　设置参数

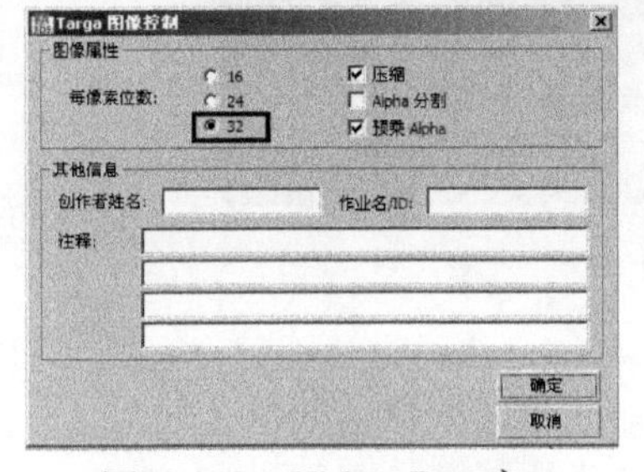

图10–43　Video Post窗口

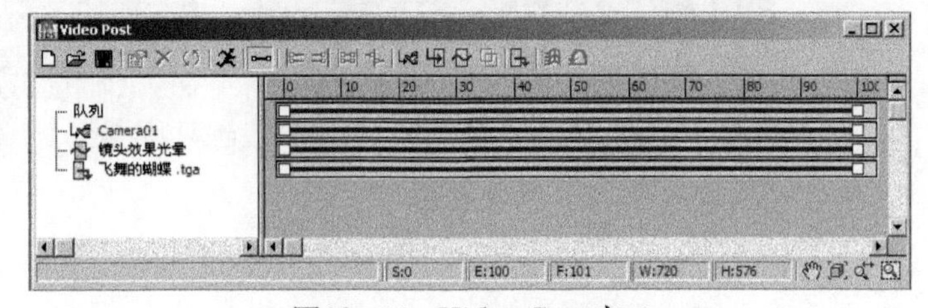

图10–44　Video Post窗口

② 单击 Video Post 窗口中的 （执行序列）按钮，然后在弹出的对话框中设置输出的帧数和尺寸，如图 10–45 所示，单击“渲染”按钮，即可将文件进行输出。

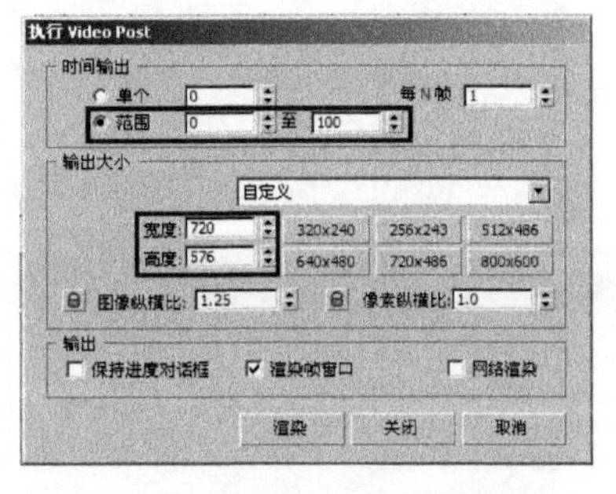

图10–45　设置输出的帧数和尺寸

课 后 练 习

（1）练习 1：制作京剧服饰的卡通玩具效果，如图 10-46 所示。

图10-46　练习1的效果

（2）练习 2：制作卡通冰箱的动画效果，如图 10-47 所示。

图10-47　练习2的效果